Karl-Heinz Bommhardt

Uranbergbau Wismut 1946–1990 in der sowjetischen Besatzungszone und in der DDR

Von 1946 bis 1990 der weltweit drittgrößte Produzent von Uran

Sowjetische Aktiengesellschaft SABM (SSAG/SAG) Wismut (1947–53)
Sowjetisch-Deutsche Aktiengesellschaft (SDAG) Wismut (1954–1991)

Verlag Rockstuhl

Impressum

Umschlaggestaltung: Harald Rockstuhl, Bad Langensalza

Titelbild: Schurf 72 (Sammlung Manfred Wöllner, Linda)

Umschlagrückseite: Übersichtskarte von Karl-Heinz Bommhardt

1. Auflage 2011
ISBN 978-3-86777-332-4

Innenlayout: Annekathrin Rockstuhl, Bad Langensalza

Druck und Bindearbeit: Digital Print Group Oliver Schimek GmbH, Nürnberg/Mittelfranken

Gedruckt auf alterungsbeständigem Papier nach ISO 9706

Die Deutsche Nationalbibliothek verzeichnet diese Publikation in der Deutschen Nationalbibliografie. Detaillierte bibliografische Daten sind im Internet über *http://dnb.d-nb.de* abrufbar.

Inhaber: Harald Rockstuhl
Mitglied des Börsenvereins des Deutschen Buchhandels e.V.
Lange Brüdergasse 12 in D-99947 Bad Langensalza/Thüringen
Telefon: 03603 / 81 22 46 Telefax: 03603 / 81 22 47
www.literaturversand.de

Inhalt

Vorwort

Wismut ist ein chemisches Element. **Wismut** war auch der Deckname eines großen sowjetisch bzw. sowjetisch-deutschen Unternehmens zur Uranerzgewinnung und -verabeitung.
Wismut GmbH ist das bundesdeutsche Unternehmen, das mit der Beseitigung der Hinterlassenschaft der SAG/SDAG Wismut beauftragt ist.
Wismut war aber auch für viele Tausend Werktätige ein Identifikationsbegriff für ihre berufliche Entwicklung. **„Die Wismut"** stand für alle Betriebe des großen Bergbauunternehmens. Mit dem Decknamen identifizierten sich die vielen Tausend Mitarbeiter des Unternehmens und entwickelten einen stark ausgeprägten Berufsstolz.
Ziel des Unternehmens war, Uranerze zu fördern, anzureichern und im konzentrierten Zustand in die Sowjetunion zu liefern. Uran war bei der Wismut ein Tabuwort. Dabei wussten nahezu alle Menschen der ehemaligen DDR, dass bei der Wismut Uranerze gefördert wurden. Schon zu meiner Kindheit sprach man davon, dass bei Dittrichshütte im Thüringer Wald Friedensbombenerz gefördert wurden. Dass nicht unbedeutende Mengen Uran in der DDR gefördert wurde, hätte eigentlich jedes Kind wissen müssen, das interessiert in seinen Schulatlas geschaut hätte. Im Atlas der Erdkunde war die DDR als bedeutender Uranproduzent dargestellt und in der Karte der Wirtschaft der DDR konnte man die Hauptabbaugebiete erkennen. Nur bei der Wismut war Uran ein Tabuwort. Dieses Tabu führte dazu, dass die Tätigkeit der Wismut mit einem Dunstschleier umgeben war.
Die Wismut waren nicht nur die Bergbaubetriebe und Aufbereitungen in Sachsen und Thüringen. Zum Imperium Wismut gehörten auch ein leistungsfähiger Bau- und ein Transportbetrieb, mechanische Werke, ein Erkundungsbetrieb und eine Vielzahl anderer Einrichtungen. Mehr als 100.000 Beschäftigte sorgten dafür, dass das Ausgangsmaterial für das sowjetische Atombombenprogramm und für die Erzeugung von Atomenergie bereitgestellt wurde. Ich habe versucht, diese Zusammenhänge darzustellen. Zum Beginn der Arbeit konnte ich nicht ahnen, welchen Umfang mein Vorhaben annehmen würde, um eine verständliche Darstellung zu erarbeiten.
Ich möchte hiermit allen danken, die mich bei der Umsetzung meines Vorhabens unterstützt haben.
Der Dank gilt all denen, die mich in Phasen der Resignation immer wieder motivierten haben, weiter zu machen, die mit Fotos und Dokumenten dazu beigetragen haben, Text mit aussagekräftigen Abbildungen zu untermauern, mit Hinweisen und Anregungen Tatsachen aus meinem Gedächtnis wieder aktivierten, die schon längst in Vergessenheit geraten waren und die mir die Veröffentlichung ermöglichten.
Besonderer Dank gilt der Wismut GmbH, die mir die Verwendung von Fakten aus der Chronik der Wismut gestattete, den Herren Thomas Hennicke und Thomas Herbig, die mich bei der Suche und Auswahl von Dokumenten aus dem Archivbestand der Wismut aktiv unterstützten, den Herren Manfred Wöllner, Harald Schmidt und Gottwert Hochmuth, die mir historische Unterlagen uneigennützig zur Verfügung stellten und nicht zuletzt Herrn Harald Rockstuhl vom gleichnamigen Verlag aus Bad Langensalza, ohne dessen aktive Unterstützung mein Werk nicht hätte veröffentlicht werden können.

Pirna im September 2011 *Karl-Heinz Bommhardt*

1. Verhindertes Studium und erste Bekanntschaft mit der Arbeitswelt

1.1 Meine Bewerbung an der Karl-Marx-Universität (KMU) und die Folgen

Mit dem Abschlusszeugnis der 11. Klasse bewarb ich mich an der KMU in Leipzig für die Fachrichtung Chemie. Meine nicht gerade glänzenden Leistungen und die sehr dürftige Einschätzung meiner gesellschaftlichen Arbeit führten dazu, dass meine Bewerbung abgelehnt wurde. Ich erhielt jedoch eine Einladung zu einem Kadergespräch beim Prorektor für Studentenangelegenheiten nach Leipzig. Dabei wurde mir die Erstattung der Fahrkosten zugesichert. Ich machte mich also auf den Weg nach Leipzig – es gab von Rudolstadt eine Direktverbindung nach Leipzig. Es war mein erstes Vorstellungsgespräch, deshalb hatte ich etwas Lampenfieber. Auf dem Weg zu meinem Vorstellungsgespräch kam ich an der Paulanerkirche vorbei, die die Luftangriffe im Zweiten Weltkrieg mit geringen Schäden überstanden hatte. Ihre Sprengung erfolgte erst am 30. Mai 1968. Die Kirche musste der Neugestaltung des Karl-Marx-Platzes weichen. Walter Ulbricht, ein ehemaliger Leipziger, soll einen entscheidenden Anteil an der Beseitigung der Kirche gehabt haben.
Mein Lampenfieber beim Vorstellungsgespräch legte sich jedoch schnell, weil mein Gegenüber bei dem Gespräch beruhigend auf mich wirkte und weil er mir nicht unsympathisch war. Dabei hatte er durchaus das Auftreten eines Funktionärs. Er machte mir klar, dass bei meinen Leistungen die Aussichten auf einen Studienplatz in der Studienrichtung Chemie gleich Null sind. Bei einer Bewerberzahl von über 30 für einen Studienplatz hätte ich überhaupt keine Chance. Er machte mir aber ein verblüffendes Angebot. In der Studienrichtung Medizin hätte die Uni zwar fast 50 Bewerber für einen Studienplatz. Für diese Richtung kamen die Interessenten aber vorwiegend aus akademischen Kreisen. Es gab zu wenig A- und B-Kinder. Das war die gängige Abkürzung für Arbeiter- und Bauernkinder. Es war die Zeit, als die Parole lautete, das Bildungsprivileg der ehemals herrschenden Klasse muss gebrochen werden – oder anders herum: Arbeiter und Bauern in die Hörsäle. Mein Gesprächspartner lehnte sich sehr weit aus dem Fenster und versprach mir einen Studienplatz, wenn ich die Fachrichtung Medizin wähle. Ich bat mir einige Tage Bedenkzeit aus. Diese nutzte ich aber nicht, um mich umstimmen zu lassen. Ich beharrte auf meinem Studienwunsch und reichte meine Unterlagen für ein Chemiestudium ein. Die Antwort war vorhersehbar: Es war eine Ablehnung aufgrund der Vielzahl der Bewerber.
Ich war nicht sehr aktiv und ließ eine geraume Zeit verstreichen, bis ich mich an einer anderen Hochschule bewarb. Zu viel Zeit. Auch die Bergakademie Freiberg und die Hochschule für Binnenhandel in Leipzig hatten inzwischen ihre Studienplätze besetzt. Also kamen zu diesem späten Zeitpunkt auch von hier Ablehnungen. Jedoch gab mir die Bergakademie Freiberg einen wertvollen Tipp, der mein

späteres Leben entscheidend beeinflussen sollte. Ich sollte mir in einem praktischen Jahr Grundkenntnisse im Bergbau aneignen, dann stände einer Zulassung im Folgejahr nichts im Wege.

1.2 Das zentrale Pionierlager „Hanno Günther"

Ganz untätig war ich allerdings nach der Reifeprüfung nicht. Ich bewarb mich für eine Ferientätigkeit im zentralen Pionierlager „Hanno Günther" in Großkochberg. Die Pionierzeltlager wurden laut einer Meldung in der Tagespresse vom 4.4.1952 auf Beschluss des Ministerrates der DDR gegründet. Dafür wurden 1,845 Millionen DM zur Verfügung gestellt. Im „Hanno Günther" wurde ich für die Ferienzeit als Wirtschaftsgehilfe eingestellt. Das gut ausgerüstete zentrale Ferienlager unterstand verwaltungsmäßig dem Stahlwerk der „Maxhütte" Unterwellenborn und war im Gelände des Schlosses Großkochberg untergebracht. Das Schloss gehörte früher der Familie von Stein und überall war noch ein Hauch vom Geheimrat von Goethe zu spüren. Mit dem Betrieb des Ferienlagers wurde einiges an Erhaltenswertem des Schlosses zerstört. Erst in den 70-er Jahren wurde es wieder restauriert und in eine Goethe-Gedenkstätte umgewandelt.

Meine Erlebnisse und Eindrücke in den etwa zehn Wochen waren sehr umfangreich und gestatteten auch Einblicke in die damalige Zeit. Ich war Sachbearbeiter für Verpflegung. Es war noch die Zeit der rationierten Lebensmittel. Ich musste

Abb. 1 Schloss Großkochberg im Jahr 2010 (eigenes Foto)

den Einkauf und die Anlieferung der Lebensmittel organisieren. Wir hatten im Rahmen unserer Belegungsstärke bei verschiedenen Einrichtungen Kontingente: Fleisch- und Wurstwaren bei einer Konsumfleischerei in Rudolstadt. Für die Anlieferung aller Lebensmittel stand mir jeden zweiten Tag ein alter Opel-Kleintransporter zur Verfügung. Eines Tages hatte ich vergessen, die Wurst für das Abendbrot heranzuschaffen. Das merkte ich erst, als die Kaltmamsell die Wurst anforderte und ich vor einem fast leeren Kühlschrank stand. Zum Glück hatte der Wirtschaftsleiter Mitleid mit mir und fuhr mich mit einem Kleinmotorrad nach Rudolstadt und ich konnte die noch fehlenden 50 kg Wurst im Rucksack nach Kochberg bringen. Noch einmal gut gelaufen. Zu dieser Zeit waren Edelfleisch und Dauerwurst Mangelware und durften nicht an die Gemeinschaftsverpflegung abgegeben werden. Für die Verkaufstellenleiterin waren wir ein guter Abnehmer, damit hatte sie für ihre sonstigen Kunden einen größeren Anteil an Mangelware. Das Ausgangsmaterial dafür fiel in der Gesamtmenge Schweine- oder Rindfleisch für die Verkaufsstelle immer mit an – die Mangelware brauchte an das Pionierlager nicht geliefert werden.
Das Milch- und Käsekontingent hatten wir bei einer Genossenschaftsmolkerei im etwa drei Kilometer entfernten Teichel. Die Milch wurde früh mit der Abholung der Kannen von den Bauern gebracht. Bei einem Besuch in der Molkerei konnte ich für unser Käsekontingent die Lieferung von Magerquark vereinbaren. Daraus ließ sich mit Marmelade vermischt ein trefflicher Nachtisch herstellen. Eine Überraschung erlebte ich, als mit der zweiten Quarklieferung eine Kanne Sahne mitkam. Das war ein Ausgleich für den geringeren Fettgehalt im Quark gegenüber dem Käse. Es gab eben noch seriöse Geschäftspartner. Kein Mensch hätte gewusst, dass uns ein Fettausgleich zustand. Die Kinder freuten sich über die Portionen Schlagsahne – für die damalige Zeit eine nahezu unbekannte Delikatesse.
Obst, Gemüse und Kartoffelkontingent erhielten wir bei der volkseigenen DHZ Obst und Gemüse in Rudolstadt (DHZ – Deutsche Handelszentrale, der Name für die volkseigene Handelszentrale).
Für die übrigen Lebensmittel hatten wir Kontingente beim Großhandelslager der Konsumgenossenschaft in Rudolstadt. Dort waren wir Selbstabholer.
Sonderkontingente für lebensmittelkartenfreie HO-Produkte hatten wir bei der DHZ Lebensmittel in Rudolstadt – ebenfalls als Selbstabholer. Von dort bezogen wir Importkonserven (chinesische Mandarinorangen Marke „Große Mauer"), Fruchtsirups für Süßspeisen und kleine Fondantriegel. Eines Tages machte mir ein Mitarbeiter der DHZ das Angebot, auch Süßwaren auf Kontingent zu beziehen. Vorteile waren: eine größere Auswahl, die Ware war billiger und es wurde in Emballagen geliefert mit der Verrechnung eines nicht unbedeutenden Masseschwundes.
Was erwartete mich im Pionierlager? Zunächst eine überraschend große Anzahl von Beschäftigten. Die Maximalbelegung – nach Stärkemeldung für die Kontingente – betrug bis zu 1.200 Personen. Dafür war eine stattliche Anzahl Betreuungspersonal erforderlich. Das Personal untergliederte sich in die Wirtschaftsleitung und die Lagerleitung. Zur Wirtschaftsleitung gehörten der Leiter und ein

Abb. 2 Küchenpersonal (eigenes Foto)

kleiner Stamm von Beschäftigten zum Erhalt der Anlage für die belegungsfreie Zeit. Als Saisonkräfte waren beschäftigt:
etwa 30 Beschäftigte als Küchenpersonal. Der Chefköchin, der Frau des Großkochberger Oberförsters, stand ein fest angestellter Koch der Werksküche der Maxhütte zur Seite, der für die Sommermonate abgestellt war. Die Kaltmamsell war die Frau des Bürgermeisters. Köchin und Kaltmamsell waren meine Kooperationspartner. Sie legten mit mir den Wochenspeiseplan fest. Für die Gerichte musste ich die erforderlichen Lebensmittel beschaffen. Die Zusammenarbeit war gut, wenn sie auch nicht den geltenden Vorschriften entsprach. So musste ich ihnen den bedingten Zugriff auf das Lebensmittellager gewähren und sie waren wiederum sehr tolerant bei der Berechnung und Ausgabe der Mengen. Aber ich war sicher, dass wir alle drei das Vertrauen nicht missbrauchten.
Neben einigen Bei- oder Hilfsköchinnen war das Gros der Frauen im Putzkeller und in der Spülküche beschäftigt. Von den zwei jungen Angestellten fiel eine besonders auf. Ihr sah man ihre landwirtschaftliche Abstammung nicht an. Sie war auch nur einige Tage da. Sie hatte sich vor einiger Zeit um eine Stelle im Haushalt des damaligen Außenministers Bolz beworben. Nach intensiver Prüfung der Personalakte wurde sie für zuverlässig befunden und angefordert. In einer lauschigen Abschiedsnacht offenbarte sie mir ihre Berufung, die mit dem Abbruch privater Kontakte verbunden war. Sie wird in Berlin ihren Weg gemacht haben.

Abb. 3 Schloss Großkochberg Liebhabertheater. (eigene Fotos)
Linkes Bild: überdachte Holzbrücke vom Schloss zum Liebhabertheater und Park.
Rechtes Bild: klassizistisch gestalteter Eingang zum Liebhabertheater.

Für die Buchhaltung waren einige Kräfte von der Maxhütte abgestellt. Mein Kooperationspartner in der Buchhaltung war ein Rentner auf Zeitarbeit. Er war für die tägliche „Stärkemeldung", die Teilnehmerzahl an der Gemeinschaftsverpflegung, zuständig. Damit war er aber hoffnungslos überfordert. Die Stärkemeldung bekam ich häufig mit einer Woche Verspätung. Dabei sollte sie die Grundlage für die Bereitstellung der Lebensmittelmenge und die Einhaltung der Kostenvorgabe und der Lebensmittelkontingente sein. Die Stärkemeldung war täglich erforderlich, weil sich die Teilnehmer an der Verpflegung beim Ernährungsamt in die Gemeinschaftsverpflegung abmelden mussten. Dort wurden die Lebensmittelkarten eingezogen. Bei der Anzahl der Teilnehmer an der Gemeinschaftsverpflegung für das Pionierlager gab es ständig Veränderungen, besonders beim Wechsel der Durchgänge.
Einige Hofarbeiter für Transportarbeiten und Pflege der Anlage.

Abb. 4.1 Zelt der Schutzorgane (eigene Fotos)

Die Lagerleitung bestand nur aus freigestelltem Personal. Wichtigste Personen waren der Lagerleiter und die Parteisekretärin. Parteichef war die Frau des Lagerleiters. Staats- und Parteiführung waren somit in einer Familie konzentriert. Zur Lagerleitung gehörten auch eine Bibliothekarin, eine Lagerschwester sowie etwa 80 Gruppenleiter und Freundschaftsleiter. Von der Lagerleitung hatte ich einen denkbar schlechten Eindruck. Nach Abschluss des ersten Durchgangs von drei Wochen wurde eine Abschlussfeier im engeren Kreis bis zu den Freundschaftsleitern gestartet. Aus einem mir nicht bekannten Fonds wurden Bier und harte Getränke beschafft. Auch Steaks außerhalb des normalen Beschaffungsweges wurden herangekarrt. Die Bewirtschaftung war also abgesichert. Bei der kulturellen Umrahmung kam es zum Eklat. Lola, die Bibliotheka-

Abb. 4.2 Zeltplatz der Schutzorgane (eigene Fotos)

rin aus Leipzig – sie war ein sehr lockeres attraktives Mädchen, von dem ich schon im Vorfeld einige Nacktfotos gesehen hatte – führte zu vorgerückter Stunde einen gekonnten Striptease vor und tanzte auf dem übergroßen Tisch im Liebhabertheater. Auch in seiner späten Jugend hätte der alte Herr von Goethe die Vorführung sicherlich noch sehr amüsant gefunden. Im Liebhabertheater war die Lagerleitung untergebracht. Während alle anderen Beteiligten – einschließlich des Lagerleiter – frenetisch applaudierten, fand das die Parteichefin gar nicht lustig und schon gar nicht parteikonform. In einer außerordentlichen Parteileitungssitzung bekamen die Leitungsmitglieder Rügen und die arme Lola musste das Ferienlager verlassen – höchstwahrscheinlich mit einer entsprechenden Empfehlung an ihre Studieneinrichtung.

Abb. 5 Gedenktafel am Krematorium des KZ Buchenwald (eigenes Foto)

Das zentrale Pionierlager „Hanno Günther“ war ein Zeltlager. Der Ehrenname „Hanno Günther“ war eine

Würdigung des 1942 hingerichteten Widerstandskämpfers. Im Schlosspark waren auf mehreren Wiesen rundum Zelte für je zehn Mann aufgestellt. In der Mitte des Platzes war der Appellplatz mit Fahne und dem Bildnis von Hanno Günther.

Auch für den Schutz des Lagers war gesorgt. Feuerwehr und Polizei hatten ein besonderes Zelt mit Emblemen am Giebel. Dieser Kommandozentrale der Schutzorgane stattete ich gelegentlich einen Besuch ab. Die Gruppenleiter waren Studenten der Lehrerbildungsinstitute. Sie schliefen in gesonderten Zelten. Eine dieser Gruppenleiterin begegnete mir über zehn Jahre später als Lehrerin unseres Sohnes wieder.
Neben dem Zeltlager gab es ein Speisezelt und einen Thälmannhain. Das war eine parkähnliche Anlage mit vielen Blumen und einer Thälmannbüste auf einem hohen Sockel. Tagsüber standen zwei Pioniere Ehrenwache vor dem Denkmal. An manchen Tagen wurden vor dem Denkmal Fahnenappelle abgehalten, so auch am Todestag des Namensgebers für die Pionierorganisation in der DDR. Ernst Thälmann wurde am 18. August 1944 im Konzentrationslager Buchenwald ermordet.

Das Speisezelt war im verwilderten Schlosspark aufgestellt. Zwischen Küche und Zelt befand sich der mit Wasser gefüllte Schlossgraben. Das Wasser war eine dunkle Brühe, die mit grüner Entengrütze bedeckt war. Deshalb war es erforderlich, das Essen in Speisekübeln mit Handwagen über einen längeren Umweg zum Zelt zu schaffen. Monteure einer privaten Stahlbaufirma bauten in sehr kurzer Zeit eine Seilbahn von der Küche in den Park. Die Umkehrstation im Park konnte

Abb. 6 Rückseite des Schlosses mit Öffnung für ehem. Seilbahn (eigenes Foto)

unproblematisch errichtet werden. Die Antriebsstation neben der Küche war wegen des Einbaus eines Widerlagers kompliziert. Dazu waren ebenso wie für die Öffnung in der Hauswand Eingriffe in die Bausubstanz erforderlich.

Die Transporterleichterung bestand aus einem Käfig, in dem zwei Speisekübel Platz fanden. Dieser Käfig wurde mit einer Handkurbel zwischen Küche und Park hin und her gezogen. Kurze Zeit später konnte ein Elektromotor mit Getriebe beschafft und eingebaut werden. Dadurch vereinfachte sich der Ablauf. Die Essenausgabe erfolgte in mehreren Durchgängen. Im Speisezelt wurde nur die Mittagsmahlzeit eingenommen. Frühstück und Abendbrot mussten Vertreter jeder Zehnergruppe zu den Schlafzelten holen.
Ein Ereignis ist mir besonders in Erinnerung geblieben. In einem Durchgang waren zwei oder drei Gruppen mit koreanischen Kindern im Lager. Deutsche Hausmannskost war nicht so nach ihrem Geschmack. Sie bettelten bei der Köchin „Maa-Maa Paaprika". Selbst größere Mengen Paprika reichten nicht aus, um ihren Gewürzhunger zu stillen. Deutsches Paprikagewürz hatte nicht die gewohnte Schärfe. Diese Gruppen waren straffer organisiert als die der Thälmann-Pioniere – das Führerprinzip war sehr ausgeprägt. Aus irgendeinem Grund kam es einmal zu Zoff mit der Lagerleitung. Der „Führer" ordnete Hungerstreik an. Geschlossen verweigerten die koreanischen Betreuer mit ihren Kindern die Mahlzeiten.
Beim Betreuungspersonal herrschte Überschuss an weiblichen Teilnehmern, was für die in der Minderheit anwesenden männlichen Teilnehmer sehr von Vorteil war. Da gab es schon seltsame Vögelchen unter den Gruppenleiterinnen. Besonders unangenehm ist mir eine sehr attraktive Betreuerin in Erinnerung geblieben. Ihre Lieblingsspeise war offensichtlich oder angeblich Pflaumenmus. Aber Pflaumenmus konnte aus Beschaffungsgründen nicht allzu häufig zum Frühstück angeboten werden. Wir hatten Abnahmepflicht für einen bestimmten Anteil der weniger beliebten Mehrfruchtmarmelade mit Rhabarberanteil. Für eine Extraportion Pflaumenmus bot sie Sex an.
Der Sommer 1954 war sehr niederschlagsreich. Besonders in Gera kam es wie an der gesamten Elster zu kritischen Situationen. Auch Großkochberg wurde von dem ausgedehnten Niederschlagsgebiet nicht verschont. Alle Wege versanken im Schlamm und mussten mit Schotter und Splitt in einem begehbaren Zustand gehalten werden. Das hatte auf die Kosten für das Lager einen erheblichen Einfluss und es mussten Zusatzmittel bereitgestellt werden. Eines Tages bekam ich Besuch, den ich mir nicht so recht erklären konnte. Es waren Mitarbeiter der Zollverwaltung. Aber sie brachten frohe Botschaft: einen großen Karton mit diversen Packungen Kakao. Es waren Produkte großer Kakaohersteller, wie van Houten, Stollwerck und Sprengel. Auch zwei Packungen „Mauxion"-Kakao waren dabei. Diese Fabrik produzierte früher in Saalfeld. Der Besitzer verlegte nach dem Krieg den Unternehmenssitz nach Garmisch-Partenkirchen. Der Betrieb in Saalfeld wurde volkseigen und firmierte fortan unter dem Namen VEB Rotstern. Im Unterschied zu dem roten Sowjetstern hatte dieser Stern nur vier statt der fünf Zacken. Sie waren außerdem schlanker und hatten die Form einer Windrose. Ob

die Namensassoziation gewollt war – wer weiß? Einigen der übergebenen Packungen lagen Probetäfelchen Schokolade bei. Sie mundeten mir vortrefflich. Die Packungen waren ohnehin aufgerissen. Viele Abpackungen waren in werbewirksamen Blechdosen. Ich musste unterschreiben, dass ich die bestimmte Menge aus der Asservatenkammer der Zollverwaltung erhalten hatte. Es handelte sich um beschlagnahmte Ware aus Westpaketen. Vielleicht war für manche Pakete die Deklaration „Geschenksendung – keine Handelsware" ganz einfach nicht mehr zutreffend.
Dreimal musste ich kritische Phasen überstehen.
Einmal fehlten mir bei meiner privaten Bestandsaufnahme 50 kg Butter – zwei Blöcke zu 25 kg. Nach langem Suchen konnte ich erleichtert feststellen, dass das Manko durch eine Fehlbuchung entstanden war. Für eine Lieferung hatte ich versehentlich zwei Lieferscheine erhalten und deshalb auch zwei Mal den Eingang der Ware verbucht. Eine nicht sehr erfreuliche Abwechslung gab es, wenn wir verpflichtet wurden, Importbutter aus Neuseeland abzunehmen. Wegen der nicht metrischen Maßeinheiten im britischen Commonwealth wog ein Block 25,4 kg und die Butter war gesalzen, um den langen Transportweg unbeschadet überstehen zu können. Der Salzgehalt machte diese Butter bei der Bevölkerung unbeliebt, aber die Gemeinschaftsverpflegung musste sie abnehmen.

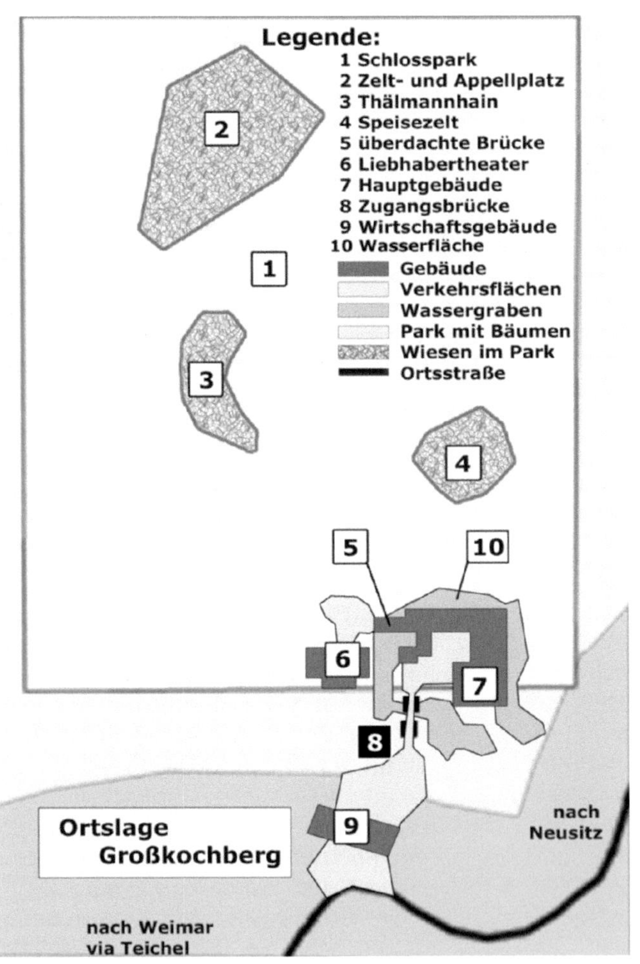

Abb. 7 Schematischer Grundriss Schlossanlage (eigene Darstellung)

Eine Brotlieferung von etwa einhundert Stück zu je 2 kg kam bei Regenwetter an. Ein Teil der Brote wurde nass. Als ich diese Brote – etwa 20 Stück – zur Vorbereitung des Abendbrotes ausgeben wollte, waren die Brote angeschimmelt. Der Wirtschaftsleiter beruhigte mich. Weil das auch schon im Vorjahr passiert war, wurde das Manko über einen Abschreibeakt ausgeglichen.
Mit der Kartoffelanlieferung gab es immer Probleme. Deshalb bestellte ich eines Tages eine größere Menge Speisefrühkartoffeln. Dabei beachtete ich nicht, dass die Bestellung den Bedarf der Restlaufzeit der Lagerbelegung überstieg. Die übrigen Kartoffeln faulten sehr schnell im Keller. Meine einzige Strafe dafür bestand darin, dass ich die stinkende Masse in der Abwicklungszeit des Lagers persönlich per Schubkarre auf den Abfallhaufen karren musste.
In Großkochberg gab es nicht viel Abwechslung. Man konnte sich ja nicht jeden Tag mit den Betreuerinnen beschäftigen. Dafür gab es aber genug Bier in der Gastwirtschaft „Zur guten Quelle“ und bei „Humms-Rumms“. So nannten wir den umtriebigen Verkaufsstellenleiter des Konsums. Auch er fuhr nicht jeden Tag zu seiner Frau nach Rudolstadt und trank nach Dienstschluss gern im Flur seines Etablissements mit uns. Er war ein brillanter Erzähler von eigenen Liebesabenteuern. Er war kein Adonis und ich kannte seine Frau – deshalb konnte ich nur schmunzeln – aber unterhaltsam war es allemal.
Mit dem Ende der Sommerferien wurde das Pionierlager aufgelöst und die Zelte abgebaut. Meine Beschäftigung endete am 10. September 1954. Ich erhielt für die Zeit von 29. Juni bis 10. September einen Bruttoverdienst von 667,68 DM. Da es sich um eine Tätigkeit mit einer Sieben-Tage-Woche handelte, hatte ich einen Bruttoverdienst von 9,02 Mark pro Tag – abzüglich von zehn Prozent für Sozialversicherung ergab das den stolzen Betrag von 8,12 Mark pro Tag. Allerdings hatte ich den Vorteil der kostenfreien Verpflegung.

Die ausgedehnte Parkanlage umgab eine zum Teil desolate Feldsteinmauer. Die Wiesen im Park nutzte das Ferienlager für Zeltlager, Sportplatz und Ehrenhain. Der Zugang zum Schloss war über eine Durchfahrt im Wirtschaftsgebäude (9), das der Lagerverwalter bewohnte. Im Hauptgebäude (7) waren Küche, Schäl- und Spülküche sowie Lagerräume eingerichtet. Links im Nebengebäude befand sich die Verwaltung des Pionierlagers. Durch dieses Gebäude führte ein offener Flur zu einer überdachten Holzbrücke, über die man zum Liebhabertheater gelangte. Den Platz vor dem Theater kannte ich bereits aus meiner Oberschulzeit. Auf der breiten Stufenfront zum Theater spielten wir mit der Laienspielgruppe der Oberschule den „Armen Konrad“ von Friedrich Wolf.
Nach der Auflösung des Pionierlagers war ich noch einige Tage mit der Abwicklung der Bestände beschäftigt und meldete mich beim Rat des Kreises Rudolstadt als Arbeitsuchender. Aber es gab kein Stellenangebot für mich. Also versuchte ich mein Glück als Bergmann – entsprechend der Empfehlung der Bergakademie Freiberg.

1.3 Ein kleines Bergbaulexikon

Bevor ich zur Schilderung meiner Erlebnisse im Bergbaubetrieben komme, einige Begriffserläuterungen zum besseren Verständnis der weiteren Darlegungen.

Geologie

Lagerstätte: ist eine natürliche Anreicherung von Mineralien, die wirtschaftlich genutzt werden kann. Im Erzbergbau unterscheidet man sedimentäre – durch Ablagerung entstandene – und Gangerzlagerstätten, die als Folge von Magmatismus entstanden sind. Bei der Wismut sind die Lagerstätten des Erzgebirges magmatischen Ursprungs. Die Lagerstätten in Thüringen sowie in Königstein und Freital entstanden durch sedimentäre Ablagerung der erzführenden Schichten, wobei die Vererzung meist erdgeschichtlich später durch Einlagerungen erfolgte. In sedimentären Uranlagerstätten spricht man von Erzkörpern, wenn bauwürdige Komplexe angetroffen werden. Salzlagerstätten entstanden sedimentär.

Erze: sind metallhaltige Minerale (stofflich einheitliche, natürlich entstandene Bestandteile der festen Erdkruste), aus denen Metalle gewonnen werden können. Im Erzbergbau Wismut war die Gewinnung von Uran das Ziel der Bergarbeiten.

Bauwürdigkeit: ist die Grenze der wirtschaftlichen Gewinnung von Lagerstätten. In den Anfangsjahren der Wismut war die Bauwürdigkeit bei einer Grenze von 0,03 % Uran im Erz festgelegt. Vorräte von 0,01 bis 0,03 % Urangehalt wurden als Außerbilanzerze eingestuft. Sie spielten bei der Gewinnung dann eine Rolle, wenn die Abbauhöhe aus technologischen Gründen die Erzmächtigkeit überschreiten musste. Sie führten zwar zur Verdünnung des Erzes. Dieses lag jedoch niedriger als bei einer Verdünnung mit absolut taubem Gestein. In der Zeit nach 1980 wurden flexible Bauwürdigkeitsgrenzen festgelegt. Beim Übergang zur chemischen Gewinnung wurde für Gesteine mit hohen Filtrationseigenschaften die Grenze auf 0,01 % herabgesetzt. In der Praxis konnte jedoch im Quadersandstein noch weit unter dem Clarke-Wert effektiv Uran gewonnen werden. Clarke-Werte geben den natürlichen Gehalt eines Elementes in der Erdkruste an. Die höchsten Clarke-Werte hat Sauerstoff mit 47 % und Silizium mit über 29 %. Der Wert für Uran liegt bei 0,008 %. In Ausnahmefällen konnte bis auf 0,001 % Uran aus Sandsteinen gewonnen werden.

Mächtigkeit: ist die Stärke eines geologischen Körpers (auch: Erzkörper) zwischen den Begrenzungsflächen. Erzkörper werden oben durch das Hangende, ein Grubenbau durch die Firste begrenzt. Die untere Begrenzung bildet bei Erzkörpern das Liegende und bei Grubenbauen die Sohle.

Bergbau

Bergbau: Alle Tätigkeiten zum Aufsuchen, Gewinnen und Aufbereiten mineralischer Rohstoffe. Man unterscheidet nach dem Ziel der Bergarbeiten: Erzbergbau, Kali- bzw. Steinsalzbergbau, Braun- und Steinkohlebergbau sowie Bergbau auf spezielle Minerale (z. B. Flussspatabbau) und Abbau auf Steine und Erden.

Abb. 8 Container zum Unterhängen unter einen Förderkorb (eigenes Foto)

Tagebau: Abbau einer Lagerstätte von der Tagesoberfläche aus. Vorteile: geringe Kosten, hohe Leistung durch Einsatz von Großgeräten bei Wegfall von Ausbaumaterial und geringe Verluste. Nachteile: hohe Inanspruchnahme von Flächen und Einfluss von Wetterverhältnissen (Regen und Kälte). Die Anwendung ist abhängig vom Verhältnis der Mächtigkeit der Deckschichten zur Mächtigkeit der Lagerstätte. Der Umfang an zu entfernenden Deckschichten kann ein Vielfaches der Gewinnung betragen.

Tiefbau: Der Abbau einer Lagerstätte ist nur nach der Auffahrung von Grubenbauen möglich.
Grubengebäude: Das Grubengebäude ist die Gesamtheit aller untertägigen Anlagen eines Bergwerkes.

Grubenbaue: sind für bergbauliche Nutzung hergestellte Hohlräume.
Grubenbaue wurden nach ihrem Verwendungszweck bezeichnet. Ausrichtungsbaue führten an die Lagerstätte heran, Vorrichtungsgrubenbaue teilten die Lagerstätte in Bauabschnitte. Ziel des Bergbaus ist die Gewinnung und die erfolgt mit dem Abbau. Die einzelnen für den Abbau vorbereiteten Bauabschnitte werden als Blöcke bezeichnet.

Vertikale Grubenbaue: sind Schächte und Überhauen. Schächte werden von oben nach unten aufgefahren; Überhauen von unten nach oben.

Schächte: Nach ihrem Ansatzpunkt unterscheidet man Tagesschächte (Ansatzpunkt befindet sich Übertage) und Blindschächte (Ansatzpunkt aus untertägigen Grubenbauen). Nach ihrer Neigung unterscheidet man vertikale und tonnlägige Schächte. Letztere wurden früher häufig dem Verlauf von Erzgängen folgend mit deren Einfallen (Neigungswinkel) aufgefahren. Nur in der Frühzeit der Wismut wurden solche Schächte aufgefahren oder aus dem Altbergbau genutzt. Hauptfunktionen für Schächte sind: Förderung aus dem Bergwerk, Einwärtsförderung von Material, Seilfahrt, Bewetterung (Frisch- und Abwetter), Rohrleitungsverlegung für Druckluft, Betriebswasser, Abwasser und Versorgungsleitungen (Elektroenergie, Kommunikation) und Fahrschacht (Leitern zum Notausstieg bei Ausfall der Seilfahrtseinrichtung). In gebirgigen Gegenden kann die Funktion eines Schachtes von Stollen übernommen werden, die nahezu horizontal in den Berg getrieben werden. Bei der Förderung unterscheidet man bei Schächten zwischen Gestell- und Gefäßförderung. Bei Gestellförderung werden Hunte in Fördergestelle (Förderkörbe) geschoben. Gestelle haben meist mehrere Etagen und werden auch zur Seilfahrt und zum Transport von Material in die Grube verwendet. Unter die Gestelle können besondere Container mit Spezialeinrichtung gehängt werden. Unter dem Förderkorb sind die Seitenwände kulissenartig verlängert. In diese Kulissen können nach einem ausgeklügelten Verfahren stählerne Behälter eingefädelt werden. Damit lassen sich lange Güter wie Holz, Rohre, Stahlausbauteile und Schienen transportieren. Der Förderkorb wird soweit hochgezogen, dass der Behälter – der Container – frei unter ihm hängt. Dann kann er in den Schacht abgelassen werden. Bis zur Erreichung der Vertikalen läuft der Container auf Schienen. Die Räder sind in der Mitte unter dem Container zu erkennen. Maschinen und Maschinenteile, deren Abmessungen einen Transport im Förderkorb

nicht zulassen, werden mit Spezialeinrichtungen unter den Förderkorb gehängt und unter spezieller Aufsicht nach Untertage transportiert.
Bei Gefäßförderung (Wismutbezeichnung Skip) fungiert an Stelle des Fördergestells ein Gefäß. Diese Fördereinrichtungen sind nur für die Förderung eingerichtet. Aus einem Bunker gelangt über eine Dosierungseinrichtung die Füllmenge in das Gefäß. Der Vorteil besteht zum Einem darin, dass nicht zusätzlich die Last der Hunte bewegt werden muss und zum Anderem, dass keine Förderpausen durch Seilfahrt oder Materialtransport entstehen. Zum Schacht gehören neben der eigentlichen Schachtröhre die Umschlagpunkte von der horizontalen in die vertikale Förderung. Das sind von oben nach unten:

Förderbrücke: Ebene für das Ausstoßen der beladenen Hunte aus dem Gestell. Sie ist so hoch über dem Erdboden angeordnet, dass nach dem Entleeren der Hunte ein ausreichendes Bunkervolumen zur Verfügung steht, um Förderausfälle zu minimieren.

Rasenhängebank: Sie ist ebenerdig angeordnet. Von ihr aus werden die Container eingehängt. Ebenso werden von hier sperrige Güter unter das Gestell gehängt und nach Untertage transportiert. Spezielle Waggons, die nicht den Förderkomplex der Förderbrücke durchlaufen können, werden auf der Rasenhängebank auf das Fördergestell geschoben. Das betrifft sowohl Sprengstoffhunte als auch spezielle Kesselwagen für Chemikalien.

Füllorte: Sind die Umschlagpunkte von der vertikalen auf die horizontale Förderung untertage. Hauptsohlen haben Füllorte an den Hauptschächten. Zwischensohlen werden durch Blindschächte mit den darüber liegenden Sohlen und durch Sturzrollen (Bunker für die Verstürzung) mit der darunter liegenden Sohle verbunden.

Horizontale Grubenbaue sind Strecken: sie werden horizontal oder nahezu horizontal aufgefahren. Mit Gleisverlegung können Strecken für die Förderung mit Hunten (Förderwagen) genutzt werden. Stark geneigte Strecken werden auch als Steig- bzw. Fallorte (mit Anstieg oder Gefälle gefahren) und bei einer speziellen Verwendung auch als Rampen bezeichnet. Für die Auffahrung von Grubenbauen – unabhängig von ihrem Verwendungszweck – sind folgende Teilschritte erforderlich: Bohren und Sprengen, Fördern und Ausbauen.

Bohrarbeiten

Im Mittelalter wurde mit Schlägel und Eisen gebohrt – eine Methode, die in den Anfangstagen der Wismut noch praktiziert worden sein soll. Sprengbohrlöcher werden im Erzbergbau mit Bohrhämmern hergestellt.

Erste Erleichterung der Bohrarbeiten war die Entwicklung der Bohrstütze. Sie war für horizontales und vertikales Bohren anwendbar. In den Anfangsjahren der Wismut wurde noch trocken gebohrt. Der dabei entstehende stark quarzhaltige Staub führte zu einer hohen Zahl an Silikoseerkrankungen (Staublunge). Mit der Einführung des Nassbohrens konnte diese Schädigungsquelle beseitigt werden.

Abb. 9 Arbeiten mit Bohrhämmern (Zentralarchiv der Wismut – ZAWismut)
Oben links: *Anbohren mit Helfer im harten Gestein.*
Oben rechts: *Bohren in der Vertikalen.*
Unten: *typische Haltung beim Bohren.*

Über einen Spülkopf und das Hohlgestänge (Bohrstange) wurde Wasser bis an den Entstehungsort des Staubes geführt und dieser wurde gebunden. Besonders beim Bohren nach oben dauerte es lange, bis sich das Nassbohren durchsetzte. Das spritzende Wasser war nicht nur unangenehm, es verursachte besonders in zugigen Strecken rheumatische Erkrankungen. Auf dem Bild oben rechts erkennt man, dass sich der Hauer durch Gummibekleidung vor dem Spritzwasser schützen muss.

Abb. 10/1 K1R (ehem. Betriebsarchiv Bergwerk Königstein)
Es wird gleichzeitig mit drei Maschinen gebohrt, die Säule erkennt man nur bei der mittleren Aufstellung deutlich.

Eine Gefahr für den Bergmann war die Vibration des Bohrhammers. Sie verursachte Gelenkschäden, die wie Silikose als Berufskrankheit anerkannt wurde. Der erste Versuch bei der „Trennung des Hauers vom Bohrhammer" war ein Flop. Mit viel propagandistischem Aufwand wurde eine Kampagne gestartet, um mit der entwickelten K1R eine 100 %-ige Trennung zu erreichen. Bohrsäulen analog der im Kalibergbau verwendeten brachten für Bohrhämmer eine wesentliche Arbeitserschwernis und die Hauer

Abb. 10/2 Bohrwagen SBKNS2 (ehem. Betriebsarchiv Bergwerk Königstein)
Bedienstand des Bohrgerätes. Am rechten Bildrand Wasser- und Druckluftanschluss. Vor dem Druckluftabgang ist eine Sicherheitseinrichtung zum Schutz vor dem gefährlichen Umherschlagen des Schlauches beim Abriss am Gerät angebracht. Der Schlauch wirbelt wie eine wild gewordene Schlange umher und kann zu erheblichen Verletzungen führen.

umgingen den Einsatz. Die Säulen wurden nicht nur boykottiert, sondern regelrecht absichtlich demoliert. Trotz Einsatz von Instrukteuren und ständiger Neuausrüstung der Hauerbrigaden gab es keine einsatzbereiten Geräte. Erst mit der Entwicklung von Bohrwagen konnte die angestrebte Trennung erreicht werden. Für den Gleisvortrieb wurde der SBKNS2 und für den gleislosen Vortrieb der BWA entwickelt. Beide Geräte setzten sich durch und brachten Arbeitserleichterung und Leistungssteigerung.

Zur Verringerung der Lärmbelastung mit nachfolgenden Hörschäden wurden schallgedämpfte Hämmer entwickelt. Trotzdem musste noch individueller Gehörschutz getragen werden. Im Bild 10/1 sind es „Hermetos"– Ohrenschützer.
Für das Herstellen von Bohrlöchern mit größeren Durchmessern (88 bis 110 mm) für die Sprengung ganzer Blockteile wurden Drehbohrmaschinen mit Tauchbohrhämmern (NKR 100) mit mobilen Umsetzvorrichtungen eingesetzt. Für Sprenglochbohrung waren etwa 20 Meter lange Löcher erforderlich. Die NKR 100 wurde

Abb. 11 NKR 100 beim Einsatz in der Erkundungsbohrung (ZAWismut)

auch für technische und Erkundungsbohrung zum Teil bis zu 100 Meter Länge eingesetzt. Sie war eine Weiterentwicklung vorheriger Baureihen.

Sprengarbeiten

Gesprengt wurde nicht mehr wie zu Agricolas Zeiten mit Feuersetzen und Abschrecken des erhitzten Gesteins mit Wasser. Es gab schon ausgewiesene Bergbausprengstoffe. Sie wurden zunächst patroniert, später lose verwendet. Das war eine Revolution im Sprengwesen. Der Sprengstoff wurde untertage aus ungefährlichen Bestandteilen gemischt und in 25-kg-Plastesäcken zu den zu sprengenden Betriebspunkten transportiert. Von einem Druckluftkessel wurde der leicht dosierbare Sprengstoff über einen Plastikschlauch in die Bohrlöcher gedrückt. Für jedes Bohrloch wurde nur noch eine Patrone zum Anbringen des Zünders – für die Herstellung der Schlagpatrone – benötigt. Auch die Zünder nahmen eine rasante Entwicklung. Von der Sprengkapsel, die über die Zündschnur zur Detona-

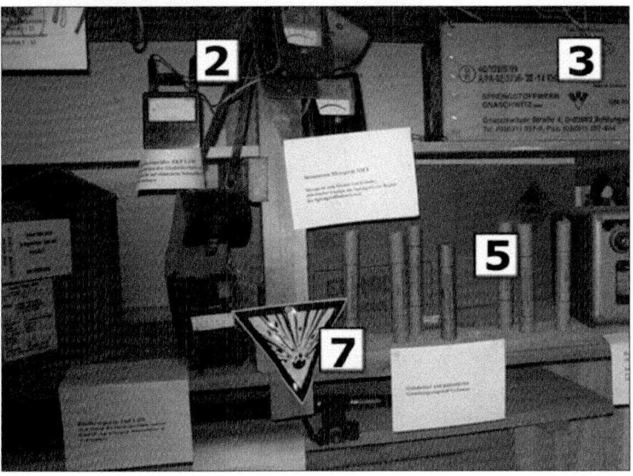

Abb. 12 Blick in einen Zwischenbunker im Museum Ronneburg (eigenes Foto)

1 – Verschleißkabel zur Verbindung zwischen Zündstelle und Sprengort.

2 – Gerät zur Durchgangsprüfung (sichere Verbindung der Leitung).

3 – Pappkartons (Verpackung für patronierten Sprengstoff).

4 – Verschiedene Zünder.

5 – Sprengstoffpatronen.

6 – elektrische Zündmaschinen mit Handkurbeln zur Erzeugung des Zündstromes.

7 – Warnschild für Sprengarbeiten.

8 – Schlüssel für die Schränke der einzelnen Sprengmeister.

9 – Transporttasche für Sprengstoff (für Zünder gab es eine gesonderte Tasche).

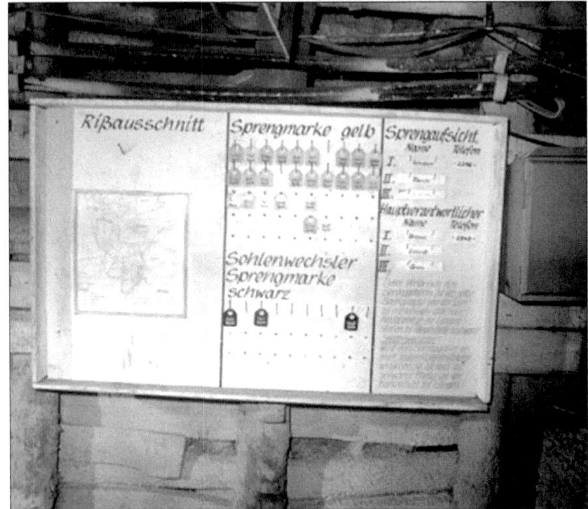

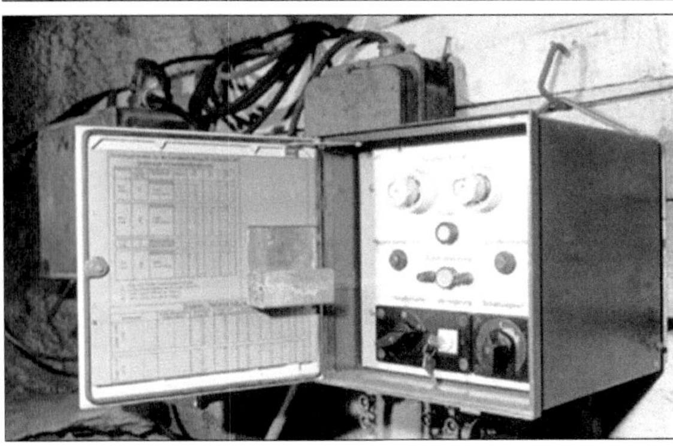

Abb. 13 Sprengstoffladegerät für lose Sprengstoffe, Markentafel und zentrale Zündstelle (ZAWismut und eigenes Foto)

tion gebracht wurde (Zündung mit Zündlicht oder Elektrozünder) ging es hin zu gekennzeichneten Millisekundenzündern, die nach der gewünschten Zündfolge auf die Bohrlöcher verteilt wurden. Vorher war die Länge der Zündschnur für die Zündfolge entscheidend. Alle Sprengmittel (Sprengstoff und Zündmittel) wurden im Sprengmittellager unter Verschluss aufbewahrt und unterlagen strengen Sicherheitsvorschriften. Bei großer Ausdehnung des Grubenfeldes wurden Zwischenbunker für Sprengstoff eingerichtet.

Alle Zugänge zum Sprengort mussten vor Beginn der Durchführung von Sprengarbeiten gegen Betreten gesichert werden – die Absperrung musste erfolgen. Mit zunehmender Konzentration der Bergarbeiten und der Erhöhung der Anzahl der Zugänge wurde die Absperrung immer komplizierter und es stand nicht immer die erforderliche Anzahl an Absperrposten zur Verfügung. Es erfolgte der Übergang zum „Zentralen Sprengen". Alle zur Sprengung vorbereiteten Orte wurden an eine zentrale Sprengleitung angeschlossen. Die gesamte Grube galt als Absperrbereich.

Die Zündung erfolgte erst, wenn der gesamte Sperrbereich geräumt war. Die Kontrolle wurde mit Sprengmarken vorgenommen.

Förderarbeiten: Nach der Sprengung mussten die Betriebspunkte ausreichend bewettert und das Haufwerk mit Wasser abgespritzt werden. Ventilatoren bliesen über Lutten (Röhren zur Bewetterung) Frischluft zu den Betriebspunkten, um die schädlichen Sprenggase herauszuspülen. Mit einem Wasserstrahl wurde die gesprengte Gesteinspartie abgespritzt und der Staub gebunden.
Zunächst standen nur Schaufeln für Förderarbeiten zur Verfügung. Und selbst die gab es nicht in ausreichender Anzahl. Werkzeug musste versteckt werden. Alte Wismut-Hasen aus dem Annaberger Gebiet berichteten davon, dass sie zu Beginn ihrer Tätigkeit noch mit den mittelalterlichen Geräten Kratze und Trog Uranerz

Abb. 14 Schrapper vom Typ KS 700 im Thüringer Erzbergbau (ZAWismut)

aus alten Abbauen gewonnen haben. Als ich im Jahr 1955 bei der Wismut anfing, dominierte noch die Handförderung. Lediglich im Gleisvortrieb gab es schon druckluftbetriebene Lademaschinen. Dieser PML 63 wurde betreffs Wurfweite – als Anpassung an größere Förderwagen – und Schwenkbreite zum LWS weiterentwickelt und war generell im Einsatz. Im Abbau begann 1955 der Einsatz von Schrappern. Im Vergleich zu den mir aus dem Kalibergbau bekannten Geräten muteten sie wie Spielzeug an. Zunächst waren es die Kleinschrapper KS 500 und 700 (Die Zahl steht für die Trommelbreite in mm). Später war der NS 1 der Normalschrapper, bis sich Schrapper der sowjetischen Baureihe LS in den Typen 17, 30 und 55 durchsetzten (nach der Antriebleistung in kW).

Für die Förderarbeiten in einem 3,5 m breiten Vortriebsort wurden zwei nebeneinander aufgestellte Schrapper eingesetzt. In der unteren Bildreihe sieht man die Befestigung des Schrappers mit Holzspreizen und die typische Haltung eines Schrapperfahrers – die Hebel bedienen sich so leicht, wenn man einen Fuß auf den warmen Motor stellt. Als auch mit dem Schrapper keine Leistungssteigerung mehr erreichbar war, wurden selbstfahrende Lademaschinen eingesetzt. Sie waren Nachbauten westlicher Modelle. In den 80-er Jahren dominierten druckluftbetriebene Bunkerlader vom Typ LBW 125/1000 und Dieselfahrlader von Typ DFL. Elektrolader setzten sich nicht generell durch.

Abb. 15 Rollenaustrag im Stadium des Aufbaus (noch ohne Verschluss) (eigenes Foto)

Abbaugrubenbaue liegen in der Regel über dem Sohlenniveau. Zur Verbindung der beiden Ebenen werden Vertikalverbindungen in Form von Überhauen mit Fahrten (Leitern) zum Zugang in den Abbauhorizont und eines separaten Teils für die Förderung oder als Rollen geschaffen. Rollen dienen überwiegend der Förderung. Sie stellen eine Art Bunker dar, in denen das Fördergut infolge der Schwerkraft zur Grundsohle gelangt und dort in Hunte gefüllt werden kann. Diese Bunker haben einen speziellen Verschluss, mit dem der Förderstrom dem Hunteinhalt angepasst werden kann.

Bei der Wismut wurde zunächst mit allen verfügbaren Huntetypen gearbeitet. Mit der Erweiterung der Bergarbeiten waren Neuanfertigungen erforderlich. Zunächst waren es Hunte mit einem Fassungsvermögen von 0,65 m^3, später mit 1,5 m^3.

Ab den 70-er Jahren wurden Rollen überwiegend durch Großlochbohrung hergestellt. Aus einem Pilotbohrloch wird im Nachriss etappenweise von oben nach unten der Durchmesser auf 1,2 Meter erweitert. Voraussetzung dafür ist, dass auf beiden Ebenen ein Zugang besteht. Auf diese Art wurden auch viele Abwetterbohrlöcher nach Übertage hergestellt. Die Disken zum Nachschnitt auf 2,4 Meter Durchmesser erfordern eine Hebevorrichtung, die auch für eine nachfolgende Verrohrung mit Stahlsegmenten benötigt wird. Verrohrung wurde eingebracht, um die geschaffenen Hohlräume vor Nachbruch zu schützen.

Abb. 16 Hunte 1,5 m^3 und 0,65 m^3 (Eigenbau Wismut) (eigene Fotos)

Ausbau: Nur in standfestem Gebirge konnten Auffahrungen ohne Ausbau stattfinden. Als Ausbauarten fanden Holz, Stahlbeton, Stahl, Anker und Spritzbeton Anwendung. Bei der Wismut erfolgten zunächst alle Auffahrungen in Holzausbau. Später wurden langlebige Grubenbaue zunächst in Stahlbeton gesichert. Erst als

Abb. 17 Erweiterungsstufen der Großlochbohrung (Chronik der Wismut)
Links: Montage der Erweiterungsstufe 1,2 m für den Untertageeinsatz
Rechts: Die Nachrissstufe 2,4 Meter mit wesentlich größeren Abmessungen wird Übertage vorbereitet.

Abb. 18/1 Ausbauart im Gleisvortrieb (ZAWismut) – Holzausbau – in langlebigen Strecken mit imprägniertem Holz.

Abb. 18/2 Ausbauart im Gleisvortrieb (ZAWismut) – Kombinierter Ausbau aus Stahlbogenausbau und Stahlbetonteilen. Im Thüringer Raum wurde auch der BTK-Ausbau (kombinierter Beton-Türstock-Ausbau) aus geformten Stahlbetonteilen angewendet (in Kurven und Streckenabgängen sehr kompliziert)

Abb. 18/3 Ausbauart im Gleisvortrieb (ZAWismut) – Stahlbogenausbau mit Holzverzug (als Abdeckung Rundhölzer). Normalerweise arbeiten vier Hauer bei dieser Art des Vortriebes. Bei der Aufnahme handelt es sich bestimmt um einen Schnellvortrieb oder um ein Fotoshooting.

Abb. 19 Holzausbau im Abbau (ZAWismut)
Oben: Sicherung eines Neuanschusses
Unten: Auffahrung eines Grubenbaues mit einer Höhe über vier Meter unter standfester Firste.

Ausbauteile aus Stahl zur Verfügung standen, wurden Stahlbogen bzw. Eisenbahnschienen S49 eingesetzt. S49 steht für das Gewicht für einen Meter Schiene – ein Ausbauteil konnte somit über 180 kg wiegen – eine enorme körperliche Belastung für die Hauer.
Im Abbau, dem Ziel des Bergbaus, wurde vorwiegend Holz eingesetzt. Holz hat zwar geringere Widerstandswerte als Stahl, besitzt aber neben den geringen Kosten eine wichtige Eigenschaft: Holz bricht mit Vorwarnung. Holz kann den Bergmann warnen. Zunächst verformt es sich, um später zu splittern.
Bei Auffahrungen mit Ausbau war vor Beginn der Förderarbeiten eine Vorabsicherung der Firste erforderlich. Diese Vorabsicherung wurde nach Abschluss der Förderung zum endgültigen Ausbau komplettiert.

In druckhaften Strecken wurde zur Ausbauunterstützung Polygonausbau angewendet. Wenn der Ausbau den Belastungen nicht mehr standhalten konnte, traten Brüche – Verbrüche – auf. Deren Aufbewältigung war kompliziert, aufwändig und erforderte bergmännische Erfahrung. Ausbauart und Ausbaudichte – der Abstand der einzelnen Ausbauteile – wurde in Passporten festgelegt. Der Ausbauabstand konnte bis zwei Meter betragen. Man unterscheidet zwischen Bolzenschrot und Vollschrot. Beim Ausbau in Bolzenschrot wird der Abstand der einzelnen Türstöcke

mit Spreizen fixiert; beim Vollschrot steht Bau an Bau. Die einzelnen Baue bestehen beim Holzausbau aus Kappen in der Firste und Stempeln als vertikale Unterstützung. Je nach Beschaffenheit des Gebirges werden Firste und Stöße gegen Nachbruch gesondert gesichert. Dazu werden Verzugshölzer aus Schwarten oder Halbhölzern eingebracht.

Abb. 20 Ausbausicherung und Überlastungsbruch (ZAWismut)

Zum Abschluss noch zwei Sondereinrichtungen.

In weit verzweigten Grubenfeldern wurden zur Verkürzung der untertägigen Wegezeit Verkehrsmittel eingesetzt. Im Kalibergbau waren es Dieselfahrzeuge mit Sitzbänken, bei der Wismut Personenzüge, die von Elektrolokomotiven gezogen wurden.

Auch ein Bergmann hat gelegentlich das Bedürfnis der Darmentleerung. Dazu waren in allen Bergwerken Kübelstationen eingerichtet. Die Kübel standen im Kalibergbau frei, bei der Wismut in besonderen Verschlägen. Sie waren in den

Abb. 21 Waggon zur Mannschaftsbeförderung Untertage (eigenes Foto)

Kübelstationen untergebracht.

Die Aufnahme stammt aus dem Bergbaumuseum Ronneburg. Dort kann der Dummie schon einmal vergessen, die Hosen herabzulassen. Ein Bergmann hätte danach doch erhebliche Probleme gehabt. Im Besucherbergwerk Simson in Andreasberg im Harz hängt ein Foto von einem Bergmann, der den Kübel offensichtlich wirklich benutzt hat. Für die regelmäßige Leerung der Kübel waren in den 60-er Jahren Assanisatoren zuständig. Sie arbeiteten im Schichtlohn und erhielten die doppelte Schnapsration. Das war eine besondere Art von Kumpels. Keiner wollte wegen der Geruchsbelästigung mit ihnen etwas zu tun haben. An den Blind- und Hauptschächten hatten sie immer Vorfahrt, wenn sie mit ihrem kinderwagenähnlichen Gestell kamen, die mit Kübeln beladen waren. Einer der zwei Kübelfahrer war ein besonderer Typ. Man sagte ihm nach, dass er nach dem Entleeren der Kübel diese mit einer großen Zeitung einer Nachreinigung von Hand unterzog. Nach Erledigung der Arbeit setzte er sich an die Seite und verzehrte genüsslich seine in eine andere Zeitung eingehüllte Bemme. Gelegenheit die Hände zu waschen, hatte er nicht, bzw. er benutzte sie nicht.

Abb. 22 Bergmann beim Benutzen des Kübels (eigenes Foto)

1.4 Das Vorspiel – Schnupperkurs im Kalibergbau

Entsprechend der Empfehlung der Bergakademie Freiberg meldete ich mich im Kalikombinat „Ernst Thälmann“ in Merkers und hatte Glück. Dort suchte man Arbeitskräfte für den Untertageeinsatz. Ich bekam einen Personalfragebogen zugeschickt, mit dem Hinweis, dass ich mich damit in der Personalabteilung melden soll. Zum damaligen Fragebogen mit Lichtbildern gehörte, dass man eine Person benennen musste, die die Angaben bestätigen kann. Die Anreise nach Merkers war mit Schwierigkeiten verbunden. Die Entfernung von Rudolstadt beträgt zwar nur knapp 100 Kilometer Luftlinie, aber mit der Bahn war es eine Tagesreise. Mit fünfmaligem Umsteigen dauerte die Fahrt weit über acht Stunden. Also musste ich bereits am Vorabend losfahren, um noch zur Dienstzeit in Merkers anzukommen. Als Übernachtungsstätte hatte ich mir die Wartehalle des Bahnhofes Eisenach ausgesucht. Die Verwaltung des Kalikombinates befand sich in unmittelbarer Nähe des Bahnhofes Merkers und die Einstellung erfolgte relativ zügig, sodass noch Zeit bestand, mir eine Unterkunft zu suchen.

Ich wurde auf die Schachtanlage K1 vermittelt und das möblierte Zimmer war in einem Haus in Schachtnähe am „Hämbacher Kreuz“ – einer Straßenkreuzung. Die Bezeichnung K1 stammte aus der Zeit des Beginns des Kaliabbaus im Werratal. Der begann in Kaiseroda – daher die Bezeichnung K1 (Kaiseroda 1). Der Schacht 1 war in Hämbach bei Merkers angesiedelt und wurde schon vor der Wende zum 20. Jahrhundert errichtet. Die Förderung begann im Jahr 1901.

Abb. 23 Das Werk zur Gründerzeit
(nach einem Stich der Kunstanstalt Eckert und Pflug aus Leipzig um 1919)

In der Vergrößerung: Fördergerüst und Förderbrücke sind in den Gebäudekomplex integriert. Im Jahr 1954 war das Werksensemble noch im Wesentlichen erhalten, wenn man von ein paar Erweiterungsbauten absieht.

Abb. 24 Das Werk um 1954 (Sammlung Harald Schmidt Merkers)

Alles sah noch aus wie zum Zeitpunkt der Errichtung um die Jahrhundertwende: Schachtanlage, Verladebahnhof und nahezu die gesamte Übertageeinrichtung. Untertage waren die Einrichtungen zwar auch vorsintflutlich, aber die Dimensionen der Grubenbaue beeindruckten mich mächtig und sprengten meine Vorstellungen von der Enge im Bergbau. Nicht grundlos war der Kalibergbau auch als „Salonbergbau" bekannt. Das Kalikombinat Merkers war die Nummer 42 der 66 SAG-Betriebe und einer der sieben Kalibetriebe, die 1953 an die DDR zurückgegeben wurden. Als Betrieb der staatlichen (auch als sowjetische) Aktiengesellschaft lief der Betrieb unter dem Namen „Kalikombinat Kaiseroda" bis zur Rückgabe. SAG-Betriebe waren Betriebe, die 1946 nach dem Zweiten Weltkrieg von der sowjetischen Militäradministration als Reparationsleistungen in Eigentum der Sowjetunion überführt wurden – **S**taatliche **A**ktien-**G**esellschaften (SAG). Später wurden die Betriebe Merkers, Unterbreizbach und Dorndorf zum Kalikombinat Werra zusammengefasst.
Beim Betreten des Betriebes fielen mir zunächst die Stechuhren auf. Neben den Uhren waren die Stechkarten fein säuberlich in Steckkästen untergebracht. Über diese Kästen wurden auch die betrieblichen Mitteilungen – wie Lohnstreifen – an den Mann gebracht. Nach dem Schichtwechsel sammelte der Pförtner die Karten ein und führte seine Schichtliste – im Bergmannsdeutsch hieß das: „die Schicht wurde geschmitzt"

Abb. 25 Stechuhren am Betriebseingang in Merkers (Repro aus einer Betriebszeitung des ehem. Kalikombinates Werra)

Die Mitarbeiter des Betriebsschutzes achteten peinlich darauf, dass man nach dem Vorzeigen des Betriebsausweises auch die Stechkarte in die Uhr steckte und auf der Karte die Einlasszeit gestempelt war. Wie genau das genommen wurde, erfuhr ich alle drei Wochen montags. Damals wurde noch in der Sechs-Tage-Woche gearbeitet. Auf Grund der Zugverbindung konnte ich nur beim langen Schichtwechsel von der Früh- in die Nachtschicht nach Rudolstadt zu meiner Freundin aus Bad Blankenburg fahren. Das klappte aber nur, wenn ich den Zug gegen 14 Uhr in Tiefenort erreichte. Dazu musste ich den Betrieb bereits gegen 13:15 Uhr verlassen. Das erfolgte mit Genehmigung des Steigers, der mich bei der Steigerseilfahrt gegen 12:30 Uhr mit aus der Grube nahm. Diese schriftliche Genehmigung lag beim Betriebschutz. Trotzdem musste ich mich regelmäßig dienstags nach der Nachtschicht melden, weil ich freitags den Betrieb bereits vor Schichtende verlassen hatte.
Am Einstellungstag meldete ich mich beim Betriebsleiter von K1 und erhielt eine kurze Einweisung in meine zukünftige Tätigkeit. Ich wurde eingekleidet und erhielt ein Geleucht (Grubenlampe). Das war eine Karbidlampe. Die Lampe bestand aus zwei übereinander angeordneten Behältern. Oben war der Wasserbehälter, der vor Schichtbeginn gefüllt und nach der Schicht entleert werden musste. Darunter befand sich das Karbidfässchen, für dessen Wartung der Lampenmeister zuständig war. Bei der Verbindung von Karbid mit Wasser entsteht Azetylen (wie beim autogenen Schweißen mit dem Karbidkübel). Die Wasserzufuhr musste man über eine Stellschraube regulieren. Das war anfangs schwierig. Bei zu starker Wasserzufuhr entwickelte sich ein infernalischer Gestank. War sie zu gering, verlöschte das Lämpchen. Das Azetylen gelangte über ein Metallröhrchen zu dem Austrag, auf dem ein Brenner saß. Die Brenner musste man käuflich erwerben. Die Brennerdüse war sehr anfällig gegen Verrußung. Für die Reinigung wurden sehr dünne Brennernadeln benötigt. Man konnte sie ebenfalls kaufen. Bergleute

Abb. 26 Grubenlampen im Wandel der Zeiten (ZAWismut und eigene Fotos)
Links: Nachbau eines Frosches aus dem Mittelalter.
Mitte: Meine erste elektrische Lampe (etwa 8 kg schwer) – die sogen. „Bombe“.
Rechts: Karbidlampe mit auf Hochglanz poliertem Spiegel.

Abb. 26 Grubenlampen im Wandel der Zeiten – Ladestation für elektrische Kopflampen. (ZAWismut und eigene Fotos)

sind erfinderisch, sie stellten sie selbst her. Ein kurzes Stück Litze vom Schrapperseil auf einer Schiene breit geklopft und fertig war die Brennernadel. Je nach Azetylengehalt brannte das Gas mit gelber bis blauer Flamme. Eine Metallplatte als Spiegel erhöhte die Leuchtkraft, obwohl sie aus nichtglänzendem Metall gefertigt war. Mein Geleucht war ohne aufgesteckte Metallplatte. Die Lampen von Aufsichtspersonen hatten einen Spiegel aus Messing, der vom Lampenwart ständig auf Hochglanz poliert wurde. Durch ihren hellen Schein konnte man diese Personen schon von Weitem erkennen. Eine zweckmäßige Besonderheit wiesen die Karbidlampen auf. Sie hatten einen extra geformten Haken, wie ihn schon die Bergleute im Mittelalter benutzten. Die im Mittelalter verwendete Lampe wurde als „Frosch" bezeichnet.
Mit dem Haken konnte man das Geleucht überall aufhängen, wo es einen kleinen Vorsprung am Stoß (Wand eines Grubenbaues) gab. Beim Laufen konnte man den Haken über die Schulter einhängen.

Zur Bekleidung gehörten neben den Arbeitsanzügen und den stabilen Arbeitsschutzschuhen aus Leder auch Grubenhelme. Doch diese wurden nur von wenigen Kumpels getragen. Dazu gehörten das Aufsichtspersonal, Angehörige der Grubenwehr (An einer Banderole am Helm konnte man ihre Zugehörigkeit zur Grubenwehr erkennen.) und einige Bergleute, die sich in einer Art der Bewährung Untertage befanden. Ich tauschte auch sehr bald meinen Helm gegen die Thälmann-Mütze meines Vaters ein. Neben weiteren Thälmann-Mützen gab es Hüte,

Abb. 27/1 Kopfbedeckungen in Merkers (Sammlung Harald Schmidt, Merkers)

Skimützen und Käppis und auch einige Fantasiegebilde. So trug zum Beispiel der Lehrhauer Fritz einen großkrempigen grün-roten Damenhut. Die Farben konnte man nur noch andeutungsweise erkennen, weil der Hut mit einer grauen Schicht aus Salzstaub überzogen war.

Auch eine emaillierte Trinkflasche mit einem Fassungsvermögen von etwa zwei Litern gehörte zur bereitgestellten Ausrüstung. Die Öffnung wurde mit einem Schnappverschluss, wie eine Bierflasche der damaligen Zeit, verschlossen. Vor der Einfahrt konnte man die Flasche aus bereitstehenden Teekübeln füllen. Sie hatte einen zweckmäßigen Henkel, durch den man den Träger des Frühstücksbeutels ziehen konnte. Als Frühstücksbeutel fungierte mein Beutel von der Ausrüstung für die Weltfestspiele 1951. Zunächst wunderte ich mich über die Größe der Flasche, musste aber sehr bald feststellen, dass sie für die ersten Tage viel zu klein war. Die körperliche Anstrengung, der feine Salzstaub und die extrem niedrige Luftfeuchtigkeit (Salz ist sehr hygroskopisch) sorgten für eine hohe Verdunstung der Körperflüssigkeit. Spätestens ab der Frühstückspause brauchte ich Nachschub von den Arbeitskollegen. Nach einigen Wochen hatte ich mich an die

Abb. 27/2 Kopfbedeckungen in Merkers (Sammlung Harald Schmidt, Merkers)

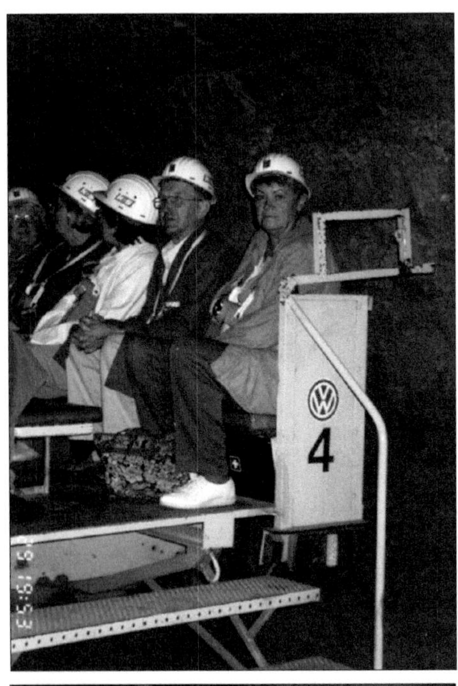

Abb. 28 Begrüßung im Besucherbergwerk und die „längste Achterbahn"
(eigene Fotos)

klimatischen Verhältnisse in der Grube gewöhnt und kam mit dem Inhalt einer wesentlich kleineren Flasche aus. Es war ein Überbleibsel aus der amerikanischen Besatzungszeit, eine Aluminium-Trinkflasche der US-Army. Ich hatte mir von anderen Kumpels die Angewohnheit abgeguckt, nach Beendigung der Schicht, den Restinhalt der Flasche auf dem Weg zur Seilfahrt zu entleeren. Das machte ich nur bis zu dem Tag, als wegen einer Havarie keine Seilfahrt stattfinden konnte. Die gesamte Schichtbelegung wurde vom Steiger untertage in das Grubenfeld von Merkers geführt – genau bis zu einer Stelle, von der aus der Mannschaftstransport mit Lastkraftwagen zu den Schächten von Merkers stattfand. Im Grubenfeld

Merkers gab es zu dieser Zeit neben den Fahrzeugen für den Mannschaftstransport auch Kübelwagen für Reparaturpersonal und Motorräder für Steiger. Die Grube hatte eine entsprechende Ausdehnung. Die Wege wären zu Fuß gar nicht zu bewältigen gewesen. Die Fahrt auf dem LKW war sehr gewöhnungsbedürftig. Die Geschwindigkeit erscheint untertage auf Grund der räumlichen Verhältnisse um vieles höher als auf der Straße. Außerdem gab es nur rechtwinklige Kurven und den Fahrern bereitete es ein Mordsvergnügen, um die Ecken kräftig Gas zu geben. Wer die Gelegenheit hat, das Schaubergwerk Merkers zu besuchen, sollte das unbedingt tun. Das ist ein echtes Bergbauerlebnis und gibt nicht nur Einblicke in das Leben der ehemaligen Bergleute. Die Fahrt mit der längsten Achterbahn der Welt (LKW-Transport für Besucher) bleibt unvergessen. Ebenso die Besichtigung einer „Kristallgrotte" mit herrlichen überdimensionalen Kristallen, eines Tresors, aus dem die Amerikaner 1945 in einer Nacht-und-Nebel-Aktion die eingelagerten Goldreserven der Deutschen Staatsbank in die USA verbrachten und eines unvorstellbar riesigen Hohlraumes, der als Salzbunker zur Stabilisierung der Kaliförderung kurz vor dem Ende der Gewinnung in Merkers aufgefahren wurde.

Beim Begehen des Fluchtweges nach Merkers bereute ich sehr, dass meine Trinkflasche leer war. Der Weg war mit einer feinen Salzstaubschicht bedeckt und es herrschte ein kräftiger Luftzug. Die alten Hasen kannten das und sicherten sich Plätze an der Spitze des Feldes, weil der Luftzug uns entgegenkam. Nur die nicht Eingeweihten mussten den aufgewirbelten Staub schlucken und waren froh, als die Fahrzeuge in Sicht kamen.
Bei meiner ersten Grubenfahrt fuhr ich mit dem Steiger ein. Ein Bergmann läuft nicht – er fährt (auch wenn er läuft!). Er war ein älterer Herr mit einer starken Brille. Spitznamen waren im Bergbau verbreitet und der Steiger wurde wegen der Brille „Doktor" genannt. Er gab mir einige Verhaltensregeln und dann verschlug es mir den Atem. Er sagte: „Ein Bergmann muss dumm und stark sein und darf die Uhr nicht kennen." Dem zweiten Teil konnte ich keine Bedeutung abgewinnen. Aber was den ersten Teil betrifft, kam ich im Laufe der Zeit zu der Erkenntnis, dass er von sich auf Andere schloss.
Meine ersten Eindrücke sammelte ich auf der Förderbrücke, die sich mehr als 10 Meter über dem Niveau des Werksgeländes befand. Auf der Förderbrücke kamen die Hunte aus dem Förderkorb und wurden zu den Kreiselkippern zur Entleerung in die Bunker gefahren. Zur Erreichung des Bunkersturzes und eines ausreichenden Bunkervolumens waren Förderbrücken hoch über dem Gelände angelegt. Ich war erschüttert. Die Hunte wurden vom Schacht zum Kreiselkipper auf einer glatten Stahlblechunterlage von Frauen gefahren. Es gab keine Gleise. Die Hunte mussten durch seitlichen Druck in die gewünschte Richtung gebracht werden. Sicher, die Hunte waren durch einen geringen Achsabstand relativ leicht dirigierbar. Aber das war in meinen Augen keine Arbeit für Frauen – auch wenn die Abfahrerinnen durchweg stramm gebaut waren. Der flämische Maler Rubens aus dem Barockzeitalter hätte seine wahre Freude an diesen Körpern gehabt – eine Verabredung ins Atelier wäre sicher zustande gekommen. Aber zu dieser Zeit gab es noch keinen Kalibergbau. Und was sollte Rubens in dieser Einöde gewollt

haben? Der Eindruck der Körperfülle der Frauen wurde obendrein noch durch die Arbeitsbekleidung verstärkt. Es ging auf den Winter zu und an den Schächten herrscht generell ein starker Luftzug. Schächte besitzen überwiegend mehrere Funktionen. Der Schacht 1 hatte die Funktionen Förderung, Seilfahrt und Bewetterung der Grube (Belüftung). Bis zur Sonderseilfahrt konnte ich die Tätigkeiten ausgiebig beobachten. Dann war es soweit. In der unteren der drei Etagen des Förderkorbes wurden nach innen öffnende Metalltore eingehängt und mit einem kräftigen „Glückauf“ ging es in den Korb. Ich glaube, dass ich nie wieder so inbrünstig den Bergmannsgruß von mir gegeben habe. Es war mein erster Gruß. Der Einstieg brachte die nächste Überraschung. Die Etagenhöhe war der Huntehöhe angepasst und die Seilfahrt erfolgte in gehockter Stellung. Es hatten je vier Personen in gehockter Stellung in den beiden unteren Etagen Platz. In der oberen Etage hatten fünf Kumpel Platz und die konnten stehen. Aber auch das hatte seinen Preis in Bezug auf die Bequemlichkeit. Die Höhe ergab sich nur dadurch, dass in dieser Etage die so genannte Königswelle untergebracht werden musste und, dass unter dieser Anordnung auch noch ein Hunt Platz haben musste. Also auch auf der oberen Etage war es notwendig, sich beim Unterqueren der Königswelle beim Ein- oder Aussteigen zu bücken. Die Königswelle ist eine Sicherheitseinrichtung, an der der Förderkorb am Seil befestigt ist. Bei fehlender Belastung (z. B. Seilriss) spreizten sich messerartige Krallen in die Spurlatten, die Führung der Förderkörbe. Damit soll der Förderkorb an Schachteinbauten arretiert werden. Mit acht Meter pro Sekunde fiel ich dann etwa 300 Meter (zumindest hatte ich das Gefühl, dass ich falle) bis zum Füllort des ersten Flözes. Dort hielt der För-

Abb. 29 Das Füllort K1 auf einer alten Postkarte (Sammlung Josef Müller, Eiterfeld)

derkorb und wir stiegen aus. Das Füllort ist der Punkt, an dem der Übergang vom Schacht in horizontale Grubenbaue erfolgt. Es sah 1954 noch nahezu genau so aus wie auf einer Postkarte aus dem Jahr 1908.

Das Schachtgitter wurde für das Aufschieben des Huntes noch mit der Hand beiseite geschoben. Der Signalist rechts – auch als „Anschläger“ bezeichnet – hat die Hand am Signal, um dem übertägigen Signalisten das Signal „Fertig“ zu geben. Dieser erteilt, wenn auch bei ihm die Beschickung des Förderkorbes beendet ist, dem Fördermaschinisten die Freigabe zur Bewegung des Förderkorbes. Aus dem Größenverhältnis Bergmann und freier Raum zwischen Hunt und Königswelle kann man ermessen, wie tief die Bergleute beim Ein- bzw. Aussteigen in den Förderkorb in die Hocke gehen mussten.
Ich kannte noch kein anderes Bergwerk und so kam mir die ganze Angelegenheit normal vor. Die Anlage war jedoch antiquiert. Wie man gut erkennen kann, gab es auch im Füllort keine Gleise. Die Hunte wurden vom Ende des Gleises auf Stahlblechen zum Förderkorb geschoben. Dabei wurde der leere Hunt ausgestoßen und hinter dem Schacht ebenfalls auf einer Stahlplatte auf das rechts im Bild am Schacht vorbeiführende Gleis geschoben. Auf K1 gab es untertage kein Wasser. Da sich die Hunte auf einer feuchten Platte besser dirigieren ließen, wurde die Platte durch Urinieren feucht gehalten.
Erst im Frühjahr 1955 wurde das Füllort rekonstruiert und ein Schleifenfüllort aufgefahren und eingerichtet. Die Gleislage war dann wie eine zweigleisige Wendeschleife der Straßenbahn gestaltet und erleichterte die Arbeit der Schachtbesatzung wesentlich. Übertage blieb der archaische Förderablauf und die Frauen mussten sich weiterhin schinden.
Beim Seilbahnbetrieb fiel mir auf, dass Linksverkehr herrschte. Ich konnte keinen Grund dafür erkennen. Ein umlaufendes Seil zog die Hunte. In der Mitte des Huntes befand sich oben eine Gabel, womit der Hunt an dem Seil befestigt werden konnte – er wurde angeschlagen, indem das Seil ausgehoben und in die Gabel gelegt wurde. Das Seil verklemmte sich und nahm den Hunt mit (daher der Name „Mitnehmer“). Auf K1 gab es kleine Hunte mit nur einem Mitnehmer. Dadurch war die Einfüllöffnung halbiert und die Größe der zu verladenden Brocken war sehr begrenzt.

Abb. 30/1 Gleisförderung im Kalibergwerk – Seilbahn-Anschlagpunkt am Füllort – Leerseite.
(Sammlung Harald Schmidt, Merkers)

Abb. 30/2 Gleisförderung im Kalibergwerk – Anschlagpunkt Hauptbahn-Nebenbahn – Vollseite. (Sammlung Harald Schmidt, Merkers)

Abb. 30/3 Gleisförderung im Kalibergwerk – Füllstelle am Schrapper (anderer Huntetyp). (Sammlung Harald Schmidt, Merkers)

Auf dem Bild 30/1 erkennt man den Mitnehmer und die verringerte Öffnung für die Beladung sehr deutlich. In Merkers waren Großraumhunte mit zwei Mitnehmern im Einsatz, jeweils an den Stirnseiten. Das war sehr vorteilhaft. Der Huntepark war in einem sehr abgewirtschafteten Zustand. Die Mitnehmer waren mitunter so abgenutzt, dass die erforderliche Klemmwirkung am Seil nicht mehr eintrat. Es kam auch vor, dass Hunte aus Alterschwäche während der Fahrt ein Rad verloren. Die Gleislage war katastrophal. Alle diese Faktoren führten zu ständigen Havarien – besonders in den Strecken mit Gefälle. Schlechte Mitnehmer waren dafür verantwortlich, dass Hunte seillos wurden und im Selbstlauf die Bahn leer fegten. Spurerweiterung in der Gleisanlage und verlorene Räder führten zu Entgleisungen und Auflaufen der nachfolgenden Hunte. Aber auch Überlastungen der Bahn nach Förderaufällen sorgten für Havarien. Die Bahn „ging durch“. Die bergab fahrenden vollen Hunte nahmen Fahrt auf und die bergauf zu ziehenden leeren Hunte reichten nicht zum Abbremsen. Motor und Konstruktion der Seilbahn waren für eine Überlastung nicht ausgelegt. Die Hunte erreichten eine immer größere Geschwindigkeit. Das führte zu Entgleisungen oder Sicherheitseinrichtungen sprangen an. „Huntefänger“ brachten zu schnell laufende Hunte gezielt zum Engleisen, indem mit der Vorderachse eine Stoppeinrichtung vor die Hinterachse geschleudert wurde, die den Hunt zum Entgleisen brachte. Derartige Störungen im Seilbahnbetrieb gab es in jeder Schicht mehrere. Sie konnten im Extremfall über 30 Hunte ausmachen, die mehr oder weniger ineinander verkeilt waren. Viel Kraft und Geschick waren erforderlich, um umgekippte Hunte wieder auf die Beine und aufs Gleis zu stellen. Der enge Achsabstand und die geringe Bauhöhe der Hunte erleichterten allerdings die Arbeiten zur Beseitigung der Havarien. Wenn man die langen Hebebäume aus Rundholz von etwa 10 cm Durchmesser geschickt ansetzte, konnte man auch schon mal einen vollen Hunt allein wieder auf die Gleise bringen. Havarien traten überwiegend in den Zubringerbahnen auf. Sie hatten Gefälle im Selbstlaufbereich der Hunte. Die Hauptbahn zum Schacht hatte nur geringe Höhenunterschiede. Die Gleisverlegung an den Anschlagpunkten war gut durchdacht. Letztlich war die Seilbahn eine primitive, aber sehr rationelle Einrichtung.

Nach dem kurzen Exkurs in die Förderung nahm mich der Steiger mit zum „Munibunker“ – zum untertägigen Sprengmittellager. Dort musste ich vor der Stahltür warten und konnte den Förderablauf weiter beobachten. Der Steiger unterschrieb die Sprengstoffanforderungen der Hauer, die zugleich Sprengberechtigte waren. Den Munibunker sollte ich kurze Zeit später auch von innen kennen lernen. Ein Waggon Sprengstoff war angekommen. K1 hatte Gleisanschluss und der Sprengstoff stand auf dem Schachhof. Mit Ausnahme der Hauer wurde die Belegschaft zum Sprengstofftransport eingesetzt. Übertage wurden die Verladearbeiten in den Förderkorb von Angehörigen der Volkspolizei überwacht. Ich war für Untertage eingeteilt. Die 25-Kilo-Kartons wurden über Tage in Hunte geladen und untertage mit der Seilbahn zum Munibunker befördert. Über Drehplatten gelangten die Hunte in die einzelnen Kammern des Bunkers. Jede einzelne Kammer war mit einer eisernen Tür gesichert. Es handelte sich um Donarit 1, einen Sprengstoff mit relativ geringer Brisanz (Sprengkraft). Sie reichte für das milde

Gestein Salz. Der Leiter des Munibunkers achtete auf eine vorschriftsmäßige und zweckmäßige Lagerung der Kartons. Die Vorschriftsmäßigkeit betraf die Lagerhöhe und die Menge pro Kammer; die Zweckmäßigkeit die Anordnung der Kartons für die tägliche Bestandsaufnahme.

Beim Umgang mit Sprengstoff gab es strenge Vorschriften. Sie waren sowohl zum Schutz vor Ereignissen beim Umgang mit Sprengstoffen als auch zur Befriedigung des Sicherheitsbedürfnisses des Staates erforderlich. Es wurde zwischen Sprengstoff und Zündmitteln unterschieden. Zündmittel wurden gesondert gelagert und mussten vom Sprengberechtigten persönlich empfangen werden. Im Munibunker befestigte er die Sprengkapseln – den empfindlichsten Teil der Sprengstoffe – mit einer Würgezange an der Zündschnur. Diese wurde auf unterschiedliche Länge geschnitten, um Zündintervalle bei der Detonation zu erhalten. Sprengkapseln waren sehr empfindlich. Um eine Detonation beim Anwürgen der Zündschnur zu vermeiden, hatten sie eine Hülse, in die die Zündschnur eingeführt wurde. Eine Distanzlehre sorgte dafür, dass die Kapsel mit der explosiven Füllung nicht gewürgt werden konnte. Die vorbereiteten Zünder transportierte der Hauer in einer Kunstledertasche, die er am Arbeitsort in einem verschließbaren Behälter aufbewahrte. Der patronierte Sprengstoff kam in Leerhunten zum Arbeitsort. Dazu dienten Behälter aus nicht funkenreißendem Material (verzinkte Metallkisten mit Kunststoffträgern – sie sahen aus wie eckige Bütten der Winzer), die mit einem Vorhängeschloss verschließbar waren. Einen Schlüssel besaß der Lagerleiter und einen der Hauer. Diese Behälter sollten in verschlossenem Zustand transportiert werden. Sie sollten es. Das war aber nur in der Frühschicht der Fall. An den Hunt mit Sprengstoff kam eine hölzerne Marke mit der Nummer des Schrappers am Bestimmungsort. Diese Marke war eine Art Transportbegleitschein. Die Seilbahner an den Anschlagpunkten waren für die ordnungsgemäße Weiterbeförderung zuständig. Das ging solange gut, bis eines Tages gefüllte Sprengstoffbehälter in einem beladenen Hunt vor der Verkippung in den Salzbunker entdeckt wurden. Nach der Untersuchung des Vorfalls wurde der untertägige Transport des Sprengstoffes zusätzlich gesichert. Es wurden Sprengstoffbegleiter eingesetzt. Sie hatten die Aufgabe, die Hunte mit den Behältern vom Munibunker an zu begleiten und dem Hauer zu übergeben. In unserer Schicht war eine junge Frau für diese Tätigkeit eingesetzt. Ohne ihr zu nahe treten zu wollen: sie erfüllte die vom Steiger definierten Anforderungen an einen Bergmann mit Bravour. Jeden Montag horchten die Kumpel sie über ihr Sexualleben vom Wochenende aus, was sie auch bereitwillig ausplauderte. Eines Tages spielte ihr ein Witzbold einen tollen Streich. Sie lief auftragsgemäß neben dem Hunt mit dem hölzernen Kennzeichen und war dabei, für die Fähnrichprüfung zu trainieren. Diese erfordert im Normalfall die Fähigkeit, acht Stunden aus dem Fenster zu schauen, ohne zu denken. Der Witzbold entfernte unbemerkt das mit Zündschnur befestigte Kennzeichen und band es an einen leeren Hunt. Ihre Begleitung eines leeren Huntes bemerkte die gute Frau erst, als sie den Hauer zur Übergabe rufen ließ. Welch eine Schadenfreude herrschte bei den Bergleuten, als diese Story publik wurde.

Weitere Besonderheiten sind mir zum Sprengstoff in Erinnerung geblieben. Der Sprengstoff wurde in 5-kg-Päckchen an die Hauer ausgegeben. Zum Schutz gegen Witterungseinflüsse waren diese Päckchen in mit Wachs getränktem Papier verpackt. Dieses Papier war bei den Frauen der Kumpel und auch bei den Frauen in der Nachbarschaft sehr begehrt. Frauen waren für das Anheizen der Öfen zuständig und dieses Wachspapier war ein hervorragender Feueranzünder. Wer derartigen Papiers habhaft werden konnte, schnürte sich ein Päckchen. Als Verschnürung diente die abgewickelte Ummantelung der Zündschnur. Es galt der geflügelte Satz: „Willy (oder wie der Bergmann auch immer hieß) will wieder einmal Sex und muss deshalb F...papierchen mitbringen.“

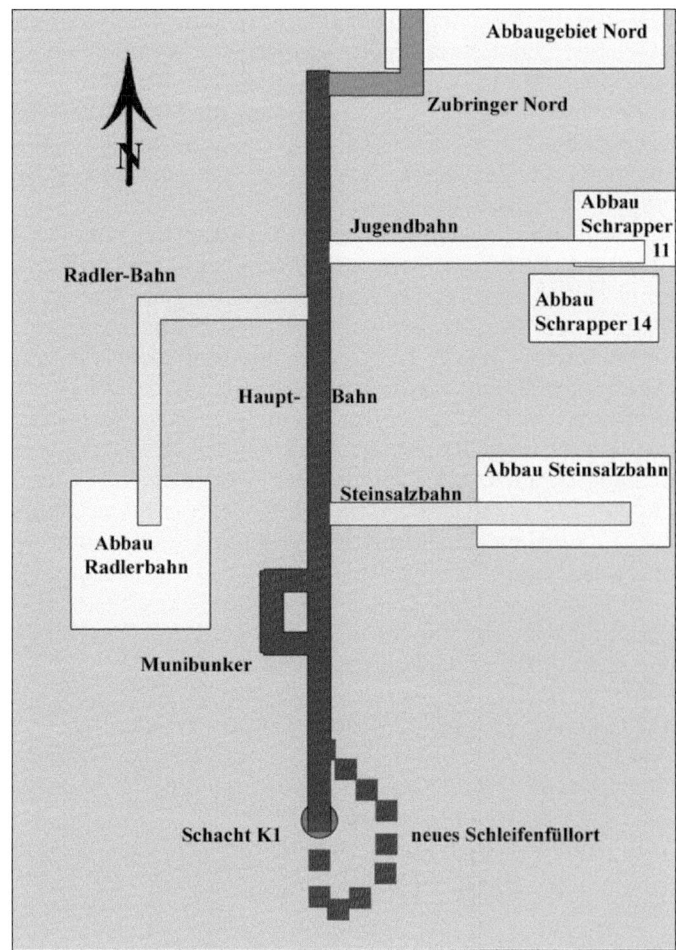

Abb. 31 Lageskizze der in Betrieb befindlichen Seilbahnen (eigene Darstellung)

Eine weitere Besonderheit betraf die Zündschnur. Ihr wirksamer Bestandteil war Schwarzpulver. Das war mit einem Schlauch aus verdrillten Baumwollfäden umhüllt, der mit Teer getränkt war. Beim Abbrennen dieser Zündschnur entstand ein infernalischer Gestank. Die Kumpels machten sich einen Spaß daraus, ein Stück glimmende Lunte dort abzulegen, wo der Gestank andere Menschen – z. B. den Nachbarn – kräftig in Wolle bringen konnte. Auch auf Tanzveranstaltungen soll glimmende Lunte zum Einsatz gekommen sein. Auf K1 wurde im Gegensatz zum Hauptschacht in Merkers noch nicht elektrisch gezündet. Deshalb gab es noch Zündlichter aus Magnesium, die ebenfalls limitiert waren. An sie war kein Herankommen. Diese Zündlichter ließen sich als überdimensionale Wunderkerzen verwenden. Bei den

Arbeiten der Organisation Todt war es kurz vor Kriegsende relativ leicht, an die begehrten Zündlichter heran zu kommen. (Vergleiche im „Schatten der Heidecksburg" Kapitel 2.1.4)
Nach der Erledigung seiner Aufgaben im Munibunker nahm mich der „Doktor" mit zu dem für mich vorgesehenen Arbeitsplatz. Es ging vorbei an Streckenabzweigungen. Hier hatten Zubringerseilbahnen ihren Anfang. Am dritten Abzweig ging es zu meinem künftigen Arbeitsplatz.
Die Seilbahnen waren in früheren Auffahrungen von Abbaukammern verlegt. Deshalb sah die Seilbahnanlage in der 16 Meter breiten Auffahrung etwas verloren aus.
Ich wurde Seilbahner am Schrapper Nummer 14. Er lag an der Jugendbahn. Diese folgte im starken Anstieg dem Kaliflöz. Die Folge war, dass in dieser Bahn Selbstlaufbereich war. Abgestellte Hunte blieben nicht ohne Absicherung stehen. Diese Bahn wurde von den Schrappern 11 und 14 beschickt. Mein Arbeitsplatz am Schrapper 14 war sehr großräumig. Wieder war von der bedrückenden Enge im Bergbau nichts zu spüren. Ich war als Fördermann eingestellt und damit als Seilbahner. Ich wurde „Jambo" dem Schrapperfahrer und Alfred dem Hauer vorgestellt. Beide beherrschten ihr Metier hervorragend, Jambo sogar ein bisschen zu gut. Er verstand es, selbst die größten Brocken mit wenig eigenem Aufwand durch die relativ kleine Öffnung im Hunt zu versenken. Der Nachteil für den Seil-

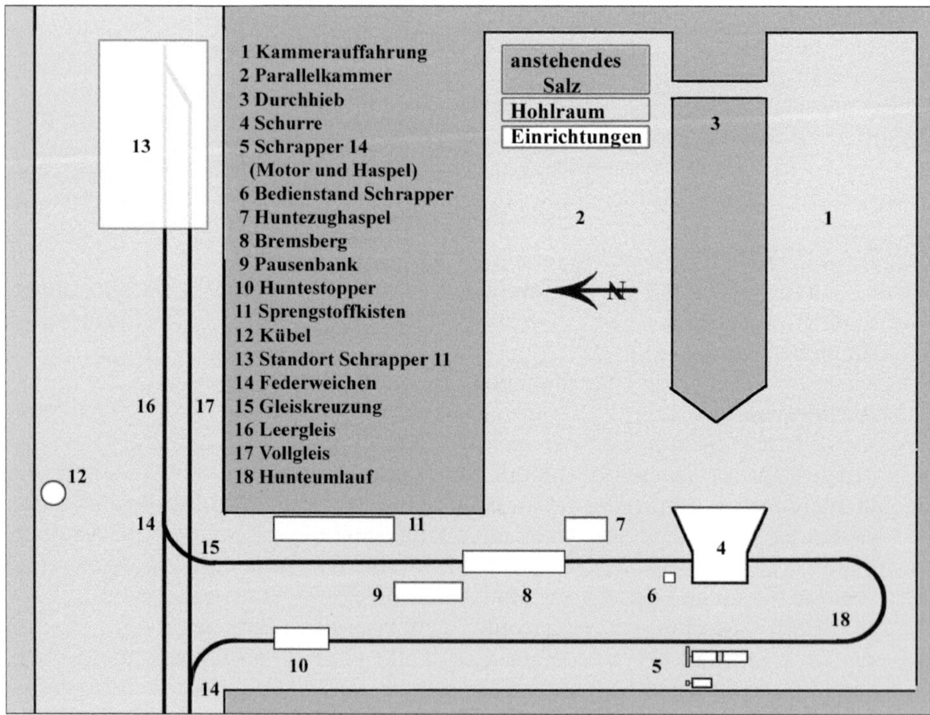

Abb. 32 Mein erster Arbeitsplatz (eigene Darstellung)

bahner war, dass bis zu einem Drittel des Brockens über das erforderliche Lichtmaß der Seilbahn hinausragte. Der Überstand musste mit einem Bello (Vorschlaghammer) und Spitzeisen solange bearbeitet werden, dass er unter den Einrichtungen der Seilbahn hindurch passte. Anfangs tat ich mich mit der Zerkleinerung der Brocken sehr schwer und hatte große Mühe, einen Huntestau vor meinem Arbeitsplatz zu vermeiden. Mit der Zeit lernte ich, wo und wie man das Spitzeisen zweckmäßig ansetzen musste und welchem Brocken schon mit kräftigen Hammerschlägen beizukommen war.

Folgende Ausrüstungen und Geräten befanden sich in meinem Arbeitsbereich:

- Die Seilbahn mit Leer- und Vollgleis. Das Leergleis hatte eine Federweiche, die nach dem Passieren eines Huntes in die Abzweigstellung sprang. Damit war bei der Entnahme von Hunten gesichert, dass die zurücklaufenden Hunte nicht in der Bahn zurück fuhren, sondern in die Gleisschleife des Schrappers 14 gelangten. Das Vollgleis hatte eine Federweiche, über die die Vollhunte in die Bahn gelangten.
- Das Umlaufgleis innerhalb des Arbeitsbereiches.
- Eine Backenbremse, die ein Ablaufen der vollen Hunte verhinderte.
- Eine Seilwinde zum Ziehen der leeren Hunte zur Füllstelle. Da der gesamte Hunteumlauf im Selbstlauf erfolgte, musste an einer Stelle der dazu erforderliche Höhenunterschied überwunden werden. Der Selbstlauf der Hunte setzt erst bei mehr als 11 mm Gefälle auf einen Meter Gleislänge ein. Bei geschätzten 50 Meter Gleisschleife am Schrapper 14 war deshalb eine Rampe von mehr als einem Meter Höhe erforderlich.

Zu meinen Arbeitsgegenständen gehörten:

- Zwei „Bellos" – zwei kräftige Vorschlaghämmer.
- Zwei Spitzeisen. Diese mussten regelmäßig zum Entgraten nach Übertage mitgenommen werden. Durch die vielen Hammerschläge bördelten sie an der Aufschlagstelle um.
- Mehrere Bremsknüppel aus Rundholz. Manche waren durch die Abnutzung schon so kurz, dass man sich beim Bremsen bücken musste. Bremsknüppel standen an verschiedenen Stellen, sie mussten immer griffbereit sein.
- Mehrere Hebebäume zum Einheben entgleister Hunte. Das waren ebenfalls Rundhölzer, allerdings kräftiger und länger als Bremsknüppel.
- Mehrere Vorlegehölzer mit dreieckigem Querschnitt. Quer über das Gleis gelegt, konnten an jeder erforderlichen Stelle Hunte im Arbeitsbereich fixiert werden. Der Spurkranz der Hunteräder fuhr auf das Holz auf und drückte es gegen die Schiene, wodurch der Hunt zum Stehen gebracht werden konnte.
- Ein Steckbrett. Das war eine Holztafel mit zehn Reihen zu je zehn Bohrungen. Damit wurden die verschickten Hunte gezählt. Nach jedem verschickten Hunt wurde ein Stöpsel um ein Loch weiter gerückt. In einer weiteren Reihe mit gesonderten Bohrungen konnte man nach 100 gesteckten Hunten einen weiteren Stöpsel in eines dieser Löcher stecken und auf der Tafel wieder beim ersten Loch anfangen. Eine simple, aber zweckmäßige Zählmethode, die mir später an allen Förderschächten der Wismut wieder begegnete.

- Ein wichtiges Utensil war die Schaufel. Schließlich musste das Gleis ständig von Rieselsalzen freigehalten werden. Und das fiel sowohl beim Aufprall ablaufender Hunte als auch beim Zerkleinern der Brocken an.

Alle diese Gegenstände rückte der zuständige Reparaturhauer nur bei vollständigem Verschleiß im Austausch Alt gegen Neu raus. Er war sehr knauserig. Dabei mussten in die Ausrüstungsgegenstände eines Seilbahners wirklich keine Unsummen investiert werden.

Ich hatte folgende Arbeiten zu verrichten:

1. Entnahme von leeren Hunten aus der laufenden Seilbahn und Befestigung eines Zugseiles am letzten Hunt. Mit einer Seilwinde zog sich der Schrapperfahrer die Hunte zum Füllen unter die Schurre. Da die Füllstelle auf einer Anhöhe lag, war die Seilwinde immer auf Zug gestellt – ein Holzknüppel im Getriebe verhinderte den Rücklauf der Hunte.
2. Die gefüllten Hunte mussten versandfähig gemacht und an die laufende Seilbahn angeschlagen werden. Das bedeutete ständiges „Brockenklopfen“. Damit war ich einige Wochen so überfordert, dass es außer Arbeiten, Schlafen und Essen kaum etwas anderes gab. Erst mit dem Beherrschen der Zerkleinerung von Kalibrocken wurde ich wieder ein Mensch. Auch das Anschlagen der Hunte an die Seilbahn war beschwerlich. Die Hunte mussten in das Gleis der Seilbahn gebremst werden. In der linken Hand den Bremsknüppel musste mit der rechten Hand das umlaufende Seil ausgehoben werden, um es in den Mitnehmer legen zu können. Auch das war anfänglich mit erheblichen Anstrengungen verbunden, bis ich den Dreh raus hatte, wie man das Seil durch Schwingung leichter anheben konnte. Auch das Zusammenstellen von Zügen bis zu fünf Hunten beherrschte ich später. Dabei brauchte nur der erste und der letzte Hunt an das Seil angeschlagen werden. Am Anfang waren über 100 Förderwagen in einer Schicht abzufertigen. Mit Vergrößerung der Förderlänge des Schrappers reduzierte sich der Umfang auf weiniger als 60 Hunte.
3. Mitarbeit bei der Behebung der häufigen Störungen im Seilbahnbetrieb.
4. Mithilfe bei der Beseitigung aller Havarien im Schrapperbetrieb. Wenn „Jambo“ der Schrapperfahrer mit einem Furcht erregendem Gebrüll auf sich aufmerksam machte, war es wieder so weit. Ein Seilriss erforderte schnelles Reagieren. Jambo brachte beide Hebel der Fernsteuerung des Schrappers in die Nullstellung, schaltete den Motor ab und rannte hinter die Trommeln, um zu erreichen, dass so wenig wie möglich Seil ungewollt auf die Trommel wickelte. Dann wurde soviel Seil von der Trommel abgezogen, damit das Seil geflickt werden konnte. Auch das war eine Knochenarbeit, wenn wir Zwei der Trommel das Seil entlockten. Wir legten uns ins Zeug wie die Wolgatreidler, die die Schiffe auf der Wolga stromaufwärts zogen. Bei der Betrachtung des naturalistischen Gemäldes von Ilja Repin in der Moskauer Tretjakow-Galerie musste ich sofort an das Seilziehen im Kali denken. Auch bei der Elbeschifffahrt gab es Treidler – nur in Sachsen hießen sie „Bomätscher“ und ihnen wurde kein Denkmal in Form eines Bildes gesetzt.

Das Flicken – das erneute Verknoten des Seiles – war erstaunlich einfach. Die beiden Seilenden wurden mit einem Seemannsknoten verbunden und der Knoten wurde mit dem Schrapperhaspel zusammengezogen. Überstehende Seilenden wurden mit kräftigen Hammerschlägen auf einen „Kalthauer“ – einen Meisel mit Stiel – abgeschlagen. Die gleiche Prozedur des Seilziehens war notwendig, wenn die vor Ort befindliche Endrolle des Schrappers auf einen neuen Zug umgehängt werden musste. Auch hier war die Technologie verblüffend einfach. In den nicht mit Sprengstoff besetzten Teil eines Bohrloches wurde ein „Endbin“ eingelegt und mit „Löffeln“ solange verkeilt, bis die Löffel beim Schlagen mit dem Hammer helle Töne von sich gaben. Der „Endbin“ war ein kurzes Seilstück, auf das auf der einen Seite eine Verdickung aufgelötet war und auf der anderen Seite eine Art Ring. Mit den Löffeln – eine Art gebogene Metallkeile – erfolgte die Befestigung im Bohrloch. In diesen Endbin wurde die Umlenkrolle eingehängt. Es war erstaunlich, welche Belastung eine derartige Konstruktion aushalten konnte. Jambo war immer bemüht, die Befestigung ordentlich auszuführen. Wenn sich die Endrolle löste, war wieder Seilziehen angesagt. Es reichten schon die Seilrisse. Einsparungen von Schrapperseil wurden durch Prämien stimuliert. So kam es vor, dass – besonders das Rückholseil – nur noch halb so stark war und das Seil durch Abrisse von Litzen wie Rumkugeln oder Rumtrüffel aussah. Das führte nicht selten zu Hautverletzungen. Eine davon entwickelte sich bei mir zum Problem. Arbeitsschutzhandschuhe gab es zu dieser Zeit noch nicht. Lediglich beim Aufziehen von neuem Seil brachte der Reparaturhauer mit dem neuen Seil für jeden Beteiligten einen Handschuh mit. Das neue Seil wurde an einem im Hunt stehenden Knüppel befestigt und per Seilbahn zum Bestimmungsort gezogen. Das Seil war stark eingefettet und dafür gab es den Handschuh. Von der Seilbahn gelöst, wurde es mit der Kraft des Schrappers auf die Trommel gezogen und eingebunden. Ebenso wie Endbin und Löffel lernte ich den „U-Bin“ kennen. Das war ein starkes U-förmig gebogenes Rundeisen, in das im Rückholseil Hochhalterollen einhängt wurden. Damit wurde das Erfassen des Rückholseiles durch den Schrapperkasten verhindert. Wenn es trotzdem erfasst wurde, kam es zu einer Havarie und wieder musste Seil gezogen werden. Für das Anbringen des U-Bins musste der Hauer zwei vertikale Löcher im Abstand der Schenkel bohren. Das erfolgte in der Frühschicht. Die Montagearbeiter kamen mit einem Kanister Wasser, einem Säckchen Zement und einem Eimer. Es wurde ein Beton hergestellt, bei dem der Sand durch feines Salz ersetzt wurde. Die Mischung wurde sehr hart.

5. Hilfsdienste beim Hauer, wenn er einen größeren Standortwechsel vorhatte bzw. Salzberge beim Umsetzen hinderlich waren. Dann mussten Maschine und Bohrsäule mit erheblichem Kraftaufwand bugsiert werden. Üblicherweise gab es eine Zwei-Mann-Belegung vor Ort. Die normalen Bohrmaschinen konnten von einer Person allein nicht umgesetzt werden. Hauer Alfred war allein vor Ort, er hatte eine Leichtbauversion und die Schrapperbesatzung war bei erforderlicher Hilfeleistung in der gleichen Schicht.

Abb. 33 Schrapperförderung (Sammlung Harald Schmidt, Merkers und Repro eines Prospektes der Fa. Hasenclever aus den 30-er Jahren)

Beim Schrapperbetrieb wurde ein kastenförmiges Gefäß in einem Grubenbau zwischen Füllstelle und vor Ort hin und her gezogen. Beim Zug zur Füllstelle füllte sich das Gefäß ohne Boden – beim Rückzug glitt das Gefäß aufgrund seiner Bauweise über das gesprengte Salz. An der Geschicklichkeit des Schrapperfahrers lag es, das Gefäß maximal zu füllen. Bei übervollem Gefäß war der Antrieb des Haspels – der Schrapperantrieb – mitunter überfordert. Der Treibriemen rutschte oder die Kraft des Andrucks der Fernbedienung reichte nicht aus, um den Anstieg an der Schurre zu überwinden. Dann setzte sich Jambo auf den Hebel der Fernbedienung und der Haspel zog das übervolle Gefäß mit fürchterlichem Kreischen der Volltrommel und des Seiles den Anstieg hinauf. Im oberen Bild ist ein Schrapper vom Typ „Hasenclever" zu sehen. Das war ein Schrapper jüngerer Bauart. Der Antrieb erfolgte über ein Getriebe, das einen gewaltigen Lärm verursachte. Schrapper 11 war ein Hasenclever. Der Lärm war selbst in einer respektablen Entfernung bis zu meinem Arbeitsplatz zu hören. Gehörschutz für den Schrapperfahrer gab es noch nicht. Lärmarmer liefen die älteren Schrapper vom Typ „Schmidt/Kranz". Schrapper 14 war ein älterer Typ. Er war mit einem Transmissionsantrieb versehen. Der Motor trieb über einen Treibriemen ein Schwungrad, das mit der Schrapperwelle starr verbunden war. Mit Kupplungsbändern konnte die jeweilige Trommel (Voll- oder Leertrommel) mit dieser Welle verbunden werden. Das Gefäß wurde durch Aufspulen des jeweiligen Seiles auf die Trommel in die gewünschte Richtung gezogen. Gelegentlich musste der Transmissionsriemen gewachst werden. Auch das war meine Aufgabe. Das musste bei laufendem Motor geschehen – eine mir höchst suspekte Aufgabe. In meiner Fantasie stellte ich mir vor, was passiert, wenn man aus irgendeinem Grund mit einem Körperteil zwischen Riemen und Schwungrad kommt. Die Wachsstange wurde zwar auf der vom Schwungrad abgehenden Seite auf den laufenden Riemen gedrückt, aber an der Nahtstelle des Endlosriemens gab es gefährliche Haken. Der Riemen wurde mit starken Eisenklammern zusammengehalten.

Nachdem ich mich mühsam eingearbeitet hatte, konnte ich mich neben meinen auch für andere Arbeiten interessieren. So erlebte ich bleibende Momente:

1. Jambo ließ mich gelegentlich an den Schrapper. Einmal war mir ein besonders reicher Zug geglückt. Man konnte nicht sehen, welchen Verlauf das Gefäß beim Schrappern nahm und man merkte nur am Ächzen des Seiles, ob der Zug geglückt war. Ein übervolles Gefäß näherte sich der Schurre. Ich machte, was ich bei Jambo gesehen hatte und setzte mein Hinterteil auf die Fernsteuerung des Zugseiles. Aber ich vergaß vor Aufregung, diesen Hebel wieder aus der Rasterung zu lösen. Das Gefäß donnerte auf die Schurre und machte erst an der Zugbegrenzung halt – nicht ohne vorher den Motor abzuwürgen. Das Schrappgefäß war übervoll – etwa drei Hunteinhalte hatte ich gezogen. Aber nur ein Hunteinhalt passte in den bereitstehenden Förderwagen. Der Rest des Salzes begrub den stehenden Hunt. Jetzt war Freischaufeln angesagt. Jambo half mir. Wer nicht genug Arbeit hat, macht sich welche. Als ich mich bei Jambo für die Hilfe bedankte, redete ich ihn mit seinem Vornamen an. Ich glaube, er hieß Günter. Da merkte ich, dass ein harter Bergmann auch weiche Seiten haben kann. Für ihn war es so ungewöhnlich, dass er mit Vornamen angesprochen wurde, dass er sich offensichtlich darüber freute und seine Augen einen feuchten Glanz bekamen.

2. Mein nächster Einsatz war folgenschwerer. Beim Zug am Vollseil bildete sich beim Leerseil ein Seilüberschuss. Anstatt ihn mit dem Vollseil zu beseitigen, versuchte ich es auf der Leertrommel aufzuwickeln. Der Erfolg war verblüffend. Der Seilfitz zog sich über beide Trommeln, blockierte sie und überlastete den Motor. Der Ausfall zur Behebung der Störung dauerte mindestens eine Stunde. Dem Steiger blieb der Stillstand des Schrappers nicht verborgen und er erfuhr die Ursache. Das Ergebnis: ich durfte nie wieder einen Hebel des Schrappers 14 anfassen.
3. Bergleute sind gern zu Schabernack aufgelegt. Besonders Neulinge wurden irgendwie reingelegt. Hauer Alfred machte mit der Hauerbesatzung des Nachbarortes aus, mir einen Streich zu spielen. Ich erhielt den Auftrag, den „Stoßhobel" in den benachbarten Vortrieb zu bringen. Das ominöse Gerät befand sich in einem verschließbaren Holzkasten – ähnlich einem Bauchladen. Ich wusste nicht, was ein Stoßhobel ist und wuchtete die über einen Zentner schwere Last unter widrigen Bedingungen (schlechte Wegstrecke und geringe Höhe) 50 Meter zu einer 8 Meter langen Verbindung zum Nachbarort und dort wieder zurück zur anderen Besatzung. Hauer Heinz und Lehrhauer Klaus öffneten die Kiste und zum Vorschein kamen kräftige Salzbrocken. Zumindest die Bewältigung der Last nötigte ihnen Bewunderung ab, ansonsten hatten sie an diesem Tag ihr Gaudi mit mir. Warum sollte es bei der Vielzahl an eigenartigen Bezeichnungen in der Grube nicht auch einen Stoßhobel geben?
4. Wie wichtig ein Geleucht ist, merkte ich eines Tages, als ich nach der Hilfe beim Hauer zu meinem Arbeitsplatz wollte. Der Schrapperbetrieb ging weiter – nur bei der Querung der Schrapperbahn hätte ich mit dem Zugsignal dem Schrapperfahrer ein „Halt" signalisieren müssen. Durch eine unglückliche Bewegung brachte ich mein Lämpchen zum Erlöschen. Als Nichtraucher hatte ich keine Streichhölzer und stand in der absoluten Finsternis. Der schwache Lichtschein vom Arbeitsplatz des Hauers lag hinter einem Berg Salz und die Beleuchtung am Schrapperstand war weit mehr als 100 Meter entfernt und nicht in der direkten Lichtausdehnung. Ich stand in stockdunkler Nacht auf einem Weg, den ich täglich mehrere Male gehen musste. Bei Licht sieht man die herumliegenden Brocken – in der Finsternis stolpert man über jeden einzelnen. Wie froh war ich, als ich das Zugsignal erreicht hatte, der Schrapper still stand und Jambo mich aus meiner misslichen Lage befreite. Das erfolgte nicht ohne die mahnenden Worte: „Auch ein nicht rauchender Bergmann muss Streichhölzer mit sich führen." Wie wahr – aus Erfahrung wird man klug.
5. Lehrhauer Fritz vom Schrapper 11 hatte seine Darmentleerung so eingerichtet, dass sie zum Frühstück stattfand. Zum Frühstück stand die Jugendbahn und jede Besatzung versammelte sich an ihrem Frühstücksplatz. Fritz ging vor der Frühstückspause zum Kübel. Kübel sind eimerförmige Gefäße mit Deckel und die untertägigen Abortanlagen. Dieser Kübel für das große Geschäft befand sich in Sichtweite unseres Frühstückplatzes. Urinieren war überall erlaubt. Fritz stürmte nach seinem Urlaub wieder im Eilschritt zum Örtchen, ohne zu wissen, dass die letzte Leerung schon lange überfällig war.

Er riss den Deckel auf und setzte sich, ohne zu bemerken, dass der Kübel mehr als randvoll war. Es ertönte ein furchtbares Geschrei. Fritz hatte den hängenden Teil seiner Manneswürde mit einer braunen, stinkenden Masse veredelt. Das sorgte noch tagelang für Erheiterung.

Der Höhepunkt nach jeder Schicht war die Seilfahrt und das anschließende Duschvergnügen. Bei der geringen Belegschaftsstärke verlief die Seilfahrt relativ zügig. Obwohl ich in der belegungsstärksten Schicht arbeitete, waren in der 2. und 3. Schicht nicht mehr als 40 Kumpel in der Grube. Die erste Seilfahrt nach der Schicht war für dreizehn Kumpel trotzdem immer sehr begehrt. Dadurch, dass das Seilfahrtsregime eine genaue Kontrolle der eingefahrenen Personen erforderte, gab es Seilfahrtsmarken. Diese Aluminiummarken mit der Lampennummer des Bergmannes hatten ein ausgestanztes Loch und wurden beim Einfahren auf einen Stahlring aufgefädelt. Beim Ausfahren wurde der Ring von der Gegenseite abgearbeitet. In der Reihenfolge des Einfahrens erfolgte im Normalfall auch die Ausfahrt. Ein Kumpel fungierte als Markenverleser und nur Kumpel mit Marke konnten den Förderkorb betreten. Der Markenverleser konnte erst als Letzter ausfahren und erhielt dafür eine kleine Sondervergütung. Verspäteten sich zeitig eingefahrene Kumpels, hatten die nachfolgenden Glück und waren früher dran. Bei einem kleinen Familienbetrieb wie auf K1 hatte sich eine feste Hackordnung herausgebildet. Die Reihenfolge war nahezu konstant. Ich musste mich in das bestehende Gefüge erst einordnen. Da ich viel Freizeit hatte, fand ich mich auch schon mehr als eine halbe Stunde vor Beginn der Seilfahrt auf den Treppen zur Förderbrücke ein. Damit konnte ich mir sehr bald einen Spitzenplatz sichern – was das von den alten Hasen nur mit Knurren akzeptiert wurde. Der Vorteil eines Spitzenplatzes konnte sich mir aber trotzdem nicht erschließen. Das zeitige Erscheinen konnte den Gewinn an späterer Freizeit nicht annähernd ausgleichen.

Nach dem Ausfahren wurde die Lampe abgegeben und das große Vergnügen begann. Die verschwitzten und verstaubten Kleidungsstücke vom Leib und ab in die Dusche. Ich war einer der Ersten unter dem Wasser und der Letzte, der die Wasserorgie beendete. Ein Königreich für eine Dusche. Ein Duschbad ist ein extravagantes Vergnügen für einen, für den Baden und Duschen der Inbegriff des Luxus war. Wir hatten zu Hause keine derartigen Einrichtungen – eine Kinderbadewanne musste von Zeit zu Zeit mit auf dem Küchenherd erwärmtem Wasser gefüllt werden. Ansonsten war nur mehr oder weniger gründliches Waschen angesagt. Der Umkleidesaal – die Kaue – war in zwei Bereiche eingeteilt: die Schwarz- und die Weißkaue, die Bereiche für die Schachtbekleidung und die Bekleidung für den Arbeitsweg.

Die Bekleidung wurde an Haken aufgehängt und mit einem Gürtel zusammengebunden, damit sie sich nicht beim Nachbarn verhaken kann. Ein beliebter Spaß war, die Ketten, mit denen die Haken hochgezogen und herabgelassen werden konnten, zu verknoten. Die Ketten waren wie die früheren Zugeinrichtungen der Spülklosetts nicht sehr geschmeidig und die Entwirrung brauchte seine Zeit. Die Kette konnte mit einem Schloss gesichert werden – aber davon wurde kaum Gebrauch gemacht. Mir ist auch nicht bekannt, dass irgendwann einmal etwas gefehlt hat. Fürchterlichen Spektakel gab es einmal im Duschraum. Es war üblich,

Abb. 34 Blick in eine Kaue (Sammlung Harald Schmidt, Merkers)

unter der Dusche die Blase zu entleeren. Vielleicht regte das warme Wasser die Funktion des Schließmuskels der Blase an oder es war einfach nur ein Reflex oder nur eine schlechte Angewohnheit. Eines Tages traf der warme Strahl eines schmächtigen Hauers den kahlen Kopf eines sehr beleibten Hauers. Ob zufällig oder absichtlich sei dahingestellt. Der Dicke bückte sich gerade, um sich die Füße zu waschen. Den Temperaturunterschied muss er jedoch bemerkt haben. Er wurde stutzig und es wäre beinahe zu einer handfesten Prügelei gekommen. Mit einer Einladung zum Bier konnte aber letztlich die Angelegenheit bereinigt werden. Ein Mordsgaudi war das für die Unbeteiligten. Das Leitungspersonal duschte übrigens nicht in der Mannschaftsdusche. Dafür gab es extra Badewannen, in die vom Lampenmeister warmes Wasser eingelassen wurde. Ein Steiger war im Kalibergbau doch noch etwas Besonderes.
Nach der Wasserorgie konnte ich genüsslich meine warme Mahlzeit in der Betriebsküche einnehmen. Preiswerte warme Mahlzeiten gehörten zu dieser Zeit zu den Errungenschaften der Werktätigen. Im Speisesaal erfolgte auch vierteljährlich die Ausgabe des akzisefreien Trinkbranntweines. Dazu mussten leere Flaschen mit Verschluss (die damals üblichen Gummikappen) mitgebracht werden. Die Flaschen wurden aus irdenen Großbehältern mit dem Fusel gefüllt. Auch die Lohnauszahlung fand im Speiseraum statt. Neben dem Monatslohn kamen gelegentlich auch Prämien für Materialeinsparungen zur Auszahlung. Es handelte sich um Seilprämien und Sprengstoffprämien. Diese Prämien mussten hart erarbeitet werden und nicht alle Hauer muteten ihren Kollegen solche Schindereien zu. Bei der Sprengstoffeinsparung fielen mehr Brocken an und mit der Einsparung von Schrapperseil waren häufigere Seilrisse die Folge. Beides führte zu erheblichen Knochenarbeiten. Nach der Mahlzeit radelte ich langsam zu meinem neuen Domizil. Die Unterkunft bei der Kriegswitwe in Schachtnähe habe ich nach nur einem Monat verlassen. Ich war auf längere Dauer nicht bereit, nahezu ein Viertel des Monatslohnes für Unterkunft zu bezahlen. Mit Hilfe des Wohnungsamtes bekam ich eine Zuweisung nach dem etwa zwei Kilometer entfernten Tiefenort. Die Witwe eines ehemaligen Bergmannes hatte ein kleines beheizbares Zimmer frei. Es war zwar spartanisch eingerichtet, kostete aber nur noch ein Drittel. Die Einrichtung störte mich nicht – ich schlief zunächst ohnehin nur, wenn ich nicht gerade auf Schicht war. Die kurzen Schichtwechsel reichten nicht aus, um zu meiner Freundin zu fahren. Also langweilte ich mich in Tiefenort. Die Gegend war ländlich geprägt. Die Arbeit auf K1 war für einige nur ein Nebenerwerb. Viele hatten drei Fuder Wind hinterm Haus. So bäuerlich war auch die Mentalität der Einwohner. Nach dem Motto „Wir treten unsere Hühner selber“ fiel es Fremden sehr schwer, in die bestehenden Familien einzudringen. Ich unternahm deshalb auch gar keine Versuche, mir eine ortsnahe andere Freundin zu suchen. Die zwei Kilometer zum Schacht legte ich bei Wind und Wetter mit dem Fahrrad zurück.
Im April 1955 zog ich mir einen Seilsplitter in den rechten Zeigefinger, der sich entzündete. Nach dem großen Schichtwechsel musste ich mir montags im Krankenhaus in Rudolstadt den Splitter aus dem auf dreifache Stärke angeschwollenen Finger operativ entfernen lassen. Das erfolgte mit Vollnarkose – der Ätherrausch war ein ziemlich seltsames Gefühl. Es ging alles gut und nach drei Wochen war

die Zeit gekommen, dass der in die Wunde gelegte Drain entfernt werden konnte. Ich machte mir Gedanken, wie der Gummilappen durch die Wunde gezogen werden sollte. Alles grundlos. Der Lappen wurde auf der einen Seite der Wunde abgeschnitten und er ließ sich schmerzfrei herausziehen. Nach einigen Tagen Erholung war ich wieder bedingt einsatzfähig. Mein angestammter Arbeitsplatz war schon wieder besetzt. Ich bekam einen Schonplatz in der Hauptseilbahn. Am letzten Abzweig von der Seilbahn fielen etwa 50 Hunte pro Schicht an. Es war ein wirklicher Schonplatz. Nach der Genesung kam ich an den Abzweig der Steinsalzbahn. Hier gab es schon mehr zu tun und der Anschlagpunkt war mit zwei Bergleuten besetzt. Obwohl die Bahn auch nur von einem Schrapper beschickt wurde, fielen hier weit über 100 Hunte pro Schicht an und das Rangieren war schwierig. Mein Mitstreiter Heinz war gerade 50 Jahre alt geworden und hatte seinen Rentenbescheid erhalten. Bergarbeiter konnten in der DDR mit 50 Jahren in Teilrente gehen, wenn sie 25 Jahre im Bergbau beschäftigt waren und davon mindestens 15 Jahre untertage gearbeitet hatten. Heinz war noch nicht so lange untertage. Aber jede Regelung hat seine Ausnahme. Die Tätigkeit von Signalisten und Fördermaschinisten an Hauptschächten wurden Arbeiten untertage gleichgesetzt. Heinz war vor seiner Versetzung nach Untertage Fördermaschinist. Durch eine Fehlhandlung kam ein Kontrolleur der Schachteinbauten ums Leben. Schachtkontrollen wurden immer einwärts durchgeführt und Heinz fuhr auf ein Signal „Hängen“ – also einwärts für den betriebenen Förderkorb – diesen nach oben. Den angegurteten Kontrolleur quetschte es zwischen Förderkorb und Schachteinbauten. Er verstarb an den Folgen des Unfalles. Damit durfte Heinz keine Fördermaschine mehr bedienen. Er kam in die Seilbahn. Und dort passierte das Unfassbare. Heinz verunglückte zum Zeitpunkt der Freude auf die bevorstehende Rente tödlich. Als ich von der Behebung einer Havarie in der Steinsalzbahn zum Anschlagpunkt zurückkam, war eine unnormale Ansammlung von vollen Hunten zu sehen. Ich gab zunächst Halt für die Hauptbahn. Sie lief bei Störungen in der Nebenbahn weiter und wurde von einem Mann bedient. Ich war der Jüngere und als solcher war ich für die Beseitigung der Störungen in der Nebenbahn zuständig. Als ich die vollen Hunte überstiegen hatte, sah ich Heinz reglos vor den Vollhunten eigenartig verkrümmt liegen. Er war beim Wiedereinhängen des Seiles in den ersten Hunt eines Zuges beim Rückwärtsgehen mit dem Absatz im Herzstück einer Weiche hängen geblieben. Die nachdrückenden Hunte brachen ihm das Rückrat. Das Bild kann ich nie vergessen. Der Köper war in Hüfthöhe wie ein Taschenmesser eingeknickt und das nach hinten. Ein einfach schauriges Bild. Ich konnte nur noch den Steiger über das Seilbahnsignal alarmieren, dann war ich nervlich am Ende. Dabei sollte die nervliche Belastung noch gesteigert werden. Es folgten die Vernehmungen durch die Vertreter der Ermittlungsbehörden Staatanwaltschaft, Bergbehörde, Arbeitsschutzinspektion. Auch Mitarbeiter des MfS (Ministerium für Staatssicherheit) interessierten sich sehr für meine Schilderung.

Der Schock über das Erlebte saß bei mir so tief, dass für mich feststand: hier kann ich nicht wieder arbeiten. Dem wurde auch Rechnung getragen und ich konnte den Betrieb ohne Schwierigkeiten wechseln. Es war ganz einfach eine Horrorvorstellung, dort wieder zu arbeiten, wo man eine derartig furchtbare Entdeckung machen musste. Im Vorfeld hatte ich bereits mit dem Gedanken gespielt, bei der „Wismut“ anzufangen. Bessere Verdienstmöglichkeiten und geringere Entfernung von Rudolstadt waren meine Beweggründe. Nach dem Motto „Einmal Bergmann – immer Bergmann“ wollte ich nur den Betrieb und nicht die Arbeit wechseln. Zu dieser Zeit standen immer Annoncen in der Zeitung, dass der Erzbergbau Arbeitskräfte sucht. Über das Arbeitsamt Bad Salzungen wurde ich zur Wismut vermittelt. Auch dort hingen Werbeplakate für eine Arbeitsaufnahme bei der Wismut. Was ich nicht wusste, war, dass die Abteilungen Arbeit bei den Räten der Kreise Auflagen zur Werbung von Arbeitskräften hatten. Da passte ich ins Konzept. Eine amtsärztliche Untersuchung war mit der Vermittlung zu absolvieren. Das war eine sehr formale Angelegenheit. Der Amtsarzt des Kreises Bad Salzungen bescheinigte mir: „Menstruation: regelmäßig“. Für das Formular interessierte man sich bei der Wismut überhaupt nicht. Dort war man skeptisch, weil zu viele untaugliche Arbeiter von den Ämtern delegiert wurden, um die Vorgaben zu erfüllen. Diese historische Dokument konnte ich behalten, aber habe es nicht bis zu meiner Biografie gerettet. Trotz amtsärztlicher Bestätigung fühlte ich mich nie als Zwitter.
Im Zeitraum vom 1. Oktober 1954 bis 31. Mai 1955 erhielt ich einen Bruttoverdienst von 2827,38 DM. Das entspricht einem Monatsbruttolohn von etwa 354 DM. Trotzdem muss der Verdienst noch höher als westlich der Grenze gelegen haben, denn auf K1 arbeitete ein Bergmann aus Hessen. Er trug wegen seiner territorialen Herkunft den Spitznamen „Adenauer“.

2. Der Erzbergbau ruft – Uranerzbergbau in Ostthüringen

2.1 Uranerzbergbau „Wismut“ – aus der SAG Wismut wird die SDAG Wismut

1955 wurden in allen Tageszeitungen ähnliche Inserate gedruckt. Für mich war das Anlass, einen Versuch zu wagen.

Die DSAG Wismut

stellt ab sofort wieder ein:

Arbeitskräfte

für Untertage und Übertage

Interessenten werden gebeten, sich umgehend bei den

Räten der Kreise Pirna und Sebnitz

— Abteilung Arbeit und Berufsausbildung —

zu melden

Pirna: Zehistaer Straße 9, Block A, Zimmer 24

Sebnitz: Ernst-Thälmann-Straße 8

Abb. 35 Aufruf in der Tagespresse vom 16. Juli 1955 (Sächsische Zeitung Dresden)

Niemand in der Redaktion war aufgefallen, dass die Anzeige unter einer falschen Firmenangabe gedruckt wurde. Richtig hätte es heißen müssen: SDAG Wismut. Aber der Redakteur hatte sicher die Abkürzung DSF (Deutsch-Sowjetische Freundschaft) in Erinnerung. Dort stand „Deutsch“ an erster Stelle. Im Unternehmen Wismut hatte der Bestandteil „Sowjetisch“ das Primat. Bereits unmittelbar nach der Gründung der Wismut hingen in allen Arbeitsämtern Plakate mit der Aufforderung, durch die Arbeit im Erzbergbau Erz für den Frieden zu gewinnen.

Die Werbung zielte besonders auf Heimkehrer aus der Kriegsgefangenschaft. Diese wurden häufig bei ihrer Meldung nach der Heimkehr zur Arbeit im Erzbergbau zwangsverpflichtet. Gegen den schlechten Ruf hinsichtlich „Sklavenarbeit“ wehrte sich die SAG Wismut gelegentlich mit gesteuerten Beiträgen in der Lokalpresse. (Beispiel vom 8. Januar 1949)

Abb. 36 Plakat als Aushang in einem Arbeitsamt (Sammlung Gottwert Hochmuth, Pirna)

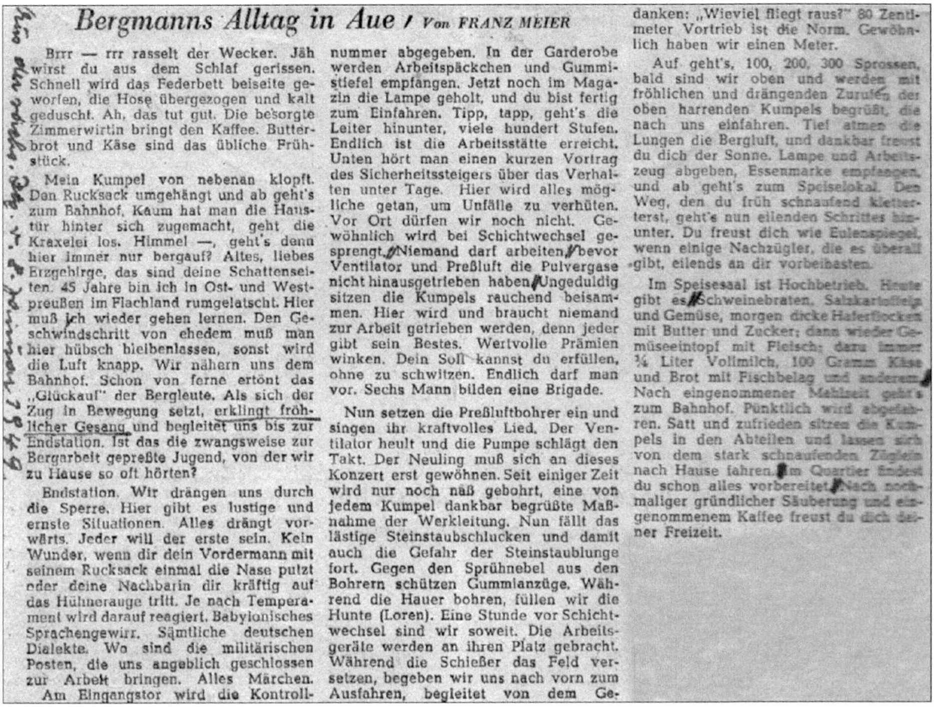

Bergmanns Alltag in Aue / Von FRANZ MEIER

Brrr — rrr rasselt der Wecker. Jäh wirst du aus dem Schlaf gerissen. Schnell wird das Federbett beiseite geworfen, die Hose übergezogen und kalt geduscht. Ah, das tut gut. Die besorgte Zimmerwirtin bringt den Kaffee. Butterbrot und Käse sind das übliche Frühstück.

Mein Kumpel von nebenan klopft. Den Rucksack umgehängt und ab geht's zum Bahnhof. Kaum hat man die Haustür hinter sich zugemacht, geht die Kraxelei los. Himmel —, geht's denn hier immer nur bergauf? Altes, liebes Erzgebirge, das sind deine Schattenseiten. 45 Jahre bin ich in Ost- und Westpreußen im Flachland rumgelatscht. Hier muß ich wieder gehen lernen. Den Geschwindschritt von ehedem muß man hier hübsch bleibenlassen, sonst wird die Luft knapp. Wir nähern uns dem Bahnhof. Schon von ferne ertönt das „Glückauf" der Bergleute. Als sich der Zug in Bewegung setzt, erklingt fröhlicher Gesang und begleitet uns bis zur Endstation. Ist das die zwangsweise zur Bergarbeit gepreßte Jugend, von der wir zu Hause so oft hörten?

Endstation. Wir drängen uns durch die Sperre. Hier gibt es lustige und ernste Situationen. Alles drängt vorwärts. Jeder will der erste sein. Kein Wunder, wenn dir dein Vordermann mit seinem Rucksack einmal die Nase putzt oder deine Nachbarin dir kräftig auf das Hühnerauge tritt. Je nach Temperament wird darauf reagiert. Babylonisches Sprachengewirr. Sämtliche deutschen Dialekte. Wo sind die militärischen Posten, die uns angeblich geschlossen zur Arbeit bringen. Alles Märchen.

Am Eingangstor wird die Kontrollnummer abgegeben. In der Garderobe werden Arbeitspäckchen und Gummistiefel empfangen. Jetzt noch im Magazin die Lampe geholt, und du bist fertig zum Einfahren. Tipp, tapp, geht's die Leiter hinunter, viele hundert Stufen. Endlich ist die Arbeitsstätte erreicht. Unten hört man einen kurzen Vortrag des Sicherheitssteigers über das Verhalten unter Tage. Hier wird alles mögliche getan, um Unfälle zu verhüten. Vor Ort dürfen wir noch nicht. Gewöhnlich wird bei Schichtwechsel gesprengt. Niemand darf arbeiten, bevor Ventilator und Preßluft die Pulvergase nicht hinausgetrieben haben. Ungeduldig sitzen die Kumpels rauchend beisammen. Hier wird und braucht niemand zur Arbeit getrieben werden, denn jeder gibt sein Bestes. Wertvolle Prämien winken. Dein Soll kannst du erfüllen, ohne zu schwitzen. Endlich darf man vor. Sechs Mann bilden eine Brigade.

Nun setzen die Preßluftbohrer ein und singen ihr kraftvolles Lied. Der Ventilator heult und die Pumpe schlägt den Takt. Der Neuling muß sich an dieses Konzert erst gewöhnen. Seit einiger Zeit wird nur noch naß gebohrt, eine von jedem Kumpel dankbar begrüßte Maßnahme der Werkleitung. Nun fällt das lästige Steinstaubschlucken und damit auch die Gefahr der Steinstaublunge fort. Gegen den Sprühnebel aus den Bohrern schützen Gummianzüge. Während die Hauer bohren, füllen wir die Hunte (Loren). Eine Stunde vor Schichtwechsel sind wir soweit. Die Arbeitsgeräte werden an ihren Platz gebracht. Während die Schießer das Feld versetzen, begeben wir uns nach vorn zum Ausfahren, begleitet von dem Gedanken: „Wieviel fliegt raus?" 80 Zentimeter Vortrieb ist die Norm. Gewöhnlich haben wir einen Meter.

Auf geht's, 100, 200, 300 Sprossen, bald sind wir oben und werden mit fröhlichen und drängenden Zurufen der oben harrenden Kumpels begrüßt, die nach uns einfahren. Tief atmen die Lungen die Bergluft, und dankbar freust du dich der Sonne. Lampe und Arbeitszeug abgeben, Essenmarke empfangen, und ab geht's zum Speiselokal. Den Weg, den du früh schnaufend kletterst, geht's nun eilenden Schrittes hinunter. Du freust dich wie Eulenspiegel, wenn einige Nachzügler, die es überall gibt, eilends an dir vorbeihasten.

Im Speisesaal ist Hochbetrieb. Heute gibt es Schweinebraten, Salzkartoffeln und Gemüse, morgen dicke Haferflocken mit Butter und Zucker; dann wieder Gemüseeintopf mit Fleisch; dazu immer ¼ Liter Vollmilch, 100 Gramm Käse und Brot mit Fischbelag und anderem. Nach eingenommener Mahlzeit geht's zum Bahnhof. Pünktlich wird abgefahren. Satt und zufrieden sitzen die Kumpels in den Abteilen und lassen sich von dem stark schnaufenden Züglein nach Hause fahren. Im Quartier findest du schon alles vorbereitet. Nach nochmaliger gründlicher Säuberung und eingenommenem Kaffee freust du dich deiner Freizeit.

Abb. 37 Artikel aus der Tagespresse vom 08.01.1949 (Sächsische Zeitung)

Nach dem Zweiten Weltkrieg lag die Wirtschaft in der sowjetischen Besatzungszone total am Boden – zusätzliche Reparationsleistungen in Form der Überführung von Betrieben in sowjetisches Eigentum und Warenlieferungen bildeten eine zusätzliche Belastung. In dieser schwierigen Situation wurden im Erzgebirge und später auch in Thüringen Uranlagerstätten gesucht und gefunden. Dafür mussten Material, Arbeitskräfte und Werksanlagen gestellt werden, die zwar als Reparationsleistungen angerechnet wurden, aber der Wirtschaft fehlten. Allein die über 100.000 Arbeitskräfte, die für die Wismut bereitgestellt werden mussten, waren eine riesige Belastung. Dazu kam, dass diese sich überwiegend aus dem ohnehin geringen Anteil aus der männlichen Bevölkerung rekrutierten. Kriegsopfer und Kriegsgefangenschaft hatten der Bevölkerungsstruktur gewaltig zugesetzt.

In den folgenden Darlegungen ist in groben Zügen die Entwicklung der SAG Wismut und SDAG Wismut dargestellt, um eine Vorstellung von der Bedeutung und Größe dieses Unternehmens zu vermitteln. An dieser Stelle möchte ich den zuständigen Mitarbeitern der Wismut GmbH danken. Sie gestatteten mir, Details aus der 1999 erschienenen „Chronik der Wismut" für meine Darlegungen zu verwenden und stellten mir umfangreiches Bildmaterial und betriebliche Unterlagen zur Verfügung. Soweit im Text nicht anders vermerkt, beziehen sich die Fakten auf Angaben aus der Chronik der Wismut.

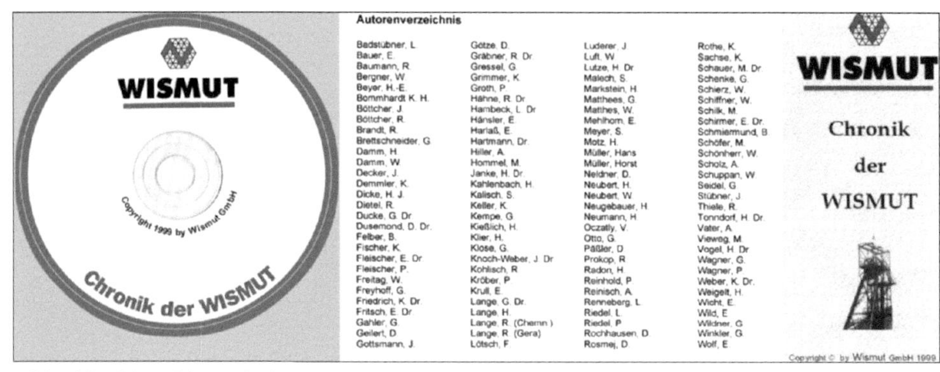

Abb. 38 CD „Chronik der Wismut" (eigene Unterlagen)

An der Ausarbeitung der Chronik war ich mit weiteren 115 Autoren – Ehemaligen und noch Aktiven der Wismut – beteiligt. Der Bergbaubetrieb Königstein war mein Spezialgebiet. Aus dem über 2600 Seiten umfassenden Werk komprimierte ich die wichtigsten Fakten zu meiner ganz persönlichen Enzyklopädie der Wismut.

Die Wismut GmbH ist die Rechtsnachfolgerin der SDAG Wismut. Sie ist für die Beseitigung der Hinterlassenschaften des Uranbergbaus zuständig. Die Bundesregierung Deutschland stellte dafür umgerechnet 6,4 Mrd. € bereit. Im Zeitraum vom 1.1.1991 bis 31.12.2009 flossen bereits 5,3 Mrd. € in diese Sanierung. Der ermittelte Sanierungsbedarf von 6,4 Mrd. € verteilt sich auf die Länder Sachsen und Thüringen zu 3,0 und 3,4 Mrd. €. Für die restlichen 1,1 Mrd. € (0,5 bzw. 0,6 Mrd. €) ist ein Zeitraum bis 2040 vorgesehen. Mit der Öffnungspolitik nach 1989 wurden Interessierten viele Details zur Kenntnis gebracht. Das führte zu einer zunehmenden Toleranz gegenüber dem neuen Unternehmen. In der Dokumentation

„10 JAHRE WISMUT GMBH"

stellten die Geschäftsführer Dr. Manfred Hagen und Dr. Rudolf Scheid folgende Übersicht der Bergbau- und Aufbereitungsanlagen der Wismut zum 1.1.1991 vor, aus denen der Sanierungsbedarf abgeleitet wurde (s. Abb. 39).

In späteren Veröffentlichungen wurden diese Angaben ebenso wie Kennziffern der Bergbaubetriebe modifiziert. Die veranschlagten Kosten für die Sanierung der Hinterlassenschaften des Erzbergbaus Wismut in Höhe von 6,4 Mrd. Euro bedeuten:

Für jede Tonne Uran, die die DDR an die Sowjetunion geliefert hat, entstehen Sanierungskosten von über 27 Tausend € oder für jedes Jahr Uranproduktion müssen knapp 140 Mio. € Sanierungskosten erbracht werden.

Um einen Eindruck vom Ausmaß der erforderlichen Arbeiten zu erhalten folgende Zahlen: Bis 1995 mussten 78.330 Tonnen kontaminierter Schrott, der nicht der Verhüttung zugeführt werden durfte, und 295.000 m³ Abbruchmaterial entsorgt werden. Im gleichen Zeitraum wurden 1.208 km Grubenbaue stillgelegt und 4,7 Mio. m³ untertägige Hohlräume verfüllt.

	Sanierungs- Betriebe					
	Aue	Königstein	Drosen	Ronneburg	Seelingstädt	Gesamt
Betriebsgröße (ha)	569,4	144,8	348,6	1322,1	1314,8	3699,7
Tagesschächte (Anzahl)	8	10	9	29		56
Halden						
Anzahl	20	3	3	13	9	48
Aufstandsfläche (ha)	342,3	40,0	52,8	552,0	533,1	1520,2
Volumen (Mio. m³)	47,2	4,5	9	178,8	72	311,5
Absetzbecken						
Anzahl	1	3	2	1	7	14
Fläche (ha)	10,4	4,6	5,4	3,6	706,7	730,7
Inhalt (Mio. m³)	0,75	0,2	0,22	0,03	149,3	150,5
Grubengebäude						
Ausdehnung (km²)	30,7	7,1	30,5	42,9	0	111,2
offene Grubenbaulänge (km)	240	112	418	625	0	1395,0
Tagebaue						
Anzahl				1		1
Fläche (ha)				160		160
offenes Volumen (Mio. m³)				84		84

Abb. 39 Sanierungsbedarf der Wismut (nach Dialog – Zeitschrift der Wismut GmbH)

Wie entstand der Name „Wismut" für das größte Bergbauunternehmen in der DDR? Wismut ist das 83. Element im Periodensystem und wurde 1773 entdeckt. Es ist in vielen Erzen der Gänge des Erzgebirges anzutreffen. Wismut wird für verschiedene Legierungen mit besonderen Anforderungen benötigt. Außerdem wird Wismut in der Medizintechnik eingesetzt (ich kann mich an Wismut-Brandbinden aus meiner Kindheit erinnern) und in der Glas- und Porzellanindustrie verwendet. Dieses Element war der Namensgeber für ein sowjetisches Unternehmen zur Urangewinnung in Deutschland, das bis zu seiner Einstellung der Gewinnung 1990 weltweit an dritter Stelle rangierte. Das Unternehmen Wismut wurde von einer Zentrale in Moskau gelenkt. Die Zentrale „Swety Metall" (deutsch: Buntmetall) war zur Zeit seiner Gründung im sowjetischen Kriegsministerium angesiedelt und hatte zunächst die Aufgabe, die Uranlücke (Ausdruck von Rainer Karlsch in seinem Buch „Uran für Moskau") für das sowjetische Atombombenprogramm zu schließen. Später bestand neben der Bereitstellung von spaltbarem Material für die Atomwaffenherstellung auch die Aufgabe, Rohstoffe für die Erzeugung von Kernenergie zu beschaffen. Buntmetall und Wismut waren Tarnnamen, die das Ziel der Tätigkeit des Unternehmens verschleiern sollten. Im Sprachgebrauch unter den Bergleuten setzte sich der Name schnell durch. „Die Wismut" war ein Synonym für das Unternehmen und alle Betriebsteile des Unternehmens.

Das Unternehmen SAG „Wismut" wurde 1946 gegründet. Es war zunächst ein militärisches Unternehmen und wurde auch so geleitet. SAG stand für „Staatliche (auch sowjetische) Aktiengesellschaft". Das Unternehmen hatte eine Feldpostnummer und sein erster Chef war ein General. General Malzew war vielen alten Wismuthasen noch gut bekannt – aber in wenig guter Erinnerung. Seine Leitungsmethoden waren militärisch geprägt. Die Hauptverwaltung hatte ihren Sitz zunächst in Aue. 1954 wurde aus der SAG Wismut die SDAG Wismut. SDAG steht für „Sowjetisch-Deutsche Aktiengesellschaft". Im Russischen hieß das Unternehmen SGAO (sowjetskoe-germanskoje aktionernie obschestwo). Als ich meine Tätigkeit bei der Wismut begann, hieß es schon die SDAG Wismut.

In diesem Zusammenhang fällt mir ein Witz der 80-er Jahre ein: Es war die Zeit, als der Begriff Joint Venture in der Zeitung in Mode gekommen war. Es mutete so an, als ob damit dem Sozialismus zum Sieg verholfen, die bösen Kapitalisten überlistet und die DDR damit noch gerettet werden könne.

Ein Unternehmer spricht ein Schwein an, es möge mit ihm ein Joint Venture abschließen. Das Schwein hatte von dieser Form der Zusammenarbeit gehört und sich daraus ebenfalls einen Vorteil erhofft. Deshalb fragte es: „Wie funktioniert ein solches Joint Venture?" – „Ganz einfach", sagte der aus der Altbundesrepublik stammende Unternehmer. „Ich führe das Unternehmen zur Wurstherstellung und du lieferst das Material!"

Ähnlich muss die Kooperation anfänglich gelaufen sein.

Schon vor der offiziellen Gründung der Wismut AG gab es Aktivitäten zur Erkundung von Uranvorräten im Erzgebirge. Bereit unmittelbar nach dem Abzug der amerikanischen Truppen aus Sachsen und Thüringen und dem Einzug der Sowjetarmee am 1. Juli 1945 begannen geologische Suchtrupps in der Uniform der Roten Armee mit der Entnahme von Erzproben in zugängigen Altbergwerken. Unterstützt wurden sie dabei von deutschen Arbeitern und Geologen, die zum Teil vorher in diesen Betrieben arbeiteten.

Die Wismut war ein vielschichtiger Betrieb – einem Konzern vergleichbar. Die Betriebsteile waren über Sachsen und Thüringen verteilt. Die Leitung des Unternehmens war zunächst in Aue, später in Karl-Marx-Stadt Siegmar angesiedelt und wurde von der Generaldirektion wahrgenommen. Den Generaldirektor stellte bis 1986 die sowje-

Abb. 40 Generaldirektor Woloschtschuk im Januar 1969 bei einer Grubenfahrt in Königstein (ehem. Archiv des Bergbaubetriebes Königstein)

tische Seite. Danach gab es einen deutschen Generaldirektor. Die längste Dienstzeit als Generaldirektor hatte S. N. Woloschtschuk. Er war Jahrgang 1911 und regierte von 1961 bis 1986.
Auf dem Bild rechts der verdienstvolle Hauerbrigadier Paul. Auf der anderen Seite neben Semjon Nikolajewitsch steht der baumlange und stämmige Alfred Neumann, der erste Stellvertreter des Ministerrates der DDR. Er überragte den General um mehr als eine Kopfgröße. Im Vorfeld des Besuches gab eine stressige Situation. Zur Grubenfahrt wurden die Gäste bergbautauglich gemacht. Dazu gehörte die entsprechende Kleidung. In der zur Statur von Alfred Neumann passenden Konfektionsgröße konnten Jacke und Hose zwar noch beschafft werden, aber bei Gummistiefeln in seiner Schuhgröße gab es ein Problem.
Mit dem 01.01.1970 wurde eine klare Struktur der Wismut geschaffen, nachdem bereits 1968 die Objekte als Zwischenglied zwischen Generaldirektion und Betrieben aufgelöst wurden. Zu Objekten waren Schächte und andere Betriebe zusammengefasst. Bei der Wismut war der Begriff Schacht doppelt belegt. Einmal im ursprünglichen Sinn des Wortes: ein vertikaler oder nahezu vertikaler Grubenbau (In den Anfangsjahren der Wismut wurden auch Stollen – also horizontal in den Berg getriebene Grubenbaue als „Schächte“ deklariert. Das betraf im Objekt 02 zum Beispiel den „Gallus-Stollen“ als Schacht Nr. 4, den „Bocksloch-stollen“ als Schacht Nr. 88 und den Stollen Nr. 1 als Schacht 172.) Die zweite Bedeutung hatte der Begriff „Schacht“ für einen Betrieb oder Betriebsteil – also eine Verwaltungseinheit – ein Bergwerk, dem mehrere Schächte nach territorialen Gesichtspunkten zugeordnet waren. Die Zählnummern der Objekte gingen über die 100. Betriebe wechselten häufig die Zuordnung zu Objekten und Objekte ihre Nummer. Beides, die Zählnummern der Schächte und die Bezeichnung der Objekte mit den dazugehörigen Betrieben, sind für Außenstehende nur schwer nachvollziehbar. Oft spielten auch Belange der Geheimhaltung eine Rolle, wenn es um Neubenennung oder Neuzuordnung ging.
Die wichtigsten Betriebe waren die Bergbaubetriebe, in denen das Uranerz gefördert wurde. Auch wenn das besonders von Mitarbeitern der Generaldirektion gern anders gesehen wurde. Es kursierte der Witz: *Zwei leitende Mitarbeiter der Generaldirektion treffen sich in der Betriebskantine. Auf die Frage des einen nach dem Befinden eines Neuen sagt dieser: Die Arbeit in der GD ist ganz interessant und abwechslungsreich. Wenn wir nur nicht auch noch die Schächte (wismutübliche Bezeichnung für die Bergbaubetriebe) am Hals hätten.*
Bergbaubetriebe und andere Einrichtungen der Wismut waren in den Ländern Thüringen und Sachsen angesiedelt. Im weiteren Text sind häufig Angaben über entstandene Kosten angeführt, deren Größenordnung zur heutigen Zeit unter der Rubrik Bagatellen eingeordnet würden. Man muss sie aber im Kontext der damaligen Zeit sehen. Die Mittel waren in den Anfangsjahren der DDR begrenzt. Im Investitionsplan des Jahres 1950 waren 2,35 Mrd. Mark enthalten – und darin auch die gesamten Investitionen für die volkseigene Industrie, die den Hauptteil der Produktion erbrachte. Dem Land Thüringen standen ganze 66 Mio. Mark zur Verfügung. Damit wird das Ausmaß des Kostenfaktors Wismut deutlich, wenn auch keine Gesamtzahlen vorliegen.

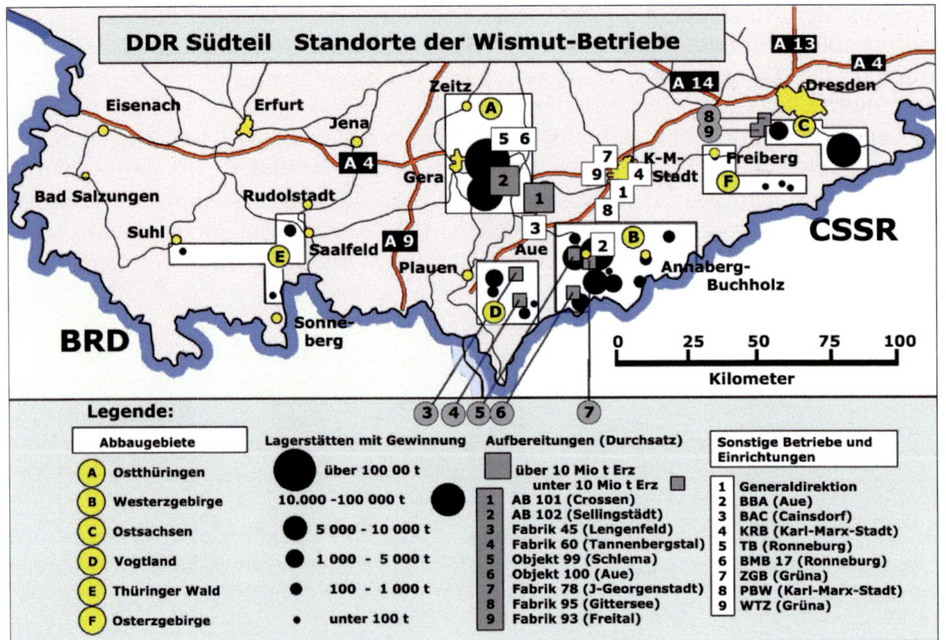

Abb. 41 Standortverteilung der Wismut
(eigene Darstellung nach Angaben in Chronik der Wismut)

Zur Wismut gehörten nicht nur die Betriebe der Uranerzgewinnung und Anreicherung. Auch so genannte Produktionshilfsbetriebe gehörten zu dem Konglomerat. Alle hatten die Aufgabe, die Uranproduktion abzusichern. Anfangs war die Wismut ein allseits gefürchtetes Monster. Das hatte mehrere Ursachen.

- Aufgrund ihres Status als sowjetisches Unternehmen konnten in den Anfangsjahren überall und jederzeit Beschlagnahmungen durchgeführt und zu Reparationen deklariert werden. Das betraf sowohl Fabriken samt den Einrichtungen, Flurstücke und Gebäude, aber auch Verkaufs- und Versorgungseinrichtungen.
- Für die Uranproduktion wurden sehr viele Arbeitskräfte benötigt, die von den damaligen Länderregierungen rekrutiert werden mussten. Durch das höhere Lohnniveau wurden den Betrieben Fachkräfte abgeworben, die nur schwer zu ersetzen waren. Die Bevölkerung beobachtete das Treiben der Wismut mit Argwohn und hatte Probleme mit dem Auftreten der Wismutangehörigen.
- Konfiszierung von Wohnraum für den enormen Strom von Arbeitskräften vergiftete die Atmosphäre zusätzlich. Deshalb gab es auch noch in den 60-er Jahren Probleme im Raum Pirna. Zu dieser Zeit konnte man Arbeitskräfte nur mit Wohnungsversprechen zur Arbeitsaufnahme in den neuen Bergbaubetrieben bewegen. Ich war selbst so ein Kandidat. Bereits an die ansässige Bevölkerung vergebene Wohnungen wurden der Wismut zugesprochen.
  Der Entrüstungssturm bei den Bürgern war groß, weil sie erneut längere Wartezeiten für eine Wohnung in Kauf nehmen mussten.

Erst mit der Herausbildung einer Stammbelegschaft und der Entwicklung eines Berufsstolzes bei den Bergleuten auf der einen Seite und der Möglichkeit des Profitierens der Bevölkerung von den Einrichtungen der Wismut auf der anderen Seite normalisierten sich die Beziehungen.
In den späten 40-er Jahren gab es erhebliche Probleme mit der Arbeitsdisziplin. Fehlschichten waren an der Tagesordnung, obwohl bei Fehlschichten die Jahresprämie gestrichen wurde – und diese betrug für Untertagearbeiter im ersten Jahr 7,5 %, im zweiten Jahr 17,5 % und in den Folgejahren 20 % des Jahresverdienstes. „Bummelanten" wurden als Saboteure bezeichnet und ihre Namen wurden auf Handzetteln veröffentlicht.

Die Wismut war zwar Bestandteil der Volkswirtschaft, hatte aber parallel laufende Strukturen. Das betraf nicht nur die Produktion, sondern auch viele gesellschaftliche Bereiche. Bei der Wismut gab es zum Beispiel:
Eine eigene **Handelsorganisation** für die Versorgung der Betriebsangehörigen. Zunächst gab es zwei Betriebe: Wismut-Handel und nach Gründung der HO die HO-Wismut. HO stand für volkseigene Handelorganisation. Diese wurde 1948 zur Bekämpfung des Schwarzen Marktes gegründet (vergleiche „Im Schatten der Heidecksburg", Kapitel 2.4.8 „HO – die Wunderwaffe im Kampf gegen den Schwarzen Markt"). Der Wismut-Handel war für die Belieferung der Sonderlebensmittelkarten für Wismutangehörige zuständig. Die HO-Wismut versorgte die Werktätigen mit hochwertigen Produkten. Mit Abschaffung der Lebensmittelkarten 1958 wurden die beiden Unternehmen vereint, daraus wurde später der BAV (Betrieb zur Arbeiterversorgung), der 1988 dem volkseigenen Handel übergeben wurde.

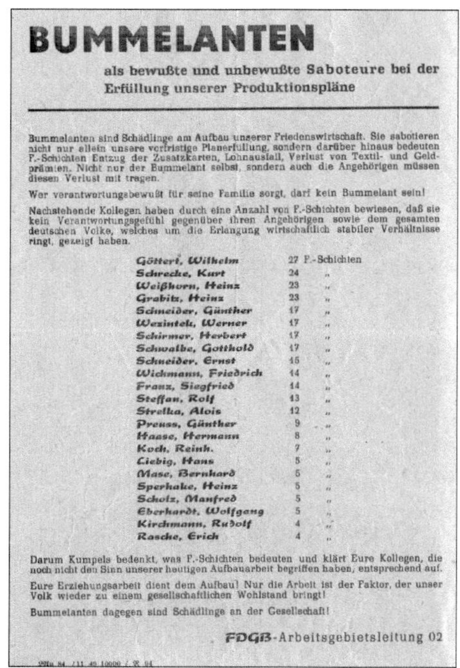

BUMMELANTEN

als bewußte und unbewußte Saboteure bei der Erfüllung unserer Produktionspläne

Bummelanten sind Schädlinge am Aufbau unserer Friedenswirtschaft. Sie sabotieren nicht nur allein unsere vorfristige Planerfüllung, sondern darüber hinaus bedeuten F.-Schichten Entzug der Zusatzkarten, Lohnausfall, Verlust von Textil- und Geldprämien. Nicht nur der Bummelant selbst, sondern auch die Angehörigen müssen diesen Verlust mit tragen.

Wer verantwortungsbewußt für seine Familie sorgt, darf kein Bummelant sein!

Nachstehende Kollegen haben durch eine Anzahl von F.-Schichten bewiesen, daß sie kein Verantwortungsgefühl gegenüber ihren Angehörigen sowie dem gesamten deutschen Volke, welches um die Erlangung wirtschaftlich stabiler Verhältnisse ringt, gezeigt haben.

Göttert, Wilhelm	27	F.-Schichten
Schrecke, Kurt	24	„
Weißhorn, Heinz	23	„
Grabitz, Heinz	23	„
Schneider, Günther	17	„
Wezintek, Werner	17	„
Schirmer, Herbert	17	„
Schwalbe, Gotthold	17	„
Schneider, Ernst	15	„
Wichmann, Friedrich	14	„
Franz, Siegfried	14	„
Steffan, Rolf	13	„
Strelka, Alois	12	„
Preuss, Günther	9	„
Haase, Hermann	8	„
Koch, Reinh.	7	„
Liebig, Hans	5	„
Mase, Bernhard	5	„
Sperhake, Heinz	5	„
Scholz, Manfred	5	„
Eberhardt, Wolfgang	5	„
Kirchmann, Rudolf	4	„
Rasche, Erich	4	„

Darum Kumpels bedenkt, was F.-Schichten bedeuten und klärt Eure Kollegen, die noch nicht den Sinn unserer heutigen Aufbauarbeit begriffen haben, entsprechend auf.

Eure Erziehungsarbeit dient dem Aufbau! Nur die Arbeit ist der Faktor, der unser Volk wieder zu einem gesellschaftlichen Wohlstand bringt!

Bummelanten dagegen sind Schädlinge an der Gesellschaft!

FDGB-Arbeitsgebietsleitung 02

ABB. 42 Liste von Bummelanten im Objekt 02 um 1948 (Sammlung Gottwert Hochmuth, Pirna)

Ein eigenes **Gesundheitswesen Wismut** mit Krankenhäusern, Nachtsanatorien und Polikliniken (vergleichbar mit Ambulanzen). Die Sozialversicherung Wismut hatte einen Sonderstatus im Gefüge des Gesundheitswesens der DDR und nach meinen Erfahrungen auch ein höheres Versorgungsniveau. Seit 1950 gehörten alle Institutionen zum Gesundheitswesen Wismut, das dem Zentralvorstand der Industriegewerkschaft Wismut unterstellt wurde.
Bereits 1946 begann unter sowjetischer Regie der Aufbau eines Gesundheitsdienstes. Es wurden Sanitätsstellen, Bergarbeiterambulatorien, medizinische

Stützpunkte und bis 1949 neun Bergarbeiterpolikliniken errichtet. Die Poliklinik in Ronneburg lernte ich 1955 kennen. Die Untersuchung erfolgte unter dem kolportiertem Motto:
„Hast du Tripper, Syph. und Schanker, bist du bei der Wismut noch lange kein Kranker.“
Auch fünf Wismutkrankenhäuser entstanden und 1949 gab es bereits sechs Sanatorien. 1952 wurde der mobile Röntgenzug „Erzbergbau“ in Betrieb genommen. Er fuhr im Jahresrhythmus die Bergbaubetriebe ab. Teilnahme an der Reihenuntersuchung war Pflicht. In den Betrieben wurden Maßnahmepläne erarbeitet, um die 100 %-ige Teilnahme an der Aktion zu erreichen. Nichtteilnehmern aus der Untertagebelegschaft wurde die Lampe gesperrt – sie durften nicht mehr einfahren. Auch die in den 70-er Jahren begonnene Grippeschutzimpfung konnte nur durch Zwangsmaßnahmen mit hoher Beteiligung durchgeführt werden. Am Eingang zum Betriebsgelände wurde eine Personenschleuse errichtet, die nur von den Kumpels passiert werden durfte, die vorher mit der Impfpistole bearbeitet waren. Staatliche Leiter waren verpflichtet, die Angehörigen ihres Bereiches zu identifizieren und zwangsweise der Impfung zuzuführen.
Eine weitere Besonderheit des medizinischen Dienstes war, dass dem ärztlichen Personal „adäquater Wohnraum“ zur Verfügung zu stellen war. Im Dezember 1951 regte das der damals noch stellvertretende Ministerpräsident der DDR Walter Ulbricht an. In der Folge entstanden an allen medizinischen Einrichtungen „Ärztewohnungen“, meist als Einfamilienhäuser. Auch dazu hatte ich persönliche Erlebnisse. In Gera bekam ich nach langem Kampf auf Weisung des Personaldirektors der Wismut (Sepp Wenig) eine Wohnung. Das normale Kontingent war bereits vergeben und mir wurde eine Wohnung aus dem Sonderkontingent zugesprochen. Drei von sechs Bewohnern waren Ärzte, die in den Folgejahren in Einfamilienhäuser umzogen. Als ungerecht empfanden wir, dass die Familien mit drei Kindern eine 2 ½-Zimmerwohnung bekamen und die Ärzte mit einem Kind eine Wohnung mit einem Kinderzimmer mehr und mit Balkon. Auch in Königstein war es ähnlich. Für den Chef des Betriebsambulatoriums wurde im attraktiven Ort Graupa ein Einfamilienhaus gebaut. Wolfgang, der umtriebige Leiter der Investabteilung, ließ noch drei weitere Häuser bauen: eins für sich, eins für einen verdienstvollen Mechaniker und das vierte – um der Angelegenheit einen proletarischen Anstrich zu geben, – für einen Brigadier, der mit hohen Staatsauszeichnungen dekoriert war.
Im Jahr 1951 wurde der erste Krankenhausneubau für die Wismut in Erlabrunn eröffnet. Er hatte neben den 1.200 Betten ein eigenes Schwesternwohnheim. Den Gesundheitseinrichtungen waren auch Apotheken angeschlossen. Für Wismutangehörige gab es besonders gekennzeichnete Rezepte, die nur dort eingelöst wurden. Das erste Nachtsanatorium der Wismut wurde 1950 eröffnet – es folgten bis 1954 sieben weitere. 1960 hatte das Gesundheitswesen über 3.700 Betten. Die maximale Belegschaftsstärke der Einrichtungen des Gesundheitswesens Wismut lag bei über 6.000. Mit dem Rückgang der Aktivitäten der Wismut im oberen Erzgebirge konnte die Kapazität des Bergarbeiterkrankenhauses Erlabrunn nicht mehr ausgelastet werden. Davon profitierte das Gesundheitswesen des Territori-

Abb. 43 BAK Erlabrunn (Dialog – Zeitschrift der Wismut GmbH)

ums. Wenn heute in der Vita vieler Spitzensportler aus dem Erzgebirge der Geburtsort Erlabrunn angegeben ist, so liegt das daran, dass die dortige Entbindungsklinik die Aufgabe im Territorium übernahm. Eines der prominentesten Beispiele ist der überaus erfolgreiche Schanzenfloh Jens Weißflog aus Oberwiesenthal. Seit den 50-er Jahren ging der Anteil der Hausentbindungen in der DDR stark zurück. Mit der Schaffung von Kapazitäten in Krankenhäusern konnte das Risiko bei Entbindungen reduziert werden.
Bereits in den 50-er Jahren machten sich die Auswirkungen der schlechten Arbeitsbedingungen der wilden Anfangsjahre bemerkbar. Erkrankungen an Silikose traten verbreitet auf. Das waren die Auswirkungen des Trockenbohrens bis in die Mitte der 50-er Jahre. Bereits 1952 wurde in Stolberg (Erzgebirge) eine Silikosezentralstelle geschaffen. Aus dieser wurde 1967 das Arbeitshygienische Zentrum der Wismut. Auch andere bergbauspezifische Belastungen wurden dort analysiert. Es ging um Belastungen durch Radonfolgeprodukte (Ursache für Bronchialkrebs), Lärm, Vibration (als Ursache für Gelenkschäden) und toxischer (giftiger) Stoffe, die in der Form von Blei, Arsen, aber auch organischen Giften bei der Arbeit in der Wismut auftraten. Im Zeitraum von 1952 bis 1990 wurden 30.821 anerkannte Fälle von Berufskrankheit registriert, davon:

14.592 Silikose bzw. Silikotuberkulose,
5.275 Bronchialkrebs durch ionisierende Strahlung,
5.053 Vibrations- bzw. Überlastungsschäden,
4.657 Lärmschwerhörigkeit und
1.244 sonstige.

Den größten Zuwachs gab es in den 60-er Jahren mit jährlich über 1.000 Zugängen.

Einen eigenen **Feriendienst Wismut** mit Ferieneinrichtungen in vielen Urlaubsgebieten der DDR. Zunächst war das Ostseebad Binz Urlaubsort des Feriendienstes der Wismut. Später war der Ostseebadeort Zinnowitz auf der Insel Usedom mit den vielleicht attraktivsten Sandstränden der DDR Schwerpunkt und begehrtestes Ziel der Wismut-Urlauber. Die Ferieneinrichtungen in diesem Badeort übernahm die Wismut 1953. Damit war die Abschottung von Zinnowitz beendet. Im Dritten Reich gehörte Zinnowitz zu dem für das Raketenforschungszentrum Peenemünde errichteten Sperrgebiet. In den Wäldern um den Ort befanden sich noch in den 70-er Jahren Relikte der Abschussbasen. Das betraf durch Wälle gesicherte Abschussrampen, zu denen einbetonierte Gleisanlagen führten, betonierte Zufahrtstraßen zu den Rampen und einen geneigten Beobachtungsturm auf der höchsten Erhebung der Insel Usedom bei Koserow. Dieser widersetzte sich seiner Sprengung und lag als gekippter Betonklotz auf der Anhöhe.
Nahezu alle Ferienheime in Zinnowitz gehörten dem Feriendienst Wismut. Während meines ersten Aufenthaltes in Zinnowitz waren auch die Privatquartiere vom Feriendienst belegt. Unser Quartier hatte einen Komfort auf der untersten Stufe. Zusammengewürfeltes Mobiliar, Toilette auf dem Hof mit Direktaustrag auf den Misthaufen und eine mürrische Vermieterin kennzeichneten diese Unterkunft. Als ob wir Urlauber daran Schuld gewesen waren, dass Zinnowitz in der NS-Zeit zum militärischen Sperrgebiet für das Raketenforschungszentrum Peenemünde gehörte und über zehn Jahre keine Urlauber in den Ort kommen durften. Der Feriendienst Wismut erhielt den Urlaubsort als Entschädigung für die Räumung der Ferienanlage auf der Insel Rügen, die für die neu entstehenden bewaffneten Kräfte ausgebaut wurde. Über Prora kursierte die Story:
Für den Ausbau des Riesenkomplexes Prora (als gigantisches Ferienobjekt während des Dritten Reiches errichtet) wurde Baumaterial benötigt. Der Standortkommandant der kasernierten Volkspolizei soll seine Soldaten nur in den Urlaub gelassen haben, wenn sie zur Rückkehr einen Ziegelstein mitbringen. So konnten einige unvollendete Teile des riesigen Komplexes notdürftig hergerichtet werden.
Zunächst hatten alle Heime in Zinnowitz ein sehr bescheidenes Niveau. Selbst im ehemals „erstem Haus am Platze“, dem Kaiserhof, gab es nur Etagentoiletten. Ob seiner Majestät dem Kaiser, der gelegentlich hier genächtigt haben soll, deshalb ein Nachtgeschirr unters Bett gestellt wurde oder ob er sich im Nachtgewand das halbe Stockwerk tiefer begeben musste, ist nicht überliefert.
Heime mit angeschlossenem Speisesaal waren sehr gefragt. Bewohner der anderen Heime mussten zu zentralen Verpflegungsstellen. In Zinnowitz gab es nach der Errichtung des Kulturhauses ein vielfältiges kulturelles Angebot zu moderaten Preisen. Die Preise der Eintrittskarten lagen im unteren einstelligen Bereich. Über die Ferienheime erfolgte der Vorverkauf. Die Reisen selbst kosteten in den ersten Jahren unter 100 Mark und der Aufenthalt dauerte drei Wochen. Später wurde er auf zwei Wochen begrenzt. Der Preis richtete sich ab 1963 nach Verdienst, Saison und Ausstattung der Unterkunft. Er betrug zwischen 34 und 200 Mark (für nicht im FDGB Organisierte von 85 bis 250 Mark – die Ehefrauen waren oft nicht gewerkschaftlich organisiert). Kinder bis zur zwölften Klasse bezahlten 30 bis 50 Mark. In diesem Preis waren Kurtaxe, Bahnfahrt und Strandkorbmiete für Zinno-

witz enthalten. Die Platzkarten für die Sonderzüge von Aue – Chemnitz, Gera – Leipzig bzw. Dresden waren inkludiert. Wie bequem und entspannt verlief die Fahrt zur See. In Züssow wurde der Zug umgespannt, weil er die Fahrtrichtung änderte. Es gab damals schon geschäftstüchtige Menschen. Sie boten während des Aufenthaltes in Züssow Buttermilch an. Das Angebot wurde gern angenommen. Dann kam die unangenehme Überraschung. Zumindest bei der ersten Fahrt. Usedom war eine Insel. Der D-Zug endete nach der schleichenden Fahrt ab Züssow auf dem Bahnhof Wolgast-Hafen. Dort standen LKW, die nach Ferienheimen sortiert das Gepäck aufnahmen und an die Zielorte brachten. Der einige hundert Meter lange Weg zum Bahnhof Wolgast-Fähre musste zu Fuß zurückgelegt werden Auch hier gab es pfiffige Menschen. Zunächst warteten pferdebespannte Kutschen auf Fußkranke und Laufmuffel. Später warteten Taxen. Für die Durchfahrt von Schiffen musste die Brücke gesperrt werden. Wir hatten den Eindruck, dass die Sperrung der Brücke immer dann erfolgte, wenn ein Ferienzug in Wolgast-

Abb. 44 Ferienheim „Roter Oktober“ in Zinnowitz (eigene Sammlung)

Hafen angekommen war und die Urlauber lange auf die Freigabe warten mussten. Nach der Querung der Brücke über die Peene, die die Insel Usedom vom Festland trennt, wartete auf der anderen Seite der „Inselexpress". Er klapperte die Badeorte der Insel ab – in Zinnowitz leerte sich der überfüllte Zug. Bis 1961 gab es in Zinnowitz nur Sommerbelegungen. Nach der Renovierung der Heime und dem Einbau von Heizungsanlagen erfolgte die Belegung ganzjährig. Mit dem Mauerbau 1961 verloren die Seebrücken der Ostseebäder ihre Bedeutung. Bis dahin starteten von ihnen aus Schiffsfahrten entlang der Küste von Usedom. Die Ostsee wurde Grenzsperrgebiet und Teile der Flotte ins Achterwasser, in ein Boddengewässer, verlegt.
Weitere Ferienobjekte des Feriendienstes Wismut befanden sich in Oberwiesenthal, Schwarzburg, Bad Blankenburg, Tabarz, Bad Schandau und Rosenthal in der Sächsischen Schweiz. Im Sommer 1977 eröffnete das modernste Ferienheim der Wismut in Zinnowitz als „Roter Oktober".

Noch heute wird dieses Heim von einem neuen Eigner als Hotel „Baltic" betrieben. Dieses Heim war nicht nur in der Zimmerausstattung modern – es gab auch IWC. Der vom BMB 17 – dem Baubetrieb der Wismut – errichtete Komplex bot reichlich Komfort. Dort gab es einen Friseur- und Kosmetiksalon, eine Sauna, sowie physiotherapeutische Einrichtungen, Klimaanlagen und Schnelllifte. Zur Attraktion gehörte eine Meerwasserschwimmhalle mit einem 500 m² großen Schwimmbecken. Bei einer Urlaubsreise mit unserer Enkeltochter wollte sie jeden Tag einen weiteres Angebot in Anspruch nehmen: die Gruppenbetreuung von Vorschulkindern. Das war ein echtes Erlebnis für das Elternkind ohne Gruppenkontakt. Mit der Inbetriebnahme des „Roten Oktobers" hatten die 26 Ferienobjekte in Zinnowitz eine Kapazität von 22.657 Betten im Sommer und 3.102 Betten im Winter.
Mit der Familie war ich das erste Mal 1965 in Zinnowitz in einem Heim an der Strandpromenade. Das kam so. Eines Tages wurde über den Betriebsfunk ein freiwerdender „Ferienscheck" ausgerufen, den ich auch sofort bekam – die Gewerkschaftsleitungen waren an einer schnellen Neuvergabe interessiert. Nicht belegte Plätze wurden im Folgejahr vom Kontingent abgezogen. Seit 1967 konnte ich von dieser Rückgabepraxis profitieren. Ich erfuhr aus erster Hand, wenn Ferienplätze zurück gingen und hatte somit ersten Zugriff. Das war ein zufälliges Privileg – ich arbeitete anfangs im Zimmer neben der Ausgabestelle. Meine Frau war zu dieser Zeit nicht mehr berufstätig. Sie war aktiv in den Elternaktiven aller drei Kinder tätig und hatte daher gute Beziehungen zum Direktor der Schule. Die Kinder gehörten zu den Leistungsstärksten der Klasse und eine Freistellung vom Unterricht war somit immer möglich. Durch meine Tätigkeit an langfristigen Aufgaben war ich in keinen Urlaubsplan eingebunden – nur in den Monaten Oktober bis Februar musste ich ständig verfügbar sein. Und das waren nun wirklich keine erstrebenswerten Urlaubsmonate. Jedes Jahr war ich ein- bis zweimal mit dem Feriendienst unterwegs und lernte alle Top-Gegenden kennen. Im normalen Vergabesystem hätte ich keine Chance gehabt. Die Proportion Arbeiter zu ITP

(Ingenieur-Technisches Personal) musste bei der Vergabe der Ferienschecks eingehalten werden. Der Bedarf an Plätzen war sehr groß und es gab noch weitere Auswahlkriterien. Die eingereichten Listen gingen durch einige Instanzen, die ihre Zustimmung geben mussten.
Neben den Ferienheimen unterhielt der Feriendienst Wismut in den Sommermonaten Kinderferienheime und Jugendlager mit insgesamt 2550 Plätzen. Das größte davon war in Crispendorf an der Schleizer Seenplatte in Ostthüringen.
Eine eigene **Sportvereinigung Wismut**. Bekannte Fußball-Oberligamannschaften gehörten zu dieser Sportvereinigung: Wismut Aue, Wismut Gera und Freiheit Wismut Lauter. Freiheit Wismut Lauter wurde zunächst in Empor Lauter umbenannt und 1954 zwangsweise nach Rostock umgesiedelt, weil es im Norden keine Oberligamannschaft gab und Lauter ein Vorort von Aue ist. Wismut Aue wurde dreimal DDR-Meister und zweimal Pokalsieger. Solche bekannte Fußballer gehörten den Wismut-Mannschaften an wie der legendäre Willi Tröger, der im Krieg den rechten Unterarm verlor, Bringfried Müller, Manfred Kaiser und die Gebrüder Wolf. Einer der Wolfs wurde als Obersteiger eines Schachtes geführt und auch entsprechend bezahlt. Aber das stand in keinem Verhältnis zu den Gagen der jetzigen Profis. In vielen Sportarten stellte die SV Wismut Spitzensportler, die erfolgreich bei internationalen Wettbewerben auftraten. Manfred Weißleder ist mir in Erinnerung. Er gewann 1960 vier Etappen der Friedensfahrt. Zwei Jahre später musste er während dieser Radfernfahrt eine bittere Niederlage verkraften. Im Zielspurt einer Etappe wurde er von seinem ärgsten Konkurrenten Juri Melichow aus der sowjetischen Mannschaft nicht nur behindert, sondern auch festgehalten und fast entkleidet. Wie ein Klammeraffe hing Melichow an dem zum Spurt ansetzenden Weißleder, als er erkennen musste, dass er dessen Spurt nichts entgegen zu setzen hatte. Der unfaire Übeltäter bekam lediglich eine Bagatellstrafe und konnte noch Gesamtsieger werden. Da der Vorfall zum Politikum zu werden drohte, wurde Weißleder von deutscher Seite reglementiert und bekam einen Maulkorb verpasst.
Es gab einige Trainingszentren, in denen Spitzensportler herangebildet wurden. Bereits 1956 nahmen Athleten der Wismut an den Olympischen Spielen teil. In Aue entstand im Lößnitzgrund das Otto-Grotewohl-Stadion, das Heimstadion von Wismut Aue. Als der FC Karl-Marx-Stadt gegründet wurde und der Fußball der Wismut in Chemnitz angesiedelt wurde, gab es in Aue viele Proteste und die Oberligafußballer durften als BSG (Betriebssportgemeinschaft) Wismut wieder in Aue spielen. Noch heute sind das Stadion im Lößnitzgrund ein Kleinod, die Fans von Aue eine Macht und die Veilchen – seit 2010 als Erzgebirge Aue in der zweiten Bundesliga – wegen ihrer Heimstärke ein gefürchteter Gegner. Bereits 1986 begann die Modernisierung des Stadions. Der Umbau erfolgte nahezu in Eigenregie der Wismut, Wismutbetriebe waren federführend. Das Projekt lieferte der Projektierungsbetrieb, die Bauausführung lag beim Bau- und Montagebetrieb und ein Maschinenbaubetrieb fertigte und montierte die Flutlichtmasten und die Aufhängung für das Tribünendach.

Abb. 45 Fußballstadion des SC Wismut Aue (Chronik der Wismut)

Abb. 46 Ehrenanstoß (ehem. Archiv des Bergbaubetriebes Königstein)

Nach Ende ihrer aktiven Zeit in der ersten Mannschaft von Aue kamen Willi Tröger und weitere Spieler nach Pirna, um hier eine leistungsstarke Mannschaft zu formen. Diese Mannschaft schaffte den Aufstieg in die 2. DDR-Liga. Die Fußballbegeisterung in Pirna-Copitz war so groß, dass in 10.000 freiwilligen, unentgeltlichen Arbeitsstunden mit der materialmäßigen Unterstützung des Bergbaubetriebes Königstein ein Stadion im Wert von 450.000 Mark geschaffen wurde. Das Einweihungsspiel im Oktober 1969 bestritten die ehemalige Ex-Nationalmannschaft der DDR mit Willi Tröger und die BSG Wismut Pirna-Copitz. Den Ehrenanstoß vollzog der Gardeoberst Glewzow von der Garnison der sowjetischen Streitkräfte Dresden. Das Stadion wurde nach dem Tod des exzellenten Spielers in „Willi-Tröger-Stadion" umbenannt.

Die Delegationen der SV Wismut beeindruckten bei Auftritten zu großen Sportveranstaltungen mit ihrer Geschlossenheit und Disziplin. Eine Klassenkameradin aus der Oberschulzeit, die in der Zwischenzeit zum Professor der Sportwissenschaften avancierte und aktiv an den Vorbereitungen der Turn- und Sportfeste der DDR beteiligt war, sprach mich daraufhin an. Ich konnte ihr nur antworten, dass das an der ständigen Disziplinierung durch den ausgeprägten Zentralismus liegt. Ein Parteifunktionär hätte sicher gesagt: „Bei der Wismut gibt es keinen Demokratismus. Befehl ist Befehl oder prikass jest prikass."
In die Entwicklung des Spitzen- und Breitensports wurde viel investiert. Allein in den Jahren 1950 bis 1969 wurden 30 Mio. Mark in den Bau von Sportstätten investiert – für die damalige Zeit eine stattliche Summe. Der Sportvereinigung Wismut gehörten im Jahr 1988 14 Betriebsportgemeinschaften und fünf Motorclubs mit insgesamt fast 21.000 Mitgliedern an, die in 160 Sektionen tätig waren. Einzelne Betriebe waren für die Betreuung von Sportstätten und Mannschaften zuständig. Der Bergbaubetrieb Paitzdorf war der „Patenbetrieb" für die BSG Wismut Gera. 25 Planstellen für Funktionäre, Trainer und Sportler und elf Arbeiterstellen für Handwerker und Sportler mussten finanziert werden. Im Bergbaubetrieb Aue waren es für die BSG Wismut Aue 34 Sportler und 35 bezahlte Arbeitskräfte. Allerdings stand zu dieser Zeit keiner mehr als Obersteiger auf der Lohn- bzw. Gehaltsliste.
Eine eigene Bergbaustaatsanwaltschaft mit Sitz in Karl-Marx-Stadt in der berüchtigten Hohen Straße. Ich nahm an zwei Prozessen als Beobachter teil. Das waren keine Sternstunden. Ein Prozess wurde vor einem breiten Personenkreis im Bergarbeiterklubhaus Gera geführt, es sollte ein Exempel statuiert werden, wie das sozialistische Recht in Bezug auf Einhaltung der Bestimmungen auf dem Gebiet des Arbeits- und Gesundheitsschutzes durchgesetzt wird.
Eine eigene Volkspolizei Wismut mit allen ihren Gliederungen (Betriebsschutz, Kriminalpolizei, Verkehrspolizei, Erlaubniswesen etc.) sorgte bei der Wismut für die Einhaltung der Ordnung. Die Sparte Verkehrspolizei wurde später herausgelöst. Auch das Ministerium für Staatssicherheit hatte seine eigenen Dienststellen in den Einrichtungen der Wismut. Für das Ronneburger Gebiet war in den 60-er Jahren die Institution in der Werdauer Straße in einer ehemaligen Spezialschule untergebracht. Für Königstein wurde eine Bergarbeiterunterkunft geräumt. Ein

Abb. 47 Kulturhaus in Karl-Marx-Stadt-Siegmar (Dialog – Zeitschrift der Wismut GmbH)

blickdichter Zaun und eine gute Bewachung sorgten dafür, dass niemand Mielkes Genossen in die Karten gucken konnte.

Auch auf kulturellem Gebiet entwickelte die Wismut eigene Initiativen. Bereits in den Anfangsjahren sorgten sowjetische Kulturoffiziere für die Einrichtung von Bibliotheken, für den Einsatz von Filmwagen und mieteten Säle und Vereinszimmer für Klubs an. Schon vor 1950 gab es 21 Kulturhäuser und 42 Zentralbibliotheken mit 83 000 Büchern. Mit Filmen und Büchern konnte ohne großen Aufwand Kultur „an den Mann" gebracht werden. In den abgelegenen Bergarbeiterzentren wurden Kulturhäuser errichtet wie auf dem Rabenberg bei Breitenbrunn im Erzgebirge, in Wolfgangmaßen bei Schneeberg, in Antonshöhe bei Schwarzenberg und in Dittrichshütte in Thüringen. Alle diese Kulturhäuser waren im „Stalin-Klassizismus" (Neoklassizismus der Stalinzeit) errichtet, sahen attraktiv aus und wurden kulturelle Zentren in den ansonsten gottverlassenen Gegenden. Das Kulturhaus in Dittrichshütte ist heute noch ein Schmuckstück des Vereins „Kinder- und Jugenderholung Dittrichshütte".

Den Höhepunkt des Neubaus von Kulturhäusern bildete der „Kulturpalast der Werktätigen der Wismut" in Siegmar-Schönau. Zur Finanzierung dieses Vorhabens wurden in allen Betrieben Sonderschichten gefahren, deren Erlös abgeführt wurde. Die Werktätigen leisteten unbezahlte Aufbaustunden bzw. spendeten einen

Schichtlohn. Das Orchester Wolfgang Grellmann wurde vom Kulturpalast übernommen. Der geachtete Klangkörper stand fortan der Wismut als Unterhaltungsorchester mit gutem Ruf für viele Veranstaltungen zur Verfügung. Während der Sommermonate war der Klangkörper in Zinnowitz stationiert. Das Bergarbeiterklubhaus Gera war ein gepflegter Anlaufpunkt in dieser Bergbaumetropole. Neben niveauvollen Kulturveranstaltungen fanden dort Brigadeabende statt. Gleichzeitig war es auch die Betätigungsstätte des Arbeitertheaters Gera. Arbeitertheater gab es in allen Bergbauregionen. Noch heute erinnern sich viele Kumpel an schöne Abende in den Klubhäusern und an Aufführungen des Arbeitertheaters. Es wurden nicht nur tendenziöse Stücke einstudiert.
Die Wismut förderte auch die Bildenden Künste. Unter der Parole „Kumpel, greif zur Feder!" wurden Talente gefördert. Ich fühlte mich damals nicht angesprochen. Aus der Wismut gingen die Schriftsteller Horst Salomon, Martin Viertel und Herbert Jobst hervor. Viertel und Jobst habe ich gelesen. Gegen Salomon hatte ich wegen der Lobpreisung seiner Werke „Katzengold" und „Lorbaß" eine Antipathie, die ich aber nicht begründen konnte. Viertel lernte ich kennen, als er ein „Praktikum" in der geologischen Abteilung in Königstein absolvierte. Er machte einen sehr guten Eindruck. Sein Roman „Sankt Urban" befasste sich mit Problemen des Bergbaus und wurde auch verfilmt. Weniger Erfolg hatte Werner Bräunig mit seinem Auftragswerk für die Wismut. Der Roman „Rummelplatz" traf schon vom Titel her nicht den Geschmack der Parteileitung der Wismut. Es wurde eine Kampagne gegen Bräunig und sein Werk losgetreten, deren Wogen bis ins ZK der SED schlugen. Bräunig wurde wegen parteischädlichen Verhaltens aus der Partei ausgeschlossen, der Mitteldeutsche Verlag brachte den Roman nicht heraus. Trotz späterer Rehabilitation ist der Autor an der Behandlung von 1965 zerbrochen und starb 1976 – mit nur 42 Jahren. Das Buch bekam keiner zu lesen. Aber viele wurden angehalten, eine Meinung darüber abzugeben, was sie auch taten. Das niederschmetternde Fazit war neben Publikationen innerhalb der Wismut auch im Zentralorgan der SED „Neues Deutschland" vom 7. Dezember 1965 zu lesen. Vier ehemalige Brigadiere fühlten sich bemüßigt oder wurden dazu angehalten, an das Zentralorgan der Partei zu schreiben. Ob sie die „Stellungnahme" nur zur Unterschrift vorgelegt bekamen oder sie auf ihrem eigenen Mist gewachsen ist? Ich tendiere zur ersten Version. Wobei ich mindestens bei den zwei mir bekannten Unterzeichnern feststellen muss, dass sie nicht die Personen waren, einen Roman objektiv einschätzen zu können. Die Verfasser monierten und fragten den Autor des Romans öffentlich „Oder willst Du Schmutz über unsere Bergarbeiter und deren Frauen schreiben wie im Rummelplatz". Außerdem waren sie der Meinung, dass die Rolle der sowjetischen Genossen und Freunde verunglimpft wurde. In allen Parteiversammlungen wurden über den „Rummelplatz" Stellungnahmen verfasst, ohne dass auch nur ein Genosse jemals Teile des Romans zu Gesicht bekam. Es gab sicher keinen anwesenden Genossen, der Leser der Zeitschrift „Neue Deutsche Literatur" war. Nur dort wurde die zwei Kapitel „Die 21. Schicht" und „Rummelplatz" aus Werner Bräunigs Roman veröffentlicht. Bräunig war neben anderen Schriftstellern Anlass für die Parteiführung auf der 11. ZK-Tagung der SED zum Thema Kultur eine Einschätzung zu geben. Der Berichterstatter war

Erich Honecker. Er war damals noch einfaches Mitglied des Politbüros – seine Ära begann erst später. Auf den ZK-Tagungen berichtete immer ein Mitglied des Politbüros über die vergangene Epoche und die zukünftigen Aufgaben. Diese Berichte wurden im „Neuen Deutschland" veröffentlicht und erschienen anschließend als Broschüren. Sie waren Pflichtliteratur für die Genossen, mussten erworben werden, das Studium wurde kontrolliert und persönliche Schlussfolgerungen erwartet. Honecker formulierte zu Fragen der Kultur: „... Hauptfrage ist, Probleme unserer Zeit vom Standpunkt des Sozialismus aus zu beurteilen und selbständig zu durchdenken" (ND vom 16.12.65). Einen Tag später gab der ehemalige Minister für Schwermaschinenbau Fritz Selbmann – zu dieser Zeit schon zum Schriftsteller degradiert – der gleichen Zeitung ein Interview zum „Rummelplatz" und seinem Autor. Zu Bräunig sagte er: „Man muss Werner Bräunig und seine schriftstellerische Arbeit sehr differenziert beurteilen und man darf ihn nicht pauschal abfertigen. Man darf ihn vor allem nicht in einen Topf werfen mit jenen zweifelhaften Propheten und Bänkelsängern, die alles herunterreißen und besudeln, was uns wert und teuer ist". War das eine versteckte Kritik am Umgang mit dem Schriftsteller? Angekommen ist sie offensichtlich nicht – der Umgangston wurde rauer und Bräunig aus der Partei ausgestoßen.
„Rummelplatz" wurde erstmals nach der Wende aufgelegt. Das Buch erschien im Aufbau-Verlag. Ich erhielt sehr spät davon Kenntnis: mein Exemplar stammt aus dem Jahr 2007 – es war schon die dritte Auflage. Nach dem Lesen war mir absolut unklar, warum der Roman auf den Index kam. Die Verhältnisse wurden realistisch dargestellt und auch die führende Rolle der Partei wurde gewürdigt. Der Held des Buches war ein Steiger, der als Parteifunktionär erfolgreich politische Erziehung praktizierte. Er wurde im Zusammenhang mit den Ereignissen zum 17. Juni 1953 gelyncht. Absolutes Kopfschütteln verursachte bei mir eine Veröffentlichung aus dem Jahr 2008. In einem Interview gab der ehemalige Sekretär für Agitation und Propaganda des Zentralvorstandes der Industriegewerkschaft Wismut (als solcher meines Wissens auch Mitglied der Gebietsparteileitung Wismut der SED) Folgendes von sich (aus Werkszeitschrift der Wismut GmbH „Dialog" Nummer 58 Seite 20 ff.):

Frage: Hast du nach der Lektüre des ganzen Romans deine Meinung über Bräunig und sein Werk geändert?

Antwort: Nein – und – doch! Nachdem ich das ganze Werk kenne, fühle ich mich in meiner positiven Einstellung zu Autor und Werk auch weiterhin bestärkt ..."

Auf eine andere Frage: ... Das war ja die Tragödie von Bräunig, dass **Leute** geurteilt haben, die das Buch gar nicht kannten, sondern nur diese berüchtigte Rummelplatzszene und von daher das ganz Buch verurteilten ...
Für mich einfach nur peinlich. Gehörte er nicht auch zu den **Leuten**? Warum hat dieser ehemalige Spitzenfunktionär den Autor Bräunig nicht schon damals verteidigt, wenn er eine positive Einstellung zu Werk und Autor hatte? Damals hätte es Sinn gehabt. 2008 ist es in meinen Augen nur versuchte Selbstdarstellung in einem positiven Licht.

Mir drängt sich dabei eine Parallele zu Ereignissen zur Wendezeit in Dresden auf. Auf einer Großveranstaltung auf dem Theaterplatz sprangen zwei renommierte und mit hohen Staatsauszeichnungen der DDR dekorierte und besonders lukrativen Sendungen im Fernsehen bedachte Künstler auf die Schlossmauer und spielten mit Brandreden gegen die DDR Revolution.

Zurück zur Kulturarbeit in der Wismut. Ähnlich rigide wie mit dem „Rummelplatz" wurde schon einige Jahre zuvor mit dem Film „Sonnensucher" unter der Regie von Konrad Wolf, einem erfolgreichen Regisseur der DDR, umgegangen. Die Filmhandlung war in den frühen Jahren der Wismut angesiedelt, als es noch sehr chaotisch zuging. Das passte den Wismut-Oberen nicht ins ideologische Konzept. Auch hier war der 1. Sekretär der Gebietsparteileitung Wismut der SED Kurt Kieß federführend bei der Kampagne gegen den Film. Ihre Inszenierung lief nach dem gleichen Strickmuster ab. Stellungnahmen wurden veröffentlicht, die einen breiten Proteststurm gegen den Film auslösten, ohne dass die Protestler den Inhalt des Filmes auch nur in Teilen kannten.

Viele bildende Künstler schufen Auftragswerke für die Wismut. Hier nur drei Beispiele: Eva Schulze-Knabe schuf mehrere Werke für den Jugendbergbaubetrieb Königstein. Auf einem wurde ein Arbeitskollektiv mit neuer Technik dargestellt. Das Bild hing im Speisesaal. Werner Petzold schuf ein Monumentalgemälde mit

Abb. 48 Zugängliche Kunstwerke der Wismut – Tafeln 6 und 24 (Dialog – Zeitschrift der Wismut GmbH)

dem Inhalt „Friedliche Nutzung der Atomenergie“. Dieses Bild hing im Bergwerk Paitzdorf und ist heute als Tafel an der Station 6 in der Straße der Bergbaukultur zu sehen. Für das Nachtsanatorium Berga/Elster wurde ein großes Mosaikfenster geschaffen (Station 24).

In den Betrieben gab es vielfältige Bemühungen, die Bergarbeiter an die klassische Musik heranzuführen, jedoch nur mit mäßigem Erfolg. Auch andere ernste Musik fand nicht den rechten Anklang. In den 70-er Jahren fand eine Militärmusikparade im Stadion in Pirna-Copitz statt. Zuschauer mussten bei freiem Eintritt regelrecht ins Stadion geprügelt werden. Trotzdem war die Zuschauerkulisse sehr bescheiden. Nach langen Bemühungen ist es mir gelungen, meine Frau zu überreden, dass sie sich das Spektakel mit ansieht. Es war sehenswert. Beschämend war, wie die Musiker ihre Darbietungen vor fast leeren Rängen zelebrieren mussten. Bei einer Militärmusikparade im Jahr 2009 mit Eintrittspreisen um 30 € war die Veranstaltung fast ausverkauft. Wie sich die Zeiten geändert haben.
Viele Institutionen hatten in der Wismut eine parallele Struktur. Die Wismut hatte eine eigene SED-Parteiorganisation, deren Leitung den Bezirksleitungen gleichgestellt war.

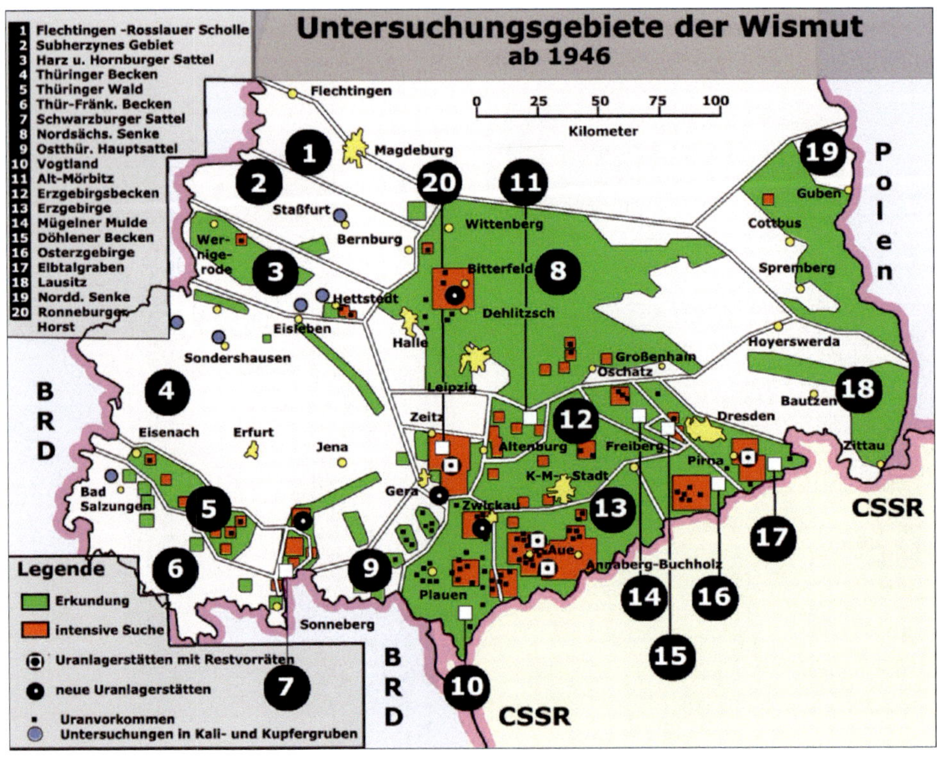

Abb. 49 Untersuchungsgebiete der Wismut
(eigene Darstellung nach Angaben in Chronik der Wismut)

Es gab eine eigene Gewerkschaftsorganisation, eine eigene FDJ-Organisation (Freie Deutsche Jugend, die Kampfreserve der Partei), eigene Strukturen der Massenorganisationen wie DSF (Gesellschaft für Deutsch-Sowjetische Freundschaft), KdT (Ingenieurorganisation Kammer der Technik), Urania (Gesellschaft zur Verbreitung wissenschaftlicher Kenntnisse) und eigene paramilitärische Einrichtungen wie GST (Gesellschaft für Sport und Technik), ZV (Zivilverteidigung) und Kampfgruppe,
Nur die befreundeten Blockparteien besaßen keine eigenen Interessenvertretungen.

Von der Wismut wurde der gesamte Südteil der sowjetischen Besatzungszone bzw. der späteren DDR auf Urananreicherungen untersucht. Verwertbare Uranvorräte wurden nur in Sachsen und Thüringen gefunden.
Das gesamte Territorium wurde radiometrisch einer weitmaschigen Beprobung auf Anomalien unterzogen. Diese so genannten Sucharbeiten der ersten Etappe bestanden aus Luft-, Wasser- und Bodenproben. Im Ergebnis dieser Untersuchungen kam es nur im Südteil zu einer Verdichtung der Probenahme. Das betraf ein Gebiet südlich der Linie Tangermünde – Eberswalde (etwa 52. Breitengrad). Nach Verdichtung des Probennetzes (Sucharbeiten der zweiten Etappe) wurden in 20 Erkundungsgebieten Flächen mit Uranhöffigkeit zur weiteren Untersuchung ausgegliedert, in denen Erkundungsarbeiten stattfanden. Bei positivem Abschluss kam es zur Intensivierung der Erkundung in Arbeitsgebieten.

Abb. 50 Erfassung verbrochener Altgrubenbaue (Sammlung Gottwert Hochmuth, Pirna)

Bis 1948 konnten die Such- und Erkundungsarbeiten relativ kostengünstig gestaltet werden. Sie beschränkten sich auf Sachsen. Zunächst fanden Archivstudien zu Gutachten über Uranfunde im Altbergbau statt. Mit diesen Ergebnissen wurden uranhöffige Grubenfelder ausgegliedert. In diesen konnte zunächst die effektivste Methode der Suche nach Vorräten angewendet werden. Es gab genügend mittelalterliche und noch betriebene Bergwerke. Uranerze waren für diese Betriebe im Normalfall Abfallprodukte. Lediglich im zentralen Erzgebirge wurden geringe Mengen Uran für die Verwendung in verschiedenen Industriezweigen gefördert. In allen noch zugänglichen und rekonstruierbaren Grubenbauen wurde die Strahlungsaktivität gemessen und Gesteinsproben auf Urangehalt untersucht. Dabei musste oft ein erheblicher Aufwand für die Wiederherstellung alter Grubenbaue betrieben werden.

Eine weitere Methode der Erkundung war die Untersuchung von Haldenmaterial. Die Halden wurden durchkuttet. Nach bestimmten Regeln wurden Proben des Haldenmaterials entnommen und ebenfalls auf Urangehalt untersucht. Erzführende Gänge, die schon im Mittelalter bekannt waren, konnten mit einfachen Mitteln erkundet werden. Mit Schürfgräben konnten Deckschichten von geringer Stärke abgetragen werden und der Verlauf von uranführenden Gängen dokumentiert werden. Mit Schürfen und Tiefschürfen wurden die Gänge in die Tiefe verfolgt. Tiefschürfe – mit Brunnen vergleichbar – bis zu zehn Meter wurden meist ohne mechanische Hilfsmittel hergestellt. Über mehrere Bühnen aus Pfosten wurde das Haufwerk nach Übertage geschaufelt. Mit Schürfschächten, die mit mechanischen Fördereinrichtungen ausgerüstet waren, konnte man in tiefere Regionen vorstoßen. Aus den Schächten konnte die Erkundung mit Strecken weitergeführt werden. Sehr häufig wurden aus Schürfschächten Förderschächte für die späteren Gewinnungsarbeiten. Mit diesen Methoden wurden die meisten Vorräte der frühen Betriebe der Wismut aufgespürt.
Ab Ende 1948 begannen die Arbeiten außerhalb von Sachsen. In Thüringen wurden zunächst die oberflächennahen Lagerstätten Dittrichshütte, Steinach und Schleusingen entdeckt. Ihnen folgten die Lagerstätten Ronneburg und Culmitzsch. Der Nachweis der Uranerze konnte mit Schürfgräben und Tiefschürfen erbracht werden. Tiefer liegende Partien erschloss man mit Schächten und Stollen. Damit war die Zeit der großen Entdeckungen vorbei. Die Arbeiten richteten sich in der Folgezeit auf so genannte verdeckte Lagerstätten, die mit zum Teil sehr mächtigen Deckschichten überlagert waren. Deshalb spielte die Tiefbohrung eine immer größere Rolle, weil nur mit Bohrlöchern und speziell mit Bohrungen mit Kerngewinnung Aussagen über den Inhalt tiefer liegender Gesteinsschichten gewonnen werden konnten.
Nach Auswertung der Erkundungsergebnisse ließen sich für die untersuchten Gebiete Uranvorräte berechnen. Nach der Größe der Uranvorräte unterschied man vier Gruppen:

- Große Lagerstätten mit einem Bilanzvorrat an Uran über 20.000 Tonnen. Dazu gehörten die Erzfelder Ronneburg und Schneeberg-Schlema-Alberoda (als zusammengehörige Lagerstätten gleichen Namens), sowie die Lagerstätte Königstein.

- Mittlere Lagerstätten mit einem Vorrat von 5.000 bis 20.000 Tonnen. Das waren die Lagerstätten Culmitzsch und Zobes.
- Kleine Lagerstätten mit einem Vorrat von 500 bis 5.000 Tonnen. Dazu gehörten das Erzfeld Johanngeorgenstadt-Neuoberhaus-Seifenbach (bestehend aus den drei Lagerstätten), Freital, Tellerhäuser, Annaberg, Weißer Hirsch (bei Antonthal) und Schneckenstein.
- Kleinstlagerstätten mit einem Vorrat von weniger als 500 Tonnen, denen die restlichen Lagerstätten zuzuordnen sind. Diese Kategorie enthält auch eine Reihe von Lagerstätten, die nach späteren Gesichtspunkten nur in die Kategorie Uranvorkommen einzustufen sind. In den 40-er und frühen 50-er Jahren wurden selbst die kleinsten Mengen an verfügbaren Vorräten gewonnen. Der Begriff „Vorkommen" wurde erst später eingeführt, um damit erkundete Vorräte zu klassifizieren, für die es auf Grund ihrer Menge keine wirtschaftliche Möglichkeit für die Gewinnung gab.

Als submarginale Lagerstätten wurden jene erkundeten Vorräte bezeichnet, die zwar vom Volumen her durchaus in die Kategorie der kleinen Lagerstätten einzustufen waren und deren Urangehalt den festgelegten Bordgehalt (oder auch Schwellengehalt) von 0,030 % Urangehalt im Erz überschritt. Der Bordgehalt war zwar im anstehenden Erz gewährleistet, aber wegen der Vermischung bei der Gewinnung war er im geförderten Erz nicht zu erreichen. Außerdem waren nach 1960 die Aufschlusskosten für separat liegende Kleinlagerstätten nicht mehr zu rechtfertigen.

Für die Sicherung der Vorratsbasis der Wismut wurde praktisch der gesamte Südteil der DDR untersucht. Untersuchungen erfolgten in 20 Erkundungsgebieten. Die Nummerierung habe ich willkürlich vorgenommen. Sie weicht von der in der Chronik vorgenommenen ab – das war wegen der Zweckmäßigkeit bei der bildlichen Darstellung erforderlich, die in der Chronik nicht enthalten war. Überhaupt bereitete mir der Teil „Geologie" in der „Chronik der Wismut" erhebliche Schwierigkeiten. Das lag nicht nur an meinen Kenntnissen auf diesem Gebiet. Viel schwerer wiegen:

- In keiner Berufsgruppe der Bergleute gibt es so viel „Fach-Chinesisch" wie bei den Geologen. Selbst mir als Bergmann mit einigen Vor- und Spezialkenntnissen fällt es schwer, alle Darlegungen zu verstehen. (Beispiel aus dem Kapitel 2.1.11 Seite 1 der Chronik zur geologischen Situation im Untersuchungsgebiet erzgebirgisches Becken: Das Becken, dessen Grenzen nach der Verbreitung der permokarbonischen Molasse- und Vulkanoitablagerungen gezogen wurden, gehört zu der saxothuringischen Faltenzone. Am Bau nehmen Komplexe aller drei Strukturetagen teil – die untere präpaläozonische Geosynklinaletage ...)
- Vorräte waren die „Heilige Kuh" der Wismut. Die Geologen waren die Gralshüter dieser Kuh und wachten darüber, dass jedes Kilogramm davon gewonnen wurde. Vorräte gehörten zu den bestgehüteten Geheimnissen der Wismut. Und nur ein eng begrenzter Personenkreis hatte Zugang zu diesen Unterlagen. Neben den zuständigen Geologen war das nur noch hochrangiges Leitungspersonal aus den Sparten Ökonomie und Bergbau. Diese wiederum

hatten kaum Zeit und Gelegenheit, sich tiefgründig mit der Problematik Vorräte zu beschäftigen. Somit waren die Geologen die Einzigen, die sich auskannten. Schon der große Theoretiker der kommunistischen Weltanschauung Karl Marx formulierte einmal „Wissen ist Macht". Der Sparte der Geologen gelang es immer wieder, ihr Wissen in Macht zu verwandeln und bergmännische Prozesse in oft unzumutbare Richtungen zu lenken, (Auffahrungen in Gebieten zu platzieren, die aus arbeitshygienischen Gründen nahezu unmöglich waren, oder die zu einem späteren Zeitpunkt mit wesentlich weniger Aufwand realisierbar gewesen wären) weil sich das immer mit Belangen der Vorratsentwicklung begründeten ließ, ohne dass das für Uneingeweihte nachvollziehbar gewesen wäre.

Aus diesen Gründen fiel es mir auch schwer, die Vielzahl der Aussagen zu systematisieren. Für die einzelnen Untersuchungsgebiete sind deshalb immer nur charakteristische Details beschrieben. Die Gesamtergebnisse lassen sich folgendermaßen zusammenfassen: (Reihenfolge nach Intensität der Arbeiten und Ergebnissen)

Untersuchungsgebiet		Erkundung				Uran	Lagersättten		Vorräte					
Nr.	Bezeichnung	Zeitraum	Etappen	Anteil Fläche	Intensiv E	vork.	Erzfeld B1)	Anzahl B2)	Gesamt	abgeb.	Restvorräte Summe	Restvorräte Betriebe	Restvorräte Zentral	nicht in der Bilanz
20	Ronneburger Horst	50-90	lfd	Voll	x		1		203371	112558	90813	57102	33711	
13	Erzgebirge	46-90	lfd	Voll	x	22		21	110097	87475	22622	11392	11230	B3)
17	Elbtalgraben	60-90	lfd	Voll	x	3		1	30364	18459	11905	8555	3350	
4	Thüringer Becken	49-86	6	Teile	x			1(+2)	10956	10956	0	0	0	4600
8	Nordsächsische Senke	59-85	lfd	große T.	x	7		1	6660	0	6660	0	6660	
10	Vogtland	47-82	3	Voll	x	23		4(+1)	5851	5851	0	0	0	2300
15	Döhlener Becken	47-80	3	Voll	x			1	3691	3691	0	0	0	
7	Schwarzburger Sattel	49-67	6	Voll	x			2	157	157	0	0	0	
16	Osterzgebirge	48-80	6	große T.	x	8		4	81	81	0	0	0	
5	Thüringer Wald	49-82	4	große T.	x	3		1	14	14	0	0	0	
9	Ostthüringer Hauptsattel	50-79	3	Teile	x	8								
11	Alt-Mörbitz	47-88	5	Voll	x									
12	Erzgebirgsbecken	47-80	3	Teile	x									
14	Mügelner Mulde	60-75	3	Voll	x									
3	Harz - Hornburger Sattel	50-74	6	nur punkt.	x									
19	Norddeutsche Senke	67-72	2	Teile										
18	Lausitzer Scholle	59-86	5	Teile										
1	Flechtingen-Rosslauer Scholle	53-78	3	nur punkt.										
2	Subherzyn	50-74	6	nur punkt.										
6	Thür.-Fränkisches Becken	49-82	5	nur punkt.										

Bemerkungen:

B1 Das gesmte Ronneburger Gebiet wird als Erzfeld Ronneburg geführt

B2 in Klammern: erkundete Lagerstätten, die nicht in der Vorratsbilanz enthalten sind

B3 Vorräte der submarginalen Lagerstätten Gera-Süd und Hauptmannsgrün/Neumark sowie der Lagerstätte Rudolstadt

Abb. 51 Zusammenstellung der Erkundungsarbeiten (eigene Bearbeitung nach Angaben in Chronik der Wismut)

Die Arbeiten in den Untersuchungsgebieten im Detail:

Untersuchungsgebiet 1 (Flechting – Roßlauer Scholle)

Lediglich im Raum Aken konnte eine höffige Fläche ausgegliedert werden, in der über 3,2 Kilometer Tiefbohrung Aufschluss über mögliche Ablagerungen von Uranerzen geben sollten. In drei Etappen im Zeitraum von 1953 bis 1978 konnten jedoch keine Vorräte nachgewiesen werden.

Untersuchungsgebiet 2 (Subherzynisches Gebiet)

Im Zeitraum von 1950 bis 1974 erfolgte in sechs Etappen die Suche und Erkundung. Lediglich im Gebiet von Quedlinburg – Thale konnten Flächen für weitere Erkundungsarbeiten ausgegliedert werden. Mit über 3,7 Tausend Bohrmetern konnten auch hier keine Uranvorräte nachgewiesen werden. Ich habe einmal davon gehört, dass in der Gegend von Wernigerode auch ein Dorf geräumt werden musste. Ich fand aber keine aktenkundige Bestätigung dafür.

Untersuchungsgebiet 3 (Harz-Hornburger Sattel)
In den drei Untersuchungsetappen im Zeitraum 1949 bis 1973 wurden trotz Ausgliederung großer Gebiete lediglich drei unbedeutende Uranvorkommen entdeckt. Um Wernigerode, Mansfeld und Hornburg wurden deshalb die Sucharbeiten verstärkt. Bereits 1973 mussten die Arbeiten im Harz ergebnislos eingestellt werden. Im Gebiet Helfta (Mansfeld) und Hornburg traf man trotz Intensivierung der Arbeiten mit Tiefbohrung (über 5 Kilometer) und bergmännischen Auffahrungen (fast 4,8 Kilometer) auf keine verwertbaren Vorräte.

Untersuchungsgebiet 4 (Thüringer Becken)
Such- und Erkundungsarbeiten fanden in sechs Etappen im Zeitraum von 1949 bis 1986 in sechs Arbeitsgebieten statt. Am erfolgreichsten waren sie im Gebiet des Culmitzscher Halbgrabens. Mit der 1950 begonnenen Untersuchung des Südteils konnten im oberflächennahen Bereich Uranvorräte gefunden werden. Die Ergebnisse aus Bohrungen und 3,6 Kilometer Streckenauffahrung aus fünf Tiefschürfen führten dazu, dass bereits 1951 Vorräte in der Größenordnung von 50 Tonnen – also einer kleine Lagerstätte – berechnet wurden. Im selben Jahr begann die Gewinnung mit dem Tagebau Sorge. Parallel zur Gewinnung lief die weitere Erkundung, mit der die Vorräte die Dimension einer mittleren Lagestätte annahmen. In der Lagerstätte Culmitzsch dauerten die Arbeiten in mehreren Tagebauen bis 1967. Die Erkundung des nördlichen Teils des Culmitzscher Halbgrabens begann 1952. Die gefundenen Vorräte wurden ausgegliedert und als Lagerstätte Gera-Süd geführt. Die Erkundung mit über 5,7 Kilometer Tiefbohrung kostete 7 Mio. Mark. Nach einem Versuchsabbau unter den komplizierten Lagerungsbedingungen, der noch einmal 2 Mio. Mark verschlang, war die Lagerstätte Gera-Süd nicht mehr in der Vorratsbilanz der Wismut. Sie wurde zur submarginalen Lagerstätte erklärt.
In fünf weiteren Arbeitsgebieten war die Suche nicht so erfolgreich. Nur in einem Gebiet – im Arbeitsgebiet Rudolstadt-Leutenberg – konnte eine kleine Lagerstätte entdeckt werden.
Die 1.300 Tonnen nachgewiesener Uranvorrat sind nicht mehr Bestandteil der Vorratsbilanz, obwohl die Lagerstätte Rudolstadt nicht als submarginale Lagerstätte eingestuft war. Ihre Erkundung verursachte Kosten in Höhe 11,3 Mio. Mark. Den Hauptanteil von über 80 % verursachten die fast vier Kilometer Tiefbohrung. In den anderen Gebieten gelang es nicht einmal, Uranvorkommen nachzuweisen. Das gilt auch für das Arbeitsgebiet Gera-Langenberg, wo die hochgeschraubten Erwartungen trotz Einsatzes von 37 Kilometer Tiefbohrung nicht erfüllt wurden.

Untersuchungsgebiet 5 (Thüringer Wald)
Im Zeitraum von 1949 bis 1981 wurden Erkundungsarbeiten in vier Etappen durchgeführt. In sieben Gebieten fand eine intensive Suche statt. In der ersten Phase waren es die Gebiete um Ruhla und Hirschbach, auf die besonderes Augenmerk gerichtet war. Dabei konnte lediglich eine Kleinstlagerstätte südlich von Suhl entdeckt werden, die bereits in den 50-er Jahren abgebaut wurde. Drei weitere

Uranvorkommen ohne Bedeutung konnten entdeckt werden. In der intensivsten Etappe von 1967 bis 1983 kosteten die Arbeiten in vier Untersuchungsgebieten 9,4 Mio. Mark. Der Hauptteil entfiel auf 40,5 km Tiefbohrung und über 600 Meter bergmännische Auffahrungen. Besonders intensiv wurde das Gebiet am Donnershauck bei Oberhof untersucht: 8,3 Kilometer Tiefbohrung und 600 Meter Auffahrungen. Die gesamten Arbeiten führten zu keinem Zuwachs an Uranvorräten.

Untersuchungsgebiet 6 (Thüringisch-Fränkisches Becken)

Bei den Erkundungsarbeiten in diesem Gebiet gab es Überschneidungen mit dem Gebiet 5. Die Untersuchungen wurden in fünf Etappen im Zeitraum von 1949 bis 1982 durchgeführt. Sieben Teilflächen waren als uranhöffig ausgegliedert. Sie lagen zwischen Gumpelstadt bei Bad Salzungen und Döhlau bei Sonneberg. In der intensivsten Phase 1981 wurden 2,7 Mio. Mark für Erkundungsarbeiten im den Arbeitsgebieten Schmalkalden, Walldorf und Schleusingen eingesetzt. Den Hauptanteil von 85 % machten Tiefbohrungen in einem Umfang von fast 10 Kilometern aus. Mit den Arbeiten konnten keine Uranvererzung in diesem Gebiet nachgewiesen werden.

Untersuchungsgebiet 7 (Schwarzburger Sattel)

Dieses Gebiet wurde im Zeitraum von 1949 bis 1967 intensiv erkundet. Zunächst erfolgten die Arbeiten analog zu den Arbeiten im Erzgebirge. Halden und Grubenbaue des mittelalterlichen Altbergbaus wurden untersucht. Die Ergebnisse waren jedoch negativ. Erst radiologische Untersuchungen der Grubenwässer aus den Feengrotten bei Saalfeld brachten Hinweise auf Urananreicherungen. Es folgten umfangreiche Untersuchungen durch Schürfgräben, Flachbohrungen und bergmännische Aufschlüsse wie Stollen und Tiefschürfe. Bereits in der Erkundungsphase wurde zur Urangewinnung übergegangen. Außer den zwei bereits 1949 bis 1953 abgebauten Lagerstätten Dittrichshütte und Steinach konnten keine weiteren Uranerze gefunden werden. Die Uranerze befanden sich nur im oberflächennahen Bereich. In 16 Arbeitsgebieten des Schwarzburger Sattels wurden intensive Sucharbeiten durchgeführt. In der ersten Etappe (1949 bis 1953) wurden ohne die Aufwendungen für Erkundung der Lagerstätte Dittrichshütte folgende Arbeiten durchgeführt:

- zwei Schächte geteuft (Schacht 335 südlich der Feengrotten und Schacht 355 im Arnsbachtal bei Unterloquitz südlich von Saalfeld),
- 14,8 km Grubenbaue aufgefahren und
- fast 6 Kilometer Tiefbohrung eingebracht.

In der Etappe von 1962 bis 1967 wurden sowohl die Randgebiete beider Lagerstätten als auch tiefer liegende Teile des Gebietes untersucht. In fünf Arbeitsgebieten wurden fast 50 Kilometer Tiefbohrung niedergebracht. Es wurden jedoch keine neuen Uranvorkommen gefunden.

Untersuchungsgebiet 8 (Nordsächsische Senke, Mitteldeutsche Schwelle und Hallesche Senke)

Mit 34 Teilgebieten wurde die Fläche dieses Untersuchungsgebietes nahezu vollständig abgedeckt. Die Suche und Erkundung lief über den Zeitraum von 1959 bis 1985 in vielen Etappen. Lediglich in drei Arbeitsgebieten konnten Uranvorkommen nachgewiesen werden:

- neun Vorkommen im Gebiet Mitteldeutsche Schwelle (Raum Dehlitzsch), von denen fünf die Lagerstätte Dehlitzsch mit 6.660 Tonnen Uranvorrat bilden,
- fünf Uranvorkommen in der Halleschen Senke südlich von Halle,
- zwei Vorkommen im Arbeitsgebiet Wermsdorf, wobei ein Vorkommen auch mit bergmännischen Auffahrungen untersucht wurde.

Untersuchungsgebiet 9 (Ostthüringer Hauptsattel)
Die Suche und Erkundung erstreckte sich über den Zeitraum von 1950 bis 1979 und erfolgte in drei Etappen. In elf Gebieten fanden breit angelegte Arbeiten statt. In der intensivsten Etappe im Zeitraum von 1964 bis 1967 kosteten die Arbeiten über 3,8 Mio. Mark. Auch hier bildeten die über 127 Kilometer Tiefbohrung den Hauptanteil. In den Erkundungsgebieten Dörtendorf und Kranich wurden in der ersten Etappe außerdem fast 4,6 Kilometer Strecken aufgefahren. Insgesamt konnte man mit der Erkundung nur acht Uranvorkommen nachweisen, die keine wirtschaftliche Bedeutung erlangten.

Untersuchungsgebiet 10 (Vogtland)
Die Untersuchungen auf Uranlagerstätten betrafen das gesamte Vogtland. Die Suche und Erkundung erstreckte sich über einen Zeitraum von 1947 bis 1982 und verteilte sich auf drei Etappen. In der ersten Etappe wurden die in der Zeit von 1948 bis 1967 abgebauten Lagerstätten Zobes, Bergen, Schneckenstein und Gottesberg entdeckt. In der Folgezeit betrieb man mit einem Aufwand von über 60 Mio. Mark (als bergmännische Arbeiten: 166,8 km Tiefbohrung, 15,4 km Auffahrungen und die Teufe der Schächte 386, 391 und 404) die Erkundung in drei Arbeitsgebieten voran. Die Arbeiten konzentrierten sich auf zwei Aureolen der Lagerstätten Zobes/Bergen, in denen nur kleinere Vorkommen nachgewiesen werden konnten, und auf das Gebiet um Neumarkt/Hauptmannsgrün nordöstlich von Reichenbach/Vogtland. Dort wurde eine Lagerstätte mit einem Vorrat von 2.300 Tonnen nachgewiesen. Sie spielte aber keine Rolle in den Berechnungen der Wismut. Sie wurde als submarginaler Vorrat eingestuft (Karteileiche ohne Bedeutung für zukünftige Gewinnung – wegen hoher Aufschlusskosten und geringem Urangehalt). In zusätzlichen Arbeitsgebieten konnte weitere 18 Uranvorkommen nachgewiesen werden, die jedoch ebenfalls ohne Bedeutung waren.

Untersuchungsgebiet 11 (Alt-Mörbitz)
In fünf Etappen wurde das Gebiet in den Jahren 1948 bis 1988 ergebnislos untersucht. Auch die 1971 einsetzenden intensiven Erkundungsarbeiten führten nicht zur Auffindung von Uranvorräten. In sieben Arbeitsgebieten kosteten sie über 19 Mio. Mark. Mit über 70 % hatte die Tiefbohrung den größten Anteil. Der Bohrumfang betrug knapp 100 Kilometer. Erneute Bohrungen im Jahr 1988 mit einem Umfang von mehr als 5,2 Kilometer brachten keine neuen Erkenntnisse.

Untersuchungsgebiet 12 (Erzgebirgsbecken)
Die Untersuchungen fanden in drei Etappen in der Zeit von 1947 bis 1980 statt. Allein in der Hauptetappe 1973/74 wurden 5,3 Mio. Mark eingesetzt, davon 73 % für über 17,8 km Tiefbohrung. Die Arbeiten konzentrierten sich auf die drei Hauptgebiete Cainsdorf, Weißbach und Berthelsdorf. Es konnten jedoch keinerlei Uranvorkommen nachgewiesen werden. Deshalb fielen weitere geplante

Untersuchungen in drei Gebieten (Burgstädt, Rosswein und Hainichen) dem Rotstift zum Opfer.

Untersuchungsgebiet 13 (Erzgebirge)

Bereits ab 1945 fanden Revisionsarbeiten in allen noch zugänglichen Bergwerken statt und die Halden des Gangerzbergbaus wurden beprobt. Nahezu alle Uranlagerstätten des Erzgebirges konnten damit entdeckt werden. Nach dem Ende des Abbaus in den kleineren Lagerstätten des Erzgebirges suchte man in deren Umgebung nach neuen Lagerstätten. Unbedeutende Uranvorkommen konnten in 13 Gebieten am Rande ehemaliger Abbaugebiete nachgewiesen werden. Einige davon gingen als Kleinstlagerstätten in die Vorratsbilanz ein.

Bereits in der Hochphase der Urangewinnung im Erzgebirge wurden umfangreiche Sucharbeiten außerhalb der bekannten Lagerstätten durchgeführt. Dafür wurden 16 Schächte ausschließlich zum Zweck der Erkundung geteuft, aus denen zum Teil im großen Umfang Untersuchungsstrecken gefahren wurden. Über die Anzahl der angelegten Tiefschürfe und die Länge der aufgefahrenen Grubenbaue liegen keine zusammenfassenden Aussagen vor. Detailangaben einzelner Gebiete lassen sich nicht zu einer aussagefähigen Gesamtdarstellung zusammenfügen. Sie erfolgten vor der beginnenden Nachweisführung ab 1954. Aber auch danach sind die Einzeldarlegungen nur fragmentartig vorhanden. Deshalb sind auch nur Detailaussagen möglich, die das Gesamtausmaß erahnen lassen. In den 60-er Jahren wurden in fünf Arbeitsgebieten Untersuchungsarbeiten wieder aufgenommen. Mit Ausnahme des Arbeitsgebietes Bernsbach war die Arbeit erfolglos, obwohl neben Erkundungsbohrungen auch bergmännische Auffahrungen getätigt wurden. Bernsbach liegt an der Ostflanke der Lagerstätte Alberoda. Mit 34,3 Kilometer Erkundungsbohrung konnten 4.000 Tonnen Uranvorrat nachgewiesen, die dem Erzfeld Schneeberg – Oberschlema – Niederschlema/Alberoda zugeschlagen wurden. Im Gebiet Eibenstock vermutete man am Rande des Granitstockes vergebens einen Zuwachs. Im Zeitraum 1973 bis1980 erfolgten noch einmal intensive Untersuchungsarbeiten, die Kosten in Höhe von 4,6 Mio. Mark verursachten. In einer späteren Etappe von 1982 bis 1989 wurden in zwölf Arbeitsgebieten 144 Bohrlöcher mit durchschnittlich 1000 Meter Teufe angelegt. Insgesamt konnte mit den Untersuchungsarbeiten nach 1953 nur im Umfeld der bekannten Lagerstätten Alberoda und Tellerhäuser verwertbarer Zuwachs an Vorräten gefunden werden. Weitere 5.100 Tonnen erkundete Vorräte im Gebiet bereits abgebauter Lagerstätten haben nur einen kosmetischen Wert in der Vorratsbilanz.

Untersuchungsgebiet 14 (Mügelner Senke)

Von 1960 bis 1975 fanden Such- und Erkundungsarbeiten in drei Etappen satt. Der Bohrumfang betrug in der ersten Etappe (1960/61) über zwei Kilometer und im Zeitraum 1967/69 21,7 Kilometer. Nach Abschluss der Auswertungen wurde zwar eine Weiterarbeit mit bis zu 15,4 Kilometer Tiefbohrung vorgeschlagen, die aber nicht realisiert wurde. Die Arbeiten mussten ergebnislos abgebrochen werden.

Untersuchungsgebiet 15 (Döhlener Becken)

Die Untersuchung dieses Gebietes erfolgte flächendeckend in drei Etappen von 1947 bis 1980. Aus Grubenbauen des Steinkohlenbergbaus wurden über 38 Kilometer Strecken aufgefahren; außerhalb des Abbaufeldes wurden über 90.000

Meter Tiefbohrung angelegt. Bereits in der ersten Etappe wurde die Lagerstätte Gittersee entdeckt. Sie konnte in den weiteren Etappen erweitet werden.

Untersuchungsgebiet 16 (Osterzgebirge)
In sechs Etappen wurde von 1948 bis 1980 nahezu das gesamte Gebiet untersucht. Bereits in den ersten Etappen wurden die vier Lagerstätten Bärenhecke, Niederpöbel, Johnsbach und Freiberg entdeckt und von 1947 bis 1954 abgebaut. In den folgenden Etappen konnten trotz hoher Aufwendungen (allein 16,3 Mio. Mark mit 115,8 Kilometern Tiefbohrung im Zeitraum von 1968 bis 1972) keine verwertbaren Vorräte entdeckt werden. Das Ergebnis bestand in lediglich acht unbedeutenden Uranvorkommen an den Oberläufen der Flüsse Müglitz und Rote Weißeritz. Dabei handelt es sich um Gebiete, in denen in den frühen Wismutjahren bereits im geringen Umfang Abbau von Uranerzen stattfand.

Untersuchungsgebiet 17 (Elbtalgraben)
1960 konnten an einem archivierten Bohrkern aus der Gegend von Rosenthal radioaktive Bestandteile nachgewiesen werden. Mit weiteren 74 Bohrungen mit fast 9,6 Kilometern wurde das Uranvorkommen Rosenthal entdeckt. Eine Ausdehnung des Bohrfeldes mit 12 Kilometer Tiefbohrung führte zum Nachweis einer Kleinlagerstätte, die den Namen Pirna erhielt. Für diese Lagerstätte konnte ein Vorrat von fast 2.000 Tonnen Uran nachgewiesen werden. Die nachfolgenden Bohrungen stießen auf keine uranführenden Schichten mehr. Der Vorrat der Lagerstätte Pirna reichte nicht aus, um ein Bergwerk zu errichten. Für 1963 war der Abbruch der Bohrarbeiten im Elbtalgraben vorgesehen. Nur der Hartnäckigkeit des verantwortlichen sowjetischen Geologen war es zu verdanken, dass mit dem buchstäblich letzten Bohrloch, um das er bereits einen harten Kampf führen musste, Vererzung mit einem nicht zu erwartenden Urangehalt angetroffen wurde. Mit einer Verdichtung der Bohrung im Umfeld des legendären Bohrloches 1210 gelang der Durchbruch. Damit kam das Berggeschrei in die Sächsische Schweiz. Mit weiteren 236 Kilometern Tiefbohrung konnte eine große Lagerstätte nachgewiesen werden. Eine eilig durchgeführte Vorratsberechnung ermöglichte den Einsatz gewaltiger Investitionsmittel. Das moderne Bergwerk Königstein wurde aus dem Boden gestampft. Bereits 1964 begannen bergmännische Arbeiten und 1967 der Abbau. Von 1969 bis 1989 wurden an den Flanken weitere 96,6 Kilometer Tiefbohrung niedergebracht und die Vorratsbasis erweitert. Parallel dazu brachten untertägige Erkundungsarbeiten einen erheblichen Vorratszuwachs. Die Ergebnisse bei der Suche nach Uranerzen in Ablagerungen der Kreideformation führten zur Ausdehnung der Arbeiten auf den gesamten Elbtalgraben. Dabei konnte die Lagerstätte Thürmsdorf entdeckt werden, die ebenso wie die Lagerstätte Pirna in die Vorratsbilanz des Bergwerkes Königstein einging. Weitere Bohrungen blieben erfolglos. Lediglich drei unbedeutende Uranvorkommen bei Meißen, Leuteritz und Dresden konnten noch gefunden werden.

Untersuchungsgebiet 18 (Lausitzer Scholle)
Die Untersuchungen erstreckten sich im Zeitraum von 1959 bis 1986 und umfassten fünf Etappen. Allein in der intensivsten Etappe 1971 bis 1973 wurden über 36 Kilometer Tiefbohrung durchgeführt. Es wurde kein Nachweis von Uranvererzung erbracht.

Untersuchungsgebiet 19 (Norddeutsche Senke)
Für dieses Gebiet erfolgte eine Auswertung von 1.163 Bohrungen verschiedener geologischer Erkundungsbetriebe auf Uranhöffigkeit. Im Ergebnis konnten drei höffige Regionen ausgegliedert werden. In der zweiten Hälfte der 60-er Jahre begann die SDAG Wismut mit eigenen Bohrungen in diesen Regionen. Mit 26 Bohrungen bis 550 Meter konnten jedoch keine Uranablagerungen nachgewiesen werden. Nur in einer Region fanden zu einem späteren Zeitpunkt nochmals Bohrarbeiten statt. Auch die Arbeiten im Gebiet der Norddeutschen Senke führten zu keinem Nachweis von Uranvorkommen.

Untersuchungsgebiet 20 (Ronneburger Horst)
In diesem Gebiet fanden von 1949 bis 1990 die umfangreichsten und erfolgreichsten Erkundungsarbeiten der Wismut statt. Auf einer Fläche von fast 200 Quadratkilometern wurden ab 1952 geschätzt mehr als 5.000 Bohrungen gestoßen. Gebietsweise erfolgte eine Bohrnetzverdichtung bis auf 100 x 100 Meter. Das heißt, in Gebieten mit Bohrnetzverdichtung – und das waren immerhin 31,4 Prozent des bearbeiteten Gebietes – stand auf jeder Fläche von der Größe eines Fußballfeldes ein Bohrturm. Es konnten Vorräte in Höhe von über 200.000 Tonnen Uran erkundet werden. Von diesen wurden knapp 113.000 Tonnen abgebaut, 87.00 Tonnen verblieben als Vorrat in der Abschlussbilanz der Wismut. Vom Restbestand an Uranvorräten entfallen etwa 60 % auf Bilanzvorräte und 40 % auf so genannte prognostische Vorräte. Bei diesen Vorräten ist mit einem höheren Unsicherheitsfaktor zu rechnen. Prognostische Vorräte wurden von den Bergleuten immer mit einer gewissen Skepsis betrachtet. Bergarbeiten in Gebieten mit prognostischen Vorräten bargen das Risiko, dass sie eines Tages ergebnislos abgebrochen wurden und der durchgeführte Vortrieb fehlte in anderen Gebieten; es konnten nicht genügend abbaufertige Vorräte für die Gewinnung bereitgestellt werden. Zur Treffsicherheit von Vorratsprognosen gab es in den 70-er Jahren einen passenden Witz:

Zwei mit einer Prognose beauftragte Mitarbeiter werden in einem völlig dunklen Raum eingesperrt, um eine schwarze Katze (die Prognose) zu ergreifen. Beide schreien synchron „Ich habe sie!“, obwohl sich gar keine Katze im Raum befindet.

Nach der Entdeckung der Uranvorräte der Schachtgebiete Lichtenberg und Schmirchau sowie der Tagebaue Ronneburg und Stolzenberg wurden die Flanken dieser Bergwerke intensiv untersucht. Bereits 1955 war das Gebiet südlich von Ronneburg mit unzähligen Bohrstellen übersät. Nach meiner persönlichen Beobachtung arbeitete man zu dieser Zeit auf mehr als dreißig Bohrpunkten gleichzeitig. Auf dem zentralen Busbahnhof in Ronneburg standen Busse in die Untersuchungsgebiete Mennsdorf, Naulitz und Ronneburg-Nordwest bereit. Die Vorräte für die Bergwerke Reust und Paitzdorf waren zu diesem Zeitpunkt bereits teilweise erkundet und die Bohrungen wurden verdichtet. Ab 1962 dehnte sich das Erkundungsgebiet über die A4 nach Nord aus, auch hier wurde man fündig. Diese Funde waren die Grundlage für den Aufbau neuer Bergbaubetriebe. In den letzten Jahren der SDAG Wismut konzentrierten sich die Erkundungsarbeiten auf die Flanken der neuen Bergwerke Beerwalde und Drosen sowie auf das Erkundungsfeld

Prehna. Die Bohrarbeiten reichten bis an die Stadtgrenzen von Gera (im Westen), Altenburg (im Osten) und Zeitz (im Norden). Im Süden gab es eine imaginäre Grenze etwa acht Kilometer südlich von Ronneburg.
Der Vollständigkeit halber: Auch im Mansfelder Kupferschieferrevier und in den Kalibergbaubetrieben fanden Untersuchungen statt. In beiden Revieren wurden 1949 und 1950 Untersuchungen auf Uranvererzung vorgenommen. Es war bereits vorher bekannt, dass Blaufärbungen im kristallinen Steinsalz (NaCl) ihre Ursache in der Radioaktivität haben. Untersuchungen in Gruben um Staßfurt, Nordhausen und Bad Salzungen ergaben jedoch, dass die Radioaktivität nicht von Uranverbindungen ausgeht. Sie wurden ergebnislos abgebrochen.
Bei Untersuchungen im Mansfelder Revier konnte eine geringe Uranvererzung festgestellt werden. In drei Erkundungsbereichen in den Mansfelder Gruben und zwei Bereichen zur Revision von Halden waren 1950 über 600 Personen beschäftigt. In bestehenden Bergwerken wurden 26 Kilometer Strecken rekonstruiert und fünf Kilometer Strecken neu aufgefahren. Damit wurden 72 Strukturen untersucht. Auf 2.600 durchkutteten Halden unterschiedlicher Größe untersuchte man 15.000 m^3 Haldenmaterial. Auf einigen, besonders Halden mit Schlacken der Verhüttung, konnten erhöhte Urangehalte festgestellt werden. So geheim die Arbeiten der Wismut auch waren, bereits zu meiner Oberschulzeit in den frühen 50-er Jahren wurde gemunkelt, dass die Mansfelder Pflastersteine uranhaltig seien und deshalb für die Wismut aus den Straßen entfernt werden sollen. Dazu kam es nicht; das gefährliche Pflaster blieb noch einige Jahrzehnte. Gefährlich war dieses Pflaster deshalb, weil die glasige Oberfläche der Steine bei Nässe, insbesondere im Herbst durch Laubbelag, den Bremsweg vervielfachte. Die Stoßstange meines Trabis machte auf einer Straße mit Manfelder Schlackesteinen auch einmal Bekanntschaft mit der Hängerkupplung eines vor mir zum Stehen gekommenen Fahrzeuges. Der Trabi hatte schlechtere Bremsen und Bereifung. Die Hängerkupplung war stabiler als die Stoßstange. Mit der Beule fuhr ich noch einige Jahre – sie war nur ein optischer Makel. Die Erkundungsarbeiten im Mansfelder Gebiet mussten erfolglos abgebrochen werden.
Erst für die Zeit nach 1953 lassen sich die Aufwendungen für die geologische Suche und Erkundung nachweisen. Das liegt daran, dass erst mit dem „Abkommen über die Tätigkeit der SDAG Wismut vom 22.08.1953“ der Wismut das alleinige Recht auf Suche, Erkundung und Gewinnung von Uranerzen auf dem Territorium der DDR übertragen wurde. Darin war auch die paritätische Finanzierung der geologischen Arbeiten geregelt. Die Abrechnung der erbrachten Aufwendungen machte sich erforderlich.
Die Aufwendungen beliefen sich für den Zeitraum von 1954 bis zum Einstellen der Tätigkeit der SDAG Wismut im Jahr 1990 auf die gigantische Summe von 4.979 Mio. Mark. Die Hauptkosten verursachten 21.994 km Tiefbohrung und 1.442 km Vortrieb. Das sind fast 150 Mio. Mark pro Jahr. Im Jahr 1950 könnte der Betrag noch höher gewesen sein, als Vorräte um jeden Preis gefunden und abgebaut werden mussten. Bei dem schon erwähnten 66 Mio. Mark für Investitionen im Land Thüringen im Jahr 1950 erscheinen die 150 Mio. Mark allein für die Erkundung in einem ganz anderem Licht und verdeutlichen die Belastung für die schwache Volkswirtschaft der DDR.

Beim Versuch einer Bewertung der Such- und Erkundungsarbeiten kann man sich des Eindrucks nicht erwehren, dass die Untersuchung mit viel zu hohem Aufwand betrieben wurde. Oder besser: Die Erwartungen waren zu hoch geschraubt. Mit den Arbeiten nach 1953 konnten nur folgende Ergebnisse erreicht werden:

- Entdeckung der großen Lagerstätte Königstein (auch wenn das rein zufällig geschah),
- Erweiterung der Vorratsbasis der Erzfelder Ronneburg und Schneeberg – Schlema – Alberoda,
- Entdeckung der einzigen unverritzten Lagerstätte in der Vorratsbilanz der Wismut (Dehlitzsch),
- Entdeckung der beiden submarginalen Lagerstätten Neumark-Hauptmannsgrün und Gera-Süd,
- Entdeckung der unbedeutenden Lagerstätte Rudolstadt, die im Abschlussbericht über die Tätigkeit der SDAG Wismut nicht mehr in der Bilanz war.

Lediglich die beiden ersten Ergebnisse hatten Bedeutung für die Gewinnungsarbeiten der SDAG Wismut.

Nicht unerwähnt lassen darf man, dass vom Zentralen Geologischen Dienst der Wismut auch Arbeiten für andere Industriezweige übernommen wurden (Zinn, Stahlveredler und Edelmetalle) und dass man bei der Suche nach Uran auch auf andere Bodenschätze stieß. Auch ist der Erkenntniszuwachs über den Aufbau der Gebirgsschichten in der ehemaligen DDR nicht zu unterschätzen. Auf die Darlegungen zu diesen Ergebnissen habe ich verzichtet, um die Leser nicht noch weiter zu verwirren.

Während der Tätigkeit der SAG/SDAG Wismut wurden insgesamt etwa 231.000 t Uran an die Sowjetunion geliefert. Dafür mussten 1,2 Mrd. t Gestein aus dem Berg geholt werden. Lediglich 200 Mio. t wurden den Aufbereitungen zugeführt. Über eine Milliarde Tonnen wurden auf Halde gefahren. Ein Verhältnis, mit dem in den 80-er Jahren kein Bergbaubetrieb hätte bestehen können. Zur Illustration vielleicht folgender theoretischer Vergleich: Wenn die Uranmenge als reines Uran in Würfel von zehn Zentimeter Kantenlänge gegossen würde und auf einem Fußballfeld mit den internationalen Maßen von 105x70 Meter gestapelt würde, erreicht dieser Stapel eine Höhe von 16 Würfeln – also 1,6 m. Oder: mit dieser Menge ließen sich 48 Wohnungen mit 100 m² Wohnfläche füllen – ein Würfel aus reinem Uran hätte die Kantenlänge von knapp 23 Metern.

Die Menge der auf Halde gefahrenen tauben Berge hätte ausgereicht, um das gesamte Territorium der Bundeshauptstadt Berlin mit einer Schicht von 53 cm zu bedecken. Im Uran waren nur 0,7 % des begehrten waffenfähigen Urans 235 enthalten. Die Anreicherung erfolgte ebenso wie die Weiterverarbeitung des in den Aufbereitungsbetrieben hergestellten Yellow Cake an geheimen Orten in der Sowjetunion

Bereits im Jahr 1946 übertraf die Uranlieferung aus der sowjetischen Besatzungszone das eigene Aufkommen der UdSSR. Von den 4.422 Tonnen Uran, die im Zeitraum bis einschließlich 1950 im Ostblock gefördert wurden, stammen nur 24 % aus sowjetischen Lagerstätten, 56 % aus Ostdeutschland, 14 % aus der CSR und der Rest aus Polen und Bulgarien.

Zu Beginn der 50-er Jahre hatte die Wismut fast 130.000 Beschäftigte. Ende der 80-er Jahre waren es noch knapp 44.000. Die Wismut war von Beginn an Staat im Staate, auch wenn das mit der Einführung des Systems strukturbestimmender Betriebe in der DDR etwas modifiziert wurde. Es gab noch wichtigere Vorhaben (z. B. Landesverteidigung) als die Urangewinnung – noch dazu, weil sich das Unternehmen im Laufe der Jahre stabilisiert hatte. Es hatte sich eine Stammbelegschaft herausgebildet und das Unternehmen arbeitete vergleichsweise stabil. Die Wismut war bis zur Einstellung der Produktion am 31.12.1990 europaweit der größte Uranproduzent und stand hinter den USA und Kanada weltweit an dritter Stelle. In den 80-er Jahren war die Wismut in einzelnen Jahren der größte Uranproduzent der Welt.
52 % des von der Wismut gewonnenen Urans kamen aus Thüringer und 48 % aus Sächsischen. Bergwerken. Diese Relation erscheint dem Betrachter nicht ganz erklärbar. Die hohe Konzentration der Arbeiten in Sachsen bis zum Jahr 1955 lassen ein wesentlich anderes Verhältnis vermuten. Die Ursache liegt darin, dass man in den Anfangsjahren im Erzgebirge eine Vielzahl kleiner Lagerstätten aufspürte und diese ohne Rücksicht auf die Kosten abbaute.

2.1.1 Die Bergbaubetriebe der Wismut

Aus den sehr unterschiedlich strukturierten Unterlagen der „Chronik der Wismut" versuchte ich, eine Systematik zu erstellen und die Gewinnungsgebiete nach territorialen Gesichtspunkten auszuweisen. Bei der Auflistung von Gewinnungsumfängen, Gewinnungszeiträumen und der Hauptgrubenbaue (Tagesschächte und Stollen) gab es erhebliche Differenzen.
Der aufgelistete Gewinnungsumfang aus den einzelnen Lagerstätten bzw. Gebieten von 240.242 t weicht von dem in der Chronik angegebenen 231.000 t Gesamtumfang ab. Ursache dafür kann im unterschiedlichen Ausgangsmaterial liegen, die die Bearbeiter herangezogen haben, bzw. heranziehen konnten. Es kann aber auch daran liegen, dass es sich bei der Gesamtzahl um die in die Sowjetunion gelieferte Uranmenge und bei der Summierung der Betriebe um deren Lieferung an die Aufbereitungen handelt. Da es bei meinen Darlegungen um die Relation der einzelnen Bergbaugebiete geht, spielt die Differenz nicht die entscheidende Rolle. Die Differenz von 9.242 Tonnen Uran ist mit Sicherheit in den Schlammteichen der Aufbereitungen zu suchen – also in Aufbereitungsverlusten.
Bei der Wismut wurden die Schächte fortlaufend mit Nummern versehen. Es wurde eine zentrale Akte über die angelegten Schächte geführt. Darin sind 526 Positionen belegt. Als höchste vergebene Nummer eines Schachtes ist mir die Nummer 439 bekannt. Das ließ mir keine Ruhe – meine Neugier war geweckt. Bei einer Analyse ergab sich folgendes Bild:
Es wurden tatsächlich in den angelegten Schächten der Wismut 439 Nummern für Schächte registriert. In der Registratur wurden in den Anfangsjahren auch für Stollen und wichtige Blindschächte Registriernummern vergeben. Dazu kommen

noch eine Reihe von Doppelschachtanlagen, bei denen der zweite Schacht mit der gleichen Nummer und einem „bis" (–) versehen wurde, z. B Schacht 384 und 384bis. In der Addition der Betriebe aus der Chronik ergeben sich nur 314 Tagesschächte. Nicht in die Statistik aufgenommen sind Tiefschürfe, die in der Phase der Erkundung als Förderschächte existierten, ohne dass sie als „Schächte" geführt wurden. So ist mir bekannt, dass beim Abbau der Lagerstätte Dittrichshütte auch zwei Tiefschürfe mit Fördermaschinen bestückt wurden, um zusätzliche Förderkapazitäten zu schaffen. Auch im Bergwerk Schmirchau der 50-er Jahre hatten zwei Tiefschürfe (45 und 84) durchaus die Bedeutung eines Förderschachtes. Aus der zentralen Akte ergibt sich:

- 526 Schächte sind in den Schachtakten aufgelistet
- 111 davon sind Blindschächte
- 82 davon sind Stollen bzw. andere horizontale Grubenbaue
- Sieben Nummern sind in den letzten Jahren nicht belegt (für konzipierte Schächte reserviert)
- Eine Schachtnummer ist doppelt belegt (Schacht 381 existiert einmal im Ronneburger Erzfeld und einmal im Vogtland)

Daraus ergibt sich für die wirklich angelegten Tagesschächte die Anzahl von 325, was den in der Chronik beschriebenen 308 Schächten schon sehr nahe kommt. Dort fehlen lediglich 17 Erkundungsschächte, die keinem Bergbaugebiet zugeordnet wurden oder zugeordnet werden konnten.

Im gesamten Erzgebirge und in großen Teile des Thüringer Waldes wurden in höffigen Gebieten Schürfgräben, Schürfe und Tiefschürfe mit Fördereinrichtungen angelegt. Selbst das Gebiet nördlich von Chemnitz wurde untersucht. Die Anzahl der Tiefschürfe, die von der Auffahrung her wie Schächte geschaffen wurden, ist nicht mehr zu ermitteln. Es müssten jedoch einige Hundert gewesen sein. Etwa 100 davon waren für die Förderung ausgerüstet.

In den Anfangsjahren wurden neu angelegte Schächte nur mit einem hölzernen Förderturm errichtet. Damit war eine Begrenzung der Schachttiefe gegeben. Darunter liegende Sohlen mussten über Blindschächte erschlossen werden. Auch die Zahl der Blindschächte liegt bei weit über 100. Allein im zentralen Register sind 111 Nummern für Blindschächte vergeben. Aber nicht alle Blindschächte wurden in diesem Register erfasst

In Gebieten, in denen Bergbau umgeht, kommt es immer zur Beeinträchtigung der Landschaft. In Schmirchau erlebte ich 1955/56, wie ein Dorf wegen Abbaueinwirkung durch die Gewinnung oberflächennaher Vorräte etappenweise geräumt werden musste, nachdem Gebäude und die Straße in Mitleidenschaft gezogen wurden. Aber die Auswirkungen des Abbaus auf Oberschlema und Johanngeorgenstadt waren um einige Dimensionen größer. Ganze Stadtteile mussten geräumt werden. Die teilweise geräumte Stadt Johanngeorgenstadt bot mir im Herbst 1956 einen schaurigen Eindruck. Nur ab der Kirche nach Süden blieben die Häuser erhalten. Die Häuser in der gefährdeten Zone waren zum Teil schon abgerissen – die anderen waren geräumt. Es sah gespenstig aus, wenn nur noch die Bordsteinkanten erahnen ließen, wo einst Häuserzüge die Straßen säumten. Über 60 Jahre später – ich besuchte die Stadt im Herbst 2009 – bog ich von

der Kirche kommend in Richtung Eibenstock ab. Unvorstellbar, dass der rechts liegende Hochwald einmal Stadt war.
Ähnlich sah es in Oberschlema aus. Das Hauptgebiet der Deformation lag im Bereich des ehemaligen Standortes des Kurmittelhauses.
Kumpels der ersten Stunde berichteten, dass sie unmittelbar unter der Quelle gearbeitet hätten.
Zum Bergbau gehören Schächte und Stollen. In Johanngeorgenstadt, Schlema, Schneeberg, Annaberg und Bärenstein waren sie direkt im Ort angesiedelt und von Zäunen umgeben. Damit wurden die notwendigen Anlagen und Gebäude gesichert. Die Flächen wurden konfisziert. Weitere Flächen wurden für das Anlegen von Halden benötigt. Zu jedem Schacht gehört auch eine Halde. Das taube Material wurde wie im Mittelalter direkt an der Stelle abgekippt, an der es aus dem Berg kam. Nur ein geringer Teil des Fördergutes war Erz. Der Taubanteil war enorm hoch. Überall zwischen den Häusern befanden sich Schachtanlagen und Halden.

Abb. 52 Halde vom Schacht 250 in Schlema (ZAWismut)

Zwischen dem ersten und dem zweiten Bild der Abb. 52 haben Umfang und Höhe der Halde des Schachtes 250 gehörig zugenommen. 1958 entstand aus den beiden Orten Ober- und Niederschlema die Gemeinde Schlema, nachdem sie 1953 zwischenzeitlich nach Schneeberg eingemeindet wurden.
Die Kirche von Johanngeorgenstadt war von Halden eingerahmt. Die Hammerberghalde war die größte Halde im Gebiet von Schlema mit einer Aufstandsfläche von 80 ha. Die Halde beherrschte das Ortsbild von Niederschlema; sie wirkte wie eine drohende Kulisse.
Als die Standflächen für die Halden nicht mehr ausreichten, wurden hohe Tafelhalden mit Kippern aufgefahren bzw. Spitzkegelhalden mit Aufzügen angelegt. Aber selbst dafür reichten in vier Städten die Flächen nicht aus. Auf

Abb. 53 Halden in Johanngeorgenstadt und Niederschlema (Dialog und Chronik der Wismut)

Haldenbahnen wurden die tauben Massen aus den Orten Oberschlema, Johanngeorgenstadt, Bärenstein und Schneeberg heraus transportiert und auf großen Halden abgekippt. Noch im Jahr 2009 wurde in Oberschlema an der Sanierung der riesigen Halden gearbeitet. An die Schlemaer Hochhaldenbahn zur größten Halde am Hammerberg/Schafberg waren mehrere Oberschlemaer Schächte angeschlossen Die Haldenbahn von Johanngeorgenstadt überquerte die Straße aus dem Schwarzwassertal nach Eibenstock. Sie wurde besonders für die Schachtanlagen 31 und 31bis angelegt, weil aufgrund der Lage im Tal kein Haldensturz vorhanden war. Von dieser Bahn aus wurde der Westhang des Schwarzwassertales fast bis Erlabrunn (etwa 4 km) überkippt. Den Osthang des Schwarzwassertales zierten von Schwarzenberg beginnend große Halden. In Anthonsthal war es die Halde des Schachtes 335 (Lagerstätte Weißer Hirsch), die den Hang über die gesamte Höhe bedeckte. Vor Breitenbrunn war es die Halde der Margarethe-Fundgrube und nach Erlabrunn waren es die lang gestreckten Halden der Lagerstätten Seifenbach und Neu-Oberhaus. Andere Halden versteckten sich diskret in Wäldern, wie die der Lagerstätten Rabenberg und Unruhe. Trotz dreijährigem Aufenthalt in Breitenbrunn – dem Ort des Sitzes des Objektes 08 als Verwaltungseinheit der ehemaligen Bergwerke westlich der Schwarzwasser – bekam ich diese Halden nie zu Gesicht.

Die Gewinnungsgebiete der Wismut habe ich in 6 Gruppen zusammengefasst. Dabei hatten die zwei Gruppen (das zentrale Erzgebirge und Ostthüringen) mit fast 90 % den Löwenanteil an der Urangewinnung der Wismut. Die übrigen Anteile

Gebiet/Gruppe	Schächte	Stollen	Gewinnung	Anteil %	Gew.-Zeitraum
Ostthüringen	41	2	124514	51,83	1950-1990
Zentrales Erzgebirge	209	195	87475	36,41	1945-1990
Ostsachsen	19	3	22150	9,22	1947-51/1966-90
Vogtland	17	7	5851	2,44	1948-1967
Thüringer Wald	5	17	171	0,07	1950-1954
Osterzgebirge	17	9	81	0,03	1947-1954
Wismut Gesamt	**308**	**233**	**240242**	**100,00**	**1946-1990**
davon Thüringen	46	19	124685	51,90	1950-1990
Sachsen	262	214	115557	48,10	1946-1990
Zentrales Erzgebirge	190	192	14370	5,91	
Vogtland	17	7	5851	2,44	
Th.Wald	5	17	171	0,07	
Osterzgebirge	17	9	81	0,03	
Dresden Gittersee	7	3			
frühe Abbaugebiete	236	228	20473	8,45	1946-1967
Ronneburg	40	2	112558	46,89	
Aue/Alberode	19	3	73105	30,45	
Königstein	5	0	18459	7,69	
Culmitzsch	1	0	11956	4,98	
Dresden/Freital	7	0	3691	1,54	
ergiebige Abbaugebiete	72	5	219769	91,55	1950-1990

Abb. 54 Urangewinnung der Wismut
(eigene Bearbeitung nach Angaben in Chronik der Wismut)

sind aus der Tabelle ersichtlich. Gesondert ausgewiesen sind die Anteile der Länder Thüringen und Sachsen sowie der Anteil der frühen Gewinnungsgebiete.
Bis etwa 1955 waren die Bergarbeiten dezentralisiert. Es waren nur kleinere Lagerstätten bekannt, deren Abbau fast gleichzeitig betrieben wurde. An den späteren gewaltigen Zuwachs in den Lagerstätten Ronneburg und Aue-Alberode sowie die Entdeckung der Lagerstätte Königstein war in dieser Zeit noch nicht zu denken.
So ergibt sich, dass für die 20.000 t Uran aus den kleinen Lagerstätten 236 Schächte und 278 Stollen betrieben werden mussten. Für nur reichlich 8 % der gesamten Uranproduktion war der Betrieb von 86 % der jemals in Betrieb gewesenen Anlagen erforderlich. Schon allein damit wird deutlich, welcher Aufwand für die Urangewinnung in den Anfangsjahren erforderlich war.

2.1.1.1 Uranabbau in Sachsen

2.1.1.1.1 Bergwerke im Westerzgebirge

Die Vererzung in diesem Gebiet war generell an Gangstrukturen gebunden. Gewinnungsarbeiten fanden von 1946 bis 1990 statt. Als Abbauverfahren wurde fast ausnahmslos Firstenstoßbau angewendet. Das war ein Verfahren, das schon im Mittelalter praktiziert wurde und nur geringe Möglichkeiten der Mechanisierung bot. Der Vorteil des hohen Urangehaltes im Erz wurde durch die vergleichsweise geringe Hauerleistung und den hohen Erschließungsaufwand wieder hinfällig. Dazu kam der immense Energieaufwand für die Förderung aus großen Tiefen. In Aue-Alberoda wurde das tiefste Bergwerk der DDR betrieben. Der zentrale Schacht 371 förderte von mehreren Sohlen bis zur 990-m-Sohle; der Schacht 382 reichte sogar bis zur 1350-m-Sohle. Die darunter liegenden Sohlen bis zur 1800-m-Sohle sowie Zwischensohlen wurden mit Blindschächten erschlossen. Auch diese gebrochene Förderung wirkte sich auf die Kosten aus. Mit der Erschließung von Vorräten in immer größeren Teufen nahm die Gesteinstemperatur zu. Entsprechend der geothermischen Tiefenstufe nimmt die Gesteinstemperatur auf 100 Meter um etwa drei Grad Celsius zu. Bergarbeiten in Teufen über 700 m sind ohne Kühlung der Frischwetter nicht mehr möglich. Hohe Energiekosten für die Kühlaggregate verteuerten die Gewinnung. Die Kühlung erfolgte in mehreren Etappen über stationäre Anlagen Übertage (Kälteerzeugung), Untertage (Wärmeaustauscher) und ortveränderliche Anlagen (Kondensatoren/Verdampfer). Dieser Aufbau machte sich erforderlich, weil zunächst die ortsveränderlichen und später auch die stationären Anlagen Untertage nicht mehr ausreichten. Der Anteil am Energieverbrauch für Bewetterung und Klimatisierung lag nach Inbetriebnahme aller Kühlstufen bei 59 % des Gesamtverbrauchs.

Bei einer Befahrung auf der 1800m-Sohle konnte ich mich von der Wirksamkeit der Wetterkühlung überzeugen. Die erhöhte Lufttemperatur trotz Kühlung war zwar spürbar, aber noch erträglich. Einen Schreck bekam ich, als ich den Stoß eines Grubenbaus berührte. Meine Hand war schnell weg. Die Gesteinstemperatur von über 60 ° C lag weit über der der Luft. Es war ein Gefühl, als hätte man eine Herdplatte touchiert, die sich noch in einer sehr frühen Phase der Abkühlung befindet. Aber nicht nur deshalb hatte ich zu keiner Zeit eine Affinität zum Bergbau im Erzgebirge. Das lag auch an den tristen drei Jahren Studium in Breitenbrunn, wo das Erzgebirge besonders verlassen erscheint.
Im zentralen Erzgebirge wurden aus den 209 Schächten und 195 Stollen 87.475 t Uran gefördert. In den Jahren bis 1958 waren im gesamten zentralen Gebiet 190 Schächte in Betrieb. In vielen Fällen wurden – besonders in der Erkundungsphase – Anlagen des Altbergbaus genutzt oder wieder nutzbar gemacht. Danach konzentrierten sich die Arbeiten auf die Lagerstätte Aue-Alberode. Lediglich im Pöhlatal in der Lagerstätte Tellerhäuser wurden nach erfolgreicher Erkundung noch einmal Gewinnungsarbeiten aufgenommen. Mit Ausnahme der beiden letztgenannten Lagerstätten wurden alle Uranvorräte abgebaut.

Abb. 55 Zentrale Kühlanlagen Übertage (Kühltürme und Kälteverdichteranlage) (ZAWismut)

Lagerstätte	Anzahl			Gewinnung	Anteil %	Gewinnungs-
	Schächte	Stollen	Sohlen	t	v. Wismut	zeitraum
Aue-Alberode	19	3	59	73.105	30,430	1956-1990
Oberschlema	30	8	10	7.099	2,955	1946-1960
Johanngeorgenstadt	27	40	16	3.770	1,569	1948-1958
Schwarzwassergebiet	29	75	max 22	1.361	0,567	1946-1959
Pöhla-T neu	0	6	11	1.216	0,506	57-69/83-90
Annaberg	24	31	13	450	0,187	1947-1958
Schneeberg	26	0	5	210	0,087	1947-1956
Bärenstein	12	8	8	133	0,055	1947-1954
Marienberg	26	0	max. 8	121	0,050	1947-1954
Aue-Erkundung	16	35	max 3	10	0,004	1947-1953
Zentrales Erzgebirge	**209**	**195**		**87.475**	36,411	**1946-1990**
ohne Aue-Alberode	**190**	**192**	**max 22**	**14.370**	**5,981**	**1946-1958**

Abb. 56 Urangewinnung im Westerzgebirge
(eigene Bearbeitung nach Angaben in Chronik der Wismut)

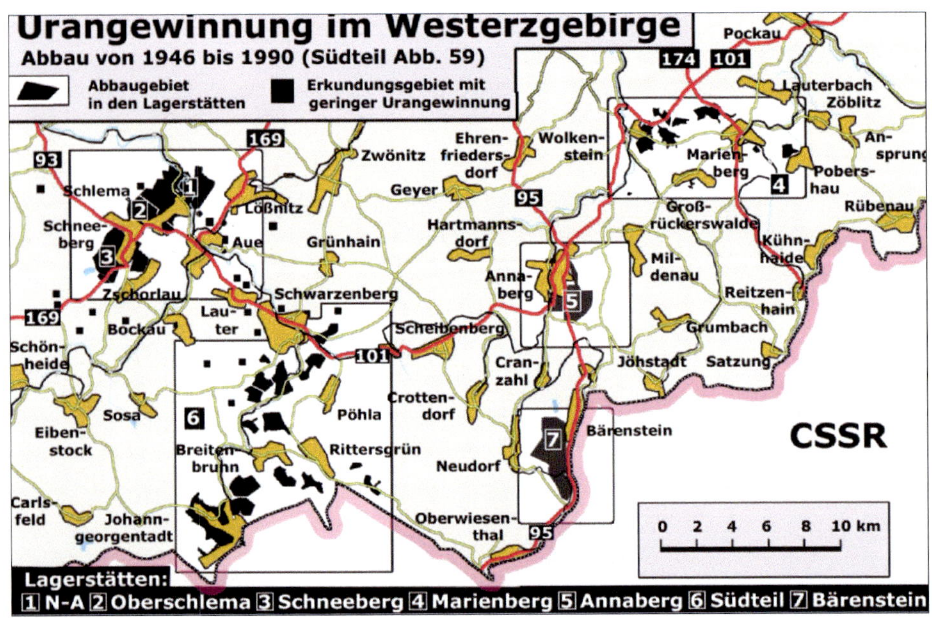

Abb. 57 Bergarbeiten im Westerzgebirge
(eigene Darstellung nach Angaben in Chronik der Wismut)

Hauptlagerstätten, in denen die Gewinnungsarbeiten begannen, waren in Johanngeorgenstadt, Oberschlema, Schneeberg und später Niederschlema-Alberoda.

Niederschlema-Alberoda (Objekt 09)
Diese Lagerstätte war mit Abstand die größte im Erzgebirge und die tiefste der gesamten Wismut. Sie wurde erst mit den Abbauarbeiten im Gebiet Oberschlema-

Kaskade	Tiefe	Sohlen Anzahl	Ausrichtung km	Vorrichtung km	Vortrieb km	Abbau Mio.m³
I	Übertage bis -240	**10**	**93,1**	**615,3**	**708,4**	**1,6**
II	(-270) bis (-546)	**12**	**188,3**	**1.309,7**	**1.498,0**	**4,0**
III	(-585) bis (-996)	**16**	**280,3**	**3.877,6**	**4.157,9**	**6,0**
IV	(-1035) bis (-1356)	**12**	**168,9**	**932,1**	**1.101,0**	**2,6**
V	(-1395) bis (-1710)	**9**	**93,2**	**3,6**	**96,8**	**4,4**
VI	(-1755) bis (-1800)	**2**	**2,3**	**3,6**	**5,9**	**4,4**
		61	**826,1**	**6.741,9**	**7.568,0**	**23,0**

Abb. 58 Vortriebsarbeiten in der Lagerstätte Alberoda (eigene Bearbeitung nach Angaben in Chronik der Wismut)

Schneeberg beim Vorstoß in die Tiefe entdeckt. Die Lagerstätten Schneeberg und Oberschlema waren nur die oberflächennahen Ausläufer der wesentlich größeren Lagerstätte Niederschlema-Alberoda.

Diese Lagerstätte wurde in sechs Kaskaden aufgeschlossen und abgebaut. Die Ausdehnung der bauwürdigen Fläche verringerte sich ab der IV. Kaskade. Ab der – (minus) 486-m-Sohle wurden 12 Sohlen ausschließlich für die Ableitung der belasteten Abwetter mit insgesamt 76,1 km Grubenbauen aufgefahren. Nur damit konnten die arbeitshygienischen Bedingungen trotz der erhöhten Gesteinstemperaturen erträglich gestaltet werden. Im Gebiet von Aue wurden die Sohlen nach ihrer Lage unter der Marc-Semmler-Sohle bezeichnet, einem bereits im Mittelalter angelegten Stollen, an den die damaligen Bergwerke zur Abwasserabführung angeschlossen waren. Die Sohle-486 m liegt 486 Meter unter dem Marc-Semmler-Stollen. Der tiefste durchgängige Schacht war der Schacht 382 mit einer Tiefe von 1.441 Meter.

Mit dem Vortrieb in der Lagerstätte Niederschlema-Alberoda hätte man die Entfernung Berlin–Bombay (jetzt Mumbay) in Indien überwinden können. Auch wenn es von den Dimensionen der Strecken nicht für einen Tunnel gereicht hätte. Frei nach Jules Verner hätte man damit bis zum Mittelpunkt der Erde vordringen können.

Oberschlema (Objekt 02)

Ausgehend von der Oberschlemaer Radonquelle interessierten sich die sowjetischen Geologen sehr frühzeitig für den unter der Quelle liegende Markus-Semmler-Stollen. In Oberschlema arbeiteten 24 Schachtverwaltungen, die schon 1953 auf sechs reduziert wurden, auf 45 Tagesschächte und 8 Stollen, von denen zwei aus dem Altbergbau stammten (Markus-Semmler – heute wieder zum Teil rekonstruiert – und Gallus am Hammerberg). Bergarbeiten fanden auf 10 Sohlen statt. Daneben wurden noch 13 tiefere Sohlen für den Abbau der Lagerstätte Niederschlema-Alberoda aufgefahren. Die Ausdehnung des Grubenfeldes nahm mit zunehmender Tiefe ab. Schachtanlagen und Halden, später wegen Bruchgefahr geräumte Häuser, bestimmten das Stadtbild. Oberschlema wurde zum Schachtgebiet. Wegen Deformationen im Hauptabbaugebiet um das Kurhaus musste sogar der Schlemabach verlegt werden – im Volksmund Millionenbach, in Anspielung auf die Kosten für die Anlage des neuen Bachbettes. Auf der Eisenbahnstrecke von Niederschlema nach Schneeberg über Oberschlema musste aus dem gleichen Grund der Betrieb etappenweise eingestellt werden. In und um Oberschlema wurden 22 Halden mit einer Aufstandsfläche von über 170 ha angelegt. Im Jahr 1950 waren ca. 25.000 Arbeitskräfte beschäftigt.

Johanngeorgenstadt (Objekt 01)
Alte Bergwerke wurden wieder betriebsfähig gemacht und neue Schächte angelegt. In der Hauptbetriebszeit arbeiteten bis zu zwölf Bergbaubetriebe gleichzeitig. Durch oberflächennahen und konzentrierten Abbau wurden große Teile der Altstadt zum Deformationsgebiet und mussten abgerissen werden. Als Ersatz wurde außerhalb des Abbaugebietes auf einer Höhe von fast 900 Meter über NN eine neue Siedlung, die Neustadt, errichtet. 1952/53 wurden in Rekordzeit die neuen Wohnungen gebaut. Sie waren jedoch mit einem erheblichen Konstruktionsfehler behaftet, der nach 1956 mit viel Aufwand korrigiert werden musste. Die hohe Schneelast im oberen Erzgebirge war nicht berücksichtigt worden. Die Dachkonstruktion – Schindelbedeckung mit Lattung – war unterdimensioniert. Die erst wenige Jahre alten Häuser mussten auf Schiefer umgedeckt werden – wahrscheinlich ist dabei auch die Dachneigung erhöht worden. Weitere Unterkünfte wurden in den Ortsteilen Pachthaus und Mühlberg in Form von Barackenlagern, einstöckigen Wiener Häusern als Gemeinschaftsunterkünfte und Berliner Häusern als Einfamilienhäuser gebaut. Die Einwohnerzahl Johanngeorgenstadts war von 6.500 im Jahr 1946 auf 40.000 im Jahr 1953 gestiegen.
Die Lagerstätte lag im Wesentlichen unter der Ortslage Johanngeorgenstadt. Es waren bis zu 24 Tagesschächte und 9 Stollen in Betrieb – auf 16 Sohlen wurden Bergarbeiten durchgeführt. Über bergmännische Umfänge liegen keine Erkenntnisse vor. Die Lagerstätte hatte an der Südost-Flanke einen Ausläufer in die CSR. Da es auf tschechischem Gebiet keine Schachtanlagen gab, wurden die vorhandenen 185 t Uran von deutscher Seite aus abgebaut.

Lagerstätte	Anzahl			Gewinnung	Anteil	Gewinnungs-
	Schächte	Stollen	Sohlen	t	Wismut %	zeitraum
Weißer Hirsch	3	4	22	747	0,311	1952-1959
Seifenbach	5	12	13	231	0,096	1948-1955
Tannebaum	3	15	11	90	0,037	1949-1955
Neuoberhaus	2	6	8	61	0,025	1948-1955
Mai	2	1	13	50	0,021	1948-1955
Unruhe	2	2	10	47	0,020	1950-1953
Tellerhäuser	1	5	6	42	0,017	1953-1955
Juni	2	4	9	32	0,013	1949-1955
August	3	6	10	22	0,009	1949-1954
Gottessegen	2	7	6	20	0,008	1949-1954
Oktober	3	8	8	12	0,005	1950-1954
Breitenbrunn	0	3	5	5	0,002	1949-1951
Bermsgrün	1	2	7	2	0,001	1950-1952
Schwarzwassergebiet	**29**	**75**		**1361**	**0,567**	**1946-1959**

Abb. 59 Gewinnung im Gebiet des Schwarzwassertales (eigene Bearbeitung nach Angaben in Chronik der Wismut)

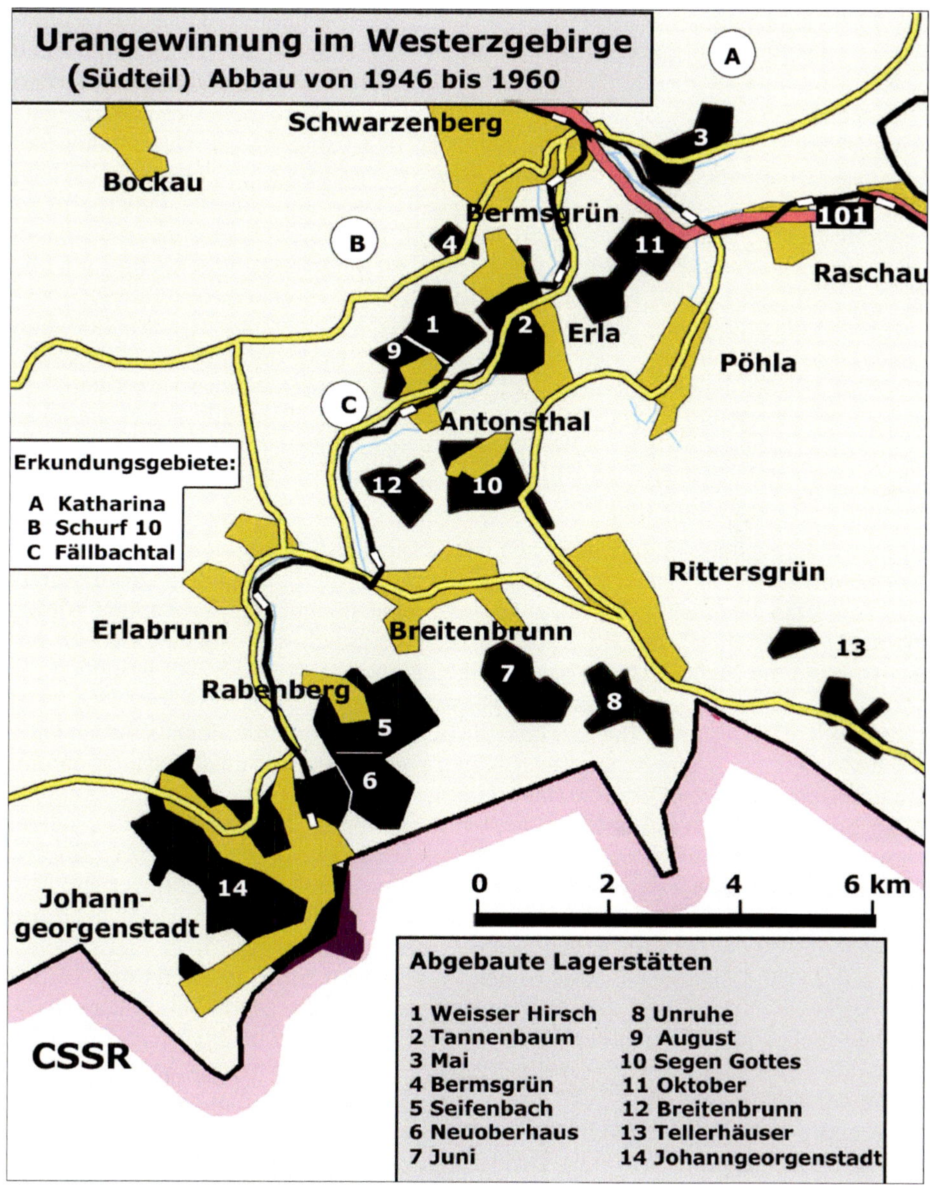

Abb. 60 Bergarbeiten im Schwarzwassertal
(eigene Darstellung nach Angaben in Chronik der Wismut)

Schwarzwassergebiet (Objekt 08)
Wegen der Konzentration der Arbeiten im südlichen Teil des Westerzgebirges habe ich diesen zusätzlich vergrößert dargestellt. Es gab eine Vielzahl von Klein-

und Kleinstlagerstätten. Für die Lagerstätten wurden von den sowjetischen Geologen Decknamen in Form von Monatsnamen vergeben. Sie setzten sich nicht alle durch. Für einige blieben auch die Namen der Gruben des Altbergbaus erhalten.
Die neben Johanngeorgenstadt größte Lagerstätte war der „Weiße Hirsch". Die Anlage des Bergwerkes hatte Verbindung zu den benachbarten Bergwerken der Lagerstätten „Tannenbaum" und „Maiskoje". Bergarbeiten gingen auf 22 Sohlen um. Der tiefste Schacht war Schacht 235 mit knapp 250 Metern. Unterhalb der Endtiefe des Schachtes 235 wurden noch auf 12 Sohlen Bergarbeiten durchgeführt. Aufschluss und Förderung erfolgten über mehrere Blindschächte. Für die Vorbereitung des Abbaus wurden über 225 Kilometer Strecken aufgefahren.
Um eine Vorstellung von der Größenordnung der Aufwendungen zu erhalten: hier eine Gegenüberstellung von Kennziffern des Bergbaubetriebes Königstein 1975/76. Die Uranmenge aus den 13 Lagerstätten des Schwarzwassergebietes mit einer Betriebszeit bis zu acht Jahren (im Durchschnitt über fünf Jahre) wurde in Königstein in weniger als 15 Monaten gewonnen. Dabei entsprach die durchschnittliche Belegschaftsstärke jedes einzelnen der 13 Bergbaugebiete der des Bergbaubetriebes Königstein.

Pöhlatal Lagerstätte Tellerhäuser neu (Bergbaubetrieb Aue)
Nachdem die bereits früher im Gebiet Tellerhäuser durchgeführten Gewinnungsarbeiten 1955 beendet waren, begann 1967 eine nochmalige Erkundung in den Gebieten Tellerhäuser und Hämmerlein, die erfolgreich war. Neben Uran wurden das strategische Metall Zinn in bauwürdigen Konditionen und Silber gefunden.
Der Aufschluss erfolgte über einen fast acht Kilometer langen Stollen. Das mehrere hundert Meter unter diesem Niveau liegende Erz wurde über Blindschächte aufgeschlossen und gewonnen. Im Rahmen eines Experimentalabbaus konnten in Hämmerlein Zinnerze mit über 200 t Zinn gewonnen werden. Für die Zinnerkundung wurden fast 30 Kilometer Strecken aufgefahren. Der Zinnabbau gestaltete sich sehr effektiv. Auf Grund des standfesten Gebirges konnten Kammern für den Erzbergbau in der DDR unvorstellbaren Dimensionen hergestellt werden. Die Kammern waren vierzig Meter lang, zwölf Meter breit und zehn Meter hoch. Im Rahmen des RGW (Rat für gegenseitige Wirtschaftshilfe – die Wirtschaftsorganisation der Ostblockländer) wurde in den 70-er Jahren ein Zinn-Pojekt mit Aufbau von Verkehrsanbindungen und Aufbereitungsanlagen ausgearbeitet. Nach erfolgreichen Versuchen zur Aufbereitung wurden die Arbeiten eingestellt, weil der Wert des Zinns rapid verfiel – vielleicht wurde auch das Embargo gelockert. Versuche zur Silbergewinnung aus Uran-Silber-Mischerz verliefen nicht sehr erfolgreich und wurden im Aufbereitungsbetrieb Crossen nach der Gewinnung von über 200 kg Silber abgebrochen. Die Technologie der Trennung konnte nicht effektiv gestaltet werden.

Annaberg (Objekt 04)
Die Lagerstätte lag im Wesentlichen im Stadtgebiet von Annaberg und dessen Flanken. Für die 450 t Urangewinnung wurden 26 Tagesschächte und 31 Stollen zum großen Teil aus dem Altbergbau betrieben. Für Gruben des Altbergbaus wurden deren Namen übernommen und erhielten zusätzlich eine Wismut-Nummer.

Von den 31 Stollen sind lediglich neun im Register der Wismut-Schächte enthalten. Bergarbeiten fanden auf 7 Sohlen der alten Schächte und 6 Sohlen der neu angelegten Schächte statt.

Schneeberg (Objekt 03)
Auch dieses Gebiet war vom Altbergbau geprägt. Ähnlich wie Oberschlema war die Lagerstätte Schneeberg nur ein Bestandteil der erst später entdeckten Lagerstätte Niederschlema-Alberoda. Diese bildete die östliche und tiefere Fortsetzung. Die Lagerstätte befand sich unter der Stadt Schneeberg und deren näherer Umgebung. Die ergiebigsten Partien lagen im Nordwest-Teil der Lagerstätte am Westrand der Stadt im Bereich des Schachtes 25 (Ritter II) und des Schachtes 6 (Weißer Hirsch). Insgesamt wurden 26 Tagesschächte, davon 19 alte, betrieben.
Der Schacht 25 lag direkt neben dem Wohngebiet. Die Rautenverzierung am Bretterzaun war typisch für Einzäunungen von Schachtanlagen, wie ich sie auch im Ronneburger Gebiet noch antraf. Wenigstens etwas Arbeitskultur sollte es schon sein. In der Spitzenzeit arbeiteten sieben Schachtverwaltungen mit 25 Schächten auf fünf Sohlen. Der Sankt Wolfgangskirche blieb die Beeinflussung durch Abbaueinwirkungen erspart. Der begonnene Abbau im Schutzpfeiler wurde wegen Vertaubung des Erzganges eingestellt.

Abb. 61 Schacht 25 (Ritterschacht II) (Chronik der Wismut)

Bärenstein (Objekt 07)
Diese Lagerstätte befand sich beiderseits des Pöhlbaches um den Ort Bärenstein und erstreckte sich bis zur Grenze zur CSR. Zwölf Tagesschächte, acht Stollen und acht Sohlen wurden für die Gewinnung von 133 t Uran betrieben. Der produktivste Teil lag südlich des Ortes Bärenstein in Richtung Oberwiesenthal. Für den Abbau der Kleinlagerstätte wurden 136 Kilometer Strecken aufgefahren.

Marienberg (Objekt 05, vorher Objekt 22)
Während die anderen Lagerstätten in einem nahezu geschlossenen Areal angesiedelt waren, war die Lagerstätte Marienberg kein zusammenhängender Erzkörper. In elf Erkundungs- und Gewinnungsrevieren wurden Bergarbeiten durchgeführt, die zwischen Wolkenstein im Westen und Pobershau im Osten angesiedelt waren. Nennenswerte Gewinnung fand nur in drei Revieren statt, in denen bereits Altbergbau umging: südlich von Wolkenstein, nördlich von Marienberg und zwischen den beiden Orten bei Lauta. Für die Gewinnung von 121 t Uran mussten über 140 Kilometer Strecken und 2.700 m Schacht geteuft werden. 27 Tagesschächte – überwiegend wieder eingerichtete alte Bergbauanlagen – und 16 Stollen wurden betrieben.

Erkundungsgebiete mit Urangewinnung (überwiegend Objekt 29)
In den Randgebieten der Lagerstätten um Aue wurden umfangreiche Erkundungsarbeiten durchgeführt. Aus Tiefschürfen und Schächten wurden Erkundungsstrecken gefahren. In 17 Schächten, 100 Stollen und über 100 Tiefschürfen war die Suche nur im bescheidenen Umfang erfolgreich. Es wurden zwar keine Lagerstätten entdeckt, aber geringe Uranvorkommen aus den Erkundungsgrubenbauen gewonnen. Der Vollständigkeit halber sind diese Gewinnungsumfänge mit aufgeführt.

2.1.1.1.2 Bergwerke in Ostsachsen

In Ostsachsen wurden in den beiden Lagerstätten Königstein und Freital-Gittersee Uranerze abgebaut. In beiden Lagerstätten ist die Uranvererzung an Sedimente gebunden – in Königstein an Gesteine der Kreideformation und in Freital an die geologische Formation des Karbon (Steinkohle). In Königstein wurden mehrere Abbauverfahren experimentell erprobt – durchgesetzt hat sich der Kammer-Pfeiler-Abbau mit selbsthärtendem Versatz. Es waren vier Sohlen in Betrieb. Die Uranerze kamen in drei Erzhorizonte vor, die zum Teil gleichzeitig ausgebildet waren und zu einem Körper vereint auftraten. Die Mächtigkeit betrug zwischen weniger als einem Meter bis 20 Meter. Bei Mächtigkeiten über 4,5 Meter wurde in mehreren Scheiben abgebaut. Bereits seit 1967 – nahezu parallel zum Abbaubeginn – wurden Versuche unternommen, Uran durch schwefelsaure Lösung aus dem Erz zu gewinnen. Diese Gewinnung lief unter der Bezeichnung „Laugung“. Laugung erfolgte sowohl im festen Gebirgsverband als auch aus zerkleinertem Gestein. Die Zerkleinerung wurde durch Sprengung großer Gesteinspakete durchgeführt. Bei der Förderung aussortierten Außerbilanzerzes, das nicht zur Aufbereitung geliefert werden konnte, wurde auf Haufen abgelagert, mit schwefelsaurer

Lösung berieselt und ebenfalls gelaugt. Eine weitere Gewinnungsquelle war die Schachtwasserreinigung. Bei der Reinigung der Abwässer wurde das enthaltene Uran selektiert. Mit der Erhöhung der Preise für den Eisenbahntransport stand die Wirtschaftlichkeit der Gewinnung in Frage. Es wurde die Möglichkeit der generellen chemischen Gewinnung untersucht und mit Erfolg abgeschlossen. Ab 1. Januar 1984 erfolgte ausschließlich chemische Gewinnung. Weitere Details zu den Arbeiten in Königstein sind einer späteren Veröffentlichung vorbehalten.

Bereits in den frühen Jahren der Wismut war die Erzanreicherung in der Kohle des Freitaler Beckens bekannt. Die Vererzung wurde in drei Revieren angetroffen: Heidenschanze, Gittersee sowie Bannewitz, wo die reichsten Vorräte lagen.

Bis 1951 baute die Wismut die Urankohle im Gebiet Freital ab. Da es keine praktikable Aufbereitungstechnologie für diese Uranerze gab, verbrannte man die Kohle im Freigelände und bereitete die Asche auf. Das war mit erheblichen Umweltbelastungen verbunden. Nicht zuletzt wegen massiver Proteste der Anlieger wurde diese Form der Urangewinnung eingestellt. Die Betriebsanlagen übergab man dem Steinkohlenbergbau zur Nutzung. Gewinnungsarbeiten wurden auf drei

	Anzahl			Gewinnung	Anteil	Gewinnungs-
	Schächte	Stollen	Sohlen	t	Wismut %	Zeitraum
Königstein	5	0	4	18.459	7,684	1966-1990
Dresden Gittersee	14	3	3	3.691	1,536	1947-51/1967-89
Ostsachsen	**19**	**3**		**22.150**	**9,220**	**1947-51/1966-90**

Abb. 62 Urangewinnung in Ostsachsen
(eigene Bearbeitung nach Angaben in Chronik der Wismut)

Abb. 63 Bergarbeiten in Ostsachsen
(eigene Darstellung nach Angaben in Chronik der Wismut)

Sohlen durchgeführt. Nach Abschluss des Abbaus von Steinkohle kamen die Anlagen wieder zur Wismut. Von 1968 bis 1989 wurde die aktive Kohle abgebaut und in Crossen aufbereitet. Der Abbau erfolgte wie im Steinkohlenbergbau im Strebbau. Es wurden insgesamt 3.691 t Uran abgebaut. Die Vorräte waren bereits vor dem Ende der DDR gewonnen – die Liquidation des Betriebes hatte zu diesem Zeitpunkt schon begonnen.

2.1.1.1.3 Bergwerke im Vogtland

Die 5.851 t Urangewinnung kamen aus vier Lagerstätten; der Löwenanteil aus Zobes (79,8 %), gefolgt von Schneckenstein (16,4 %), Bergen (2,8 %) und Gottesberg (1,0 %). Von den 17 Schächten und 7 Stollen des Vogtlandes waren jeweils zwei für Gottesberg erforderlich.
Die Vererzung war an Gänge gebunden. Gewinnungsarbeiten wurden von 1948 bis 1967 durchgeführt. Sie fanden auf insgesamt 25 Sohlen statt. Für den Abbau der Erze der Gruben im Gebiet Schneckenstein wurde in unmittelbarer Nähe der Anlagen eine Wohnsiedlung errichtet. Diese lag weit ab von größeren Ansiedlungen in der Einöde, umgeben von gewaltigen Spitzkegelhalden. Nach Beendigung der Bergarbeiten wurde es noch einsamer in dieser Gegend.

2.1.1.1.4 Die kleinen Bergwerke im Osterzgebirge

Im Osterzgebirge wurden ausschließlich Kleinstlagerstätten entdeckt und abgebaut. Sie erwiesen sich insgesamt als nicht ergiebig. In dieser Region kamen aus den vier Lagerstätten lediglich 81 t Uran. Dazu wurden 14 Schächte betrieben bzw. vom Altbergbau für den Betrieb übernommen (Freiberg). Die Vererzung war an Gangstrukturen gebunden. Von 1947 bis 1954 fanden Gewinnungsarbeiten statt, die mit immensem Aufwand durchgeführt werden mussten. Für den Abbau der Lagerstätte Niederpöbel war die Auffahrung von 33 Kilometer Grubenbauen und für Freiberg 42 Kilometer erforderlich. Das sind 1,1 bzw. 8,4 Kilometer Vortrieb für eine Tonne Uran! Darin sind nur die Auffahrungen enthalten, die für die Vorbereitung des Abbaus erforderlich sind. Zum Vergleich: im Bergbaubetrieb Königstein wurden in der gesamten Betriebszeit von 1966 bis 1990 etwa 120 Meter Vortrieb für eine Tonne Uran aufgefahren. Ich hatte Ende der 50-er Jahre

	Anzahl			Gewinnung	Anteil	Gewinnungs-
	Schächte	Stollen	Sohlen	t	Wismut %	Zeitraum
Zobes	6	1	25	4.673	1,945	1949-1967
Schneckenstein	8	3	25	959	0,399	1948-1960
Bergen	1	1	12	162	0,067	1949-1957
Gottesberg	2	2	15	57	0,024	1948-1955
Vogtland Gesamt	**17**	**7**		**5.851**	**2,435**	**1948-1967**

Abb. 64 Urangewinnung im Vogtland
(eigene Bearbeitung nach Angaben in Chronik der Wismut)

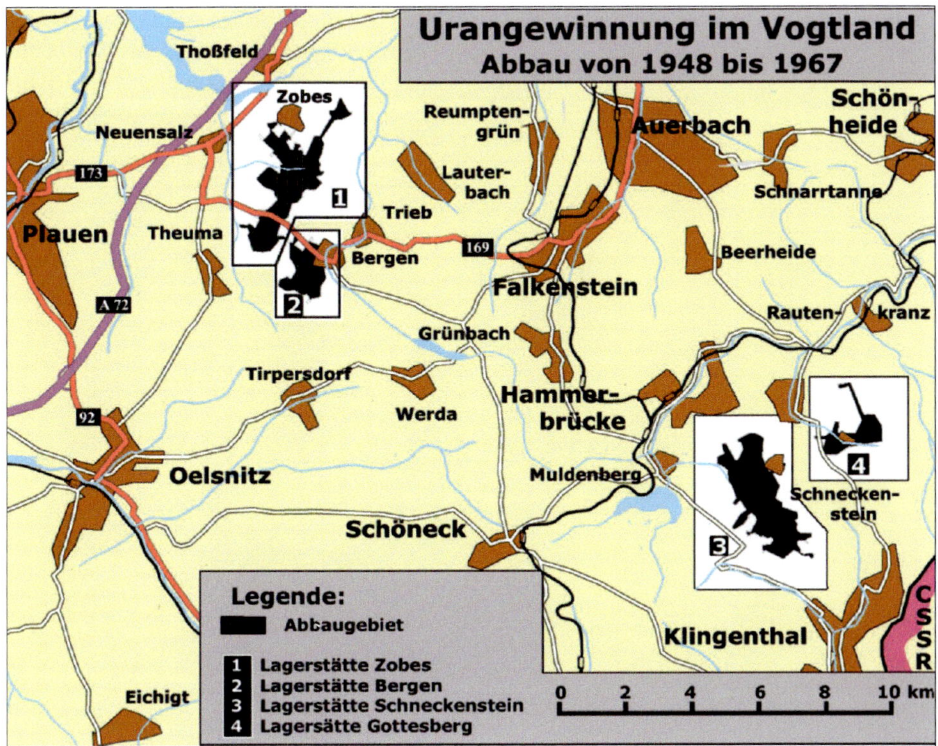

Abb. 65 Bergarbeiten im Vogtland
(eigene Darstellung nach Angaben in Chronik der Wismut)

Gelegenheit, mit einem ehemaligen Bergmann aus der Wismut-Zeit im Freiberger Gebiet zu sprechen. Er war Umsiedler und bereits bei der Aussiedlung zur Wismut vermittelt. Er beteiligte sich sowohl bei der Durchkuttung (Probenahme auf Halden des Altbergbaus) der vielen Halden um Freiberg als auch als Rucksackhauer. Über einen mir bekannten Tagesbruch einer alten Bergwerksanlage stiegen die Bergleute in das Schachtgelände des stillgelegten Schachtes „Alter Friedrich" ein und holten Gesteinsproben aus alten Grubenbauen. Das Gebiet um Muldenhütten – östlich von Freiberg war besonders höffig – dort wurden Uranerze vermutet. Das Wissen über den Urangehalt konnte auch von sowjetischen Studenten an der Bergakademie Freiberg stammen, die vor dem Zweiten Weltkrieg dort studierten. Alle Halden südlich der Eisenbahnstrecke Freiberg–Dresden waren kreuz und quer mit Gräben überzogen, man konnte noch Ende der 50-er Jahre schöne Mineralien als Fundstücke an den Flanken der Gräben finden. Aber das Erkundungsergebnis stand in keinem Verhältnis zum Aufwand.
Auf der Fläche 1a wurden in großem Stil Halden des Altbergbaus mit Schürfgräben überzogen. Aus dem Haldenmaterial wurden Rückschlüsse auf den Inhalt des damaligen Fördergutes auf den Urangehalt gezogen. Selbst bei der

Haldenbeprobung wurde Uran gewonnen. Die Gewinnungsmenge lag im einstelligen Kilogrammbereich und wurde sogar mit einer Kommastelle ausgewiesen.

	Anzahl			Gewinnung	Anteil	Gew.-Zeitraum
	Schächte	Stollen	Sohlen		Wismut %	
Bärenhecke	1	2	9	41	0,0171	1949-1954
Niederpöbel	3	6	9	30	0,0125	1948-1954
Freiberg	11	1	7	5	0,0021	1947-1950
Johnsbach	2	0	5	5	0,0021	1947-1949 ??
Osterzgebirge	**17**	**9**		**81**	**0,0337**	**1947-1954**

Abb. 66 Urangewinnung Osterzgebirge
(eigene Bearbeitung nach Angaben in Chronik der Wismut)

Abb. 67 Bergarbeiten im Osterzgebirge
(eigene Darstellung nach Angaben in Chronik der Wismut)

Im Gebiet südlich von Hilbersdorf bei Freiberg befand sich eine große Anzahl von Kleinstbergwerken aus dem Mittelalter. Aus diesen Kleinanlagen wurden damals oberflächennahe Erze abgebaut und die tauben Berge rund um die Grube abgelagert. Die Schürfgräben waren auch noch im Jahr 2010 deutlich erkennbar.

Abb. 68 Schürfgräben auf alten Halden (eigene Fotos)

2.1.1.2 Uranabbau in Thüringen

2.1.1.2.1 Bergwerke in Ostthüringen

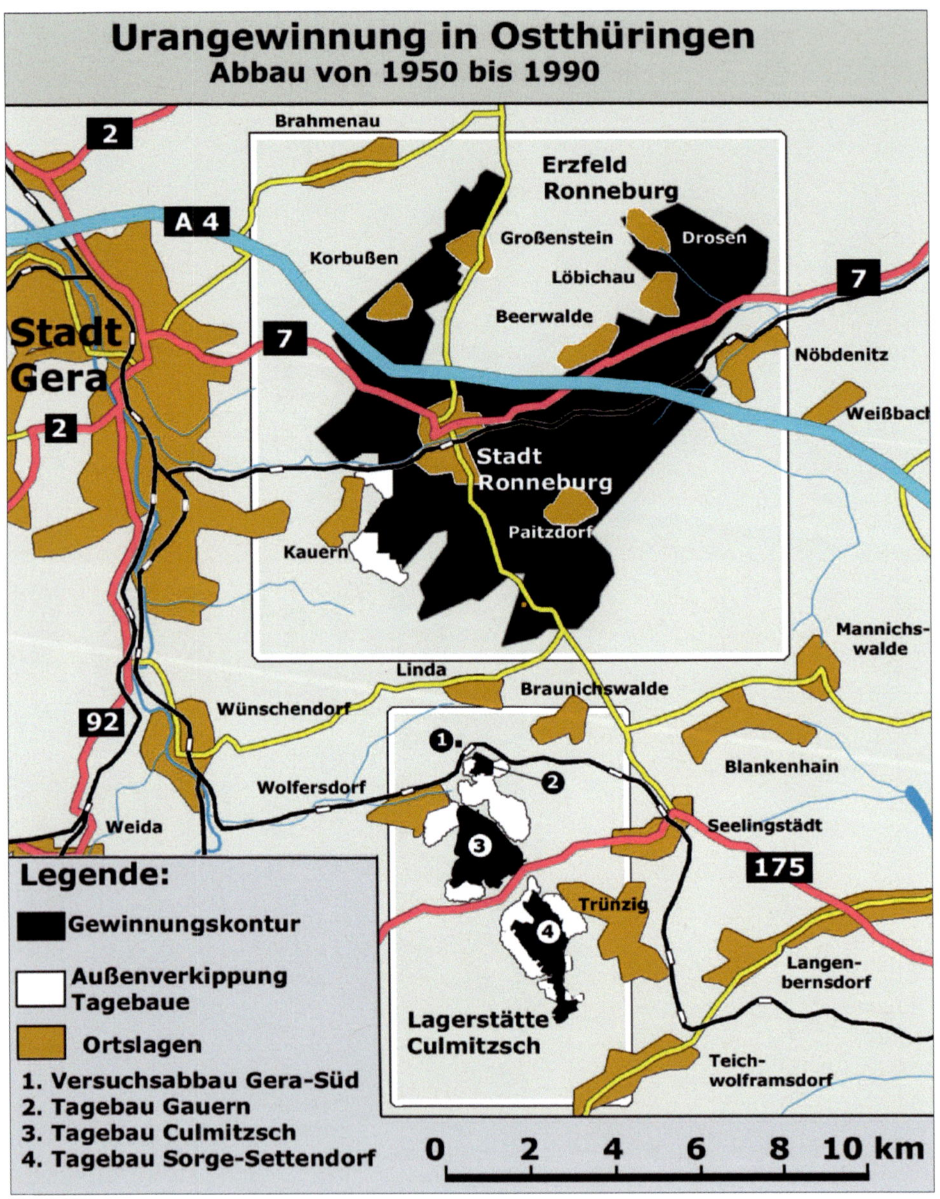

Abb. 69 Bergarbeiten Ostthüringen (eigene Darstellung nach Angaben in Chronik der Wismut und Dialog – Zeitschrift der Wismut GmbH)

Die Ostthüringer Betriebe arbeiteten in zwei Lagerstätten: In der Lagerstätte Ronneburg (Gewinnungsarbeiten von 1950 bis 1990) und in der Lagerstätte Culmitzsch (Culmitzscher Halbgraben; Gewinnungsarbeiten von 1952 bis 1967).
Aus der Ronneburger Lagerstätte wurden 112.558 t Uran gewonnen, davon 87,6 % im Tiefbau und 12,4 % im Tagebau. Von der Lagerstätte Culmitzsch wurden 11.956 t Uran gefördert, davon nur knapp 0,2 % im Tiefbau.
Die detaillierten Aussagen zu der bedeutendsten Lagerstätte der Wismut – der Ronneburger Lagerstätte – werden im Kapitel 2.6 („Es grüne die Tanne – es wachse das Erz") zusammengestellt, die für die Lagerstätte Culmitzsch im Kapitel 2.4 („Das verurteilte Dorf").
Um Ronneburg war die Uranvererzung an Wirtsgesteine des Erdaltertums gebunden. Sie trat in Schichten des Ordovizium, des Silurs und des Devons auf. Nach Einstellung der Gewinnungsarbeiten verblieben noch erhebliche Restvorräte, besonders an den Flanken. In der Lagerstätte Culmitzsch waren die jüngsten Schichten des Erdaltertums die Erzträger. Die Uranerze wurden im Zechstein angetroffen. Die Vorräte in Tagesnähe wurden restlos im Tagebau abgebaut. Die nördlich der Tagebaue anstehenden Vorräte waren nur im Tiefbau gewinnbar. Sie waren technologisch kompliziert und nur mit erheblichem Aufwand zu gewinnen. Von den 3.369 t auch als Lagerstätte Gera-Süd bezeichneten Vorräten wurden lediglich 19 t in einem Versuchsabbau gewonnen.

	Anzahl			Gewinnung	Anteil	Gewinnungs-	Bemerkung
	Schächte	Stollen	Sohlen	t	Wismut %	Zeitraum	
Ronneburg	40	2	max. 15	98.624	41,052	1950-1990	Tiefbau
Ronneburg	0	0	0	13.934	5,800	1952-1977	Tagebaue
Culmitzscher Halbgraben	0	0	0	11.937	4,969	1951-1967	Tagebaue
Culmitzscher Halbgraben	1	0	1	19	0,008	1963-1964	Tiefbau
Ostthüringen	**41**	**2**		**124.514**	**51,829**	**1950-1990**	**Gesamt**

Abb. 70 Urangewinnung in Ostthüringen
(eigene Bearbeitung nach Angaben in Chronik der Wismut)

2.1.1.2.2 Bergwerke im Thüringer Wald

Die drei Lagerstätten des Thüringer Waldes spielten nur eine untergeordnete Rolle. Von den 171 t gewonnenen Uran kamen 66,1 % aus Dittrichshütte (überwiegend Tiefbau), 25,7 % aus dem Tagebau Steinach und 8,2 % aus mehreren Stollenbetrieben südlich von Suhl. Alle Lagerstätten wurden restlos abgebaut. Die Vererzung in Dittrichshütte und Steinach war analog der Ronneburger Lagerstätte. Die Erze im Schleusinger Gebiet waren an Buntsandstein gebunden.
Die Gewinnung fand von 1951 bis 1954 statt. Abgebaut wurde in einer modifizierten Art des Firstenstoßbaus und im Kastenabbau. Außerhalb der Lagerstätte Dittrichshütte wurden noch zwei in der Nomenklatur der Wismut als Schächte geführte Erkundungsschächte geteuft. Einer davon – der Schacht 335 – lag in der

Nähe der Saalfelder Feengrotten (taleinwärts vom Eingang des Besucherbergwerkes, das aus der Zeit der Alaunschiefergewinnung stammt). Mit den Erkundungsarbeiten im Gebiet dieses Schachtes soll nach Aussagen eines früheren Bergwerksführers die Hauptquelle der Feengrotten versiegt sein. Auch nach Abschluss der Gewinnungsarbeiten in Dittrichshütte wurde das Gebiet des Schwarzburger Sattels und der Umgebung in mehreren Etappen nochmals untersucht. Außer der Lagerstätte Rudolstadt wurden keine nennenswerten Uranvorräte mehr gefunden.
In der Lagerstätte Schleusingen wurden neben den geringen Tiefbauarbeiten südlich von Suhl unbedeutende Mengen Erz direkt aus den Schürfen gewonnen. Mit Schaufeln wurden das Erz über ein Förderband direkt auf Kipper verladen. Das waren Tagebaue en miniature. Sie hatten nur die geringe Tiefe von wenigen Metern und eine minimale Flächenausdehnung. Die Vorräte der Lagerstätte Steinach wurden nach Erkundung durch Stollen und Tiefschürfe im Tagebau gewonnen.

Lagerstätte	Anzahl			Gewinnung	Anteil	Gewinnungs-	Bemerkung
	Schächte	Stollen	Sohlen	t	Wismut %	Zeitraum	
Dittrichshütte	5	10	7	113	0,047	1951-1954	
Steinach	0	2	0	44	0,018	1953-1954	Tagebau
Schleusingen	0	5	1	14	0,006	1950-1953	
Thüringer Wald	**5**	**17**		**171**	**0,071**	**1951-1954**	**Gesamt**

Abb. 71 Urangewinnung im Thüringer Wald
(eigene Bearbeitung nach Angaben in Chronik der Wismut)

Abb. 72 Bergarbeiten im Thüringer Wald
(eigene Darstellung nach Angaben in Chronik der Wismut)

Untersuchungsarbeiten wurden im gesamten Thüringer Wald durchgeführt. Nur bei Ruhla und bei Manebach (Schorletal) wurden unbedeutende Vorkommen entdeckt. Geringe Mengen Uran wurden bei Ruhla mit der Erkundung gefördert. Südlich des Thüringer Waldes, im Thüringisch-Fränkischem Becken war die Suche ergebnislos.

Bereits während meiner Grundschulzeit im Jahr 1950 passierten im Kreis Rudolstadt merkwürdige Dinge. Zunächst tauchten auf den gering befahrenen Straßen grüne LKWs mit eigenartigen Kennzeichen auf. Sie bestanden aus nur einem Buchstaben (C bzw. P) und zwei Ziffernpaaren, die durch einen Bindestrich getrennt waren. Schnell machte die Runde, dass bei Dittrichshütte umfangreiche geologische Untersuchungen durchgeführt werden und ein Bergbaubetrieb errichtet wird. Das Berggeschrei aus dem Erzgebirge hatte auch das Thüringische Schiefergebirge erreicht. Die Wismut AG wurde im Bereich des Schwarzburger Sattels aktiv.

Erkennbare Zeichen waren:

- In Rudolstadt wurden wie in den umliegenden Orten Wohnungen für Bau- und Bergarbeiter zwangsbelegt. Die Familie des ehemaligen Gerichtsdieners war davon betroffen. Mit dem ersten Untermieter waren sie noch zufrieden. Er war Kraftfahrer und hatte in einem Dorf eine Absteige. Deshalb schlief er nur selten im zugewiesenen Quartier. Dann kam Theo. Er war Bauhilfsarbeiter und hatte, wie alle Beschäftigten, nach der Arbeit keine Gelegenheit, sich und seine Bekleidung zu säubern. Da er obendrein noch sehr wortfaul war, war er gar nicht gern gesehen, so dass er gelegentlich auch schon mal unschuldigerweise als „Dreckschwein" bezeichnet wurde.
- Im Stadtbild und in den Kneipen waren nach der Schicht immer öfter stark verschmutzte Bergleute zu sehen.
- An den Haltestellen des Werksverkehrs sammelten sich die Werktätigen. Der Transport erfolgte mit Starkästen. Das waren LKW vom Typ SIM (awto **S**awod **I**mena **M**olotowa, deutsch: Autowerk namens Molotow. Später waren die Typen SIS und SIL – Stalin und Lenin – verbreitet im Einsatz), auf deren Ladefläche hüttenähnliche Aufbauten montiert waren. Darin befanden sich längs angeordnet vier Sitzreihen mit sehr schmalem Zwischengang. Die Beine der sich Gegenübersitzenden mussten verzahnt werden wie ein Reißverschluss. Als wir das erste Mal probeweise mit einem Linienfahrzeug nach Bad Blankenburg mitfuhren, offenbarte sich das Transportschema. Zubringerlinien brachten die Arbeiter zunächst auf den Gummibahnhof (provisorischer Busbahnhof) vor dem Bahnhof Bad Blankenburg. Von dort erfolgte die Verteilung auf die Außenposten. Bei Benutzung der Fahrzeuge nach der „Hütte" (Kurzbezeichnung für Dittrichshütte) konnte man feststellen, dass sich dort wieder ein Gummibahnhof befand, von dem aus die Verteilung auf entfernte Betriebspunkte erfolgte. Bergarbeiter der Schächte um Dittrichshütte mussten zu Fuß zu den Schächten. Während sich in Bad Blankenburg der Umschlag auf normaler Straße abspielte, war der Untergrund bei Dittrichshütte aufgeschüttetes Fördergut. Dieser Untergrund war bei Trockenheit staubig und die restliche Zeit schlammig. Gummistiefel waren zwangsläufig erforderlich.

- In Rudolstadt wurde ein Geschäft vom Wismut-Handel (betriebseigene Läden, in denen Lebensmittel auf Marken, auf Wismut-Lebensmittelkarten, verkauft wurden) eröffnet. Dazu wurde ein Laden der Handelskette „Thams & Garfs“ beschlagnahmt. Besonders aufgefallen ist, wie groß hier die Fleischportionen verkauft wurden und dass der Sauermilchkäse kartonweise über den Ladentisch ging. Später übernahmen die Fleischereien Denner in der Töpfergasse und Baumann in der Burgstraße die Belieferung der Fleischmarken. Ein weiteres Geschäft der HO-Wismut öffnete auf dem Markt in einer ehemaligen Drogerie. Dort gab es markenfreie Luxuswaren wie exquisite Seife, Bonbonieren mit Schokolade in Kristallbehältern und Präsentkörbe. Eine Betriebsküche wurde im „Deutschen Krug“ am Bahnhof eingerichtet. Der „Krug“ hieß zwar zu diesem Zeitpunkt schon „Ernst-Thälmann-Haus“, aber in der Umgangssprache war das noch nicht angekommen. Dort wurden auf die Essentalons der Wismut Mahlzeiten verabreicht. Solche Talons waren sehr begehrt, weil die Portionen sehr reichlich und preiswert waren. Später kamen noch zwei weitere Betriebsküchen auf dem Markt dazu.
- Das Sägewerk „Mächtig“ wurde von der SAG Wismut für die Zubereitung von Grubenholz genutzt. In einer Ecke des Geländes entstand ein Autowaschplatz. Die Wagen wurden mit einem Feuerwehrschlauch abgespritzt. Das Abwasser gelangte unbehandelt in den Wüstebach und anschließend in die Saale. Für heutige Verhältnisse einfach undenkbar.
- Im Ankerwerk wurde ein Labor eingerichtet. Hier untersuchte man Gesteinsproben.
- Im ehemaligen Landratsamt, in dem zu dieser Zeit die sowjetische Kommandantur untergebracht war, etablierte sich zusätzlich die

Abb. 73 Erzkipper beladen Reichsbahnwaggons (ZAWismut)

Objektverwaltung des Objektes 30/41 in Rudolstadt.

- Die Blockstelle Wöhlsdorf der Reichsbahnstrecke 189, gelegen zwischen Saalfeld und Bad Blankenburg mit Straßenanschluss an die F 85 wurde zum Materialumschlagplatz.
- Am Bahnhof Bad Blankenburg entstand eine Anlage für die Erzverladung. Sie bestand aus zwei Teilen. Auf einer Verladerampe konnte das Erz direkt von Kippern auf flachwandige Güterwagen verladen wurde.

  Die Rampenbreite entsprach der Waggonlänge, so konnten gleichzeitig zwei Fahrzeuge abkippen. Über eine Blechschürze gelangte das verkippte Erz auf die Niederbordwagen. Für die Durchfahrt der Lok musste die

Abb. 74 Hochbunker zur Erzverladung in Bad Blankenburg. Vor 1989 und im Jahr 1992 (Sammlung Dieter Krause, Bad Blankenburg)

Abb. 75 Bergarbeiterkrankenhaus Löscheshall (Sammlung Dieter Krause, Bad Blankenburg)

Abb. 76/1 Ferienheim „Albert Hänel“ (Sammlung Dieter Krause, Bad Blankenburg)

Schürze abgesenkt werden. Um diese monströse Konstruktion bewegen zu können, gab es ein großes Gegengewicht am langen Hebel.
In einem Hochbunker konnte das Erz vor der Verladung in Hochbordwaggons vom Typ Omn mit etwa 25 Tonnen Ladegewicht zwischengelagert werden. Baugleiche Anlagen waren an allen Umschlagstellen von Kipper auf Schiene im Wismutbereich errichtet, auch am Bahnhof Ronneburg. Auf Abb.75 (S.118) ist das Einfahrtsportal für die offenen Güterwagen vom Typ Omn zu erkennen. Die Öffnung war so groß, weil auch die Lok durch den Bunker fahren musste. Die Beladung erfolgte im Zugverband. Der Lokführer bekam die Befehle zum Vorfahren der einzelnen Waggons an die Füllstelle von einem Rangierer. Dieser erhielt die Freigabe vom Bunkerwart. Die Beladung der Waggons erfolgte im Bereich des mit Holz verkleideten Bunkers. In diesem war Platz für mehrere Waggons. Auf dem unteren Bild war links neben dem Hochbunker die Verladerampe. Das Erz wurde zur Aufbereitung nach Dresden Gittersee über 200 km transportiert. Die Reichsbahnwaggons hatten eine besondere Markierung. Neben den bahnspezifischen Angaben wie Typ, Länge, Achsabstand, Länge über den Puffern oder dem Termin der nächsten Wartung, war den Waggons ein weißes Feld aufgespritzt. Darauf war in Schwarz mit Schablone geschrieben: „GI-Pendelwagen Heimatbahnhof Dresden-Gittersee“. Dabei stand GI für Grundstoffindustrie. Dieses Foto ist deshalb interessant, weil dieser Bunker erst lange nach der Zeit der Wismut demontiert wurde. Entweder ist er bei der Sanierung vergessen worden oder man spekulierte auf eine Wiederbelebung des Uranbergbaus – sicher nicht ganz unbegründet. Nach unbestätigten Aussagen soll der VEB Transportgummi die Anlage als Rußbunker genutzt haben. Ruß wird zur Gummiherstellung benötigt.

Abb. 76/2 Ferienheim „Am Goldberg“ (Sammlung Dieter Krause, Bad Blankenburg)

- Die Verbindungsstraße zwischen Bad Blankenburg und Dittrichshütte, der Hauptzugang zur „Hütte", wurde verbreitert und wegen der Steigungsverhältnisse mit Granitsteinen gepflastert.
- In Bad Blankenburg am Eingang zum Schwarzatal entstand ein Krankenhaus für das Gesundheitswesen Wismut.
- In Bad Blankenburg wurden zwei Erholungsheime und in Schwarzburg ein Heim für den Feriendienst der Wismut beschlagnahmt: Am Goldberg ein ehemaliges Kurhotel und das „Albert-Hänel-Heim", eine Ausflugsgaststätte im Schwarzatal. Im Jahr 2010 befand es sich in einem verwahrlosten Zustand. Gegenüber dem Bahnhof in Bad Blankenburg entstand ein eigenständiges Wohngebiet für die Bergarbeiter.

Abb. 77 Alfred-Sobik-Siedlung (Sammlung Dieter Krause, Bad Blankenburg)

Was war geschehen?
Vom Objekt 27 der Wismut AG in Neustadt/Orla wurde nach erfolgreicher Suche im April 1950 ein neues Objekt 30 in Rudolstadt gebildet, das ab 1952 als Objekt 41 weitergeführt wurde. Solche Umbenennungen gab es bei der Wismut häufig und dienten der Tarnung. 1949 begannen im Raum Saalfeld die Erkundungsarbeiten mit der Revision alter Halden und Bergbaueinrichtungen. Die Untersuchungen im Bereich des Altbergbaus endeten jedoch mit einem negativen Ergebnis.

Zu Beginn des Jahres 1950 brachte die radiologische Untersuchung der Stollenwässer der Feengrotten bei Saalfeld den ersten Hinweis auf Urananreicherungen. Daraufhin wurden zunächst auf einem kleineren Streifen – knapp 300 Meter breit

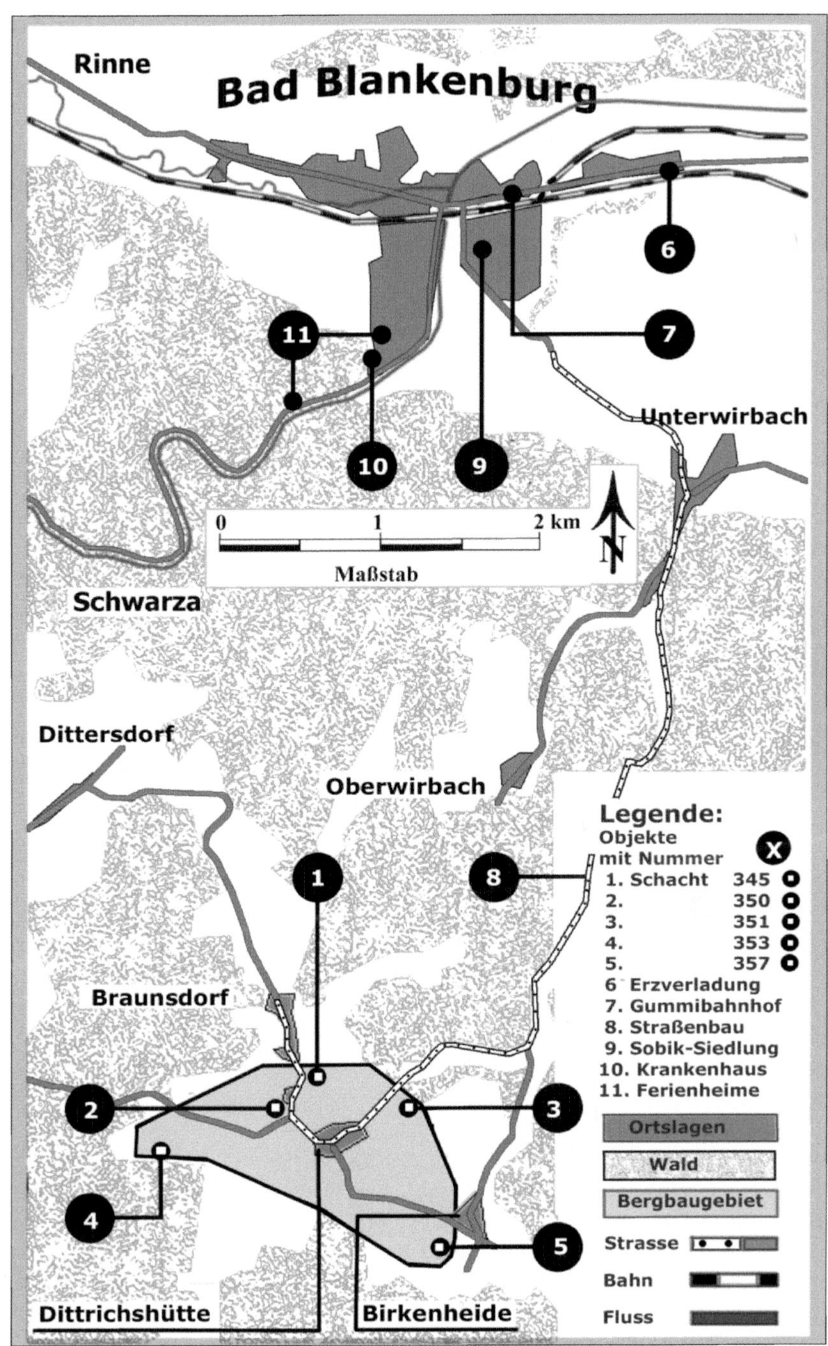

Abb. 78 Wismutobjekte im Raum Dittrichshütte (eigene Bearbeitung)

und drei Kilometer lang – detaillierte Emanationsmessungen durchgeführt. Aus der Strahlungsaktivität, die vom Radon in der Luft verursacht wird, konnte auf Uranerze im Boden geschlossen werden. Radon ist ein radioaktives Zerfallsprodukt des Urans und wurde früher auch als Emanation bezeichnet. Als Gas ist es sehr mobil und tritt häufig auch mit dem Wasser an die Tagesoberfläche. Mehrere Anomalien gaben Anlass für weitere Untersuchungen. Im gesamten Bereich des Schwarzburger Sattels fanden flächendeckende Emanationsaufnahmen und radiohydrogeologische Untersuchungen statt. Wasserproben wurden entnommen und untersucht. Dabei konnten in vielen Gebieten Anomalien festgestellt werden. Besonders auffällig in Bezug auf erhöhte Radioaktivität des Wassers war das Gebiet im Arnsbachtal. Nicht nur im Schacht 355 sondern auch in den umliegenden Schürfschächten war der Wasserzulauf immens. Die Sprengarbeiten waren gefährdet, weil die Funktionsfähigkeit der Sprengladungen beeinträchtigt war. Kluge Köpfe kamen auf die Idee, die Ladung mit Kondomen vor der Feuchtigkeit zu schützen. Da sich Werktätige mit den Kondomen eindeckten und ihre Frauen diese in der Bekleidung der Kumpel fanden, gab es mitunter familiäre Auseinandersetzungen. Die Begründung war für Außenstehende auch schwer nachvollziehbar. Was hat Bergbau mit Kondomen zu tun? Kondome gab es übrigens zu Zeiten der DDR trotz Mangelwirtschaft immer. Und das bei stabilen Preisen.
Von der Marke „Sanex“ gab es sie in drei Varianten:

- „Sanex Silber“ zwei Stück in runden Pappdosen für 0,50 Mark
- „Sanex Gold“ drei Stück in quadratischen Faltschachteln für 1,00 Mark
- „Sanex Luxus“ drei Stück in quadratischen Faltschachteln für 1,25 Mark.

In Rudolstadt hatte die Firma Gummi-Fischer ihren Firmensitz im ersten Stock eines Wohn- und Geschäftshauses. Neben einem florierenden Versandhandel (als diskreter Versand mit Bezahlung per Nachnahme in der Tagespresse angeboten) wurde in dem Versandraum auch an meist männliche Kunden gegen bares verkauft. Wie intensiv der Radioaktivität in den Grubenwässern nachgegangen wurde zeigt ein Grubenriss aus dem Gebiet Meernach-Lippelsdorf (Abb. 79). Ergebnislos wurde die Quelle vom Schurf 13 aus gesucht.
Die weiß dargestellten Grubenbaue lassen noch eine Systematik erkennen. Das gleiche trifft auf die schwarz dargestellten Grubenbaue aus einem Gesenk von einer tieferen Sohle zu. Als Zeichen der Ratlosigkeit muss man die Anordnung der dunkelgrauen Grubenbaue ansehen. Die Gleisverlegung in diesen Grubenbauen mit wechselnden Richtungen und Kurvenradien muss einfach nur eine Katastrophe gewesen sein. Auch die Verdichtung im Gebiet mit wahrscheinlich höchster Strahlungsintensität führte zu keinerlei Uranerzen.
Nur die in den Gebieten Dittrichshütte und Steinach nachgewiesenen Anomalien führten zu bauwürdigen Lagerstätten. Die Lagerstätte Dittrichshütte war dreimal so groß wie die Lagerstätte Steinach. In Steinach konnten die Vorräte auf Grund ihrer Oberflächennähe im Tagebau gewonnen werden. In Dittrichshütte erfolgte die Gewinnung überwiegend im Tiefbau. Zunächst folgten weitere Untersuchungen an der Tagesoberfläche. In allen Bereichen mit Anomalien wurden Schürfgräben (mit Gräben für Rohr- oder Kabelvelegung vergleichbar) und Schürfschächte (vergleichbar mit Brunnen) angelegt. In einer Hauptachse quer zum Schwarzburger Sattel

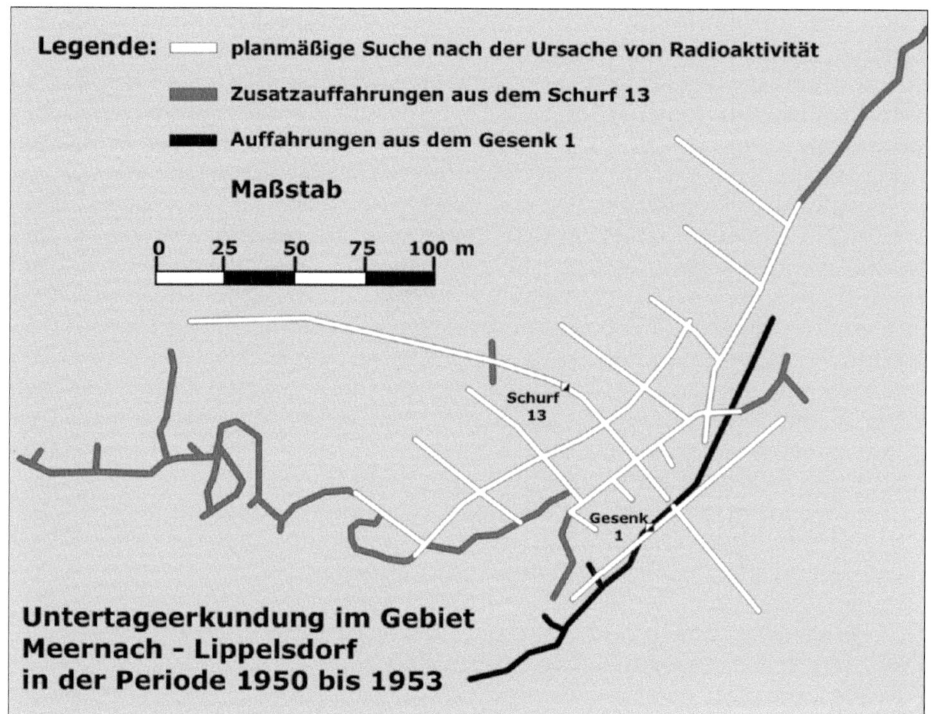

Abb. 79 Erkundungsgebiet Meernach-Lippelsdorf (eigene Bearbeitung nach Chronik der Wismut)

wurde ein durchgehender Graben von mehr als 600 Meter Länge angelegt. Mit mehr als 1.000 zum Teil nur einige Meter langen Gräben wurden geologische Störungen und Schichtgrenzen an der Tagesoberfläche untersucht. Bei nachgewiesener oder vermuteter Urananreicherung wurden mehr als 800 Tiefschürfe bis 10 Meter angelegt. Alle diese Arbeiten wurden mit Hacke und Schaufel ausgeführt. Das Haufwerk musste oft mehrfach über Schaufelbühnen nach oben gefördert werden. Einige dieser Tiefschürfe wurden weiter geteuft und mit handbetriebenen Förderwinden ausgerüstet. Der mittelalterliche Bergbauchronist Agricola ließ grüßen. Die Erschließung der oberen Sohlen erfolgte aus diesen Schürfen. Erst ab der vierten Sohle mussten Fördermaschinen eingesetzt werden. Da das Gelände viele Hanglagen aufweist, erfolgte der Aufschluss bis zur dritten Sohle auch aus Stollen.

Auf diese Erkundungsarbeiten gehe ich deshalb besonders ein, weil dabei die hohe politische Bedeutung der Urangewinnung in der Sowjetischen Besatzungszone und in der DDR zum Ausdruck kommt. Die Schließung der Uranlücke für das sowjetische Atombombenprojekt war in den Anfangsjahren der Hauptauftrag für die 1946 gegründete SAG Wismut. Die Vorratslage für die Urangewinnung war sehr dünn, die Vorräte reichten zu dieser Zeit nicht aus, den Uranhunger zu stillen. Im atomaren Wettstreit fehlte der Sowjetunion ganz einfach das spaltbare Material. Dieses musste kurzfristig beschafft werden. In der historisch kurzen Zeit von der positiven Wasserprobe der Feengrotten (Anfang 1950) über den Beginn der Gewinnung im Jahr 1951 (reichlich 17 Tonnen) und bis zur maximalen Jahresausbeute von reichlich 40 Tonnen im Jahr 1952 war ein hoher Einsatz an Arbeitskräften und Material erforderlich. In der Chronik der SDAG Wismut von 1996 sind die Aufwendungen und das Betriebsgeschehen sehr lückenhaft aufgelistet. Die Aussagen beziehen sich immer nur auf Momentaufnahmen oder Details. Die Herstellung eines Gesamtbildes ist daraus nahezu unmöglich. Bei den zur Verfügung stehenden Unterlagen war es den Autoren sicher auch nicht möglich, ohne tiefer gehende Recherchen die Bergarbeiten komplett zu erfassen.

Ich machte mir deshalb die Mühe, weitergehende Recherchen anzustellen. Das war zwar sehr schwierig, bereitete mir aber sehr großen Spaß. Konnte ich doch dabei meine Erfahrungen bei der Wismut einbringen. Die Aussagen aus der „Chronik der Wismut“ komplettierte ich mit

- Aussagen ehemaliger Beschäftigter der „Hütte“,
- Befragungen ehemaliger Angehöriger der Bergsicherung Ronneburg
- Auswertung der risslichen Unterlagen der Bergsicherung Ronneburg,
- Erkenntnissen bei der Besichtigung des Gebietes der ehemaligen Betriebsanlagen,
- eigenen Erfahrung bei der Bewertung von Kennziffern der SDAG Wismut.

Dabei lassen sich folgende Einschätzungen ableiten:

- Die Lagerstätte Dittrichshütte ist ebenso wie die Lagerstätte Steinach nur in die Kategorie „Kleinstlagerstätte“ einzuordnen.
- In Dittrichshütte wurden 113 t Uran bei einem mittleren Gehalt von 0,04 % Uran im Erz abgebaut. Aber Kennziffern sind immer eine Frage der Relation. Gegenüber den Gewinnungsumfängen anderer zu dieser Zeit betriebenen Schachtanlage waren 113 t Uran sehr viel. So wurden im gesamten Freiberger Revier im Zeitraum von 1947 bis 1950 lediglich 5,4 t Uran gewonnen und das bei nahezu gleichen personellen Aufwand.
- Bei einer theoretischen Anreicherung auf 100 %-iges Uran hätte die Lieferung aus Dittrichshütte in einem Würfel von weniger als 2,5 Meter Kantenlänge Platz gehabt.
- Für den Abtransport waren über 11.000 Eisenbahnwaggons erforderlich, für reines Uran hätten gewichtsmäßig fünf Waggons ausgereicht.
- Bei einem Bordgehalt (Bauwürdigkeitsgrenze) von 0,03 % lag der Gehalt des gewonnenen Erzes im Bereich sehr armer Erze.
- Nur an wenigen Stellen wurden Erze mit einem Urangehalt von über einem Prozent angetroffen.
- Es wurden über 20 Kilometer Schürfgräben gezogen. Dass diese Gräben überwiegend in der Vegetationszeit angelegt wurden und einen Teil der Ernte vernichteten, spielte keine Rolle. Und das trotz der angespannten Ernährungslage in dieser Zeit! Anfangs gingen die Bauern mit Sensen gegen die Bergarbeiter vor. Später freuten sie sich über diese Gräben. Die gezahlte Entschädigung soll den Ernteerlös überstiegen haben.

- 29 Tiefschürfe mit Fördereinrichtung entstanden aus Schürfgräben. Sie hatten Tiefen von 30 bis 100 Meter und waren meist im Einfallen der zu untersuchenden Schichten aufgefahren (als tonnlägige Auffahrungen bezeichnet).
- Die Uranführung war im Wesentlichen an die Grenze der Lithologien (Gesteinsschichten) Og3 und S1 gebunden.
- Die Vererzung nahm mit zunehmender Teufe (Tiefe) stark ab.
- Fünf Schächte mit einem Gesamtumfang von über 900 Meter entstanden.
- Bergarbeiten wurden auf den oberen Sohlen (Etagen eines Bergwerkes) auch aus Stollen durchgeführt. Stollen wurden an beiden Hängen der Verbindungsstraße Dittrichshütte – Unterwirbach und im Schaßbachtal angelegt. Das Schaßbachtal liegt südwestlich von Dittrichshütte.
- Die Ausrichtung (Aufschluss) wurde bis zur 8. Sohle durchgeführt. Die Erzführung endete jedoch im Bereich der 4. Sohle. Der Abstand der Sohlen betrug etwa 30 Meter.
- Nach meinen Hochrechnungen müssen über 2.000 Beschäftigte gearbeitet haben.
- Die Bergarbeiten fanden auf einem sehr niedrigen technologischen Niveau statt.
- Haldenmaterial verkippte man direkt dort, wo es aus dem Berg kam. Wenn der natürliche Haldensturz nicht ausreichte, wurden Spitzkegelhalden angelegt. Spitzkegelhalden standen an den Schächten 345, 350 und 353. Im Abbaugebiet von Dittrichshütte wurden 32 Halden mit einem Volumen von ca. 350.000 m³ aufgeschüttet. Die größten Halden mit über 20.000 m³ befanden sich bei

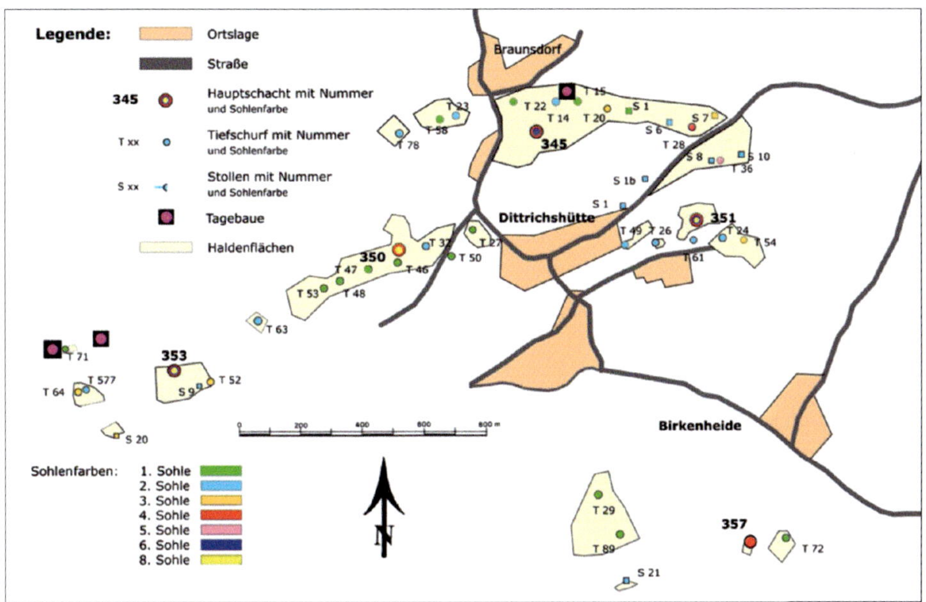

Abb. 80 Wismut-Anlagen um Dittrichshütte (eigene Bearbeitung)

Braunsdorf (Kegelhalde am Schacht 345, die Halden an den Tiefschürfen T 22 und T 15), im Schaßbachtal (Kegelhalde am Schacht 353) sowie westlich von Dittrichshütte (Kegelhalde am Schacht 350).

- Über den Umfang der Bergarbeiten gibt es keine verlässlichen Aussagen. Auf Grund der Haldenschüttung und der nach Dresden-Gittersee gelieferten Erze kann man von mindestens einer halben Million m³ Gestein ausgehen, die aus dem Berg geholt wurden. Dabei betrug der Erzanteil nicht einmal 30 %. Für spätere Zeiträume ein unvorstellbar kleiner Anteil.
- Der Wirtschaft wurden allein für die Arbeiten um Dittrichshütte enorme Materialmengen entzogen. Nach eigener Berechnung wurden etwa 80.000 m³ Holz verbraucht. Für einen 1,0 Meter hohen Stapel von 2,5 Meter langen Rundhölzern ergibt das eine Länge von weit mehr als 30 Kilometer. Dafür mussten fast 200.000 Nadelbäume gefällt werden. Für die Anlieferung von geschätzten 600 Tonnen Sprengstoff waren mehr als 20 gedeckte Güterwagen erforderlich.
- Die benötigte Elektroenergie mit einem Jahresvolumen von mehr als 8 MWh wurde dem öffentlichen Netz entnommen. Der Bezug war nicht rationiert und war nicht von den üblichen Abschaltungen betroffen. Bei dem in dieser Zeit angestrebten Verbrauch von 60 Watt pro Haushalt für Beleuchtungszwecke hätten damit bei sechs Stunden Einschaltdauer pro Tag über 60.000 Haushalte versorgt werden können.

Zu Details der Arbeiten:
Die Uranführung war im Wesentlichen an die Lithologien Og3 und S1 gebunden, also an Gesteine des frühen Erdaltertums aus den Formationen Ordovizium und Silur, die etwa 500 Millionen Jahre alt sind. Sie entstanden mehr als 150 Millionen Jahre vor der Steinkohle. An der Südostflanke des Schwarzburger Sattels, einer großräumigen tektonischen Struktur von Bad Blankenburg über Schwarzburg bis in die Gegend von Steinach gelangten diese Gesteine bis an die Tagesoberfläche. Im Lederschiefer (Og3 als jüngste Ablagerungsfolge des Ordoviziums, auch als oberes Gotlandium bezeichnet) und in dem darüber liegenden Kieselschiefer (S1 als älteste Ablagerung des Silurs) kam es in erdgeschichtlich jüngeren Zeiträumen zu Urananreicherungen. Die Schichtgrenze zwischen Og3 und S1 ist deutlich ausgeprägt und diente den Bergleuten zur Orientierung. Die silurischen Ablagerungen des fast schwarzen Kieselschiefers hoben sich optisch von dem grauen, tonhaltigen Lederschiefer des Orthoviziums sehr gut ab.
In Dittrichshütte begann die Gewinnung bereits im Stadium der Erkundung. Direkt aus Schürfgräben wurden vier Minitagebaue bis zu 15 m Tiefe entwickelt. Die Arbeiten erfolgten mit Drucklufthammer und Schaufel; die Verladung mit Kurzband auf bereitstehende Kipper.
Nach der Auswertung der Funde wurden noch während der weiteren Erkundung bereits die ersten Schächte geteuft. Im Zeitraum September 1950 bis Januar 1952 waren es insgesamt fünf Schächte mit Teufen von 110 bis 250 m.
Weitere Nummern im zweistelligen Bereich wurden für Schürfschächte vergeben. Die Schächte hatten hölzerne Fördertürme. Ähnlich sahen zu dieser Zeit alle

Schächte der SAG Wismut aus. Der technologische Komplex – die Übertageanlagen der Schächte – war sehr primitiv. Die Hunte wurden noch mit Hand bewegt, gekippt und der Inhalt je nach der ermittelten Erzsorte auf Kipper verladen. Das war die Standardausrüstung bis in die 50-er Jahre. Auf Grund der geringen Tiefe der Schächte von max. 250 Metern wurden auf den vier Förderschächten nur Trommelfördermaschinen des Typs TM-23 mit einem Trommeldurchmesser von 2,30 m eingesetzt. Das heißt, in der Übertagestellung des Förderkorbes war nahezu das gesamte Förderseil auf der Trommel.
Zwei Tiefschürfe (Nummer 28 und 36) waren ebenfalls für die Förderung hergerichtet, weil zur Forcierung der Erkundung aus ihnen die Auffahrung von Strecken erfolgte. Sie wurden mit Förderwinden FW 800 bzw. 1300 ausgerüstet (0,8 bzw. 1,3 m Trommeldurchmesser). An weiteren Tiefschürfen wurden die Hunte mit Handwinden auf einer schiefen Ebene aus dem Berg gezogen. Diese Winden wurden von zwei Frauen bewegt. Das waren mittelalterliche Fördermethoden. Zusätzlich wurden zwei Gesenke betrieben, kleine Blindschächte zwischen einzelnen Sohlen, die keine Verbindung nach Übertage besaßen.
Die Förderung untertage wurde bei geringer Entfernung der Betriebspunkte von den Schächten von Hand durchgeführt. Förderleute mussten die Hunte vom Füllpunkt zum Schacht schieben. Die dreizehn batteriebetriebenen Loks wurden nur bei Förderentfernungen ab etwa 500 Meter und erst ab der vierten Sohle eingesetzt. Der Einsatz verschiedener Huntetypen zeigt, dass mit zusammengestoppelter Ausrüstung gearbeitet werden musste.
Die Schaufel war das universelle Ladegerät. Druckluftbetriebene Wurfschaufellader kamen höchstens auf sechs von über 50 Betriebspunkten im gleisgebundenen Vortrieb zum Einsatz. Im Abbau war ohnehin keine Mechanisierung der Ladearbeiten möglich. Aber selbst die Schaufeln waren rar und wurden nach der Schicht versteckt.
Bergarbeiten fanden auf acht Sohlen (Stockwerke eines Bergwerkes) statt. Aber nur auf den oberen vier Sohlen wurde abgebaut. Auf den unteren Sohlen wurde erfolglos nach Erz gesucht. Der Abbau in geringer Teufe führte zu Deformationen an der Tagesoberfläche. So musste die Straße zwischen Dittrichshütte und Braunsdorf mit quer gespannten Seilen vor dem Einbrechen gesichert werden.
Gangartige Strukturen mit Vererzung wurden im Firstenstoßbau, den man im Erzgebirge bereits seit dem Mittelalter praktizierte, abgebaut. Für die mächtigeren Erzkörper war dieses Verfahren nicht geeignet. Es kam der Kastenabbau zur Anwendung. Dieses Verfahren ist zwar im Standardlehrbuch für Bergbaukunde beschrieben, aber mir ist kein Bergwerk außerhalb der Wismut bekannt, in dem es angewendet wurde. Im Ronneburger Gebiet wurde dieses Verfahren zeitgleich angewendet. Es war aber weder technologisch ausgereift, noch sicherheitstechnisch akzeptabel. Brüche führten ständig zur vorzeitigen Beendigung der Abbauarbeiten in den Blöcken bzw. zur Umstellung auf andere ebenfalls nicht sehr effektive Verfahren.

Aufbau des Grubengebäudes:
Auf dem Bild „Grubengebäude“ sind nur die wichtigsten Grundsohlen-Auffahrungen dargestellt. Der zentrale Teil war ein richtiger Schweizer Käse. Man muss

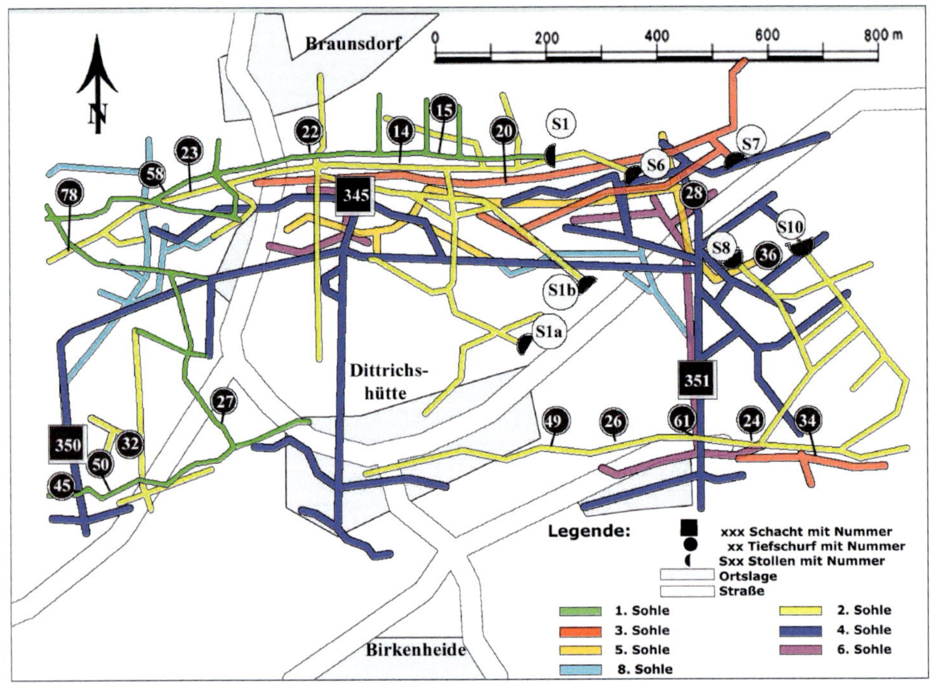

Abb. 81 Zentralteil des Grubengebäudes Dittrichshütte (eigene Bearbeitung nach risslichen Unterlagen Bergsicherung Ronneburg)

sich zwischen den einzelnen Sohlen den Abbau und eine Vielzahl von vertikalen Verbindungen und weiteren Grundstrecken vorstellen.

Das Hauptabbaugebiet lag im Bereich des Ganges 1 und des Erzstockes 27 südlich und südöstlich von Braunsdorf. Gang 1 wurde auf eine Länge von etwa einem Kilometer untersucht. Schacht 345 war der zentrale Schacht dieses Gebietes. Fünf Stollen wurden nördlich der Verbindungsstraße Ditrichshütte–Unterwirbach angelegt. Aus acht Tiefschürfen wurden Auffahrungen für die oberen Sohlen getätigt.

Der sich im Bogen um Dittrichshütte ziehende Gang 5 wurde auf einer Länge von über zwei Kilometern untersucht. Nur an wenigen Stellen wurden abbauwürdige Vorräte gefunden. Das Hauptgebiet der Vererzung im Bereich des Ganges 5 lag an seiner Westflanke. Der Hauptschacht war Schacht 350. Lediglich im Gebiet des Schaßbachtales südwestlich des Schachtes 353 kam es zu nennenswerter Gewinnung. Auf dem Gang 13 östlich von Dittrichshütte wurden nur geringe Erzvorräte angetroffen.

Bei der Betrachtung der Grubenrisse kann man sich des Eindruckes nicht erwehren, dass der Bergbau in Dittrichshütte sehr chaotisch war. Das hatte mehrere Ursachen:

- Eine vergleichbare Vererzungsform war bisher nicht bekannt. Deshalb war geradlinige Streckenführung eine Seltenheit. Die Grubenbaue wurden nach

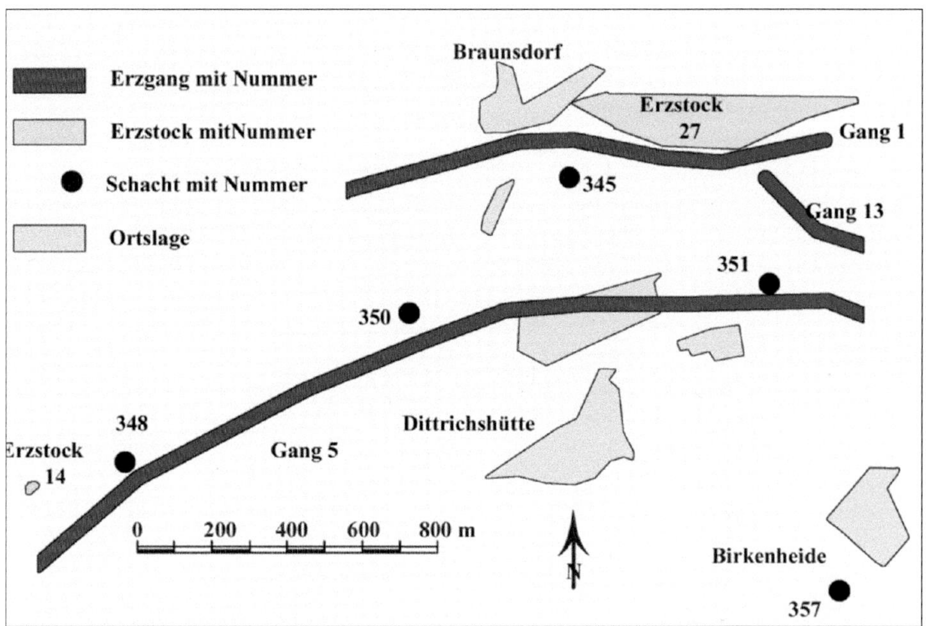

Abb. 82 Hauptgebiet der Erzführung
(eigene Bearbeitung nach Angaben in Chronik der Wismut)

Angaben der Geologen gefahren und die wussten selbst nicht, wo das Erz zu suchen war.

- Die Bergarbeiten wurden nicht zentral geleitet. Es gab anfangs fünf und später noch drei Schachtverwaltungen, die relativ autonom arbeiteten. An hand der Grubenrisse kann man noch heute die Grenzen erkennen. Im Bereich des Ganges 13 wurde sogar die 2. Sohle nicht schienengleich zum übrigen Grubenfeld aufgefahren. Dabei handelte es sich offensichtlich um Erfahrungen aus dem Erzgebirge. Die Sohlendifferenz zwischen den Bergwerken sollte den Diebstahl von Erz, Werkzeug und Material durch Bergleute des anderen Schachtes verhindern.
- Verwirrend für den Laien ist, dass der Begriff „Schacht" bei der Wismut doppelt besetzt war. Erstens ist ein Schacht ein vertikaler Grubenbau im landläufigen Sprachgebrauch. Bei der Wismut verstand man unter einem „Schacht" aber auch eine Betriebseinheit. So gehörten im Jahr 1953 zum Schacht 345 (Schachtverwaltung) die Schächte 345, 350 und 353, zur Schachtverwaltung 351 die Schächte 351, 357 sowie der Tiefschurf 89.

Aus den fünf Erzkörpern Gang 1, 5 und 13 sowie den Erzstöcken 14 und 27 kamen über 95 % des geförderten Erzes. In maximal 110 m Tiefe endete die Erzführung. Auch die Untersuchung einer Vielzahl weiterer tektonischer Strukturen (in Anlehnung an Erkenntnisse aus dem Erzgebirge fälschlicherweise als Gänge bezeichnet) brachte nicht den erwarteten Zuwachs an Vorräten. Auf weiteren 26

„Gängen“ wurden Untersuchungsstrecken nahezu erfolglos aufgefahren. So kam es, dass nicht nur die Sobiksiedlung in Bad Blankenburg kaum noch Bedeutung für die Wismut in Dittrichshütte hatte, sondern auch der zuletzt geteufte Schacht 357 gar nicht mehr für die Förderung eingerichtet wurde.

Die Einzäunung aller Schachtanlagen dieser Zeit erfolgte nach dem gleichen Muster. Es gab eine komplette, hohe Umzäunung sowohl aus einem blickdichten Bretterzaun als auch aus Maschendraht mit Stacheldrahtaufbau. An den Eckpunkten des Zaunes befanden sich Postentürme, die von bewaffneten Rotarmisten besetzt waren. Die Bewaffnung soll scharf gewesen sein. Die Posten waren untereinander und mit dem Wachhabenden mit einem Feldtelefon verbunden. Innerhalb des Zaunes befand sich eine „zapretnaja zona“ – eine verbotene Zone. Tafeln in russischer und deutscher Beschriftung machten darauf aufmerksam. Diese Zone bestand vom Zaun beginnend aus

- einem Bretter- bzw. Maschendrahtzaun,
- einem Postenweg,
- einem säuberlich geharkten Sandstreifen, der ständig auf Spuren kontrolliert wurde,
- einem in Kniehöhe horizontal angelegtes Drahtgeflecht (wahrscheinlich mit akustischem, später mit elektronischem Bewegungsmelder) und
- einer unbebauten Schutzzone.

Ein unbefugtes Betreten dieser etwa fünf Meter breiten Zone war damit unmöglich. Im Schachtgelände gab es nur Naturstraßen. Die Fahrbahn war durch Aufschütten von nicht verwertbarem Fördergut hergestellt. Aber den robusten Fahrzeugen vom Typ SIS machte das offensichtlich nicht viel aus. Wenn die Fahrzeuge bis an die Achsen im Schlamm oder in den Kuhlen steckten, wurden die Löcher mit weiteren Kipperladungen tauber Berge aufgefüllt. Unmittelbar neben den Schächten, Stollen und Tiefschürfen wurden Halden von wenigen hundert bis nahezu 50.000 m^3 aufgeschüttet. Für die Hauptförderschächte 345, 350 und 353 reichte der natürliche Haldensturz nicht aus. Deshalb wurden Spitzkegelhalden aufgeschüttet. Diese als Terrakonik bezeichneten Halden waren in den Anfangsjahren typisch für alle Wismutbetriebe. Derartige Halden gibt es heute in den ehemaligen Wismutgebieten nicht mehr. Im Mansfelder Revier sind sie noch Wahrzeichen des ehemaligen Kupferschieferbergbaus. Um Dittrichshütte wurden die Halden eingeebnet und zum Teil zur Verfüllung von Hohlräumen verwendet. Für Touristen ist von der ehemaligen Bergbaulandschaft nichts mehr zu sehen. Man braucht schon ein geübtes Auge und viel Fantasie, um sich vorstellen zu können, was hier einmal los war.

Jahre nach dem Abschluss der Bergarbeiten beschäftigten sich noch einmal zwei Bergbaubetriebe mit der Beseitigung der Hinterlassenschaften aus der Zeit des Erzbergbaus. Zunächst war es der Bergbaubetrieb Zobes (einige Jahre lang ein großer Bergbaubetrieb im Vogtland, dessen Vorräte in die Kategorie „mittlere Lagerstätten“ eingestuft waren), der mit freigewordenen Arbeitskräften bestehende Bergschäden beseitigen und künftigen vorbeugen sollte. Obwohl über 15.000 m^3 Haldenmaterial für die Verfüllung von Schächten eingesetzt wurden, kam es in

der Folgezeit immer wieder zu umfangreichen Tagesbrüchen. Da diese Massen mit Planierraupen in die Öffnungen geschoben wurden, war keine Messung der Verfüllung möglich.
Erst in der zweiten Etappe der Sanierung in den Jahren 1978 bis 1989 wurden effektivere Verwahrungsmaßnahmen zum Schutz der Tagesoberfläche durchgeführt und die Haldenflächen eingeebnet. Alle Tagesöffnungen wurden mit Stahlbetonplatten oder mit Betonplomben verwahrt. Hohlräume wurden mit Bohrungen erkundet und mit Fließversatz verfüllt. Diese Arbeiten führte der Betrieb Bergsicherung Ronneburg durch. Das war einer der drei Betriebe, die mit der Behebung von Bergbauschäden der Wismut und des Altbergbaus beauftragt waren. Ein großer Teil der Betriebsangehörigen arbeiteten vorher in den Bergbaubetrieben der Wismut und wurden dort nicht mehr benötigt. Damit war das Kapitel Wismut in Dittrichshütte vorläufig abgeschlossen. Nach 1989 machten sich jedoch noch einmal Verwahrungsarbeiten in Bereich von Tagesöffnungen der Stollen erforderlich.
Bei Diskussionen im ehemaligen Wismutgebiet Saalfeld/Rudolstadt ist mir immer wieder aufgefallen, wie desinformiert die Einwohner der Region sind. Neben einer Vielzahl fehlerhafter Zuordnungen ist auch die Wertigkeit der Arbeit der Wismut stark glorifiziert. Das kann man alles noch auf die Informationspolitik der SDAG Wismut schieben. Es wurden keine konkreten Informationen veröffentlicht, was Umfang und Art der Tätigkeit betraf. Auf mein absolutes Unverständnis stößt es, wenn selbst ernannte Experten, die nie mit der Wismut zu tun hatten und kein fundiertes Wissen über die Vorgänge jener Zeit besitzen, Halb- und Unwahrheiten verbreiten. Und nicht nur das, sie verteidigen sie auch noch wortreich und vehement. Da muss man sich schon fragen, in welchem trüben Wasser sie gefischt haben. Eine mögliche Quelle kann man im „Ostbüro der SPD" ausmachen. Dort wurden alle Informationen über die Wismut gesammelt, ohne sie auf ihren Wahrheitsgehalt zu überprüfen, bzw. überprüfen zu wollen oder zu können. Dabei liegen seit 1996 mit der „Chronik der Wismut" aussagefähige Informationen vor, die auch Jedermann zugängig sind. Vorher hatte die Politik der Abschottung von Seiten der Wismut dazu geführt, dass bei den Sammlern von Informationen der Phantasie freier Lauf gelassen wurde. Alle, auch noch so abwegigen Informationen einiger Wichtigtuer wurden für bare Münze genommen. Und diese Halb- und Unwahrheiten wurden unter die Bevölkerung gestreut. Noch heute sind für manche Journalisten diese Quellen das reinste Evangelium und sie brauchen sich nicht einmal zu entschuldigen, wenn sie wieder einmal eine Ente der übelsten Sorte losgelassen haben. Ich habe selbst über einen längeren Zeitraum eine Flut von Falschmeldungen, die aus dieser Quelle kamen, verfolgt. Selbst auf Anforderungen wurden sie nicht dementiert. Aber das ist ein anderes Thema.
Es gibt die irrige, absurde Auffassung, dass mit dem Abbau in Dittrichshütte die Voraussetzung geschaffen wurde, den Abbau im Ronneburger Erzfeld durchzuführen. Auch das gehört in die Kategorie „Absoluter Quatsch".

- Die Anomalien im Gebiet südlich von Ronneburg waren schon vor 1945 bekannt. Die Erkenntnisse standen der damaligen Wismut AG zur Verfügung.
- Die Anomalien im Bereich des Schwarzburger Sattels wurden erst zu Beginn des Jahres 1950 entdeckt.

- Der Abbau in beiden Gebieten begann gleichzeitig.
- Auch wenn die Vererzung in den gleichen Gesteinen angetroffen wurde, gibt es fundamentale Unterschiede. In Dittrichshütte war die Vererzung im Wesentlichen an die Schichtgrenze gebunden – in Ronneburger Raum war das nur der geringere Teil.
- Dementsprechend gab es auch bei den Abbauverfahren gravierende Unterschiede. Im Ronneburger Erzfeld wurde der übergroße Anteil im Scheibenabbau gebaut – in Dittrichshütte im Firstenstoßbau.
- Erzausbeute und Urangehalt im Erz lagen bei Ronneburg wesentlich höher.

Wie kann dann Dittrichshütte ein Test für Ronneburg gewesen sein? Wenn dann sogar noch die Lagerstätte Schleusingen in den gleichen Topf geworfen wird, ist das der Gipfel der Unbedarftheit. Die Lagerstätte Schleusingen hat eine völlig andere Genese (Entstehung) – die Uranerze lagen in Gesteinen jüngeren Datums mit anderen Eigenschaften – im Buntsandstein.

Um eine Bewertung der Bergarbeiten um Dittrichshütte vornehmen zu können, habe ich einige wichtige Kennziffern von Dittrichshütte denen des Bergbaubetriebs Königstein gegenüber gestellt. Königstein wählte ich deshalb, weil mir diese Kennziffern aus der eigenen Tätigkeit sehr gut bekannt sind. Aus dem Vergleich geht eindeutig hervor, welche imposante Entwicklung die Wismut in den 20 Jahren von 1952 bis 1972 nahm (Die ungefähren Kennziffern DH beziehen sich auf das Jahr 1952, die von Königstein auf das Jahr 1972 – also jeweils auf das Jahr der höchsten Urangewinnung.).

	DH	Königstein	% DH/K
Urangewinnung (t)	43	1000	4,3
Beschäftigte	2000	1200	167
Jahresgewinnung Uran (kg/Beschäftigter)	21 (18)	833	2,5 (2,2)
Uran im Fabrikerz (kg/t)	0.4	1	40
Ausbringen (% Erzförderung/Geamtförderung)	28	80	35
Jahresförderung (m^3 Bergemasse/Beschäftigter)	75 (62)	417	18 (15)

Die Klammerzahlen stellen eine Reduzierung auf eine vergleichbare Leistung in der 5-Tage-Woche dar. Die Gesamtbergemasse des Jahres lässt sich nur überschlägig aus dem Umfang an Warenerz und dem ausgewiesenen Haldenvolumen errechnen. Ein Zuschlag erfolgte für die Gewinnung von taubem Gestein zur Verfüllung von Abbauhohlräumen (Eigenversatz). Die Entwicklung in den 20 Jahren zeigt eine Steigerung der Arbeitsproduktivität (Position Jahresgewinnung Uran in kg/Beschäftigter) auf nahezu das 40-fache.

Diese Steigerung der Arbeitsproduktivität war möglich durch
- die Gewinnung reicherer Erze,
- die Verringerung des Taubanteils bei den Bergarbeiten und
- die Erhöhung der Pro-Kopf-Leistung bei den Bergarbeiten auf der Basis m^3.

Dabei haben die spezifischen Faktoren der Lagerstätte und die Erhöhung der physischen Leistung der Bergleute etwa den gleichen Anteil. Letztere wurde durch die Verbesserung der technisch-technologischen Voraussetzungen ermöglicht. Die Entwicklung von fahrbaren Bohraggregaten und Fahrladern gehörte zu den wichtigsten Faktoren, die zur Steigerung der Hauerleistung führten. Auch in den technologischen Prozessen der Förderung wurden wesentliche Neuerungen durchgesetzt.

Das Revier um Dittrichshütte/Meura ließ den Geologen keine Ruhe. Im Zeitraum 1962 bis 1967 überzogen sie es mit einer neuen Erkundungswelle. Mit einem Aufwand von 4,3 Millionen DM wurden neben der Felderkundung nochmals 14.780 m Tiefbohrung niedergebracht. Annähernd der gleiche Aufwand wurde jeweils in den Revieren Lippelsdorf/Meernach und Oberloquitz/Knobelsdorf betrieben. Mit diesen umfangreichen Arbeiten konnten jedoch keine Uranlagerstätten nachgewiesen

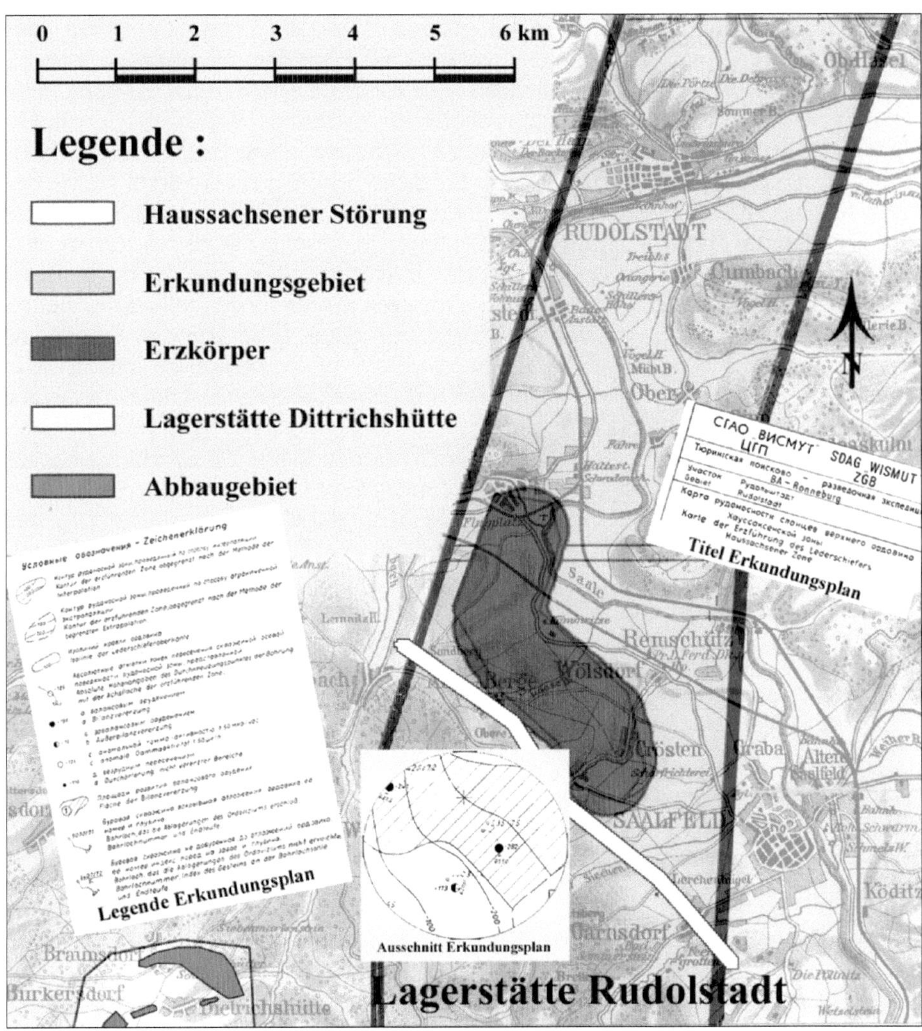

Abb. 83 Kontur der Lagerstätte Rudolstadt (eigene Bearbeitung)

werden. Die Erwartungen erfüllten sich nicht. In Ronneburg wurde zeitgleich mit der ersten Etappe der Untersuchung eine wesentlich größere Lagerstätte erkundet. Deshalb erhielt diese Vererzungsform die Bezeichnung Typ Ronneburg.
Erfolgreicher waren die Arbeiten im angrenzenden Thüringer Becken im Bereich der Haussachsener Störung. Dabei handelt es sich um ein stark ausgeprägtes tektonisches Element an der Nordgrenze des Schwarzburger Sattels. Die Störung verläuft im untersuchten Bereich westlich der Saale und reicht von Saalfeld bis Bad Blankenburg. Die Saale folgt ihrem Verlauf, bis sie bei Schwarza einen Bogen und bei Rudolstadt den markanten Knick nach Ost- Nord-Ost macht und damit anderen Schwächezonen folgt.
Mit Bohrungen auf Eisenerz vom geologischen Dienst Jena konnten im Zeitraum 1958 bis 1963 Urananreicherungen nachgewiesen werden. Die SDAG Wismut (aus der SAG war in der Zwischenzeit eine Deutsch-Sowjetische Aktiengesellschaft geworden) untersuchte dieses Gebiet im Zeitraum 1971 bis 1974 erneut. Dabei wurden neben der Felderkundung 49 Bohrungen mit 35.204 Bohrmetern niedergebracht. Der finanzielle Umfang für diese Arbeiten betrug etwa 10 Millionen DM. Das Arbeitsgebiet erstreckte sich von Großkochberg – ca. 5 km nördlich von Rudolstadt – bis zur Grenze des Leutenberger Reviers – ca. 15 km südlich von Rudolstadt – bei einer Breite bis zu zwei Kilometer. In acht der 49 Bohrungen konnten bauwürdige Uranerze nachgewiesen werden. Sie sind im Wesentlichen an Lederschiefer gebunden und wurden in einer Tiefe von 520 bis 780 m angetroffen. Auf einer Fläche von 5,3 km^2 wurden drei Erzkörper mit unterschiedlichen Teufen berechnet. Diese resultieren aus dem Einfallen (Neigung) und einer vertikalen Verwerfung der Schichten.
In eine alte Wanderkarte aus den 20-er Jahren wurden von mir das Erkundungsgebiet „Haussachsener Störung“, das Erkundungsgebiet Rudolstadt, die Kontur der Lagerstätte „Rudolstadt“ und das ehemalige Abbaugebiet Dittrichshütte eingetragen. In diese Darstellung blendete ich Details des Erkundungsplanes „Gebiet Rudolstadt“ ein (Titel, Legende und einen Auszug aus der risslichen Darstellung).
Da die SDAG Wismut eine **S**owjetisch-**D**eutsche **A**ktien**g**esellschaft war, wurden die wichtigsten Dokumente in Russisch und Deutsch abgefasst. Die Bearbeitung des geologischen Teils war Angelegenheit sowjetischer Geologen, die rissliche Darstellung war Aufgabe des Markscheidedienstes (Bergvermessung), der in deutscher Hand lag. Auf Lagerstätten bezogene Unterlagen gehörten zu den wichtigen Dokumenten. Im Geologischen Dienst der SDAG Wismut war sowohl in der Generaldirektion als auch in den Betrieben die Konzentration an sowjetischen Mitarbeitern sehr groß. Uranvorräte waren die Basis der Produktion und waren immer ein Ausgangspunkt, wenn zwischen den Regierungsdelegationen der UdSSR und der DDR über die weiteren Aufgaben verhandelt wurde.
Auf den Erkundungsplänen war eine Vielzahl von Informationen dargestellt, die es Eingeweihten ermöglichte, sich einen komplexen Überblick zur Ablagerung der Uranvorräte zu verschaffen. Das betrifft sowohl Aussagen über die Bohrlöcher als auch über Tiefe, Mächtigkeit, Höhendifferenzen und Urangehalte der Erzlagerung.
Aus diesen Erkundungsergebnissen ging in die Vorratsbilanz der Wismut die Lagerstätte Rudolstadt mit 1.300 t Uranvorrat ein. Die Gewinnung war nicht vorgesehen,

weil trotz günstiger Übertagebedingungen die berechneten Gewinnungskosten weit über dem Niveau der Wismut lagen. Der günstigen Lage mit Bahnanbindung im Bereich der Blockstelle Wöhlsdorf stehen geringe Urangehalte, hoher Vorrichtungs- und Ausrichtungsaufwand sowie ungünstige Mechanisierungsmöglichkeiten im Abbau gegenüber. Erst 1995 erfuhr ich von der Existenz dieser Lagerstätte und davon, dass sie eine Karteileiche in der Vorratsbilanz der Wismut war. Selbst als Geheimnisträger der höchsten Kategorie durfte man eben nur so viel wissen, wie man für seine Arbeit brauchte. Wenn die Vorräte der Lagerstätte Rudolstadt bereits Mitte der 50-er Jahre bekannt gewesen wären, wäre es in diesem Gebiet bestimmt zum Abbau gekommen, auch wenn dazu erst noch die technischen Voraussetzung für die Förderung aus solchen Tiefen geschaffen werden mussten. Mit den Fördermaschinen TM23, wie sie in Dittrichshütte eingesetzt worden sind, hätte sie in dieser Tiefe nicht erreicht werden können.
Im August 1951 kam es zu Revolten im Wismutgebiet Saalfeld-Rudolstadt. Das Verhältnis zwischen den Bergarbeitern und der ansässigen Bevölkerung war gespannt. Das lag sowohl an der Zwangsbelegung des ohnehin schon knappen Wohnraumes als auch an den Verpflegungsunterschieden. Die Revolte begann an einem Zahltag nach einem Zechgelage. Zusammengerottete Kumpel erzwangen zunächst die Freilassung festgenommener Randalierer. Als die Ereignisse aus dem Ruder liefen, wurden Agitatoren eingesetzt, aber auch Repressalien angewendet, um die Bergleute zur Wiederaufnahme der Arbeit zu bewegen.

Abb. 84 Kulturhaus Dittrichshütte (eigenes Foto)

Da der Unmut der Kumpel vor allen Dingen aus der Unzufriedenheit mit den Lebensbedingungen resultierte, versprach man ihnen die Verbesserung der Wohnverhältnisse, der Einkaufbedingungen und der kulturellen Betreuung. Plötzlich war Geld und Material da, um in Bad Blankenburg ein neues Wohngebiet aus dem Boden zu stampfen. In Dittrichshütte wurde ebenfalls eine Wohnsiedlung aus sogenannten Berliner Häusern – zweistöckige Wohnhäuser aus Holz – errichtet. Die Siedlung „Panorama" wurde nach dem Ende des Wismutbergbaus von den bewaffneten Organen als Kaserne genutzt. Heute befindet sich dort der Verein „Kinder- und Jugenderholung Dittrichshütte". Das im Stalin-Klassizismus erbaute Klubhaus ist noch heute ein Schmuckstück in dieser Anlage.

Von der Verbesserung des Kulturangebotes konnte auch ich profitieren. Vom Bergbaubetrieb wurde 1953 in der Stadthalle in Bad Blankenburg ein Schachtfest organisiert. Eine so originell mit viel Aufwand betriebene Veranstaltung habe ich in meinen 40 folgenden Bergbaujahren nicht wieder erlebt. Der Eingang zum Saal war als Strecke in Holzausbau gestaltet. Die zwei illuminierten Bars waren doppelsinnig als „Füllort" deklariert. Selbst die Toiletten hatten die im Bergbau übliche Bezeichnung „Kübelstation". Auf diesem Fest lernte ich meine zeitweilige Freundin kennen.

Die Transportbedingungen im Wismutgebiet waren katastrophal. Viele Kumpel mussten im Anfangsjahr kilometerlange Fußmärsche zur Arbeit zurücklegen. Die meisten waren nicht freiwillig bei der Wismut, es gab überwiegend Zwangsverpflichtungen. Das Repertoire für derartige Verpflichtungen erstreckte sich von

- Repressalien bei zum Teil geringfügigen Vergehen,
- Ablehnung bei Bewerbungen in der übrigen Industrie,
- aggressive Werbemethoden in Heimkehrerlagern für Kriegsgefangene. Das betraf besonders Heimkehrer, die keine Informationen über den Verbleib ihrer Angehörigen hatten.
- nicht einhaltbare Versprechungen hinsichtlich Verdienst und Wohnraumbeschaffung. Lediglich die Versprechungen hinsichtlich der besseren Versorgung mit Lebensmitteln konnte eingehalten werden. Für Wismutbergarbeiter gab es höhere Tagesrationen und die Butterbelieferung auf Fettmarken war auch ein Argument. Spitzenwerte beim Verdienst war Angehörigen von Spitzenbrigaden vorbehalten. Der Rest hatte zwar höhere Löhne als in der übrigen Wirtschaft, war aber dafür einer Reihe von Sonderbelastungen ausgesetzt. Selbst ein Steiger hatte zu dieser Zeit nur ein Grundgehalt von 375 Mark. Deshalb war die Tätigkeit des Steigers nicht sehr erstrebenswert. Es kursierte der Spruch „Bäcker und Friseure werden bei der Wismut Ingenieure", weil auch das übrige Ingenieur-technische Personal eine relativ niedrige Grundentlohnung hatte. Ein Spitzenverdienst bis 3000 (!!) Mark im Monat war für Hauer möglich, wenn sie in einem Reicherzblock arbeiteten (In Dittrichshütte war hoch bezahltes Kistenerz kaum vorhanden, aber auch die übrige Erzprämie konnte sich sehen lassen.) bzw. eine hohe Normerfüllung hatten. Durch den progressiven Leistungslohn betrug die Bezahlung für eine 150-prozentige Normerfüllung der Hauer 175 Prozent. Diese progressive Entlohnung war auch noch im Jahr 1955 verbindlich.

Tabelle der Progressivzuschläge zum Leistungslohn

Prozente der Übererfüll. d. Arb.-Norm in Zehnern	Prozente der Übererfüllung der Arbeitsnormen in Einern 0	1	2	3	4	5	6	7	8	9
0	0	0,6	1,2	1,7	2,3	2,9	3,4	3,9	4,4	5,0
1	5,5	5,9	6,4	6,9	7,4	7,8	10,3	10,9	11,4	12,0
2	12,5	13,0	13,5	14,0	14,5	15,0	15,5	15,9	16,4	16,8
3	17,3	17,7	18,2	18,6	19,0	19,4	19,8	20,2	20,6	21,0
4	21,4	21 8	22,2	22,5	22,9	23,2	23,6	23,9	24,3	24,6
5	25,0	33,8	34 2	34,6	35,1	35,5	35,9	36,3	36,7	37,1
6	37,5	37,9	38,3	38,6	39,0	39,4	39,8	40,1	40,5	40,8
7	41,2	41,5	41,9	42,2	42,5	42,9	43,2	43,5	43,8	44,1
8	44,4	44,8	45,1	45,4	45,7	45,9	46,2	46,5	46,8	47,1
9	47,4	47,6	47,9	48,2	48,5	48,7	49,0	49,2	49,5	49,7
10	50,0	62,8	63,1	63,4	63,7	64,0	64,3	64,6	64,9	65,2
11	65,5	65,8	66,0	66,3	66,6	66,9	67,1	67,4	67,7	68,0
12	68,2	68,4	68,7	68,9	69,2	69,4	69,7	69,9	70,2	70,4
13	70,7	70,9	71,1	71,4	71,6	71,8	72,0	72,3	72,5	72,7
14	72,9	73,1	73,3	73,6	73,8	74,0	74,2	74,4	74,6	74,8
15	75,0									

Bei Erfüllung der Normen über 250% wird das Prozent der Progressivprämie zum Leistungslohn nach folgender Formel festgesetzt:

$$P = \frac{100 + R \times 2{,}5}{100 + R} \times 100 - 100$$

Abb. 85 Auszug 1 aus meinem Arbeitsvertrag vom 2. Juni 1955 (eigene Unterlagen)

Die Höhe der Lohnsätze ist aus der folgenden Tabelle ersichtlich. Die am häufigsten angewendeten Lohngruppen waren die Lohngruppen III bis V. Jedoch waren für die Einstufung ab Lohngruppe IV schon Qualifizierungsnachweise erforderlich. Zu bemerken ist, dass die Entlohnung zu Beginn der 50-er Jahre noch unter dem Niveau von 1955 lag.

Unzufriedenheit kam dadurch auf, dass die Lebensmittelkarten zunächst nur in Volkmannsdorf und Saalfeld beliefert wurden, was wiederum zum Teil mit langen Fußmärschen verbunden war und die Kumpels Einkaufsgemeinschaften bilden mussten. Die wachsende Unzufriedenheit unter den Kumpeln führte dazu, dass die Thüringer Landesregierung im April 1952 in Bad Blankenburg tagte und Maßnahmen zur Verbesserung der Lage der Bergarbeiter einleitete. Solche Maßnahmen waren:

- die Erweiterung des Versorgungsnetzes der wismuteigenen Versorgungsbetriebe Wismut Handel (für Lebensmittel auf Markenbasis) und HO-Wismut (für Waren mit „erhöhtem Gebrauchswert"), die zu diesem Zeitpunkt noch eigenständig waren.
- die Verbesserung des Berufsverkehrs,
- die Verbesserung der medizinischen Betreuung. Im ehemaligen Kurhotel Goldberg richtete man ein Bergarbeiterkrankenhaus der Sozialversicherung Wismut ein. Die Wismut hatte eine eigene Sozialversicherung. Das Haus Goldberg wurde später Ferienheim der Industriegewerkschaft Wismut.

Das Bergarbeiterkrankenhaus etablierte sich im ehemaligen Hotel Chrysopras/Löscheshall.
- die Verbesserung des Kulturangebotes
- der Bau neuer Wohnungen,
- die Verbesserung des Qualifizierungsniveaus.

Erstmalig wurde bei der Wismut auf die eigene Qualifizierung gesetzt. In einem Aufruf „Wer will Bergknappe werden?“ in der Tageszeitung vom 23. April 1952 waren die Modalitäten der Ausbildung detailliert dargelegt. Die Ausbildung sollte

II. Die Sowjetisch-Deutsche Aktiengesellschaft „Wismut“ gewährt:

A. Bei Zeitlohnarbeiten erhalten die Arbeiter Lohn nach dem Stundentarif gemäß der zuerkannten Lohnstufe nach folgender Aufstellung:

Lfd. Nr.	Kategorie der Arbeiten	Lohnstufen I	II	III	IV	V	VI	VII	VIII
1.	**Untertagearbeiten:**								
	Tagessatz	9.60	10.40	11.84	13.12	15.28	19.36	24.56	30.80
	Stundensatz	1.20	1.30	1.48	1.64	1.91	2.42	3.07	3.85
2.	**Übertagearbeiten:** der Schächte und in bes. Abteilungen								
	Tagessatz	8.16	9.12	10.24	11.20	12.64	15.36	18.64	22.56
	Stundensatz	1.02	1.14	1.28	1.40	1.58	1.92	2.33	2.82
3.	**Metallisten**								
	Tagessatz	7.76	8.40	9.28	9.84	11.52	14.24	17.52	21.60
	Stundensatz	0.97	1.05	1.16	1.23	1.44	1.78	2.19	2.70
4.	**Allgemeine Bauarbeiten:**								
	Tagessatz	7.20	8.64	8.96	9.36	10.40	12.16	13.84	14.88
	Stundensatz	0.90	1.08	1.12	1.17	1.30	1.52	1.73	1.86

B. Bei Arbeiten im Leistungslohn, nach folgender Aufstellung:

Lfd. Nr.	Kategorie der Arbeiten	Lohnstufen I	II	III	IV	V	VI	VII	VIII
1.	**Untertagearbeiten:**								
	Tagessatz	—	—	13.60	15.12	17.60	22.24	28.24	35.44
	Stundensatz	—	—	1.70	1.89	2.20	2.78	3.53	4.43
2.	**Übertagearbeiten:** der Schächte und in bes. Abteilungen								
	Tagessatz	—	—	11.76	12.88	14.56	17.68	21.44	25.92
	Stundensatz	—	—	1.47	1.61	1.82	2.21	2.68	3.24
3.	**Metallisten:**								
	Tagessatz	—	—	10.64	11.28	13.28	16.40	20.16	24.80
	Stundensatz	—	—	1.33	1.41	1.66	2.05	2.52	3.10
4.	**Allgemeine Bauarbeiten:**								
	Tagessatz	—	—	10.32	10.80	11.92	14.00	15.92	17.12
	Stundensatz	—	—	1.29	1.35	1.49	1.75	1.99	2.14

Arbeiter, die die festgesetzte Arbeitsnorm nicht erfüllen, erhalten die tatsächliche Arbeitsleistung bezahlt.

Abb. 86 Auszug 2 aus meinem Arbeitsvertrag vom 2. Juni 1955 (eigene Unterlagen)

2,5 bis 3 Jahre dauern. Die Entlohnung betrug 93 bis 120 Mark im Monat im ersten Lehrhalbjahr und 170 Mark pro Monat im sechsten Lehrhalbjahr. Dazu kam ein Untertagezuschlag von 20 Mark. Voraussetzung war ein Mindestalter von 18 Jahren. Ein älterer Mitschüler spielte mit dem Gedanken, dieses Angebot anzunehmen, nachdem er mit dem Abschluss der 10. Klasse die Oberschule verließ.

Man hatte im Kreis Rudolstadt bereits 1951 Erfahrungen mit „konterrevolutionären Putschversuchen", die natürlich vom Westen gesteuert waren. Vielleicht war das ein Grund dafür, dass wir in Rudolstadt von den Ereignissen des 17. Juni 1953 nicht viel mitbekommen haben. Die einzige Informationsquelle, das Radio, brachte unterschiedliche Darstellungen von den Ereignissen in Berlin und anderen Städten der Republik. Auf Schloss Heidecksburg hatten wir herrlichen Westempfang. So konnten wir die unterschiedliche Wertung erfahren.

Mir sind keine Aktionen in der Stadt bekannt. Es gab lediglich die Anordnung des Versammlungsverbotes. Ansammlungen von mehr als zwei Personen wurden untersagt.

Auffällig war nur die Präsenz der Roten Armee in der Stadt. Fahrzeuge mit bewaffneten Rotarmisten, die unter dem Stahlhelm ein Käppi trugen, drehten ihre Runden. Eine Standardroute führte vom Bahnhof über eine enge Gasse zum Markt und von da wieder zur Kaserne. Panzer sah ich in Rudolstadt nicht. Ein Befragter will welche gesehen haben, ohne sich jedoch an den Ort des Auftauchens erinnern zu können. Es war Friedhofsruhe. Rudolstadt blieb seinem Ruf als Provinzstadt treu. Selbst in dem Großbetrieb der Zellwolle merkten die Teilnehmer einer Kulturveranstaltung am Freibad nichts von den Vorgängen.

Anders in Gera. Dort waren es die Wismutkumpels, die revoltierten. Ein Brigadier hielt vom Hochhaus eine Brandrede. Die Kumpels formierten den Widerstand. In Rudolstadt ging das Gerücht um (Gerücht deshalb, weil ich bisher keine glaubhafte Bestätigung dafür gefunden habe – vielleicht habe ich nur nicht intensiv genug geforscht.) Die Kumpel aus Dittrichshütte hätten sich in Saalfeld zum Protest getroffen. Die Schichtfahrzeuge hätten Saalfeld statt der Schächte angefahren. Die Bergarbeiter wollten ihren Kumpels in Gera zu Hilfe eilen und forderten einen Sonderzug nach Gera. Der Transport kam nicht zustande. Der Bahnhofsvorsteher soll seine Weigerung mit dem Leben bezahlt haben. Für diese Information habe ich aber ebenfalls keinen Nachweis.

2.1.1.3 Restvorräte nach dem Abschluss der Gewinnungsarbeiten der Wismut

Die meisten Uranlagerstätten wurden restlos abgebaut. Nach Beendigung der Gewinnungsarbeiten verblieben in der Bilanz der Uranvorräte der Wismut noch Restvorräte in den Lagerstätten Ronneburg, Aue-Alberoda, Königstein und Tellerhäuser in der Größenordnung von knapp 58.000 t.
Daneben gab es Lagerstätten, bei denen es sich um „Karteileichen" handelt, in denen aber schon zum Teil Schächte zur Erkundung aufgefahren waren:
Gebiet um Delitzsch 6.660 t, Rudolstadt 1.300 t und submarginale Vorkommen (minderwertige Vorräte) Gera-Süd (3.350 t) und Neumark-Hauptmannsgrün (2.270 t). Vervollständigt wird die Abschlussbilanz mit 2.980 t in kleineren Lagerstätten, die über das gesamte Erzgebirge verteilt sind. Der Aufschluss von derartig kleinen Lagerstätten lohnte sich nicht mehr. Geringe Urangehalte und ungünstige Ablagerungsbedingungen hätten obendrein die Gewinnung verteuert.
Mit den so genannten C2-Vorräten an den Flanken von Lagerstätten mit Restvorräten ergeben die „Karteileichen" einen prognostizierten Restvorrat von 74.000 t. Damit standen per 1. Januar 1991 über 150.000 t Uran in der Vorratsbilanz der Wismut. Unter den Verwertungsbedingungen der 80-er Jahre hätten davon aber höchstens 30.000 t gewonnen werden können.

2.1.2 Die Aufbereitungsbetriebe der Wismut

Die geförderten Erze wurden in Aufbereitungsbetrieben angereichert. In physikalischen Anreicherungsverfahren entstanden Konzentrate, die bis auf 20 % Uran angereichert werden konnten und in die Sowjetunion zur Weiterverarbeitung geliefert wurden. Bei chemischer Aufbereitung wurde der so genannte Yellow Cake (Gelber Kuchen) mit einem Urangehalt bis zu 70 % hergestellt. Auch die Weiterverarbeitung des Yellow Cakes erfolgte in der Sowjetunion.
Die Verarbeitung der Erze erfolgte in den letzten Jahren in den beiden Aufbereitungsbetrieben Seelingstädt (AB 102) und Crossen (AB 101). Mit der Inbetriebnahme des Aufbereitungsbetriebes 102 in Seelingstädt betrieb die SDAG Wismut nur noch diese zwei Aufbereitungsbetriebe. Beide Betriebe konnte ich bei Exkursionen besichtigen. Der Neubau war modern, großzügig und technologisch günstig gestaltet. Crossen erschien nicht nur aus anlagentechnischer Sicht wie ein Relikt aus der Steinzeit.
Der AB Crossen war in einer ehemaligen Papierfabrik eingerichtet. Man sah es der Anlage an, dass sie den Gebäuden aufgepfropft war. Lediglich von der Verkehrsanbindung her war der Standort günstig. Die Aufbereitung wurde von 1950 bis 1989 betrieben. Die Stilllegung war bereits vorgesehen. Der AB 101 war Verursacher erheblicher Umweltbelastungen, vielleicht der schwersten der Wismut überhaupt. Bereits zu DDR-Zeiten formierte sich der Widerstand der Umweltakti-

Abb. 87/1 Aufbereitungsbetrieb 101 – Gesamtansicht (ZAWismut)

Abb. 87/2 Aufbereitungsbetrieb 101 – Abrissarbeiten (ZAWismut)

visten besonders gegen das Betreiben der Absetzanlagen für die radioaktiven Abfallschlämme. Die Schlämme mussten über Rohrleitungen, die festen Aufbereitungsrückstände über eine mehrere Kilometer lange Bandstraße zur Deponie transportiert werden. Beide kreuzten eine Fernverkehrsstraße und die Eisenbahnlinie Zwickau–Dresden. Für die Absetzanlage Helmsdorf kursierte der Begriff

Abb. 87/3 Aufbereitungsbetrieb 101 – Demontage (ZAWismut)

„Tal des Todes“. In der Anfangszeit arbeiteten in Crossen bis zu 3000 Beschäftigte. Es wurden 74,7 Mio. t Erz aus allen Gewinnungsbetrieben durchgesetzt. 22 Mio. t davon wurden durch radiometrisch-gravitative Verfahren angereichert. Die Erze dafür stammten ausschließlich aus dem Erzgebirge. Gravimetrische Bearbeitung – Schwerkrafttrennung – funktionierte nur mit reichen Erzen. Nur bei Kontrasten im spezifischen Gewicht, konnte eine Trennung Erz – erzfreie Partien erfolgen. Radiometrische Trennung erforderte Kontraste in der Strahlungsintensität. Beides war nur bei den Gangerzen aus dem Erzgebirge vorhanden. In den übrigen Erzen – und das war der Hauptanteil – war die Verteilung des Urans im Erz nicht kontrastreich. Sie wurden chemisch bearbeitet.

Die auf dem oberen Bild (S. 141) links vom Werk angelegte Halde wurde nach der Liquidation umgesetzt. Für den

Abb. 87/4 Aufbereitungsbetrieb 101 – Neuanlage Bandstraße (ZAWismut)

Abb. 88 Aufbereitungsbetrieb 102 – Gesamtansicht (ZAWismut)

Abb. 88 Aufbereitungsbetrieb 102 – Abriss (ZAWismut)

Transport wurde ein geschlossener Gurtbandförderer montiert (neudeutsch: Pipe Conveyer). Damit konnten 2,4 Mio. m³ Haldenmaterial umweltschonend in die 1,8 km entfernte Absetzanlage Helmsdorf transportiert werden.

Für eine neue Aufbereitung wurde der Standort Seelingstädt wegen der günstigen Lage zu den Ronneburger Bergbaubetrieben und den aufgelassenen Tagebauen als Absetzbecken gewählt. Dieser Betrieb wird im Kapitel 2.4 näher beschrieben. Seelingstädt trug die Bezeichnung hydrometallurgisches Werk. Hier erfolgte die Anreicherung nur mit chemischen Verfahren. Die Aufbereitungsverfahren wurden ständig verbessert, um sowohl den energetischen Aufwand als auch den Chemikalieneinsatz zu reduzieren.
Bis zur Inbetriebnahme des AB 102 arbeiteten folgende Aufbereitungsbetriebe, die in den Anfangsjahren der Wismut als „Fabriken" bezeichnet wurden:

Aufbereitung	Standort	Betriebszeit	Erzdurchsatz (Mio t)	max. Anzahl Beschäftigte
Fabrik 75	Lengenfeld/Vogtland	1950-1961	3,1	1000
Fabrik 60	Tannenbergstal/vogtland	1950-1957	2,0	600
Fabrik 93/96	Freital	1950-1960	2,4	500
Fabrik 95/20	Dresden-Gittersee	1952-1962	3,9	1000
Fabrik 79	Johanngeorgenstadt	1949-1956	3,2	1200
Objekt 99	Schlema	1950-1957	2,5	1200
Objekt 100	Aue	1947-1957	0,9	1000
alte Betriebe		1947-1962	18,0	
Ab 101	Crossen	1951-1989	74,7	3000
Ab 102	Seelingstädt	1961-1990	108,8	2100
neue Betriebe		1951-1990	183,5	
Gesamt		**1947-1990**	**201,5**	

Abb. 89 Produktionsausstoß der Aufbereitungsbetriebe der Wismut (eigene Bearbeitung nach Angaben in Chronik der Wismut)

Neben den Aufbereitungsbetrieben gab es bei der Wismut auch Anlagen, die in der Zuordnung als solche geführt worden, aber eigentlich andere Aufgaben hatten. Dabei handelt es sich um die RAS- und RAF-Anlagen sowie die Probezechen.
RAS waren radiometrische Sortieranlagen, RAF radiometrische Sortierfabriken. In diesen Anlagen wurde durch radiometrische Selektierung von tauben Teilen der Urangehalt des Erzes erhöht. Das war nur möglich, wenn das Erz radiometrisch Kontrast zum Taubgestein aufwies. Dabei ging es vor allem um die Verringerung des Transportaufwandes der Erze zu den Aufbereitungen. Insgesamt gab es sieben solche Anlagen. Die größten und wirksamsten arbeiteten im Bergbaubetrieb Aue (Schacht 371) und im Bergbaubetrieb „Willi Agatz" in Dresden-Gittersee. Die Anlage in Aue hatte in der Blütezeit über 400 Beschäftigte bei einem Tagesdurchsatz von über Tausend Tonnen Erz, das auf einen Gehalt bis 0,4 % Uran angereichert wurde. In Dresden konnten mit der Anlage 43.000 m³ Berge aussortiert wer-

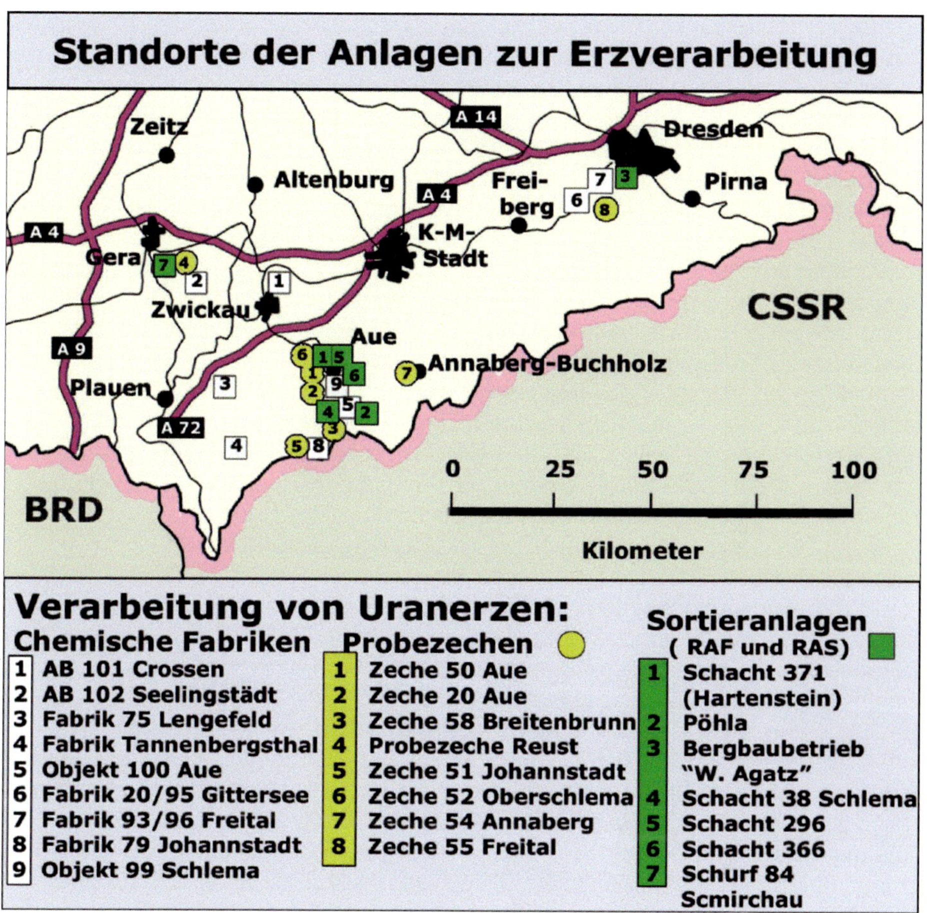

Abb. 90 Standorte der Aufbereitungsbetriebe (eigene Bearbeitung nach Angaben in Chronik der Wismut und Dialog – Zeitschrift der Wismut GmbH)

den und brauchten nicht zu den Aufbereitungsbetrieben transportiert werden. Die Anlage in Schmirchau, die als Experiment lief, war nicht effektiv. Die Ronneburger Erze eigneten sich nicht für die Selektierung. Die Anlage am Schurf 84, die ich um 1960 in Funktion sehen konnte, war mir höchst suspekt. Sie war eine Höllenmaschine: sehr staubig und infernalisch laut. Neben Backenbrechern und Schüttelsieben verursachte auch die Trennung der tauben Partikel einen hohen Lärmpegel. Druckluftdüsen schossen taube Partikel vom Band, wenn das Messgerät keine Vererzung anzeigte. Für die Sortierung eignete sich ohnehin nur eine bestimmte Sorte Fördererz, der erzhaltige Kieselschiefer, und auch die nur bedingt.

Eine andere Bedeutung hatten die Probezechen. In ihnen wurden die in Blechkisten (Erzkisten) angeliefertes Stufenerz (> 3 % Urangehalt) und Warenerz (1 % bis 3 %)

analysiert. Interessant war zu beobachten, dass die Anlieferung des Kistenerzes stets unter Begleitung eines Rotarmisten erfolgte. Für diese Transporte waren gesonderte Ausweise für den Fahrer erforderlich. Zunächst hatten alle Gewinnungsobjekte im Erzgebirge Probezechen. Später wurden sie auf die Zechen 50 und 20 in Aue und 38 in Breitenbrunn konzentriert. Die größte Anlage – die Zeche 50 – hatte über 400 Arbeitskräfte. Aufgabe der Probezechen war es, den Wert des Lieferproduktes zu bestimmen. Das erfolgte über eine chemische Analyse und radiometrische Messungen des fein gemahlenen Lieferproduktes, bevor es in Pappeimern versandfähig gemacht wurde. Ab 1962 kamen Spezialwaggons zum Einsatz. Der Transport per Eisenbahnwaggon wurde in Ganzzügen organisiert. Der Eisenbahntransport erfolgte unter Bewachung von Rotarmisten. Zur Sicherung des Transportes waren bewaffnete Posten im Bremserhäuschen des ersten und des letzten Waggons, das Begleitkommando in einem Waggon in der Zugmitte untergebracht. 1980 wurde die Direktlieferung von Stufenerz eingestellt und die Lieferung erfolgte generell als chemisches Konzentrat von den Aufbereitungsbetrieben. Ab 1960 war die Volkspolizei Wismut für die Sicherheit der Transporte zuständig. Eine Besonderheit der Zeche 38 war, dass auch kompaktes Erz – also Pechblende bis zu einem Gehalt von 20 % Urangehalt – versandfertig gemacht wurde.
Andere Aufgaben hatte die Probezeche Reust, die in der Zeit von 1960 bis 1990 in Betrieb war. In ihr wurde das radioaktive Gleichgewicht der Erze für die Aufbereitung bestimmt. Daraus konnte die Qualität für die Erzlieferung der einzelnen Bergbaubetriebe bestimmt werden. Insgesamt wurden in verschiedenen Betriebszeiten acht Probezechen betrieben.
Im Jahr 2008 wurde ich mit einer Hinterlassenschaft der sowjetischen Seite der Wismut konfrontiert. In Estland machte uns der Reiseleiter – der sehr russenfeindlich war – darauf aufmerksam, dass es in der Nähe von Sillamäe am Finnischen Meerbusen ein Werk zur Anreicherung von Urankonzentraten oder zur Aufspaltung in die Uranisotope gab. Dieses Werk galt als verbotene Zone und in der Umgebung sollen sich Leukämiefälle gehäuft haben. Gegen das Betreiben des Werkes soll es von Seiten Finnlands ständig Proteste gegeben haben.

2.1.3 Sonstige Betriebe der Wismut

Betrieb für Bergbauausrüstungen Aue (BBA)
Dem BBA wurde eine Vielzahl vorher dezentraler Fertigungsstätten zugeordnet, die über ganz Südsachsen von Hohenstein bis Grünhain und Zwickau verstreut waren. Das Stammwerk in Aue hieß zunächst Werk Metallist, später Werk 512. Die Produktpalette war breit gefächert. Im Bergbau wird eine Vielzahl von Geräten und Ausrüstungen benötigt. So wurden in den frühen Jahren bis zu 15.000 Förderwagen produziert, aber auch Schienennägel, Bohrstahl, Bohrgestänge für die Tiefbohrung, Pumpen, Bohrhämmer und Pickhämmer. In den 50-er Jahren wurden monatlich bis zu 3.000 Bohrhämmer hergestellt. Zu einem Schwerpunkt entwickelte sich die Produktion von Bohrstahl. Auch nach der Einrichtung neuer

Abb. 91 PML 63 (Chronik der Wismut)

Kapazitäten konnte keine wesentliche Erhöhung der Standzeit der Bohrgestänge erreicht werden. Hinzu kam, dass das Importvolumen aus der Sowjetunion begrenzt war. In der DDR wurde kein Bohrstahl hergestellt. Bruchstücke von Bohrgestänge mussten von den Bergbaubetrieben nach Aue zurück geliefert werden und wurden dort wieder zusammengeschweißt. Der so genannte Rekobohrstahl hatte allerdings eine geringere Standzeit als der aus den sieben Meter langen Rohlingen gefertigte. Bei den Hauern kam jedes Mal große Freude auf, wenn sie Bohrstahl aus einer Lieferung Schwedenstahl erhielten. Der war so elastisch, dass er sich bei überhöhtem Andruck beim Bohren krümmte, aber nach der Entlastung seine Ursprungsform wieder annahm, ohne zu brechen. Auch Elektromotoren sowie Schalt- und Steuerzentralen gehörten zum Herstellungsprofil. Zunächst wurden nur Bergbaugeräte nach sowjetischen Konstruktionszeichnungen hergestellt wie die legendären Wurfschaufellader PML 3 und PML 63. Nach dem Besuch bundesdeutscher Schaubergwerke musste ich feststellen, dass der PML 63 eine sehr große Ähnlichkeit mit schwedischen Geräten aufwies, die in westdeutschen Bergwerken im Einsatz waren.

Eine wichtige Rolle spielte der BBA als „Kupferschmiede" der Wismut. Mit dem Beginn der Gewinnungsarbeiten im Bergbaubetrieb Königstein zeichnete sich ab, dass mit der damaligen Mechanisierung der Abbau nicht rationell gestaltet werden kann. Seit 1955 hatten sich im Thüringer Bergbau die Schrapper durchgesetzt. Eine Übernahme dieser Fördertechnologie stieß in Königstein wegen der flächenhaften Ausdehnung an seine Grenzen. Beim Schrapperbetrieb war der Aktionsradius aufgrund des erforderlichen Ausbaus mit etwa 40 Meter ausgereizt. Es gab Anregungen, mobile Fahrlader einzusetzen. Zunächst wurde auf der Leipziger Messe ein Fahrlader vom Typ T2GH aus dem westlichen Ausland eingekauft – vielleicht war er der billigste. Er bestand die Einsatzprobe nicht. Bei jeder kleinen Steigung reichte die Antriebsleistung nicht mehr aus. Der nächste Versuch startete mit dem Cavo 310 – eine schwedische Produktion. Ein weiteres Gerät dieser Produktion ging nach Aue und wurde detailgetreu nachgebaut. Das Ergebnis: der LB 125/1000, trat seinen Siegeszug von Königstein zu den anderen Bergbaubetrieben der Wismut, zu den Bergbaubetrieben der DDR und ins sozialistische Ausland an. Von diesem Gerät einschließlich seines größeren Bruders – Cavo 510 bzw. LB 500/2200 – wurden von 1974 bis 1989 in Aue 1.280 Stück gebaut. Der Stückpreis lag bei 45.000 (LB 125/1000) bzw. 80.000 Mark (LB 500/2000). Die Typenbezeichnung gab Auskunft über die technischen Parameter des Gerätes, LB stand für Lade-Bunker. Der Schaufelinhalt betrug 125 bzw. 500 Liter und das Bunkervolumen 1.000 bzw. 2.000 Liter.

Die Geräte wurden mit Druckluft betrieben, hatten einen Hub- und einen Fahrmotor. Je nach der Fertigkeit des Hauers und der Stückigkeit des Erzes war mit vier bis sechs Schaufeln der Bunker gefüllt und konnte an die Übergabestelle gefahren werden. Der Fahrer stand auf dem seitlich angeordneten Trittbrett. Die Steuerhebel für Fahr- und Hubmotor befanden sich in Hüfthöhe. Die Bedienung war sehr einfach. Die mit Druckluft betriebenen Lader hatten einen Aktionsradius, der durch die Länge des Druckluftschlauches begrenzt war. Die bösen Kapitalisten hatten auch dieses Problem erkannt und brachten Dieselfahrlader auf den Markt, für die es keine technische Begrenzung der Förderentfernung gab. Je ein Dieselfahrlader kam direkt von einer Messe parallel zur Bergerprobung nach Königstein und ins BBA nach Aue. Auch dieses Gerät konnte erfolgreich nachgebaut werden. Vom Typ UL2 wurden von 1978 bis 1989 200 Stück zum Stückpreis von 160.00 Mark gebaut.

Der Lader bestand aus drei wesentlichen Teilen: Schaufel, Fahrersitz und Motor. Die Schaufel konnte hydraulisch abgesenkt und ins Erz gedrückt werden. Nach Füllung konnte sie in eine Stellung gebracht werden, bei der während der Fahrt kein Haufwerk verloren wurde. Der Fahrmotor ist rechts zu sehen. Zwischen Fahrmotor und Schaufel saß der Fahrer quer zur

Abb. 92 Bunkerlader LB 125/1000 (eigenes Foto)

Abb. 93 Dieselfahrlader UL2 (eigenes Foto)

Abb. 94 Bohrgerät BWA (ZAWismut)

Fahrrichtung. Auch die Dieselfahrlader setzten zum Siegeszug in den Staaten des Ostblocks an.
Nicht ganz so erfolgreich war der Nachbau von Elektroladern, die statt des Dieselmotors mit einem Elektromotor bestückt waren. Das Problem bestand darin, dass auch der Elektrolader wegen des Schleppkabels nur einen begrenzten Aktionsradius besaß. Außerdem waren die Schleppkabel unter den rauen Bergbaubedingungen sehr störanfällig. Trotzdem wurden 170 dieser Geräte gebaut bei einem Stückpreis von 155.000 bis 190.000 Mark.
Auch bei den Bohrgeräten konnte die Wismut von führenden westlichen Herstellern profitieren. Nachdem jahrelang mit untauglichen Mitteln versucht wurde, Vibrationsschäden für die Werktätigen durch Trennung des Hauers vom Bohrhammer zu vermeiden, bot sich die Lösung mit fahrbaren Lafettenbohrgeräten. Es wurden Bohrgeräte mit Kettenfahrwerk beschafft. Das war bei den Fahrbahnbedingungen in den Wismutbetrieben keine günstige Lösung. Die Tüftler bauten das Lafettenbohrwerk auf ein Fahrgestell des Bunkerladers und das ideale zweiarmige Bohrgerät stand zur Verfügung.
Wurden von den Raupenbohrgeräten lediglich 110 Geräte (Stückpreis 60.000 bis 70.000 Mark) hergestellt, waren es im Zeitraum 1975 bis 1989 850 Geräte mit dem Fahrwerk des Bunkerladers (Stückpreis 50.000 bis 94.000 Mark)
Bei den Grubenlokomotiven war man nicht auf westliche Schützenhilfe angewiesen. Die Lok vom Typ Metallist B360 war eine Eigenentwicklung. Sie war mit einer Batterie bestückt. Mit der Einführung der 1,5-m^3-Hunte reichte die Zugkraft nicht mehr aus. Kurzfristig wurden 1962 Techniker, Lokschlosser und Konstrukteure in geheimer Mission nach Aue beordert.
Als dann die neue Lok B660 bzw. EL 61, eine Lok mit zwei Batterien, im Betrieb erschien, wusste ich, warum der Lokschlosser aus meiner Schicht einige Wochen

Abb. 95 Tandemlok EL 61 (eigenes Foto)

abwesend war. Vom Loktyp Metallist wurden von 1952 bis 1989 1.700 Stück (Stückpreis 35.000 Mark) und vom Typ B660 (auch als Tandemlok bezeichnet) von 1962 bis 1989 700 Stück (Stückpreis 60.000 Mark) hergestellt. Für Fahrdrahtlokomotiven, die in Hauptförderstrecken eingesetzt wurden, gab es vom VEB Lokomotivenwerk in Babelsberg brauchbare Angebote. Die stärkeren Typen bezog die Wismut von dort. Lediglich der kleinere Typ EL 30 wurde in Aue in einer Auflage von 300 Stück hergestellt.
Die mechanischen Werke in Aue bzw. der spätere BBA hatten in ihrer besten Zeit etwa 2.200 Beschäftigte und produzierten Geräte und Ausrüstungen für über 170 Mio. Mark im Jahr. Einen nicht unbedeutenden Teil machten Lieferungen an andere Betriebe der DDR und ins sozialistische Ausland aus. Nach 1989, als es für das Nachfolgeunternehmen für die Beseitigung der Hinterlassenschaften der Urangewinnung, die Wismut GmbH, keinen Bedarf an Ausrüstungen mehr gab und der Export in die ehemaligen Staaten des RGW (sozialistisches Wirtschaftsgebiet) zusammenbrach, wurde der Betrieb von der Wismut abgespalten und später liquidiert.
Als „Kupferschmiede“ (abgeleitet aus der umgangssprachlichen Bezeichnung „kupfern“ für kopieren) hatte der BBA einen großen Anteil an der Entwicklung der Bergbaubetriebe. Der „Plagiarus“ als Negativauszeichnung für besonders dreiste und auffällige Kopien von Produkten wurde vor 1989 noch nicht vergeben. Die ungeliebte Übergabe hätte auch erhebliche Probleme bereitet: Mitarbeitern der Wismut waren Besuche im nichtsozialistischen Ausland untersagt (selbst Auslandsreisen in verbündete Staaten mussten angemeldet werden) und Vertreter aus dem kapitalistischem Ausland bekamen keinen Zutritt in die Betriebe der Wismut.

Betrieb für Bergbau- und Aufbereitungsanlagen Cainsdorf (BAC)

Das ehemals größte Eisenwerk Sachsens wurde 1949 für die SAG Wismut beschlagnahmt. Es wurde als Werk 536 geführt und die Produktion wurde auf die Bedürfnisse der Wismut umgestellt. Die Produktionspalette war sehr umfangreich und reichte von Aufbereitungstechnik über Behälter, Be- und Entlüftungstechnik, Fördermittel, Getriebe, Hebezeuge, Lagertechnik, Ausbauelemente für Stahlausbau, Stahlbau bis hin zu Schacht- und Füllortausrüstungen. Im BAC war die Fertigung in kleinen Serien vorherrschend. Eine Großserie war die Fertigung von Ausbauelementen. In Cainsdorf wurden aus sowjetischen Profilstählen die Teile für Stahlbogenausbau geformt. Zeugen der Fertigungstechnik des BAC sind als Bergbaudenkmale die Fördergerüste der Schächte 403 und 407 im Ronneburger Gebiet erhalten geblieben.
Die maximale Anzahl der Beschäftigten lag bei etwa 1800. Im Jahr 1986 wurden für fast 165 Mio. Mark Geräte und Ausrüstungen hergestellt.

Kraftfahrzeugreparaturbetrieb (KRB)

Dieser Betrieb war in Chemnitz-Siegmar angesiedelt und entstand in den Gebäuden der ehemaligen Wanderer-Werke, in dem trotz großer Zerstörungen im September 1944 bis zum Kriegsende Panzermotoren gefertigt wurden. 1948 wurde der nach 1945 entstandene Reparaturbetrieb von der Wismut übernommen und als

„SAG Wismut Werk Dwigatel“ geführt. Hier wurden die zahlreichen Fahrzeugtypen repariert, die bei der Wismut im Einsatz waren. Neben sowjetischen Fabrikaten der SIS- und GAS- Reihe liefen noch viele Fahrzeuge aus Kriegsbeute und Altbeständen, z. B. solche Exoten wie Studebaker oder Chevrolet (USA). Auch die Fahrzeuge der PKW-Flotte wurden in Siegmar repariert. Aus „Dwigatel“ wurde 1950 „Werk 37“. Hier wurden die ersten Busse für den Wismut-Schichtverkehr in großer Stückzahl gebaut. Für LKW vom Typ SIS stellte man Busaufbauten her. Die für die SIS-Busse konstruierten Hänger hatten erhebliche sicherheitstechnische Mängel mit den Bremsen. Einen TÜV gab es zu dieser Zeit noch nicht. Ich weiß von zwei schweren Unfällen mit Todesfolge. Einmal verunglückte ein Hängerzug in der Naulitzer Kurve auf der F 7 zwischen Gera und Ronneburg. Der zweite Unfall ereignete sich in Steinheidel zwischen Breitenbrunn und Erlabrunn an der Einmündung einer steilen Nebenstraße. Der Bus war nicht mehr bremsbar – es soll am Hänger gelegen haben. Ab 1961 wurde die Busflotte umgerüstet. H6-, Skoda- und Ikarusbusse dominierten im Linienverkehr. Die Skoda-Busse hatten einen höheren Fahrkomfort. Die Kumpels lästerten darüber, dass diese Busse für den Kurierdienst zwischen den Objekten und der Generaldirektion eingesetzt wurden und somit den „Sesselfurzern“ ein besseres Beförderungsniveau boten. Die Skoda-Busse waren außerdem leistungsstärker, was sich in einer höheren Fahrgeschwindigkeit niederschlug.
Mit dem Produktionsbeginn in den Tagebauen wurde auch die Reparatur von Planierraupen und Baggern ins Programm aufgenommen. Für den DDR-Fahrzeugbau kamen in Siegmar spezielle Aufbauten in die Produktionspalette: Fahrbüchereien, Tonübertragungswagen und Kabinen für Autodrehkräne. Für die Betriebe der Wismut wurde ein spezielles Fahrzeug gebaut: die „Rädelbar“. Das war ein Fahrzeug für die Pausenversorgung auf Baustellen. Im Bergbaubetrieb Königstein lag die Betriebsakademie, die extern zwischen Pirna und Königstein untergebracht war, auf der Versorgungsroute. Nach der Ankunft des Fahrzeuges war der Unterricht für die Pausenversorgung unterbrochen.
In Siegmar wurden auch viele Kleinteile für den Bergbaubedarf gefertigt. Der Betrieb hatte bis zu 1.800 Beschäftigte. Nach Rückgang des Bedarfes – die Tagebaue liefen aus – stieg der KRB in die „Massenbedarfsgüterproduktion“ ein. Das war eine Bewegung, mit der Versorgungsengpässe im privaten Verbrauch überwunden werden sollten. Daran beteiligten sich alle Betriebe und es kamen mitunter recht eigenwillige Produkte auf den Markt, die auf Grund mangelnder Gebrauswerteigenschaften oder des Designs keinen Absatz fanden.

Bau- und Montagebetrieb 17 (BMB 17)

Dabei handelte es sich um einen leistungsfähigen Montagebetrieb. Der Bau- und Montagebetrieb 17 (BMB 17) ging aus den Bau- und Montageobjekten und ihren Baukontoren hervor, die zeitweise in Schwerpunktgebieten des Aufbaus neuer Produktionsanlagen etabliert waren. Die Palette umfasste die Sparten

- Baustelleneinrichtung,
- Tiefbau, Straßenbau, Gleisbau für die Errichtung der Erzbahn im Ronneburger Gebiet und der Anschlussbahnhöfe, Betonbau, Roh- und Ausbau (auch mit

Beteiligung am Wohnungsbauprogramm der DDR), Industrieanlagenmontage und Stahlbau, Rohrleitungsbau
- sowie Montage von Elektroanlagen.

Für alle diese Leistungen war der Betrieb mit moderner Technik ausgerüstet. Für den Aufbau neuer Produktionsbetriebe wurden Bauleitungen gebildet. Die Beschäftigten hatten den Nachteil, dass sie ständig auf Wanderschaft waren. Deshalb passierte es nicht selten, dass die Spezialisten beim Aufbau vom späteren Nutzer abgeworben wurden. Zeitweilig waren über 4.000 Arbeitskräfte beschäftigt. Der BMB 17 entwickelt sich zu einem leistungsfähigen Betrieb, der auch im Konzert der großen Montagebetriebe der DDR mitspielen konnte und Aufträge aus anderen Betrieben erhielt.

Transportbetrieb (TB)

Zur Bewältigung der Aufgaben im Erz-, Material- und Personentransport unterhielt die SAG seit ihrem Bestehen Autobasen und Garagen in den Ballungsgebieten. Allein im Erzgebirge gab es 13 dieser Einrichtungen. Später entstanden noch weitere 10 derartige Basen in Thüringen und Ostsachsen. Jede Basis besaß eigene Tankstellen und Reparaturstützpunkte. An Schwerpunkten wurden fliegende Tankstellen eingerichtet, an denen die Fahrzeuge direkt aus Tankwagen betankt wurden.

Mit der Umstrukturierung der Wismut entstand 1969 der Transportbetrieb. Die Wismut besaß mit über 2.000 Fahrzeugen und über 3.300 Beschäftigten den größten Werksverkehr der DDR. Der Bestand an Fahrzeugen hatte um 1970 folgende Struktur: 450 Kipper, 350 Busse, 350 Spezialfahrzeuge, 210 Kleintransporter vom Typ B100, 210 Pkw der Typen Wolga, Wartburg, Trabant und Tatra. Dazu kamen noch die Flotte der Betonmischfahrzeuge und andere Spezialfahrzeuge.

Der Linienverkehr der Personenbeförderung war weit verzweigt. Es gab zentrale Busbahnhöfe, von denen die Ankommenden auf die Betriebspunkte verteilt wurden. In den 80-er Jahren gab es nur noch folgende zentrale An- und Abfahrten:
- Busbahnhof Schlema („Gummibahnhof"),
- zentraler Busbahnhof Ronneburg (Neuanlage zwischen den Bergwerken Schmirchau und Reust) mit dem größten Einzugsgebiet,
- Busplatz Leupoldishain bei Pirna,
- Busplatz Siegmar (Über diesen Busplatz konnte man zu allen anderen zentralen Busplätzen gelangen.).

Die rasante Entwicklung des Persontransports im Linienverkehr konnte ich hautnah miterleben. Die anfänglichen Starkästen (LKW mit Bretteraufbau) lernte ich nur kennen, wenn der Bus nicht einsetzbar war. Bei meiner Einstellung war der SIS-Bus der vorherrschende Typ.

Auf dem Bild 96 ist ein zur Räumung eines verschwundenen Dorfes bereitgestellter Bus abgebildet. Der Fahrer ist ein Angehöriger der VP Wismut. Der daneben stehende Offizier ist ein sowjetischer Politoffizier der Objektverwaltung 90 der damaligen SAG Wismut. Sie warten auf ihren Einsatz. Die polizeilichen Kennzeichen waren zu dieser Zeit noch in kyrillischen Buchstaben (für diesen Bus: P 14–73).

Mit dem Übergang zur SDAG Wismut wechselten die Kennzeichen zu deutschen Buchstaben. Dem R für das russische P wurde ein X vorangestellt für den Unternehmenssitz Karl-Marx-Stadt. Der Bus lief fortan unter dem Kennzeichen XR 14-73.
SIS-Busse waren kurz und eng. Auf einigen Sitzen konnte man sich mit den Knien die Ohren zu halten. Die schlechtesten Plätze waren auf der letzten Bank – auf der Abtreiberbank. Dort war der Mittelsitz nicht sehr gefragt. Die anderen vier Personen hatten einen Gegenüber, auf den sie bei einer scharfen Bremsung stürzten. Der in der Mitte Sitzende schoss auch schon mal bis zu dem Schaltknüppel des Fahrers. Aufgrund der weiten Anfahrstrecken war es üblich, im Bus zu schlafen. Beim Schlafen kann man auf Bremsmanöver nicht reagieren. Manche vertrieben sich die Zeit mit Skatspiel. Dafür waren aber nur die Plätze im hinteren Busteil geeignet. Nur dort gab es gegenüberliegende Plätze. Ich gehörte zu den Skatspielern. Ein Bus hatte ungefähr 30 Plätze. Zeitweise wurden die Busse auch mit Hänger betrieben. Mit dem Einsatz von Sattelaufliegern wurde die Zahl der Sitzplätze erhöht.

Abb. 96 SIS-Bus (Sammlung Manfred Wöllner, Linda)

In diesem Bus gab es mehr Plätze für die Skatspieler. Ob das bei der Konstruktion berücksichtigt wurde, wage ich zu bezweifeln. In diesem Bustyp gab es zwei gegenüberliegende Bankreihen. Es konnten also vier Runden spielen. Nicht sehr gefragt waren die Plätze über den Rädern der Zugmaschine, deshalb waren die anderen immer zuerst besetzt. Mit einem Sattelauflieger waren wir 1957 auf Exkursion im Harz, auf der wir in Stolberg Zwischenaufenthalt hatten. Es gab einen Riesenauflauf, als der Bus durch das schmale Stadttor fuhr und auf dem engen Markt ein Wendemanöver absolvierte. Wir nächtigten im „Hotel Kanzler" direkt auf dem Markt. Mit dem Einsatz von Bussen des Typs H6 aus der Produktion des Fahrzeugwerkes Werdau wurden die SIS-Busse abgelöst. Drei Jahre fuhr ich mit Bussen vom Typ H6.

Auf dem Bild ist ein H6-Bus mit Hänger auf dem Bahnhof Ronneburg. Ab 1956 gab es nach Gera keine Buslinien mehr. Der Personentransport erfolgte wie später auch aus Richtung Altenburg mit der Reichsbahn. Vom Bahnhof Ronneburg erfolgte die Verteilung auf die Schächte. Im Hintergrund ist der ehemalige Lokschuppen Ronneburg zu sehen. Der war zu dieser Zeit zur Stehbierhalle mit Sitzgelegenheit umfunktioniert – eine wahre Goldgrube. Nach der Schicht gab es immer Zeit für ein bis viele Biere. Übrigens war der Werksverkehr kostenfrei. Für die Anreise mit Bahn gab der Betrieb kostenlose Monatskarten aus. Ab 1972 fuhren nach Fertigstellung der Anbindung der Erzbahn an das Streckennetz der Reichsbahn die Schichtzüge von Gera und Altenburg bis zum zentralen Busbahnhof Schmirchau/Reust. Damit war die Hochzeit des Lokschuppens vorbei. Vor kurzer Zeit soll er in eine kulturelle Begegnungsstätte umfunktioniert worden sein.

Abb. 97 Sattelauflieger und H6-Bus auf dem Bahnhof Ronneburg (ZAWismut)

Abb. 98 H6-Bus mit Hänger (ZAWismut)

Auf der Linie Schmirchau – St. Gangloff bei Gera, die ich ab 1964 benutzte, fuhr der Bus in der stärksten Schicht mit Hänger. Im Winter auf einer Fahrt zur Frühschicht war Glatteis. Die Abfahrtszeit war 3:50 Uhr, die Rückkehrzeit etwa 16:20 Uhr. Kurz nach dem Einsteigen war die Mehrzahl der Kumpels bereits in einen Tiefschlaf verfallen. Ich stieg an der letzten Haltestelle zu und musste deshalb im Hänger fahren. An diesem Tag war das ein Glücksumstand. Auf der Gefällstrecke nach Gera verlor der Fahrer die Kontrolle über den Bus. Was genau passierte, konnten wir erst nach dem Aussteigen realisieren. Der Bus rutschte über die Gegenfahrbahn und einen gesondert angelegten Fuß- und Radweg eine Böschung hinab. Einige kompakte Sträucher und der auf dem Radweg stehen gebliebene Hänger retteten ihn vor einem weiteren Absturz. Den Hänger hatte es wie an einer Schnur gezogen um die eigene Achse gedreht, er stand entgegengesetzt der Fahrtrichtung. Daher kam das Schleudergefühl, durch das wir geweckt wurden. Als wir schlaftrunken, aber unverletzt aus dem Hänger stiegen, fehlte uns zunächst die Orientierung, bis wir realisieren konnten, dass wir auf der Gegenseite standen. Für die Fahrgäste in der Zugmaschine war es nicht so einfach auszusteigen. Der Ausstieg musste geordnet erfolgen, damit der Bus nicht in den die Straße querenden Bach abrutschen konnte. Der vordere Ausstieg war überhaupt nicht benutzbar, der Bach sprudelte etwa zwei Meter unter der Tür.

Als im RGW (Rat für gegenseitige Wirtschaftshilfe der Ostblockstaaten) die Busproduktion aus den Ländern DDR und CSSR nach Ungarn verlagert wurde, begann die Phase der Ikarusbusse, die bis zum Ende der SDAG Wismut anhielt.

Auch vom Ikarus gab es eine Luxusversion, die ausgewählten Linien vorenthalten blieb. Auf den Linien von den Objekten zur Generaldirektion verkehrten Ikarus de luxe. In der „Paprikaschote“, wie der Bus auch genannt wurde, hatte ich auf der Fahrt zur Schicht einen Stammplatz. Ich saß auf dem unbequemen Sitz über den Vorderrädern in der zweiten Reihe hinter dem Fahrer. Das hatte den Vorteil, dass der unbequeme Platz neben mir meist leer blieb und mir als Morgenmuffel niemand ein Gespräch aufzwingen konnte. Die Abfahrtzeit war 4:50 Uhr in Pirna, die Rückkehr häufig erst gegen 17:30 Uhr oder noch später.
Die weitaus größere Fahrzeugflotte bildeten die Kipperfahrzeuge. Zunächst waren es SIS-Kipper. Diese wurden von den Typen Kras abgelöst, die eine höhere Nutzlast und einen geringeren Treibstoffverbrauch hatten. Auch in Werdau produzierte Kipper vom Typ H6 wurden in den Tagebauen eingesetzt. Die LKW-Flotte für den Materialtransport hatte einen stattlichen Umfang. Dazu kamen Spezialfahrzeuge wie Tankwagen, Dickspülwagen für Erkundungsbohrungen, Tieflader einschließlich Zugmaschinen, Kranfahrzeuge, Sprühwagen, LKW mit montierten Bohreinrichtungen sowie Transportfahrzeuge für flüssiges Urankonzentrat zur Weiterverarbeitung im Aufbereitungsbetrieb AB 102.

Zentraler Geologischer Betrieb (ZGB)

Dieser wichtige Betrieb wurde 1966 mit den Betriebsabteilungen Ronneburg, Schlema, Struppen (Sächsische Schweiz) und Wermsdorf (östlich von Leipzig) gebildet. Er entstand aus den Vorläufern TSSE (Thüringische Such- und Schürf-Expedition), SGEG (Sächsische Geologische Erkundungsgruppe), DGEG (Dresdner Geologische Erkundungsgruppe) und einigen Labors. Das Hauptbetätigungsfeld war die Suche nach verwertbaren Uranvorräten. Die wichtigste Methode waren Bohrungen und die Auswertung der Ergebnisse.

Neben der Erkundung von Uranvorräten wurden auch Bohrungen für Versatzlöcher für die Bergbaubetriebe und Bohrungen für Auftraggeber außerhalb der Wismut durchgeführt. Im Zeitraum von 1966 bis 1990 wurden über 7.800 km Bohrlöcher hergestellt Davon entfielen auf die Uranerkundung 6.600 km, sonstige Bohrungen für die Wismut 213 km. Für die Braunkohlenindustrie wurden 633,6 km und für Erkundung von Zinn, Wolfram und Fluorit 507,8 km Bohrleistung erbracht. Auch an der Erschließung von Trinkwasser war der ZBG beteiligt. An der Erkundung von Trinkwasservorräten versuchte sich die Wismut in den frühen 50-er Jahren in Afrika – im Sudan. Ein Teilnehmer an diesen Untersuchungen sagte mir aber „nicht das Wasser, sondern Uranvorräte“ wären das Ziel gewesen. Der Expedition war aber kein Erfolg beschieden. Die maximale Zahl der Arbeitskräfte im Geologischem Betrieb betrug über 1.700. Für die Auswertung der Bohrergebnisse standen dem ZBG in den Laboren Geräte für spektralanalytische, chemische und andere Analysen zur Verfügung, die auch von anderen Betrieben genutzt wurden.
Der ZGB und seine Vorläufer hatten die wichtige Aufgabe, die Vorratsbilanz der Wismut stabil zu halten, was auch bis 1978 gelang. Im Zeitraum von 1966 bis 1990 konnte mit einem Aufwand von über 1,8 Mrd. Mark ein Vorratszuwachs in der Kategorie C2 von 78.600 t Uran und die Überführung von 22.400 t in die

Abb. 99
Bohrtechnik
(ZAWismut)

nächst höhere und damit sicherere Kategorie C1 erreicht werden. Die stabile Vorratsbilanz bedeutete, dass bis 1978 nie mehr Uran gewonnen wurde als neu erkundet. Die ökonomischen Auswirkungen lagen darin begründet, dass die Betriebsanlagen nicht zeitabhängig, sondern leistungsabhängig abgeschrieben wurden. In der Summe ergab sich daraus nur ein geringes Abschreibungsvolumen. Als ich diesen Zusammenhang noch nicht kannte (und auch gar nicht wissen durfte), wäre ich bald darüber gestolpert. Ich hatte mir in Unkenntnis dieses Sachverhaltes erlaubt, 50 Tonnen Uranvorräte zur Abschreibung vorzuschlagen. Üblich waren Abschreibungen im zweistelligen Kilobereich, wenn es wirklich keine Gewinnungsmöglichkeit gab. Bereits in dieser Größenordnung mussten sie durch eine Kommission bestätigt werden. Mit der Abschreibung werden Vorräte als gelöscht betrachtet und verschwinden aus der Vorratsbilanz, d. h. dafür werden Abschreibungen für Betriebanlagen fällig. Ich hatte in ein Wespennest gestochert, an deren Stichen ich noch einige Zeit zu kauen hatte. Dabei war es bergtechnisch völlig richtig, diese Vorräte abzuschreiben. Es gab ganz einfach keine Möglichkeit zu deren Gewinnung. Aber es mussten immense Mittel (die sicher über dem Volumen der Amortisation gelegen haben) über Jahre aufgebracht werden, um den Zugang zu diesen Erzen aufrecht zu erhalten. Abgebaut wurden sie nie!

Energiewirtschaft (Objekt 177)

1954 entstand dieses Objekt im Erzgebirge, das für die Energieversorgung aller Betriebe der Wismut zuständig war. Die Umspannwerke Alberoda, Gittersee, Gerichtsberg, Berga und Crossen wurden aus dem Verbundnetz des VEB Energieversorgung herausgelöst. Später kamen weitere sechs Stationen mit 2 x 31 MVA (Falkenstein, Bayreuter, Crandorf, Leupoldishain und Bethenhausen) dazu. Hauptziel der Herauslösung war, die Stabilität der Energiezuführung für die Betriebe zu gewährleisten. Hochspannungsausfall hätte für die Betriebsicherheit gravierende Folgen gehabt. Ausfälle von Pumpenstationen waren ein schwerer Havariefall. Aber auch kontinuierliche Prozesse der Aufbereitung wären empfindlich gestört worden. Das Gleiche trifft für Bewetterungseinrichtungen zu. Der Aufbereitungsbetrieb 102 hatte eine eigene Energieerzeugungsanlage, um kurzzeitige Stromausfälle überbrücken zu können. 1962 – als die Energieversorgung der DDR stabilisiert war – wurden die 110-kV-Umspannerke den VEB Energieversorgung der einzelnen Bezirke kostenlos übereignet. Verträge mit diesen Unternehmen regelten den vorrangigen Bezug von Energie bei Havariesituationen im Landesnetz. Aus meiner Schmirchauer Zeit ist mir ein Unfall in einer Freilufttrafostation bekannt. Diese Anlage befand sich außerhalb des Schachtgeländes und wurde von der Polizei bewacht. Im Inneren der Anlage gab es einen Postengang. Ein Wächter kam mit seinem aufgepflanzten Bajonett der Anlage zu nahe. Es kam zum Funkenschlag, der Polizist verbrannte und war um viele Zentimeter verkürzt.

Die Wismutbahn im Ronneburger Erzfeld

Die SAG bzw. SDAG Wismut hatte von Anfang an einen hohen Bedarf an Transportleistungen, die von der Deutschen Reichsbahn vorrangig zu bewerkstelligen waren.

Es musste eine Vielzahl von Anschlussbahnhöfen sowohl für die Erzverladung als auch für die Materialanlieferung eingerichtet oder neu errichtet werden. Neuanlagen waren die Erzbunker zum Umschlag des Erzes von Straße auf Schiene und die Entladeeinrichtungen in den Aufbereitungen. Umschlagstellen für Materialanlieferung wurden erweitert bzw. neu errichtet. Erweiterungen betrafen Aue, Niederschlema und Ronneburg; Neuanlagen erfolgten in Breitenbrunn für das Schwarzwassertal, in Rottwerndorf für den Bergbaubetrieb Königstein sowie für alle neuen Bergbaubetriebe im Ronneburger Raum.
Transportgüter waren neben den Erzen zu den Aufbereitungen, die zum Teil über weite Strecken (mehr als 200 km) transportiert werden mussten und Konzentratlieferungen in die Sowjetunion:

- große Holzmengen (für Grubenausbau und Baubedarf),
- Stahlbauteile (Ausbaumaterial, Konstruktionen für Werksbauten und Stahlträger),
- Baumaterial (Steine, Sand, Bindemittel),
- Chemikalien (Schwefelsäure, Natronlauge, Steinsalz, Löschkalk),
- Große Mengen an Versatzmaterial zum Verfüllen von Hohlräumen (Sand, Bindemittel und Braunkohlenfilterasche).

Der Transport erfolgte auf dem Streckennetz der Deutschen Reichsbahn mit deren Wagenpark und Traktionsmitteln. In Schwerpunktgebieten wurde die Gleisanlage erweitert. Mit der Errichtung des Aufbereitungsbetriebes 102 in Seelingstädt und der Erschließung eines Sandtagebaus im Raum Kayna südlich von Meuselwitz entstand ein hoher, stabiler Bedarf an Transport von Schüttgütern im Gebiet Ronneburg. Zur Bewältigung dieser Aufgaben entstand zunächst die Erzbahn von den Schächten zur Aufbereitung als neue Trasse. Dafür wurden 55 km Strecken- und Bahnhofsgleis mit 149 Weichen neu verlegt und sechs Anschlussbahnhöfe (Schmirchau, Lichtenberg, Reust, Holzplatz Reust, Paitzdorf, Braunichswalde und Seelingstädt) sowie der Streckenbahnhof Russdorf – als Ausweichstelle auf der eingleisigen Strecke zwischen den Bergbaubetrieben und Seelingstädt errichtet. Allein der größte Anschlussbahnhof Schmirchau hatte mehr als 60 Weichen (alle Zahlenangaben aus „Die Wismut-Bahn um Ronneburg" von Hans Jürgen Bartfeld – erschienen im Kenning-Verlag). Mit der Erweiterung des Baufeldes Ronneburg nach Nord und dem Aufschluss des Sandtagebaus wurde die erst 1971 teilweise stillgelegte und bereits demontierte Reichsbahnstrecke Ronneburg-Meuselwitz zwischen Raitzhain und Kayna wieder aktiviert. Dafür wurden über 40 km Gleis und über 60 Weichen neu verlegt sowie vier Anschlussbahnhöfe (Beerwalde, Löbichau, Drosen und Kayna) errichtet und der Bahnhof Großenstein rekonstruiert. 1975 wurde bereits der Anschlussbahnhof Beerwalde in Betrieb genommen. Die Verbindung erfolgte vom Bahnhof Raitzhain an der Strecke Gera – Glauchau östlich von Ronneburg.
Mit der Übernahme des Arbeiterberufsverkehrs durch die Reichsbahn vom Transportbetrieb der Wismut war zunächst der Bahnhof Ronneburg der Umschlagbahnhof für die Strecke Gera-Ronneburg. Später übernahm die Reichsbahn den Personentransport von Altenburg nach Ronneburg. Mit der Anbindung der Bergwerke an das Schienennetz wurde die Beförderung bis zu den Bergwerken erweitert. Züge fuhren

von Gera nach Drosen (mit Halt in Beerwalde) und von Altenburg nach Schmirchau/Reust mit Umsteigemöglichkeit in Raitzhain. Dieser Bahnhof entwickelte sich zum zentralen Knotenpunkt des Arbeiterberufsverkehrs im Ronneburger Raum. Von hier waren alle Arbeitsorte ohne Gleisanschluss mit Bussen zu erreichen.
Nach der Erweiterung der Erzbahn übernahm 1963 die SDAG Wismut mit dem Bahn- und Umschlagbetrieb des Objektes 90 den Transport auf dieser Relation. In einem komplizierten System war die Zuordnung von Anlagen und rollendem Material sowie Loks zwischen Wismut und Reichsbahn geregelt. Im Zusammenhang mit der Inbetriebnahme des AB 102 mussten technisch verbesserte Waggons eingesetzt werden, die ständig weiterentwickelt wurden. 1984 verfügte die Anschlussbahn über mehr als 400 Waggons für den Erz- und Sandtransport. Die Anschlussbahn der Wismut wechselte einige Male die Zuordnung (Objekt 90, Bergbaubetrieb Schmirchau und Transportbetrieb).
Die täglichen Transportumfänge im Jahr 1978 von

- 312 Waggons Erz von den Thüringer Bergwerken nach Seelingstädt,
- 165 Waggons Erz von den Thüringer Bergwerken zum AB 101 nach Crossen bei Zwickau,
- 130 Waggons Erz von Sächsischen Bergwerken nach Seelingstädt,
- 226 Waggons Sand von Kayna zu den Bergbaubetrieben um Ronneburg

geben ein Bild von den Größenordnungen des betrieblichen Transports der Wismut im Bereich der Anschlussbahn. Bei einer Zuglänge von 30 Waggons sind das fast 30 Zugverbände pro Tag.
Auch die Zuführung an Material auf der Anschlussbahn für die Bergbaubetriebe war erheblich. Sie umfasste 1969 durchschnittlich 87 Waggons täglich. Den Hauptanteil stellten:

- 29 % Filterasche.
- 27 % Sand für Versatzzwecke, der zu dieser Zeit noch aus dem Tagebau Wolfersdorf bei Gauern zugeführt werden musste,
- 12 % Holz,
- 11 % Schüttgüter,
- 11 % Braunkohle,
- 4 % Schmierstoffe.

Der Rest entfiel auf Chemikalien, Sprengstoff und Baustoffe und Teile für die Errichtung neuer Anlagen.

Projektierungsbetrieb Wismut (PBW)

Aufgrund der umfangreichen Berg- und Bauarbeiten war es unerlässlich, die Projektierungsarbeiten dafür nicht an Fremdfirmen zu vergeben. Schon allein die Geheimhaltung erforderte den Aufbau von Projektierungskapazitäten. Ab 1969 war der Projektierungsbetrieb (PB), auch als PBW (Wismut) bezeichnet, eigenständig und der Hauptprojektant der Wismut. Bereits seit 1947 gab es Vorläufer. Zunächst waren es nur sowjetische Spezialisten, die mit Projektierungsaufgaben betraut wurden. Ab 1948 waren auch deutsche Mitarbeiter beschäftigt. In dieser Zeit herrschte in den Projektierungseinrichtungen ein rigides Überwachungssystem. Neben der Bewachung des Betriebsareals durch Angehörige der Roten

Armee durften Arbeitsräume nicht mit Mänteln oder Taschen betreten werden – Spionagegefahr. Mit Arbeitsbeginn gab es ein akustisches Signal und der Zugang zu den Schränken der Garderobe wurde verschlossen. Der direkte Vorläufer des PBW war die 1950 entstandene III. Verwaltung mit Sitz in Grüna bei Chemnitz. Neben der Projektierung wurden diesem Betrieb auch die Laboratorien der Wismut (ehemals Objekt 36) und die wissenschaftliche Forschung zugeordnet. Bald reichten die räumlichen Kapazitäten für alle Einrichtungen der III. Verwaltung nicht mehr aus und es wurde ein siebengeschossiger Neubau neben dem Gebäude der Generaldirektion errichtet.

Wissenschaftlich-Technisches Zentrum (WTZ)

Die zweite Institution mit „Denkfabrik" der Wismut war das **WTZ** (Wissenschaftlich-Technisches Zentrum). Anfangs war es in der gleichen Betriebseinheit untergebracht wie die Projektierung. 1963 entstand auf Anordnung des Generaldirektors das WTZ als Teil der III. Verwaltung und wurde im Rahmen der Umstrukturierung 1967/68 selbstständiger Betrieb mit anfänglich über 500 Beschäftigten. Zunächst waren es sowjetische Ingenieure, die an der Lösung technischer Probleme und an der Vervollkommnung von Verfahren arbeiteten. Noch 1964, als ich zeitweilig beim WTZ angestellt war, gab es überwiegend sowjetische Themenleiter; der Leiter des WTZ war allerdings schon ein deutscher Spezialist. Nähere Bekanntschaft machte ich mit dem Bergbaulabor – einer Abteilung des WTZ. Ich hatte den Eindruck, als ob alle Themenleiter des Labors für wissenschaftliche Ausarbeitungen des Professors Sereda arbeiteten. Sie sammelten alle verfügbaren Fakten über den Erzbergbau der Wismut. Professor Sereda war ein anerkannter Spezialist auf dem Gebiet Lagerstättenbrände und deren Bekämpfung. Aufgrund der schwierigen Situation im Bergwerk Schmirchau wurde er als Hauptingenieur in die SDAG Wismut berufen. Das Bergbaulabor war am Bahnhof Siegmar in einem ehemaligen Bankgebäude untergebracht. Im riesigen Tresorraum im Keller war die Verschlussabteilung untergebracht. Der Leiter des Labors war ein älterer Herr, der auf mich immer den Eindruck eines hochrangigen Mitarbeiters des KGB machte. Er hatte das unverbindliche, nichts sagende Lächeln im Gesicht, das ich später oft bei Mitarbeitern der Sicherheitsorgane gesehen habe. Der Respekt, der ihn von den sowjetischen Mitarbeitern auch anderer Institutionen entgegengebracht wurde, lag sicher nicht nur an seiner väterlichen Art.

Die Abkürzung WTZ führte zu einigen Neudeutungen. Statt Wissenschaftlich-Technisches Zentrum kursierten auch noch „**W**enig **T**echnik – viel **Z**eit" oder „**W**arm, **t**rocken und **z**ufrieden".

Aus meiner Sicht hat das WTZ Pionierarbeit zu folgenden zwei wichtigen Problemen geleistet:

1. Verfahren zur industriellen Herstellung von selbsthärtendem Versatz (Magerbeton) entwickelt, bei gleichzeitiger Substitution der Bindemittel durch Braunkohlenfilterasche und Erarbeitung von Prüfmethoden zur Einhaltung der Qualitätsparameter.
2. Entwicklung des später dominierenden Abbauverfahren „Teilsohlenbau mit Versatz" für das Ronneburger Erzfeld.

Für Ergebnisse von wissenschaftlichen Arbeiten gab es immer gegensätzliche Ansprüche der Kooperationspartner bezüglich des Anteils am Ergebnis. So war es auch bei der Wismut. Vom WTZ wurde in vielen Berichten und in der Chronik ein hoher eigener Anteil an den Ergebnissen reglementiert. Die Wahrheit liegt sicher auch hier irgendwo dazwischen – ich tendiere sogar dazu, dass die Waage zu Gunsten der Praktiker ausschlägt. Wissenschaftliche Untersuchungen konnten nicht immer mit der erforderlichen Sorgfalt durchgeführt werden. Das führte zu Problemen, mit denen ich ab 1968 zu kämpfen hatte. In einer Studie wurde zum Beispiel nachgewiesen, dass es einen Zusammenhang zwischen Klüften im Gebirge und der Verbruchshäufigkeit bei Bergarbeiten gibt. Ohne die Praktiker zu hören, wurde in der Generaldirektion ein Beschluss gefasst, die Vortriebsrichtung im Abbau um etwa 15 Grad zu drehen. Damit entstanden dem Betrieb erhebliche Probleme bei der Führung der Abbauarbeiten an den Nahtstellen zum bereits erfolgten Abbau. Auf einer Länge von mehr als zweimal die gesamte Lagerstättenbreite konnten keine regelmäßig begrenzten Grubenbaue gefahren werden – es mussten Keile mit ständig wechselnder Konfiguration abgebaut werden. Dieser Mehraufwand machte den theoretischen Nutzen der Veränderung mehr als fraglich. Zu einer signifikanten Verringerung der Bruchhäufigkeit kam es jedoch nicht.
Ein zweites, noch schwierigeres Problem hatten der Bergbaubetrieb Königstein und ich durchzustehen. Die Ladedichte des Sprengstoffs spielt unter anderem für die Effektivität der Sprengarbeiten eine große Rolle. Das ist unstrittig. Daraus wurde aber eine völlig falsche Schlussfolgerung gezogen, die per Weisung auch durchgesetzt wurde. Sprenglochbohrungen für Großraumsprengungen wurden mit 88 mm Durchmesser gebohrt. Technisch gab es die Möglichkeit, auch Sprenglöcher mit 110 mm zu bohren. Logischerweise kann ein solches Bohrloch mehr Sprengstoff aufnehmen bzw. es werden weniger Bohrlöcher benötigt. Es kam die Anweisung, Sprenglochbohrung generell mit 110 mm Durchmesser zu planen und zu realisieren. Das war aber in harten Gesteinspartien nicht möglich – der Bohrkronenverschleiß war zu hoch und die Bohrleistung zu gering. Die Parameter gingen allerdings per Weisung der Generaldirektion in die Planung ein. Der Umfangsplan für Bohrungen musste gekürzt werden bei gleicher Produktivität der Bohrung. Die Folge war, der Bohrplan konnte nicht mehr erfüllt werden. Damit konnte nicht genügend Vorlauf für die Sprengungen geschaffen werden. Die betrieblichen Argumente wurden lange Zeit ignoriert, bis sich die Situation zur Katastrophe zuspitzte. Zum Glück war unser Kooperationspartner für Bohrkronen, bei dem unser Staatsplankontingent an Hartmetall gebunden war, sehr disponibel und eine kurzfristige Umbestellung auf Kronen mit 88 mm Durchmesser war möglich.
Anders verhielt es sich bei den Tauchbohrhämmern für die unterschiedlichen Durchmesser. Tauchbohrhämmer mussten über Jahre voraus im BBA (Betrieb für Bergbauausrüstungen Aue – ein Betrieb der SDAG Wismut) vertraglich gebunden werden. Damit hatte der Bergbetrieb einen ständig wachsenden Bestand an nicht einsetzbaren Hämmern, der den Fond für Umlaufmittel band. In anderen wichtigen Sortimenten musste eingeschränkt werden. Es gab Normative der Lagerhaltung

(Richtsatztage). In regelmäßigen Abständen wurde ich vor die Betriebsleitung geladen, weil der Hauptbuchhalter die überhöhten Bestände in der Position Tauchbohrhämmer bei nur geringer Veränderung monierte. Am Ende war es einfach nur belustigend und vom Direktor für Produktion – dem sowjetischen Hauptingenieur – wurde angeregt, dass der Bestand aus dem Zentrallager in den Bestand der Grubenbereiche übernommen wurde. Damit war zwar der Überbestand nicht beseitigt, aber er war nicht mehr Gegenstand ständiger Kritik des Hauptbuchhalters. Hauptbuchhalter können so nervig sein.

2.2 Das Ronneburger Erzfeld

Was passierte im Gebiet südlich von Ronneburg?
Im bescheidenen Kurort Ronneburg gab es im Brunnenholz an der Südgrenze der Stadt eine Kuranlage mit Wandelhalle. Die Trinkkur basierte auf einer gefassten radiumhaltigen Quelle.
Diese Quelle war bereits im Dritten Reich der Anlass für Untersuchungen auf radioaktive Bodenschätze. Ein Schlossbewohner aus Rudolstadt – ein eingefleischter Russenhasser und ehemaliger SS-Angehöriger – bezeichnete den an der Suche beteiligten Professor Hundt als „Russenknecht" und Verräter, weil er nach 1945 wichtige Hinweise für die Erkundung von Uranvorräten im Ronneburger Gebiet gegeben haben soll. Sicherlich war ich als Angehöriger der SDAG Wismut in den Augen des später enttarnten Altnazis auch ein „Russenknecht". Schließlich war ich an der Uranproduktion beteiligt.
In unmittelbarer Nähe der Quelle befand sich der alte Stollen 2 (Nach den Lehrbriefen der Bergakademie Freiberg eigentlich „Stolln"; ein Begriff, der sich nicht allgemein durchgesetzt hat. Bei der Wismut war der Begriff „Stollen" gebräuchlich.), in dem bis 1945 die Radiumreserve des Dritten Reiches gelagert wurde.

Am Eingang des nach 1990 rekonstruierten Stollens befindet sich die Station 9 der Aktion Zeitzeugnisse des Bergbautraditionsvereins Gera der Wismut.

Die Radiumreserve wurde kurz vor Kriegsende nach Bayern verbracht. Dort wurde sie von der US-Army aufgespürt und ebenso wie die Goldreserven aus dem Kalibergwerk Merkers in die Vereinigten Staaten transportiert.
1950 – etwa zeitgleich mit den Untersuchungen im Gebiet des Schwarzburger Sattels legte man im Gebiet südlich von Ronneburg bei den Orten Schmirchau und Lichtenberg nach Emanationsmessungen Schürfgräben und Schürfschächte an und brachte Erkundungsbohrungen nieder. Man traf wie bei Dittrichshütte im Bereich der Schichtgrenze Orthovizium/Silur auf Uranerze. Bereits in der Phase der Erkundung begann der Abbau der oberflächennahen Vorräte. 1951 wurde die Schachtverwaltung Schmirchau gebildet. Unter deren Verantwortung entstanden im Erzfeld Schmirchau 1951 bis 1954 sieben Tiefschürfe (vergleichbar mit Tiefbrunnen) mit Teufen von 30 und 60 Metern, aus denen zunächst Erkundungsstre-

Abb. 100 Stollen 2 Ronneburg (Foto Hartmut Weise, Chemnitz)

cken aufgefahren wurden. Bereits aus den Erkundungsstrecken entwickelte man den Abbau auf der 30-m-Sohle und später auf der 60-m-Sohle. 1952 begann die Teufe des Zentralschachtes 356 zum Aufschluss der 60- und der 120-m-Sohle. In dieses Jahr fällt auch der Abbaubeginn auf der 30-m-Sohle, also direkt unter der Tagesoberfläche. Außerdem wurden bereits im Jahr 1952 über sieben Kilometer Strecken aufgefahren. Bei Lichtenberg entstanden weitere Schürfe und der Schacht 352. Alle für die Förderung eingerichteten Schürfe und die Schächte besaßen Holzfördertürme und einen primitiven technologischen Komplex für den Hunteumlauf und die Bunkerung des Fördergutes. Aufgrund der Beschaffenheit des Geländes gab es jedoch nur einen Stollen im Gessental. Für die Gleisförderung wurden – im Gegensatz zu Dittrichshütte – untertage bereits überwiegend Elektrolokomotiven eingesetzt. Im gleisgebundenen Vortrieb hatte sich der Wurfschaufellader bereits durchgesetzt. Eine Mechanisierung im Abbau gab es jedoch noch nicht. Im Abbau wurde mit der Schaufel gefördert und das Erz mit kleinen Hunten auf Gleisen mit 300 mm Spurweite zu den Förderrollen gefahren.

Als ich am 3. Juni 1955 in Schmirchau begann, waren im Schachtbetrieb noch drei Schürfe und der Zentralschacht in Betrieb.

Der **Schurf 45** diente der Förderung und dem Materialtransport auf der 30-m-Sohle. Die Einrichtung der Seilfahrt war wegen der geringen Teufe nicht erforderlich. Für Abbaublöcke mit Ausgängen nach Übertage bestand ohnehin die Möglichkeit des bequemeren Zugangs und der Materialzuführung von oben.

Abb. 101 Tafel 9 Radiumreserven des Dritten Reiches (Foto Hartmut Weise, Chemnitz)

Der **Schurf 72** war für die Materialversorgung der 60-m-Sohle eingerichtet.

Wie auf dem Bild erkennbar, war die Arbeitsorganisation chaotisch und die Technologie äußerst primitiv. Im Umfeld des Schurfes waren die einzelnen Holzarten (im Bild Pfosten) wild abgekippt, die von Kippern oder LKW herangefahren wurden. Das Grubenholz wurde zum Schacht getragen. Kurze Hölzer wie Halbschalen bzw. Schwarten als Verzugsmaterial für Firste und Stöße wurden im Förderkorb gestapelt. Der Schacht hatte nur einen Förderkorb und ein Gegengewicht. Das Verladen der langen Hölzer war eine Schinderei. Der Förderkorb wurde mit dem Dach auf die Ebene der Beladung vorgesetzt und das Dach hochgeklappt. Die Arbeiter trugen die bis zu vier Meter langen Rundhölzer – vertikal an den Leib gedrückt – vor sich zum Förderkorb, traten auf zwei gelegte Pfosten und ließen das Holz vertikal am Bauch entlang rutschen. Dieser Vorgang wiederholte sich, bis der Korb beladen war. Die untertägige Entnahme des Holzes war vergleichsweise leicht.

Die Schürfe 45 und 72 lagen im Zentrum der Lagerstätte und entstanden bereits 1951 an der nördlichen Dorfgrenze von Schmirchau.

Der **Schurf 84** wurde 1954 für die Kapazitätserweiterung an der Nordgrenze der damals bekannten Vererzung zur 60-m-Sohle aufgefahren und diente der Förderung und der Seilfahrt.

Er lag an der Südgrenze der Stadt Ronneburg in der Nähe der Bahnlinie Gera – Glauchau. 1955/56 wurde der Schurf 84 zur 90-m-Sohle verbunden, um den größten Teil der Förderung von der neuen Schwerpunktsohle zu übernehmen. Im Jahr 1956 wurde mit der Herstellung einer Sturzrolle zur 120-m-Sohle begonnen, um nach der Inbetriebnahme der neuen Schächte das Erz auf diese Sohle zu stürzen und zu bunkern.

Der **Zentralschacht 356** hatte Anschlagpunkte auf der 60- und der 120-m-Sohle. Die 60-m-Sohle stand voll in der Abbauphase. Die 120-m-Sohle war noch im Stadium der Erkundung und Ausrichtung. Von der 60-m-Sohle wurde über zwei 30 Meter tiefe Gesenke eine Zwischensohle (90-m-Sohle) aufgefahren. Auf dieser Sohle begann im Sommer 1955 der Abbau. Alle Schürfe und Schächte hatten einen rechteckigen Querschnitt und waren mit Holzrahmen ausgebaut.

Abb. 102 Schurf 72 (Sammlung Manfred Wöllner, Linda)

Abb. 103 Schurf 84 (Sammlung Manfred Wöllner, Linda)

Im Jahr 1955 begann man bei der Wismut mit der Teufe von Rundschächten in Ziegelsteinmauerwerk. Das revolutionierte die Auffahrungstechnologie. Nachdem im Gebiet Oberschlema der Schacht 366 erfolgreich mit Ziegelmauerwerk aufgefahren war, wurde diese Technologie auf den neuen Schächten im Ronneburger Gebiet angewendet. Südlich des Dorfes Schmirchau standen zwei Teufgerüste, die Schächte 367 und 368 entstanden.

Abb. 104/1 Arbeiten in der Teufe (Chronik der Wismut)

Die Bohrhämmer brauchten nicht mehr mit der Hand geführt werden. Ganze Bohrhämmerbatterien wurden an Winden herabgelassen. Für das Abfördern des Haufwerkes kamen Polygreifer zum Einsatz. Die beschwerliche Stocherei mit der Schaufel – wie noch bei der

Auffahrung der Schächte 352 und 356 – hatte ein Ende. Sowohl Bohraggregate als auch Polygreifer hingen an Winden sowjetischer Bauart mit der Typenbezeichnung P-Tsch und konnten während der anderen Arbeiten von der Schachtsohle entfernt werden. Alle Arbeiten spielten sich auf einer Arbeitsfläche von etwa 20 m² ab. Da war kein Platz für zeitweise nicht benötigtes Gerät.

Für eine Greiferfüllung wären einige Male Rumpfbeugen erforderlich gewesen, um das Haufwerk mit der Schaufel in den Kübel zu laden. Auch wenn der Greifer auf dem Weg zum Kübel viel Fördergut verlor und viel Wasser mit transportierte, die Arbeitserleichterung war gewaltig. Vor Ort arbeiteten stets mehrere Greifer. Ein zweiter Greifermaschinist ist im Bild 1 im Hintergrund zu sehen. Da es immer nass war, trugen die Kumpel Gummianzüge mit Wathosen (Hose und Stiefel aus einem Guss) sowie über dem Grubenhelm einen Südwester wie die Seeleute. Vor Ort tropfte es nicht nur, stellenweise rieselte das Wasser in einem Strahl. Es gab nicht ein trockenes Fleckchen. Es war einfach nur unangenehm und dauerte seine Zeit, bis man sich an ein solches Arbeitsbedingungen gewöhnen konnte. Mir

Abb. 104/2-4 Arbeiten in der Teufe (Chronik der Wismut)

reichten einige Befahrungen während meiner Assistentenzeit, um mich nicht nach einer Arbeit in der Teufe zu sehnen. Es fing schon mit dem Zugang zum Arbeitsort an, es gab zwei Möglichkeiten. Eine war so gewöhnungsbedürftig wie die andere. Eine Möglichkeit war die Einfahrt mit dem Kübel. Im Bild 3 ist erkennbar, dass der Kübel eine Höhe von über einen Meter hatte. Obwohl es dafür eine kurze Eisenleiter zum Einhängen an die Kübelwand gab, bedufte es etwas artistisches Geschick, um ohne Haltegriff über den Kübelrand ins Kübelinnere zu gelangen. Dann kam der zweite Gag. Die Kumpel merkten sofort, wer neu in der Teufe war und erlaubten sich den Scherz, den Kübel nach der Anfahrt in Drehbewegung zu versetzen. Der Kübel hatte von der letzten Bühne bis zur Sohle keine Führung mehr und konnte sich auf eine Distanz von mitunter mehr als 20 Meter um die eigene Achse drehen. Außerdem musste man darauf achten, dass man nicht im Weg stand, wenn sich der auf dem Kübelrand liegende Bügel beim Aufholen senkrecht stellte. Der Bügel ist auf dem Foto deutlich zu erkennen. Die zweite Möglichkeit bestand darin, dass man einen Notweg über eine Strickleiter benutzte.
Aber auch die Benutzung einer Strickleiter war gewöhnungsbedürftig. Artisten halten diese Leiter zwischen den Beinen – und sie wissen warum. Bei einer Benutzung wie bei einer normalen Leiter strebt die Strickleiter durch den Druck der Füße stark aus der Vertikalen. Je mehr man sich dagegen stemmt, umso größer ist die Ablenkung. Dabei ergeben sich ein eigenartiges Gefühl und ein noch groteskerer Anblick. Auch das ist Gewohnheitssache.
Während die ersten drei Bilder von einer Teufe aus dem Ronneburger Raum stammen, muss die vierte Aufnahme im Erzgebirge entstanden sein. Es gab kein Tropfwasser – die Hauer brauchten keine Gummibekleidung. Die Temperatur muss sich im Wohlfühlbereich befunden haben, wie die zum Teil entblößten Oberkörper vermuten lassen. Absolut unverantwortlich war es allerdings, dass ein Hauer seine Kopfbedeckung lüftete. Selbst ein kleiner Gegenstand aus einer Fallhöhe bis zu 30 Meter kann zu schwersten Verletzungen führen. Und bis zu dreißig Meter über der Schachtsohle konnte sich die Schutzbühne befinden.
In der zweiten Phase der Mechanisierung ab Mitte der 60-er Jahre erfolgte der Übergang zum Ausbau in Monolithbeton mit Gleitverschalung. Die Bohr- und Ladearbeiten wurden weiter vervollkommnet.
Zwei Teufgerüste südlich des Dorfes Schmirchau waren für die späteren Hauptschächte von Schmirchau 367 und 368 aufgestellt. Diese Schächte wurden seit Februar 1955 geteuft. Im Herbst 1955 – und das erlebte ich mit – entstanden weitere Teufgerüste am südlichen Ortsausgang Ronneburg in der Nähe des ehemaligen Kurparks an der Straße nach Seelingstädt und an der Waldgrenze südlich von Schmirchau. Damit wurden die Randschächte 370 und 369 aufgefahren, die hauptsächlich der Bewetterung dienten. Die angelegten kegelförmigen Doppelhalden, die lange Wahrzeichen von Schmirchau und Ronneburg waren, zeugen davon, dass auch diese beiden Schächte für die Förderung genutzt wurden.
Die Doppelkegelhalden wurden im Volksmund als „Titten von Ronneburg“ bezeichnet. Ob bei dieser Namensgebung der Doppelgipfel des Elbrus im Kaukasus Pate gestanden hat, weiß ich nicht. Die kaukasischen Doppelgipfel werden wegen ihrer prägnanten Form auch als „Titten des Kaukasus“ bezeichnet. Von den

Abb. 105 Ronneburg vor der Silhouette einer Doppelhalde (Dialog – Zeitschrift der Wismut GmbH)

sowjetischen Spezialisten bei der Wismut, die aus der Kaukasusregion stammten, wurde der Elbrus zurückhaltend als „Frauenbrust" bezeichnet.
Die Doppelhalden des Schachtes 369 wurden in den frühen 60-er Jahren mit enormem Transportaufwand ebenso wie die Halden der Schächte 367/368 umgelagert. Sie mussten dem Tagebau Lichtenberg/Schmirchau weichen.
Die Halde des Schachtes 370 wurde umgelagert, als das Ronneburger Gebiet einen Bahnanschluss an die Strecke Gera – Glauchau erhielt. Der Abzweig wurde in Raitzhain geschaffen und an die bereits früher für den Erztransport zur Aufbereitung angelegte Wismutbahn (Erzbahn) von Schmirchau nach Seelingstädt angeschlossen.
Die vier Schächte wurden als Rundschächte mit einem Durchmesser von 5 bzw. 7 Metern aufgefahren. Auf die Schachtteufen wird von mir besonders verwiesen, weil man an ihrem Beispiel die Belastung der Volkswirtschaft der DDR dokumentieren kann.
Die Schachtmauerung hatte eine Wandstärke von 50 Zentimetern – also von zwei Ziegelsteinlängen. Für einen Meter Schacht wurden über 3.000 bzw. 4.000 ganze, hart gebrannte Ziegelsteine verarbeitet. Der Ziegelbruch kam als Verfüllung der Hohlräume zwischen Mauerkörper und Gebirge. Die Mauerung erfolgte etappenweise. In festgelegten Abständen wurde das Schachtprofil erweitert und in die Erweiterung Mauerfüße gesetzt. Von diesen wurde der Anschluss an den darüber liegenden Mauerfuß hergestellt.
Allein für die vier Schmirchauer Schächte mit den damaligen Teufen von 210 bis 364 Metern wurden weit über 4 Millionen Ziegelsteine vermauert. Damit hätte man eine einen Meter hohe 12-er Mauer (eine Ziegelsteinbreite stark) von etwa

Abb. 106 Umlagerung einer Spitzkegelhalde (ZAWismut)

40 km Länge errichten können. Das entspricht einer Entfernung von Frankfurt am Main nach Mainz bzw. – um in Thüringen zu bleiben, von Gera nach Jena. Ich habe mir darüber damals keine Gedanken gemacht und auch nicht recherchiert, wie viele Wohnungen man mit diesen Ziegelsteinen hätte bauen können. Es war einfach nur eine gigantische, unvorstellbare Menge Ziegelsteine. Und das in einer Zeit,

wo es für den Aufbau und für den Bau von Wohnungen an Baumaterial mangelte.
Im Frühjahr 1955 wurde auf der Grundlage von über- und untertägigen Erkundungen eine neue Vorratsberechnung für die Lagerstätte Schmirchau durchgeführt und ein wesentlicher Vorratszuwachs bestätigt. Damit war der Weg frei für Investitionen in einem für die Wismut bis dahin unbekannten Ausmaß.
Für umfangreiche Streckenauffahrungen zum Aufschluss neuer Sohlen und zur Vorbereitung neuer Abbaufelder wurden neben finanziellen Mitteln und Material auch eine große Anzahl neuer Arbeitskräfte benötigt. In diese Phase fiel meine Einstellung bei der SDAG Wismut. Ich wurde zum „Glücksritter“. Ich versuchte, wie viele vor und nach mir, bei der Wismut mein Glück zu machen. Das ist meine ganz persönliche Meinung: mindestens 50 Prozent der freiwillig zur Wismut Gegangenen waren Glücksritter – nicht alle fanden das erhoffte Glück – das schnelle Geld sowieso nicht.
Einen Dämpfer bekam meine anfängliche Euphorie, als sich wenige Wochen nach meiner Arbeitsaufnahme in einem Schacht der Wismut in Niederschlema ein verheerender Grubenbrand ereignete. Aus einem Kabelbrand entwickelte sich eine Katastrophe, bei der 24 Bergleute ihr Leben verloren. Unter ihnen befanden sich auch leitende Mitarbeiter – so der Leiter der Arbeitsschutzinspektion der Wismut. Zu dieser Zeit gab es noch keine detaillierten Havariepläne wie in den Jahren danach. Die Rettungsaktionen wurden von Grubenwehren aus allen Teilen der DDR unterstützt und verliefen zum Teil chaotisch. Leitende Mitarbeiter liefen in dem Bestreben, den späteren Opfern Hilfe zu bringen, selbst in den Tod. Einen Überlebenden lernte ich 1967 kennen. Er arbeitete zu diesem Zeitpunkt als Hauerbrigadier in Königstein. Er überlebte mit vier weiteren Kumpels, weil sie in ihrer Verzweiflung richtig gehandelt hatten, ohne dafür besonders geschult gewesen zu sein. Sie mauerten sich ein, wie es einer von ihnen in einem ungarischen Film über eine Bergwerkskatastrophe gesehen hatte. Damit blieben sie vor den giftigen Rauchschwaden verschont und überlebten 63 Stunden eingeschlossen im Berg. Durch Klopfzeichen an die Rohrleitung wurden die Rettungsmannschaften auf sie aufmerksam und konnten sie nach der eiligen Beschaffung von Draeger-Rettungsgeräten von einer Rettungsstelle im Raum Magdeburg befreien. Mit den vorhandenen Rettungsgeräten aus der DDR-Produktion hätte die Rettung nicht erfolgen können, weil ihre Betriebsdauer nicht für Hin- und Rückweg der Gruppe gereicht hätte. Helmut bekommt heute noch feuchte Augen, wenn er von seinen Erlebnissen erzählt. Klopfzeichen an die Rohrleitungen sind ein wichtiges Verständigungsmittel bei Havarien und Gegenstand ständiger Belehrungen der Belegschaft. Nicht nur einmal konnten so Eingeschlossene gerettet werden.

2.3 Meine Laufschicht

Am 2. Juni 1955 war es so weit. Ich fand mich am frühen Vormittag in der Kaderabteilung der SDAG Wismut Objekt 90 an der Ecke John-Scheer-Straße/Handwerkstraße in Gera in der Nähe des Hauptbahnhofes ein. Das Empfangszimmer machte den Eindruck einer früheren Kleingaststätte. Vor mir waren schon einige Bewerber da. Man bekam von einer Mitarbeiterin ein Formular und einen Personalfragebogen, die man vor dem Einstellungsgespräch ausfüllen musste. Diese Formulare waren praktisch die Bewerbungsunterlagen. Ich stellte mich an eines der Stehpulte, benutzte einen sehr unansehnlichen Federhalter und füllte mit lilafarbener Tinte meine Fragebogen aus.
Zwei Punkte des Vertrages gefielen mir überhaupt nicht, das waren die Punkte A und B: Die mindestens einjährige Bindung an den Arbeitgeber und das Einverständnis mit notwendigen Versetzungen. Ich fühlte mich ein wenig erpresst und der Willkür ausgesetzt.
Aber die Mitbewerber unterschrieben bedenkenlos. Sie waren alle älter und vielleicht nicht so sensibel. Also unterschrieb ich trotzdem, wenn auch mit erheblichen Bauchschmerzen. Entsprechend der Reihenfolge des Erscheinens erfolgte der Aufruf zum Kaderleiter (Personalchef). Nummern wie heutzutage bei öffentlichen Ämtern wurden nicht ausgegeben. Plötzlich sprach mich einer der Wartenden an. Wir sprachen über die Erwartungen hinsichtlich Arbeitsbedingungen und Entlohnung. Er war Kraftfahrer und wollte unbedingt als Kipperfahrer in einen der Tagebaue südlich von Gera. Kipperfahrer wurden ähnlich den Hauern im Untertagebetrieben sehr gut bezahlt. Die Wartenden hatten schnell das Schema

HK - 8

Arbeitsvertrag

atum: 2. Juni 1955 Ort: Gera

er Arbeitsvertrag wird zwischen dem Vertreter der Sowjetisch-Deutschen Aktiengesellschaft „Wismut"

ind Herrn Karl-Heinz Bommhardt

bgeschlossen.

Herr Karl-Heinz Bommhardt Geburtsdatum 2. Januar 1936

Anschrift z.Zt. Tiefenort Theo-Neubauer-Straße 5

tritt auf Grund dieses Arbeitsvertrages in das Arbeitsverhältnis mit der Sowjetisch-Deutschen Aktiengesellschaft „Wismut" ein und verpflichtet sich:

A. Mindestens ...1. Jahre in den Betrieben der AG „Wismut" zu arbeiten.

Mit notwendigen Versetzungen innerhalb der AG „Wismut" einverstanden zu sein.

C. Die Arbeitsdisziplin in der Produktion und die Regel der inneren Betriebsordnung, mit welchen der Arbeiter durch die Betriebsleitung bekanntgemacht wird, einzuhalten.

Abb. 107/1 Kopfteil des Arbeitsvertrages (eigene Unterlagen)

des sowjetischen Kaderleiters, der in Offiziersuniform hinter seinem Schreibtisch saß, erkannt. Unabhängig davon, ob Bäcker, Friseure, Kraftfahrer oder Bewerber aus anderen Berufsgruppen in sein Arbeitszimmer gerufen wurden: Wechselseitig wurden sie auf Schacht (Schmirchau) und Karriere (Tagebau abgeleitet von dem russischen Wort „Karrier“) verteilt. Der Kraftfahrer tauschte seine Position mit mir und die Rechnung ging auf. Er wurde in den Tagebau und ich ins Bergwerk geschickt. Wir tranken auf unseren Erfolg noch ein Bierchen und dann ging jeder seinen Weg. Von dem Offizier bekam man einen Laufzettel mit einem Vermerk über den vorgesehenen Einsatz. Der Laufzettel sah jede Menge Anlaufstellen in der nahe gelegenen Verwaltung des Objektes 90 der SDAG Wismut in der Amthorstraße vor.

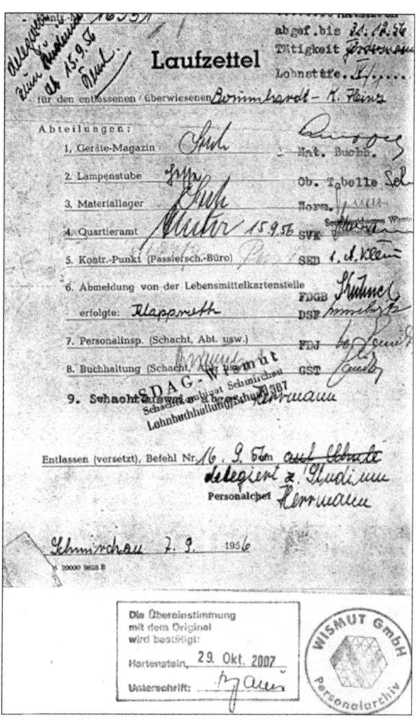
Laufzettel

abgef. bis 31.12.56
Tätigkeit
Lohnstufe

für den entlassenen / überwiesenen Bormhardt – K. Heinz

Abteilungen:
1. Geräte-Magazin — Mat. Buchh.
2. Lampenstube — Ob. Tabelle
3. Materiallager — Norm.
4. Quartieramt 15.9.56 — SVK
5. Kontr.-Punkt (Passiersch.-Büro) — SED
6. Abmeldung von der Lebensmittelkartenstelle erfolgte: — FDGB, DSP
7. Personalinsp. (Schacht, Abt. usw.) — FDJ
8. Buchhaltung (Schacht, Abt. usw.) — GST
9. Schacht

SDAG-Wismut

Entlassen (versetzt), Befehl Nr. 16. 9. 56 delegiert z. Studium

Personalchef Herrmann

Schmirchau 7. 9. 1956

Die Übereinstimmung mit dem Original wird bestätigt:
Hartenstein, 29. Okt. 2007
Unterschrift:

WISMUT GmbH Personalarchiv

Abb. 107/2 Kopfteil des Arbeitsvertrages (eigene Unterlagen)

Bei der Reproduktion des Laufzettels handelt es sich um einen Laufzettel aus dem Jahr 1956. Die beiden Laufzettel des Jahres 1955 enthielten aber die gleiche Anzahl von Unterschriften.

Der wichtigste Anlaufpunkt war die Ausweisstelle. Die erste Amtshandlung des Mitarbeiters war, dass er mir den Personalausweis wegnahm. Dafür bekam ich einen Zettel, der einige Tage als Personaldokument gültig war. Wie ich erst später merkte, hatte die Einbehaltung des Personalausweises einen ganz praktischen Hintergrund. Der Zettel wurde am nächsten Tag gegen einen in Deutsch und Russisch abgefassten „Wismut-Personalausweis“ getauscht. Mit diesem braunen Faltausweis war man in der Freizügigkeit eingeengt. Bei Reisen nach Berlin oder in die Nähe der Zonengrenze konnte man zwar zeitweilig seinen Personalausweis wieder bekommen, aber das war mit so vielen Komplikationen verbunden, dass man es kein zweites Mal versuchte. Eine Einreise nach Berlin oder in die Randzonen der Grenze zur BRD war mit den Faltausweisen nicht möglich. Selbst eine Urlaubsfahrt nach Zinnowitz war mit dem Wismutpersonalausweis nicht gestattet. Die Urlaubersonderzüge für die Wismut fuhren zunächst über Berlin. Da der Halt in Berlin mitunter zum Absprung nach Westberlin genutzt wurde, fuhren sie später östlich an Berlin vorbei, ohne Halt in der Nähe der Hauptstadt. Noch 1955 war das Wismutgebiet im Erzgebirge Sperrgebiet. Mit dem Personalausweis der DDR durften nur Anwohner die eingerichtete Sperrzone betreten. Ortsfremde benötigten eine Genehmigung von der sowjetischen Verwaltung. Das folgende in Russisch verfasste Dokument berechtigte die Frau eines Bergarbeiters am 15. April 1948 das Sperrgebiet zu betreten. Der Zweck ihrer Reise nach Schneeberg war,

Abb. 108 Gebäude der ehemaligen Objektverwaltung (Dialog – Zeitschrift der Wismut GmbH)

ihrem Mann frische Wäsche zu bringen und Ausbesserungen an der Bekleidung vorzunehmen. Er arbeitete bei der Militäreinheit Feldpost-Nummer 27304/B.
In der Bescheinigung wird angewiesen, diese Frau die russischen Sperren passieren zu lassen. Die Bescheinigung war vom 13. April 1949 und vom sowjetischen Personalchef des Objektes 02 unterzeichnet. Die zweite war für den 1.1.1951 ausgestellt, um ihren im Objekt 02 beschäftigten Mann besuchen zu können.
Die Sperren waren mit Schlagbaum und Postenhaus an allen Zufahrtsstellen zum Sperrgebiet errichtet. Die Sperre an der F93 nordwestlich von Schneeberg war bei meiner ersten Fahrt ins Erzgebirge im Jahr 1956 zwar schon außer Betrieb aber noch nicht demontiert.

Ähnlich rigide war der Versand in das und aus dem Sperrgebiet geregelt. Der Bergmann Oskar wollte ein paar Kilogramm seiner aufgesparten Kartoffeln nach Königstein schicken und brauchte dafür eine Genehmigung der Stadtverwaltung von Schneeberg und musste für die Genehmigung noch 40 Pfennig Gebühr bezahlen.

Im Jahr 1955 forderte der Mitarbeiter der Ausweisstelle des Objektes 90 in Gera die Neuen auf, einen bestimmten Fotografen in der Nähe aufzusuchen. Nur dieser kannte die Anforderungen an die Passbilder für Wismutausweise. Die Bilder mussten an einer unteren Ecke weiß bleiben, dort wurde der Stempel als eine Art Siegel angebracht. Für die Bilder gab es einen Kurierdienst zwischen Fotograf und Ausweisstelle. Bereits am nächsten Tag erhielt ich in Schmirchau meinen braunen Personalausweis. Auch der Schachtausweis hatte das gleiche Bild, ich brauchte mich überhaupt nicht darum zu kümmern.

Der zweite Anlaufpunkt war der Quartiermeister des Objektes 90. Das war ein älterer Herr mit schütteren grauen Haaren, ein Prototyp eines Buchhalters. Er ermittelte, ob der Bewerber eine Unterkunft benötigte oder ob er im Einzugsgebiet des Arbeiterberufsverkehrs der Wismut wohnte. Das Einzugsgebiet war sehr groß. Im Norden reichte es fast bis Leipzig. Osterfeld, Hohenmölsen und Meuselwitz waren die weitesten Linien in diese Richtung. Im Osten fuhren Busse bis nach Waldenburg, Hohenstein-Ernstthal und Oelsnitz bei Zwickau.

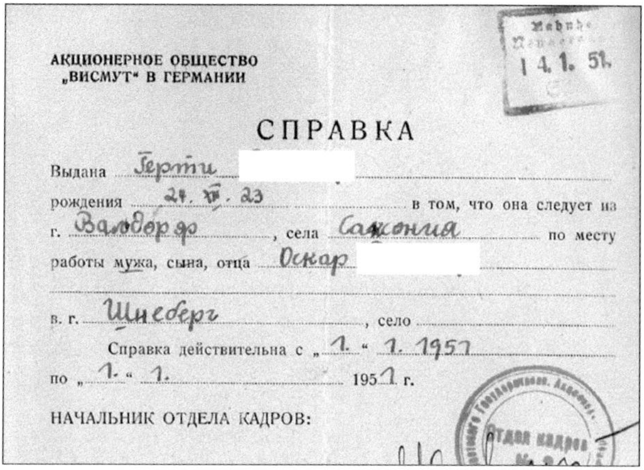

АКЦИОНЕРНОЕ ОБЩЕСТВО
„ВИСМУТ“ В ГЕРМАНИИ

14.1.51

СПРАВКА

Выдана Герти
рождения 24. XII. 23 в том, что она следует из
г. Валдорф, села Саксония по месту
работы мужа, сына, отца Оскар
в. г. Шнеберг, село
Справка действительна с „1.“ 1. 1951
по „1.“ 1. 1951 г.
НАЧАЛЬНИК ОТДЕЛА КАДРОВ:

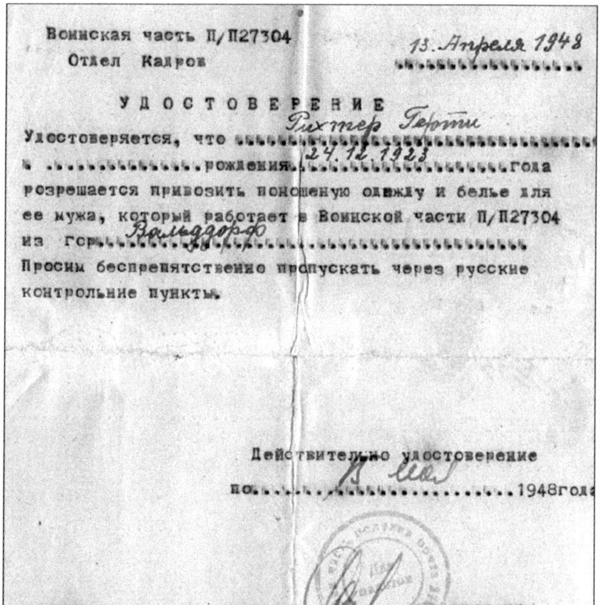

Воинская часть П/П27304
Отдел Кадров
13. Апреля 1948

УДОСТОВЕРЕНИЕ

Удостоверяется, что Рихтер Герти
рождения 24.12.1923 года
розрешается привозить поношеную одежду и белье для
ее мужа, который работает в Воинской части П/П27304
из гор. Валддорф
Просим беспрепятственно пропускать через русские
контрольние пункты.

Действительно удостоверение
по ... 1948года

НАЧАЛЬНИК ОТДЕЛА КАДРОВ /СЕМЕНУШКИН/

Abb. 109 Passierscheine (Sammlung Gottwert Hochmuth, Pirna)

Die längsten Linien gingen nach Süden ins Vogtland mit den Zielpunkten Rodewisch, Falkenstein, Plauen und Oelsnitz. Von dort wurden die Kumpel der ehemaligen Gruben im Revier von Zobes geholt. Die Beschäftigten aus Plauen mussten schon kurz nach 3 Uhr in den Bus zu Frühschicht steigen. Die kürzesten Linien gingen nach Westen bis Eisenberg, Hermsdorf und Münchenbernsdorf.

Ich kam nicht aus dem Einzugsgebiet und bekam eine Einweisung in eine der zahlreichen Massenunterkünfte des Betriebes. Die Unterkunft hieß „Fortuna“ und war ein Landgasthof in der Einöde. Er lag am Abzweig der F 92 von der F 175

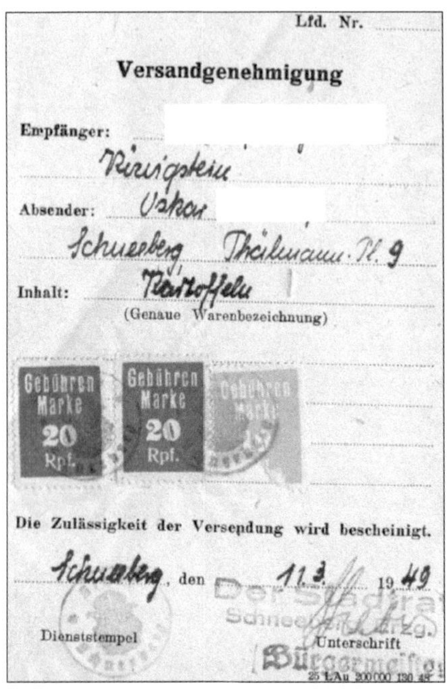

Lfd. Nr.

Versandgenehmigung

Empfänger:

Königstein

Absender: Oskar

Schneeberg Thälmann-Pl. 9

Inhalt: Kartoffeln

(Genaue Warenbezeichnung)

Gebühren Marke 20 Rpf.

Gebühren Marke 20 Rpf.

Gebühren Marke

Die Zulässigkeit der Versendung wird bescheinigt.

Schneeberg, den 11.3. 1949

Dienststempel

Unterschrift

25 LAu 200000 130 48

Abb. 110 Versandgenehmigung für Kartoffeln (Sammlung Gottwert Hochmuth, Pirna)

nach Süden, etwa drei Kilometer von Weida entfernt. Weida war ein kleines Nest in der finstersten Provinz, etwa 15 Kilometer südlich von Gera. Die einzige Verbindung zur Außenwelt hatte man bei Benutzung der Schichtbusse. Eine Linie begann an der „Fortuna“. Weida hatte einen Bahnanschluss, aber dann waren es eben noch diese drei Kilometer Fußweg. Schlimmer als die Einöde war die Unterkunft. In dem zugewiesenen Schlafraum standen Doppelstockbetten für etwa zwölf Personen, die auf alle drei Schichten verteilt waren. Es gab auch eine Waschgelegenheit. Im Flur war ein Wasserhahn und auf einer roh gezimmerten Holzbank standen einige unappetitliche Aluminiumschüsseln. Unbehandeltes Aluminium unterliegt bei Berührung mit Seife einer starken Korrosion. Entsprechend sahen die ungepflegten Schüsseln aus. Nach der Benutzung musste man sie im Freien entleeren. Zweckmäßigerweise erfolgte das in den neben dem Gasthof gelegenen stinkenden Teich. Nach einer solchen Brise waren die ständig quakenden Frösche wenigstens einige Minuten still, bis sie sich wieder zum Orchester formierten. Die Toiletten entsprachen dem Niveau eines damaligen Landgasthofes. Es gab „Donnerbalken“, wie die Sitzgelegenheiten genannt wurden, die direkt auf den Misthaufen austrugen. Das war keine Bleibe für mich und ich rückte am folgenden Tag dem Quartiermeister auf den Pelz. Ich muss sehr forsch aufgetreten sein. Wahrscheinlich setzte ich für diesen Auftritt meine ganze Energie und die angestaute Wut ein. Ich wollte unbedingt nach Gera. Er zählte mir einige der Geraer Unterkünfte auf, die alle schon überbelegt waren. Das war mir bekannt. Aber ich hatte erfahren, dass in Gera-Zwötzen ein kleineres „Bullenkloster“, wie die Unterkünfte mit ausschließlich männlicher Belegung genannt wurden, noch drei freie Betten hatte. Dort wohnten zwar überwiegend Beschäftigte des Transportbetriebes, der damals noch Garage hieß. Der Quartiermeister lenkte ein und schrieb mir eine Einweisung, nachdem ich sogar eine Auflösung des gerade erst unterzeichneten Arbeitsvertrages androhte. Rechtlich hätte ich sicherlich den Kürzeren gezogen.

Mein neues Domizil war ein großes Zimmer mit sechs Betten, von denen erst drei belegt waren. In den nächsten Tagen wurden auch die restlichen beiden Feldbetten belegt. Tatsächlich gehörten alle meine Mitbewohner zur Garage. Erstmals kam ich in der Freizeit auch mit fremden Menschen zusammen und ich machte meine Studien. Auf jeder Seite des Raumes standen drei Betten. Auf meiner Seite,

am Fenster, schlief der Stubenälteste. Erich war Kipperfahrer im Dreischichtsystem. Er war sehr ruhig, etwa 35 Jahre alt und beschäftigte sich in der Freizeit mit Schlafen oder mit Häkelei. Er brachte sehr schöne Exemplare von Decken zustande. Zwischen mir und Erich schlief Ingo. Er war der Benjamin und hatte bei seiner Arbeitsaufnahme bei der Wismut bestimmt gerade erst das für die damalige Zeit erforderliche Mindestalter von 18 Jahren erreicht. Er war noch sehr naiv. Gegenüber Mädchen hatte er eine stark ausgeprägte Scheu und fuhr jedes Wochenende zu seiner Mama nach Weißenfels. Ingo arbeitete ebenfalls in drei Schichten und war im Tagebau Stolzenberg in einem Reparaturstützpunkt für Kipper beschäftigt. Bei den Kipperfahrern war er sehr beliebt und das nicht nur, weil er die personifizierte Hilfsbereitschaft war. Er muss auch sehr treffsicher in der Fehlerdiagnose bei Ausfällen der Fahrzeuge gewesen sein und verstand es, die Fahrzeuge in kürzester Zeit wieder flott zu machen. Kipperfahrer standen im Leistungslohn, Reparaturzeiten wurden nur im Grundlohn bezahlt. In der Nähe des Tagebaues und der Autobahn-Abfahrt Ronneburg befand sich die Gastwirtschaft „Neu Holland“ – in Kreisen der Wismut-Angehörigen als „Holland-Pauline“ bekannt. Diese zwielichtige Einkehr war ein Treff der Kipperfahrer, wenn durch Ausfall der Bagger die Beladung der Fahrzeuge nicht möglich war. Hier sollen leichte Mädchen anzutreffen gewesen sein, wodurch dem Etablissement auch freudenhausähnliche Bedingungen angedichtet wurden. Einmal zeigten sich die Kraftfahrer gegenüber Ingo erkenntlich, indem sie ihm einige Biere spendierten, was ihm aber nicht sonderlich bekam. Er hatte gerade noch die Kraft, sich dagegen zu wehren, dass er eines dieser weiblichen Wesen auf den Bauch gebunden bekam. Vielleicht wusste er auch gar nicht, was das sollte.
Auf der anderen Seite des Zimmers schlief Herbert. Er war ein waschechter „Fischkopf“, was nicht nur in seiner Aussprache zum Ausdruck kam. Er arbeitete als Tankwart an einer fliegenden Tankstelle in Schmirchau. Die Tankstelle war primitiv, aber zweckmäßig eingerichtet. Auf einem kleinen am Straßenrand aufgeschütteten Hügel wurde ein Anhänger eines Tankwagens abgestellt. Eine Zapfsäule befand sich am Fuße des Hügels. Es gab nur eine Sorte Treibstoff. Die Fahrzeuge der SIS-Reihe – also Busse, LKW und Kipper – fuhren mit Benzin. Der Verbrauch soll bis über 50 Liter auf 100 Kilometer betragen haben. Die Fahrer besaßen Tankschecks für diese Tankstelle, die gezapfte Menge wurde ins Fahrtenbuch geschrieben. Die Tankstelle war nur in der Frühschicht in Betrieb. Nach Schichtschluss wurde die Schlauchverbindung zwischen Tank und Zapfsäule abgeschraubt und mit dem Tankwagenhänger in die Garage Ronneburg gefahren. Mit Herbert startete ich viele gemeinsame Unternehmungen.
Armin, der Fünfte im Bunde, war wie Ingo Reparaturschlosser. Er hatte den Vorteil, dass er in der Werkstatt direkt neben der Unterkunft und nur in der Frühschicht arbeitete. Er war unauffällig und fuhr am Wochenende mit dem Motorrad zu seiner Freundin im Raum Halle.
Der Sechste war ein absoluter Paradiesvogel. Er war Mitte Zwanzig, hatte meine Größe (etwa 1,87 Meter), war aber nicht ganz so schmächtig wie ich. Er lebte als Junggeselle ständig in der Unterkunft und arbeitete im Zentrallager direkt neben der Schlafstelle. Zentrallager und Unterkunft hatten einen gemeinsamen Eingang,

der von Angehörigen der Volkspolizei-Wismut bewacht wurde. Obwohl uns die Bewacher kannten, mussten wir beim Betreten des Hauses unseren braunen Personalausweis vorzeigen. Die Wohnanschrift Lange Straße 52 berechtigte zum Betreten des Gebäudes. Unser Paradiesvogel hatte einige Macken. Eine bestand darin, dass er nur am Zahltag flüssig war. Bei der Wismut gab es zwei Zahltage. Vorschuss gab es erst gegen Ende des Monats und der lag bei weniger als 30 % des Monatsverdienstes. Ich glaube sogar, mich an einen Festbetrag von 200 bis 300 Mark zu erinnern. Die Restlöhnung gab es kurz vor Mitte des Folgemonats. Nur an diesen beiden Tagen hatte unser Paradiesvogel Geld. Zu seiner Ehrenrettung kann ich sagen, dass er an diesen Tagen seine alten Schulden unaufgefordert beglich. Gelegentlich lud er dabei zu einem kleinen Umtrunk ein. Er war schließlich auch Teilnehmer, wenn andere Zimmerkollegen einen Anlass hatten, einige Flaschen Bier auf den Tisch zu stellen. Bereits wenige Tage nach der Löhnung begann er, neue Schulden zu machen. Für die Wochenenden hatte er sich eine neckische Abwechslung ausgedacht. Er hatte bereits vor meiner Zeit eine Kontaktannonce zur Partnersuche aufgegeben. Ich weiß nicht, mit welchen Vorzügen er sich anpries. Der Erfolg war jedenfalls durchschlagend. Am Wochenanfang öffnete er seinen Nachttisch und fischte eine der über hundert Zuschriften heraus. Er bevorzugte ländliche Adressen in der näheren Umgebung von Gera. Nach einem kurzen Briefwechsel lud er sich für ein Wochenende bei der Auserwählten ein und das Überleben war gesichert. Aussehen und Alter spielten keine Rolle. In einer Bierlaune gestattete er uns, dass sich jeder eine Anschrift aus der Vielzahl heraussuchte, um den Kontakt aufzunehmen. Mit Ausnahme des Stubenältesten Erich, der als einziger verheiratet war, machten sich alle diesen Spaß – und alle erhielten Antwort. Ich kann mich allerdings nicht erinnern, dass einer den Faden ernsthaft aufgenommen hat.
Ein zweites Standbein seiner Überlebensstrategie war eine berüchtigte Gaststätte in Gera, in der ältere alleinstehende „Damen“ an bestimmten Wochentagen aufkreuzten und keine finanziellen Mittel scheuten, um einen Mann ins Bett zu bekommen. Der Paradiesvogel war jede Woche einmal dort und kam erst am nächsten Morgen stark übermüdet und geschwächt zurück. Bei einem Besuch in dieser Gaststätte inspizierten wir Übrigen Kneipe und Publikum. Wir bekamen nicht den geringsten Appetit zur Teilnahme an derartigen Exzessen. Das Niveau war ganz einfach zu primitiv und diese Damen konnte man sich beim besten Willen nicht „schön saufen“.
Interessant waren auch die beiden Bewohner im Nachbarzimmer. Ernst war unauffällig. Er arbeitete als Hauer in Schmirchau, seine Familie wohnte in Weimar. Der Elektriker Burkhard aus Sitzendorf war von Dittrichshütte nach Ronneburg gekommen. Er war ein bemitleidenswerter Mensch, denn er hatte nie Geld. Man munkelte, seine ausschweifend lebende Frau verlangte ihm alles Geld ab. Sie soll Stammgast auf der Glastanzdiele in Sitzendorf gewesen sein, während Burkhard in der Ferne Geld verdienen musste. Er lebte nahezu von trockenem Brot und Wasser. Er konnte sich nicht einmal die warme Mahlzeit für 1,10 Mark leisten. Nach der Schicht ging er mit in die Küche und wartete, bis ein Bekannter mit seiner Mahlzeit fertig war und holte sich auf dessen leeren Teller Nachschlag. Seine sparsame Lebensweise sah man ihm an. Der Anblick seiner blassen

eingefallenen Wangen wurde noch dadurch verstärkt, dass er keine Backenzähne mehr im Mund hatte. Eines Tages, als ich spät in die Unterkunft zurückkehrte, war ein mächtiger Auflauf in der Straßenbahn. Heimbewohner hatten Burkhard eingeseift. Sie nahmen ihn zu einem Umtrunk mit und er brauchte kein großes Quantum an Alkohol. Er lag in der Straßenbahn, weil er sich nicht mehr auf den Beinen halten konnte. Er streckte laufend den rechten Arm aus und schrie „Führer befiehl, wir folgen dir!" Zum Glück hatte das kein Nachspiel für ihn. Aber in der Unterkunft gab es noch ein Mordsgaudi. Zunächst hievten wir ihn aufs Zimmer. Als sich die Anzeichen häuften, dass im Magen eine Revolte auszubrechen drohte, schleppten wir ihn in den Waschraum, legten ihn in eine Wanne unter die in Reihe angeordneten Wasserhähne und ließen kaltes Wasser über seinen Kopf laufen. Burkhard gab grunzende Laute als Zeichen seines Wohlbefindens von sich. Als die Gefahr weiterer Ergüsse des Mageninhaltes gebannt war, schleppten wir ihn ins Bett. Dort blieb er aber nicht liegen. Er suchte sich einen Platz vor dem Bett. Ein böser Mensch sagte „Das ist sein Platz, wenn seine Holde wieder einmal Herrenbesuch hat.". Der Platz schien ihm nicht ungewohnt zu sein. Diese Episode brachte ihm den Spitznamen „zahnloser Bettvorleger" ein.
Nach dem Quartiermeister arbeitete ich die anderen Anlaufstellen ab und bekam einen neuen Laufzettel für den Schachtbetrieb Schmirchau, den ich am Folgetag zu absolvieren hatte. Für den ersten Tag, der mit einem Festbetrag vergütet wurde, war lediglich noch die Vorstellung in der Poliklinik in Ronneburg zur Feststellung der Untertagetauglichkeit erforderlich. Nach einem sehr kurzen und oberflächlichen Check kam das okay und ich hatte Zeit, mich etwas in Ronneburg umzusehen, bevor ich 15 Uhr in den Linienbus nach Weida steigen konnte. Der Gummibahnhof, wie der Busbahnhof bei den Kumpels hieß, befand sich gleich hinter der Poliklinik. Viele Buslinien hatten einen festen Abfahrtspunkt. Busse mit wechselnden Abfahrtsstellen wurden vom Dispatcher ausgerufen. Die Busschlange wechselte ständig ihre Länge, auch die Aufstellungsdichte wechselte, weshalb der Begriff Gummibahnhof entstand. Obendrein war ein tüchtiges Gewusel auf der schlammigen Straße. Den meisten Spaß gab es immer dann, wenn Busse nach Gera aufgerufen wurden. Der Großteil der Belegschaft war in Gera untergebracht und entsprechend groß war der Beförderungsbedarf. Während die Fernlinien eine feste Abfahrtszeit hatten (eine Stunde nach Schichtende) fuhren nach Gera und Altenburg viele Busse, die mit Nummer aufgerufen wurden. Der Dispatcher rief dann mit heiserer Stimme „Nach Gera die 25–47", womit das Kennzeichen des Busses gemeint war. Wenn länger als zehn Minuten kein Bus nach Gera gefahren war, gab es eine gewaltige Drängelei zu angekündigten Bussen. Die Kumpel hingen an den Türen der ankommenden Fahrzeuge und nicht selten landete einer der Drängler der Länge nach im Schlamm. Das war sehr zum Gaudi der Unbeteiligten. Manchmal erlaubten sich Spaßvögel einen derben Scherz. Aus einem Bus heraus rief einer „Gera, noch drei Mann" und mindestens zwanzig Mann stürzten auf den Bus, der jedoch ein ganz anderes Ziel hatte.
Anfangs wendeten die Busse an der Gaststätte „Grüner Baum". Das führte bei erforderlichen Rückwärtsfahrten zu erheblicher Gefährdung der wartenden Kumpels. Deshalb wurde eine Wendeschleife in Form der Umfahrung des

Siedlungsgebietes eingerichtet. Die Straßen waren ursprünglich mit Granitsteinen gepflastert. Aber vom Pflaster waren nur noch spärliche Relikte vorhanden. Wenn die entstandenen Löcher so groß wurden, dass ein Bus mit beiden Achsen in eine Delle passte, wurden vom Schacht einige Kipper taube Masse angefordert. Damit war ein gewisses Planum vorübergehend wieder hergestellt. Die Anwohner hatten so ihre Probleme. In den Kuhlen sammelte sich Schlamm, der von den durchfahrenden Fahrzeugen auf die Bürgersteige verspritzt wurde. Auch dagegen gab es Abhilfe. Zwischen Fuß- und Fahrweg wurde eine Bretterwand errichtet.
Der Gasthof „Grüner Baum" wurde nach Schichtende gut besucht, obwohl die Gaststätte das Niveau eines primitiven Dorfgasthofes hatte. Ebenfalls sehr turbulent ging es in einem Geschäft zu, in dem die Auswärtigen ihre Einkäufe auf die gesonderten Lebensmittelkarten tätigen konnten. Eine Besonderheit war der Ausschank von Milch und Grubenschnaps. Milchmarken gab es für jede Arbeitsschicht. Auf diese Marken wurde die Milch aus 20-Liter-Kannen in derbe Porzellanbecher gefüllt und an die Kumpel ausgegeben. Ich glaube, dass es die Milch kostenlos gab. Anders war es beim Schnaps. Je nach Planerfüllung und Arbeitsschichten gab es zwei bis sechs Liter im Monat. Der Wismutfusel nannte sich akzisefreier Trinkbranntwein und kostete 0,80 DM pro halbem Liter. Fusel hatte je nach Hersteller unterschiedliche Qualität. Sehr gefragt war der aus Altenberg im Erzgebirge, den es immer nur kurze Zeit gab. Ladenhüter war das Produkt aus der Weinbrennerei Meerane. Als Souvenir befindet sich noch eine volle Originalflasche 0,7 l in meinem Keller.
Die 700-g-Marken waren für den Erwerb einer handelsüblichen 0,7-l-Flasche, die Marken für 100 g für den Sofortverzehr gedacht. In Wassergläsern wurde das wodkaähnliche Getränk in der Verkaufsstelle ausgeschenkt. Die Stückelung wurde bis zum Ende der Wismut beibehalten, weil gelegentlich auch 1-l-Flaschen

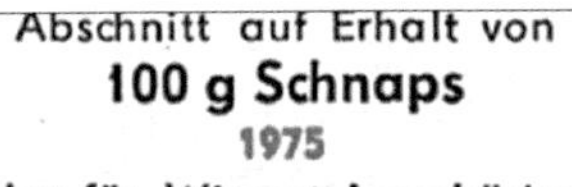
Abschnitt auf Erhalt von
100 g Schnaps
1975
Nur für Wismut-Angehörige

Abschnitt auf Erhalt von
100 g Schnaps
1975
Nur für Wismut-Angehörige

Abschnitt auf Erhalt von
100 g Schnaps
1975
Nur für Wismut-Angehörige

Abschnitt auf Erhalt von
100 g Schnaps
1975
Nur für Wismut-Angehörige

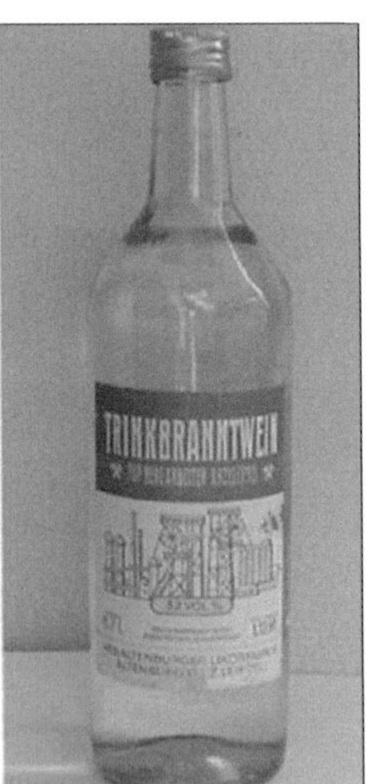

Abschnitt auf Erhalt von
700 g Schnaps
Januar – März 1975
Nur für Wismut-Angehörige

Abschnitt auf Erhalt von
700 g Schnaps
Januar – März 1975
Nur für Wismut-Angehörige

Abschnitt auf Erhalt von
700 g Schnaps
Januar – März 1975
Nur für Wismut-Angehörige

Abschnitt auf Erhalt von
700 g Schnaps
Januar – März 1975
Nur für Wismut-Angehörige

Abb. 111 Bild Schnapsflasche und Schnapsmarken (ZAWismut und eigenes Foto)

angeboten wurden. Manche Bergarbeiter hatten einfach zu viele solche Marken, die sie umsetzen wollten. Das rächte sich, wenn die Heimfahrt ohne sie stattfand. Wer den Bus verpasste, hatte die Möglichkeit, es nach acht Stunden noch einmal zu versuchen. Dann fuhr die nächste Schicht heim.
Eine lustige Begebenheit erlebte ich auf dem Gummibahnhof. Wir aus der Langen Straße 52 durften den Linienbus nach Wünschendorf benutzen. Diese Linie hatte eine Haltestelle in der Nähe der Unterkunft. Gelegentlich musste ein Bus zur Durchsicht oder in die Reparatur. Dann wurden Starkästen eingesetzt. Das waren LKW mit einem hüttenähnlichen Aufbau, in dessen Inneren sich roh gezimmerte Holzbänke befanden. Der Zustieg erfolgte von hinten über eine vertikale Eisenleiter. Wenn das Fahrzeug ein Stück nach vorn gezogen werden musste, kam es vor, dass sich ein Kumpel im Schlamm lang machte. Eines Tages mussten auch Fahrgäste der 02-09, der Linie Wünschendorf, mit einem Starkasten fahren. Beim Einstieg musste man sich auf die eiserne Leiter konzentrieren und war froh, wenn von oben eine Hand als Hilfe gereicht wurde. Das Gaudi bestand darin, dass die Helfer so kräftig zogen, dass der Einsteigende nicht beachten konnte, dass im Starkasten eine Querleiste im Profil stand. Das Gegröle war groß, wenn sich wieder einer den Kopf an der Leiste einrannte. Zwei Personen machten den Wartenden nicht die Freude, anzurennen. Das war einmal Emil der Schienenleger. Er war zu klein, um mit dem Kopf oben anzustoßen. Der Zweite war ich, weil ich aufgrund meiner Größe in unbekanntem Terrain immer den Kopf einzog.

2.4 Das verurteilte Dorf

1952 wurde bei der DEFA (Deutsche Film AG, die kurz nach Kriegsende als staatliches Filmunternehmen gegründet wurde) unter der Regie von Martin Hellberg, der viele interessante Streifen gedreht hat, der Film „Das verurteilte Dorf" fertig gestellt. Die Drehbuchautoren Jeanne und Kurt Stern ahnten sicher nicht, dass diese Problematik auch in der DDR hochaktuell war. Der Film handelte in der BRD. Die amerikanische Besatzungsmacht benötigte ein Gelände für den Bau eines Flugplatzes. Der Film hatte ein Happyend. Den aufmuckenden Bauern gelang es, gemeinsam mit Arbeitern aus der Stadt, die Amerikaner aus dem Dorf zu vertreiben. Ich kann mir vorstellen, dass dieser Film im Wismutgebiet in Ostthüringen nicht gezeigt wurde. Das wäre eine Aufforderung zum aktiven Widerstand gewesen. Dieser Film gehörte zum Pflichtprogramm der Oberschule Rudolstadt, wie schon das Monumentalwerk „Sturm über Asien" und der Thälmannfilm „Ernst Thälmann – Sohn seiner Klasse". In geschlossenen Klassenverbänden marschierten wir zum etwa 300 Meter entfernten Kino. Das einzig Positive an diesen Veranstaltungen war, dass für diese Zeit der Unterricht ausfiel. Der Film wurde nicht lange gezeigt. Als mit der Einrichtung eines Sperrgebietes an der Grenze zur BRD auch in der DDR Ortschaften geräumt werden mussten, war er nicht mehr auf dem Spielplan.
In der DDR war es die SAG Wismut, die zu dieser Zeit mehrere Ortschaften für den Abbau des von der Sowjetunion benötigten Urans räumen ließ. Organisierte

Proteste konnten erst gar nicht aufkommen. Am 3. Juni 1955 lernte ich eines dieser Dörfer kennen: Schmirchau, das einen reichlichen Kilometer südlich von Ronneburg lag. Ich konnte das Sterben dieses Ortes miterleben, die Umbettung der sterblichen Überreste der auf dem Friedhof Bestatteten, die Sprengung der Kirche und die Räumung von immer mehr Gehöften. Mein erster Anlaufpunkt war der ehemalige Gasthof „Zum Goldenen Anker". In diesem Gebäude war die Betriebsleitung untergebracht. Dort meldete ich mich mit meinem Laufzettel. Der Gastwirt hatte sich gegen die Abtretung seines Eigentums gewehrt, allerdings ohne Erfolg. Ihm soll illegaler Waffenbesitz und Widerstand gegen die sozialistische

Abb. 112 Kirche und Gasthaus Schmirchau (Sammlung Manfred Wöllner, Linda)

Abb. 113 Schmirchau Dorfstraße (Sammlung Manfred Wöllner, Linda)

Ordnung vorgeworfen worden sein und er wurde entschädigungslos enteignet. Vielleicht war die Anklage auch nur konstruiert, aber die Verurteilung erfolgte prompt.

Die Haltestelle des Wismut-Werkverkehrs befand sich auf der Dorfstraße unterhalb der Kirche. Direkt neben der Haltestelle befand sich die provisorische Tankstelle (auf der Postkarte hinter dem Pferdefuhrwerk).

Die Bauern, die ihre Höfe räumen mussten, wurden vergleichsweise gut entschädigt. Der Entschädigungsbetrag reichte in den meisten Fällen aus, um in den benachbarten Orten eine neue Existenz aufzubauen. Es gab freie Bauerhöfe, deren Besitzer in die BRD geflohen waren. Nicht ersetzt werden konnte den Zwangsausgesiedelten allerdings die Heimat. Das Heimatgefühl für Schmirchau blieb den Ehemaligen erhalten, der neue Hof konnte oft nicht über den Verlust des alten trösten.

Zum Zeitpunkt meiner Ankunft in Schmirchau waren bereits zwölf Gehöfte und der Gasthof geräumt (1951 zwei und der Gasthof, 1953 weitere zehn). Einige davon mussten aufgegeben werden, weil durch den oberflächennahen Abbau im Bruchbauverfahren bereits Einsturzgefahr bestand. Hauer eines in der Nähe der Schmiede befindlichen Abbaublockes wollen sogar die Hammerschläge gehört haben, wenn der Schmied Werkstücke auf dem Amboss bearbeitete. Bis 1957 wurden etappenweise die restlichen Häuser geräumt, weil sich die Halden den Gebäuden bedenklich näherten und sich das Bruchgebiet vergrößerte.

Entscheidung Bunt/SW

Die Gehöfte standen zwischen dem ursprünglichen Schachtgelände und den entstehenden neuen Komplexen. Das Gehöft nördlich vom ehemaligen Gasthof musste 1953 Hals über Kopf geräumt werden, weil sich in unmittelbarer Nähe Tagesbrüche ereigneten und Gebäudeteile in Mitleidenschaft gezogen wurden. In Position 7 wohnte ein ehemaliger Landwirt. Er hatte als Umsiedler das Glück, in einen Bauerhof einheiraten zu können. Herbert hatte in Schmirchau als Landwirt keine Chance mehr. Er musste die Räumung der Gehöfte im zentralen Ortsteil

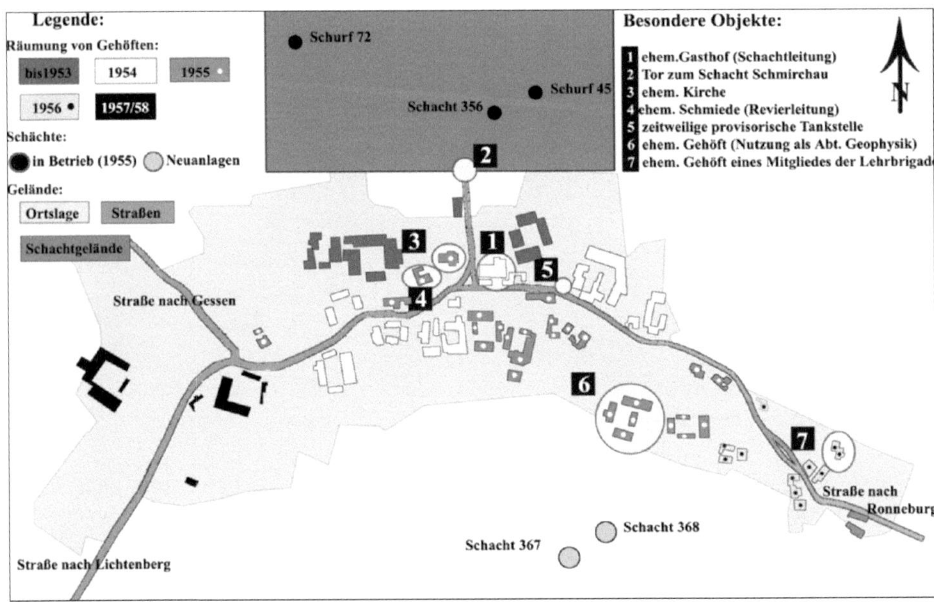

Abb. 114 Zeitplan der Räumung von Gehöften (eigene Bearbeitung nach Angaben ehemaliger Bewohner)

Abb. 115/1 Einweihung der „Schmirchauer Höhe" am 26.06.2010 (eigenes Foto)

Abb. 115/2 Erinnerungsstein für das Dorf Schmirchau. (eigenes Foto)

Abb. 115/3 Die begehbare Landkarte. (eigenes Foto)

Abb. 115/4 Ein (mein) Namensstein. (eigenes Foto)

miterleben und suchte sich deshalb Arbeit bei der Wismut. Mit ihm arbeitete ich in der Lehrbrigade, bevor er in die Markscheiderei wechselte. Vielleicht hatte er Beziehung dahin, weil ein Bergvermesser bei der Familie einquartiert war.
Im Jahr 2010 wurde auf der „Schmirchauer Höhe“ – einer bei der Sanierung des Tagebaus Lichtenberg aufgeschütteten Halde – eine begehbare Landkarte gestaltet.

Mit seinen 373 m über NN ist die Schmirchauer Höhe nicht nur die höchste Erhebung im Raum Ronneburg. Sie ist ein markanter Aussichtspunkt mit vielen Hinweisen auf die Bergbautätigkeit. Der mühsame, staubige Weg zum Plateau wurde den Besuchern erspart – es fuhren Shuttle-Busse mit Rundfahrt durch das ehemalige Bergbaugelände. Über eine Spendenaktion verlegte man Erinnerungssteine für ehemalige Wismutkumpel, was sehr gut angenommen wurde. Mein Stein hat die laufende Nummer 1168. Mit den Steinen aus grauem und rotem Granit und Gedenktafeln wurde eine begehbare Landkarte angelegt. Sie ist in Form der Abbaukonturen im Ronneburger Erzfeld gestaltet.

Mit der Schmirchauer Höhe wurde einer Attraktion aus der Zeit vor der Wismut die Anziehungskraft genommen. Der als Bismarck-Turm erbaute Reuster Turm wurde während der Zeit der Bergarbeiten gesperrt. Von ihm aus lag das Wismut-Gelände dem Betrachter wie auf dem Präsentierteller zu Füßen – und das war wegen der Geheimniskrämerei nicht gewollt. Der 1992 wiedereröffnete Reuster Turm ist nur noch die zweithöchste Erhebung um Ronneburg; auch von ihm hat man bei günstigem Wetter eine herrliche Fernsicht.
Bei der Einweihung der Schmirchauer Höhe wurden Erinnerungen an meine Arbeitsaufnahme in Schmirchau wach. Einer der letzten Aussiedler stellte mir das folgende Foto zur Verfügung. Er markierte während der Vorbereitung der Bundesgartenschau 2007 die Stelle der ehemaligen Kirche von Schmirchau.

Verein zur Förderung, Bewahrung und Erforschung der Traditionen des sächsisch/thüringischen Uranbergbaus e.V.

1993

Zertifikat

Nr. 1168

Namensstein im Rahmen der Spendenaktion
"Mein Stein für die Schmirchauer Höhe"
des Bergbautraditionsvereines Wismut

Karl-Heinz Bommhardt

BB Schmirchau, Königstein

Für o.g. Inhaber wird auf Grund einer Spende in Höhe von 30,00 €
ein Namensstein für die Gestaltung der begehbaren Landkarte reserviert.
Die Aufstellung erfolgt vorbehaltlich der Zustimmung der Wismut GmbH
im Zuge der Sanierung und Endabdeckung des ehemaligen
Tagebaus Lichtenberg.

Ronneburg, den 9. April 2010

Vorstand BTV

Abb. 116 Zertifikat für den Erinnerungsstein (eigene Unterlagen)

Abb. 117 Die Stelle der ehemaligen Kirche (Sammlung Manfred Wöllner, Linda)

Das Sterben des Dorfes grub sich fest in mein Gedächtnis ein.

Das Gut Seiler (Abb. 118/1) befand sich auf der Südseite der oberen Dorfstraße. Rechts neben dem Freileitungsmast ist das Teufgerüst des im Aufbau befindlichen Schachtkomplexes 367/368 zu erkennen. Im Gut Seiler war zu Beginn des Jahres 1956 die geophysikalische Abteilung untergebracht. Da das Gut außerhalb der Schachtumzäunung lag, wurde es von Rotarmisten bewacht und durfte nur mit Passierschein betreten werden. In Abb. 118/2 sind es die Halden der Vortriebsberge der Teufen, die sich einem benachbartem Anwesen näherten. Direkt hinter dem Haus war die Umzäunung des Teufkomplexes. Dieses Gebäude wurde 1956 geräumt.
In der Kaderabteilung im Gasthof bekam ich 1955 wiederum einen Laufzettel, mit dem ich alle Anlaufpunkte absolvierte. Sie waren ausnahmslos in alten Gehöften untergebracht.
Das wichtigste Gebäude für mich lag gegenüber dem Gasthof unterhalb der Kirche. Dort hatte mein zukünftiger Dienstherr sein Arbeitszimmer. Albert, der Revierleiter, war ein älterer rundlicher Mann und wohnte in Bad Blankenburg – er arbeitete vorher in Dittrichshütte. Auch der Obersteiger Adalbert – ebenfalls ein älterer Herr, wesentlich größer und von normaler Körperfülle – stammte aus Bad Blankenburg. Ich wurde dem Revier 3 auf der 90-m-Sohle zugeteilt. Lediglich die Lampenstube, die technischen Werkstätten und das Duschkombinat, wie der Sanitärtrakt im Wismutjargon hieß, befanden sich innerhalb der Einzäunung und waren in Baracken untergebracht. Auch die Kompressorenstation befand sich innerhalb der Umzäunung. Oberhalb der Kirche – auf der ehemaligen Straße nach Ronneburg Ortsteil Friedrichsheide – war der Zugang zum Schachtgelände.
Die Zeit trug einen roten Stern. Er prangte über dem Eingangstor und auf dem dahinter liegenden Schacht 356. Mit dem roten Stern hatte es seine Bewandtnis. Er strahlte nur in purpurroter Beleuchtung, wenn der Plan erfüllt war. Der wichtigste Plan war der Plan der Grundproduktion – der Urangewinnung – und dessen Erfüllung war das Kriterium für die Beleuchtung des Sterns. Das Zugangstor hatte zwei getrennte Eingänge. Rechts war die Einfahrt. Der Posten musste bei jeder Ein- und Ausfahrt das zweiflügelige Tor mit umgehängter Waffe öffnen und

Abb. 118/1 Gehöfte und Bergbau: Gut Seiler in unmittelbarer Nähe die Teufgerüste der Schächte 367 und 368 (im Kreis) (Sammlung Manfred Wöllner, Linda)

Abb. 118/2 Gehöfte und Bergbau: Die Halden nähern sich bedrohlich. (Sammlung Manfred Wöllner, Linda)

Abb. 119 Eingang zum Schacht Schmirchau (Sammlung Manfred Wöllner, Linda)

schließen. Über diese Einfahrt erfolgte die Materialanlieferung. Der Erztransport zur Verladung am Bahnhof Ronneburg erfolgte durch das Nordtor am Schurf 84. Im Gebäude links vor der Einfahrt befanden sich getrennte Ein- und Ausgänge für Personen, dazwischen Kabine und Kontrollposten.

Die Kabine war eine besondere Institution für den Einlassdienst. Die Posten waren Rotarmisten, die die Schachtausweise kontrollierten. Es herrschte Rechtsverkehr. Der Ausgang (nur ansatzweise am linken Bildrand erkennbar) hatte eine aus dem Erzgebirge übernommene Besonderheit. Dort befand sich eine Kassette mit Geigerzählern, die bei erhöhter Radioaktivität Alarm in der Kontrollstube auslöste. Damit sollte der Mitnahme

von Erz vorgebeugt werden. Auch bei stark kontaminierter Kleidung soll es Alarm gegeben haben. Ich habe allerdings nie einen Alarm erlebt. Die Ronneburger Erze hatten nur einen geringen Urangehalt. Die Kabine war das Herzstück der Eingangskontrolle. Dort wurden die Schachtausweise aufbewahrt. Jeder Kumpel hatte eine vierstellige Schachtnummer, die identisch mit der Nummer des Schachtausweises war. Vor Betreten des Schachtes musste man eine Aluminiummarke abgeben und erhielt dafür seinen Ausweis, den der Rotarmist kontrollierte. Mitunter gab es Probleme bei Veränderung des Aussehens. Wie stur Soldaten bei der Erfüllung ihrer Pflicht sein konnten (vielleicht auch mussten), erfuhren die Kumpels, die sich im Urlaub einen Bart wachsen ließen. Sie hatten keine Chance, den Betrieb betreten zu dürfen. Dazu musste erst eine komplizierte Ausnahmeregelung in Gang gesetzt werden. Beim Verlassen des Betriebes nahm der Rotarmist den Schachtausweis ab und der in der Kabine sitzende deutsche Mitarbeiter händigte dem Kumpel die Aluminiummarke aus. Diese Marken hatten bestimmte Formen. Sie waren rund, quadratisch, dreieckig oder oval. Das richtete sich danach, ob man in die Schicht A, B oder C eingeteilt war oder nur Frühschicht hatte. Ein Umdritteln – also ein Wechsel der Schicht – bedurfte einer gesonderten Genehmigung. Jeder Schachtausweis hatte in der Kabine ein gesondertes Fach. Damit hatte jeder Kumpel ein eigenes Postfach, über das alle Informationen abgewickelt wurden. Lohnstreifen, Informationen über das Erscheinen zu Institutionen und andere Aufforderungen wurden so an den Mann gebracht. Über jedem Fach war ein Nagel eingeschlagen, auf dem die Alu-Marke aufgehängt wurde. Im Bedarfsfall konnten sofort neue Marken geschlagen werden. So lernte ich die Einlassmodalitäten bei der SDAG Wismut kennen.
Am nächsten Tag nahm mich der Sicherheitssteiger nach vorangegangener Belehrung mit in die Grube. Über den Zentralschacht und Gesenk 1 ging es auf die 90-m-Sohle. Alles war furchtbar eng. Anfällige konnten Platzangst bekommen. Wenn eine Lok vorbeifuhr, musste man zwischen die Stempel des Ausbaus ausweichen. Der erste Weg des Sicherheitssteigers ging direkt zur Kübelstation – so heißen die Untertagetoiletten. Ich lernte später noch viele Bergleute kennen, die diese Umgebung zur Darmentleerung brauchten. Mir ist es nie gelungen, Bedürfnisse zu wecken, wenn die Luft in den engen Räumen mit einem Gemisch aus dem Duft von Exkremente und Chlorkalk geschwängert ist. Nachdem er seinen Druck losgeworden war, brachte er mich zum Steiger des Reviers 3.
Es war auch ein Karl-Heinz. Welch ein Wunder: auch er wohnte in Bad Blankenburg. Wir begegneten uns während unserer späteren Tätigkeit noch mehrmals. Revier 3 bestand zum großen Teil aus ehemaligen Bergleuten von der „Hütte". Einige Wochen war ich als Mädchen für Alles eingeteilt. Als Streckenreiniger wurde ich mit der Lohnstufe 4 geführt und im Schichtlohn bezahlt.
Ich musste Haufwerk (Gesteinsbrocken) aus den Gleisen schaufeln, das bei Havarien aus den Hunten gekippt war und Holztransport durchführen. Die längste Zeit war ich zum Versatz eingeteilt. Mit zwei weiteren Neuanfängern hatten wir die Aufgabe, auf der 60 m-Sohle anfallendes taubes Fördergut in einen Abbaublock zu verstürzen und dort mit kleinen Hunten auf Gleisen mit 300 mm Spurweite in abgebaute Grubenbaue zu fahren. Abbauhohlräume wurden mit Taubgestein verfüllt, um auf der darüber liegenden Etage weiter abbauen zu können.

Als genügend neue Arbeitskräfte bereit standen, wurde eine Lehrbrigade gebildet. Mein Lehrausbilder Rudi war ebenfalls ein Blankenburger. Er hatte sich eine Silikose aufgelesen und verlies bereits in den späten 50-er Jahren die Wismut. Ich traf ihn Jahre später in Rudolstadt beim Kraftverkehr wieder. Als Einsatzleiter kam ihm sein Organisationstalent zugute – seine Leistungen wurden mit dem Nationalpreis geehrt. Unsere Lehrbrigade hatte die Aufgabe, eine etwa 2,5 m breite und 2,5 m hohe Strecke aufzufahren und in Vollschrot auszubauen. Der Holzeinsatz war gewaltig. Auf 1,2 m Vortrieb wurden sechs Türstöcke mit je drei über 2,5m langen Rundhölzern eingebaut, also 18 Rundhölzer auf einen Abschlag. Die Auffahrung war in einem stark zerrütteten Kieselschiefer. Das Bohren war eine Schinderei. Zur Beherrschung des 16 kg schweren Bohrhammers auf einer Bohrstütze fehlte uns anfangs einfach das Gefühl. Drehte man die Luftzufuhr an der Bohrstütze zu weit, drückte es die Bohrmaschine nach oben und verklemmte sie gegen die Firste. War der Andruck zu gering, sackte sie ab und der Hammer tuckerte ohne Wirkung. Man musste einfach einen optimalen Anstellwinkel für die Maschine finden – aber das war eben das Problem. Das zerklüftete Gebirge schuf zusätzliche Schwierigkeiten. Das Bohrgestänge verklemmte im Bohrloch oder die Bohrungen für die Wasserzufuhr in der Bohrkrone verstopften. Das dauerte seine Zeit, bis die Maschine wieder flott war. Wenn das Bohrloch tief genug war, ging die Schinderei erst richtig los. Die Bohrstange musste gezogen werden. Mit einem sechskantigen Ringschlüssel mit der Weite des Bohrstahls musste man die Stange drehen und dabei gleichzeitig aus dem Bohrloch ziehen. So eine Prozedur konnte das Vielfache der Bohrzeit in Anspruch nehmen. Nach dem Abschluss der Bohrarbeiten wurden die Bohrlöcher mit Druckluft frei gespült. Erst dann konnte der Schießmeister, der eigentlich ein Sprengmeister war, kommen. In der Zwischenzeit wurden Lehmwürstchen zum Abdämmen der Ladung in den Bohrlöchern

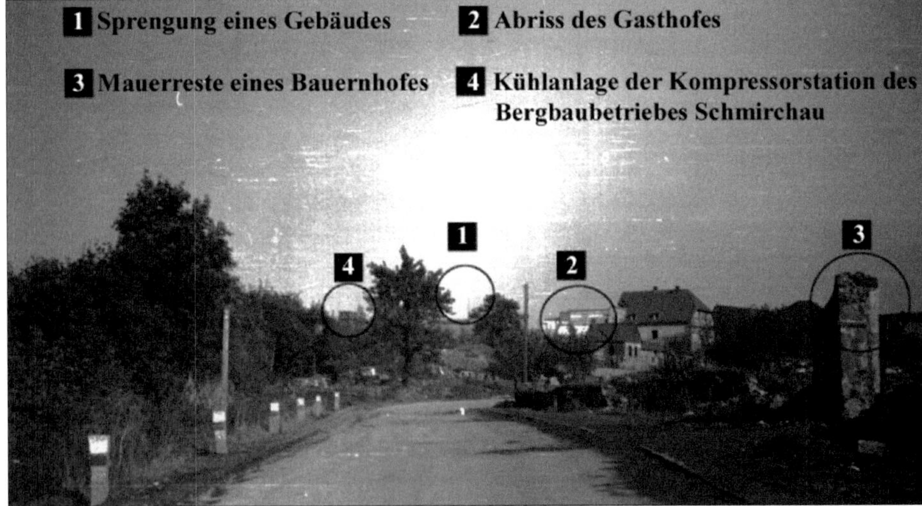

Abb. 120 Dorfstraße in der Abrissphase (Sammlung Manfred Wöllner, Linda)

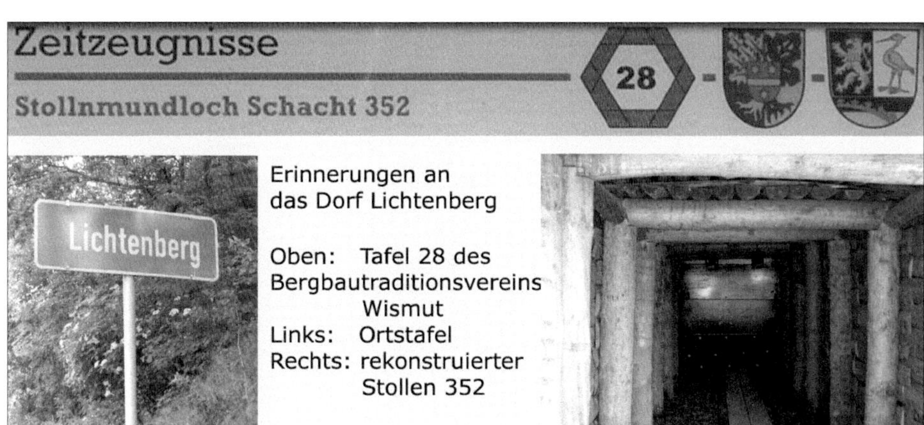

Abb. 121 Erinnerungen an den Ort Lichtenberg (eigene Fotos)

gedreht. Die Scheibe – die abgebohrte Ortsbrust – wurde mit patroniertem Sprengstoff besetzt und aus sicherer Entfernung gezündet. Alle Zugänge zum Sprengbereich wurden mit Beginn der Sprengarbeiten abgesperrt. Die Qualifizierung zum Hauer konnte ich mit Erfolg abschließen.

Im Laufe meiner Tätigkeit von Juni 1955 bis August 1956 konnte ich beobachten, wie der Ort Schmirchau ausradiert wurde. Die nicht mehr benötigten Gebäude verfielen bzw. es wurde dem Verfall nachgeholfen. Die Kirche wurde gesprengt, nachdem die Bestatteten umgebettet waren.

Das Foto ist bei der Sprengung der Kirche geschossen worden. Der Ort der Sprengung stimmt mit dem ehemaligen Standort der Kirche überein. Links neben dem Gasthof befanden sich aus dieser Sicht nur noch ein Bauernhof, die Kirche und die Schmiede.

Den Bergarbeiten im Erzfeld Ronneburg fielen noch zwei weitere Ortschaften zum Opfer. Der Ort Lichtenberg musste ebenfalls planmäßig wegen den oberflächennahen Bergarbeiten bzw. der herannahenden Halde geräumt werden. Lediglich zwei Häuser am südlichen Ortsrand erinnern noch heute mit dem Ortseingangsschild an den ehemaligen Ort.

Erst durch die Tafel erfuhr ich, dass es im Bergwerk Lichtenberg einen Stollen 352 gab und warum er angelegt wurde. Im Gebiet des ehemaligen Ortes Lichtenberg gibt es zwei Tafeln des Bergbautraditionsvereins: am ehemaligen Stollen 352 und an der Absetzerhalde. Die beiden verbliebenen Häuser stehen nicht im Einwirkungsbereich des ehemaligen Tiefbaus und die Absetzerhalde des Tagebaus Lichtenberg wurde nicht als gefährlich eingeschätzt. Nicht verwertbare Gesteinspartien aus dem Tagebau wurden auf Absetzerhalden mit respektabler Höhe abgelagert. Die übrigen Häuser, die noch nicht wegen der Auswirkungen des Tiefbaus geräumt werden mussten, wurden durch herabrollende Gesteinbrocken gefährdet. Die Tafel für Schmirchau war zur Zeit der Niederschrift noch in Arbeit.

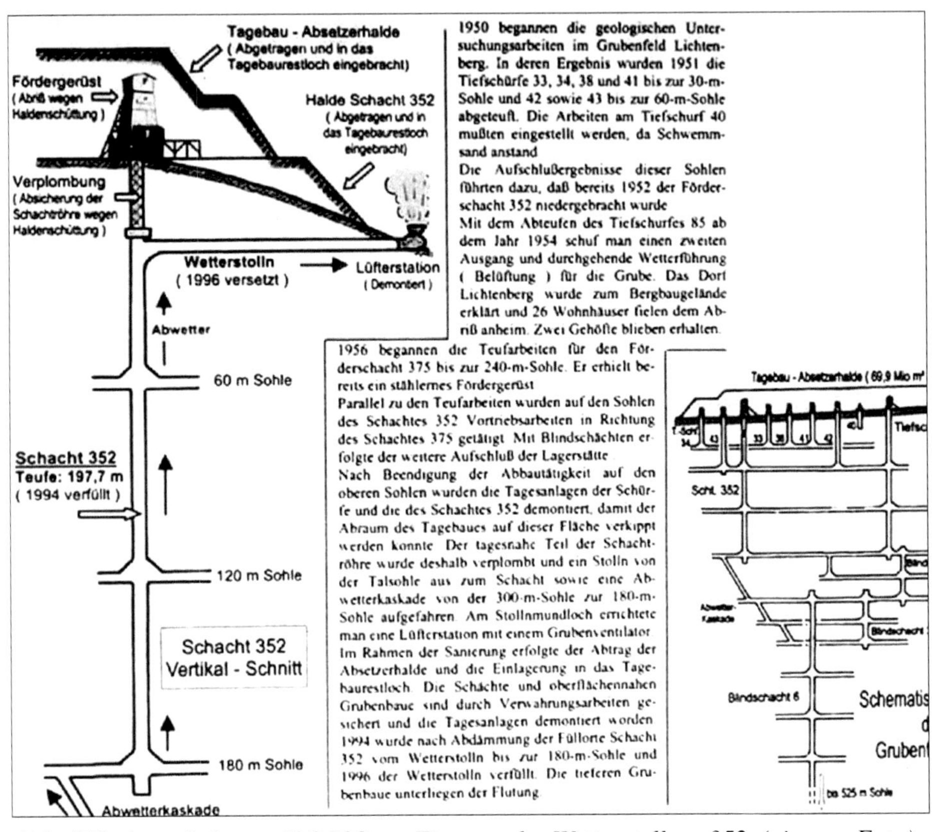

Abb. 122 Ausschnitt aus Tafel 28 am Eingang des Wetterstollens 352 (eigenes Foto)

Anders der Ort Gessen. Er musste wegen einer Havarie über Nacht evakuiert werden. Die Nordhalde des Tagebaus Lichtenberg wurde in Richtung Gessental angelegt.

Die gewaltige Halde gefährdete nicht nur den Ort Gessen, sondern auch die Bahnlinie Gera – Glauchau, die durch das Gessental führte. Diese Halde begann am 20. Oktober 1966 auf einer Länge von 650 Metern bei einer Höhe von 70 Metern abzurutschen und bedrohte den Ort und die Bahnlinie. Innerhalb von 20 Minuten rutschten über 3 Millionen m³. Die Räumung konnte gerade noch in letzter Minute angeordnet werden. Die Haldenmassen begruben Teile des Ortes, ohne dass Personen zu Schaden kamen. Betroffen wurde außerdem die Ortsverbindungsstraße Ronneburg – Gessen und der Friedhof. Die Bahnlinie wurde daraufhin in einem Bogen nach Norden verlegt. Im Nachhinein soll sich die Verlegung als nicht erforderlich erwiesen haben.

Während die Halde Respekt vor dem Anwesen hatte – nur der vor dem Haus liegende Teich wurde verschüttet – wurde der Friedhof total überschüttet (Abb.125).

Abb. 123 Schichtzug vor der Kulisse der Nordhalde (Sammlung Manfred Wöllner, Linda)

Weitere Ortschaften bzw. Gehöfte mussten den Tagebauen der Wismut westlich von Seelingstädt weichen. Aus diesen Tagebauen wurden die Erze des Culmitzscher Halbgrabens gefördert. Die Vererzung im Zechstein – also in wesentlich jüngeren Gesteinen als in Ronneburg – stand bis Übertage an und konnte im Tagebau gewonnen werden. Das Erzfeld lag auf halber Distanz zwischen Gera und Zwickau. Es waren vier Erzkörper ausgebildet, von denen drei abgebaut wurden. Der Abbau begann im Südosten bei Sorge-Settendorf, wo das Erz direkt unter der Tagesoberfläche lag. Der Transport des Erzes und des Abraums erfolgte fast ausnahmslos mit Kippern aus den bis 60 Meter tiefen Gruben. Als Fahrtrassen dienten aus dicken Brettern gezimmerte Rollbahnen. Die Kipperfahrer waren Artisten. In unvorstellbarer Geschwindigkeit rasten sie auf der engen Piste entlang. Als einzige Sicherung gegen Verlassen der Fahrbahn dienten im Innenbereich der Räder angebrachte Kanthölzer. Aber ein Abschießen von der Fahrbahn hätten sie nicht verhindern können – ihre Berührung konnte nur ein Warnsignal sein. Die ständig verschmutzte Fahrbahn – bei Regen war die Bahn wie mit Schmierseife überzogen und im Winter eine Eisbahn – erforderte hohes fahrerisches Können. Auf dem mittleren Bild kann man die Wirksamkeit der Spurhölzer erahnen, wie auch den ständigen Wartungsbedarf des Pfostenbelages. Lose Pfosten erforderten permanente Wachsamkeit des Fahrers. Die Befestigung mit Nägeln und Bauklammern war den Belastungen des Fahrbetriebes nicht gewachsen.
Vier Orte fielen den Tagebauen zum Opfer. Die Orte Sorge, Katzendorf und Culmitzsch wurden vollständig und der Ort Gauern teilweise geräumt. Culmitzsch

Abb. 124/1 Gessen bei Ronneburg – Dorfidylle vor der Wismutzeit (Sammlung Manfred Wöllner, Linda)

Abb. 124/2 Gessen bei Ronneburg – Nach dem Haldenrutsch (Sammlung Manfred Wöllner, Linda)

Abb. 125/1 Auswirkungen des Haldenrutsches: Um dieses Anwesen machte die Halde einen Bogen. (Sammlung Manfred Wöllner, Linda)

Abb. 125/2 Auswirkungen des Haldenrutsches: Der Friedhof vor dem Ereignis. (Sammlung Manfred Wöllner, Linda)

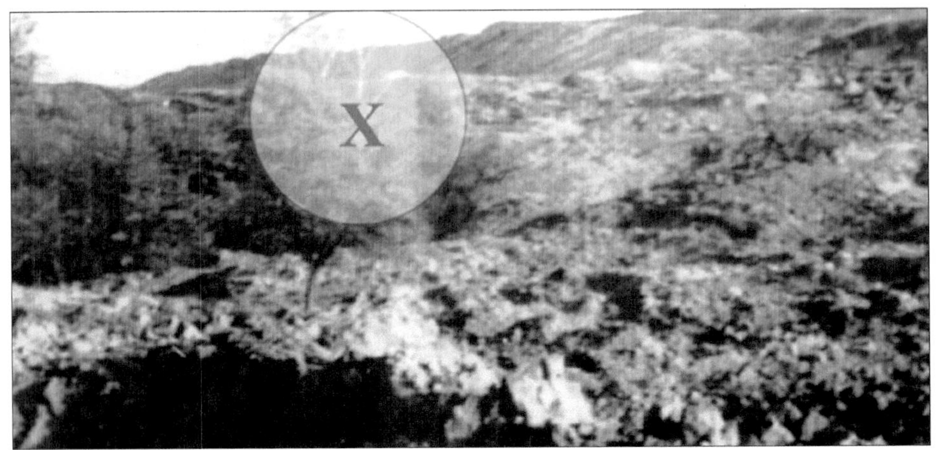

Abb. 125/3 Auswirkungen des Haldenrutsches: Um den Friedhof machte die Halde keinen Bogen. Nur die Birken (X) markieren den ehemaligen Standort. (Sammlung Manfred Wöllner, Linda)

Abb. 126 Tafeln der Stationen Nr. 32 und 33 in Gessen (Fotos Hartmut Weise Chemnitz) – (verschwundenes Dorf Gessen und Gessentalhalde)

Abb. 127 Tagebau der Wismut (ZAWismut)

Abb. 128 Sprengung im Tagebau (Bergbaumuseum Ronneburg)

musste 1964 geräumt werden, weil es ohne Hinterland auf einem schmalen Streifen zwischen den beiden Tagebauen Mücke und Trünzig lag. Eine akute Gefährdung der Bewohner war nicht mehr auszuschließen.

An diese drei durch Tagebaue verschluckten Orte sowie an die Orte Lichtenberg und Gessen und Teile von Gauern erinnern heute nur noch steinerne Findlinge und Hinweistafeln (Abb. 131).

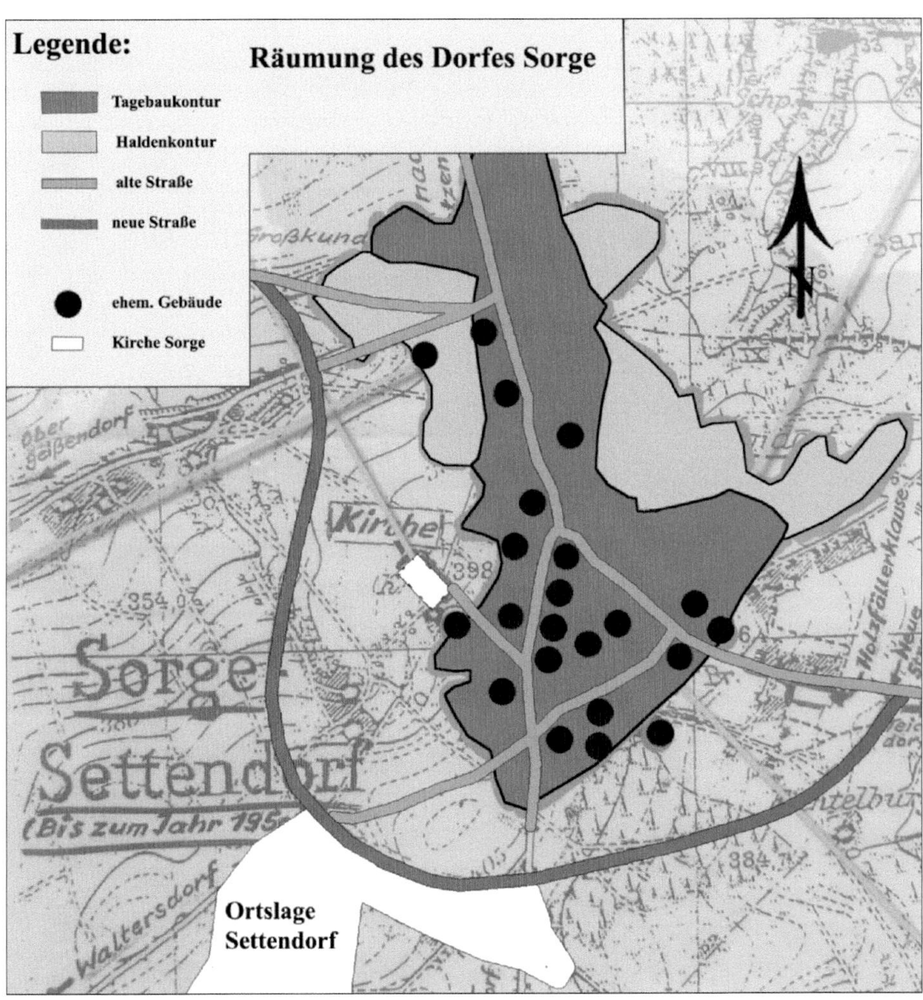

Abb. 129 Räumung des Dorfes Sorge
(eigene Bearbeitung nach Angaben in Chronik der Wismut)

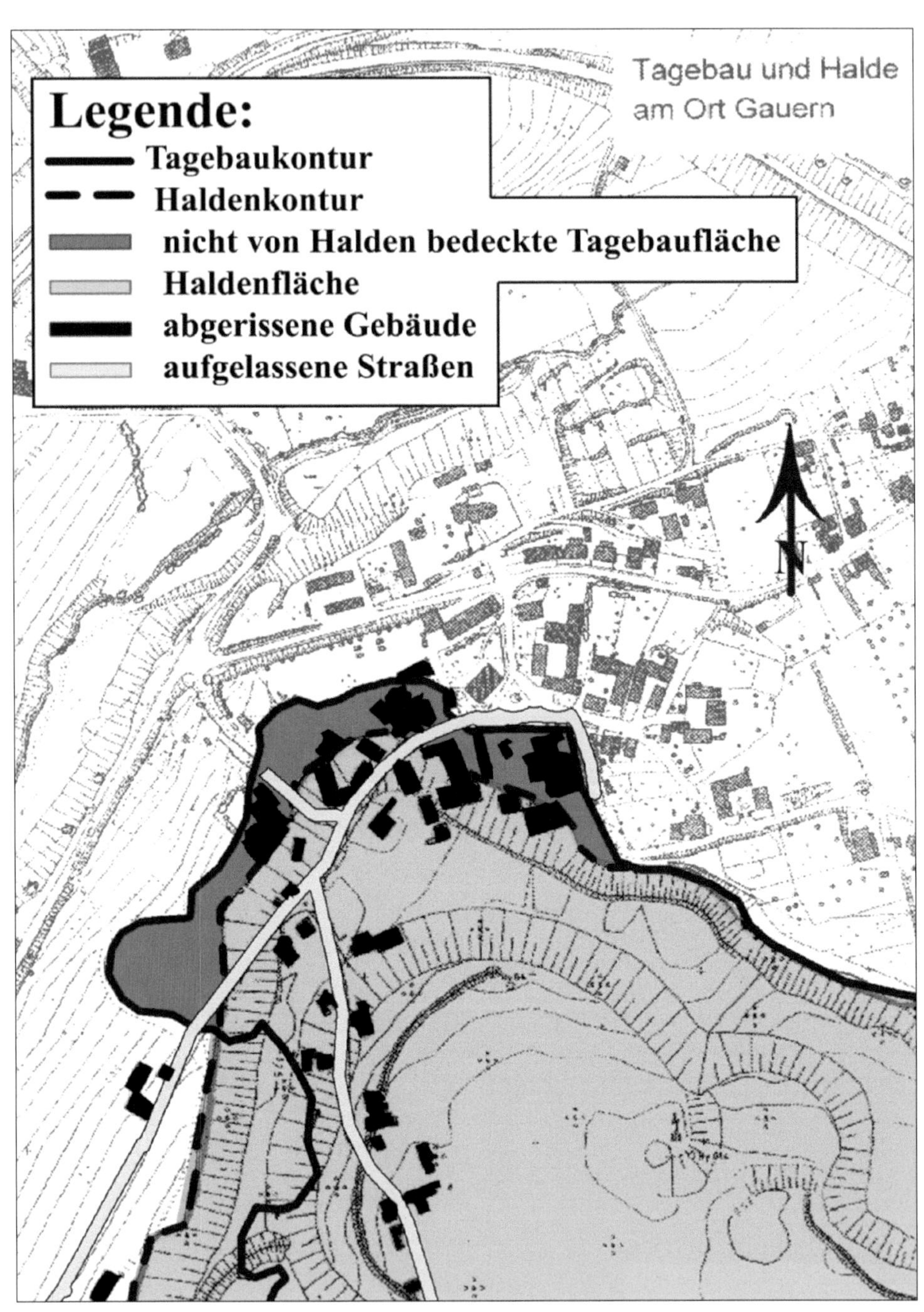

Abb. 130 Teilräumung des Ortes Gauern
(eigene Bearbeitung nach Angaben in Chronik der Wismut)

*Abb. 131 Gedenksteine für die verschwundenen Dörfer
(Fotos Hartmut Weise, Chemnitz)*

Eine besondere Rolle spielte die Kirche von Sorge, um sie machte der Tagebau einen Bogen. Das war Anlass für wilde Spekulationen. Es machte die Runde, die Kirche sei Schweizer Eigentum und man hätte keine Möglichkeit für den Erwerb der Fläche gefunden. Heimliche Freude machte sich bei den Kumpels breit, dass der allgewaltigen Wismut von der Kirche ein Stoppschild gesetzt wurde. Bei einer besseren Informationspolitik von Seiten des Unternehmens hätte sich der Zusammenhang aufklären lassen. Unter der Standfläche der Kirche gab es einfach kein Erz.

Abb. 132 Kirche ohne Hinterland im Jahr 2009 (Foto Hartmut Weise, Chemnitz)

Vom Bergbautraditionsverein werden – wie an 39 Stellen der Tätigkeit der Wismut – für die verschwundenen Orte Tafeln als Zeitzeugen aufgestellt. Es handelt sich um folgende Tafeln für Orte bzw. Teile von Dörfern, die Tagebauen weichen mussten (Abb. 133):

Sorge-Settendorf	Tafel 23	Katzendorf	Tafel 22
Gauern	Tafel 39	Culmitzsch	Tafel 21

Auf den Tafeln sind interessante Details zu den Orten, historische Fotos und Ortspläne zu sehen. Der Pfad der Bergbaukultur umfasst das ganze Ostthüringer Abbaugebiet. Bis Mai 2010 waren 25 Tafeln von den bisher konzipierten 39 Tafeln mit dem Logo des Vereins aufgestellt.

Die drei Tagebaue Sorge, Trünzig („IV. Parteitag") und Mücke („Philipp Müller", später mit dem Tagebau Gauern verbunden) waren von 1951 bis 1967 in Betrieb. Die Tagebaue Sorge, Trünzig und Gauern wurden nach Ortschaften benannt, der Tagebau Mücke (nach der Vereinigung mit dem Tagebau Gauern als Tagebau Culmitzsch weitergeführt) nach einem ehemaligen Ausflugsgasthof auf einer Anhöhe in der Nähe von Culmitzsch. Nach dem Abschluss der Gewinnungsarbeiten bekamen die Tagebaulöcher als industrielle Absetzanlagen für die nahe gelegene Aufbereitung Seelingstädt eine neue Bedeutung. Begonnene Innenverkippung mit

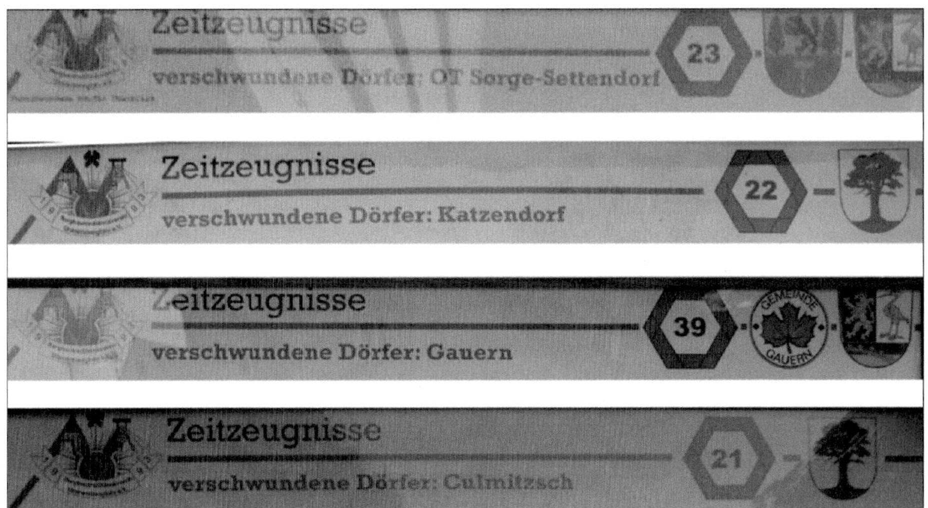

Abb. 133 Tafeln für verschwundene Dörfer (Fotos Hartmut Weise Chemnitz)

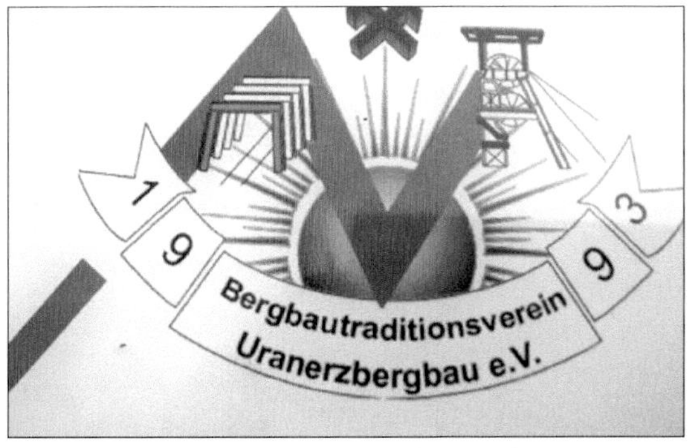

Abb. 134 Logo des Bergbautraditionsvereins (eigene Unterlagen)

Haldenmaterial wurde eingestellt, um ausreichend Stauraum für die Aufbereitungsrückstände zu erhalten.
Insgesamt betrug die Urangewinnung laut Chronik der Wismut in den drei Tagebauen 10.937 Tonnen (Auf den Tafeln des Traditionsvereins sind 12.002 Tonnen vermerkt – aber das macht nur einen Unterschied von etwas mehr als 1 % aus. Bei der Zuordnung von Kennziffern im den Unterlagen der SDAG Wismut sind abweichende Zahlen nicht verwunderlich! Allerdings kann in diesem Fall die Zahl 12.002 nicht stimmen, weil es unmöglich ist, dass mehr Uran gewonnen als Vorräte gelöscht wurden). Für die Gewinnung der rund 11.000 Tonnen Uran mussten über 118 Mio. m³ Abraum transportiert und 800 Hektar landwirtschaftliche Nutzfläche beansprucht werden. Diese wurde etwa je zur Hälfte als Tagebaufläche und als Standfläche für die Halden benötigt. Für eine Tonne Uran mussten 1.000 m³ Abraum bewegt werden. Bei einem durchschnittlichen Urangehalt von 0,066 % im Erz heißt das: nur jeder vierzehnte aus dem Tagebau fahrende Kipper war mit Erz beladen.
Die Hauptdaten der Tagebaue auf einem Blick: (nach der Chronik der Wismut)

Tagebau	Betriebsdauer von - bis	Tiefe (m)	Abraum (Mio. m³)	Urangewinnung (t)
Sorge-Settendorf	1951 - 1952	20	19,4	2.292
(mit Tünzig)	1952 - 1957			
Culmitzsch	1955 -1967	über 60	97,4	9.217
Gauern	1953 - 1957	15	2,0	428
Gesamt	**1951 - 1967**		**118,8**	**11.937**

Abb. 135 Produktionszahlen der Tagebaue (eigene Bearbeitung nach Angaben in Chronik der Wismut)

Die vierte Lagerstätte im Culmitzscher Halbgraben – Gera Süd – lag zu tief und konnte nicht im Tagebau gewonnenen werden. Versuche der Gewinnung im Tiefbau scheiterten an den Lagerstättenbedingungen. Allein die Erkundung der Vorräte der Lagerstätte Gera-Süd kostete über sieben Millionen Mark. Nördlich des Gleisbogens der Strecke Gera-Werdau beim Ort Gauern wurden ein über einhundert Meter tiefer Schacht (Nr. 385) geteuft, Untersuchungsstrecken gefahren und ein Versuchsabbau durchgeführt. Die Lagerstätte blieb eine Karteileiche der Wismut. Von den 3.369 Tonnen Uranvoräten konnte lediglich 19 Tonnen im Versuchsabbau gewonnen werden.

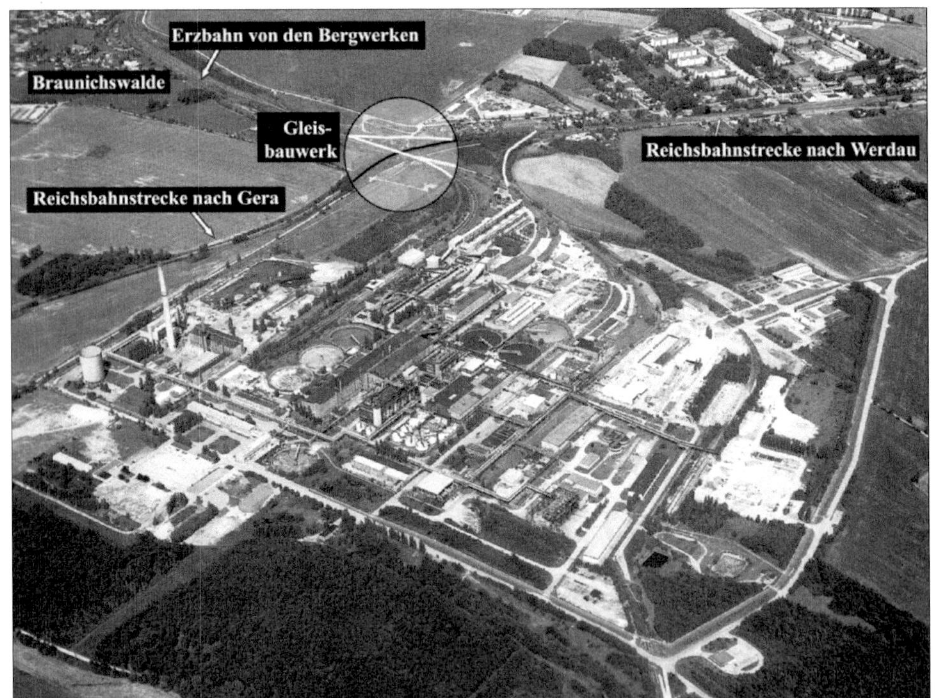

Abb. 137 Der AB 102 im Jahr 1996 (ZAWismut)

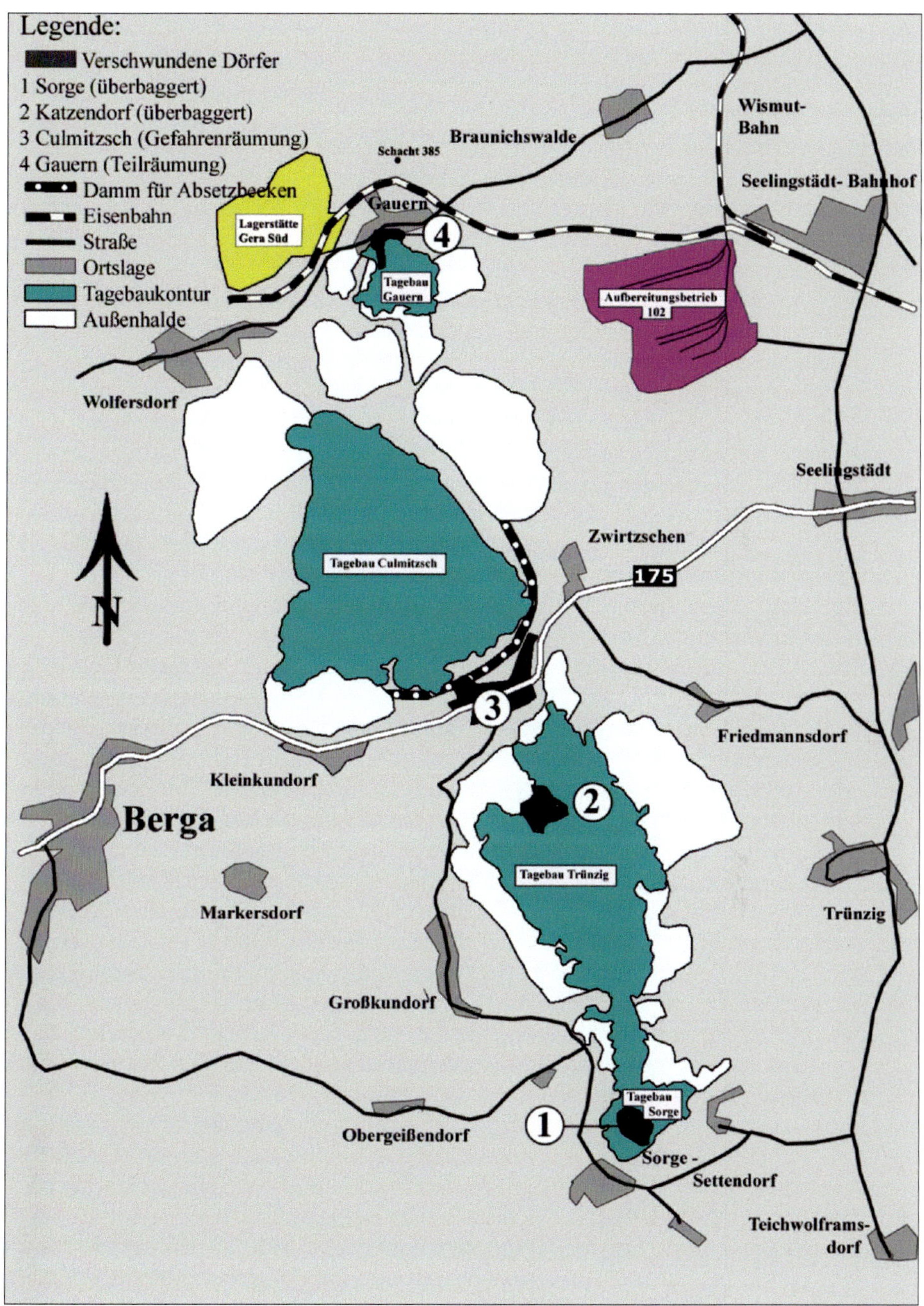

Abb. 136 Lageskizze Tagebaue (eigene Darstellung nach Angaben in Chronik der Wismut und Dialog – Zeitschrift der Wismut GmbH)

Die Ortschaft Culmitzsch wurde komplett geräumt. Sie lag zwischen den beiden großen Tagebauen Culmitzsch im Norden und Trünzig im Süden. Katzendorf (Ortsteil von Trünzig) und Sorge mussten den Tagebauen Trünzig und Sorge weichen. Der Südteil des Ortes Gauern musste dem gleichnamigen Tagebau weichen. Östlich der Tagebaue wurde in den Jahren 1958 bis 1960 der größte Aufbereitungsbetrieb der Wismut errichtet, der Aufbereitungsbetrieb 102 (AB 102). Der Probebetrieb begann 1961. In diesem Betrieb arbeiteten bis zu 2.100 Arbeitskräfte. Wegen der günstigen Standortbedingungen fiel die Wahl auf Seelingstädt. Voraussetzungen waren:

- Die Transportentfernung von den größten Erzproduzenten der Wismut, den Thüringer Bergbaubetrieben und Tagebauen, war gering. Es wurde eine Bahnstrecke von Schmirchau nach Seelingstädt errichtet. In der Folgezeit wurden Reust, Lichtenberg und Paitzdorf angeschlossen. Nach der Verbindung der Erzbahn mit der Reichsbahnlinie Gera – Glauchau wurden auch die Betriebe Beerwalde und Drosen an die Erzbahn angeschlossen.
- Mit dem Auslaufen der Tagebaue standen große Auflande- oder Absetzbecken für die Aufbereitungsrückstände zur Verfügung. Der neudeutsche Ausdruck „tailings“ war damals noch nicht geläufig. Ein Tail ist nach meinen geringen Englischkenntnissen ein Schwanz. Aber vielleicht ist der Begriff davon abgeleitet. Die Abfälle sind der Schwanz des Aufbereitungsprozesses. Während in dem anderen großen Aufbereitungsbetrieb in Crossen bei Zwickau die Rückstände mit Höhenunterschieden in ein entferntes Tal gepumpt werden mussten, lagen hier die Becken gleich hinter dem Haus. In die Becken wurden über 100 Millionen Tonnen Feststoff eingespült. Über die Umweltschädlichkeit der schwach radioaktiven Schlämme mit ihren giftigen Beimengungen gab es keine Informationen und schon gar keine Veröffentlichungen. Die Rückstände enthielten neben Uran und mineralischen Beimengungen des Erzes wie Blei und Arsen auch einen großen Teil der zur Aufbereitung eingesetzten Chemikalien. Dabei handelte es sich um Sulfat und Chlorid – aber auch um Karbonat. Die eingesetzten Chemikalien (über 5 Mio. Tonnen Schwefelsäure, fast 1,5 Mio. Tonnen Soda, über 0,8 Mio. Tonnen Steinsalz, 40.000 Tonnen Natronlauge und über 50.000 Tonnen Salzsäure) gelangten in die Schlammteiche. Dazu kamen noch zahlreiche giftige Chemikalien, vor allem organische Verbindungen. Mit dem Verbrauch von über 1,2 Millionen Tonnen Kalk zur Neutralisierung der Abwässer kamen zusätzlich ein Menge Sedimente hinzu, die das Stapelvolumen der Schlammteiche ständig verringerten. Dieser Giftcocktail wurde in den Becken deponiert und stellt eine große Umweltbelastung dar.
- Für die hydrometallurgische Aufbereitung in Seelingstädt wurden erhebliche Wassermengen benötigt. Der Fluss Weiße Elster lag in der Nähe. Er konnte bei Berga angezapft werden, um den Durst der Anlage zu stillen.
- Der immense Bedarf an Elektroenergie wurde über eine 110-kV-Leitung aus dem Landesnetz abgesichert. Als „Notstromaggregat“ gab es ein eigenes Kraftwerk, das bei Ausfall des Landesnetzes die kontinuierliche Weiterführung der energieintensiven Prozesse abdecken konnte.

In Seelingstädt wurden 110 Millionen Tonnen Erz verarbeitet.

In Abb. 137 ist links oben der 1957 fertig gestellte Neubau der Erzbahn zu erkennen, der die vorhandene Bahnstrecke Gera – Werdau mit einer Brücke überquert. Für die Materiallieferung für den Bau der Anlage wurde eine Anbindung aus Richtung Werdau angelegt, die auch nach der Inbetriebnahme der Erzbahn weiter genutzt wurde.

2.5 Die Eroberung der Tiefe

Nachdem in den Anfangsjahren im Erzfeld Ronneburg nur die oberflächennahen Vorräte bekannt waren und abgebaut wurden, konnten später durch Bohrungen und Aufschlüsse auch tiefer liegende Vorräte erkundet und für die Gewinnung vorbereitet werden. Das Vordringen in die Teufe im Bergwerk Schmirchau ist in der Abbildung 138 dargestellt.

Nur die beiden oberen Sohlen (30- und 60-m-Sohle) wurden zur Zeit meiner Einstellung im Sommer 1955 bereits abgebaut. Die 90-m-Sohle war für den Abbau vorbereitet. Die tiefste Sohle war die 120-m-Sohle, deren Aufschluss vom damaligen Zentralschacht 356 gerade begonnen hatte. Bis zum Sommer 1956 florierte bereits auf der 90-m-Sohle der Abbau, die 120-m-Sohle war aufgeschlossen und für die 150-m-Sohle waren Blindschächte vorgesehen, deren Auffahrung begann. Diese Sohle hatte keinen Anschluss an die Hauptschächte. Über Blindschächte musste zur 120-m-Sohle gefördert werden. Die vier neuen Schächte hatten ihre damals vorgesehene Endteufe erreicht. Die Füllorte der beiden unteren Sohlen (180 m und 240 m) waren bereits aufgefahren.
Im Sommer 1959 war der Abbau auf den oberen drei Sohlen im Wesentlichen abgeschlossen. Die Abbauarbeiten auf der 120-m-Sohle waren für die zugriffbereiten Vorräte abgeschlossen und auf den beiden nächsten Sohlen begann der forcierte Abbau. Die tiefste Sohle (240 m) stand voll in der Erschließung. Aber damit sollte das Ende der Ausdehnung noch nicht erreicht sein.
Bis zum Ende der Urangewinnung wurden drei weitere Schächte (381, 389 und 420) für das Baufeld Ronneburg NW aufgefahren. Die tiefste Sohle war die 570-m-Sohle, sie wurde nur mit dem Schacht 381 erschlossen. Um in Teufen unter die 240-m-Sohle vorzustoßen, mussten die Schächte 367, 368 und 370 bis zu zwei Mal weitergeteuft werden – und das bei laufender Produktion. Sie erreichten mit 300 Metern bzw. 345 Metern ihre tiefste Sohle. Ab der 300-m-Sohle wurde der Sohlenabstand auf 45 Meter vergrößert. Damit konnte der Aufwand zur horizontalen Erschließung durch den Wegfall von drei Sohlen wesentlich verringert werden.
Mit dem Jahr 1955 begann bei der Wismut ein modernes Zeitalter. Das konnte ich in Schmirchau hautnah erleben. Die Schächte mit hölzernen Fördergerüsten hatten ausgedient.
Sie wurden durch Stahlkonstruktionen abgelöst. Das war eine wichtige Voraussetzung dafür, dass der Vorstoß in immer größere Teufen möglich wurde. Mit den höheren Stahlfördergerüsten konnte die Bunkerhöhe vergrößert und damit der

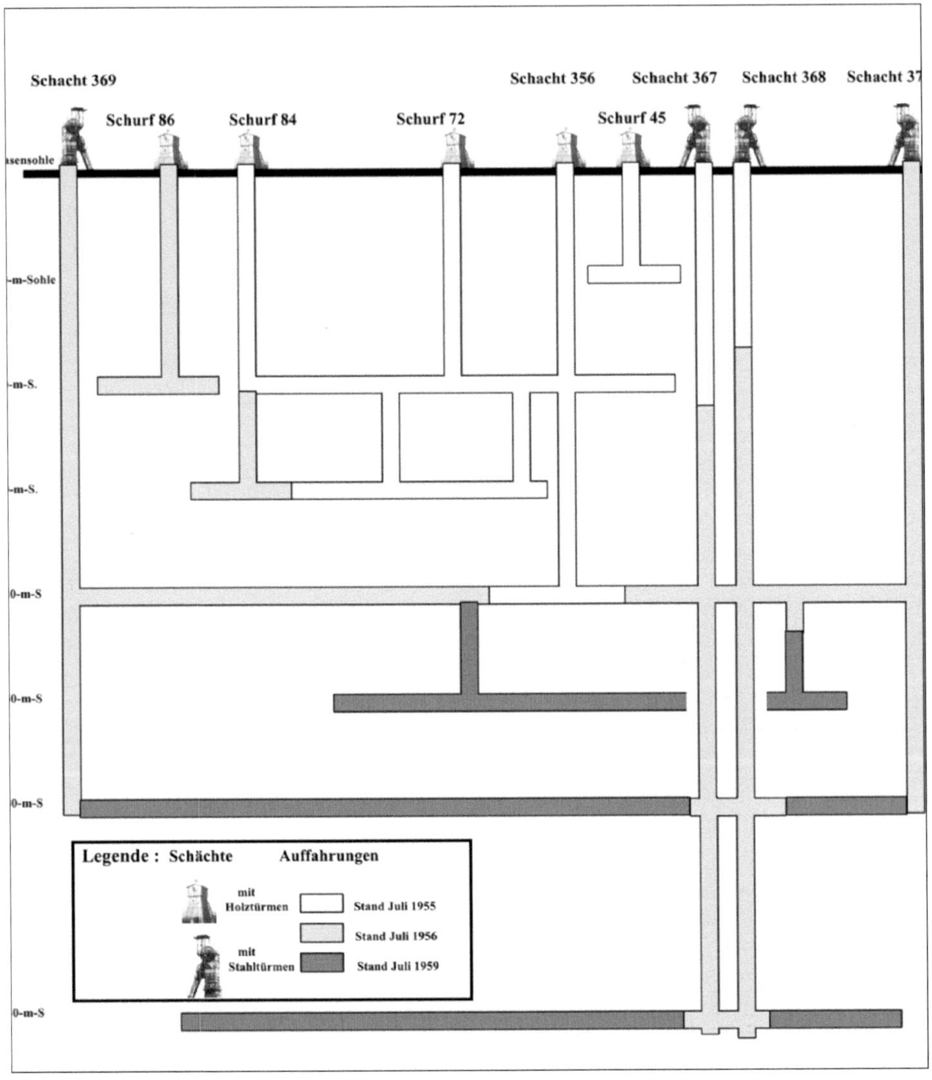

Abb. 138 Die Eroberung der Tiefe bis 1959 (eigene Bearbeitung)

Übertagekomplex rationeller gestaltet werden. Die neuen Fördergerüste hatten eine Höhe bis zu 60 Meter.

Nicht immer waren die Schächte bis zur tiefsten Sohle geteuft. Zur Erschließung tieferer Sohlen waren in fast allen Bergbaubetrieben Blindschächte zu den tieferen Sohlen notwendig.

		Schmirchau	Lichtenbg	Reust	Paitzdf	Beerw	Korbußen	Drosen
moderne Schächte mit Fördereinrichtung	Anzahl	6	1	4	5	2	1	2
Hauptschächte		367/368	375	374/374 bis	384/384 bis	397/401	418	403/415
Tiefe	Sohle	345-m-S	240-m-S	345-m-S	390-m-S	360-m-S	720-m-S	940-m-S
tiefster Schacht	Nr	381		407	396			
	Sohle	570-m-S	240-m-S	345-m-S	570-m-S	360-m-S	720-m-S	940-m-S
tiefste aufgeschlossne Sohle (z.T. mit Blinschächten erschlossen)		570-m-S	525-m-S	480-m-S	570-m-S	570-m-S	720-mS	720-m-S

Abb. 139 Tiefe der neuen Förderschächte
(eigene Bearbeitung nach Angaben in Chronik der Wismut)

Von den 40 im Ronneburger Gebiet angelegten und in der zentralen Kartei geführten Schächten wurden 37 erst nach meiner Arbeitsaufnahme im Erzbergbau fertig gestellt. Es waren fast ausnahmslos Rundschächte, sie brachten es insgesamt auf eine Auffahrungstiefe von über 14 km. 20 von ihnen waren mit stählernen Fördergerüsten bestückt, einer mit einem Förderturm, zwei hatten nur eine Tiefe von ca. 30 m. Sie wurden nur als so genannte Vorteufe ausgeführt, um längere Auffahrungen von vertikalen Grubenbauen von Untertage zu umgehen. Sie wurden mit Grubenbauen angefahren. Mit einem Autokran konnte das 30 Meter tiefe Loch von fünf Meter Durchmesser hergestellt werden. Das war die Typentechnologie für das Anfangsstadium aller Schächte. Sechs der 40 Schächte im Ronneburger Gebiet wurden noch in Holz ausgebaut, neun in Ziegelmauerwerk und 25 in Betongleitschalung bzw. Spritzbeton mit Ankerung. Für einen Schacht musste das aufwändige Gefrierverfahren angewendet werden. Dieser Schacht lag in einem Gebiet mit geringer Standfestigkeit des Gesteins und starkem Wasserzulauf, weshalb keine herkömmliche Methode angewendet werden konnte. Um den anzulegenden Schacht musste ein Mantel aus gefrorenem Gestein hergestellt werden, der mit dem Schacht durchteuft wurde und der erst nach Fertigstellung des Betonausbaus wieder abgetaut wurde.
Die ersten Schächte hatten noch die für diese Zeit charakteristischen Holztürme. Spätere Förderschächte hatten stählerne Fördergerüste. Ausschließlich der Wetterführung dienende Schächte waren mit einem Diffusor ausgerüstet, um den Übergang der aus der Grube kommenden Wetter in die Atmosphäre strömungstechnisch günstiger zu gestalten.
Die Wismut baute ein eigenes Zentrum für Bergbauausrüstungen auf. In Cainsdorf wurde die 1945 enteignete und 1949 für die SAG Wismut beschlagnahmte „Königin Marienhütte“ modernisiert. Die Produktion wurde auf die Bedürfnisse der Wismut umgestellt. Ab 1969 firmierte der Betrieb unter **BAC** (Betrieb für Bergbau- und Aufbereitungsanlagen Cainsdorf). Neben einer Vielzahl speziell für die Wismut entwickelter Ausrüstungen begann man, Fördergerüste in eigener Regie zu konstruieren und zu bauen. Das einst königlich-sächsische Unternehmen war auf Tragwerkkonstruktionen spezialisiert. Zu den prägnantesten Bauwerken zählt das „Blaue Wunder“, die Elbebrücke in Dresden-Loschwitz. Auch viele

Abb. 140 Aussichtsturm auf dem Kulm bei Saalfeld (Foto Hartmut Weise, Chemnitz)

Eisenbahnbrücken und Aussichtstürme wurden von dieser Firma in Gitterkonstruktion errichtet. Ich habe schon mehrere Firmenschilder mit dem Hinweis Marienhütte gesehen. Ganz sicher bin ich mir beim alten Aussichtsturm auf den Kulm bei Saalfeld in Thüringen und ziemlich sicher beim Josephskreuz bei Stolberg im Harz.
Bei allen diesen Bauwerken stelle ich gedanklich immer eine Verbindung zu Gustave Eiffel her. Er war ein Pionier der Leichtbauweise. Nicht nur der nach ihm benannte Turm in Paris legte Zeugnis seiner genialen Ingenieurkunst ab. Für mich noch beeindruckender war das Eisenbahnviadukt von Garabit in Zentralfrankreich. Das kühne Bauwerk überspannt das Tal der Truyere mit einem filigranen Tragwerk. Bis in die Fundamente wird die Last der Brücke immer wieder sinnvoll auf Streben und Stützen aufgeteilt – einfach nur beeindruckend. Das Viadukt liegt in der Auvergne südwestlich von Saint Flour. Wer dort in der Nähe Urlaub macht, sollte nicht verpassen, dieses Gesellenstück Eiffels, das er vor seinem Meisterstück in Paris konstruierte, zu bewundern. Wer Glück hat, kann sogar einen mit geringer Geschwindigkeit darüber fahrenden Zug sehen. Das Viadukt von Garabit war einige Zeit die höchste Eisenbahnbrücke Frankreichs.

Der Rekord wurde erst mit dem „Viaduc des Fades“ nordwestlich von Clermont-Ferrant überboten. Er überquert den Fluss Sioule. Auch diese Eisenbahnbrücke ist sehenswert. Sie ist nicht so grazil gebaut, aber imponiert mit gewaltigen Stützpfeilern. Ebenso sollte man nicht verpassen, der Stadt Puy en Valay einen Besuch abzustatten. Am Rand der Stadt erhebt sich eine Kirche auf einer vulkanischen Kuppe aus erhärteter Lava. Ihr Aufgang ist in den Fels gehauen.
Neuerdings gibt es ein weiteres monumentales Brückenbauwerk in diesem Gebiet, das ich kurz vor der Einweihung von der Talseite aus bewundern konnte. Neun Pfeiler aus Beton tragen die Autobahnbrücke, die das Tal des Tarn bei Millau überspannt. Die sieben auf der Südseite und die zwei auf der Nordseite errichteten Betonstützen wirken wie aufgespaltete Streichhölzer. Auf ihnen sehen die Pylonen für die Seilbrücke wie Nähnadeln aus, von denen dünne Fäden zur Brücke gespannt sind. Der höchste Pfeiler misst mit Pylone 270 m und ist höher als der Eiffelturm. Erst nach meiner Besichtigung des für mich noch imposanter erscheinenden Bauwerkes als die Golden Gate Bridge in San Francisco erfolgte die Einweihung Ende 2004.
Nach diesem Exkurs zu berühmten Brücken weiter zum Schachtbau der Wismut. Die in Cainsdorf gebauten stählernen Fördergerüste wurden vom BMB 17 (Bau- und-Montage-Betrieb 17) der Wismut errichtet. Die erste Etappe der modernen Fördergerüste begann mit einem Großauftrag für das Objekt 90, das für die Bergbaubetriebe im Ronneburger Erzfeld zuständig war. Alle Fördergerüste waren im Prinzip nach dem gleichen Strickmuster gefertigt. Nach 1989 wurden diese stählernen Zeugnisse des Bergbaus demontiert, nachdem die Gewinnung eingestellt und die Gruben für die Flutung vorbereitet waren. Lediglich die Fördergerüste der Schächte 403 und 407 blieben als technisches Denkmal erhalten. Schacht 407 ist Bestandteil der Straße der Bergbaukultur (Tafel 15). Auch hier ein Insidertipp:

Abb. 141 Viaduc de Garabit und des Fades (eigene Sammlung)

Wer in Ostthüringen Urlaub macht und technisch interessiert ist, sollte einen Abstecher nach Ronneburg machen. Dort sind nicht nur die im Rahmen der BUGA 2006 aus alten Bergbauflächen gestalteten „Neuen Landschaften“ mit technischen Exponaten des Bergbaus und der Sanierung interessant. Man sollte auf keinen Fall versäumen, das Bergbaumuseum in der so genannten Bogenbinderhalle in der Nähe des Ronneburger Bahnhofs zu besuchen. In einem denkmalgeschützten Industriebau der Textilbranche sind Teile eines Bergwerkes authentisch nachgestellt. Als Station 10 sind sie Bestandteil der Straße der Bergbaukultur. Bei meinem Besuch fühlte ich mich in meine aktive Zeit zurückversetzt und konnte nahezu alle Exponate auch ohne Erläuterung erklären. Ob Füllort, Abbaublock, Sprengmittelzwischenlager, Steigerstube, Schrapperförderung, Ausbau im Abbau oder mechanische Werkstatt (Magazin): alles war so dargestellt, wie ich es aus den 60-er Jahren kannte.

Abb. 142 Untertagemagazin (eigenes Foto)

Im Rahmen eines Museumsbesuches besteht die Möglichkeit, das Maschinenhaus mit Fördermaschine des Schachtes 407 zu besichtigen und den Materialtransport nach Untertage nachzuempfinden. Auf den Außenanlagen sind Geräte zu bestaunen, die bei der Wismut und bei der Beseitigung ihrer Hinterlassenschaften im Einsatz waren.

Auf der Abb. 143/1 ist die Trommelfördermaschine zu sehen. An der linken Trommel sind Markierungen angebracht, die es den Fördermaschinisten ermöglichen, den Förderkorb genau auf dem Niveau der angesteuerten Sohle anzuhalten.

Abb. 143/1 Fördermaschine Schacht 407 (eigene Fotos)

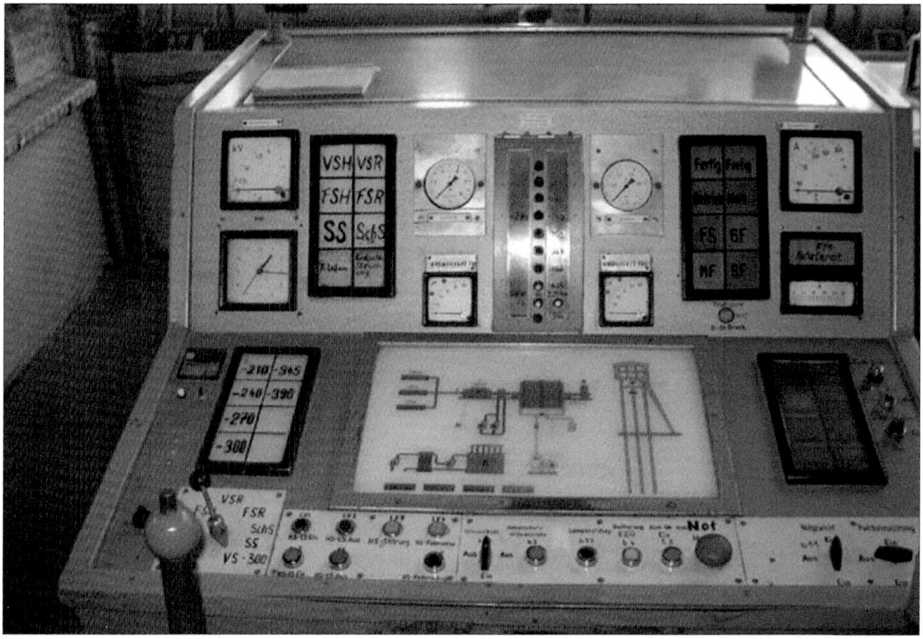

Abb. 143/2 Fördermaschine Schacht 407 (eigene Fotos)

Auf Abb. 143/2 ist die Anlage aus der Sicht des Fördermaschinisten aufgenommen. Unten ist ein Geschwindigkeitsmesser zu sehen. Für den Schacht 407 war die Marke 4 m/sec als maximale Geschwindigkeit zugelassen und besonders markiert.

Der Schacht 407 besaß nur untergeordnete Bedeutung – er war „nur" für den zentralen Materialtransport in die Gruben errichtet worden. Er lag an der Grenze der Schächte Reust, Schmirchau und Paitzdorf. Diese drei Bergwerke wurden auf den unteren Sohlen von hier beliefert. Der Ansatzpunkt lag ideal von den Entfernungen. Er war aber sehr umstritten, weil er in einem durch Abbaueinflüsse in Mitleidenschaft gezogenen Gebiet lag. Aber der Schachtausbau überdauerte die Betriebszeit.

Zwischen den vier modernen Schächten ein Holzschacht aus den frühen 50-er Jahren. In die Phase der Modernisierung fiel auch das Bestreben, die Förderkomplexe rationeller zu gestalten. Dafür wurden in nahezu allen neuen Bergwerken des Ronneburger Raumes

Abb. 144 Schächte der ersten Generation (Manfred Wöllner und Dialog – Zeitschrift der Wismut GmbH)

Doppelschachtanlagen errichtet. Die Vorteile liegen darin, dass zwei Schächte auf einen übertägigen Förderkomplex arbeiteten und auch untertage der Förderstrom in eine Richtung geleitet werden konnte. Erst vor den Schächten wurde die Verteilung entschieden.

In Schmirchau war es die Anlage der Schächte 367/368. Sie hatten insgesamt drei Fördereinrichtungen. In Reust waren es die Schächte 374 und 374bis, in Paitzdorf 384 und 384bis, in Beerwalde 397 und 401, in Drosen die Schächte 403 und 415.

Abb. 145 Doppelschachtanlagen im Ronneburger Gebiet (Dialog – Zeitschrift der Wismut GmbH)

Abb. 146 Der moderne Förderturm und Fördergerüste (Dialog – Zeitschrift der Wismut GmbH)

Mitte der 80-er Jahre entstanden kühnere Konstruktionen (Abb. 146). Bei den Hauptschächten in Drosen (403) und Korbußen (418) waren die Fördermaschinen beiderseits des Schachtes angeordnet. Dadurch ergab sich ein markantes neues Bild. Ganz extravagant war der Schacht 415 gestaltet. Er besaß einen Förderturm. Die Fördermaschine war nicht mehr ebenerdig aufgestellt, sondern befand sich direkt über der Schachtröhre. Wegen seines Anstrichs ging dieser Schacht als der „Rote Turm" in die Annalen ein. Mit dem Fördergerüst des Schachtes 403 in Drosen blieb ein weiteres Denkmal an den Uranerzbergbau erhalten. Verlassen steht das imposante, hohe Bauwerk aus Stahl vor der Silhouette des Ortes.

2.6 Es grüne die Tanne – es wachse das Erz

Ein Spruch der alten Bergleute lautet *„Es grüne die Tanne, es wachse das Erz,*
Gott gebe uns allen ein fröhliches Herz."
Er ist so einprägsam, dabei weiß ich nicht einmal mehr, wann und wo ich ihn gehört habe.

Obwohl es um Ronneburg keine Tannen gab, wuchs das Erz prächtig. 1955 bestanden zwei produzierende Bergwerke: Schmirchau und Lichtenberg. Für die nächsten beiden Bergwerke Reust und Paitzdorf liefen die Vorbereitungen. Umfangreiche Bohrarbeiten fanden in den weiter östlich und nördlich liegenden Erkundungsgebieten statt. Das Erz wuchs nicht nur in die Tiefe – das „Dickenwachstum" war noch ergiebiger. In den Erkundungsrevieren „Ronneburg Nordwest" und „Ronneburg Stadt" wurde man fündig und der Bergbaubetrieb Schmirchau konnte sich auch räumlich ausdehnen. Der Abbau unter der Stadt war eine interessante Aufgabe. Der vollflächige Abbau mit Versatz wurde so geführt, dass keine nennenswerten Auswirkungen auf die Tagesoberfläche entstanden. Die Abbauführung unterlag einem strengen Reglement, das von der Bergbehörde überwacht wurde.

Das Erkundungsrevier „Rückersdorf" brachte für das Bergwerk Reust eine Erweiterung. Die Reviere „Ronneburg Nord", „Ronneburg Nordost", „Raitzhain", „Haselbach" und „Mennsdorf" vergrößerten die Arbeitsfläche für das Bergwerk Paitzdorf. Nördlich der Autobahn A4 wurde man ebenfalls fündig. So konnten das Bergwerk Beerwalde mit dem Betriebsteil Korbußen und das Bergwerk Drosen entstehen. Mit dem Erkundungsrevier „Posterstein" sollte die Fläche von Beerwalde erweitert werden. Weitere noch unerschlossene Baufelder lagen nördlich von „Ronneburg Nordwest" („Kauern") und südlich von Drosen („Untschen/Mohlis"). Großflächige Erkundungsfelder lagen nördlich und südöstlich der Abbaugebiete. Auch in den Feldern „Zeitz", „Baldenhain", „Prehna" und „Weißbach" wurde man fündig. Größenmäßig bescheiden nahmen sich die Felder „Niebra/Otticha" und „Untitz" aus. (Siehe Abb. 148)

Vorräte mit dem höchsten Urangehalt lagen unter der Stadt Ronneburg. Die zentral gelegenen Bergwerke Schmirchau und Reust lieferten Erz mit den höchsten Gehalten des Ronneburger Erzfeldes. Während im Bereich der Baufelder Paitzdorf, Ronneburg Nordost, Ronneburg Nord, Haselbach und Raitzhain mittlere

Abb. 147 Bohrturm der 60-er Jahre (ZAWismut)

Urangehalte im Fördererz erreicht werden konnten, sind die Felder Lichtenberg, Beerwalde und Drosen als arme Lagerstätten einzustufen. Die restlichen Felder lagen in einem Bereich, der einen Abbau nicht mehr vertretbar machte. Erfahrungsgemäß gab es aber für diese Felder noch Wachstumspotential. Zu einer Verdichtung des Bohrnetzes kam es jedoch nicht mehr.

Als ich 1955 bei der Wismut anheuerte, waren die Bohrarbeiter viel dominanter als die untertägigen Bergarbeiter. Das lag daran, dass ihre Arbeit in der Öffentlichkeit stattfand. Überall standen Bohrtürme mitten auf den Feldern. Durch die Anbaukulturen wurden Schneisen niedergewalzt, um die Ausrüstungen zu den Bohrpunkten zu bringen. Am Bohrpunkt stand ein Bock aus Rundhölzern, unter dem die Maschine aufgestellt war (Abb. 147). Die Maschine war mit einem Bretterverschlag eingehaust. Seltener kamen fahrbare Einrichtungen zum Einsatz. Für die Bohrung wurde zur Stabilisierung des Bohrloches Dickspülung benötigt. Um Ronneburg war eine ganze Armada von Spülfahrzeugen unterwegs. Das waren Kipper mit abgedeckter Wanne, die in die Nähe der Bohrstelle fuhren und dort das Ablassventil öffneten. Über kastenförmige Holzleitungen gelangte die Dickspülung im Selbstlauf zu einer im Feld mit einer Raupe aufgeschobenen Mulde, in der die grau-weiße Brühe für den Einsatz bereitgehalten wurde. Bei den primitiven Bedingungen (Leitung aus Holzkästen und Mulde im Acker) waren die Verluste an Dickspülung sehr hoch und die Landwirtschaft erlitt großen Schaden. Das spielte aber alles keine Rolle. Kosten und Umwelt waren zur Zeit des Uranhun-

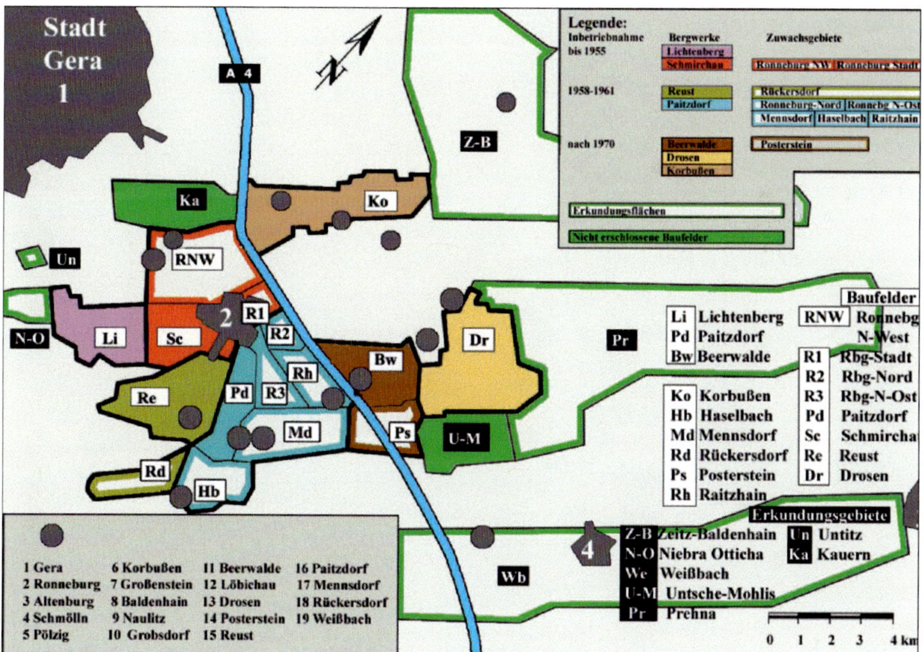

Abb. 148 Erkundungsgebiete des Erzfeldes Ronneburg (eigene Darstellung nach Angaben in Chronik der Wismut)

gers überhaupt kein Thema. Gerüchten nach sollen die Bauern auf Feldern, auf denen sie Bohrungen erwarteten, besonders hochwertige Kulturen angebaut haben – die Entschädigung war entsprechend hoch. Ein Schelm, der Übles dabei denkt. Dank ihrer Bauernschläue waren sie einfach nur gut informiert.

Die Einteilung der Lagerstätte Ronneburg in die einzelnen Erkundungsfelder ist in den nachfolgenden Abbildungen dargestellt. In der Vergrößerung ist die Zuordnung der Erkundungsfelder zu den einzelnen Bergwerken und die Lage der neuen Schächte erkennbar.

Auf der Grundlage der Ergebnisse der geologischen Erkundung entstanden die neuen Bergwerke Beerwalde und Drosen. Korbußen war ein Betriebsteil von Beerwalde. Die Bergwerke Lichtenberg und Reust verloren im Laufe der Zeit ihre Selbstständigkeit und wurden den benachbarten Betrieben zugeschlagen – allerdings mit wechselnder Zuordnung.

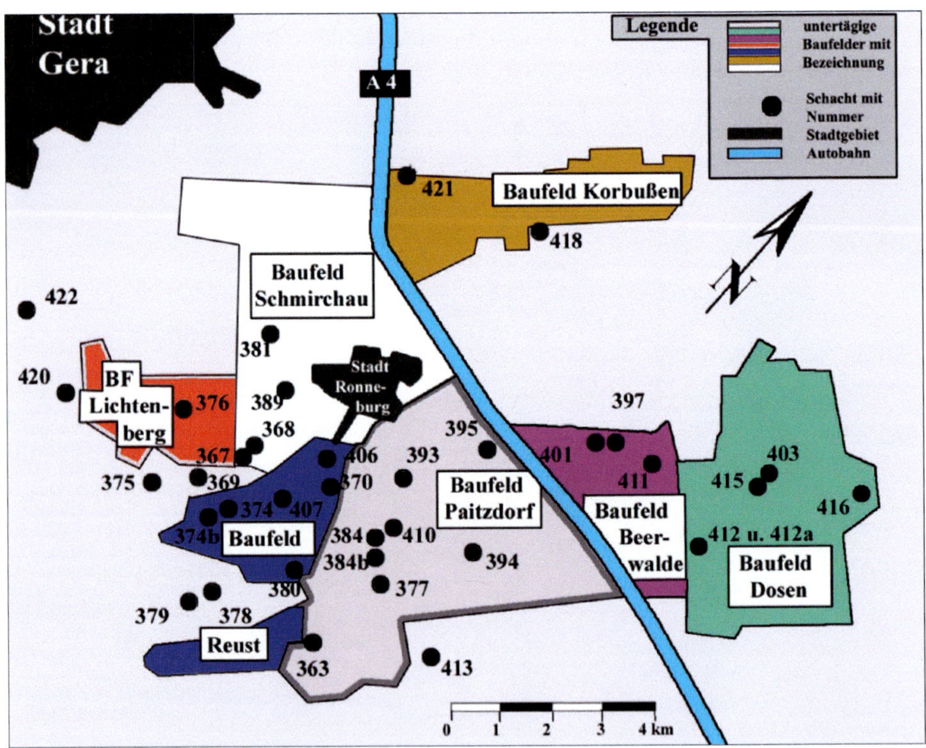

Abb. 149 Bergbaubetriebe und Schächte im Erzfeld Ronneburg (eigene Darstellung nach Angaben in Chronik der Wismut und Dialog – Zeitschrift der Wismut GmbH)

Betrieb	Gewinnungszeitraum (von-bis)	Zuordnung nach Auflösung	Bergemasse (Mio m³)	Urangewinnung (t)
Schmirchau	1950-1990		27,7	44.770
Lichtenberg	1950-1962	Reust		
Reust	1958-1988	Schmirchau	14,7	20.495
Paitzdorf	1961-1990		17,9	22.563
Beerwalde	1979-1989		7,9	7.658
Korbußen	nicht selbständig	Beerwalde		
Drosen	1980-1990		4,0	3.138
Insgesamt	**1950-1990**		**72,2**	**98.624**

Abb. 150 Kennziffern der Bergbaubetriebe
(eigene Bearbeitung nach Angaben in Chronik der Wismut)

Im tagesnahen Bereich im Ronneburger Gebiet arbeiteten auch Tagebaue. Als ich in Ronneburg meine Tätigkeit aufnahm, war der Tagebau Ronneburg bereits in der Auslaufphase und die Arbeiten im Tagebau Stolzenberg begannen. Mit zunehmenden Schwierigkeiten beim untertägigen Abbau der Süd-West-Flanke von Schmirchau wurden die Erze nördlich von Lichtenberg und westlich von Schmirchau im Tagebau gewonnen.

Tagebau	Betriebszeit	Tiefe (m)	Umfang (Mio. m³)	Urangewinnung (t)
Ronneburg	1952 - 1954	30	0,3	5
Stolzenberg	1955 - 1960	30	0,9	92
Lichtenberg	1958 - 1977	230	150,1	13837
Gesamt	**1952 - 1977**		**151,3**	**13934**

Abb. 151 Tagebaue im Erzfeld Ronneburg (eigene Bearbeitung nach Angaben in Chronik der Wismut und Dialog – Zeitschrift der Wismut GmbH)

Der Tagebau Lichtenberg nahm unter den Tagebauen eine Sonderstellung ein. Das hatte folgende Ursachen:

- Der Tagebau überschritt die bisher beherrschten Tiefen um ein Mehrfaches. Das bedeutete nicht nur wesentlich längere Transportwege. Die Belüftung des Tagebauloches erwies sich als besonders schwierig, weil das Verhältnis Längen- und Breitenausdehnung gering war und der natürliche Austausch der Luft nicht mehr ausreichte. Der Tagebau musste bewettert (belüftet) werden. Ein Flugzeugtriebwerk wurde als transportabler Tagebauventilator eingesetzt. Das Triebwerk ist direkt an ein Tankfahrzeug angeschlossen.
- Mit dem Tagebau wurden bereits teilweise abgebaute Gebiete des Bergwerkes Schmirchau überbaggert. Abbaublöcke, Strecken und sogar der ehemalige

Abb. 152 Flugzeugtriebwerk zur Bewetterung des Tagebaus (Bergbaumuseum Ronneburg)

Abb. 153/1 Tagebau Lichtenberg Böschungsbildung: Beladearbeiten auf der 5. Ebene in etwa 40 Meter Tiefe. Der Tagebau erreichte eine Endtiefe von 230 Meter. Der Bagger belädt den rechten H6-Kipper. Der linke steht zur Beladung bereit. (ZAWismut)

Zentralschacht 356 wurden überbaggert. Riesige, bis über 20.000 m³ große Abbaukammern mussten als Hohlraum oder mit Lehmtrübe verfüllt ebenso angeschnitten werden, wie alte Bruchbaue mit unkontrollierbaren Konturen und Brandgebiete. Besonders die Brandgebiete bereiteten Schwierigkeiten. Die Gesteinstemperatur betrug bis 200 Grad Celsius und erforderte Sonderregelungen für die Sprengarbeiten. Herkömmlicher Sprengstoff ist bei diesen Temperaturen nicht handhabungssicher. Die Brandmassen entwickelten giftige Gase. Aus diesem Grund mussten die im Brandgebiet erforderlichen Arbeiten mit Atemschutzgerät von Mitgliedern der Grubenwehr durchgeführt werden. Selbst die Kipperfahrer arbeiteten unter Gerät. Sie steuerten die Fahrzeuge bis in ein gasfreies Gebiet und übergaben an Fahrer ohne Gerät.

– Da nur eine relativ kleine Betriebsfläche zur Verfügung stand, ergab sich nicht nur ein steiler Abfall an den Konturen des Tagebaues, sondern es fehlten auch Ablagerungsmöglichkeiten für den Abraum. Dadurch wurde mehrfache Umlagerung des Haldenmaterials erforderlich. Erschwerend kam hinzu, dass zwei große Doppelkegelhalden umgelagert werden mussten. Nur ein Teil des Abraumes konnte auf Bandstraßen mit Absetzern transportiert werden. Der größte Teil wurde mit Kippern auf Rollbahnen und Naturtrassen transportiert. Nach Abschluss der Gewinnungsarbeiten erfolgte die Verkippung von Taubgestein aus der laufenden Förderung des Bergwerkes Schmirchau.

Abb. 153/2 Tagebau Lichtenberg Böschungsbildung: Beladung eines Kippers mit brennendem Erz. Zur Vermeidung einer Gasvergiftung müssen Kipper- und Baggerfahrer mit Atemschutzgerät arbeiten. Um das Erz abzukühlen, wird es mit B-Schläuchen abgespritzt. (ZAWismut)

Abb. 153/3 Tagebau Lichtenberg Böschungsbildung: Wechsel des Fahrpersonals im Bereich normaler Luftverhältnisse. Ab hier arbeiten die Kipperfahrer ohne Gerät. Der Kipper hat sich während der Fahrt so aufgeheizt, dass auch noch nach der Entladung die Feuchtigkeit verdampft. (ZAWismut)

Abb. 154 Brandgebiet im Tagebau Lichtenberg mit der Silhouette des Bergwerkes Schmirchau (eigene Bearbeitung nach Foto ZAWismut)

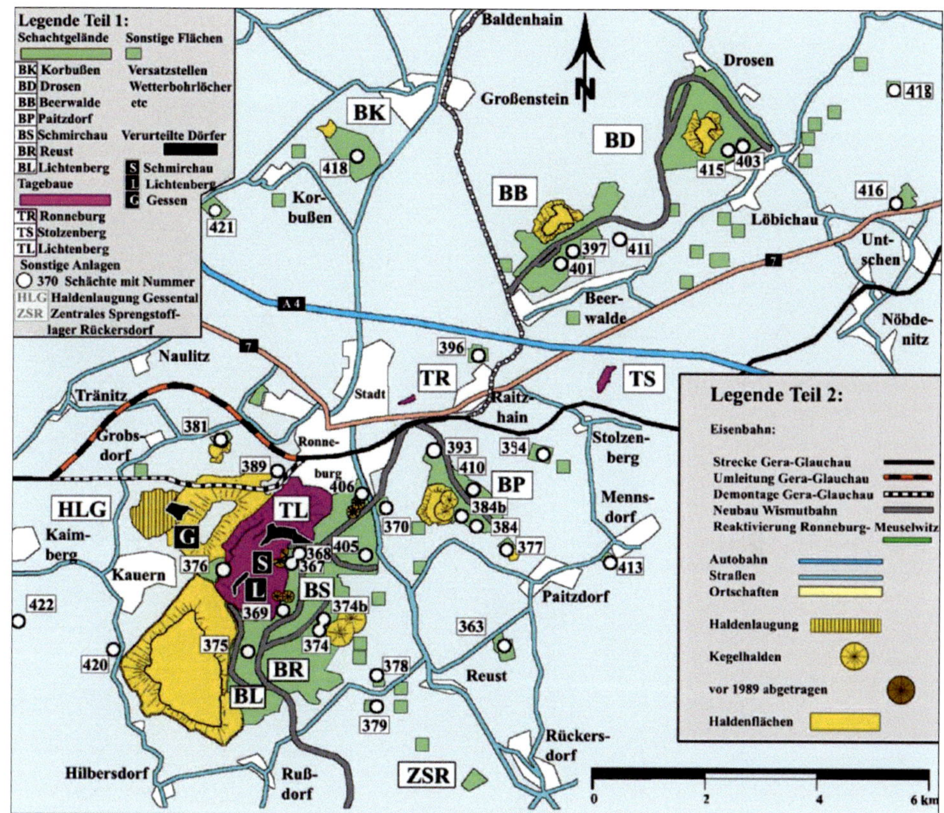

Abb. 155 Die Bergwerke im Ronneburger Erzfeld
(eigene Darstellung nach Angaben in Chronik der Wismut und Dialog – Zeitschrift der Wismut GmbH)

Die Lage der Bergbauanlagen um Ronneburg sowie die ehemaligen Standorte der verurteilten Dörfer Schmirchau, Lichtenberg und Gessen sind in der nachfolgenden Skizze dargestellt.

Um Ronneburg gab es kaum noch einen Flecken Erde, der nicht von der Wismut in Mitleidenschaft gezogen wurde.

Nicht dargestellt sind die umfangreichen Bohrarbeiten im Umfeld des Gewinnungsgebietes sowie die Flächennutzung durch Sandtagebaue. Mit der Einführung von selbsthärtendem Versatz (Magerbeton) wurden große Mengen Sand benötigt. Dazu wurden die Sandtagebaue Schmirchau, Wolfersdorf und Kayna betrieben. Mit dem Übergang von Bruchbauverfahren zu Abbauverfahren mit Versatz wurde es erst möglich, die späteren Gewinnungsumfänge zu realisieren.

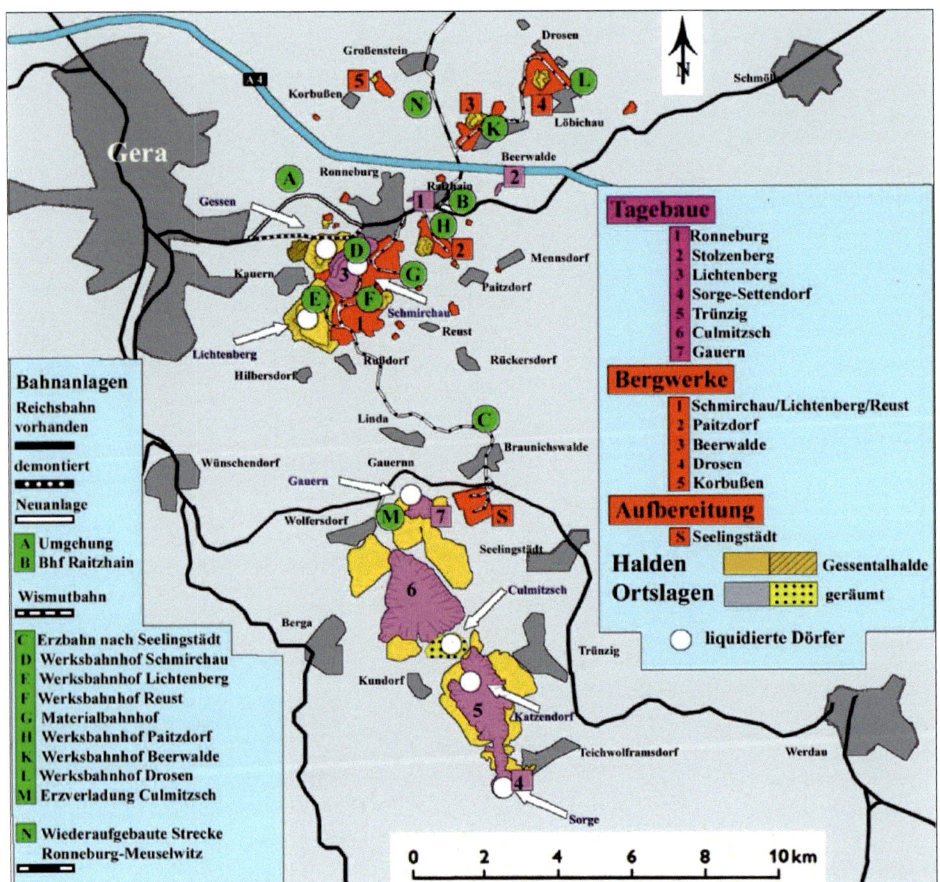

Abb. 156 Lageplan Tagebaue und Bergwerke des Objektes 90 (eigene Darstellung nach Chronik der Wismut und Dialog – Zeitschrift der Wismut GmbH)

Diese Umstellung war aus folgenden Gründen notwendig:

1. Die endogenen Brände durch Selbstentzündung der Gesteine erschwerten zunehmend die Abbauarbeiten. Durch Gewinnungsarbeiten im Bruchbau kam immer wieder Sauerstoff an die Bruchmassen, die sich so aufheizten, dass ganze Grubenfelder wegen schädlicher Gase zeitweilig geräumt werden mussten.
2. Der Holzverbrauch im Teilsohlenbruchbau – dem dominierenden Abbauverfahren – betrug bis zu 0,3 Festmeter pro m³ Abbau. Das entspricht fast 200 Festmeter Holz für eine Tonne Uran.
3. Mit Abbauverfahren mit Versatz wurde der Abbau der Vorräte unter der Stadt Ronneburg überhaupt erst möglich.

Eingesetztes Bindemittel war zunächst Hochofenzement. Der Bedarf für die Wismut hätte das gesamte Gefüge der Planwirtschaft der DDR durcheinander gebracht. Deshalb kam ein spezieller Puzzolan-Binder auf der Basis von mineralischen Rohstoffen entwickeltes Bindemittel zum Einsatz. Der konnte aber den Anforderungen an die Festigkeit unter Bergbaubedingungen nicht gerecht werden. Deshalb wurden die Untersuchungen mit Braunkohlenfilterasche (BFA) forciert und erfolgreich abgeschlossen. BFA aus vielen Kraft- und Heizwerken konnte somit einer volkswirtschaftlichen Verwertung zugeführt werden.

Die Vorräte des Sandtagebaus Schmirchau waren schnell erschöpft und der Wolfersdorfer Sand eignete sich nur bedingt zur Versatzherstellung. Der Schmirchauer Sand wurde mit Kippern zum Versatzwerk transportiert, der Wolfersdorfer Sand kam per Bahn von der ehemaligen Erzverladestelle Culmitzsch. Zwischenzeitliche Versuche mit Aufbereitungsrückständen brachten kein befriedigendes Ergebnis. Neue Sandvorräte wurden im Raum Kayna gefunden. Dort wurden im Zeitraum von 1977 bis 1990 über 21 Millionen m³ Sand gewonnen. Dafür mussten über 12 Millionen m³ Abraum weggebaggert werden. Für den Transport des Sandes von Kayna in die Versatzwerke Schmirchau, Reust, Paitzdorf und Beerwalde wurde ein Abschnitt der 1971 teilweise demontierten Reichsbahnstrecke Ronneburg – Meuselwitz aktiviert. Auf der alten Trasse wurde das Teilstück Ronneburg – Starkenberg wieder betriebsbereit gemacht. Im südlichen Teil dieser Trasse war bereits die Anbindung der Bergwerke Beerwalde und Drosen hergestellt. Der Verladebahnhof Kayna wurde komplett neu errichtet.

Abb. 157 Mischfahrzeuge (ZAWismut)

Die Versatzwerke im Ronneburger Gebiet hatten insgesamt eine Jahreskapazität von 2,65 Millionen m^2 Versatz. Einige Jahre wurden über 2 Millionen m^3 hergestellt. Aufgrund der flächenmäßigen Ausdehnung des Erzfeldes konnten nicht alle Abbaugebiete im Direktversturz bedient werden, weil der Aktionsradius einer Versatzrohrleitung begrenzt war. Deshalb wurden in solchen Gebieten dezentrale Bohrlöcher zum Versturz angelegt, zu denen die Nassmischung mit Mischfahrzeugen transportiert wurde. Auf dem Bohrloch befand sich ein verschließbarer Trichter, über den die Mischfahrzeuge entleert wurden. Die Mischung wurde im Versatzwerk hergestellt. Der Austrag erfolgte über einen gesonderten Bunker in die Trommelmischer. 1984 waren allein im Bergbaubetrieb Schmirchau 84 dezentrale Versatzstellen in Betrieb. Die Zufahrt erfolgte über das öffentliche Straßennetz, zu den Sturzstellen wurden Naturbahnen angelegt.

2.7 Das Zentralbergwerk Schmirchau

Am 1. Mai 1956 wurden die neuen Kapazitäten an den Bergbaubetrieb übergeben. Das Zentralbergwerk Schmirchau nahm den Betrieb auf. Spaßvögel interpretierten die Abkürzung ZBW als „Zauberbergwerk“. Ja, es war ein Zauberbergwerk. Was hier entstand, war mit dem Schacht 356 der Wismut nicht zu vergleichen. Es

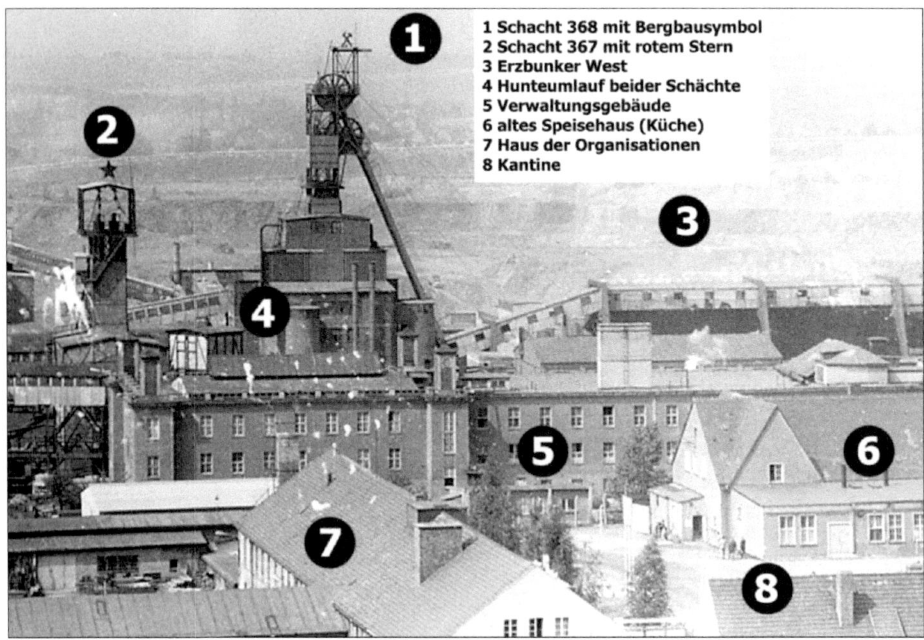

Abb. 158 Doppelschachtanlage 367/368 von Süden (ZAWismut)

waren moderne Produktionsanlagen, denen man ansah, dass sie viel, sehr viel Geld gekostet hatten.
Es begann mit den weithin sichtbaren stählernen Fördertürmen der Doppelschachtanlage 367/368. Rechts ist das 60 Meter hohe Fördergerüst der Doppelförderanlage 368 und links das nur 45 Meter hohe der Anlage 367 zu sehen.

Mit diesen beiden Anlagen konnte die Förderkapazität um ein Vielfaches gesteigert werden. Förderkapazitäten waren ebenso wie abbaufertige Vorräte bei der Wismut immer ein Engpass, weil sie auf der einen Seite für die erforderlichen Förderumfänge zu gering bemessen waren und auf der anderen Seite aus vielerlei Gründen (Organisation der Förderung von mehreren Sohlen, Havarien oder Störungen) keine maximale oder optimale Auslastung erreicht werden konnte. Auch die Kapazität der gewaltigen Erweiterung reichte nach einiger Zeit nicht immer aus. Deshalb wurden sogar Seilfahrten an die Randschächte in den Abwetterstrom verlegt, wofür eine Sondergenehmigung beantragt werden musste.
Der Schacht 367 mit Anschlüssen an die Sohlen 120 m und 240 m war mit einer Korbförderung ausgestattet, Schacht 368 mit einer Korbförderung und einer Skipförderung (Statt Förderkörbe wurden Gefäße bewegt, die untertage mit Erz aus einem Bunker gefüllt wurden.), ebenfalls mit Anschluss an die beiden Sohlen. Beide Schächte wurden in der Folgezeit unter den komplizierten Bedingungen des gleichzeitigen Förderbetriebs weitergeteuft. Man hatte in der Zwischenzeit in größeren Teufen (Tiefen) Uranvorräte nachgewiesen. Diese waren die Voraussetzung dafür, dass auch 1989 in Schmirchau noch Uran gewonnen wurde.

Abb. 159 Aufbau des Komplexes Schmirchau (Sammlung Eugen Hermann, Döschnitz)

Die Seilfahrt wurde mit den neuen Schächten rationeller gestaltet. Vom neuen Verwaltungsgebäude mit den Umkleideräumen konnte man vorbei an der Lampenstube über einen Tunnel direkt zum Schacht 367 gelangen. Die Kumpel waren auf dem Weg zur Seilfahrt nicht mehr Wind und Wetter ausgesetzt. Mit einem Trieb konnten auf zwei Etagen bis zu 28 Bergleute in das Bergwerk befördert werden. In Merkers, meiner ersten Arbeitsstätte im Bergbau, waren es gerade einmal 13 Kumpels pro Trieb.auf drei Etagen. Der über- und der untertägige Hunteumlauf waren teilautomatisiert. Die schwere Arbeit des Hunteschiebens war vorbei. Für die Erzverladung wurden ebenso wie für den Transport des Haldenmaterials Bandstraßen errichtet, die kurze Zeit später in Betrieb gingen.

Im Hintergrund des Bildes ist der Schacht 368 zu erkennen. Das davor liegende Fördergerüst des Schachtes 367 mit geringerer Höhe ist nur andeutungsweise zu erkennen. Links vom Fördergerüst ist das Abwurfband zur Erzverladung in die Tiefbunker zu sehen. In Zeiten hohen Erzaufkommens war der Stapelraum bis an die eingehauste Bandanlage gefüllt. Im Vordergrund entstehen die Bandstraßen für den Abtransport des tauben Gesteins zu den Schrägaufzügen der Kegelhalden. Diese Terrakoniks waren früher Wahrzeichen von Ronneburg. Die ersten zwei Schmirchauer Doppelhalden an den Schächten 367/368 und 369 mussten dem späteren Tagebau weichen, die am Schacht 370 dem Bahnanschluss an die Strecke Gera – Glauchau. Die Doppelkegel der anderen Schächte wurden bei der Sanierung der Hinterlassenschaften der Wismut abgetragen und in das Restloch des ehemals 230 Meter tiefen Tagebaues Schmirchau verkippt.

Abb. 160 Doppelkegelhalden im Ronneburger Erzfeld (ZAWismut)

Es ist eigentlich schade, dass nicht wenigstens eine dieser weithin sichtbaren Landmarken erhalten blieb. Wer so ein technisches Denkmal bestaunen möchte: im Mansfelder Land gibt es sie noch, die weithin sichtbaren Zeichen des ehemaligen Bergbaus. Die Halden im Ronneburger Gebiet hatten Höhen bis zu 100 Meter.
Abb. 160 zeigt eine Doppelkegelhalde. Im linken Bildteil ist die Abwurfkonstruktion zu sehen, die sich auf der Spitze der Halden befand. Der so genannte „Vogel" musste immer dann vorgestreckt – also aufgebockt – werden, wenn die Haldenspitze die Abwurfeinrichtung erreicht hatte und ein Abkippen nicht mehr möglich war. Auf dem linken Haldenrücken ist die Doppelgleisanlage der einzelnen Kegel zu erkennen. Auf den Gleisen liefen Gefäße, die Kohlenkästen sehr ähnlich waren (am linken Bildrand erkennbar). Sie wurden von Fördermaschinen in den Vogel gezogen, wo sie sich über eine Einlaufkurve entleerten. Es war ein Pendelbetrieb wie bei Schachtförderanlagen. Während ein Gefäß an einem Bunker am Fuße der Halde gefüllt wurde, entleerte das andere an der Spitze der Halde. Um auch in der Phase der Aufstockung des Gleises und des Vorstreckens der Abwurfeinrichtung die Schachtanlagen weiter betreiben zu können, waren die Spitzkegelhalden von Ronneburg als Doppelhalden angelegt. Mit dem Vorstrecken war eine spezialisierte Brigade beauftragt.
Neben den neuen Produktionskapazitäten entstanden großzügige energetische Anlagen. Eine neue Turbostation zur Erzeugung von Druckluft entstand ebenso wie ein Freiluft-Umspannwerk, in dem die 380 kV des Landesnetzes auf die betriebliche Hochspannung von 4 kV herunter transformiert wurde. Weitere Gebäude wurden als Werkstattkomplexe errichtet.
Vor dem neuen Haupteingang entstand ein neuer Busplatz. Damit wurden die Anwohner des Ronneburger Ortsteils Friedrichsheide wenigsten von der Staub- und Abgasbelastung durch den Gummibahnhof befreit. Die Halden wuchsen dafür immer näher an die Häuser. Das brennende Material der Armerzhalde ließ bei westlichen Winden – und die herrschen in Mitteleuropa vor - Giftschwaden über die Siedlung ziehen. Schweflige Säure konnte man schmecken, die das in der Luft enthaltene SO_2 mit der Feuchtigkeit im Mund bildete.
Es scheint ein deutsches Phänomen zu sein. Alle Bauten sind zu klein und müssen durch Anbauten erweitert werden. Das fängt bei den Häuslebauern an und macht keinen Halt bei Industriebauten. Auch der neue Busbahnhof erwies sich schon sehr bald als zu klein und wurde um einen oberen, einen provisorischen Busplatz, erweitert. Mit der Anbindung der Schachtbetriebe an das Streckennetz der Reichsbahn von der Nordseite konnten die Personenzüge von Gera und Altenburg bis nach Schmirchau verkehren. Ein neuer zentraler Busplatz wurde zwischen Schmirchau und dem Nachbarschacht Reust errichtet.
Die Versorgung der Kumpel verbesserte sich, weil am Busbahnhof eine Großküche und eine Verkaufsstelle der HO-Wismut (wismuteigene Handelsorganisation) errichtet wurden. Mit der Inbetriebnahme der Küche entfielen die so genannten „Umtauscher". Das waren Essentalons für Bergarbeiter, die keine Gelegenheit hatten, eine warme Mahlzeit zu empfangen. Vor der Inbetriebnahme der Küche konnten sie auf diese „Umtauscher" Produkte kaufen. Der Markenwert des Talon 13 betrug 200 Gramm Fleisch.

Wesentliche Verbesserungen für die Kumpel brachte auch der Bau des neuen Verwaltungsgebäudes. Das in ihm enthaltene Duschkombinat war gegenüber den alten Umkleidemöglichkeiten wie ein Sprung aus der Frühsteinzeit in die Neuzeit. Schwarz- und Weißkauen (Kauen sind die Umkleideräume der Bergleute.) waren getrennt. Jeder Kumpel hatte auf jeder Seite einen Spind und die Garderobenräume waren gut geheizt. Damit war gesichert, dass grubenfeuchte Bekleidung bis zum Gebrauch am nächsten Tag getrocknet war. Für völlig durchnässte Bekleidung bestand außerdem die Möglichkeit, einen besonderen Trockenraum zu benutzen. Zwischen Schwarz- und Weißkaue lagen der Duschraum und sogar eine Art Solarium. Dort konnte sich der Kumpel als Ersatz für die unter Tage entgangene Sonnenbestrahlung nach dem Aufsetzen einer Schutzbrille im Schein von Quarzlampen einige Minuten sonnen. Beim Duschen fiel das warme Wasser nicht mehr so häufig aus wie im Duschkombinat des Schachtes 356. Trotzdem hatten die Kumpel Gegenstände wie Badelatschen, Badebürsten, aber auch Metallstücke oder Werkzeug parat, um durch Klopfen an die Rohrleitungen dem Kesselwart durch ein Staccato mit Trommelwirbel ihr Missfallen zum Ausdruck zu bringen, wenn wieder einmal das warme Wasser für die zweite Etage knapp wurde. Es ist hochgradig unangenehm, wenn man im eingeseiften Zustand plötzlich kein Wasser mehr hat, um wenigstens den Schaum abzuspülen. Den Schmutz entfernte dann ein scharfes Handtuch oder die Bettwäsche daheim.
Der Verwaltungstrakt hatte einen über beide Etagen gehenden „Zechensaal". In der unteren Etage waren die Zimmer der Revierleiter, des Obersteigers, des Sicherheitsinspektors, des Sprengingenieurs und der Normierer. In einer Ecke hatten die Verschlussabteilung und das Neuererbüro ihren Sitz. Auf der oberen Etage war ein offener Rundgang mit Türen zu den Arbeitszimmern der oberen Leitungsebene wie Schachtleiter, Hauptingenieur, Geologischer Dienst, Markscheiderei und Stabsabteilung. In diesen Regionen hatten die Werktätigen im Normalfall nichts zu suchen. Im Zechensaal wurden Belegschaftsversammlungen abgehalten. Ich kann mich noch an eine zur Vorstellung eines neuen Obersteigers erinnern. Er hatte im Zweiten Weltkrieg „Halsschmerzen" und wurde deshalb mit dem Ritterkreuz dekoriert. Diese Tatsache brachte er öfter ins Spiel. Er hatte den Nachnamen eines Vogels, der Maden frisst. Er stellte sich folgendermaßen vor: „Mein Name ist xxx – ich fresse Maden!" Das war eine Anspielung auf das niedrige Niveau der Arbeitsdisziplin. Nur die Leistungslöhner, und die bildeten einen geringen Teil der Belegschaft, hatten ein Interesse an der Auslastung der Arbeitszeit. Die geringe Arbeitsdisziplin äußerte sich im Bestreben, den Betrieb oder auch die Grube vorzeitig zu verlassen. Am Ausgangstor bildeten sich schon vor der Öffnung zum Schichtwechsel ebenso wie Untertage an den Füllorten zur Seilfahrt gewaltige Trauben. Die Pausenzeiten wurden endlos ausgedehnt und auch die Intensität der Arbeit zeugte nicht von sozialistischem Bewusstsein. Ein Raunen ging durch den Saal bei dieser Ankündigung des neuen Obersteigers. Als ich nach drei Jahren wieder in Schmirchau anheuerte, gab es keinen „Madenfreser" mehr. Er musste den Betrieb in Schimpf und Schande verlassen. Das lag daran, dass auch bei ihm private Interessen vor Betriebsinteressen gingen.

Die untertägigen Fördermaschinen der Blindschächte wurden zu dieser Zeit von Frauen gesteuert. An einer dieser „Haspelinen" fand der Obersteiger Gefallen und verlustierte sich an oder mit ihr. Als der Dispatcher sich nach der Ursache für den Stillstand der Förderung am Blindschacht erkundigte, soll sich der Obersteiger mit dem Worten gemeldet haben: „Wenn der Obersteiger f..., möchte er nicht gestört werden." Das war sein letzter Auftritt, denn es lagen bereits massive Beschwerden wegen seines Auftretens vor.

Als ich 1959 von der Ingenieurschule zurückkam, war der Zechensaal umfunktioniert. Er war mit Holzbuden zugebaut, in denen über Schichtwechsel die Lohnzahlungen oder Markenausgaben abgewickelt wurden. Mit der Bebauung dieser Fläche sollte eine massive Zusammenrottung von ein- und ausfahrender Schicht verhindert werden. Man hatte von den Ereignissen 1956 in Ungarn gelernt. Für Versammlungen standen geschlossene Räume im „Haus der Organisationen" am Busplatz zur Verfügung. Damit konnte ebenso wie bei Meetings auf dem Busplatz eine Zusammenrottung im Betriebsgelände unterbunden werden. Im Ernstfall konnte der Betriebsschutz den Meuterern das Betreten des Betriebes verwehren. Das „Haus der Organisationen" beherbergte neben der Parteileitung mit ihren Abteilungsparteiorganisationen auch die Büros der Massenorganisationen, einen Veranstaltungssaal, mehrere kleinere Versammlungsräume und den Betriebsfunk.

Mit dem Betriebsfunk gab es um 1965 eine lustige Episode. Der Lautsprecher des Betriebsfunks schaltete früh kurz vor 5 Uhr automatisch zu und beschallte den Busplatz mit den Nachrichten des DDR-Rundfunks. Eines Tages erfüllte den stark frequentierten Platz plötzlich ein ungewohntes, aber den meisten doch bekanntes

Abb. 161 Das mehrgeschossige Verwaltungsgebäude (ZAWismut)

Pausenzeichen. Eine nicht unbekannte Stimme verkündete, dass der RIAS Berlin – eine freie Stimme der freien Welt – seine Nachrichten sendet. Dieser Vorfall hatte ein Nachspiel für den Redakteur, der vergessen hatte, nach dem individuellen Hörgenuss der Meldungen aus dem Westen, den Empfang wieder auf Radio DDR umzustellen. Das Kombinatsgebäude war in der Architektur der damaligen Zeit errichtet.

Im linken Teil des Kombinatsgebäudes waren in den oberen beiden Etagen die Büroräume untergebracht. Im Souterrain befanden sich Werkstätten und die Lampenstation. Im rechten Gebäudeteil waren auf zwei Etagen die Umkleideräume und im Keller Grubenwehr und Ambulanz sowie weitere Büroräume. Vorgelagert sind Personaleingang und das Tor für eine Zufahrt. Im Hintergrund ist die Doppelschachtanlage 367/368 zu erkennen. Sehr bald erwies sich auch das Kombinatsgebäude als zu klein und in mehreren Etappen wurden zusätzliche Gebäude zur Unterbringung von Verwaltungseinrichtungen errichtet. Kurz vor dem Abriss des Gebäudes kam die nicht mehr zu realisierende Idee auf, das Gebäude als Denkmal des Baustils der 50-er Jahre zu erhalten.
Außerhalb des eingezäunten Schachtgeländes befanden sich die beiden Randschächte für Bewetterung, über die ebenfalls gefördert wurde. Sie waren eingezäunt und wurden von Uniformierten bewacht. Beide hatten Bunkeranlagen für Erzförderung und Bandstraßen zum Abtransport der tauben Berge auf die angeschlossenen Spitzkegelhalden.

Abb. 162 Schacht 369 (ZAWismut)

Abb. 163 Schacht 370 (ZAWismut)

Die Bandstraße der Anlage Schacht 370 überquerte die Verbindungsstraße Ronneburg – Seelingstädt. Im umzäunten Schachtgelände erlitt ein Polizist der Bewachungsmannschaft bei der Berührung einer 220-V-Leitung einen tödlichen Unfall. Steckdosen waren privat schwer beschaffbar. Ein Polizist brauchte für seinen Eigenbau einen derartigen Anschluss. In einem Gebäude entdeckte er eine nicht genutzte Steckdose und wollte diese mit einer Kneifzange abtrennen. Was er nicht ahnte: die Leitung stand noch unter Spannung. Diesen Versuch überlebte er nicht.

Nicht sichtbar für die Außenwelt spielten sich die untertägigen Veränderungen ab. Die Kapazitätserweiterung wurde längerfristig nicht nur auf dem Gebiet der Arbeitskräfte vorbereitet. Zugangstrecken zu den neuen Schächten waren erforderlich. Eine wesentliche Kapazitätserweiterung war mit der bisherigen Streckenförderung nicht erreichbar.
Der Batterielokbetrieb musste auf Fahrleitungsbetrieb umgestellt werden. Mit den vorhandenen Batterieloks hätten Zugverbände von lediglich acht Hunten bewegt werden können. Fahrleitungsloks waren für Verbände mit 30 Hunten zugelassen. Die neuen Traktionsmittel benötigten neben Gleichrichterstationen und Werkstätten auch stabilere Gleisanlagen. Die vorhandenen Gleise waren der Belastung durch die ebenfalls vorgesehenen größeren Hunte (Förderwagen) mit mehr als doppeltem Fassungsvermögen nicht mehr gewachsen. Neben dem stärkeren Schienenprofil wurde das Gleisbett geschottert. Zunächst wurden Schienen vom Typ S19, später R24 verwendet. Die Zahlen gaben das Metergewicht an, die Bezeichnung S stand für die eigenen und die Bezeichnung R für die Importe aus der Sowjetunion. S und R standen dabei für „Schiene“ in Deutsch und Russisch. Für die Installation der Fahrleitung und die Errichtung des Schotterbettes reichten die bisher angewendeten Querschnitte nicht mehr aus. Alle Grubenbaue zu den neuen Schächten wurden mit neuen, größeren Querschnitten aufgefahren und mit imprägniertem Holz ausgebaut. Der Querschlag 402 aus dem alten Schacht 356 wurde auf eine Länge von mehr als zwei Kilometern auf den neuen Querschnitt erweitert. Der Nachriss erfolgte gleichzeitig an mindestens drei Stellen bei laufender Förderung, was zu erheblichen Störungen des Ablaufs führte. Um den Anlauf der neuen Kapazitäten zu sichern, war es erforderlich, die neuen Hunte bereits vor Inbetriebnahme in die Grube zu schaffen. Die neuen Hunte waren nur ab der 120-m-Sohle einsetzbar und konnten nicht mit der alten Anlage nach untertage geschafft werden. Bergeweise lagen die Hunte auf dem Schachtgelände und wurden mit Autokränen zu Zugverbänden formiert, um dann mit einer Planierraupe zum Schacht gezogen zu werden. Da sie nicht in den Förderkorb des Schachtes 356 passten, wurden sie einzeln unter den Förderkorb hängend in die Grube transportiert. Diese Arbeiten waren nur an Sonntagen möglich, da die Förderkapazität ohnehin begrenzt war. Bis zur Inbetriebnahme der neuen Anlagen waren mehrere Kilometer vorhandener Strecken mit Hunten verstellt. Für das Abstellen von 400 Hunten war ein Kilometer Gleis erforderlich. Nach der Inbetriebnahme blockierten die alten Hunte die Grubenbaue, bevor sie auf die oberen Sohlen umgeleitet wurden, auf denen keine Umrüstung möglich war. Erst mit der Beendigung der Arbeiten auf den oberen Sohlen wurden sie verschrottet. Das Schrottaufkommen

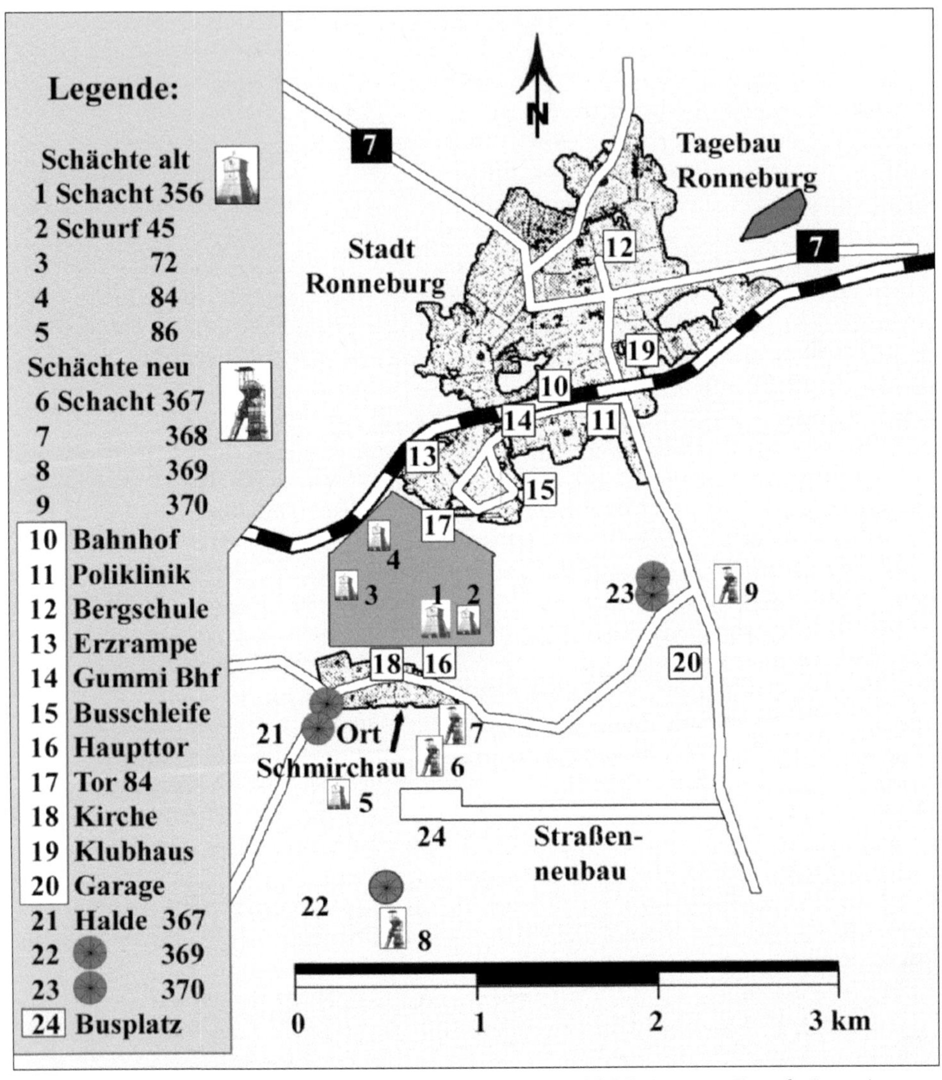

Abb. 164 Die Wismut in Schmirchau/Ronneburg um 1955 (eigene Bearbeitung)

war eine Planposition. Allerdings spielte damals noch keine Rolle, dass die Hunte radioaktiv kontaminiert waren – sie wurden nur einer Wäsche unterzogen. Allein der neue Huntepark verursachte nach Preisen der 80-er Jahre einen Investitionsaufwand von mehr als vier Millionen Mark. Dabei machten die Kosten für die neuen Hunte nur einen verschwindend kleinen Teil der gesamten Aufwendungen aus. Sie waren eine erhebliche Belastung für die Volkswirtschaft der DDR, weil sie nicht Bestandteil der laufenden Planung waren.

Weitere untertägige Anlagen waren erforderlich. Neben der Vorbereitung neuer Abbaufelder und der Erprobung neuer Abbauverfahren waren

- das Abbaugebiet weiträumig zu umfahren,
- neue Sprengmittellager zu errichten,
- eine Sturzrolle zur 90-m-Sohle herzustellen, um diese Sohle an die Hauptförderung anzuschließen und
- Kapazitäten für die Einwärtsförderung von Holz zu schaffen.

Dazu wurde ein Holzfallrohr installiert, dessen Vorläufer für eine Falltiefe von 60 Meter mit Erfolg erprobt war. Für eine Falltiefe von 120 Meter gab es erhebliche Anlaufschwierigkeiten. In einem Metallrohr wurde Rundholz einzeln gestürzt. Die Hölzer fielen mit großer Wucht auf ein Polster aus Sägespänen. Was bei 60 Meter noch funktionierte, klappte bei 120 Metern nicht mehr. Die Hölzer zersplitterten durch den Aufprall zum Teil bis zur Unbrauchbarkeit. Es wurde ein Rohrkrümmer mit großem Radius angebracht, der in ein mit Wasser gefülltes Becken führte. Der Raum dafür musste erst aufgefahren werden. Während des Abwurfs war die durch eine Prellwand gesicherte, vorbeiführende Förderstrecke gesperrt. Ein zweites Problem tat sich auf, als eines Tages das Fallrohr verstopft war. Als alle Bemühungen scheiterten, es wieder flott zu bekommen, kam man auf eine tolle Idee, die im Nachhinein gar nicht mehr so toll war. Eine brennbare Flüssigkeit ins Rohr gelassen, sollte das gestaute Holz verbrennen – die Asche hätte dann ausgespült werden können. So die Überlegungen. Es stellte sich kein Erfolg ein, aber es drohte ein Grubenbrand. Der Holzausbau des Grubenbaus begann zu

Abb. 165/1 Großer Hunt (eigenes Foto)

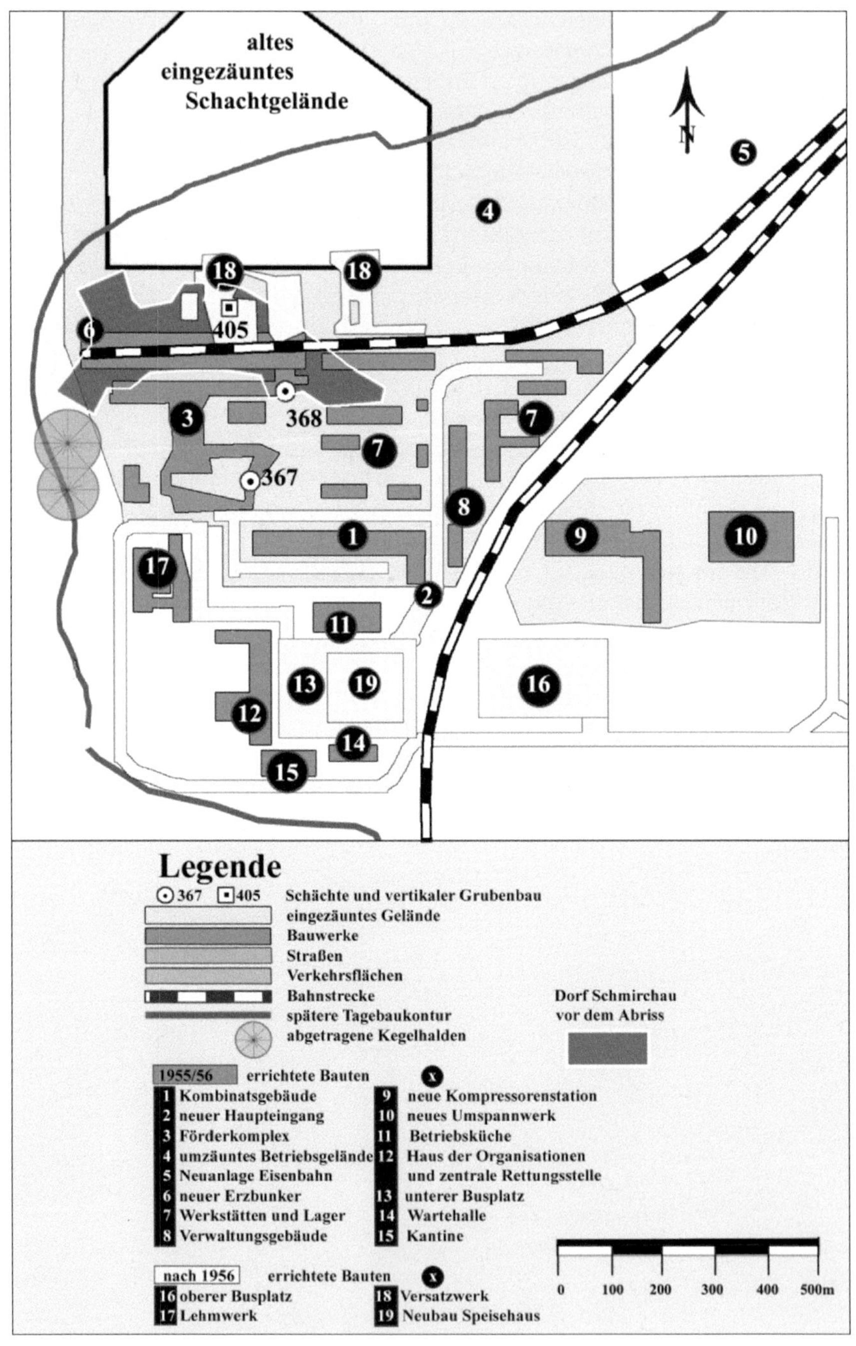

Abb. 166 Neue Anlagen um 1956 (eigene Bearbeitung)

glimmen. Jede Menge gestürztes Löschwasser verursachte das nächste Chaos. Wegen des Glimmbrandes wurde die Bergbehörde – die Aufsichtsbehörde für Bergarbeiten – auf die Situation aufmerksam. Brände waren meldepflichtig. Da das Abfackeln des gestauten Holzes der Behörde nicht angezeigt war, wurden die Verantwortlichen zur Kasse gebeten. Nach Überwindung der Anfangsschwierigkeiten stellte sich Normalität ein. Der Betrieb des Fallrohres blieb noch Jahre bis zur Beendigung der Bergarbeiten auf den oberen Sohlen erhalten. Die Rundhölzer wurden einzeln gestürzt. Erst nachdem das Holz unten angekommen war, wurde das Signal für den weiteren Sturz gegeben. Das fallende Holz verursachte einen höllischen Lärm. Die Tonhöhe und die Lautstärke nahmen zu, um beim Einlauf in den Krümmer ohrenbetäubend zu werden. Der Aufprall in das Wasserbecken wirkte wie die Auflösung des Infernos. Wenn das Becken gefüllt war, wurde das Stürzen eingestellt, das Holz mit Flößerhaken aus dem Becken gezogen und abtransportiert.

Abb. 165/2 Kleiner Hunt (eigenes Foto)

Die neuen Anlagen sowie das alte Schachtgelände sind in der Skizze Abb. 166 auf Seite 244 dargestellt.

2.8 Die Arbeits- und Lebensbedingungen bei der Wismut

In Schmirchau musste ich gravierende Unterschiede zu den Bedingungen in Merkers feststellen.

Das begann beim **Verwaltungspersonal:** Es gab viel mehr Verwaltungsangestellte. Die Schlüsselstellungen waren von sowjetischen Mitarbeitern besetzt, deren Anzahl erst im Laufe der Jahre wesentlich verringert wurde.

Das **Schachtgelände** war stabil gesichert. Die Sicherung erfolgte sowohl mit blickdichtem Bretterzaun als auch mit Maschendraht, der noch mit Stacheldraht gekrönt war. Die Bewachung oblag Angehörigen der Sowjetarmee. Um alles unter Kontrolle zu haben, durften keine Taschen oder geschlossene Behältnisse in das

oder aus dem Gelände mitgenommen werden. Es waren nur „Taschen mit Loch" zugelassen. In Netzen konnten die Soldaten die mitgeführten Gegenstände erkennen.
Die **Einlasskontrolle** war in Schmirchau straffer organisiert als in Merkers. Das Markensystem erlaubte nur den für die jeweilige Schicht eingeteilten Bergleuten das Betreten des Schachtgeländes.
Die **Umkleidemöglichkeiten** waren vorsintflutlich. Es gab eine „Garderobe" wie im Theater. Dort waren Frauen beschäftigt. Die Kapazität der Einrichtung war nicht der Flut der Neueinstellungen angepasst. Jeder hatte einen stabilen Eisenring mit einer Nummer. Auf diesen wurden sowohl Arbeits- als auch Straßenbekleidung aufgefädelt. Jeder Nummer war ein Platz an den Bretterwänden zugeordnet. Da es keine Trennung gab, waren Beschmutzungen der Straßenbekleidung unvermeidbar. Besonders in der Frühschicht war die Situation vor dem Schalter katastrophal. Die Frauen hatten gar nicht so viele Hände, wie Kumpel ihre Bekleidung gleichzeitig wollten. Es ging zu wie an der Theatergarderobe nach dem Ende der Vorstellung. Die Aufbewahrung war ähnlich organisiert. Wenn es einem Kumpel zu lange dauerte, sprang er einfach über den Ausgabetisch und holte seinen Ring mit den Kleidungsstücken selbst – auch wenn er nicht bekleidet war. Das geschah nicht, ohne die Frauen unflätig zu beschimpfen. Wie schön war es in den anderen beiden Schichten. Die Frauen wussten, wer zur Schicht gehört und hatten die Ringe schon in der Nähe der Ausgabe bereit gehängt.
Die **Duschgelegenheit** war der absolute Höhepunkt. Etwa 12 (in Worten: zwölf) Brausen standen zur Verfügung, von denen meist die Hälfte defekt war. Weitere etwa 20 zum Teil defekte Waschbecken ergänzten das Angebot. Selbst für die belegungsarmen Schichten mit weit über 100 Personen reichten die Gelegenheiten nicht aus und viele Kumpel zogen es vor, in Schachtbekleidung den Betrieb zu verlassen. Auch in den belegungsarmen Schichten hatte man nicht immer Gelegenheit, sich mit warmem Wasser zu duschen oder zu waschen. Die Wasserleitungen wurden ständig mit Gegenständen bearbeitet, um den Heizern zu signalisieren, dass kein warmes Wasser läuft oder dass es überhaupt kein Wasser gab. Auch gelegentliche Besuche aufgebrachter stark verschmutzter Kumpels im Heizhaus mit der entsprechenden Schimpfkanonade konnte die Situation nicht verbessern. Die Kapazität reichte einfach nicht aus. Der in den Duschraum zitierte Hauptmechaniker konnte nur die eine Zusage machen: Mit der Fertigstellung des neuen Gebäudes wird alles besser.
Die **Lampenwirtschaft** war moderner. Es gab elektrische Beleuchtung für jeden Bergmann. Drei Arten von Lampen wurden ausgegeben. Am stärksten verbreitetet war die Kopflampe, sie war am Helm befestigt – die Batterie am Gürtel – und die Hände waren frei. Handlich auch noch die Handlampe. Sie war mit einem Riemen am Hals auf der Brust zu tragen – Steiger und Lokfahrer waren mit ihr ausgerüstet. Das Fußvolk – und zu dem gehörte ich zunächst – bekam ein Monstergerät mit geschätzten 8 kg Gewicht. Man konnte sich das Gerät zwar mit einem Riemen an den Hals hängen, aber das machte man nur, bis eine Genickstarre einsetzte. Dann trug man die Lampe wieder in der Hand. Erst mit dem Beginn der Hauerausbildung, der in die Phase der Fertigstellung der neuen Lampenstation fiel, bekam ich eine Kopflampe. Wie bequem das doch war. Wo man den Blick hinwendete, folgte

der Lichtkegel. Der am Gürtel zu tragende Akku stellte im Gegensatz zu anderen Lampen nur eine geringe Belastung dar.

Die **Arbeitsbekleidung** war vergleichsweise üppig. Als Helm – es bestand Helmpflicht – gab es ein Exemplar aus Gummi mit dem inneren Futter aus Leder. Als Fußbekleidung dienten Gummistiefel mit den dazu gehörigen Fußlappen aus sehr saugfähigem Stoff. Sehr schnell erlernte ich die zweckmäßige Handhabung der Lappen, um eine ständige Wulstbildung unter dem Fuß zu vermeiden. Ferner gab es blaue Arbeitsjacken und -hosen aus Baumwolle und einen gewebten Gürtel mit Lederbesatz. Für feuchte Betriebspunkte gab es nach Freigabe durch den Revierleiter Gummijacken und Gummihosen. Für alle Bekleidungsgegenstände galt eine normative Nutzungsdauer. Nach deren Ablauf wurde Alt gegen Neu getauscht. Bei vorzeitigem Verschleiß musste man einige Unterschriften einholen – bis hin zum sowjetischen Obernormierer – bevor man tauschen konnte. Die Gummistiefel waren ein Statussymbol der Wismutkumpel. Besonders cool sah der Kumpel aus, der die Schäfte der Stiefel umkrempelte und damit auch in Gera herumlief. Ich gehörte zu denen, die cool aussehen wollten. Dafür nahm man sogar in Kauf, dass man sich bei der Arbeit viel leichter nasse Füße holen konnte und Gummistiefel förderten Schweißfuß. Auch Arbeitshandschuhe – Fausthandschuhe – aus einem starken Leinengewebe gehörten zur Arbeitsschutzbekleidung. Für Steiger gab es so genannte Strebhandschuhe aus Leder, das waren Fingerhandschuhe.

Die **Versorgung mit Lebensmitteln** lag weit über dem Durchschnitt der Bevölkerung. Alle Fettmarken wurden mit Butter und alle Fleischmarken mit Fleischwaren beliefert. Der Erwerb von Austauschprodukten wie Margarine, Schlachtfette oder Öl für Fettmarken und Eier, Fisch oder Käse für Fleischmarken war wahlweise. Für Beschäftigte der Wismut gab es gesonderte Lebensmittelmittelkarten, die nur in Verkaufsstellen des Unternehmens „Wismut Handel“ oder in Vertragsverkaufsstellen in ehemaligen Wismutgebieten beliefert wurden. Die Lebensmittelkarten des Jahres 1955 unterschieden sich nur unwesentlich von denen der der Anfangsjahre. Die abgearbeitete Karte eines Bergarbeiters aus dem Jahr 1947 unterscheidet sich nur in einer dekadenweisen Ausgabe der Karten, der Angabe einer Feldpostnummer für das jeweilige Objekt und den Zusatzabschnitten. 1955 waren Streichhölzer, Waschpulver und Kaffee-Ersatz nicht mehr rationiert. Der Kumpel Oskar hat diese Waren sicher nicht benötigt, weshalb die entsprechenden Abschnitte erhalten geblieben sind. Was sollte er als Nichtraucher auch mit Streichhölzern. Auf die Sonderabschnitte wurden gelegentlich zusätzlich Waren abgegeben.

02 II 12 — 1 Schtl. Streichhölzer
02 II 12 — 250 g Waschpulver
02 II 1[illegible] — 100 g Kaffee-ersatz

Diese Abschnitte werden nur beliefert, wenn sie abgestempelt sind.

Bei Verlust der Karte kein Ersatz!
Abgetrennte Marken werden nicht beliefert!
Karten ohne Namens- und Wohnungsangabe werden nicht beliefert!

Feldpost - Nr. 27304/B

Lebensmittelkarte
für Bergarbeiter **Gruppe I**
Zweite Dekade 11.—20. Dez. 1947

500 g Nährmittel
200 g Fett
250 g Zucker
300 g Marmelade
4500 g Brot
400 g Fleisch
5000 g Kartoffeln
15 Stück Zigaretten

Nr. 005512

Kontroll-Nr.: 477
Name: [geschwärzt], Oskar
Wohnort: Schneeberg, Markt 9
Straße:
Arbeitsstelle: Schacht 15

17. 4000. I.Au. 261

O 2 12	O 2 12	O 2 12	O 2
Zw. …k. 4	Zweite Dek. 3	Zweite Dek. 2	Zweite De…
…der-abschnitt	Sonder-abschnitt	Sonder-abschnitt	Sonder-abschn…

O 2 12 — Zweite Dek. — A

Abb. 167 Lebensmittelkarte für Bergarbeiter aus dem Jahr 1947 (Sammlung Gottwert Hochmuth, Pirna)

Für jede untertage verfahrene Schicht gab es zusätzlich Talons und zwar Talon 13 für eine warme Mahlzeit und Talon 20 für 100 Gramm Käse. Diese Regelung war im Arbeitsvertrag vereinbart.

VII. Die Sowjetisch-Deutsche Aktiengesellschaft „Wismut" gewährt Lebensmittelkarten nach den festgesetzten Normen. Alle Arbeiter unter Tage, ITP und Angestellten, unabhängig vom Wohnort ihrer Familie, sowie andere Arbeiter und Angestellte der AG „Wismut", die von ihren Familien getrennt leben und unterhaltspflichtig sind, erhalten für die Familie eine zusätzliche Lebensmittelkarte.

Den Arbeitern und ITP unter Tage und im Tagebau (Karriere) werden, abhängig vom Beruf und Tätigkeit, sowie vom Ausmaß der Übererfüllung der Monatsnormen und des Arbeitsplanes, zusätzlich Karten zum Einkauf von 1—4 Sonderrationen ausgegeben.

Alle Arbeiter, Angestellten und das ITP erhalten am Tage der Arbeit eine zusätzliche warme Mahlzeit in den Speiseräumen der HO-Wismut nach folgenden festgesetzten Normen:

a) bei Untertagearbeiten Talon-Nr.: 13 und 20

b) bei Übertagearbeiten Talon-Nr.: 16 und 21

Abb. 168 Auszug aus dem Arbeitsvertrag (eigene Unterlagen)

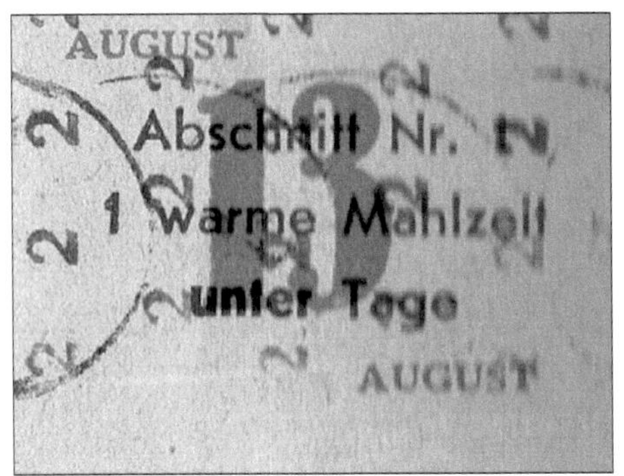

Abb. 169 Verpflegungstalons für Untertageschichten (Sammlung Gottwert Hochmuth, Pirna)

Die Kapazität der Käserei Paitzdorf bei Ronneburg reichte nicht aus, um den Bedarf für das Gebiet Ronneburg zu decken. Die Käserei Kurt Klinnert aus Karsdorf – zu erkennen an den vier konzentrisch angeordneten K – lieferte häufig zusätzlich aus Sachsen. Die Kumpel zogen Klinnert-Käse vor, weil er geschmacklich besser war – nicht allein deshalb, weil der Paitzdorfer meist als Schimmelkäse geliefert wurde. Beide Produkte hatten eine Besonderheit: sie waren zum Zeitpunkt des Verkaufs noch sehr quarkig. Nur ein dünner Mantel aus Käse umhüllte die Stangen. Das lag einfach daran, dass die Produktionskapazität nicht ausreichte, um den Käse reifen zu lassen. Es gab aber auch Kumpel, die gerade diesen leicht salzigen Quarkteil liebten. Andere fanden die richtige Genussreife erst dann, wenn die ursprüngliche Stangenform nicht mehr erkennbar war, wenn der Käse bei der Ausdehnung in die Breite wuchs und dabei nicht behindert wurde (manche sogar erst, wenn der Käse auch lebte).

Die Käserei Klinnert überlebte die DDR und produzierte auch noch nach der Wende, wie ich aus einem Zeitungsartikel der Sächsischen Zeitung vom 26. Januar 2007 entnehmen konnte. Käse mit den vier K in der Form eines Kleeblattes kann man noch heute in Ostsachsen kaufen – er hat eine gute Qualität.

Aus der Region

Die letzten Käsekarsdorfer

Fahrzeuge, kein Geld. **Dafür gab es Nachfrage, auch Dank staatlicher Steuerung. Unter den besten Nachkriegskunden: die Wismut-Kumpel aus Aue. Jede Woche kauften sie eine Tonne Käse in Karsdorf ein. Die Planstrategen hielten das kleine Unternehmen auf Trab. Noch heute**

Abb. 170 Käse aus Karsdorf (eigene Unterlagen)

Was man in Karsdorf nicht wusste: das Handelsunternehmen der Wismut „Wismut Handel“ war in Lauter bei Aue angesiedelt und kaufte den Käse für die gesamte Wismut ein.

Die warmen Mahlzeiten für den Talon 13 musste man in Gera oder Ronneburg einnehmen, bis die Küche in Schmirchau eingeweiht wurde. Die Küche in Gera war im Haus der Gewerkschaften in der Ernst-Thälmann-Straße in der Nähe des Bahnhofs Gera-Süd untergebracht. Bereits im Schichtzug begann die Rangelei um die besten Startpositionen. Bevor der Zug zum Stehen kam, sprangen die Blitzstarter ab und spurteten zur „Küche“. Wer zu spät kam, den bestrafte das Leben. Alle Plätze im ersten Durchgang waren bereits besetzt und bis zum zweiten Durchgang verging mehr als eine halbe Stunde. Schließlich wurde ein Dreigangmenü serviert. Häufig wurden auch noch die 200 Gramm Milch getrunken, die den Werktätigen für jede verfahrene Schicht zustand. Erst dann wurde wieder ein Stuhl frei. Zu dieser Zeit gab es noch Servierpersonal. Die flinken Mädels waren auf den Run eingestellt. Auch die gelegentlichen Anpöbelungen durch rüpelhafte Kumpel brachten sie normalerweise nicht aus dem Tritt. Sie waren einiges gewöhnt. Selbstbedienung gab es erst in den neuen Speisehäusern direkt an den Schächten. Das dreigängige Menü bestand aus einer Suppe, dem Hauptgang und Nachtisch. Als Nachtisch gab es diverse Puddingspeisen, rohes oder konserviertes Obst – häufig Apfelmus. Der Hauptgang war sehr fleischhaltig. Das Einsatzgewicht betrug je nach der Art der Beschäftigung 200 Gramm Fleisch (unter Tage oder gleichgestellt) oder 100 Gramm (übrige Beschäftigte) je Portion. Besonders bei den gern gegessenen Eintöpfen erschien die Fleischbeilage, die mit einer Kelle extra zugeteilt wurde, sehr üppig.

Für den **Berufsverkehr** waren betriebliche Buslinien eingerichtet. Sie wurden von Bussen der Typen SIS (sowjetisches Produkt) und H6 (Hersteller VEB Fahrzeugwerk Werdau) bedient. Mit der exorbitanten Erweiterung der Belegschaft reichten die Transportkapazitäten nicht mehr aus. Zunächst wurden die Linien nach Gera eingestellt. Den Transport übernahm die Reichsbahn mit Schichtzügen. Später folgten die Linien nach Altenburg, das sich zum zweiten Zentrum der Ansiedlung der Wismutangehörigen entwickelte. Dazu wurde eine direkte Gleisanbindung nach Altenburg geschaffen. Der Wegfall der Fahrt über Gößnitz brachte eine erhebliche Zeiteinsparung gegenüber der vorherigen Linienführung. Die Beförderungskosten übernahm die SDAG Wismut. Es wurden Monatskarten ausgegeben. Es erscheint wie ein Wunder, dass auf den Bahnhöfen bei der disziplinlosen Menge nicht ständig Personen zu Schaden kamen. Wenn auch die wilde Zeit der Wismut im Erzgebirge vorbei war – auf den Dächern wurde nicht mehr gefahren –, andere Disziplinlosigkeiten waren weiterhin an der Tagesordnung. Es begann mit dem Zustieg von der dem Bahnsteig abgewandten Seite, ging über das Überqueren der Gleise bis hin zum Stoppen von Zügen an nicht vorgesehenen Haltepunkten. Ein solcher Haltepunkt war vor dem Einfahrtssignal des aus Ronneburg kommenden Schichtzuges vor dem Bahnhof Gera-Süd. Kumpel aus Gera-Pforten und Gera-Zwötzen konnten bei diesem „Bedarfsausstieg" viel Zeit sparen. Da in Gera-Süd Züge aus drei Richtungen auf das gleiche Gleis einfuhren, war dieses Gleis häufig noch nicht frei. Es gab einen Nothalt, der fast allen dort wohnenden Kumpel gelegen kam. Weiterfahrende ärgerten sich über diesen Zusatzhalt, weil der Zug dann mit Verspätung auf den Folgebahnhöfen ankam. Nachdem einige Male nach der Mittelschicht mit der Notbremse ein zusätzlicher Halt verursacht wurde, rief das die Transportpolizei mit Hunden auf den Plan. Einige Undisziplinierte konnten gestellt und abgestraft werden. Damit hatte sich der Halt mit der Notbremse erledigt und auch dem aus Richtung Ronneburg kommenden Zug wurde Vorrang eingeräumt. Somit bestand nur noch höchst selten die Möglichkeit, vorzeitig auszusteigen.
Die **Seilfahrt** war chaotisch. Die Anlagen waren dem Zustrom neuer Arbeitskräfte nicht gewachsen. Die Mehrzahl der Kumpel benutzte deshalb die „Fahrtenabteilung" der Schächte. Jeder Schacht hatte einen besonderen Teil, in dem Fahrten (Leitern) aus Holz, später aus Stahl, aufgestellt waren. Selbst nach Fertigstellung der neuen Schächte war die Seilfahrt immer noch eine chaotische Angelegenheit. Viele Bergleute stiegen deshalb aus und ein. Bis zur 120-m-Sohle waren es 26 Stahlfahrten von fünf Meter Länge. Kumpel sind erfinderisch. Nach kurzer Zeit hatten sie den Dreh raus, wie man extrem schnell nach unten kommt. Man halte sich mit beiden Händen an den Holmen aus Winkeleisen fest, lege beide Füße mit dem Innenrist an die Holme, lockere den Griff mit den Händen und kann bequem die fünf Meter bis zur nächsten Bühne rutschen. Das Umsteigen zur nächsten Leiter dauerte vergleichsweise lange. Diese Rutschpartien konnte man nur mit Handschuhen vollführen. Die Holme waren entsprechend blank gescheuert. Die Seilfahrtsordnung war generell ein schwieriges Problem. Nur schwer gelang es, Ordnung einzuführen und Kontrolle über die in der Grube befindliche Belegschaft zu erhalten. Dazu musste zu einer schwer vermittelbaren und sicherheitstechnisch fraglichen Maßnahme

gegriffen werden. Die Fahrtenabteilungen der Schächte – die eigentlichen Fluchtwege – wurden verschlossen und durften nur im Havariefall geöffnet werden. Eine vorbildliche Ordnung wurde erst mit der Einführung des zentralen Sprengens in den 70-er Jahren erreicht. Das war eine organisatorische Maßnahme, weil die erforderlichen Einzelabsperrungen für Sprengungen nicht mehr beherrschbar waren. Mit über 10 Absperrposten beim Sprengen eines Betriebspunktes bei häufiger Überschneidung der Absperrbereiche war die Sicherheit nicht mehr oder nur mit übergroßem Aufwand zu gewährleisten. Mit einem Markensystem wurde die eingefahrene Belegschaft erfasst. Erst wenn alle Werktätigen den Absperrbereich – und das war die gesamte Grube – verlassen hatten, wurde gesprengt und zwar alle besetzten Betriebspunkte zugleich. Da es kompliziert wurde, wenn Personen nicht dort ausfuhren, wo sie eingefahren waren, wurde die Anzahl der „Pendler" auf ein einstelliges Minimum begrenzt. Ausnahmen gab es nur in begründeten Ausnahmefällen.
Für die **Unterbringung** der Beschäftigten sorgte die Verwaltung des Objektes 90. Sie war die übergeordnete Leitung für die Bergwerke. Anfangs waren die Bedingungen in den Wohnheimen katastrophal. In allen umliegenden Dörfern wurden die Gasthäuser einschließlich der Säle mit Bergarbeitern belegt. Mit dem Bau von Arbeiterwohnheimen verbesserten sich die Bedingungen wesentlich. Die neuen Unterkünfte hatten mitunter eine bessere Ausstattung als Hotels. Im „Haus des Bergmanns" (heute: „Stadthotel Gera") war sogar eine Gaststätte angeschlossen,

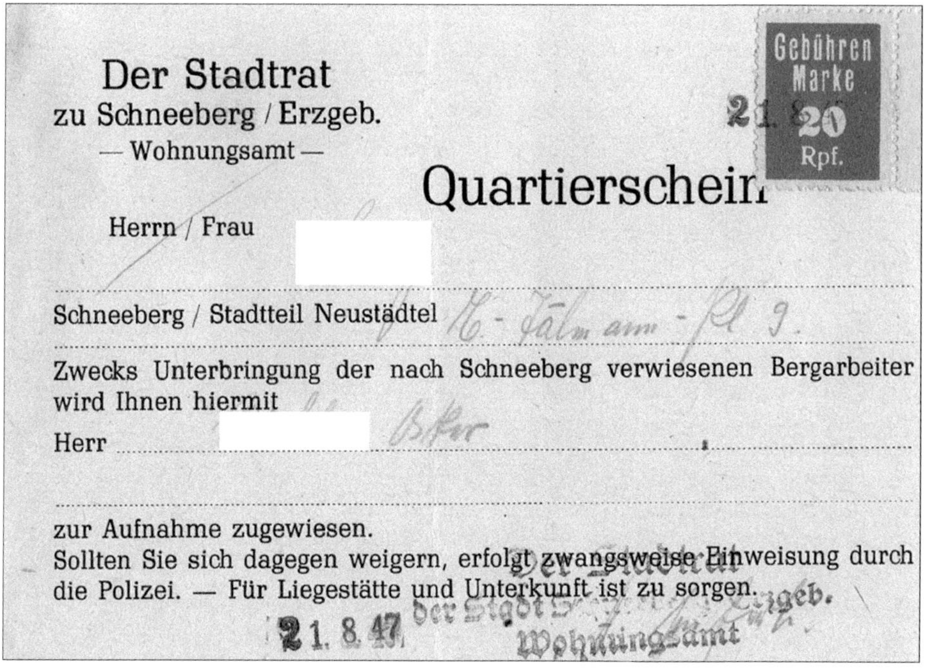

Der Stadtrat
zu Schneeberg / Erzgeb.
— Wohnungsamt —

Gebühren Marke 20 Rpf.

21. 8. 47

Quartierschein

Herrn / Frau

Schneeberg / Stadtteil Neustädtel

Zwecks Unterbringung der nach Schneeberg verwiesenen Bergarbeiter wird Ihnen hiermit

Herr ....

zur Aufnahme zugewiesen.
Sollten Sie sich dagegen weigern, erfolgt zwangsweise Einweisung durch die Polizei. — Für Liegestätte und Unterkunft ist zu sorgen.

21. 8. 47

Der Stadtrat der Stadt Schneeberg/Erzgeb. Wohnungsamt

Abb. 171 Zwangseinweisung eines Bergarbeiters aus dem Jahr 1947 (Sammlung Gottwert Hochmuth, Pirna)

in der auch Tanzveranstaltungen stattfanden. In der Unterkunft Mathilde-Wurm-Straße 68 wurde ein Bierkeller eingerichtet. Im Erdgeschoss der Unterkunft Mathilde-Wurm-Straße 101 waren Lebensmittelgeschäfte etabliert. Beide Wohnheime lagen am Rande des Neubaugebietes Gera-Bieblach. Der Mietpreis für die Unterkünfte war trotz des gestiegenen Ausstattungsgrades nur symbolisch. Nach dem Start des ersten Kosmonauten wurde aus der Mathilde-Wurm-Straße die Juri-Gagarin-Straße. Unterbringungen in Privatquartieren waren selten und wenn, dann auf Initiative der Kumpel, die eine Absteige gefunden hatten. 1955 waren die Wohnbedingungen in den Bergarbeiterunterkünften bereits wesentlich verbessert zu den Anfangsjahren. Die Bergarbeiter wurden zu dieser Zeit in provisorische Massenquartiere eingewiesen oder erhielten – wenn sie Glück hatten – einen Quartierschein für eine private Unterkunft.
Der Vermieter hatte keinerlei Rechte – die Zwangseinweisung konnte notfalls mit Polizeigewalt durchgesetzt werden. Obendrein hatte der Vermieter für eine Schlafmöglichkeit zu sorgen.
Bei der Wismut war die Vielzahl von Spitznamen auffällig. Dabei waren einige nicht sehr schmeichelhaft, manche sogar diskriminierend. Aber es gab viele, die einfach nur originell waren. Z. B.

- **„Schlüpferstürmer“:** Der Hauerbrigadier Klaus sah wirklich interessant aus. Blaue Augen, lockiges, schwarzes Haar, eine tadellose Figur, elegant gekleidet und ungebunden. Eine ständig gut gefüllte Liebeskasse sorgte dafür, dass er bei der Damenwelt umschwärmt war, was er auch redlich ausnutzte.
- **„Schauspieler“:** Seine vorherige Tätigkeit als Maskenbildner beim Theater und seine ausgeprägte Gestik beim sehr eindringlichen Sprechen brachten dem Fördersteiger Kurt diesen Beinamen ein.
- Ein zweiter **„Schauspieler“** war der Brigadier Heinz, der zum Ensemble des Arbeitertheaters Gera gehörte. Kein Steiger war scharf darauf, ihn in der Schicht zu haben. Dann waren Ausfälle im Vortrieb programmiert, da er sehr häufig für Probenarbeiten und Aufführungen freigestellt war.
- **„Walfisch“:** Die Namensgebung muss in der Frühzeit der Wismut erfolgt sein. Georg der Brigadier – auch „Schurchie“ genannt – war von kräftiger Statur, zu der seine melodiöse Eunuchenstimme so gar nicht passte. Er muss in den wilden Jahren ein großer Schluckspecht gewesen sein. Für den Namen Walfisch gab es die Deutung: großes Maul, kleine Augen, ewig im Tran und die meiste Kraft im Schwanz.
- **„Linientreuer“:** Herbert der Wettersteiger bekam seinen Namen nicht wegen seiner politischen Haltung. Er resultierte vielmehr aus folgender Tatsache: Wegen einer kritischen Situation verpasste Herbert einmal seinen Schichtbus. Taxen waren Mangelware, deshalb beschloss er, den Heimweg zu Fuß zurückzulegen. Zu der etwa 20 km langen Normalstrecke kam zu dieser Zeit noch eine 5 km lange Umleitung. Aus welchem Grund auch immer, folgte er dem Verlauf der Buslinie samt Umleitung, was ihm den Namen einbrachte.
- **„Seemann“:** Der Fördersteiger Heinz redete alle Gesprächspartner mit Seemann an. Ob er einmal Fahrensmann war oder ob er sich einfach keine Namen merken konnte, weiß ich nicht.

- **„Ameisenbär“:** Ein anderer Wettersteiger – auch ein Herbert – kam zu dem Namen, weil er sich zu seinem abnormalen Körperbau (kräftige Figur mit einem etwas unterdimensionierten Kopf) auch noch einen kräftigen, tiefschwarzen Schnurbart zulegte. Die Ähnlichkeit war nicht an den Haaren herbei gezogen.
- **„Meterjäger“:** Das war die Bezeichnung für mehrere Steiger, die durch besondere „Metergeilheit“ auffielen. Eine Größe der Schichtabrechnung für Steiger war der Vortrieb in Metern. „Metergeil“ waren die Steiger, die ohne Rücksicht auf negative Folgen die Hauer dazu antrieben, unbedingt zu sprengen, d. h. Vortrieb zu bringen. Nur für gesprengte Betriebspunkte konnte Vortrieb gemeldet werden.
- **„Kohlenklau“:** War der Name für den Schießmeister Rudi. Er war immer nur der „Kohlenklau“, obwohl er diesen Namen nicht sonderlich gern hörte und bei schlechter Laune fuchsteufelswild werden konnte. Der Name leitete sich von seinem Habitus ab. Wenn der kleine Mann die leere Sprengstofftasche über nur einer Schulter trug, diese Schulter hochzog und nach vorn stellte, war er wirklich ein Ebenbild der Feindfigur im Dritten Reich. Kohlenklau galt im Zweiten Weltkrieg als Symbolfigur für Vergeudung von Energie, die zur Herstellung kriegswichtiger Produkte unbedingt gebraucht wurde.
- **„Schlauchbeißer“:** Drittelführer Werner war bekannt dafür, dass er gelegentlich cholerische Anfälle bekam. Dann sollte man sich ihm besser nicht nähern. Vor meiner ersten derartigen Begegnung mit ihm hätte ich nicht für möglich gehalten, dass es so etwas gibt. Irgendetwas war im Arbeitsablauf schief gelaufen. Werner tobte wie ein Rumpelstilzchen und neben dem urdeutschen Wort „Sch…“ fielen am laufenden Band andere Kraftausdrücken in einer ungeheueren Lautstärke. Er warf die Bohrmaschine mehrfach zu Boden. Wenn er richtig in Ekstase war, biss er in den Gummischlauch für die Druckluftzuführung oder in eine Bohrstange. Es war schon sehr verwunderlich, dass er dabei seine Zähne nicht beschädigte. Auch Schienenbeißer gab es bei der Wismut.
- **„Lametier“:** Helmut, ein weiterer Brigadier wurde so genannt, weil er ständig in ein Lamento verfallen konnte, wenn die Rede auf Verdienst oder Arbeitsbedingungen kam. Und das auch dann, wenn andere mit gleichen Bedingungen mehr als zufrieden waren.
- **„Kugelblitz“:** War der Name für Revierleiter Walter. Er hatte die seltene Gabe, alles durcheinander zu bringen. Wo er auftauchte, war Chaos programmiert über das er sich maßlos echauffieren konnte. Er polterte mit hochrotem Kopf los und war nur schwer zu beruhigen. Er handelte wahrscheinlich nach dem Motto: „Wo ich bin, klappt nichts – aber überall kann ich nicht sein!“
- **„Don Krawallo“** war der Kosename für einen ebenfalls oft polternden Obersteiger
- **„Langriemen“:** Über die Herkunft des Namens für einen weiteren Obersteiger wurde der aufgeklärt, der mit ihm gemeinsam in der ITP-Kaue badete. Einfach nur gewaltig.

- **„Zahnloser Bettvorleger“:** Wurde ein Elektriker nach einer Zechtour getauft (Kap. 2.3)
- **„Madenfresser“:** Bezeichnete sich ein temporärer Obersteiger selbst.
- **„Lackschuh“:** Wie ein Lokfahrer zu diesem Namen kam, blieb mir verborgen.
- **„Streckenscheißer“:** Seine Darmentleerung am unpassenden Ort brachte ihm diesen wenig ehrenvollen Namen ein. Solches Fehlverhalten wurde ähnlich geahndet wie Sprengvergehen – mit dem Verbot der Grubenfahrt. Obwohl er große Verdienste bei der Einführung einer langlebigen Ausbauart hatte und mit dem Ehrentitel „Oberingenieur“ geehrt war, durfte er nicht mehr einfahren.
- **„Brocken-King“** war ein Angehöriger der Freiwilligen Grubenwehr. Die Grubenwehr wurde für Bergarbeiten in Brandblöcken eingesetzt, in denen sie unter Atemschutzgerät arbeiteten. Brocken-King war Schrapperfahrer und versenkte Brocken jeder Art in die Förderrolle, mit denen die Huntefüller auf der Grundsohle ihre Probleme hatten, sie aus der Bunkeröffnung wieder heraus zu bekommen. Das Stochern in der Austragsöffnung ist sehr anstrengend. Um die Brockengröße der Größe des Bunkeraustrages anzupassen, war auf der 0,9 x 0,9 m großen Eintragsöffnung ein Rost befestigt mit einer Maschenweite von etwa 40 cm. Häufig wurde dieser „Gummirost“ einfach entfernt und wesentlich größere Brocken gelangten in den Bunker. Wegen des Phänomens, dass 80 cm große Brocken durch einen 40 cm breiten Rost passten, entstand der Name „Gummirost“.

Bei der Vergabe von Spitznamen hatte ich Glück. Aufgrund meiner Körpergröße war ich „der Lange“, obwohl sich Einige bemühten, mir einen weniger schmeichelhaften Namen anzuhängen. Ihre Versuche blieben ebenso erfolglos, wie der des Sohlenobersteigers Gottfried, der zu gern einen „Bleistift“ aus mir gemacht hätte.
Interessant ist auch, welche fulminanten Entwicklungen fähige Personen bei der Wismut nehmen konnten.

- Ein ehemaliger Seemann und KPD-Mitglied, der zunächst für Furore als Brigadier einer Teufbrigade sorgte, wurde Personaldirektor der Wismut.
- Ein Ritterkreuzträger wurde Obersteiger.
- Ein Schüler eines Jesuitenseminars wurde Gewerkschaftsfunktionär.
- Ein Jugendbrigadier wurde Objektleiter.
- Ein ehemaliger Handelsmatrose wurde Bereichsleiter und sogar dienstältester Leiter eines Jugendgrubenbereichs.
- Ein ehemaliger Binnenschiffer wurde Betonspezialist.
- Ein ehemaliger Prokurist einer Eisengießerei wurde ohne Bergbaukenntnisse Schachtleiter. Ede war eine jener Personen, von der jeder Wismutangehörige schon einmal gehört hatte. Über ihn kursierten viele Geschichten, die fast alle auf wahren Begebenheiten beruhten. Ede war ein sonderbarer Mensch und sprach nahezu alle Angehörigen seines Betriebes in der dritten Person an. Die Preußenkönige lassen grüßen. Das klang dann so: „Warum hat **Er** den Plan schon wieder nicht erfüllt?“ Ein besonderes Vergnügen bereitete es ihm, wenn er die Schichtrapporte der Steiger nach Schichtende so in die Länge zog, dass die Steiger die Schichtbusse nicht mehr erreichen konnten und den Heimweg zu Fuß antreten mussten. Sein Vergnügen steigerte sich noch, wenn er die müden

Wanderer mit seinem Dienstfahrzeug überholen konnte. Anhalten kam für ihn nicht in Frage. Eine andere Begebenheit war für die Steiger auch nicht sehr amüsant. Als Chruschtschow die Macht antrat, durfte sich auch dessen Frau zu öffentlichen Anlässen zeigen. Ede wollte kontrollieren, ob die Steiger wirklich Zeitung lesen. Er fragte sie nach dem Vornamen der sowjetischen First Lady. Keiner wusste, dass sie Anastasia hieß. Wieder eine Genugtuung für Ede. Ich hätte den Namen auch schon längst vergessen, wenn es diese Story nicht gegeben hätte.

Untertage erwartete mich in Schmirchau eine völlig andere Umgebung. Die Strecken waren so eng, dass man stellenweise in Austrittsnischen ausweichen musste, wenn Hunte auf den Schienen bewegt wurden. Alle Grubenbaue waren mit Holzausbau gesichert. Hier gab es wirklich die bedrückende Enge des Bergbaus. Aber auch daran konnte man sich sehr schnell gewöhnen. Das viele Holz, welches in den Berg geschafft werden musste, war ungewöhnlich. Die Sprengarbeiten erfolgten mit elektrischer Zündung. Sie wurden nur vom „Schießmeister“, der eigentlich ein Sprengmeister war, durchgeführt. Bohrmaschinen wurden mit Druckluft betrieben und machten einen fürchterlichen Lärm. Bohrmaschinen waren Bohrhämmer. Während im Kali drehendes Bohren ohne Spülung angewandt wurde, erfolgte hier die Bohrung schlagend/drehend und mit Wasserspülung. Dazu wurde der Bohrkrone über ein zentrales Loch im Bohrstahl Wasser zugeführt, das den entstehenden Staub band. Kalistaub verursachte keine Staublunge, denn im Kalistaub fehlten die siliziumhaltigen Gesteinspartikel. Anders im Erzbergbau. Silikose – hervorgerufen durch Gesteinsstaub – und Lungenkrebs als Folge der Ablagerung radioaktiver Partikel in der Lunge und der nachfolgende Zerfall in noch strahlungsstärkere Elemente waren verheerende Erkrankungen – Berufskrankheiten – im Erzbergbau Wismut. Aber auch Vibrationsschäden an den Handgelenken und Hörschäden durch die Geräusche der Bohrhämmer waren Ursache für Berufskrankheiten. Erst in den 70-er Jahren, mit der Trennung der Hauer von den Bohrhämmern, konnten Vibrationsschäden vermindert werden. Mit der Anwendung von fahrbaren Lafettenbohrgeräten war kein Hauer mehr der Vibration ausgesetzt. Zur Lärmbekämpfung gab es jedoch nur individuelle Schutzmittel wie Ohropax (Gehörstöpsel) und „Hermetos“-Ohrenschützer.

Das war ein Kulturschock, als ich aus dem ländlichen Tiefenort in die aufstrebende Stadt Gera kam. Gera war fast eine Großstadt mit etwa 100.000 Einwohnern. Es gab zwei Straßenbahnlinien und eine O-Bus-Strecke. Zentraler Umsteigepunkt war der Platz der Republik. Dort starteten die beiden O-Buslinien nach Osten und Westen.

Die beiden Straßenbahnlinien kreuzten sich auf dem Platz. Eine durchquerte die Stadt von Nord nach Südwest, die andere von Nordwest nach Südost. Damals fuhren die Triebwagen mit einem Anhänger. Eine Fahrt kostete 20 Pfennig. Karten für acht Fahrten konnte man für eine Mark erwerben. Die Besatzung der Bahn bestand aus Fahrer und Schaffner. Der Frauenanteil war sehr hoch. Der Schaffner hatte an mindestens drei der Endhaltestellen die zusätzliche Aufgabe des Rangierers. (Ich glaube an der vierten Endhaltestelle gab es damals schon eine Wendeschleife, an der ein Rangieren nicht mehr notwendig war.) Später bekamen alle

Endhaltestellen Wendeschleifen. Sie waren Voraussetzung für den Ein-Mann-Betrieb bei den Verkehrsbetrieben. Das Gleisnetz war streckenweise nur einspurig. An den Endstellen musste die Zugmaschine abgekoppelt werden und über ein Ausweichgleis an die Spitze für die Gegenrichtung gesetzt werden. Der Schaffner übernahm die Weichenstellung mit einer eisernen Stange als Hebel und das Ent- und Ankoppeln des Triebwagens. Einige Geraer Industriebetriebe waren im Stadtgebiet angesiedelt. Das hatte den Vorteil, dass sie an das Straßenbahnnetz angeschlossen waren. In diese Betriebe gab es Weichenabgänge vom Liniennetz. Auch für die Stadt und ihre Bewohner war das ein Überlebensvorteil in den schweren Jahren nach 1945. Während in anderen Städten die Kohleversorgung häufig an den Transportmöglichkeiten scheiterte, waren in Gera die Nachschubprobleme nicht so gewaltig. Es gab eine Schmalspurbahn aus dem Meuselwitzer Braunkohlenrevier zum Bahnhof Gera-Pforten. Elektroloks brachten die Kohlewaggons über die Straßenbahngleise in die Betriebe. Die Güterabfertigung am Bahnhof war ein Umschlagplatz für den Kohlehandel. Damit waren auch die Haushalte nicht von zufällig bereitgestellten Kohlewaggons abhängig.
Der Transport dieser Waggons durch die Straßen der Stadt war gewöhnungsbedürftig. Kurioser sah es aus, wenn Waggons der Normalspur durch die Stadt gezogen wurden. Dazu gab es auf dem Güterbahnhof Gera-Süd die Möglichkeit des Umspurens. Die Straßenbahn hatte Rollböcke in ihrer Spurweite, auf denen Gleise mit Normalspurweite montiert waren. Auf dieses Gleis wurden über eine Rampe die Waggons geschoben, die für Betriebe mit Straßenbahnanschluss bestimmt waren. Bei der heutigen Verkehrsdichte ist ein Transport derartiger Monster auf den Straßen gar nicht mehr vorstellbar. Wenn diese riesigen Waggons durch die Stadt fuhren, war das ein imposanter Anblick. Ich hatte nach der Arbeit viel Zeit und beobachtete gern das Umspuren auf dem Bahngelände und das Bugsieren der Waggons durch die Stadt. In den 70-er Jahren – zur Zeit der Ölkrise – gab es Versuche, das Transportsystem wieder zu aktivieren. Die Wiederbelebung fand jedoch nicht statt.

Auf der Abbildung 172 sind Waggons der Mumsdorfer Schmalspurbahn zu sehen. Die Reichsbahnwaggons waren noch größer. In Kurven durfte keine Straßenbahn im Gegenverkehr fahren. Auf dem linken Bild sind im Hintergrund der Rathausturm und vorn rechts Ruinen am Platz der Republik zu sehen. Die Gleisverlegung am „Platz“ – wie der Platz der Republik genannt wurde – war so gestaltet, dass ankommende Zugverbände in alle Richtungen abbiegen konnte.
In Gera konnte man auch am kulturellen Leben teilnehmen. Es gab die Nachttanzbar „Quisisana“ mit gehobenem Niveau und die „Bodega“, eine Bar im Zentrum. Im Wintergarten fanden regelmäßig Varieteveranstaltungen statt, das Theater brachte zum Teil sehr gute Veranstaltungen, auch die Pressefeste lockten sehr viele Besucher in die Bezirkshauptstadt. Im Schaufenster der Volksbuchhandlung gab es einen „Hingucker“ – eine originelle Werbung für ein Pressefest. Es war Juli und ein dekorierter Weihnachtsbaum stand im Fenster. Daneben hing eine Tafel mit der Aufschrift: „Noch zu Weihnachten werden Sie sich ärgern, wenn Sie beim Pressefest nicht dabei waren!“ Die Festwiese befand sich in den frühen

Abb. 172 Monster auf der Fahrt durch Gera (Stadtarchiv Gera)

60-er Jahren direkt hinter der neuen Bergarbeiterunterkunft. Dort wurde Lutz Jahoda gnadenlos ausgepfiffen. Das lag aber nicht an seinem „Knickebeinshake“, sondern viel mehr daran, dass die Verantwortlichen beim Rundfunk dachten, damit einen DDR-Hit zu landen und dieses Lied zu jeder Tages- und Nachtzeit spielten, bis es den Hörern buchstäblich zum Hals heraushing. Der arme Lutz bekam den Unmut der Hörer zu spüren. Man wollte ganz einfach auch die Westschlager hören.
Für uns Wismutangehörige war das Bergarbeiterklubhaus an der ehemaligen Stalinbrücke – jetzt wieder Heinrichsbrücke – ein besonderer Anziehungspunkt. Dort fanden regelmäßig Kulturveranstaltungen im großen Saal statt und auf die Essenmarken konnte man gegen einen geringen Aufschlag sehr preiswert essen. Bier war ohnehin sehr preisgünstig. Im Klubhaus mit der mittleren Preisstufe kosteten 0,3 l Helles nur 51 Pfennige, in der unteren Preisgruppe in zum Teil respektablen Gaststätten sogar nur 48 Pfennige. Der Ausschankpreis dieser Kategorie unterschied sich nicht vom Einzelhandelspreis für das gleiche Quantum. Ich hatte also ausgiebig Gelegenheit, die Freizeit mit meiner damaligen Freundin zu genießen.
Die Losung „Alles für die Verwirklichung der Beschlüsse des XI. Parteitages“ deutet darauf hin, dass die Aufnahme erst in den letzten Jahren der DDR entstand. Ähnliche Losungen zierten schon zu meiner Zeit das Klubhaus. Ein Transparent

Abb. 173 Bergarbeiterklubhaus Gera (Chronik der Wismut)

hing immer am Haus. Vor der Zeit als Klubhaus der Bergarbeiter war es das „Haus der Offiziere“ der Sowjetarmee. Im Tausch wurde das „Haus der Offiziere“ 1954 in ein ebenfalls repräsentatives Haus in Bahnhofsnähe verlegt.
Neben kulturellen Angeboten gab es viele Erholungsgebiete in und um Gera. Dort konnte man bei günstigem Wetter ganze Nächte in lauschiger Umgebung verbringen. Noch in guter Erinnerung sind mir

- der Lasurberg in der Nähe der Unterkunft in der Langen Straße,
- das Erholungsgebiet Martinsgrund mit dem in der Nähe liegenden Dahliengarten,
- die Gartenanlagen um den Ferberturm,
- die Elsterauen um die Kuckucksdiele,
- der Stadtwald hinter der Ruine des Schlosses Osterstein, das bei einem Luftangriff zerstört wurde,
- die Parks in der Stadt, wie der „Knochenpark“ (der auf dem Gelände eines alten Friedhofes im Stadtzentrum entstanden ist), die Orangerie in Gera-Untermhaus oder der Park an einer Kirche in der Clara-Zetkin-Straße. Sicherlich gab es noch mehr parkähnliche Anlagen, aber an die knüpfen sich für mich keine bleibenden Erinnerungen.

Das Zentrum um den Platz der Republik wurde bei einem schweren Luftangriff im April 1945 stark zerstört. Die dadurch freigelegten Hinterhöfe an einem Rinnsal, das die Stadt durchzog, gaben ein trauriges Bild. Die stinkende Brühe hatte ständig andere Farbnuancen – je nachdem, welche Farben gerade in den Färbereien verwendet wurden. Dass das Rinnsal mit Fäkalien angereichert war, roch man besonders im Sommer. Mit Plakaten und einer Tombola-Bude wurde versucht, die Aussicht zu verstellen. Später fasste man den Bach in große Röhren und bedeckte ihn mit Erdreich. Das war der Platz, an dem später das Interhotel gebaut wurde und nach dessen Abriss die Gera-Arkaden entstanden. Am „Platz“ war die Haltestelle der Wismutbusse, als es noch keinen Verkehrsvertrag mit der Bahn gab. Vor oder nach einem Stadtbummel, der oft mit einem kleinen Umtrunk endete, ver-

Abb. 174 Werbung der Gewosei in den 60-er Jahren (eigene Unterlagen)

suchte ich gelegentlich mein Glück mit vier Losen für eine Mark. Meine Aussteuer an Frottierhandtüchern stammte aus dieser Quelle.
Besonders lohnenswert war der Besuch im Industrieladen (heute ist der Begriff Outlet gebräuchlich) der „Gewosei“. Die „Gewosei“ (Geraer Wollen- und Seidenwebereien) war einer der vielen Industriebetriebe in Gera.

Für die „Gehrschen Fettguschen“ – wie die Geraer gern bezeichnet wurden – blieb dieser Laden die „Krautwurst“. So hieß der vorherige Betreiber, der zu meiner Zeit in einem beschädigten Gebäude einen Resteladen betrieb. Mit dem Wiederaufbau am Platz der Republik siedelte der Resteladen auf die Sorge – die Haupteinkaufsstraße – um. Im Industrieladen der Gewosei konnte man preiswerte Stoffe erwerben. Es handelte sich um Partieware. Die Fehler waren mit angesteckten Fäden markiert. Beim Abschneiden achteten die Verkäuferinnen darauf, dass der Fehler in den Verschnitt kam. Die Verkäuferinnen waren adrett gekleidet und nett. Hier deckte ich meinen Nachholebedarf in punkto Bekleidung. Aus hochwertigen Stoffen für etwa zehn Hemden nähte mir eine Weißnäherin für je fünf Mark passgenaue Hemden. Auch Stoffe für zwei Maßanzüge stammten von dort. Für die Komplettierung des Outfits sorgten „Talonschuhe“. Wismutangehörige bekamen jährlich eine Karte mit Abschnitten, die zum Erwerb von modischen Schuhen und Textilien berechtigten.

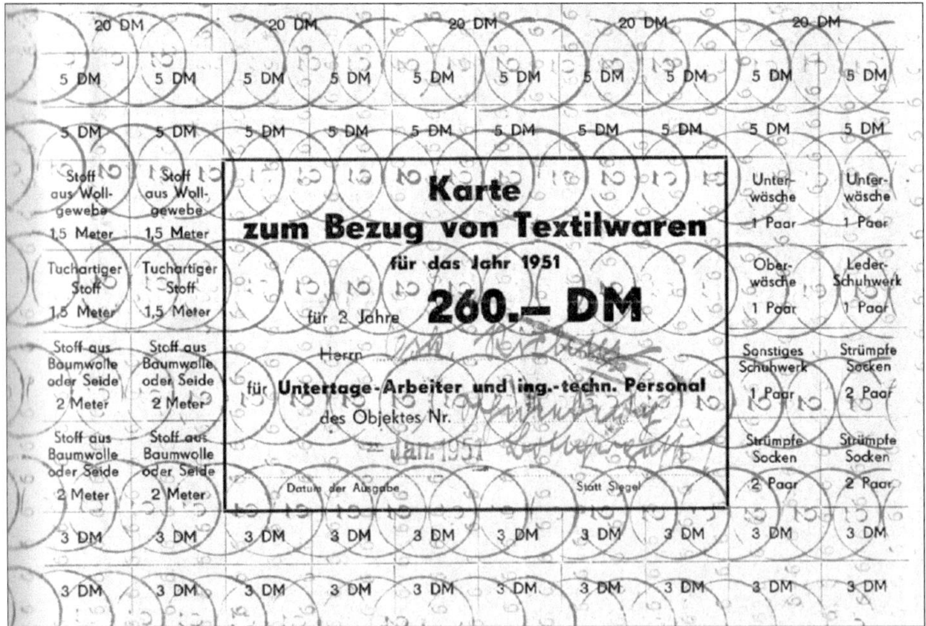

20 DM | 20 DM | 20 DM | 20 DM | 20 DM

5 DM | 5 DM | 5 DM | 5 DM | 5 DM | 5 DM | 5 DM | 5 DM | 5 DM | 5 DM

5 DM | 5 DM | 5 DM | 5 DM | 5 DM | 5 DM | 5 DM | 5 DM | 5 DM | 5 DM

Stoff aus Wollgewebe 1,5 Meter | Stoff aus Wollgewebe 1,5 Meter

Tuchartiger Stoff 1,5 Meter | Tuchartiger Stoff 1,5 Meter

Stoff aus Baumwolle oder Seide 2 Meter | Stoff aus Baumwolle oder Seide 2 Meter

Stoff aus Baumwolle oder Seide 2 Meter | Stoff aus Baumwolle oder Seide 2 Meter

Karte
zum Bezug von Textilwaren
für das Jahr 1951
für 2 Jahre **260.– DM**
Herrn
für **Untertage-Arbeiter und ing.-techn. Personal**
des Objektes Nr.
Datum der Ausgabe
Statt Siegel

Unterwäsche 1 Paar | Unterwäsche 1 Paar

Oberwäsche 1 Paar | Leder-Schuhwerk 1 Paar

Sonstiges Schuhwerk 1 Paar | Strümpfe Socken 2 Paar

Strümpfe Socken 2 Paar | Strümpfe Socken 2 Paar

3 DM | 3 DM | 3 DM | 3 DM | 3 DM | 3 DM | 3 DM | 3 DM | 3 DM | 3 DM

3 DM | 3 DM | 3 DM | 3 DM | 3 DM | 3 DM | 3 DM | 3 DM | 3 DM | 3 DM

Abb. 175 Schuhtalons von 1951 für den Erwerb von Schuhen und Textilien (Sammlung Gottwert Hochmuth, Pirna)

Schuhtalons waren 1951 noch begehrter als zu meiner Zeit. Trotzdem brachten sie auch 1955 noch Abwechslung in das Erscheinungsbild seiner Träger. Talonschuhe waren Modellschuhe, von denen man jährlich in speziellen Läden zwei Paar steuerfrei erwerben konnte. Jahre später gab es solche ausgefallene Schuhe in den überteuerten Exquisit-Läden. In den zwei Jahren vor dem Studium kaufte ich mir außerdem zwei halblange Mäntel in den Modefarben schwarz und bräunlich sowie zwei Trenchcoats. Damals war ich noch sehr modebewusst. Die Talons für

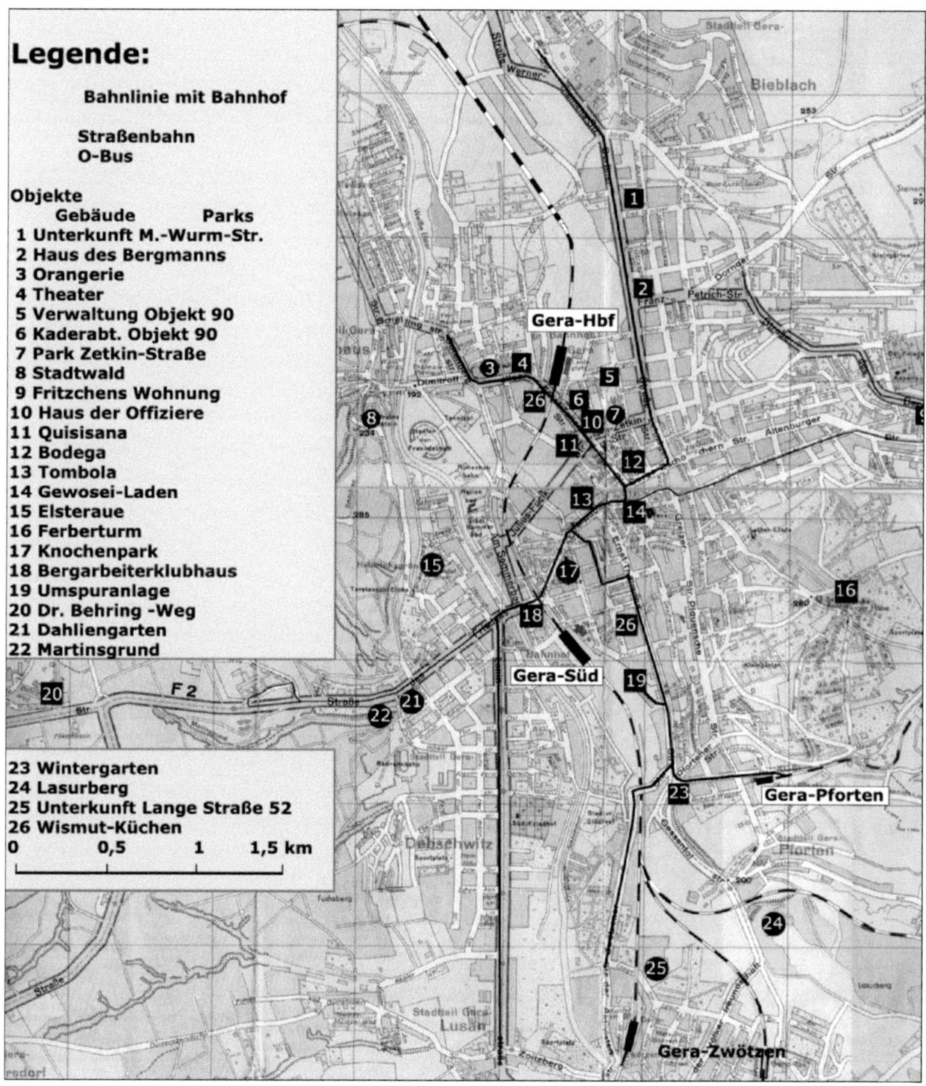

Abb. 176 Stadtplan Gera um 1963 (eigene Bearbeitung)

den Erwerb von hochwertigen Textilien besonders Damenbekleidung benötigte ich nicht. Davon profitierten meine Freundinnen. Für eine feste Bindung war ich zur ersten Zeit in Gera noch nicht reif genug. So währte auch die Verbindung zu der sehr attraktiven Tochter eines Grubenzimmermanns nur kurze Zeit. Ich glaube weder „Fritzchen“ noch ich wussten, warum wir ohne Grund auseinander gelaufen sind. Dabei war es doch so bequem, sie war mit öffentlichen Verkehrsmitteln zu erreichen und hatte – und das war zur damaligen Zeit eine Seltenheit – der Wismut sei Dank, ein eigenes Zimmer; und das obwohl sie das einzige Kind war. Erst als ich meine spätere Frau kennenlernte und sich Nachwuchs ankündigte, musste ich an die Gründung einer Familie denken. Es dauerte allerdings bis 1964, bevor wir eine eigene Wohnung erhielten. Obwohl in Gera viel gebaut wurde, gab es immer dringendere Fälle. Politische und gesellschaftliche Aktivitäten zahlten sich für die Beteiligten aus – aber auch Beziehungen.
Hier sei mir ein zeitlicher Vorgriff erlaubt. Als ich 1959 wieder nach Gera kam, war es noch attraktiver geworden. Selbst die Bergarbeiterunterkünfte erreichten ein akzeptables Niveau. Die erstrebenswerteste war das „Haus des Bergmanns“ am Rande einer Neubausiedlung – im Volksmund der „Gummistiefel“. Das war eine Anspielung auf die zu dieser Zeit noch als Statussymbol auf dem Weg zur Arbeit getragenen Arbeitsstiefel. In dieses Etablissement war eine großräumige Gaststätte integriert, in der mehrmals wöchentlich Tanzveranstaltungen stattfanden, bei freiem Eintritt und Live-Musik mit einem Trio. Das nutzten einige zum Kennenlernen einer Zweitfrau, die häufig in den Status der Erstfrau aufrückte. Es gab viele Kumpel, die nur zum großen Schichtwechsel zur Familie fahren konnten. Bis zum 9. April 1965 wurde auch im Dreischichtsystem sechs Tage die Woche gearbeitet. Bei dem Wechsel von der Spät- zur Frühschicht reichte die Zeit nicht einmal mehr zu einem Aufenthalt bei der Familie. Beim Wechsel von der Nacht- auf die Spätschicht waren es nur wenige Stunden. Dabei fehlte zusätzlich der Schlaf von zwei Nächten. Auch ich war den Verlockungen erlegen und nur die Bemühungen meiner Frau retteten unsere Ehe und ermöglichten uns, dass wir 2008 die Goldene Hochzeit feiern konnten. Ich glaube, sie wusste warum und ich habe sie hoffentlich nicht enttäuscht, dass sie um den Fortbestand der Ehe gekämpft hat.
Als politisch Uninteressierten knüpfen sich für mich nur wenige Erinnerungen an politische Ereignisse. Die Zeit von 1955/56 und 1959 bis 1967 war arm an Höhepunkten oder ich erlebte sie nicht als solche. In meiner Geraer Zeit nahm ich nur an einer Maidemonstration teil. Jubel kam auf, als Juri Gagarin als erster Mensch im Weltraum war. Hämisch wurde der Rückstand der Amerikaner belächelt, wie das schon beim Sputnik der Fall war und die Amerikaner einen „Spätnik“ bzw. „Pampelmusen“ ins All schickten.
„Beutekunst“ spielte nur in individuellen Gesprächen eine Rolle. Viele Menschen wussten davon, dass sowjetische Kulturoffiziere während des Krieges ausgelagerte Kunstgegenstände suchten und fanden. Erst 1955 wurde von sowjetischer Seite erstmals davon berichtet, dass Gemälde der Dresdner Gemäldegalerie in einem Bergwerk im Erzgebirge und in einem Tunnel bei Pirna von sowjetischen Spezialisten vor dem Verderb gerettet wurden. Sie wurden zur „Restaurierung“ in die

Sowjetunion verbracht und in einer Ausstellung in Moskau gezeigt. Gleichzeitig wurde angekündigt, diese Kunstschätze der DDR zurück zu geben. Dann überschlugen sich die Ereignisse. Nach der Ankündigung im April 1955, erfolgte die Rückführung im Oktober und bereits Ende November wurde die Ausstellung der geretteten Kulturgüter in Berlin eröffnet. Am Wiederaufbau der Gemäldegalerie in Dresden wurde zu diesem Zeitpunkt noch gearbeitet. Zur 750-Jahr-Feier der Stadt Dresden im Jahr 1956 waren die Kunstgegenstände wieder in der Gemäldegalerie im Zwinger zu Dresden. Ich gehörte mit zu den ersten Besuchern.

2.9 Die Qualifizierung der Neulinge

Der Bergbaubetrieb Schmirchau musste mit Neueinstellungen auf die neuen Kapazitäten vorbereitet werden, obwohl es zur Zeit meiner Einstellung noch nicht ausreichende Arbeitsplätze für die Neulinge gab. Während Arbeiter für den mechanischen Dienst ohne Probleme in den bestehenden Anlagen eingearbeitet werden konnten, waren für die Ausbildung des Hauernachwuchses nur unzureichend Kapazitäten vorhanden. Den bereits etablierten Hauerbrigaden konnten keine befriedigenden Arbeitsbedingungen geboten werden. Absoluter Schwerpunkt war die Bereitstellung von leeren Hunten. Die Förderkapazität des Zentralschachtes 356 reichte für die 60- und die 120-m-Sohle bei weitem nicht aus. Lediglich die Restarbeiten auf der 30-m-Sohle konnten ohne Engpässe in der Förderung bewältigt werden. Durch die Kapazität des Schurfes 45 war diese Sohle autark. Auf den anderen drei Sohlen – besonders der 90-m-Sohle, die keinen Anschluss an die Tagesförderung hatte – warteten Hauer ständig an den Füllorten, um für ihre Brigade Hunte zu ergattern. Unter diesen Bedingungen gab es nur wenige Brigaden, die ihre Norm erfüllen und somit das große Geld verdienen konnten. Auch die Einrichtung des Schurfes 84 als Hauptförderanlage für die 90-m-Sohle brachte keine durchgreifende Verbesserung. In diese schwierige Zeit fiel die Bildung von Lehrbrigaden. In ihnen sollten die künftigen Hauer ausgebildet werden. Von der Lehrbrigade des Reviers 3 arbeitete später nicht ein Einziger der Ausgebildeten als Hauer. Sie folgten anderen Angeboten und wurden Bohrer, Geophysiker, Markscheiderarbeiter, Aufschieber an Förderanlagen oder Grubenzimmerleute.
Die Arbeit in der Lehrbrigade war eine einzige Gammelei. Wir arbeiteten mit vier Lehrlingen und dem Ausbilder auf einem Betriebspunkt, der normalerweise mit zwei Hauern belegt war. So kam es, dass wir nicht ständig in den Ausbildungsprozess einbezogen werden konnten. Die Lehrbrigade konnte sich den Luxus leisten, ständig jemand am Füllort zu postieren, der einzelne Hunte mit Hand zum Betriebspunkt schob. Und das nur, damit die anderen weiter vor Ort schaufeln konnten. Trotz der Überbelegung schafften wir nicht jede Schicht einen Abschlag, kamen nicht jede Schicht zum Sprengen. Erst im Sprengvorgang sah ein Hauer die Erfüllung seiner Aufgabe und hatte eine innere Befriedigung. Diese hatten wir

selten. Wir wurden regelrecht zum „Gammeln“ angehalten. Aber was sollte unser Lehrausbilder, der ein erfahrener Hauer war, auch mit uns machen, wenn es keine Voraussetzungen für eine geregelte Arbeit gab. Vor seiner Tätigkeit in Schmirchau hatte der Ausbilder Rudi auf der „Hütte“ gearbeitet und wohnte in Bad Blankenburg. Er hatte zu diesem Zeitpunkt bereits Silikose. Vor meiner Zeit wurde vorwiegend trocken gebohrt. Der lungengängige Staub war sehr quarzhaltig (Erreger der Silikose) und die Atemluft enthielt zudem Radon, das bei Zerfall in der Lunge zur Zerstrahlung des Lungengewebes führt (Lungenkrebs). Für die Staubbekämpfung wurde bereits im Jahr 1955 sehr viel getan. Nassbohren hatte sich durchgesetzt, gesprengtes Haufwerk musste abgespritzt werden und es gab an besonders gefährdeten Stellen Berieselungsanlagen zur Bindung des Staubes. Aber die viel größere Gefahr durch das Radon war zu diesem Zeitpunkt noch nicht bekannt; zumindest wurde sie noch nicht publik gemacht.

Die theoretische Ausbildung erfolgte auf einem hohen Niveau. Neben den bergbauspezifischen Fächern wurden auch Grundlagenfächer unterrichtet. Da das Niveau der Grundlagenfächer nicht hoch war, konnte ich mich auf das Neuland – auf den Bergbau – konzentrieren. Dadurch erreichte ich den besten theoretischen Abschluss der Brigade. Dem Leiter der Bergbauvorschule fiel ich besonders auf, was meiner späteren Entwicklung zugute kam. Die Ausbildung an der Schule in Ronneburg war die Basis für weitere Qualifizierungslehrgänge. Die Ausbildung in den berufsspezifischen Fächern war sehr gründlich. In Maschinenkunde gab es Modelle, an denen die Wirkungsweise der Bohrhämmer, der Bohrstützen, der Abbauhämmer (Pickhämmer), aber auch der druckluftbetriebenen Überkopflader erläutert wurde. In Bergbaukunde wurden uns die Ausbauarten, die Abbauverfahren und die Technologie der Gleisverlegung anschaulich erläutert. Obwohl wir keine Sprengerlaubnis erhalten sollten, wurden wir mit den Sprengarbeiten vertraut gemacht. Bohr- und Sprengschemata gehörten ebenso zur Ausbildung wie die Handhabung von Sprengstoffen, der Aufbau von Zündern, die Handhabung der Zündmaschine und die Herstellung von sprengkräftigen Zündern. Auch das Kuppeln der Sprengladungen und das Zündschema gehörten zum Ausbildungsprogramm. Die fachliche Ausbildung lag in den Händen von erfahrenen Praktikern.

Bescheinigung Nr. 799
Удостоверение №

Ausgestellt an Bommhardt, K.-Heinz
Выдано (Familienname, Vorname - ф., и., о.)

Hiermit wird bescheinigt, daß der obengenannte an der Lehranstalt
в том, что он обучался при учебном пункте (горной школе)
(Bergschule) den Lehrgang zwecks Erhöhung der Qualifikation
на курсах повышения квалификации

vom 1. August 1955 bis 30. Sept. 1955
с по

im Beruf Hauer durchgemacht hat.
по специальности

Mit dem Beschluß der Qualifikationskommission vom 30.9.55
Решением квалификационной комиссии от
Protokoll Nr. 227 ist dem Herrn Bommhardt, K.-Hein
протокол № (Name, Vorname ф., и., о.)
die Qualifikation Hauer
присвоена квалификация im Beruf - (по специальности)
der ______ Tarifgruppe zuerkannt worden.
разряда
oder von der ______ Tarifgruppe in die ______ Tarifgruppe übergeführt
или переведен с разряда на разряд
worden.

Der Vorsitzende d. Qualifikationskommission
Председатель квалификационной комиссии

Stempel
м. п.

Der Leiter der Schule (der Lehranstalt)
Нач. школы (учебного пункта)

3. Oktober 1955

Abb. 177 Hauerschein von 1955 (eigene Unterlagen)

Sie waren Gastdozenten. Die allgemeinen Fächer unterrichteten fest angestellte Lehrkräfte.
So wurde ich in zwei Monaten zum Hauer ausgebildet – in der Sprache der etablierten Hauer: zum Schnell- oder Gammelhauer. Nach dem Abschluss gab es immer noch keine Ansatzpunkte für den Einsatz neuer Kollektive (ein Kollektiv heißt in Neudeutsch Team). Deshalb versuchte jeder, so gut er konnte, irgendeine andere Tätigkeit auszuführen. In der Zwischenzeit wurden schon wieder neue Lehrbrigaden gebildet.
Ich blieb als Hilfskraft im Revier 3 und wurde zu diversen Arbeiten herangezogen wie kurzzeitige Aushilfe in Hauerbrigaden bei Ausfall von Hauern, Mitarbeit bei der Ausbaurekonstruktion und bei Versatzarbeiten im Kastenabbau. Dort bestand die Arbeit für mich und einen weiteren Neuhauer darin, in einem sehr engen Abbau taube Masse, die von der oberen Sohle in den Abbau gestürzt wurde, mit Minihunten (0,25 m^3 Inhalt) auf 300-mm-Gleisen in Abbauhohlräume zu fahren. Es war es sehr eng und es gab keine Weichen. Die Hunte mussten über Drehplatten bugsiert werden. Diese Tätigkeit war für mich ein Glücksfall. Von Zeit zu Zeit kamen Mitarbeiter des geophysikalischen Dienstes und kontrollierten, dass kein Erz in den Hohlraum verkippt wurde. Der sowjetische Truppführer merkte sehr schnell, dass ich einen ungewöhnlichen Bildungsstand hatte (Kunststück, das Abitur hatte ich gerade ein reichliches Jahr vorher abgelegt!). Er war darüber informiert, dass in Kürze die Rotarmisten aus der geophysikalischen Abteilung abgezogen werden sollten. Deshalb wollte er mich für die Arbeit als Geophysiker begeistern. Damit stieß er bei mir auf offene Ohren. Der Chef der Geophysiker wurde auf mich aufmerksam, was nicht ohne Folgen blieb. Ich wurde leihweise für die Tätigkeit als Geophysiker abgestellt.
Nach kurzer Einweisung am Geiger-Müller-Zählrohr und in die Handhabung des Gerätes bei der Talonierung wurde ich auf die Hauerbrigaden losgelassen. Bei der Talonierung wurden die Geräte geeicht. An genau bestimmten Bohrlöchern wurde die Erz-Masse-Grenze eingestellt. Gemessen wurde die Intensität der Strahlung, die am Gerät in Milliampere (mA) angezeigt wurde. Am Gerät gab es einen Anschluss für Kopfhörer, in denen man am Knattern die Impulse hören konnte. Bei Messungen im Bereich von Reicherzen konnte man keine Einzeltöne mehr wahrnehmen, man hörte nur noch ein intensives Rauschen. Außerdem wurde ich in meine Pflichten betreffs Einhaltung der Instruktion zur Erzgewinnung eingewiesen. Nach wenigen Wochen saß ich schon wieder auf der Schulbank und absolvierte eine Qualifizierungsmaßnahme.

2.10 Die Rotarmisten werden abgezogen

Mit dem Übergang von der SAG Wismut zur SDAG Wismut war die Zeit gekommen, dass sich die sowjetische Seite aus bestimmten Funktionen zurückzog. Das geschah etappenweise. Auch Leitungsfunktionen wurden mit deutschen Mitarbeitern besetzt. Ein massiver Abbau an sowjetischem Personal fand in den Bereichen statt, in denen sowjetische Soldaten eingesetzt waren. Das waren zunächst die Soldaten im geophysikalischen Dienst. Sie taten ihren Dienst als Besatzung der RKS (radiometrische Kontrollstation), in den geophysikalischen Werkstätten und in der Erzverrechnung. In den radiometrischen Kontrollstationen wurde der Urangehalt des Fördergutes in den Hunten gemessen. Die Hunte wurden zwischen zwei mit Geigerzählern bestückten Platten arretiert und der Ausschlag des Messgerätes in mA (Milliampere) registriert. Diese Platten wurden vor Arbeitsbeginn von sowjetischen Soldaten der geophysikalischen Werkstatt herangetragen und mit Talonhunten geeicht. Es gab eine festgelegte Erz-Masse-Grenze. Hunte mit darunter liegenden Messwerten waren taube Masse. Darüber war das Fördergut Erz. Eine weitere Klassifizierung stellte die Kategorie „Reicherz" dar. Hunte, die dieser Kategorie zuzuordnen waren, wurden gesondert behandelt. In den Gangerzlagerstätten gab es auch die Kategorie „Kistenerz". Solches Erz durfte gar nicht erst in Hunte gelangen. Für Kistenerz gab es mehrere Gruppen. Je nach Urangehalt wurden Prämien von wenigen Mark bis 250 Mark pro Kiste gezahlt. Der Transport erfolgte in verschließbaren Blechkisten.
Der Urangehalt im Fördergut erfolgte als Messung der Gamma-Strahlung, die vom Radium ausgesandt wird. Über Umrechnungsfaktoren wurde auf den Urangehalt geschlossen. Probleme gab es immer dann, wenn das radioaktive Gleichgewicht zwischen Uran und Radium als Zerfallsprodukt des Urans gestört war und es zu Fehlinterpretationen kam. Aber von diesen Problemen wusste der Radiometrist, wie die mit Geigerzählern operierenden Geophysiker genannt wurden, nichts. Er hatte nur die Aufgabe, sein Gerät zu eichen, die Hunte zu messen und entsprechend der Messwerte in die zugeordneten Gleise des Förderkomplexes zu leiten. Als ich in Schmirchau anfing zu arbeiten, gab der Radiometrist den Hunteschiebern Handzeichen, zu welchem Bunker die Hunte zu schieben waren. Die Sowjetsoldaten waren daran zu erkennen, dass sie unter einer blauen Arbeitsjacke – im Winter Wattejacke – ihre Uniformen trugen. Korruption ist keine Erfindung der Neuzeit.
Eine immer wiederkehrende Begebenheit passierte mit dem Radiometristen Mischa. Für Erzhunte gab es je nach Kategorie eine kleine Prämie, die sich in der Masse der Hunte zu einem stattlichen Betrag summieren konnte. Die Hunte waren mit Pappzetteln bestückt, damit sie Brigaden und damit der Herkunft aus dem Bergwerk zugeordnet werden konnten. Willi, ein schlitzohriger Spitzenbrigadier steckte Mischa gelegentlich eine oder mehrere Flaschen Wismutfusel zu. Das war eine lohnende Investition. Die Gegenleistung bestand darin, dass Willis Brigade, die ohnehin schon aufgrund der Normerfüllung einen Spitzenverdienst hatte, zusätzlich noch mehr Erzprämie erhielt, als ihr zustand. Das war nicht nur Betrug

an anderen Brigaden, sondern verfälschte alle Nachweise und Statistiken über die Herkunft des Erzes. Mischa war ein exzessiver Trinker. Er hatte Erfahrung im Komasaufen. Wenn er richtig sturzbesoffen war, konnte das auch in der Kaserne – die Einheit war im Ronneburger Schloss untergebracht – nicht ungestraft bleiben. Strafen bei der Sowjetarmee waren hart. Mischa wurden die ohnehin kurzen Haare zur Vollglatze geschoren und er musste einige Tage in den Knast. Es fiel auf, wenn Mischa nicht da war und nach einigen Tagen kahl geschoren wieder auftauchte. Wir wussten: Mischa hatte wieder einmal eine Flasche zu viel getrunken.
Das Beispiel Mischa betreffs Korruption gab es auch in anderen Bereichen. Aus dem Jahr 1959 wurde mir das Beispiel bekannt, dass ein Absolvent einer Hochschule für einen einflussreichen Fernstudenten die Ingenieurarbeit geschrieben hat und dafür sofort eine Wohnungszuweisung erhielt – andere Absolventen mussten mehrere Jahre warten. Noch krasser ist ein Sachverhalt aus den 70-er Jahren: Untertagetätigkeit im Bergbau wird mit Vorteilen bei der Rentenberechnung honoriert. Mit entsprechenden Vermerken im Sozialversicherungsausweis wurde die Untertagetätigkeit bestätigt. Diese Vermerke wurden vom Lohnbuchhalter (-in) vorgenommen. Einem findigen Menschen kam die Idee, sich entsprechende Eintragungen zu erschlafen und alle wunderten sich, wie er mit 50 Jahren in den Genuss der Bergmannsrente kam, ohne dass er die erforderlichen 15 Jahre bergmännische Tätigkeit erbracht hat. Der Genossin wird diese Aktion sicher einige Liebesnächte beschert haben. Dass Korruption einmal solche Dimensionen annehmen könnte, wie in den letzten 20 Jahren aufgedeckt wurde, konnte man damals wahrlich nicht einmal andeutungsweise erahnen. Im Oktober 1955 wurde ich an die geophysikalische Abteilung ausgeliehen. Das geschah auf Anforderung des amtierenden, neu eingesetzten deutschen Leiters. Walter war Urgestein der Wismut in Ronneburg. Er hatte eine zweistellige Kontrollnummer. Ich hatte die Nummer 16331. Wenn alle Zahlen bei der Kaderabteilung im Objekt 90 besetzt wurden, bedeutet das trotzdem nicht, dass der Personalbestand so hoch war. Die Fluktuation war in dieser Zeit sehr hoch und viele machten von der Ausstiegsklausel nach einem Jahr Gebrauch. Es gab viele Zwangsverpflichtete, die wieder ihrer vorherigen Tätigkeit nachgehen wollten. Für viele war die Arbeit zu schwer bzw. ganz einfach zu dreckig. Wieder andere kamen mit dem Arbeitsklima und den Unterbringungsverhältnissen nicht klar oder hatten sich einen höheren Verdienst erhofft.
Als amtierender Hauptgeophysiker hatte Walter die Aufgabe, beim morgendlichen Rapport die Situation der Erzplanerfüllung einzuschätzen und die damit im Zusammenhang stehenden Kennziffern zu interpretieren. Er hatte keinerlei Vorkenntnisse und stolperte ständig über die Kategorie „Ausbringen". Das war eigentlich nichts weiter als das Verhältnis von geförderten Erzhunten zur Gesamtförderung in Prozent. Aber Walter hatte noch nie etwas mit Prozentrechnung zu tun und musste jetzt das Ausbringen für die einzelnen Reviere und für einzelne Erzschwerpunkte darlegen. Das Zahlenmaterial über die Förderung lag ihm vor, aber er konnte sich nicht merken, in welcher Reihenfolge er seine Triumphatormaschine damit füttern sollte. Ich baute ihm folgende Eselsbrücke „Die Kleinen durch die Großen", also Erzhunte geteilt durch Gesamthunte. Dieser Hinweis

gefiel ihm so gut, dass er mich bei einem Wiedersehen nach vier Jahren mit den Worten empfing „Die Kleinen durch die Großen“. So hilfreich empfand er diese kleine Gedächtnisstütze. Leider erlitt Walter in den dazwischen liegenden Jahren einen jähen beruflichen Absturz. Was war vorgefallen? Als Hauptgeophysiker unterstand ihm auch die geophysikalische Werkstatt, die nach dem Abzug der Rotarmisten mit deutschen Rundfunkmechanikern besetzt war. Mit dem Fernsehen kam auch das Bedürfnis, Westfernsehen zu empfangen. Aber der Empfang war mit handelsüblichen Antennen nicht sonderlich gut. Ein Rundfunkmechaniker baute leistungsfähige Antennen, mit denen die Sendungen des Ochsenkopfes in die Wohnungen geholt werden konnten. Auf dem Ochsenkopf im Fichtelgebirge stand ein leistungsstarker Sender des Bayrischen Rundfunks, der absichtlich weit nach Thüringen und Sachsen seine Sendungen ausstrahlte. Walter übernahm den Vertrieb der gefertigten Antennen. Als das „Unternehmen“ aufflog, wurde Walter inhaftiert und musste es als Glück empfinden, dass er überhaupt wieder in einem Wismutbetrieb arbeiten durfte. Er musste eine schlecht bezahlte und unangenehme Arbeit im Spülversatz verrichten. Er musste mit einem Monitor, vergleichbar mit einem Feuerwehrstrahlrohr, Sand in Bohrlöcher nach Untertage spülen. Man legte ihm nicht nur den Diebstahl von Material, Anfertigung von Dingen des Eigenbedarfes auf Betriebskosten und Wirtschaftsvergehen zur Last. Weitaus schwerer fiel ins Gewicht, dass Walter als sozialistischer Leiter materielle Voraussetzungen dafür schuf, dass die Hetze des Klassenfeindes über den Äther in die Wohnungen der DDR-Bürger kommen konnte. Dabei ging es den Betrachtern der Sendungen gar nicht nur um politische Sendungen. Der Unterhaltungswert des DDR-Fernsehens konnte zu dieser Zeit mit dem Westfernsehen noch nicht mithalten.
An eine Begebenheit des Jahres 1955 mit einem Sergeanten aus der Erzverrechnung kann ich mich noch gut erinnern. Bei der SDAG Wismut wurden für alle Berechnungen Handkurbelmaschinen vom Typ Triumphator verwendet. Vielleicht hatte „Reinmetall Sömmerda“, ebenfalls ein ehemaliger SAG-Betrieb, eine Jahresproduktion an die Wismut geliefert. Es gab viele Mitarbeiter in der Normabteilung und in der Markscheiderei, die diese Geräte virtuos beherrschten und die Rechenvorteile nutzten, die sich ergaben, wenn man bei Ziffern über der „7“ eine Dezimalstelle nach vorn schob und die Kurbel dann rückwärts drehte. Aber der Sergeant hatte oder wollte keine Triumphator. Er bevorzugte und benutzte eine „Stalinharfe“. Das war die Wunderwaffe bei der Überwindung des Analphabetentums in den frühen Jahren der Sowjetunion. Das Rechnen mit der Schodi, wie die offizielle Bezeichnung dieses Gerätes ist, wurde zum Bestandteil des Lehrplanes in den Schulen. Bis in die 80-er Jahre fehlte in keiner Verkaufseinrichtung in der Sowjetunion diese Rechentafel. Sie sahen den Rechenbrettern mit Kugeln, wie ich sie als Erstklässler noch benutzte, sehr ähnlich. Aber im Gegensatz zu dem mir bekannten Gerät konnte man mit der Schodi nicht nur addieren und subtrahieren, sondern auch multiplizieren und dividieren. Die farblich unterschiedlichen, verschiebbaren Kugeln erleichterten die Übersicht. Experten entwickelten eine ungeahnte Geschwindigkeit beim Rechnen und benutzten alle zehn Finger beim Verschieben der Kugeln. Der Sergeant brachte mir die Handhabung bei und ich lernte sehr schnell damit umzugehen. Auch heute kann ich noch mit einer Minischodi

umgehen, allerdings mit wesentlich geringerer Geschwindigkeit. Ich fand so viel Gefallen an dieser Rechenart, dass ich auf einem Basar in der Sowjetunion ein Exemplar erhandelte.
Zum Größenvergleich: eine Zündholzschachtel und ein kleines Wodkaglas.

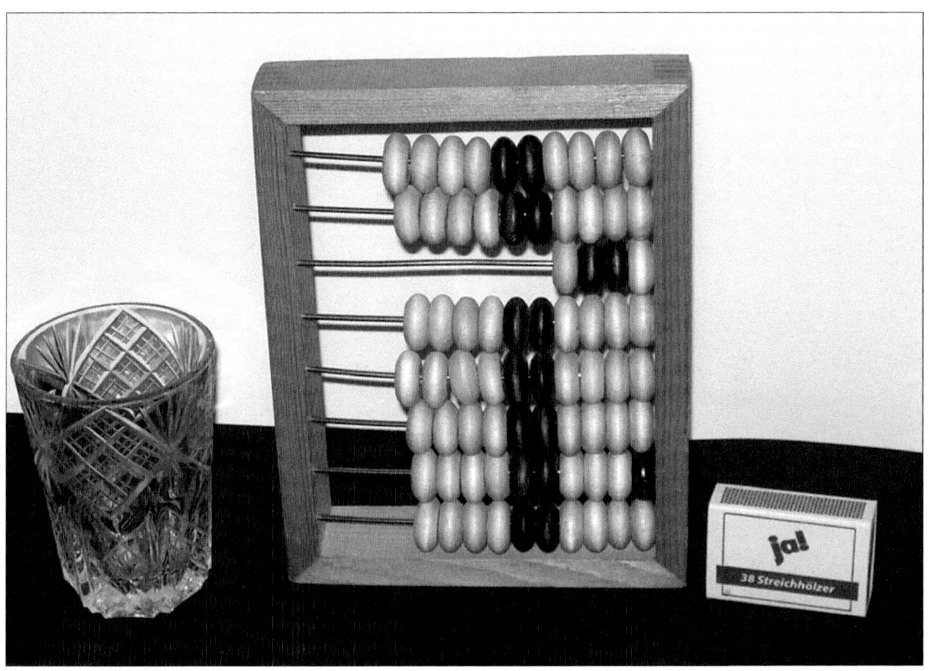

Abb. 178 Minischodi (eigenes Foto)

Während meiner Zeit als Gastarbeiter in der Geophysik wurden die Rotarmisten als Radiometristen abgezogen. In der Bergbauvorschule Ronneburg fand die Qualifizierung der Ersatzkader statt. In einem Lehrgang wurden entlassene Längerdienende der bewaffneten Organe zu Operateur-Geophysikern ausgebildet. Bei den Längerdienenden handelte es sich um die ersten Freiwilligen, die nach drei Jahren Dienstzeit entlassen wurden. Mit dieser Gruppe wurde auch ich qualifiziert, somit saß ich bereits zwei Monate nach Abschluss des Hauerlehrgangs wieder auf der Schulbank. Laut Abschlussdokument war ich nach Ende des Lehrgangs Operateur-Geophysiker.

Nachdem ich Walter hinreichend mit mathematischen Kenntnissen versorgt hatte, arbeitete ich kurze Zeit als Schichtradiometrist. Meine Aufgabe war es, Bohrlöcher auf radioaktive Strahlung zu messen.

Bescheinigung Nr. 11814
Удостоверение №
Ausgestellt an Bammart, Karl-Heinz
Выдано (Familienname, Vorname - ф., и., о.)
Hiermit wird bescheinigt, daß der obengenannte an der Lehranstalt
в том, что он обучался при учебном пункте (горной школе)
(Bergschule) den Lehrgang zwecks Erhöhung der Qualifikation
на курсах повышения квалификации
vom Dezember 1955 bis Februar 1956
с по
im Beruf Operateur - Geophysiker durchgemacht hat.
по специальности

Mit dem Beschluß der Qualifikationskommission vom 22.2.56
Решением квалификационной комиссии от
Protokoll Nr. 11 ist dem Herrn Bammart K.-H.
протокол № (Name, Vorname) ф. и. о.
die Qualifikation Operateur - Geophysiker
присвоена квалификация im Beruf - (по специальности)
der — Tarifgruppe zuerkannt worden.
разряда
oder von der — Tarifgruppe in die — Tarifgruppe übergeführt
на разряд
Советско-Германское Акционерное Общество „Висмут" · Sowjetische Deutsche Aktiengesellschaft Wismut · Отдел кадров · Personal Abtlg.
Der Vorsitzende d. Qualifikationskommission
Председатель квалификационной комиссии
Der Leiter der Schule (der Lehranstalt)
Нач. школы (учебного пункта)

Abb. 179 Qualifizierungsbescheinigung (eigene Unterlagen)

Abb. 180 Geophysiker im Untertageeinsatz (Foto Michael Bommhardt, Gera)

Zum Glück erschöpfte sich meine Arbeit mit der Statistik. Ich brauchte nie von meinem Recht (und meiner Pflicht) Gebrauch zu machen, getrenntes Sprengen von Erz und Taubgestein anzuweisen. Das selektive Sprengen war nicht nur bei den Hauern wegen schlecht bezahlter Mehrarbeit unbeliebt, sondern es war auch für die Steiger eine Bremse beim täglichen Kampf um die Vortriebsmeter.
Auf Abb. 181 ist selektive Gewinnung dargestell. Während ein Hauer Erz mit dem Abbauhammer aus dem Gebirgsverband löste, beprobte ein Radiometrist die

Abb. 181 Selektive Gewinnung (ZAWismut)

Erzbrocken und sortierte das Stufenerz in Kisten. Auch er bekam einen Anteil an der Erzprämie und war deshalb stark an der Beladung der Kisten interessiert. Die Prämie wurde nach Urangehalt gezahlt und war in Gruppen gestaffelt. Das Sprengen

von Stufenerz war verboten. Lediglich Lockerungsschüsse im angrenzenden tauben Gestein waren gestattet. Zu dieser Zeit waren Auffahrungen noch ohne Sicherung der Firste möglich.
Nach kurzer Zeit als Operateur-Geophysiker geriet ich in einen Schicksalsstrudel. Ein älterer Kollege – auch ein Walter – mit Vorkenntnissen als Geophysiker, war mit der Erzdokumentation beauftragt. Seine Aufgabe war es, für die Projektierung weiterer Bergarbeiten die Erzverteilung und -herkunft zu dokumentieren. Er war ein sehr gewissenhafter Mensch und schaffte sein Arbeitspensum während der Anwesenheit im Betrieb nicht. Deshalb nahm er heimlich Unterlagen mit nach Hause und erledigte das restliche Pensum am Küchentisch. Er wollte sich nicht die Blöße geben, seinen Aufgaben nicht gewachsen zu sein. Damit erwies er sich einen schlechten Dienst. Man kam ihm auf die Schliche und das ausgerechnet zu einem Zeitpunkt, als er Westbesuch in seiner Wohnung beherbergte. Damit war seine Mission abgeschlossen. Als Allzweckwaffe bekam ich diese Aufgabe übertragen, deren Bewältigung mir keine Schwierigkeiten bereitete. In Paul, der in einem anderen Revier die Aufgabe der Dokumentation wahrnahm, fand ich einen sehr guten Helfer.
Dann wackelte auch mein Stuhl. Ein Parteiveteran sah es partout nicht ein, dass er als lang gedienter und alter Genosse nach Absolvierung einer Parteischule im Drei-Schicht-Betrieb als Radiometrist arbeiten sollte, während ich als junger Spund, der an keiner gesellschaftlichen Arbeit teilnahm, eine doch relativ bequeme Arbeit hatte. Und das in einer höheren Lohnstufe. Er hatte Erfolg. Als ich kurze Zeit wegen einer Sommerangina fehlte, saß er bei meiner Rückkehr plötzlich auf meinem Stuhl. Ein neuer Hauptgeophysiker war gekommen. Er war wie der Stuhlsäger ebenfalls ein straffer Genosse. Er begründete den Wechsel damit, dass ich ohnehin in wenigen Wochen den Betrieb verlasse und Herbert, der verdienstvolle Genosse, dann eingearbeitet sein müsse. Sehr erstaunt war ich, als mir bei der Rückkehr nach drei Jahren als erstes der Genosse Herbert begegnete. Er war in der Zwischenzeit zum Kaderleiter des Betriebes avanciert. Unsympathisch ist er mir trotzdem geblieben. Er sprach sehr schnell, als wollte er etwas verbergen oder überspielen, und er konnte seine Gesprächspartner nicht anschauen. Für mich war es kein Vorteil, ihn in dieser Position wieder zu finden. Etwa drei Wochen musste ich im Dreischichtrhythmus in eine RKS zur Messung des Erzgehaltes in den geförderten Hunten, bevor ich für drei Jahre von Schmirchau wegging.
Es gab auch einige amüsante Erlebnisse in der Zeit als Geophysiker, die sich aber auch sehr leicht zum Problem hätten entwickeln können.

1. **Dienstgeilheit**
   Ein diensteifriger Geophysiker ließ es sich nicht nehmen, auch die Bohrlöcher beim Auffahren eines Blindschachtes zu messen. Ich glaube, er war der Einzige, der das je machte. Das Aluminiumgehäuse des Geiger-Müller-Zählrohres hatte einen nur unwesentlich kleineren Durchmesser als ein Bohrloch. Ein Kabel, das geschützt in einem Gummischlauch untergebracht war, stellte die Verbindung zum Amperemeter her, das der Geophysiker benutzte. Der Durchmesser des Kabels war nur geringfügig kleiner als der des Zählrohres. Wenn sich im

Bohrloch hinter dem Zählrohr ein kleiner Brocken löste, verkeilten sich beide. In einem horizontalen Bohrloch konnte man durch Drehen des Schlauches das Malheur beheben. In einem vertikal nach unten gehenden Bohrloch kam es zu einer nahezu unlösbaren Verkeilung. Der Verlust eines Zählrohres war zu dieser Zeit ein besonderes Vorkommnis. Dabei ging es nicht um den materiellen Verlust. Das war bestimmt zu verkraften. Die Hauptgefahr bestand darin, dass das Gerät in die Hände des Klassenfeindes geraten konnte und der daraus seine Rückschlüsse auf den Produktionsumfang hätte ziehen können. Eine Sonderkommission legte fest, dass der Verbindungsschlauch durchtrennt werden durfte und damit im Blindschacht geschossen werden konnte. Es wurde jedoch die Auflage erteilt, aus dem gesprengten Haufwerk das Zählrohr zu bergen. Das gelang auch. Trotzdem bestand der Verdacht auf Sabotage, weil der Blindschacht 2 ein besonders wichtiges Objekt war. Über ihn sollten die dringend benötigten Vorräte der 150-m-Sohle aufgeschlossen werden.

2. „Madentreff"

Die Geophysiker gehörten zum Kreis der Maden, die der Obersteiger fressen wollte. Auch wir nahmen es in der Nachtschicht nicht so genau mit der Arbeit und der Auslastung der Arbeitszeit. Jeder versuchte, sein Arbeitspensum gegen 3 Uhr morgens absolviert zu haben. Dann trafen wir uns in einem alten, angenehm warmen Grubenbau. Dort waren so genannte Talonierungsbohrlöcher und es gab immer einen Grund, warum wir diesen Ort aufsuchen mussten. Es wäre uns aber sicher schwer gefallen zu erklären, warum es aber zu einer solchen Häufung von Personen kam. In den Talonbohrlöchern wurden die Geräte eingestellt. Die Anodenspannung wurde so eingeregelt, dass das Amperemeter auf der ersten Skala einen bestimmten Wert anzeigte. Das war die Erz-Masse-Grenze. Erreichte der Messwert diese Grenze nicht, stand das später zu messende Bohrloch im tauben Gestein. Lag der Wert darüber, war es Erz und an der Intensität des Rauschens im Kopfhörer konnte man die Intensität der Strahlung einschätzen und musste auf eine höhere Stufe des Skalenwertes umschalten, wenn der Zeiger am rechten Skalenrand zum Anschlag kam. Wir trafen uns dort, weil zu dieser Zeit noch keiner etwas von der Gefährlichkeit des Radons (radioaktives Edelgas) wusste. Radon war besonders im Abwetterstrom angereichert und verursacht Lungenkrebs. Und wir campierten längere Zeit in diesem Grubenbau. Aber auch in anderen Schichtdritteln scheint das ein beliebter Aufenthaltsort der Geophysiker gewesen zu sein. Durch die herbei geschafften Pappen der Sprengmittelverpackung sah es aus wie in einem Rattennest. Die bequemen Lager deuteten auf Schlafplätze hin, obwohl Grubenschlaf mit sofortigem Verweis aus der Grube geahndet wurde. Wir wollten gar nicht schlafen. Es konnte auch keiner schlafen, weil Eberhard, unser Münchhausen, seine amourösen Abenteuer bei Aufenthalten auf dem Geraer Hauptbahnhof von sich gab. Die waren so spannend und abenteuerlich zugleich, dass das Zuhören einfach nur Spaß machte. Er verstrickte sich niemals in Widersprüche und es kam auch zu keiner Wiederholung von Erlebnissen. Wir bewunderten seine blühende Phantasie. Zum Ende der Schicht verließen wir unseren Aufenthaltsort einzeln, um kein Aufsehen zu erregen.

3. **Alarm bei den Geologen**
   In der Zeit als Dokumentarist hatte ich die Auffahrungen aus dem Schurf 86, auch als „Rote Rübe“ bekannt, zu betreuen. Dieser Schurf lag in einer Senke zwischen den Schächten Schmirchau und Lichtenberg. Mit Erkundungsstrecken auf der 60-m-Sohle sollte das Niemandsland zwischen beiden Schächten untersucht werden. Die Geologen vermuteten, dass man in den nächsten Tagen auf Erz stoßen würde. Ich bekam den Auftrag, bei Erzanfall sofort den zuständigen Geologen zu informieren. Die entsprechende Meldung machte ich, nachdem ich Erz feststellte. Aber es war blinder Alarm. Entweder war mein Gerät defekt oder ich hatte die Anodenspannung zu hoch eingeregelt. Der sofort vor Ort auftauchende Schwarm von Geologen fand kein Erz, nicht einmal das Gestein, das als Erzträger bekannt war. Ich bekam die Aufforderung, die Stelle zu zeigen, wo ich Erz entdeckt haben wollte. Ich fand diese Stelle mit Erz nicht wieder. Es war ein Flop und ich konnte mir eine gehörige Zigarre anstecken und hatte Glück, dass der Erzfund nicht sofort an weitere Dienste gemeldet worden war.
4. **Beinahebekanntschaft mit dem NKWD (Geheimdienst der UdSSR)**
   In der Zeit als Radiometrist in der RKS passierte mir ein großes Malheur. Im technologischen Komplex des Schachtes 367 liefen die Hunte im Selbstlauf, zunächst vom Schacht zur RKS. Dort wurde der Urangehalt bestimmt und ich hatte die Aufgabe, die Weichen anzusteuern, damit die Hunte zu den Bunkern gelangen konnten, in die die jeweilige Sorte gekippt wurde. Aus Versehen – und das gleich zwei Mal hintereinander – stellte ich für einen Hunt mit taubem Material die Weiche zum Reicherzbunker. War der Hunt im Laufen, war es unmöglich, Weichen umzustellen. Das hätte unweigerlich zur Havarie geführt. Für ein Zurückholen des Huntes hätte ich die gesamte Schachtbesatzung benötigt und das hätte zur Unterbrechung des Förderprozesses geführt. Also entschied ich für mich: einfach weitermachen. Ich rechnete damit, dass sich die zwei Hunte in dem großen Bunker mit dem Reicherz vermischen. Was ich aber nicht wusste: Am Bunkeraustrag wartete der ATK (der Leiter der Technischen Kontrollorganisation) mit einem Kipper, um in den letzten Stunden des Monats mit ein paar Tonnen Reicherz den Plan zu erfüllen. Der ATK war besonders bei den Hauern sehr unbeliebt. Man hängte ihm die Spitznamen „Erzjude“ und „Knorpelkopf“ an. Das hatte überhaupt keinen antisemitischen Anstrich. Es hatte nur etwas damit zu tun, dass er bei jeder noch so kleinen Verfehlung bei der Erzgewinnung Abstriche bei der Lohnzahlung beantragte. Seinen Anträgen wurde natürlich stattgegeben. Welcher Leiter wollte oder konnte sich schon mit dem allmächtigen ATK anlegen. Er war auch berechtigt, Erzprämien zu streichen. Da es keinen Rechtsanspruch auf Prämien gab, waren sie nicht einklagbar. Knorpelkopf nannten ihn die Werktätigen gehässigerweise, weil das kleine energische Männlein mit Stoppelfrisur ein mit Narben überzogenes Gesicht hatte. Bedingt durch eine Erkrankung war sein ganzes Gesicht voller pockenähnlicher Narben. Knorpelkopf, der gefürchtete ATK wartete also persönlich am Austrag des Reicherzbunkers mit einem Kipper auf jeden Hunt. Die Funktion des ATK war noch lange Zeit mit sowjetischen Mitarbeitern

besetzt. Der ATK und die späteren, mir bekannten deutschen Leiter der TKO (Technische Kontrollorganisation) arbeiteten als Oberaufsicht für die Einhaltung der Vorschriften für die Erzgewinnung eng mit den Sicherheitsorganen – dem MfS (Ministerium für Staatssicherheit) zusammen. Die Kipper wurden vor der Verladung auf die Reichsbahnwaggons in der Kipper-RKS nochmals gemessen. Von dort kam der „Erzjude" wutschnaubend und mit Schaum vor dem Mund zu mir in die Station gestürmt und beschimpfte mich übel. Aus dem Gemisch der deutsch-russischen Flüche hörte ich immer wieder die Worte Sabotage und Faschist heraus. Ich stellte mich dumm (nach dem Motto: Der Fuchs ist schlau und stellt sich dumm.). Er schrie sich in Rage, bestellte Angehörige der Werkstatt herbei und der Talonhunt wurde mehrere Male gemessen. Trotzdem blieb ich dabei, nur Reicherz in den Reicherzbunker geleitet zu haben. Er durchstöberte die Messprotokolle und fand zum Glück keinen Anhaltspunkt, um mir die Verfehlung nachzuweisen. Auch am Folgetag wurde ich einige Zeit verhört. Ich blieb standhaft – was wollte ich auch machen, nachdem ich mich einmal festgelegt hatte. Eine Strafe bekam ich trotzdem. Der ATK als Verwalter der Erzprämie strich mir diese für den laufenden Monat. Das schmerzte, waren es doch über 100 Mark.

Während meiner Zeit als Geophysiker lief ein neuer Lehrgang für Geologie-Facharbeiter an, für den Bewerber gesucht wurden. Der Kaderleiter bestellte mich, und versuchte, mich zur Teilnahme zu überreden. Ich reagierte nicht und ließ die Bedenkzeit ungenutzt verstreichen. Nachdem ich den Qualifizierungslehrgang für Geologie/Geophysik einfach nicht angetreten hatte, waren weitere diesbezügliche Angebote nicht zu erwarten. Ich war mit meiner Arbeit und auch mit dem bescheidenen Verdienst zufrieden. Als ich die Aufforderung erhielt, zur Kaderabteilung zu kommen, erwartete ich eine berechtigte Standpauke. Alle Aufforderungen und Informationen liefen in Form von kleinen Zetteln in den persönlichen für den Ausweis gedachten Boxen der „Kabine". Da ich ein etwas mulmiges Gefühl hatte, bedurfte es einer zweiten Aufforderung. Ich meldete mich beim Kaderleiter. Dieser – wie immer mit offenem Hemd und übergezogener Schlosserjacke – empfing mich jedoch nicht unfreundlich. Der Arbeitsraum der Angestellten war durch eine Barriere vom Publikum getrennt. Der Kaderleiter öffnete eine hochklappbare Schranke und führte mich in ein separates Zimmer, von dessen Existenz ich vorher nichts gewusst hatte. Dort bestand die Möglichkeit für individuelle Aussprachen ohne Fremdbeteiligung. Er eröffnete mir, dass die Wismut und mit ihr auch das Zentralbergwerk Schmirchau die Aufgabe hatten, Ingenieure an einer zu gründenden Schule ausbilden zu lassen. Eine Arbeitsgruppe der Kaderabteilung des Objektes 90 hätte mich (sicher auf Empfehlung der Bergbauschule Ronneburg, an der ich die Lehrgänge Hauer und Geophysiker mit gutem Erfolg abgeschlossen hatte – Kunststück mit einem fast druckfrischen Abiturzeugnis in der Tasche) für ein Studium vorgeschlagen. Er gab mir einige Tage Bedenkzeit und einen Personalfragebogen gleich mit. Den Personalbogen gab ich ausgefüllt wieder ab und damit meine Zustimmung zur Bewerbung

2.11 Der vorläufige Abschied von Gera

Die Abschiedsfeier von Gera fand im Kreis der Zimmerkollegen in Form eines Kneipenzuges statt. Nur Herbert der Tankwart konnte bis zum Ende mithalten. Er war schließlich ein trinkfester Junge von der Waterkant. Wir besuchten nach dem Absprung der übrigen noch einige Lokalitäten auf dem Weg zur Unterkunft. Vor dem Eingang fiel uns ein, dass es auch in der Nähe der Unterkunft noch ein Lokal gibt. Aber nicht das berüchtigte „Cafe Imperator" besuchten wir, dass auf der anderen Straßenseite nur wenige Schritte von der Unterkunft angesiedelt war. Dort ging es zu rabiat zu. Das begann mit der Begrüßung durch die schon sehr alte Wirtin. Bei meinem ersten und letzten Besuch in diesem Etablissement verschlug es mir fast die Sprache als wir mit den Worten: „Wollt ihr schon wieder saufen?" begrüßt wurden. Die Einrichtung war abgewirtschaftet – aus dem abgewetzten Sofa aus der Zeit um 1900 spießten die Federn. Die Stühle waren reparaturbedürftig, Tische und Tresen ungepflegt. Trinken konnte man ohnehin nur Flaschenbier. Also mieden wir diese Gaststätte und zogen zum letzten Gefecht in eine bessere Kneipe. Für mich war es dann doch zu viel. Das letzte Bier und die Flasche Engelhard Schaumwein gaben mir den Rest. Ich konnte im Unterbewusstsein Herbert gerade noch meine Geldbörse geben, damit er die Zeche bezahlt. Mir war furchtbar schlecht und ich hatte Mühe, am anderen Morgen zum Bahnhof Gera-Süd zum Schichtzug zu kommen.
Den Weg vom Bahnhof Ronneburg zum Eingang am Schurf 84 bewältigte ich mit großer Anstrengung. Doch dort kam das große Erwachen. Ich hatte keinen Schachtausweis. Das Schlimme daran war, dass ich einen Ausweis „Ohne Abnahme" hatte. Ich malte mir schon die Schwierigkeiten aus, die mir bevorstanden. Der Schreck vergrößerte sich, als ich merkte, dass ich auch keine Geldbörse hatte. Plötzlich war ich hellwach und überlegte, wo wir zuletzt waren. Also schnell mit dem Nachtschichtzug zurück nach Gera. Die Müdigkeit überwältigte mich wieder und ich schlief fest ein. Bei der Einfahrt in den Bahnhof Gera-Süd wurde ich zum Glück von einem Kumpel geweckt und sprang aus dem Zug, genauer: ich wollte springen. Mir waren die Beine so eingeschlafen, dass ich überhaupt keine Kraft hatte, mich auf den Beinen zu halten. Ich sackte wie ein nasser Sack auf den Bahnsteig. Kumpel brachten mich zu einer Bank auf dem Bahnsteig, auf der das Gefühl in den Beinen bald zurückkehrte. Ich machte mich auf den Weg zu den letzten Lokalen und klingelte die Wirte in der achten Stunde heraus. Das war eine Zeit, zu der noch kein Wirt aus den Federn war. Aber mein Portemonnaie fand sich nicht wieder ein. Ich beschloss, in der Unterkunft nachzusehen. Aber auch dort war es nicht. Herbert knurrte in seinem Bett, weil er bei der verlängerten Nachtruhe gestört wurde – er hatte seinen freien Tag und war als Einziger anwesend. Als er mitbekam, was mich trieb, sagte er nur ganz trocken: „Dein Portemonnaie habe ich, ich sollte doch bezahlen und konnte es dir nicht wiedergeben. Ich hatte viel Mühe, dich mit in die Unterkunft zu bekommen." Schachtausweis und Geldbörse waren wieder da und ich hatte Glück, einen ausfahrenden Kipper nach Schmirchau zu erwischen. Als ich mein Arbeitsgerät – den Geiger-Müller-Zähler – in der geophysikalischen Werkstatt abholen wollte, bekam ich den

nächsten Schreck. Ich hatte keinen Personalausweis. Den braunen Wismutausweis musste man als Pfand hinterlegen, um das Gerät zu bekommen. Erst jetzt fiel mir ein, dass ich am Vortag nicht dazu gekommen war, das Gerät abzugeben und es noch in meinem Umkleideschrank lag. Das war ein Verstoß gegen betriebliche Regelungen. Aber den Mechaniker kannte ich gut und er dramatisierte die Angelegenheit nicht. Mit den Soldaten in der Werkstatt wäre das nicht so glimpflich abgegangen. Gegen 9:30 Uhr konnte ich endlich meine Arbeit aufnehmen und die

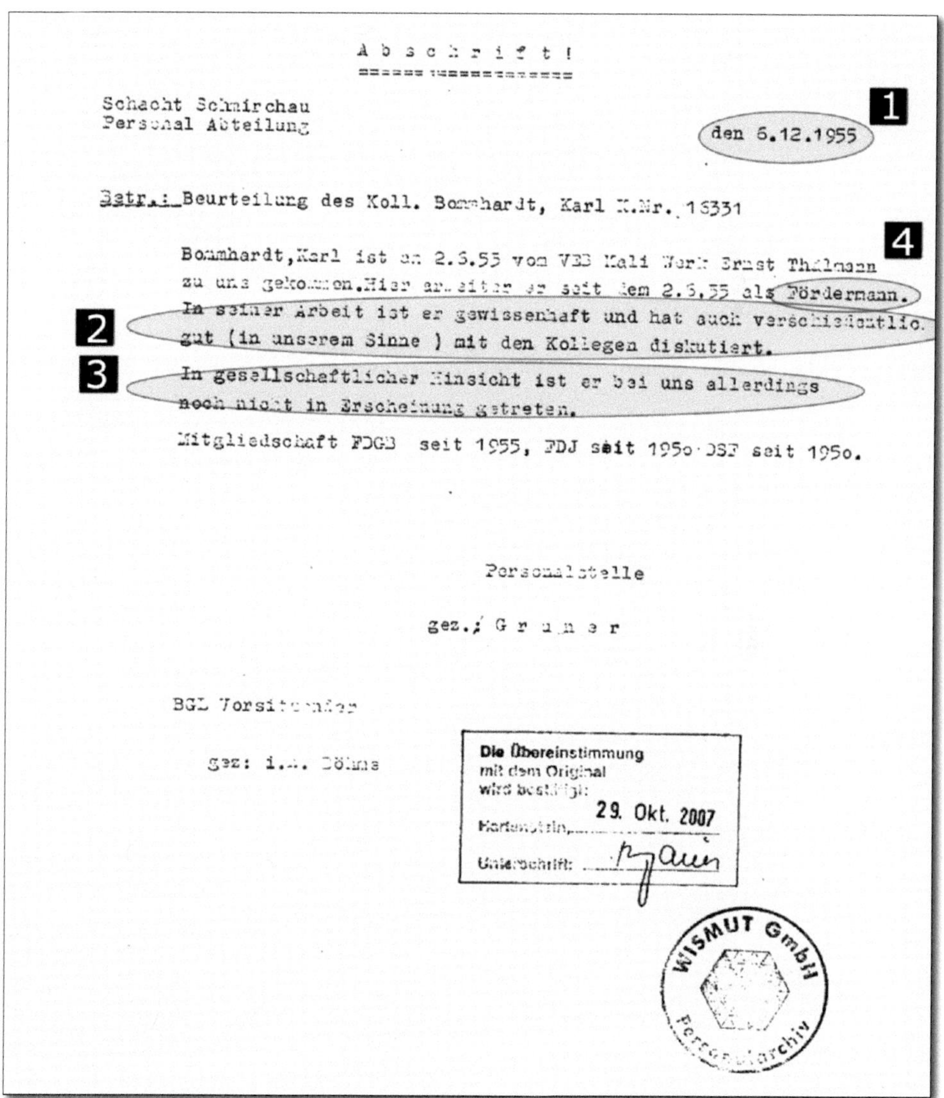

A b s c h r i f t !

Schacht Schmirchau
Personal Abteilung

1

den 6.12.1955

Betr.: Beurteilung des Koll. Bommhardt, Karl K.Nr. 16331

4

Bommhardt, Karl ist am 2.6.55 vom VEB Kali Werk Ernst Thälmann zu uns gekommen. Hier arbeitet er seit dem 2.6.55 als Fördermann.

2 In seiner Arbeit ist er gewissenhaft und hat auch verschiedentlich gut (in unserem Sinne) mit den Kollegen diskutiert.

3 In gesellschaftlicher Hinsicht ist er bei uns allerdings noch nicht in Erscheinung getreten.

Mitgliedschaft FDGB seit 1955, FDJ seit 1950 DSF seit 1950.

Personalstelle

gez.: G r u n e r

BGL Vorsitzender

gez: i.A. Döhms

Die Übereinstimmung mit dem Original wird bestätigt:
Hartenstein, 29. Okt. 2007
Unterschrift:

WISMUT GmbH Personalarchiv

Abb. 182 Beurteilung (eigene Unterlagen)

120 Meter über Schleichwege zu meinem Arbeitsgebiet einsteigen. Nach kurzer Strecke wurde mir hundeübel und war todmüde. Also setzte ich mich erst einmal auf einen Holzstapel. Grubenluft hat die Eigenschaft, den nach einer durchzechten Nacht auftretenden Kater zu aktivieren.
Als ich mich mit einem kräftigen mehrstündigen Kurzschlaf erholt hatte, war es schon gegen zwölf. Ich hatte zwar keine Uhr, aber bei der Telefonzentrale konnte man ständig die Zeit abfragen und Telefone waren im Untertagebereich sehr dicht montiert. Im Eiltempo lief ich alle erzführenden Betriebspunkte ab und machte meine Messungen. Strecken im tauben Gestein ersparte ich mir. Diese Werte konnte ich in der Größenordnung vorheriger Messungen eintragen, ohne dass die Aussage verfälscht wurde.
Die Unterkunft habe ich bis zu meiner Entlassung nicht mehr aufgesucht – so sehr habe ich mich geschämt. Obwohl es öfter vorkam, dass einer seinen Magen rückwärts entleeren musste. Nur Spint und Nachttisch räumte ich nach der letzten Schicht noch. Herbert traf ich noch täglich auf Arbeit, Erich gelegentlich. Der Abschied war also nicht ruhmreich.
Ebenso glanzlos war meine Beurteilung für die Schule, die sicher erst nach der Studienaufnahme angefordert wurde.

Lediglich der Punkt 2 hätte die Delegierung zum Studium gerechtfertigt. Die Bemerkung „und hat auch gelegentlich gut (in unserem Sinne) mit den Kollegen diskutiert“ führt aus heutiger Sicht zur Belustigung. Erst am 29. Oktober 2007 erfuhr ich von der Existenz dieser Beurteilung. Die Frage wäre nur: Was verstand man unter „gut in unserem Sinne“? Im Punkt 3 konnte kein gesellschaftliches Engagement gewürdigt werden.
Im Punkt 4 zeigt sich die Ordnung und Übersicht in einer Kaderabteilung. (Kaderabteilung ist die Bezeichnung für Personalabteilung. Aus dem Russischem „odjel kadrow“ = Abteilung der Kader). Obwohl ich von der Kaderleitung zu den Lehrgängen „Hauer“ und „Operateur-Geophysiker“ delegiert wurde, diese auch erfolgreich absolviert und als Geophysiker gearbeitet hatte, wurde ich im Nachweis als Fördermann geführt.
In den 15 Monaten von Juni 1955 bis August 1956 verdiente ich laut Eintrag im Ausweis für Sozialversicherung insgesamt etwa 5.000 DM. Das war nur der sozialversicherungspflichte Teil meines Verdienstes. Wismutzuschlag, Treu- und Erzprämie waren abgabenfrei und stockten den Verdienst wesentlich auf.

3 Breitenbrunn – die Kaderschmiede der Wismut

3.1 Einige Vorbemerkungen zum Studium in Breitenbrunn

Bevor ich zu den eigentlichen Darlegungen komme, muss ich noch einige Vorbemerkungen machen. Ende des Jahres 2001 erhielt ich durch Zufall von einem ehemaligen Schmirchauer Arbeitskollegen die Information, dass der damalige Direktor Gabriel an jährlichen Treffen des Traditionsvereins der Bergbauschule Eisleben teilnimmt. Eine Anfrage wurde gestartet und Gustav Gabriel erklärte sich bereit, Auskünfte zu der Zeit am Institut für Gangerzbergbau zu geben. Mit erstaunlicher körperlicher und geistiger Frische beantwortete der schon über 85-Jährige meine Fragen ausführlich. Darüber hinaus bot er mir an, diese Darlegungen mit einigen Konkretisierungen zu ergänzen und mir zuzusenden, was auch erfolgte. Andere Erfahrungen machte ich mit dem ehemaligen PGO (Parteigruppenorganisator) unserer Klasse, der Mitglied der Schulparteileitung war und zeitweise auch den Sekretär der Schulparteileitung der SED vertrat. Es war schon erschreckend, mit welchem Gedächtnisschwund dieser mehr als 15 Jahre jüngere Mensch zu kämpfen hat. Wenn die Fragen konkret wurden, konnte er sich plötzlich nicht daran erinnern, dass so etwas überhaupt passiert ist. Dabei wollte ich nur Informationen über das Parteileben, von dem ich als Nichtgenosse ausgeschlossen war. Bei einigen Problemen schloss er aus, darauf überhaupt Einfluss gehabt zu haben. Nach meinen späteren Erfahrungen mit der führenden Rolle der Partei ist das einfach nicht nachvollziehbar. Wenn es tatsächlich so gewesen wäre – ich komme im späteren Verlauf noch auf Details – hätte ihm dafür ein Parteiverfahren wegen Negierung der führenden Rolle der Partei gedroht und dies wäre nach den Parteistatuten auch gerechtfertigt gewesen. Die Gründe für sein jetziges Verhalten kenne ich nicht. Ich glaube aber, es ist symptomatisch für ehemalige Verantwortungsträger. Klarheit darüber werde ich erst erhalten, wenn ich die entsprechenden Unterlagen im Zentralarchiv der Wismut GmbH über die Zeit in Breitenbrunn auswerten kann.

3.2 Die Auswahl der Studenten

Nach der Abgabe meiner Bewerbungsunterlagen für das Studium dauerte es nicht lange und es kam die Einladung zu einer Aufnahmeprüfung nach Freiberg in die Außenstelle der Bergingenieurschule „Fritz Himpel“ Eisleben. Mit dem zweiten Anwärter aus Schmirchau fuhr ich am Abend vor dem Prüfungstermin mit dem letzten Zug nach Freiberg. Mit dem ersten Zug wäre ein rechtzeitiges Erscheinen zum Prüfungstermin nicht möglich gewesen. Die Nacht in der Bahnhofsgaststätte war furchtbar und unendlich lang. 24 Uhr wurde die Bedienung eingestellt und der Tresen zugehängt. Für Abwechslung sorgten nur die ständigen Kontrollen der Transportpolizei – sie überprüfte, ob alle Anwesenden die Voraussetzungen für die Erlaubnis zum Aufenthalt in der zum Warteraum umfunktionierten Bahnhofsgaststätte nach

Beginn der Polizeistunde hatten. Unser Argument wurde akzeptiert. Am anderen Morgen suchten wir die Brander Straße und fanden die Außenstelle im Hinterhof einer alten heruntergewirtschafteten Fabrikanlage. Zunächst waren die schriftlichen Prüfungen fällig. Im Fach Deutsch mit einem Diktat, in Mathematik mit Aufgaben unterschiedlicher Schwierigkeit und in Gegenwartskunde mit einem Aufsatz zu einem aktuellen Ereignis. An mündliche Prüfungen kann ich mich in den Fächern Gegenwartskunde und Bergbaukunde erinnern.

Den Vorsitz in der Prüfungskommission im Fach Bergbaukunde hatte ein älterer Herr mit zerknittertem Gesicht und einem prägnanten Profil. Wie ich später erfuhr, war er ein Experte auf dem Gebiet Bergbau/Markscheidekunde – Dozent in Eisleben. Beisitzer der SDAG Wismut war ein Herr in mittleren Jahren mit einer mächtigen Narbe im Gesicht. Teilnehmern von Lehrgängen am Bergtechnikum Freiberg war Herr Schymura kein Unbekannter. Zunächst lief alles ganz ordentlich für mich. Meine Aufgabe war die Erläuterung der Arbeitsgänge im gleisgebundenen Streckenvortrieb. Bohren, Sprengen, Fördern und Ausbauen – alles klappte. Doch mit der Erläuterung des Schienenlegens nahm das Verhängnis seinen Lauf. Ich schilderte, dass bereits beim Bohren die Voraussetzung für das leichtere Arbeiten beim Schienenlegen geschaffen wird. Die Sohlenbohrlöcher wurden etwas tiefer angesetzt als für das Profil erforderlich und auch steiler gebohrt. Dadurch gab es keine Probleme beim Schienenlegen, die Gleise konnten relativ leicht verlegt werden. Das war der Moment, als Herr Keulen förmlich ausrastete. Ich musste eine umfangreiche Belehrung über mich ergehen lassen, dass die Schwellen für ein ordentliches Gleisbett in festes Gestein einzupickern seien und dass wir uns nicht wundern brauchen, wenn die Förderwagen laufend entgleisen. Ich wusste zu diesem Zeitpunkt überhaupt nicht, dass es auch eine Theorie des Schienenlegens gab, und dass diese offenbar ein Steckenpferd des Herrn Keulen war. Na ja, dachte ich, das Ding ist gegen den Baum gegangen. Doch zu meiner Überraschung verkündete die Kommission: Aufnahmeprüfung bestanden. Meine übrigen Ergebnisse werteten sicher diesen Fehlgriff etwas auf. Zurückgekehrt nach Schmirchau sah ich mir den Prozess des Schienenlegens bei vielen Streckenvortriebsbrigaden genau an und musste feststellen, dass nicht ein Hauer nach der Keulen-Theorie arbeitete. Als Haupttechnologe eines Bergbaubetriebes in den frühen 70-er Jahren zog auch ich – quasi als späte Rache – das Schottern der Gleise dem Einpickern der Schwellen vor. Die endgültige Rehabilitation erhielt ich, als für die gesamte Wismut verbindliche Standards entstanden – die Kombinatsstandards Wismut. Zusammengestellt in den TGL 109-7510. TGL war die Abkürzung für Technische Gütevorschriften und Lieferbedingungen, 109 war die Gruppe der Wismutstandards. Die TGL ersetzten in der DDR die DIN. In der betreffenden TGL war von der Theorie des Herrn Keulen keine Spur zu entdecken. Die Experten eines so großen Industriezweiges mit Bergbauerfahrung haben es vorgezogen, Gleise auf Schotterbett zu verlegen – oder das geschah aus Unkenntnis.

In der Chronik der Wismut GmbH aus dem Jahre 1999 kann man unter dem Punkt 1.13.3 auf der Seite 5 (Kapitel Personalförderung und -entwicklung) nachlesen: *„Anfang 1956 erhielt die BAK (Betriebsakademie) des Objektes 1 in*

Johanngeorgenstadt den besonderen Auftrag, in siebenmonatigen Kursen die Absolventen des Jahreslehrganges des Bergtechnikums Freiberg auf die Erlangung eines Ingenieurabschlusses vorzubereiten. Diese sieben Monate reichten jedoch nicht aus, so dass man Veränderungen vornahm. Das Studium wurde auf 14 Monate verlängert, und es konnten alle jene delegiert werden, die eine leitende Funktion ausübten und das Bergtechnikum Freiberg mit der Note 1 oder 2 absolviert hatten. Das Studium zum Ingenieur erfolgte ab 1. Oktober 1956 in Breitenbrunn am neugegründeten Institut für Gangerzbergbau, das sich später zur Ingenieurschule entwickelte. Gleichzeitig erhielten an diesem Institut junge Leute eine Ausbildung zum Ingenieur für Bergbau/Tiefbau bzw. für Bergelektro- oder Bergmaschinenwesen. Als Dozenten wurden Lehrkräfte anderer Ingenieurschulen, z. B. der Ingenieurschule Eisleben, gewonnen.“

In einer Broschüre über das Institut für Gangerzbergbau aus dem Jahre 1957 liest sich das so:

„Das Präsidium des Ministerrates beschloss in seiner Sitzung am 3. Mai 1956, das Institut für Gangerzbergbau in Breitenbrunn zu errichten. Am 22. Mai 1956 erfolgten in Johanngeorgenstadt die Eröffnung des Institutes und die Aufnahme der ersten zwei Klassen. Diesen folgte in kurzer Zeit eine Klasse in der Fachrichtung Bergmaschinentechnik.

Was war die Ursache zur Gründung des Instituts?

In jahrelanger Bewährung im erzgebirgischen Bergbau hatte sich ein Kollektiv von Wirtschaftsfunktionären gebildet, das reich an praktischen Erfahrungen war und bei denen theoretische Voraussetzungen als Steiger auf Grund eines Fachschulabschlusses bzw. einer Ausbildung ähnlichen Charakters bestanden. Um diesen Kadern die Möglichkeit zu geben, ihre Qualifizierung bis zum Ingenieur abzuschließen, wurde der Gedanke der Gründung einer ingenieur-technischen Fachschule zur Tat.

Aus den kleinen Anfängen in Johanngeorgenstadt heraus entwickelte sich bald die Fachschule bis zu ihrer vollen Kapazität. Bereits im Oktober 1956 konnte das Institut von Johanngeorgenstadt in die von Seiten der SDAG Wismut zur Verfügung gestellten Gebäude umsiedeln.

Das Institut hatte somit seinen festen Sitz in Breitenbrunn.

Die günstige Lage des Institutes und die Vielzahl der zur Verfügung gestellten Räume ließen die großzügige Planung für den weiteren Ausbau des Instituts zu. Während ein Teil der Gebäude als fertiggestellt betrachtet werden kann, ist der weitere Ausbau von Gebäuden zum Zwecke der qualifizierten Ausbildung in den Jahren bis 1960 vorgesehen.

So kann im Jahre 1957 der Ausbau des Schulgebäudes abgeschlossen werden, ebenso wie die endgültige Herrichtung der Internate. Entsprechend den besonderen Bedingungen hinsichtlich der praktischen und theoretischen Voraussetzungen bei den Bewerbern gliedert sich die Ausbildung in drei Teile:

1. In ein Weiterstudium 3. Schuljahr auf Grund des für dieses Studienjahr bestätigten Studienprogramms. Ebenso wie an anderen Fachschulen müssen die Bewerber den Abschluss als Steiger bzw. Techniker nachweisen.
2. In ein Weiterstudium 2. und 3. Studienjahr. Vorausgesetzt wird bei den Bewerbern der einjährige Abschluss des ehemaligen Bergtechnikums Freiberg

oder der erfolgreiche Abschluss eines Halbjahreslehrganges des Bergtechnikums Freiberg mit anschließendem Abendstudium. In diesem Falle ist die Prüfung analog dem ersten Studienjahr an einer Fachschule nachzuweisen.

3. Das dreijährige Studium, bei dem die Bewerber nur die praktischen aber nicht die theoretischen Voraussetzungen haben.

Als Fachrichtungen des Instituts wurden bestätigt:

Bergbautechnik
Bergmaschinentechnik
Bergelektrotechnik
Bergökonomik.

Um den Bedarf an fachlich ausgebildeten Kadern für die Lagerstättenerkundung und -erforschung zu decken, wurde im Juli 1957 als neue Fachrichtung Geophysik bestätigt."

Diese Festlegungen hatten ganz praktische Konsequenzen und werfen zugleich ein Bild auf die Einordnung der einzelnen Objekte in das Gefüge der Wismut. Die Bezeichnung „Institut für Gangerzbergbau" kam einer Überbewertung der Bedeutung der Gewinnung im Erzgebirge gleich. Der Bergbau in Thüringen, der in sedimentären Lagerstätten umging, hatte schon zu dieser Zeit einen beträchtlichen Umfang angenommen. Auch in der Zusammensetzung der Studenten konnte man eindeutig die Disproportion zwischen den Betrieben feststellen. In unserer Klasse stellten die Schächte der Gebiete Aue und Johanngeorgenstadt das Gros der Studenten. Drei weitere Studenten kamen aus den Annaberger Schächten und dem Vogtland, also ebenfalls aus dem Gangerzbergbau. Lediglich vier Bewerber kamen aus Schächten im Ronneburger Gebiet und zwar zwei vom Schacht Schmirchau und je einer vom Schacht Lichtenberg und einem Tagebau. Erst einige Jahre später wurde im Namen der Schule aus „Gangerzbergbau" „Erzbergbau". Auch der Begriff „Institut" hatte einen Hintergrund. Nach der Stipendienordnung der DDR betrug das Höchststipendium 450 Mark für Fachschulen. Voraussetzung für einen Betrag, der über den 150 Mark Grundstipendium lag, war eine Auszeichnung. Dann wurden 70 % des letzten Durchschnittsverdienstes gezahlt.
Anders bei den unter Punkt 1. und 2. genannten Studenten. Für 450 Mark Maximum hätten die wenigsten der gestandenen Leitungskader ein Studium aufgenommen. Die Sonderreglung für sie bedeutete ein mögliches Maximum von 900 Mark – ganz ordentlich für einen Studenten. Die meisten von ihnen erhielten aufgrund ihres vorherigen Verdienstes das Maximum. Bei den lehrplanseitigen Anforderungen wurden Abstriche an den für Fachschulen verbindlichen Regelungen gemacht. Von den Grundlagenfächern Russisch und Sport weiß ich genau, dass sie eingespart wurden. So kam es, dass sich diese Studenten in der Mehrzahl als Elite fühlten und das auch zum Ausdruck brachten. Wir Dreijahresstudenten waren eben geistig etwas minderbemittelt und das musste sich auch in der Vergütung niederschlagen.
Bei der Vermittlung der dreijährigen „Hasen" konnten noch einmal Neiddiskussionen aufkommen. Im Wettlauf um die Planstellen tönten die „Igel" von allen lukrativen Jobs „wir sind schon da" (In Anlehnung an das Grimmsche Märchen von Hase und Igel).

Abb. 183 Die Klasse bei einer Exkursion in den Harz. (Eigene Fotosammlung)

An der Zusammensetzung nach der vorangegangenen Tätigkeit konnte man bei unserer Klasse erkennen, dass wir das Fußvolk waren. Wie stand doch in der Institutsveröffentlichung unter Punkt 3.: „... da waren auch noch die Dreijahresstudenten" – in Unterzahl und auch bedeutungslos.

Von uns 30 Schülern der Klasse 01-56-b hatten lediglich vier vorher eine gehobenere Stellung: zwei Revierleiter, ein Obernormierer und ein Hauptmarkscheider, obwohl der Revierleiter auch nur zum „mittleren" ITP (Ingenieur-technisches Personal) gehörte.

Die übrigen Bewerber waren vorher:

Steiger:	8
Sprengmeister:	4
Markscheiderarbeiter:	1
Sicherheitsinspektor:	1
Arbeiter im Geologisch/Geophysikal. Dienst	5
Hauer:	6 (davon ein Brigadier, Nat.-Preisträger)
Alleskönner (Maulheld):	1 (Er wurde von der Schule entfernt.)

Bis auf zwei erhielten alle das so genannte „Aktivistenstipendium" – ich war natürlich bei den zwei Außenseitern dabei. Ich war einfach zu inaktiv, um für eine Auszeichnung infrage zu kommen. Trotzdem habe ich die Zeit überlebt. Den Zweiten hat das geringe Stipendium wenig gestört, er war der Sohn einer Lebensmittelhändlerin.

Auch der Motorisierungsgrad lag bei uns weit unter dem Niveau der Sonderstudenten. Es gab nur zwei Studenten, die ein Auto besaßen. Ein ehemaliger Hauer hatte einen IFA F8, diese Autos wurden über ein Sonderkontingent der Wismut an verdienstvolle Werktätige verkauft. Ein ehemaliger Junghauer – aus dem Lebensmittelgeschäft – hatte einen alten Opel. Motorräder hatten einige Studenten:

- eine 350-er EMW der Hauptmarkscheider,
- eine 350-er BK aus Zschopau als Seitenwagengespann ein Schießmeister,
- eine 350-er BK ein Steiger,
- eine Panonia (eine etwas exotische Maschine des ungarischen Herstellers Czepel) ein Revierleiter,
- eine 125-er RT aus Zschopau ein Steiger. Dieser wohnte in Karl-Marx-Stadt – damit hatte ich als Mitfahrer die Möglichkeit, einen Zug früher am Hauptbahnhof Richtung Ost zu erreichen.

Lediglich vier Studenten waren zu Studienbeginn noch ledig. Zum Studienende waren es nur noch zwei – im dritten Studienjahr habe auch ich geheiratet.
Mit Ausnahme von vier Studenten wohnten alle im Internat des Instituts. Zwei wohnten in Erla, zwei Bahnstationen flussabwärts, einer stammte aus der Kreisstadt Schwarzenberg – vier Stationen flussabwärts – und einer wohnte bei seiner früheren Quartierwirtin in Anthonshöhe – vom Bahnhof Anthonstal zu erreichen, jedoch mit einem Fußweg verbunden. Deshalb hatte er zwar ein Quartier im Internat, das er aber nur selten nutzte.
Was ausgewählte Schüler in einer Institutsveröffentlichung von sich gegeben habe, finde ich aus heutiger Sicht sehr interessant. Hier ihre Darlegungen:

Studierender G. Pellmann (Klasse 01/56/B)

„Schreckliche Tage, die letzten Tage des Hitlerreiches. Tod und Verderben hielten noch einmal reiche Ernte. Mit dreckverkrustetem Gesicht starrte ich auf einen Bombentrichter, da, wo meine elterliche Wohnung gestanden hatte.
Ich fuhr ins Gebiet des Uranbergbaues. Bald empfand ich Lust und Liebe zu dieser Arbeit. Zwischen diesen ehrlichen Arbeitern fühlte ich mich wohl, und ich fing an, mich zu qualifizieren. Auf Grund meiner guten Arbeitsleistungen wurde ich im September 1956 zum Institut für Gangerzbergbau in Breitenbrunn delegiert. Ich soll einmal nicht nur mitarbeiten, sondern noch mehr anleiten. Also eine große Verpflichtung.
Hier in Breitenbrunn stürzte eine Anzahl von verschiedenen Unterrichtsfächern auf mich ein. Es war wohl am Anfang nicht alles so klar in mir, wie etwa bei anderen Kameraden. 9 Jahre Tätigkeit als Wismutkumpel vor Ort können einen nicht so schnell zum stundenlangen Stillsitzen bringen. Aber wenn es nicht mehr recht gehen wollte, schaute ich auf meine Klassenkameraden, die mit den gleichen Schwierigkeiten zu kämpfen hatten, und es ging weiter. So nach und nach begann man, sich schon auf bestimmte Stunden zu freuen. Auch in Mathematik, dem Fach, das mir die meisten Kopfschmerzen bereitete, wurde durch eine gute Anleitung die Angst überstanden. Ansonsten sind der Unterricht und vor allem auch die Methode des Beibringens, auch für uns, die wir keine großen Voraussetzungen mitbringen, gut. Wenn man sich überlegt, unter welch schwierigen Bedin-

gungen ein Arbeiterkind früher studieren musste, so muss man sich durch gutes Lernen und indem man alle seine Kräfte einsetzt, um das Ziel zu erreichen, des Vertrauens würdig erweisen, das der Staat in jeden Einzelnen setzt."

Studierender Fritz Koch (Klasse 01/56/B)
„Ich bin stolz darauf, in einem Arbeiter- und Bauernstaat studieren zu können. Mir ist die Möglichkeit gegeben, mein Wissen erheblich zu erweitern. Das Lernen macht mir insofern besondere Freude, als es in dem Bewusstsein geschieht, dass es nicht nur für eine kleine Gruppe von Kapitalisten ist, die dann die Früchte des Studiums ernten. Ich studiere für die gesamte Gesellschaft, für den sozialistischen Aufbau unserer Heimat und dadurch auch für ein schöneres Leben für mich und meine Familie. Ich habe hier am Institut schon viel gelernt.
Das Institut trägt einen sozialistischen Charakter. Die meisten Studenten kommen aus leitenden Stellen in der Produktion und ***bringen ein sozialistisches Bewusstsein mit****. So wie der Grundsatz der gegenseitigen Hilfe in den Betrieben angewandt wurde, wird es auch hier getan. Die Schwächeren erhalten Hilfe durch die Stärkeren. Dem Aufruf „Jeder eine gute Tat für unsere gemeinsame gute Sache" folgten viele. Es wurden Arbeitseinsätze bei Bauern und beim Aufbau des Institutes geleistet."*

Studierender Kurt Brosche (Klasse 01/56/B), der eigentlich Karl Brosche hieß
„Seit 1947 arbeitete ich bei der SDAG Wismut. In meiner neunjährigen Tätigkeit habe ich als Fördermann, Hauer, Markscheider und Obernormierer gearbeitet. Nachdem das Institut gegründet war, erhielt ich von meinem Betrieb die Möglichkeit, mir im Direktstudium das noch fehlende theoretische Wissen anzueignen. Wir lernten am Institut, angeleitet von guten Fachkräften, viel. Gut organisiert sind die kulturellen Veranstaltungen und Vortragsreihen. Das Lernen selbst können wir ohne Sorgen auf Grund des ausreichenden Stipendiums durchführen. Vor allem lerne ich durch den gesellschaftswissenschaftlichen Unterricht viel. Um mich auch an der gesellschaftlichen Arbeit noch besser beteiligen zu können, habe ich vor kurzen meinen Antrag um Aufnahme in die Partei gestellt. Unser Staat braucht für seine Weiterentwicklung technisch ausgebildete Kader. Es ist mein Ziel, nach Vollendung der Ausbildung die Theorie mit der Praxis zu verbinden und mitzuhelfen am großen Werk unserer sozialistischen Gesellschaft."
Ungekürzt und ohne Kommentar diese Beiträge. Ich habe die Broschüre erst in den frühen 90-er Jahren unter alten Unterlagen wiedergefunden und war begeistert, denn ich kannte die Verfasser sehr gut. Ich weiß aber nicht, wer sie zu derartigen Ausarbeitungen angestiftet hat. Mitschüler werden sicher meine Meinung teilen. Wer diese Stellungnahmen liest, lernt nicht nur das Gedankengut der Menschen, sondern auch die gängige Ausdrucksform der 50-er Jahre kennen. Aus einigen Passagen kann ich herauslesen, in welche Ecke ich gestellt worden bin. Anfang September reiste unsere bunte Truppe in Breitenbrunn an und war auf Gedeih und Verderben dazu verpflichtet, die nächsten drei Jahre miteinander auszuhalten.

Noch eine Bemerkung zum Alter der Klasse. Der Jüngste war gerade 19, der Älteste hatte die 40 schon überschritten. Wir hatten einige in der Klasse, die den Zweiten Weltkrieg noch als Soldat erleben mussten. Einer wurde im Einmannloch von einem sowjetischen Panzer überrollt. Die Sekunden der Ungewissheit reichten, um ihn Jahre altern zu lassen, wovon seine grauen Haare im Alter von 30 Jahren zeugten. Bei Panzergrenadieren war die Kampfmethode der Panzerfahrer bekannt. Beim Drehen auf dem Schützenloch wurden die überrollten Soldaten zermalmt. Das Durchschnittsalter unserer Klasse lag bei knapp 30. Die Altersgruppe 25 bis 30 war am stärksten vertreten. Die Schüler über 25 Jahre hatten bereits eine mehrjährige Wismuttätigkeit hinter sich und waren deshalb zum Teil gesundheitlich angeschlagen, denn die Arbeitsbedingungen in den frühen Wismutjahren bargen viele gesundheitliche Risiken.

3.3 Der Aufbau der Bildungseinrichtung

Anfang September 1956 war es soweit. Wir kamen – meist mit der Bahn – in Breitenbrunn an. Schon die Bahnfahrt war eine Besonderheit. Ab Zwickau war die Strecke zweigleisig – eine Seltenheit im damaligen Streckennetz der Deutschen Reichsbahn. Diesen Namen soll das Unternehmen nach 1945 behalten haben, um überhaupt existenzfähig bleiben zu können. Eine Vielzahl von Patenten und anderen Genehmigungen war an den Namen Deutsche Reichsbahn gebunden und eine Umbenennung wäre finanziell nicht durchzustehen gewesen. Sonst wären wir bestimmt mit dem „VEB Kombinat Schienentransport“ angereist. Es gab die Glosse: *Beim Streit, im welchem Land die Bahn die höchste Geschwindigkeit entwickelt, sagte der BRD-Bürger „Bei uns fahren die Züge so schnell, dass man die vorbeihuschenden Telegrafenmaste wie einen Lattenzaun empfindet.“ Daraufhin der DDR-Bürger: „Bei uns fahren die Züge so schnell, dass man das zweite Gleis gar nicht sieht.“* Auf der Strecke nach Breitenbrunn sah man das zweite Gleis. Ein Tunnelneubau machte uns darauf aufmerksam, dass es südlich von Schwarzenberg für die Transportaufgaben der Wismut verlegt wurde. Daran erkennt man den damaligen Stellenwert der Uranproduktion.

In der Sowjetunion gab es zu dieser Zeit nur kleinere Lagerstätten im Kaukasus in der Ukraine und in Mittelasien, die den Bedarf für das Rüstungs- und später auch für das Energieprogramm nicht abdecken konnten. Der Anteil der ostdeutschen Uranproduktion lag weit über der Hälfte der Gewinnung im sozialistischen Lager. So betrug der Anteil der Urangewinnung des Ostblockes im Zeitraum von 1945 bis 1950:

Ostdeutschland	56,1 %
Sowjetunion	24,2 %
Tschechoslowakei	13,5 %
Bulgarien	3,5 %
Polen	2,7 %

In den 50-er Jahren wurden auch geringe Vorräte in Südungarn abgebaut.

An dieser Stelle eine provokative These von mir: Ich glaube die Amerikaner könnten sich noch heute vor Wut in den Hintern beißen, dass sie Thüringen und

Westsachsen gegen das Recht auf Besetzung der Westsektoren von Berlin getauscht hatten. Ohne die Uranlieferungen aus diesen Gebieten hätte es das atomare Patt in der Zeit des „Kalten Krieges" nicht gegeben. Schon der amerikanische Hochkommissar General Clay soll gesagt haben, dass Niederschlema die Uranprovinz Nr. 1 sei. Allerdings ist die Frage nach den Auswirkungen einer amerikanischen Hegemonie auf dem Gebiet der Atomrüstung auf die weitere Entwicklung nach 1945 hochspekulativ. Sicherlich wäre es dann nicht nur bei den ohnehin schon verheerenden Stellvertreterkriegen geblieben. Nicht auszudenken wären die Folgen.

Zurück zum Thema! Auch bei der Ankunft in Breitenbrunn war die Wismut allgegenwärtig. Direkt vom Bahnhof ging ein Anschlussgleis zu einer flussabwärts gelegenen „Erzwäsche" – der „Zeche 58". Erzwäsche war ein irreführender Begriff. Die aus dem Erzgebirge und dem Vogtland mit geschlossenen Kippern angelieferten reichen Erze wurden überwiegend trocken verarbeitet. Nach Brechen, Sortieren und nochmaliger Aufmahlung erfolgte eine erneute Sortierung. Das in Pappkübel abgefüllte Konzentrat wurde in Pappkübel abgefüllt – es wurde auch das Konzentrat der Aufbereitung Lengenfeld-Pechtelsgrün beigesetzt. Der Transport der Pappkübel erfolgte in gedeckten Waggons der Reichsbahn. In Breitenbrunn sollen bis zu 200 t Konzentrat pro Tag verarbeitet und dabei von 1,5 bis 5 % auf über 20 % angereichert worden sein. Trotz dieser enormen Strahlenbelastung gab es keinerlei Schutz für die Beschäftigten der Zechen der Wismut ebenso wie für das Begleitpersonal. Die Lieferungen in die Sowjetunion wurden

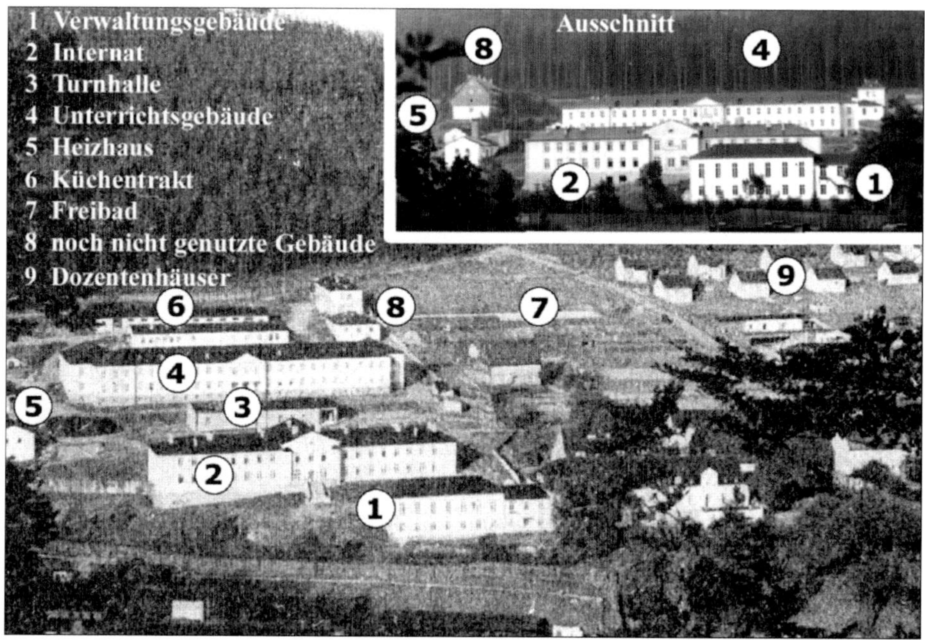

Abb. 184 Das Breitenbrunner Schulgelände (nach Info-Broschüre des Institutes)

von Rotarmisten eskortiert. Oberhalb der Zeche – wie die Aufbereitungsanlage im Sprachgebrauch der Wismut hieß – lag eine ehemalige Kaserne der Roten Armee. Sie war mit dem Entstehen der Wismut errichtet worden.
Viele Funktionen nahmen in den Anfangsjahren der Wismut von Sowjetsoldaten wahr, z.B. die Objektbewachung und die radiometrische Kontrollen.
Alle wichtigen Funktionen – angefangen vom Schachtleiter bis zum Geologen, Markscheider, Kaderleiter und Normierer – lagen in sowjetischen Händen und gingen nur langsam und teilweise in deutsche Hände über. Dabei waren gerade die Soldaten der Bewachungseinheiten ganz schlecht über ihre Aufgaben unterrichtet. So soll sich in Johannstadt Folgendes zugetragen haben: Der Ausläufer eines bauwürdigen Ganges erstreckte sich bis ins Böhmische. Er wurde aber von deutscher Seite aus abgebaut – jenseits der Grenze gab es in diesem Gebiet keine Bergbauanlage. Staatsgrenzen sind entsprechend Markscheiderordnung in den Grubenrissen eingetragen. Der für die Sicherheit (Bewachung, Verschluss und Kontrolle) zuständige Offizier ließ daraufhin untertage eine Grenzkontrollstation mit Posten einrichten. Der Grenzübergang war nur mit „Propusk" – also einem Ausweis – möglich. Erst viel später soll der Offizier gemerkt haben, dass dieser Grenzübergang nur von untertage beschäftigten Betriebsangehörigen genutzt werden konnte, weil er jenseits der Grenze keinen Zugang hatte. Die Kontrollstelle wurde wieder abgebaut. Das erinnert mich an eine Glosse der 80-er Jahre: *Ein Volkspolizist soll die Personenbewegung in die Botschaft der BRD überwachen. Nach zwei Stunden kommt der Auftraggeber wieder vorbei und fragt nach der Lage. Der Beobachter meldet: „Genosse Oberst – wenn noch zwei reingehen, sind alle wieder draußen!"*
Zurück zur Kaserne: Sie bestand aus mehreren Gebäuden, Mannschaftsunterkünften (große Gebäude mit kleinen Wohneinheiten), Unterkünften für Gruppenführer (als „Wiener Haus" mit leicht verbesserten Niveau ausgeführt), Offiziersunterkünften (einzeln stehende, so genannte „Berliner Häuser") sowie einigen Funktionsgebäuden wie Küche, Turnbaracke und Verwaltungsgebäude mit Kultursaal. Das Institut war bei unserer Ankunft ein einziger Bauplatz. Lediglich das Verwaltungsgebäude war teilweise betriebsbereit. Von den zwei großen Unterkunftsgebäuden sollte das eine Studentenunterkunft und das andere Unterrichtsgebäude werden. Im Internatsgebäude waren die Zimmer renoviert – die Umrisse der Wohneinheiten waren erkennbar. Die Flure und das Unterrichtsgebäude waren nur auf Laufstegen begehbar – die Wände strahlten in den slawischen Lieblingsfarben blau und grün - dunkel und in Öl. Auch Teile der „Roten Ecken", wie die Agitationspunkte genannt wurden, waren noch zu sehen. Die „Berliner Häuser" wurden Wohnungen für das gehobene Dozententeam – oder für die Erstankömmlinge. Das „Wiener Haus" wurde zum Internat Nr. 2.
Wir wurden begrüßt, mit einem neuen Termin der Wiederanreise in der letzten Septemberwoche vertraut gemacht und an den Bauleiter verwiesen. Dieser teilte uns einen Platz für unser Gepäck zu, damit wir die Koffer abstellen konnten. Und dann: Tschüß bis in drei Wochen. Das war ein zusätzlicher Urlaub, denn eine Wiederaufnahme der Arbeit wäre an bürokratischen Hürden gescheitert.

Abb. 185 Internatsgebäude (eigene Fotosammlung)

Bei der Wiederanreise sah das Ganze etwas freundlicher aus. Das Internatsgebäude war bewohnbar, wenn auch die Luft überall mit frischem Farbgeruch geschwängert war. Wir bekamen eine Wohneinheit zugewiesen. Die Zimmer waren noch nicht möbliert. Im Kulturraum und in der Turnbaracke waren große Mengen aufgearbeitete Möbel gestapelt. Neben Einheitsmöbeln wie Doppelstockfeldbetten aus Aluminium und Spinden (alles ehemalige Ausrüstungsgegenstände der Gemeinschaftsunterkünfte) gab es auch eine Menge Einzelstücke: Schränke, Kommoden, Tische und Stühle (heruntergewirtschaftetes Mobiliar der Offizierswohnungen). Wir waren sehr früh erschienen und konnten uns die besten Stücke, oder die wir dafür hielten, aussuchen. Unser Zimmer war etwa 10 m^2 groß und schnell bestückt. Das Mobiliar bestand aus zwei Doppelstockbetten mit zwei Einheitsspinden, einem Tisch, vier Stühlen, zwei Kommoden und vier stapelbaren Nachtschränkchen. Damit war das Zimmer voll. Um im Raum laufen zu können, mussten die Stühle unter den Tisch geschoben werden. Einen Fehlgriff leisteten wir uns mit der einen Kommode. Sie war offensichtlich zu stark desinfiziert worden, der Gestank im Inneren verfolgte uns noch lange.
Die Wohneinheit bestand aus drei kleinen Zimmern, einem ca. 2 m^2 großen Eingangsflur und einem fensterlosen Bad mit Kohleofen, WC und Waschbecken.

Dieser Sanitärtrakt war allenfalls groß genug für einen Zwei-Personen-Haushalt. Wir waren 10 Personen in der Wohneinheit. Besonders früh war Drängelei programmiert, die Düfte überlagerten sich. Dabei hatten wir vier der 01-56-b Glück, denn wir wohnten im Endzimmer. Schlimmer waren die Bewohner des Durchgangszimmers dran.
Nachdem auch die letzten Studenten angereist waren, begann die Konstituierung der Klasse. Es mussten viele Funktionen besetzt werden. Zunächst trafen sich die Genossen und gründeten zur Wahrung der führenden Rolle der Partei eine Parteigruppe, sicherlich auch zur Wahl des PGO (Parteigruppenorganisators). Möglich, dass in dieser Beratung bereits die Kandidaten für die anderen Funktionen festgelegt wurden. Ich weiß es nicht, ich war nicht dabei. Klassensekretär wurde ein verdienstvoller Genosse, Brigadier und Träger einer sowjetischen Auszeichnung. So war die Lesart zu Studienbeginn. Wegen schlechten schulischen Leistungen wurde er im zweiten Studienjahr von der Funktion des Klassensekretärs entbunden. Als dann weitere Details ans Licht kamen, wurde er sogar von der Schule entfernt. Er war Brigadier – aber einer Einmannbrigade, die die Aufgabe hatte, Befestigungslöcher für die Abspannung der Fahrleitung zu bohren. Er hatte eine sowjetische Auszeichnung – aber die war nicht **ihm** verliehen worden, er schmückte sich nur damit. Während eines Praktikums soll er sich auch zeitweise mit dem Nationalpreis eines Mitstudenten dekoriert haben, dessen Medaille zur gleichen Zeit unauffindbar war.
Auch die Funktionen des GGO (Gewerkschaftsgruppenorganisators) und des FDJ-Gruppenorganisators wurden besetzt. Auf Beschluss der Schulparteileitung nahmen die Studenten geschlossen an der Kampfgruppenausbildung teil. Die Kampfgruppen der Arbeiterklasse wurden 1953 als eine Lehre aus dem „konterrevolutionären Putsch" vom 17. Juni gegründet. Sie hatten die Aufgabe, die sozialistischen Errungenschaften mit der Waffe in der Hand zu schützen. Drei Hundertschaften stellte das Institut – eine Hundertschaft die Dreijahresstudenten.
An Unterricht war im September noch nicht zu denken. Das Schulgebäude war noch Baustelle. Wir Dreijährigen wurden zunächst für Arbeitseinsätze herangezogen. Dabei ging es um solche Aufgaben:

1. Die Kaserne war wie alle Bauten der Roten Armee von einem hohen blickdichten Bretterzaun umgeben. Dieser Zaun musste demontiert, die Nägel gezogen und die Bretter mit einer Kreissäge zu Leisten geschnitten werden. Diese Leisten wurden für den Bau des neuen Zaunes benötigt. Der neue Zaun war wesentlich flacher und bestand aus diagonal kreuzweise genagelten Leisten. Auch die Dozentenhäuser wurden so eingezäunt.
2. Einige Erdkabel mussten neu verlegt werden. Die dazu erforderlichen Gräben mussten in dem nicht gerade leichten Boden ausgehoben werden.
3. Einebnung und Begrünung des gesamten Geländes
4. Instandsetzung des Schwimmbades

Zwei der letzten Parteilosen bei der Arbeit. Während Peter, mein Vorarbeiter, mit der Kreuzhacke kräftig zuschlagen muss, um grammweise den Fels abzuspalten, stochere ich unlustig mit der Schaufel in den losgeschlagenen Felsbrocken herum.

Abb. 186 Arbeitseinsatz (Info-Broschüre des Institutes)

Bei der Versorgung der Studenten legte sich die Wismut mächtig ins Zeug. Wir bekamen:

- Untertagelebensmittelkarten (die volle Fettration wurde mit Butter beliefert – vielleicht der größte Vorteil). Diese Karte entsprach etwa der Lebensmittelkarte A. Die Abschaffung der Lebensmittelkarten wurde bereits im August 1956 angekündigt und für das Jahr 1957 anvisiert. Wir waren jedoch nicht verärgert, dass die Abschaffung erst im Juni 1958 erfolgte. Es gab nicht nur 100 % Butter auf die Fettmarken und chinesische Hühnerkonserven auf Fleischmarken, die wir uns danach nicht mehr leisten konnten. Die HO-Preise lagen einige Prozente über den Preisen für Produkte auf Lebensmittelkarten.
- Untertagetalons für die warme Mahlzeit (das bedeutete allein 200 g Fleischeinsatz pro Mahlzeit)
- Die Möglichkeit der Teilung der Untertagetalons in zwei Übertagetalons. Damit war es möglich, täglich zwei Mahlzeiten in der Küche einzunehmen (2 mal 100 g Fleischeinsatz).

Zunächst befand sich die Küche in der Hammerschänke außerhalb des Institutsgebäudes – eine Kücheneinrichtung der HO-Wismut. Später wurde die Küche in das Gelände der Schule verlegt. Küchenchef blieb der umtriebige Leiter der Hammerschänke. Im Souterrain des Kulturraumes entstand eine Kantine, damit gab es keine Versorgungsprobleme mehr. Bier, Schnaps, Zigaretten, Brot, Wurst, Butter – überhaupt alle Lebensmittel – waren hier erhältlich. Ein besonderer Kassenschlager des schlitzohrigen Kantinenbetreibers war der Verkauf von Brühe mit und ohne Ei in den Unterrichtspausen. Die Herstellung erfolgte nach einem einfachen Rezept: Man nehme Leberwürste, entferne die Pelle (damals Plastikschlauch), zerkoche das Ganze in viel Wasser und würze kräftig. Für 25 Pfennig ergab das eine wohlschmeckende Brühe, die gegen Aufpreis mit einem roh eingeschlagenen Ei verfeinert werden konnte. Dazu ein 50-g-Brötchen für 5 Pfennige und das Frühstück war fertig. Kurz vor der Stipendienzahlung wurde die Nachfrage nach Verfeinerung immer geringer. Sehr hoch in der Gunst der Studenten standen auch Bockwürste und Bohnenkaffee.

Seine Geschäftstüchtigkeit bewies der Kantinenwirt auch bei Veranstaltungen im Kultursaal. Welche Gewinnspannen zu realisieren waren, konnten wir nur andeutungsweise erahnen. Einmal übernahm ich mit zwei weiteren Studenten zur Faschingsveranstaltung eine der beiden Bars. Der Hauptausschank beschränkte sich auf Weinbrand pur und auf Nikolaschka. Das war ein kleiner Weinbrand, dessen Glas mit einer Zitronenscheibe bedeckt wurde. Auf die Zitronenscheibe wurden Puderzucker und gemahlener Bohnenkaffee geschüttet. Für den Genuss des Getränkes gab es zwei Varianten. Der Weinbrand wurde entweder durch die Zitronenscheibe geschlürft oder die behäufelte Zitrone wurde auf die Zunge gelegt und der Weinbrand vor dem Hinunterschlucken einige Sekunden im Mund aufbewahrt. Obwohl wir ein paar Flaschen Weinbrand im Konsum gekauft hatten, damit an der Abrechnung vorbei verkauften und den Erlös dafür abzweigten, betrug der Überschuss einige 100-er. Dies lag nicht allein an den reichlichen Trinkgeldern, sondern auch an einer großzügigen Kalkulation; und das, obwohl ein 2-cl-Glas Nikolaschka nur 75 Pfennige kostete. Der Umsatz war gewaltig.

Bei den Studenten ebenfalls beliebt war die Belegung des Nachtsanatoriums Antonshöhe. Nachtsanatorien wurden eingerichtet für ambulante Kuren nach der Schicht. Für uns weniger Betuchte waren solche Kuren besonders attraktiv, weil

- die Verpflegung kostenlos und gut war.
- es viele Möglichkeiten der sportlichen und kulturellen Betätigung gab (Tennis, Kegelbahn, Tischtennis und Billard sowie ein großer Kultursaal, in dem regelmäßig Kinoveranstaltungen bei freiem Eintritt stattfanden). Zu dieser Zeit wurde gerade der später nicht aufgeführte Film „Sonnensucher" gedreht. Es war sehr interessant, wie wiederholt gedrehte Szenen begutachtet und geschnitten wurden. Einige Studenten wirkten als Komparsen in der Bahnhofszene mit, die aber in der verbotenen Endfassung nicht mehr vorhanden war. Sie fiel dem Schnitt zum Opfer. Der Film kam auf den Index, weil der positive Held (Hauptdarsteller Günther Simon – der Darsteller des Ernst Thälmann in „Ernst Thälmann – Sohn seiner Klasse" und „Ernst Thälmann – Führer seiner Klasse"), der Obersteiger, ein ehemaliger SS-Mann war.
- der Transport zum ca. 8 km entfernten Sanatorium so geregelt war, dass wir mit dem Sanatoriumsbus von Johanngeorgenstadt fahren konnten. Außerdem gab es einen Fußweg quer durch den Wald, der nur etwa halb so lang war.
- die Kurbehandlungen sehr gut waren.

Mit unserer Belegung hielten wir das Nachtsanatorium einige Monate über Wasser, weil es mit dem Rückgang der Beschäftigten im Objekt 1 in Johanngeorgenstadt nicht mehr ausgelastet werden konnte. Das Aus der Einrichtung war abzusehen.

Abb. 187/1 Nachtsanatorium Antonshöhe (Sammlung Rudolf Lange, Gera)

Abb. 187/2 Nachtsanatorium Antonshöhe (Sammlung Rudolf Lange, Gera): Am linken Bildrand Anlagen des Schachtes 206 (Segen Gottes) zu sehen.

Fünf mal konnte ich eine vier Wochen dauernde Belegung nutzen. Diese Kuren wurden im SVK-Ausweis eingetragen – aber mit auf dem Kopf gestellten Stempeldruck „KUR" zur Unterscheidung von Kuren in den Zentren der Wismut in Bad Elster, Warmbad oder Bad Sulza.

3.4 Der Lehrkörper am Institut für Gangerzbergbau

Zu Beginn des Studiums war der Lehrkörper noch nicht komplett, sodass wir zunächst noch nicht in allen vorgesehenen Fächern unterrichtet wurden. Im Laufe des ersten Studienjahres konnte in allen Fächer zu einem planmäßigen Lehrbetrieb übergegangen werden. Das Dozentenkollektiv machte einen zusammengewürfelten Eindruck – mit sehr großer Streubreite in der Qualität. Wir machten drei Gruppen von Dozenten aus:

- Wismutkader,
- gestandene Lehrkräfte aus Eisleben,
- sonstige angeworbene Kräfte.

In Breitenbrunn wurde mehr gezahlt als an vergleichbaren Schulen. Obendrein gab es 40 % Wismutzuschlag steuerfrei und eine ebenfalls steuerfreie Jahresprämie von 20 %.

Der damalige Direktor des „Instituts für Erzbergbau" konnte mir im Jahr 2001 bestätigen: „Zu den Schwierigkeiten dieser Ausbildung gesellte sich, dass die erforderlichen Lehrkräfte nicht sofort zur Verfügung standen und diejenigen, die von anderen Institutionen kamen oder überwiesen wurden, einer Fachschulausbildung fremd gegenüberstanden. Lehrkräfte wurden mir von den ABFen (Arbeiter-und-Bauern-Fakultäten, an den Werktätige zur Erlangung der Hochschulreife delegiert wurden) Jena und Freiberg zugewiesen, die dort überzählig und nur für Natur- und Gesellschaftswissenschaften ausgebildet waren. Eine großmundig gegebene Versicherung des Direktors für Kader und Bildung der SDAG Wismut – Fachleute aus dem Bereich der Wismut zu verpflichten – erwies sich als Flop. Erst über eine Annonce in der Presse bewarben sich Fachleute für Maschinenkunde und Elektrotechnik. Ferner sagten Fachkräfte aus Eisleben zu, ihre Tätigkeit in Breitenbrunn aufzunehmen. Für die Wismut selbst war die Schule nur so eine Art Ablage, wenn Kader aus unterschiedlichen Gründen wieder untergebracht werden mussten."

Für uns als Studenten stellte sich das folgendermaßen dar:

Eines der ersten Fächer war **„Erste Hilfe",** von uns als „Knochenkunde" bezeichnet. Der Dozent war **Herr Nowak,** ein sehr engagierter und guter Lehrer. Er kam aus Eisleben. Sein erstes Auftreten schockierte uns gewaltig. Er war nicht gerade von großer und kräftiger Statur, und schon deshalb sehr bestrebt, die Wichtigkeit seines Faches zu unterstreichen. Die „alten Wismuthasen" nahmen seine Darlegungen zum Aufbau des menschlichen Skelettes nicht sehr ernst, obwohl er sogar einen Knochenmann als Anschauungsobjekt mitgebracht hatte. Dieses arme Gerippe war besonders in den Augenhöhlen mit Zigarettenkippen verziert. Wir begriffen nicht, warum man jeden einzelnen Knochen des Menschen kennen und zuordnen muss. Für unser mangelndes Interesse erfolgte die Bestrafung postwendend. Es war überraschend eine Klausur fällig – unsere erste in Breitenbrunn überhaupt. Das Ergebnis war mehr als niederschmetternd. Herr Nowak war aber trotz Beschwerden und Verhandlungen nicht bereit, das Ergebnis unter den Tisch fallen zu lassen oder zu korrigieren. Das hinterließ Eindruck und er wurde in der Folgezeit trotz seiner Größe für voll genommen. Später war er auch noch Dozent für **Sport** und wir hatten überhaupt keine Probleme mehr mit ihm – und er nicht mit uns. Er verstand es eben, sich im richtigen Augenblick Respekt zu verschaffen. Zum Areal der ehemaligen Kaserne gehörte ein Freibad, das in Wismutmanier schnell und schludrig gebaut worden war. Das Becken konnte das Wasser nicht halten. Beim Wiederaufbau setzte sich Herr Nowak sehr engagiert ein und wir leisteten viele NAW-Stunden. Leider konnten wir das Bad nicht ausgiebig nutzen: die Badesaison im Erzgebirge ist sehr kurz und die Sommerferien waren lang. Sein Verdienst war es auch, dass in Breitenbrunn Trainingslager für Fußball und Handball stattfanden. Während die übrigen Studenten ins Praktikum gingen, wurden wir besonders konditionell auf die sportlichen Aufgaben vorbereitet. Leider war uns bei den Meisterschaften der Bergbauschulen der DDR kein Erfolg beschieden – aber das lag ganz einfach an dem sportlichen Reservoir. Wir mussten uns mit dem letzten Platz begnügen. An den anderen Schulen lag das Durchschnittsalter viel niedriger als bei uns und damit war unser Kaderangebot für die Ballsportarten viel geringer. Dazu kam, dass wir außer einer viel zu kleinen Sporthalle keine Trainingsmöglichkeit besaßen. Speziell im Handball war das mit einem Fiasko verbunden. Als Torwart in der Halle trainiert und einigermaßen reaktionsschnell sah ich im großen Tor keinen Stich und musste ausgewechselt werden – meinem Nachfolger ging es nicht viel besser. Auch die Feldspieler machten keinen sehr glücklichen Eindruck. Der Fußballplatz mit seinen Toren hat eben eine ganz andere Dimension als unsere selbst für Hallenhandball viel zu kleine Halle. Lediglich ein Bezirksligaspieler, der unser Trainingslager leitete, hatte Handballerfahrung sowohl im Großfeld als auch in der Halle. Einen Vorteil hatte die Ausbildung im Fach Knochenkunde: wir bekamen ein kleines Kärtchen, mit dem die Teilnahme an einem „Rot-Kreuz-Kurs" bestätigt wurde – ein Vorteil bei der späteren Fahrschule. Dort war der Nachweis an einem solchen Lehrgang Voraussetzung für die Teilnahme.

DEUTSCHES ROTES KREUZ

Herrn
Frau
Fräulein
Karl-Heinz Bommhardt

Nummer des Deutschen Personalausweises

wird hiermit die Teilnahme an der allgemeinen

Breitenausbildung der Bevölkerung

bescheinigt.

Ort: Tag 14.3. 1959

Stempel des Kreisbüros

Unterschrift

Abb. 188 Rotes Kreuz (eigene Unterlagen)

Dann kam die **Mathematik** bei **Herrn Wagner,** einem ehemaligen ABF-Lehrer. Es war schon erschreckend, auf welch niedrigem Niveau mit dem Unterricht angefangen werden musste – aber schließlich hatten kriegsbedingt nur wenige das Glück einer abgeschlossenen Schulausbildung. Am Anfang der Algebra war Klippschulniveau erforderlich. Einer unser „Verdienstvollsten" hatte selbst im zweiten Schuljahr noch nicht die simple Grundregel begriffen, dass $(-1)\cdot(-1) = (+1)$ ist. Wie wollte er da die Aufgaben der Trigonometrie, der Additionstheoreme (Mir war schon auf der Oberschule nicht klar, was die im Lehrplan sollten – und hier begegneten sie mir wieder.) oder gar der Infinitesimalrechnung meistern, mit denen wir ab dem zweiten Studienjahr konfrontiert wurden. Im zweiten Studienjahr wurde der Blender, der es verstanden hatte, sich zum Klassensekretär zu machen und mit anderen nicht erworbenen Meriten zu glänzen, entlarvt und mit

Schimpf und Schande von der Schule gejagt – aber erst, nachdem die Partei ihn fallen ließ. Auch Herr Wagner konnte ihn, der außerdem ständig andere Interessen hatte, nicht in die Zauberwelt der Mathematik einführen.
Herr Wagner war ein sehr unausgeglichener mitunter explosiver Typ: Andere würden das etwas prosaischer als cholerisch bezeichnen. Außerdem war er sehr misstrauisch. Das war vielleicht eigenen Erfahrungen geschuldet. Bei Klausuren gab es stets das ebenso seltsame wie belustigende Ritual: Die Klasse wurde in die Gruppen A und B eingeteilt, sodass immer ein Schüler der Gruppe A neben einem Schüler der Gruppe B saß. Bei der Korrektur hat er dann an Hand des Klassenspiegels kontrolliert, ob jeder auch die Aufgaben der zugewiesenen Gruppe gerechnet hat. Eine Besonderheit gab es noch. Einzelsitzende wurden willkürlich einer Gruppe zugeordnet. Herr Wagner stand dann vorn und zeigte mit ausgestrecktem Arm an: „Reihe A“ alle Schüler, die hinter Herrn X saßen, mit dem eventuellen Zusatz „einschließlich Herr Y“ für einen Einzelsitzenden, der sich damit keine Gruppe aussuchen konnte. Dann enthüllte er die Aufgaben für die Gruppen A und B durch Drehen der Tafel. Er nahm einen Stuhl und setzte sich auf den Tisch im Klassenzimmer. Die Aufgaben hatte er in der Pause unter Ausschluss der Schülerschar angeschrieben.
Nachdem aus den drei Bergbauklassen durch Abgänge und Zusammenlegung zwei Klassen geworden waren, ließ er in beiden Klassen die gleiche Arbeit schreiben. Auch hier sicherte er gut ab. Es gab selbst in den Pausen keine Möglichkeit der Kontaktaufnahme mit Schülern der anderen Klasse. Perfekt organisiert waren die Pausensperren. Aber einmal schlugen wir Herrn Wagner doch ein Schnippchen. Und das ausgerechnet bei der hochwichtigen Abschlussarbeit nach zwei Jahren Mathematikunterricht. Die Klasse 01-56-a schrieb die Arbeit vor uns, in ihr war das Leistungsniveau höher als in unserer Klasse. Unser Plan ging auf und der Dozent konnte überhaupt nicht fassen, dass unsere Klasse das bessere Ergebnis erzielte. Ich glaube, er hätte einen weiteren, diesmal unheilbaren Schock erlitten bei einer Offenbarung. Er war ohnehin irgendwie leicht verhaltensgestört – möglicherweise durch einen Schock verursacht. Zu unserem Täuschungsmanöver: Zwei Schüler der a-Klasse notierten die Aufgaben und warfen Kassiber aus dem Fenster. Unsere beiden Mathe-Asse rechneten die Aufgaben im Allgemeinniveau. Für „Hardtel Unger“ und mich war das kein Problem. Und für die Klassenkameraden war es kein Problem, besser abzuschneiden als die a-Klasse.
Außerdem hatte Herr Wagner ein Faible für etwas, was er sich offenbar nicht oder noch nicht leisten konnte: ein Motorrad. „Bübele“ als ehemaliger Hauptmarkscheider hatte eine schnittige 350-er EMW (BMW-Nachfolger). Wie die Liaison zustande kam, weiß ich nicht. Jedenfalls lernte Herr Wagner das Motorradfahren und er durfte zeitweise mit der 350-er Maschine fahren. Kann sein, dass das die Leistung von „Bübele“ etwas aufwertete – die technischen Fächer lagen ihm ohnehin nicht besonders.
Insgesamt kann man den Lehrplan und die Wissensvermittlung in Mathematik mit gut bewerten. Schwierigkeiten hatte unser Dozent nur gelegentlich, wenn komplizierte, tafelfüllende Ableitungen notwendig waren (wie z. B. bei den Additionstheoremen). Aber da hatte er uns Mathe-Asse, die ihn schnell wieder in die richtige

Bahn brachten. Unklar ist mir, wie unsere Durchschnittsmathematiker diesen Ausflügen folgen konnten. Vom Direktor bekam Herr Wagner keine so guten Noten. Er muss sich offensichtlich einige Entgleisungen geleistet und Frechheiten herausgenommen haben.
Relativ zeitig begann auch der Unterricht in **Chemie** bei Herrn **Tzschwatschal.** So kompliziert wie der Name war auch der Mensch. Offensichtlich hatte er gerade ein Studium absolviert und wurde ohne pädagogische Vorkenntnisse und Lehrplanvorgaben auf uns losgelassen. Vielleicht ist die Einschätzung „Leisetreter“ treffend. Er war ein Sonderling, vielleicht sogar ein Fremdkörper im Lehrerkollektiv. Er war in Dresden zuhause und ein Dresden-Fan. Er wusste erstaunliche Details über den Wiederaufbau, die später so realisiert wurden.
Sein Unterricht war nicht gerade interessant und der Stoff nicht sehr brauchbar für angehende Bergingenieure. So fand er es zum Beispiel eminent wichtig, ob 2- oder 3-wertiges Eisen in der Glasschmelze die spätere Flasche grün oder braun färbt, dass das eine Frage in der Abschlussklausur war. Interessant wurde es nur einmal, als wir im Rahmen des Chemie-Unterrichts ein Praktikum in „Lötrohrprobierkunde“ absolvieren mussten. Dieses Gebiet ist der Mineralogie zuzuordnen. Mit einem Bunsenbrenner werden winzige Teile eines Minerals erhitzt und in ein Magnesia-Stäbchen eingeschmolzen. Dabei kommt es zu einer für jedes Mineral typischen Verfärbung des Stäbchens. Sicher für Geologen oder Mineralogen wichtig – ich glaube jedoch nicht, dass einer von uns Bergleuten in der Praxis jemals damit konfrontiert worden ist. Das Ergebnis musste interpretiert werden. Diese Interpretation erfolgte in einem hochgeschraubten Geologendeutsch. Eine Probe wurde zum Beispiel als „taubenhalsfarbig“ beschrieben – was sich auf die schillernde Färbung der Taubenhälse beziehen sollte.
Bergbaukunde als Hauptfach begann mit dem Detailgebiet „Tiefbohrtechnik“ bei Herrn **Rittner.** Er war ein wirklicher Experte auf diesem Gebiet, aber auch ein großer „Schluckspecht“, also ein trinkfreudiger Bursche. Trinken gehört zum Bergbau, wie es in einem Trinkspruch heißt:

„Rostig wird die Grubenschiene,
wenn kein Hunt darüber läuft.
Durstig wird des Bergmanns Kehle,
wenn er ab und zu nicht säuft.“

In einer Unterrichtsstunde ziemlich zu Beginn des Lehrbetriebes rettete ihn nur der geistesgegenwärtige Griff zur Tafel davor, das angeschlagene Gleichgewicht vollends zu verlieren. Trinkkumpane konnten davon berichten, wie er in vorgerückter Stunde eine neue Art der Zerkleinerung von Kaffeebohnen vorführte. Weil er die Mühle nicht fand, zertrat er die Bohnen mit dem Absatz und kehrte sie dann vom Fußboden auf. Mit seiner Trinkfreudig- und Trinkfestigkeit hatte er bei den nicht gerade abstinenten Bergleuten ohnehin einen Stein im Brett.
Während einer Exkursion zu Bohrfeldern in Sachsen-Anhalt (Erdgas – Erdöl) gab er nicht nur exzellente Proben seines Wissens und seines praktischen Könnens – er sorgte auch mit diversen Umtrunken und damit verbundenen öffentlichen Auftritten, (wie auf dem Markt von Bernburg) dafür, dass die Kunde davon bereits vor unserer Rückkehr in Breitenbrunn ankam.

Abb. 189 Mützenteam auf dem Kyffhäuser (eigene Fotosammlung)

Er wurde allerdings am Institut nicht alt. Schon in unserem ersten Studienjahr verließ er die Republik gen Westen. Vielleicht wurde er weggemobbt. Bei seinen Fähigkeiten durchaus denkbar, dass er im Westen gefragt war.
Sein Nachfolger war ein ganz anderer Kerl. Vom Habitus (Kleidung und Art des Bartes) wirkte er geckenhaft und überheblich. Dafür fehlten ihm aber offensichtlich die praktischen und theoretischen Kenntnisse. Er kam aus der Gilde der Geologen – war also mit bergmännischem Wissen nicht übermäßig gesegnet. Äußerungen ließen darauf schließen, dass er vorher als so genannter „Karnickel-Ingenieur" beschäftigt gewesen sein muss. Dieser Begriff leitete sich ab aus der Stellenplanbezeichnung: Co-Ni-Bi-Ingenieur. In den 50-er Jahren begann die Wismut damit, auch Begleiterze des Urans in der Kobalt-Nickel-Wismut-Formation des Erzgebirges zu dokumentieren und wenn es die Urangewinnung zuließ, auch zu gewinnen. Der Co-Ni-Bi-Ingenieur hatte Urangewinnung und volkswirtschaftliche Belange zu koordinieren. Vorher gelangten diese Erze – soweit sie kein Uran als Komponente enthielten – auf die Halde. Besonders schöne Ausbildungen gelangten als Mineralien in die Hände von privaten Sammlern, seltener in betriebliche Sammlungen. Und das, obwohl jegliche Mitnahme von Proben oder Mineralien per Anordnung verboten war. Dass diese Anordnung die am wenigsten befolgte war, zeigte sich nach 1989, als Funde aus allen Schächten der Wismut auf einmal in vielen Privatsammlungen auftauchten.
Der Nachfolger gab viele Kostproben seiner bergbaulichen Unbedarftheit. Eine war so köstlich und zugleich grotesk, dass ich sie mir nicht verkneifen kann. Bei der Schachtteufe in komplizierten Gebieten gibt es verschiedene Methoden,

Gestein zu verfestigen, um einen Schacht überhaupt teufen zu können. Bei einem dieser Verfahren wird ein Kieselsäure-Gel zur Verfestigung eingesetzt. Der Dozent, der sich dieses Verfahren aus einem Freiberger Lehrbrief für Fernstudenten angelesen hatte, interpretierte das durch Doppellesung der Silbe **re** zur Kieselsäure-Regel. Ein Schüler machte ihn auf diesen Irrtum aufmerksam, aber der Dozent beharrte darauf, dass die Kieselsäure-Regel richtig sei, ohne erklären zu können, was sich hinter diesem mysteriösen Chemikal verbirgt. Damit hat er seinen Ruf endgültig ruiniert.

Eine weitere lustige Story ergab sich, als ein Schüler im Unterricht eingeschlafen war. Es war bekannt – und sicher war der Dozent neidisch darauf, dass dieser Schüler ein Verhältnis mit der Schulsekretärin hatte. Wer sollte es ihm verübeln, er war unser Jüngster, noch ledig und sie sehr hübsch. Vom Abend vorher war er sichtlich übermüdet und wurde zur Tafel zitiert mit der Bemerkung „Herr A., Sie sind ja heute wieder bleich wie ein Wismutkäse." Das war Herrn A. nun doch zu viel. Er trat ihm mit dem gesamten Gewicht – und er war nicht gerade schmächtig – im wahrsten Sinne des Wortes auf die Füße. Der Dozent ertrug das ohne Kommentar – er merkte offensichtlich, dass er sich doch nicht alles erlauben konnte.

Etwas besser kommt obiger Dozent bei der Bewertung seines Unterrichtes im Fach Geophysik weg. Seine Darlegungen über Methoden zum Aufsuchen von Lagerstätten kamen viel besser an. Das hatte zwei Ursachen: Erstens hatten wir davon vorher noch nichts gehört und zweitens hatte er möglicherweise in dieses

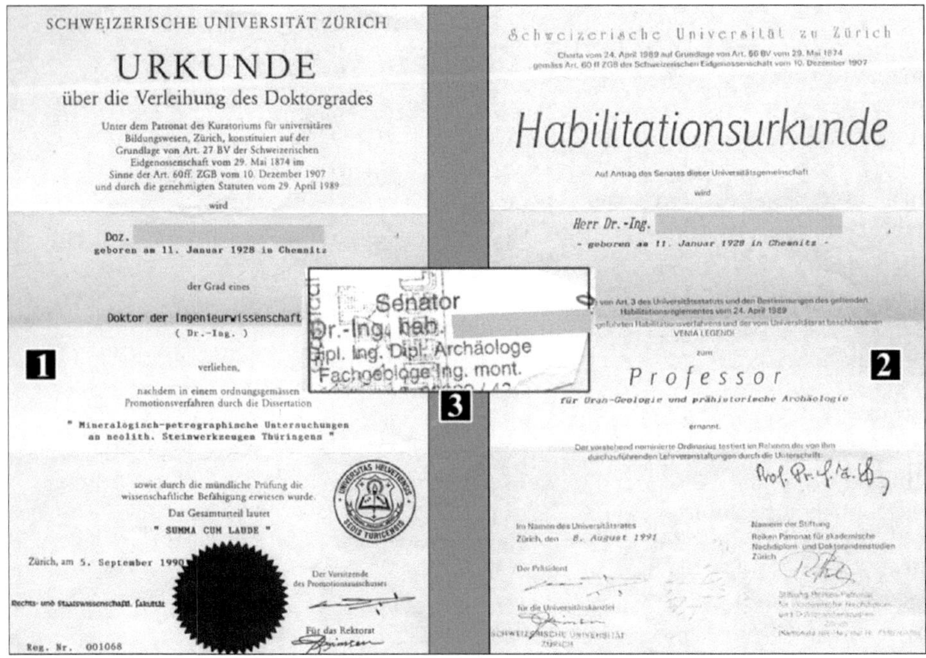
1

SCHWEIZERISCHE UNIVERSITÄT ZÜRICH

URKUNDE

über die Verleihung des Doktorgrades

Unter dem Patronat des Kuratoriums für universitäres Bildungswesen, Zürich, konstituiert auf der Grundlage von Art. 27 BV der Schweizerischen Eidgenossenschaft vom 29. Mai 1874 im Sinne der Art. 60ff. ZGB vom 10. Dezember 1907 und durch die genehmigten Statuten vom 29. April 1989

wird

Doz.

geboren am 11. Januar 1928 in Chemnitz

der Grad eines

Doktor der Ingenieurwissenschaft

(Dr.-Ing.)

verliehen,

nachdem in einem ordnungsgemässen Promotionsverfahren durch die Dissertation

" Mineralogisch-petrographische Untersuchungen an neolith. Steinwerkzeugen Thüringens "

sowie durch die mündliche Prüfung die wissenschaftliche Befähigung erwiesen wurde.

Das Gesamturteil lautet

" SUMMA CUM LAUDE "

Zürich, am 5. September 1990

UNIVERSITAS HELVETIENSIS SEDIS TURICENSIS

Rechts- und Staatswissenschaftl. Fakultät

Der Vorsitzende des Promotionsausschusses

Für das Rektorat

Reg. Nr. 001068

2

Schweizerische Universität zu Zürich

Charta vom 24. April 1989 auf Grundlage von Art. 56 BV vom 29. Mai 1874 gemäss Art. 60 ff ZGB der Schweizerischen Eidgenossenschaft vom 10. Dezember 1907

Habilitationsurkunde

Auf Antrag des Senates dieser Universitätsgemeinschaft

wird

Herr Dr.-Ing.

- geboren am 11. Januar 1928 in Chemnitz -

von Art. 3 des Universitätsstatuts und den Bestimmungen des geltenden Habilitationsreglementes vom 24. April 1989

geführten Habilitationsverfahrens und der vom Universitätsrat beschlossenen VENIA LEGENDI

zum

Professor

für Uran-Geologie und prähistorische Archäologie

ernannt.

Der vorstehend nominierte Ordinarius testiert im Rahmen der von ihm durchzuführenden Lehrveranstaltungen durch die Unterschrift:

Im Namen des Universitätsrates

Zürich, den 8. August 1991

Der Präsident

für die Universitätskanzlei

SCHWEIZERISCHE UNIVERSITÄT ZÜRICH

Namens der Stiftung

Reiken Patronat für akademische Nachdiplom- und Doktorandenstudien Zürich

3

Senator

Dr.-Ing. hab.

Dipl. Ing. Dipl. Archäologe

Fachgeologe Ing. mont.

Abb. 190 Qualifizierung eines Dozenten (eigene Unterlagen)

Metier doch schon etwas rein gerochen. Geophysik-Experten teilten allerdings meine Meinung nicht. Unsere Einschätzung deckt sich mit der lakonischen Bemerkung des Direktors: „Sein Auftreten ließ mehr vermuten."
Vier Jahre nach Abschluss meiner Einschätzung der Dozenten muss ich noch eine Ergänzung vornehmen. Ich glaube, dass ich mich bei diesem Dozenten doch etwas geirrt haben muss. Vielleicht ist aber auch die Marktwirtschaft schuld, dass die im „real existierenden Sozialismus" verborgenen Talente des Einzelnen erst jetzt geweckt wurden. Er schaffte es in der beachtlich kurzen Zeit von elf Monaten, den Grad „Doktor der Ingenieurwissenschaften" (September 1990) und zwei Mal den Titel eines Professors für Uran-Geologie und prähistorische Archäologie (August 1991) zu erwerben. Was sich auch immer dahinter verbergen mag.

Eine ähnliche Urkunde gibt es auch von der Universität Luzern. Doch damit erschöpfte sich sein Fleiß noch nicht. Auf dem Absender eines Schreibens weist er sich sogar als **Senator** aus. Da ich nicht auf dem neuesten Stand bin, kann ich es nicht ausschließen, dass er sogar zum Konsul aufgestiegen ist. Im Bayrischen Wald ist ja viel möglich. Seine Qualifizierungsbestrebungen lagen allesamt in der Schweiz – im eigenen Land gilt bekanntlich der Prophet nichts. Ein ehemaliger Schüler einer Geophysikklasse stand mit ihm in Briefwechsel.
Einen sehr guten Griff machten wir mit **Herrn Hentschel** in **Markscheidekunde**. Markscheidekunde ist die Wissenschaft von der Bergvermessung, die sich von der übrigen Vermesserei doch ein wenig unterscheidet durch die Spezifik des Bergbaus. Herr Hentschel war jahrelang in einer Markscheiderei der Wismut (Schacht 1 in Johanngeorgenstadt) beschäftigt. Durch seine starke Kurzsichtigkeit war er nicht untertagetauglich und deshalb im Aufgaben-

Abb. 191 Der Markscheider mit einem Messtrupp (eigene Fotosammlung)

gebiet Deformation beschäftigt – und Deformationen gab es im Bereich von Johann-Stadt (die umgangssprachliche Bezeichnung für Johanngeorgenstadt) auf Grund des oberflächennahen Abbaus und der Abbauführung genügend.
Seine pädagogischen Fähigkeiten ließen darauf schließen, dass er schon vorher in der Erwachsenenqualifizierung Staub gewischt hatte. Er wurde als Vinzenz der Exakte bezeichnet. Bei ihm gab es, wie in der Vermessung sicher üblich, kein „vielleicht" – sondern nur eindeutige Bezeichnungen, Begriffe und Werte. Er ordnete die Schüler nach ihrem Vorleben ein. Alle Schüler, die vor Breitenbrunn in irgendeiner Form mit der Markscheiderei zu tun hatten – und selbst wenn sie nur „Lattenknecht" waren (Bezeichnung für Messgehilfen) – waren bei ihm ein „Herr". Beim Aufruf oder Ansprechen waren das der Herr F, Herr D, Herr P oder Herr Br. Wir anderen waren der Bo, der A, der S usw. Das klang dann so: „Herr D, kommen Sie bitte an die Tafel" oder aber „S, kommen Sie bitte an die Tafel." Er war ein höflicher Mensch und das „bitte" fehlte in keinem Fall.
Seine Methoden waren sehr praxisbezogen. Der Stoff war für den, der sich dafür interessierte, sehr einprägsam. Er war so einprägsam, dass ich noch Jahre später sehr zum Erstaunen etablierter Markscheider in der Lage war, eine Kompassstunde zu hängen (eine Richtung für Streckenauffahrung mit dem Kompass vorzugeben). Das war eine unübliche Methode.

Die Vorgabe erfolgte normalerweise mit dem Theodolith – einem Winkelmessinstrument. Voraussetzung dafür war jedoch eine Messbasis, die an jenem geschichtsträchtigen Überhauen 44/17 in Schmirchau nicht geschaffen werden konnte. Das Überhauen war mehr als 40 m hoch, dreimal aufgestockt worden und in beiden Achsen verdreht. Deshalb konnten keine zwei Lote eingehängt werden. Erst in der Nachtschicht war es möglich, den Betriebspunkt zu befahren – wirklich nicht die geeignete Zeit für einen Markscheider einzufahren. Markscheider waren vor 1945 Bergbeamte und sehr angesehene Leute. Etwas von diesem Nimbus konnten sie auch in die Ära des Sozialismus retten. Die Nachmessung zu einem späteren Zeitpunkt ergab, dass meine Kompassstunde richtig gehängt war. Eine zweite Probe des von Herrn Henschel vermittelten Wissens konnte ich 15 Jahre später geben, als ich für einen komplizierten Gleisplan eines Füllortes für Schacht 398 den umfangreichen Polygonzug berechnete. Der zuständige Markscheider nahm diese Berechnung sogar als gesetzlich geforderte Kontrollrechnung in

Abb. 192 Grubenkompass (eigenes Foto)

die betrieblichen Unterlagen auf. Die Abweichungen und Korrekturen unterboten den zulässigen Grenzwert. Herr Henschel hatte also gute Arbeit geleistet.
Er war aber ebenfalls ein sehr misstrauischer Mensch. Er wusste offensichtlich, dass aus Bequemlichkeit Messprotokolle (Alle Messungen wurden protokollarisch festgehalten.) gern abgeschrieben wurden. Messtrupps bestanden aus einem „Herrn" als Messtruppleiter und mehreren Truppmitgliedern – den Lattenknechten und Protokollanten. Unser „Exakter" versetzte bei einem Rückwärtseinschnitt, dem Nonplusultra der niederen Markscheidekunde, eine Messlatte in einem unwegsamen Gebiet an dem Gegenhang unbemerkt um einige Zentimeter. Damit erwischte er seine Zielgruppe bei den Teilnehmern eines Schnell-Lehrgangs.
Herr Henschel bestückte mit viel Engagement das Territorium der Schule mit Messzügen. Polygonpunkte gab es auf dem gesamten Gelände, die er beliebig zu Zügen zusammenstellte, um es den Studenten nicht zu leicht zu machen. Einen Kompasszug legte er durch das Schulgebäude: Vom Boden treppab durch den Keller und treppauf wieder auf den Hausboden. Da gab es ein weites Betätigungsfeld für die Messtrupps. Polygonzüge, Kompasszüge, Vorwärts- und Rückwärtseinschnitte sowie rissliche Darstellungen waren für Herrn Henschel überhaupt keine Hürden. Wir erlebten ihn nur bei einer Unsicherheit – bei der Erklärung des Strahlengangs am Prisma – in Gerätekunde. Aber das war ein Problem aus dem Gebiet der Optik. Von Herrn Hentschel soll der Ausspruch stammen „Man muss eine Sache so gut machen wie nötig, nicht so gut wie möglich."
Im zweiten Schuljahr wurden wir zwischenzeitlich von einem angeblichen Praktiker aus einer Thüringer Erzgrube unterrichtet. Seine pädagogischen und sicher auch markscheiderischen Kenntnisse waren nicht dazu angetan, uns in irgendeiner Form Wissen beizubringen. In der Astronomie war er weitaus bewanderter – er konnte stundenlange Vorträge über Sterne und Orientierung nach Sternen halten. Für Bergleute, die unter der Erde arbeiten, absolut ohne Bedeutung. Doch etwas ist mir im Gedächtnis geblieben: der Name Beteigeuze, der hellste Stern im Sternbild Orion. In welchem Zusammenhang er zur Markscheidekunde steht, verriet er uns nicht. Der Praktiker war dann auch sehr schnell wieder verschwunden – nach Aussagen des Direktors lag ihm die Praxis mehr – ich frage mich nur welche. Der Lehrplan wurde umgestellt. Nachdem die 14-monatigen Lehrgänge beendet waren, bekamen wir Herrn Henschel wieder. Wir konnten aufholen und hatten auch wieder Spaß am Unterricht.
Das Fach **Gesellschaftswissenschaft** begleitete uns über alle drei Studienjahre und auch die Dozentin Fräulein Friedens-Inge". Sie hatte auf der Parteischule gut aufgepasst und diese Methode über die ABF Jena – an der sie vor Breitenbrunn unterrichtete – zu uns mitgebracht. Sie war übrigens das einzige weibliche Wesen im Lehrkörper der Schule. Sie legte besonderen Wert darauf, mit „Genossin" und nicht mit „Fräulein" angesprochen zu werden. Das Unterrichtsfach und ihre Lehrmethode brachten ihr bei der Mehrzahl der Schüler keine Sympathie ein. Der Unterricht lief folgendermaßen ab: Sie schrieb ein Thema an die Tafel, untergliederte das Thema in drei Schwerpunkte, die sie ebenfalls anschrieb. Dann begann die Diskussion, an der sich viele beteiligen mussten. Die Meinungsäußerungen wurden dann zerpflückt oder untermauert, je nachdem ob sie ihrer Lehrmeinung

entsprachen oder nicht. Ein Schüler musste die Diskussion zusammenfassen – diese Zusammenfassung wurde dann von ihr bestätigt oder ergänzt.
Besondere Höhepunkte gab es am Anfang jeder Unterrichtseinheit – meistens Doppelstunden. Die Dozentin gab das Thema einer mündlichen Leistungskontrolle und eine Vorbereitungszeit für alle von etwa 5 Minuten vor. Das Ende der Vorbereitung kündigte sie mit der Bemerkung an: „Kommen Sie zum Ende, meine Herren!" Die Vorbereitung erfolgte natürlich ohne Unterlagen. Dann kam der spannende Moment. „Friedens-Inge" suchte sich ein Opfer aus. Bei den übrigen Schülern konnte man die zentnerschweren Steine hören, wie sie herunterfielen. Welch große Erleichterung, nicht das Opfer zu sein. Aber mehrere Male wurde das den zu sehr Erleichterten zum Verhängnis, wenn es hieß: „Ach nein – wir möchten doch lieber Herrn A statt Herrn B hören." Wobei sich dann das ursprüngliche Opfer einen unhörbaren Freudenschrei nicht verkneifen konnte.
Im Laufe unseres Studiums wurde aus dem Fräulein Frau. Sie heiratete den ebenfalls aus Jena gekommenen Dozenten. Diese Geschichte hatte einen pikanten Hintergrund, der unter der Decke gehalten wurde. „Partei und Regierung" waren wahrscheinlich gleichermaßen daran interessiert, dass die Panne nicht publik wurde. Beide kamen von der ABF Jena als Verlobte, beanspruchten eine gemeinsame Wohnung, die sie auch bekamen. Während eines gemeinsamen Urlaubes in einem FDGB-Heim kam heraus, dass er verheiratet und noch nicht geschieden war. Damals herrschten noch Zucht und Ordnung. Im Ferienheim wurden beide von Tisch und Bett getrennt, in Breitenbrunn nicht. Mit der vollzogenen Scheidung, die vorher schon lief, und der nachfolgenden Hochzeit war dann alles wieder im Lot.
Eine Besonderheit bei der Benotung hatte die „Friedens-Inge". Klausuren wurden von ihr nicht nur mit einer Zensur versehen, sondern auch noch kommentiert. So erregte große Heiterkeit die Wertung der Arbeit des Peter S.: „5 und zum Teil besser." Eine Fünf war zu dieser Zeit die schlechteste Zensur. Für die mündliche Leistungskontrolle mussten Mitschüler das Dargebotene bewerten – als Zensurenangebot, das sie dann akzeptierte oder oft nach unten korrigierte.
Robert Maier unterrichtete uns erst zu einem späteren Zeitpunkt und zwar in **Atomphysik.** Seine Darlegungen waren für uns sehr interessant, betrafen sie doch das Ziel der bergbaulichen Tätigkeit der Wismut. Wenn ich auch die Zerfallsreihen schnell wieder vergessen habe – im Sprachschatz der Wismut gab es das Wort Uran überhaupt nicht. Uran durfte in den Betrieben gar nicht erwähnt werden. Uran im Lieferprodukt oder Urangehalte waren als Metall oder Metallgehalt zu deklarieren und unterlagen der strengen Geheimhaltung. Sie waren geheime Verschluss-Sache und in Schriftform mit rotem Diagonalstrich gekennzeichnet. Zugelassen für diese Dokumente war nur ein ausgesuchter und geprüfter Personenkreis. Uranerze wurden als Erze bezeichnet und ihr Umfang war vertrauliche Verschluss-Sache – mit grünem Diagonalstrich und eine Geheimhaltungsstufe tiefer.
Im Fach Atomphysik hörten wir das erste Mal überhaupt etwas über das Werden und den Verfall des Urans, über seine Isotopen, über Halbwertzeiten und davon, dass es auch ein radioaktives natürliches Edelgas gab – ohne zu diesem Zeitpunkt auch schon in seiner Gesamtheit davon zu hören, welcher Feind des Bergmannes

das Radon ist. Es war selbst bei der Wismut noch nicht allgemein bekannt, dass besonders die Grubenwässer das Radon transportieren. Erst Ende der 50-er Jahre gab es die Anordnung 20, in der generell eine Abdeckung der Wasserseigen – der wasserführenden Straßengräben der Strecken – festgeschrieben wurde. Damit und mit Verbesserung der Bewetterung konnten die Emanationswerte unter den gesetzlich zugelassenen Maximalwert gesenkt werden.
Als sehr gut kann man den Unterricht bei Herrn **Bernhard Schymura** einschätzen. Er war ein alter Hase in der Erwachsenenqualifizierung der Wismut. Jeder Teilnehmer von Lehrgängen am Technikum in Freiberg, das für die Ausbildung von Leitungskadern der Wismut bereits im Jahr 1949 gegründet wurde, kannte ihn bereits. Er war bekannt wie ein bunter Hund. Seine alkoholischen Exzesse, seine exzentrische Unterrichtsführung, aber auch sein Aussehen waren prägnant. Er hatte eine schwere Kriegsverletzung im Gesicht, ein total entstelltes Gesicht. Für eine große Wunde wurde ihm Haut vom Oberschenkel über die die Station Brust auf die Wange transplantiert (Mediziner mögen mir verzeihen, wenn ich hier nicht ganz den fachgerechten Ausdruck getroffen habe.). Durch die schwere Verletzung hatte er eine starke Sprachbehinderung.
Herr Schymura unterrichtete uns in **Technischer Mechanik** und **Festigkeitslehre.** Das waren Fächer, die sehr wohl eine praktische Bedeutung hatten, aber zum Leidwesen vieler Studenten auch mathematische Anforderungen stellten. Selbst auf der Oberschule hatte ich noch nichts von einem Cremona-Verfahren (Ermittlung von Kräften), von Schwerpunktermittlung, von Dreh- und Widerstandsmomenten, von Trägerbelastung, von Druck-, Zug- oder Biegebelastung, von Knickfestigkeit oder gar von Reibungskräften und Umschlingungswinkeln gehört. Aufgrund meiner Vorbildung war das für mich keine schwarze Kunst, wie für die meisten Mitschüler, die schon in der Mathematik Probleme mit den Textaufgaben hatten – diese Fächer kannten nur Textaufgaben, wie jede technische und ökonomische Aufgabenstellung. Bei Herrn Schymura hatte ich einen guten Stand – war immer für eine „1" gut. Zur Abschlussklausur im Kultursaal glaubte er, mich gefangen zu haben. Ich hatte leicht gepatzt, was er wie folgt kommentiert: „Ha-ha, da habe ich den Bommhardt endlich mal geleimt. Ha-ha." Das Ha-ha klang wegen seines Sprachfehlers etwas eigenartig, sehr höhnisch war es allemal. Er gab es oft von sich, weil es ihm keine Mühe bereitete, die Mehrheit mit jeder Klausur zu leimen – er machte es eben gern – reine Mentalitätsfrage. Er hat aber nie erfahren, warum ich leicht patzte. Unser „Bübele", der ehemalige Hauptmarkscheider, war im mathematik-orientierten Fach Technische Mechanik sehr schwach. Er sollte aber auch bestehen. Also rechnete ich zunächst die Aufgaben seiner Gruppe ausführlich – niveauentsprechend – und deponierte die Lösungen zum Abholen auf der Toilette. Das klappte. Nur für meine eigene Rechnung der Aufgaben der anderen Gruppe wurde die Zeit knapp. Meine Lösungen erkannte Herr Schymura auch in verkürzter Form – also mit Überspringen ganzer Rechenzeilen – an. Aber bei einer Reibungsaufgabe, bei der eine Formel mit dem Ausdruck e hoch my-alpha zur Anwendung kam, habe ich dann daneben gegriffen. Andere schwache Schüler hatten übrigens auch Paten. Herr Schymura war sehr kulant – die 1 kam auf das Abschlusszeugnis. Er war

es auch, der meine Ingenieurarbeit als Zweitkorrektor bewertete. Damit war ich nicht allein dem Bergbaudozenten ausgeliefert, der sicher nicht alles verstanden hat, was ich dort von mir gegeben habe.
Nach unserem Studienabschluss verließ Herr Schymura die DDR. Theatralisch wie er war, hinterließ er in seiner Wohnung eine leere Schnapsflasche und ein bis auf eine Mark geleertes Sparbuch. Er deklarierte es als seinen Erbteil für die DDR. Wie es möglich war, sein nicht unerhebliches Sparkonto abzuräumen, ohne bei den Überwachungsorganen aufzufallen, blieb sein Geheimnis. Eine seiner Devisen war: „Dienst ist Dienst und Schnaps ist Schnaps!“ Dies galt auch für die Mitstreiter seiner häufigen Zechtouren, für die es am nächsten Tag keine Marscherleichterung gab. Er soll sogar Klausuren besonders gern dann geschrieben haben, wenn er die Mehrheit einer Klasse damit in Bedrängnis bringen konnte. Nicht jeder konnte so wie er, eine durchzechte Nacht einfach wegstecken. Zechfreunde, die ihn bereits mehrfach freihielten, durften ihn liebevoll Bernhard nennen. Diese Regelung soll aber nicht für den Unterricht gegolten haben.
Herr **Schwarzenberger** war mit seinem „praxisorientierten“ Unterricht immer für Überraschungen gut. Für die mathematische Lösung seiner Aufgaben musste man nicht nur die Formeln kennen, sondern für einzelne Werte auch Annahmen treffen und Faktoren berücksichtigen. Einen mordsmäßigen Spaß bereitete ihm eine Klausur, bei der wir für eine Maschine einen Treibriemen berechnen sollten. Mit einem Minimum an Informationen gingen wir an die Rechnung und trafen auch Annahmen für nicht vorgegebene Werte. Wir waren stolz – zumindest die, welche diese Aufgabe als gelöst betrachteten. Die kalte Dusche kam bei der Ausgabe der korrigierten Arbeit. „Meine Herren!“ – genüssliche Pause – „Sie beherrschen zwar die Mathematik, aber Sie haben keine Vorstellung von der Tragweite ihrer Rechnung. Was muss das für ein Ochse gewesen sein, von dessen Haut man einen zwei Meter breiten Riemen herstellen kann?“ Übereinstimmend und unabhängig voneinander nahmen wir Mathe-Asse überhöhte Sicherheitsfaktoren an und berechneten damit eine Riemenbreite von zwei Metern.
Ein anderes Beispiel, wie seine Aufgaben geschneidert waren: „Meine Herren, Sie haben die Aufgabe, einen Sumpf leerzupumpen. (Ein Sumpf ist ein Unterflur angelegtes Wasserbecken, in das zusitzendes Wasser abfließt und somit das höher liegende Grubenfeld trocken gehalten werden kann.) Das Wasser muss ca. 100 m hochgepumpt werden. Sie finden eine Pumpe mit einem 4-Zoll-Anschlussstutzen und können zwei Stufen erkennen. Welche Anschlusswerte muss der dafür erforderliche Motor haben?“ Das waren richtige Knobelaufgaben – sein Markenzeichen. Ohne technische Vorstellung war man einfach überfordert. Bei Herrn Schwarzenberger waren natürlich, wie im betrieblichen Leben, alle Hilfsmittel erlaubt. Dadurch wurden die Aufgaben aber nicht leichter.
Im Fach **Aufbereitung** war Herr **Grünwedel** für uns zuständig. Aufbereitung ist dem Bergbau nachgeschaltet und bereitet das Fördergut für die weitere Verwendung vor. Da finden solche Prozesse statt wie Zerkleinerung durch Brecher oder Mühlen, Anreicherung durch Gravitation oder Flotation, aber auch Klassierung (Trennung nach Korngröße). Herr Grünwedel war ein älterer Herr und wahrscheinlich noch nie aus dem Vogtland herausgekommen. Pechtelsgrün – eine

unbedeutende Grube mit Aufbereitung – war für ihn der Nabel aller Dinge. Der ehrwürdige Herr Acricola, der mittelalterliche Gelehrte, der ein Standardwerk für Bergbau und Aufbereitung geschrieben hat, hätte seine Freude gehabt. Im zeitweiligen Unterricht in Bergbaukunde konnte Herr Grünwedel uns nichts Fundamentales bieten, aber in der Aufbereitungstechnik war er ein Ass. Pechtelsgrün (von uns als „Grünwedelsgrün" verballhornt) war eine bereits vor 1945 bestehende Aufbereitung und wurde bei der Etablierung der Wismut konfisziert und unter der Bezeichnung Lengefeld weitergeführt. Erst mit dem Aufbau moderner Aufbereitungsanlagen in Crossen und Seelingstädt wurde der Betrieb in Pechtelsgrün eingestellt. Herr Grünwedel musste dort eine sehr einflussreiche Stellung begleitet haben, er wurde vom Wolfram-Zinnerz zur Wismut übernommen. Da er als Fachmann auf dieser Strecke anerkannt war, übernahm er in Breitenbrunn nach kurzer Zeit die Funktion des Abteilungsleiters Bergbau/Aufbereitung. In Prüfungen war er sehr fair. Im Dozentenkreis galt er als zurückhaltend und beteiligte sich nicht an „Stänkereien" oder Mobbing.
Auch im Fach **Geologie/Lagerstättenkunde** hatten wir als Dozent einen Spezialisten im positiven Sinne. Herr **Richter,** auch „Wartburg-Richter" oder Richter 2, weil es noch einen Dozenten mit gleichem Namen gab, verfügte über sehr gutes Wissen. Es gab einfach keine Minerale, die er nicht bestimmen konnte. Einige Schüler brachten private Sammelstücke mit, die er ohne zu zögern einordnen konnte. Das nötigte Respekt ab.
Als Mensch war er ein Sonderling. Er hatte ein schüchternes Auftreten, fast wie ein Leisetreter. Auch der Direktor konnte ihn nicht so richtig einordnen – er war eben generell sehr zurückhaltend. Richter 2 stand manchmal lange sinnierend und sprachlos vor der Klasse, um dann mit noch leiserer Stimme den Unterricht fortzusetzen. Obwohl er offensichtlich nicht von der Wismut kam, hatte er über Lagerstätten der Wismut umfangreiche Informationen, die er aber im Unterricht nicht an den Mann brachte oder bringen durfte. Mit unserem Benjamin hatte ich die Aufgabe, den „Zirkel Junger Geologen" an der Grundschule in Breitenbrunn zu leiten – und das nur mit dem vermittelten Wissen von Herrn Richter – wir waren vorher absolut unbedarft. In diesem Zusammenhang spielte er mir einen kleinen Zettel über die „Margarethe Fundgrube", eine Stollenanlage nördlich von Breitenbrunn am Osthang der Schwarzwasser, zu: „Diese Grube wurde vor 1946 angelegt, man wurde aber nicht fündig. Die Wismut hat das Grubenfeld erweitert, nach Uran geschürft und ohne nennenswerte Erzfunde wieder aufgelassen." Nach der Nomenklatur der Wismut handelte es sich dabei um geheime Informationen – also nur in Dokumenten mit rotem Querstrich vorhanden. Gewinnungsumfänge wurden damals nicht publiziert. Er hatte die Information. Woher hatte der Mann seine Erkenntnisse über die knapp fünf Tonnen Urangewinnung? Ich hatte damals keine Ahnung, ob diese fünf Tonnen wenig oder viel sind. Heute weiß ich, dass sie etwa einer Tagesproduktion eines großen Wismutbetriebes der 70-er Jahre entsprachen. Erst mit der Wismutchronik erfuhr ich 1999, dass er Recht hatte. Auf der „Margarethe Fundgrube" wurden von der Wismut nur insgesamt 4,874 t Uran gewonnen – mit dem Altbergbau maximal 7 t.

Die Margarethe Fundgrube hat eine bewegte Geschichte:
- 1850 bis 1859 Abbau von Magnetit (Magneteisenstein), Pyrit (Schwefelkies – ein Eisenerz), Zink und Uran.
- 1909 ergebnislose Wiederaufnahme der Untersuchungsarbeiten
- 1946 bis 1949 Untersuchungen auf Uran durch die Wismut
- 1949 bis 1951 Urangewinnung

Im Zeitraum von 1963 bis 1967 wurde das Gebiet nochmals ausgiebig untersucht. Vom VEB Geologische Forschung und Erkundung Freiberg wurden Erkundungsstrecken aufgefahren, um eine Neubewertung der Erzhöffigkeit in den Schwarzenberger Skarnen vorzunehmen. 1974 wurde die Wismut im Zusammenhang mit Bemusterung auf Zinn wieder aktiv. Zinn war als strategisches Metall Embargobestimmungen unterworfen. Der Handel auf dem erfolgte zu einem wesentlich geringeren Preis, als es in der DDR produziert werden konnte. Aber für Zinn war der Weltmarkt ein Westmarkt und im Ostblock gab es nur in der DDR nennenswerte Zinn-Vorkommen bei ständig steigendem Bedarf an Zinn

Ein sehr langweiliges Fach war **Technische Sicherheit/Arbeitsschutz.** Das lag weniger am Stoff als am Dozenten. Er soll von der Ingenieurschule Zwickau gekommen sein. Man hatte immer den Eindruck, dass er ohne Konzept und ohne Vorbereitung zum Unterricht kam. Er war nicht mehr der Jüngste. Den Unterricht bestritten meist die Schüler – mit Diskussionen, die er nicht steuern konnte. Die Gesetzlichkeit für den Bergbau – die spätere ABAO 120/2 (Arbeits- und Brandschutzanordnung 120/2 für den Bergbau) arbeitete er mit Mühe und Not mit uns durch. Einen Höhepunkt gab es. Wir fuhren zu einer Gerichtsverhandlung nach Karl-Marx-Stadt auf den Kassberg. Dort war das für die Wismut zuständige Gericht und verhandelte gerade gegen einen Steiger wegen eines Arbeitsunfalls. Wahrlich keine Werbeveranstaltung für den Job eines Steigers. Anhand von an Haaren herbeigezogenen Tatsachen wurde der Steiger verurteilt, weil ein Sprengmeister beim Besetzen von Bohrlöchern mit Sprengstoff durch Steinfall zu Schaden gekommen war. Wir waren – bis auf einen, der vorher als Sicherheitsinspektor tätig war – sehr schockiert.

Mit Herrn **Dr. Beck** bekamen wir im Fach **Betriebsökonomie** einen sehr guten Dozenten. Er kam von einem Auslandseinsatz in Sansibar. Am Anfang hatte er noch einige Probleme mit der Unterrichtsführung. Als Theoretiker ließ er sich von den erfahrenen Wismutpraktikern zu oft in end- und fruchtlose Diskussionen verwickeln. Aber er fing sich sehr schnell und bot einen guten Unterricht. Und das mit Themen, die nicht gerade zu den interessantesten gehörten. Während der Abschlussprüfung, in der ich mit dem Problem Kapazitätsauslastung konfrontiert wurde, baute er eine goldene Brücke, über die ich dankbar gegangen bin. Dieser Brücke verdankte ich meine Abschlusszensur 2. Auch anderen Studenten widerfuhr Ähnliches. In Lehrerkreisen war er geachtet und eine Stütze der Schulleitung.

Etwas zwielichtig war ein **Dr. phil.**, ein Übersiedler aus der Bundesrepublik. Seinen Dr. soll er auf dem Gebiet der Theologie erworben haben. Er war zunächst für **Deutsch** und **Russisch** zuständig. Er war ein etwas schmieriger und lüsterner Typ, nicht gerade sympathisch. Er war schon weit über die 50 und mit einer wesentlich jüngeren Frau verheiratet, mit der er mehrere kleine Kinder hatte. In seinem Element

war er, wenn er das Gespräch auf erotische, meist etwas schlüpfrige Aussprüche oder Gegebenheiten aus dem Leben von literarischen Größen lenken konnte. Eben ein richtiger Lüstling, der sich an solchen Darlegungen genüsslich aufgeilen konnte. Dabei lebte er auf und die blassblauen Augen hinter seiner Brille bekamen einen seltsamen Glanz.
Im Fach Russisch, das fast allen Lehrgangsteilnehmern sehr schwer fiel, hatte er die Philosophie „Bereiten Sie mir keinen Kummer, ich bereite Ihnen auch keinen." Er ließ niemand hängen. Er wollte schließlich seine Stelle behalten. Die schriftliche Abschlussprüfung bereitete er so gründlich vor, dass wir den zu übersetzenden Text schon vorher kannten. Die Übersetzung war natürlich nur vom Russischen ins Deutsche gefordert. Anders herum hätte das zum Fiasko geführt. Ob das allerdings mit der Prüfungsordnung im Einklang stand, war fraglich.
Ein besonderes Erlebnis hatten wir mit einem Schüler aus Zwickau – einem waschechten Sachsen. Er hatte einmal die Aufgabe, das persönliche Fürwort KTO (wer) zu deklinieren. Im Dativ wird daraus KOMU. Was machte aber der Sachse daraus? Ein schönes breites „GO-U—MO-U." Da hatte er seinen Namen GOMO weg. Unser Dr. brauchte mehrere Anläufe, um aus dem G ein K und aus den OU ein O bzw. U zu machen. Das war sehr zur Belustigung der Mitschüler. Es war wie beim Professor Higgins.
Später hatten wir **Deutsch** bei Herrn **Rothe,** ebenfalls ein älterer Herr, leicht gehbehindert und ein Goethe-Fan. Er genoss im Goethe-Club ein solches Ansehen, dass er anlässlich des Goethe-Jahres 1958 vor einem auserlesenen Publikum eine Festrede halten durfte. In Literatur war er eine Koryphäe. Er erklärte uns, wie kunstsinnig und feinfühlig der Herr von Goethe gewesen sein soll. Die Sprachästhetik des Dichterfürsten soll ihn veranlasst haben, aus „Wahrheit und Dichtung" „Dichtung und Wahrheit" zu machen. Damit vermied er die Dopplung des Konsonanten „d" bei der Wortstellung un_d D_ichtung. Könnte schon so gewesen sein. Dem Herrn von Goethe ist so allerhand untergejubelt worden. In einer Anekdote wird geschildert, dass er in seiner stürmischen Jugendzeit gemeinsam mit dem Weimarer Provinzfürsten groben Unfug getrieben haben soll. Sie sollen aus Übermut einer Bauersfrau die Katze in das Butterfass gesperrt haben. Weil die Frau sie bei Regen gut bewirtet hatte, bekamen die beiden später ein schlechtes Gewissen und entschuldigten sich bei der Bäuerin. Diese kannte die beiden Männer nicht und sagte, dass das gar nicht so schlimm gewesen sei, sie lieferte die Butter an den Hof nach Weimar, dort fressen sie sowieso alles. Die beiden sollen sich schnell und inkognito verabschiedet haben. Diese und weitere amüsante Begebenheiten mit dem Geheimrat kann man in „Das Thüringer Anekdotenbuch" von Frank Esche aus dem Hainverlag Rudolstadt nachlesen.
Ein interessantes Foto aus dem Jahr 1960 – also nach meinem Aufenthalt in Breitenbrunn - zeigt, dass auch Herr Rothe nicht unfehlbar war. Täglich ging er an dieser Wandzeitung vorbei, ohne den Fehler zu bemängeln. Oder hat er die Agitation gar nicht beachtet?
„Befreihung" ist auch nach dem „Neuen Duden" nicht korrekt. Auch die Abkürzung für Sowjetunion lautete SU und nicht. S.U.

Abb. 193 Wandzeitung im Treppenflur des Institutsgebäudes (eigene Fotosammlung)

Auch dem Markscheidergehilfen Oskar ist um 1949 ein herrlicher Druckfehler vor die Linse gekommen, den er in seinem Fotoalbum dokumentiert und kommentiert hat. Die Bergarbeiter von Schneeberg marschierten zum ersten Mai 1949 mit diesem Plakat. (Abb. 194)

Ein wenig auffallender Dozent unterrichtete in den Fächern **Elektrotechnik** und **Technisches Zeichnen**. Herr **Böttrich** verstand sein Fach und der Unterricht bei ihm war gewinnbringend für uns. Über ihn blieben mir keinerlei Storys in Erinnerung. Auch im Fach **Physik** kann ich mich an keine Begebenheiten mit Herrn **Meier** erinnern. Vom Unterricht ist das Praktikum als besonderes Ereignis von Bedeutung gewesen. Ich hatte unter anderem die Aufgabe, experimentell Reibungsbeiwerte zu ermitteln. Das erfolgte durch Veränderung der Neigung einer schiefen Ebene bis zum Gleiten des Probekörpers. Über die Tangensfunktion des Winkels wurden die zu ermittelnden Werte berechnet.

Abb. 194 Ausschnitt aus Oskars Fotoalbum (Sammlung Gottwert Hochmuth)

Darüber hinaus gab es einige Dozenten, die nicht in unserer Klasse unterrichteten. Deshalb kann ich auch keine Aussage zu ihnen treffen, mit folgenden Ausnahmen:

1. Ein **Dipl.-Ing.** unterrichtete bei den fortgeschrittenen Studenten der 7- und 14-Monate-Lehrgänge. Er war sehr egozentrisch und „man konnte ihn ob seines Verhaltens nicht ernst nehmen" (Originaltext des Direktors aus dem Jahre 2001). Seinen Unterricht gestaltete er nach einem fremdsprachigen Lehrbuch - für die Live-Übersetzung erbat er sich immer Denkpausen. Erwachsene Studenten sind auch nicht die Dümmsten und obendrein neugierig. Sie lockten ihn mit einem fingierten wichtigen Anruf in die Verwaltung. Handys gab es zum Glück noch nicht. Vor lauter Aufregung vergaß er, das Lehrbuch mitzunehmen. Zum Gaudi der Schüler entpuppte sich das fremdsprachige Lehrbuch als der HEISE-HERBST in einem Schutzumschlag. Der HEISE-HERBST war das deutsche Standardlehrbuch für Bergbaukunde. In der DDR wurde er vom BOKI, ebenfalls benannt nach dem Autor, einer Übersetzung aus dem Russischen, abgelöst. Dabei war der BOKI in vielen Teilen nur vom HEISE-HERBST abgeschrieben. Mit der Enthüllung verlor der Dozent seinen Nimbus. Er hat sich durch sein Verhalten selbst unmöglich gemacht und war sehr schnell weg von der Schule.
2. Herr **Meier-Bodemann**, genannt ME-BO, war zuständig für Maschinenkunde in den Klassen für Mechaniker. Er war nicht sehr beliebt bei seinen Schülern. Ob das an seinem Auftreten (der Doppelname verpflichtete vielleicht dazu), seiner Unterrichtsführung oder an der Strenge der Bewertung der Leistungen lag, vermag ich nicht einzuschätzen. Zur Faschingsveranstaltung trug sich Folgendes zu: Es war zur ersten Faschingssaison in Breitenbrunn. Ein mir bekannter Student aus einer Fortgeschrittenenklasse war als Kater verkleidet. Er legte unerkannt ME-BO eine sehr stabile Kette um den Hals, schlang sie um den Oberkörper und fesselte die Hände damit. Mit einem überdimensionalen, stabilen Vorhängeschloss wurde die Fessel gesichert. Wenn ME-BO vielleicht anfangs noch hoffte, dass es Spaß sei, so sah er sich in dieser Annahme betrogen. Weder die Katze noch der Schlüssel waren auffindbar. Zur Freude der Studenten musste er sich vom Dorfschmied aus seiner misslichen Lage befreien lassen. Auch er wurde nicht alt in Breitenbrunn. Das lag aber sicher nicht an dem Faschingsscherz.

Drei Personen möchte ich der Vollständigkeit halber noch in meine Einschätzung einbeziehen.

1. Zum Direktor **Gabriel** hatte ich während der Zeit in Breitenbrunn keinen persönlichen Kontakt. Was sollte auch ein Direktor für einen Kommunikationsbedarf mit einem Nobody haben? Es gab zu viele verdienstvolle Bergarbeiter unter den Studenten. Lediglich in den regelmäßigen Schülervollversammlungen erlebte ich ihn. Sein Auftreten hinterließ einen guten Eindruck, seine Darlegungen kamen an. Über die Aufgaben eines Direktors machte ich mir keine Gedanken, sodass ich seine Arbeit nicht einschätzen konnte. Bekannt war, dass er bereits vorher Direktor an der Bergbauschule in Eisleben war. Gegen Ende meiner Studienzeit blieb auch mir nicht verborgen, dass massiv an seinem Stuhl gesägt wurde und dass dieses Treiben auch von der Parteileitung gefördert wurde. Da ich kein Genosse war und eigene Probleme hatte, erhielt ich dazu keine Informationen. Solche

Attacken erlebte ich später oft. Das Strickmuster war stets das Gleiche, wenn man einen Leiter loswerden wollte. Gründe (oder besser: Anlässe) wurden immer gesucht und gefunden, auch die nötigen Akteure dazu. Die Hauptakteure waren mit Sicherheit der Parteisekretär, der seine Existenzberechtigung nachweisen musste, und der damalige stellvertretende Direktor, der offenbar mit Auftrag an die Schule abgestellt wurde. Aber auch die Maulwürfe im Dozentenkreis, deren große Zahl mich schockierte, haben wahrscheinlich als Einzelkämpfer und kollektiv mit Schnüfflern aus der Schülerschaft ihr Scherflein dazu beigetragen.
Der IM „OTTO", dessen bürgerlichen Name mir bekannt ist, wird auch mit 100%-iger Sicherheit in meiner Gauck-Akte eine schmutzige Rolle spielen. Er wohnte zeitweise in unserem Vorzimmer und war ein großer Stinker und Stänkersack, der sich offensichtlich selbst nicht leiden konnte. Von einem anderen Bewohner jenes Zimmers wurde ich gewarnt – ohne diese Warnung jedoch sonderlich ernst zu nehmen. Sie bezog sich sowohl auf meine Vorliebe für sehr laute Westmusik als auch das gelegentliche Abhören des „Hetzsenders" RIAS während des 56-er Aufstandes in Ungarn und der Suezkrise. Erstaunlich für mich war jedoch, dass es immer wieder Zeitgenossen gab, die mich ohne Veranlassung und Verpflichtung vor IM's (informelle Mitarbeiter des Ministeriums für Staatssicherheit) warnten, obwohl sie sich damit selbst in Gefahr begaben. Ich muss davon ausgehen, dass solche Warnungen nicht nur an mich ergingen. Ich bewundere noch heute eine solche Haltung.

2. Der stellvertretende Direktor war ein mir sehr unsympathischer Mensch. Ich hatte nur ein Gespräch mit ihm und keinen Bedarf für ein weiteres. Er war so undurchsichtig und dabei extrem zynisch, dass ich mir eine weitere Anfrage ganz einfach verkneifen konnte. Als Nichtgenosse hatte er in Breitenbrunn sicher keinen leichten Stand und verließ dann auch die Schule. Er soll zunächst als Lehrer an einer Grundschule tätig gewesen sein, bevor er die Republik verließ.
3. Dessen Nachfolger kam offensichtlich in Parteimission nach Breitenbrunn und fühlte sich nur gegenüber der Gebietsparteileitung rechenschaftspflichtig. Das Verhältnis zum Direktor war sehr gespannt. Als Leitungskader war er von einer Parteischule gekommen. Er unterrichtete vertretungsweise in Marxismus-Leninismus, ohne dabei zu glänzen. Mit ihm hatte ich nach der Reserveübung bei der NVA (Nationale Volksarmee) in Leipzig im Herbst 1958 ein längeres Gespräch. Zu dieser Übung wurden auch alle wehrdiensttauglichen Dozenten eingezogen. Der Genosse war in dem großen Schlafsaal für 50 Mann mein Untermann im Doppelstock-Feldbett. Er brachte in einem Gespräch zum Ausdruck, dass es für mich ein Glücksumstand sei, dass wir in der gleichen Einheit im Einsatz waren. Damit hätte er mich von einer anderen Seite kennengelernt – er könne nicht verstehen, warum ich von der Schule entfernt werden soll. Wenn es so war, hat er auf alle Fälle verhindert, dass ich exmatrikuliert wurde – einige waren dabei, dieses Szenario vorzubereiten. Zumindest bestätigten mir in den 70-er Jahren einige der damaligen Genossen, etwas davon gehört zu haben – ohne jedoch konkret zu werden.

3.5 Wie die Kader geschmiedet wurden

Die ersten Grabenkämpfe fanden bei der Besetzung der zu vergebenden Funktionen statt. Da es untereinander kaum Bekanntschaften gab, spielte das Auftreten der Bewerber eine große Rolle. Am besten in Szene setzen konnte sich ein – wie sich später herausstellte – ansonsten sehr unbedarfter Student. Er brachte aber zwei wichtige Voraussetzungen für die Funktion eines Klassensekretärs mit: er war Mitglied der SED und konnte sich gut darstellen (und das ohne die Absolvierung des später so bekannt gewordenen 13. Schuljahres – des Jahres Schauspielunterricht). So kam es, wie es kommen musste: er bekam die Funktion. Da ich kein Genosse war, hatte ich weder Einblick in, noch Einfluss auf dieses Geschehen. Spätere Nachforschungen stießen ins Leere. Keiner der Genossen der ersten Stunde war bereit, zu einem späteren Zeitpunkt mit mir darüber zu reden – einige hatten sogar einen erstaunlichen Gedächtnisschwund. Die erste Handlung des Führungsgremiums bestand darin, dass alle Studenten verpflichtet wurden, die Parteipresse zu studieren. Die Belegung jedes Zimmers des Breitenbrunner Institutes musste ein Exemplar des Zentralorgans der SED abonnieren. Dazu kamen weitere propagandistische Zeitschriften wie die „Einheit" (Theorie und Praxis der Partei) und eine Agitationsschrift (ich glaube, „Neuer Weg" hieß diese Zeitschrift für Agitatoren der Partei). Da ich politisch inaktiv war, habe ich kaum in die Zeitung geschaut. Sonst wäre mir ein Artikel sicher aufgefallen und sein Inhalt in meinem gut funktionierenden Gedächtnis erhalten geblieben. Es handelte sich um einen Diskussionsbeitrag auf dem V. Parteitag der SED, der Anfang Juli 1958 stattfand, und sich unter anderem mit dem Problem der sozialistischen Erziehung befasste. Gehalten hat den Beitrag Genosse HPT. Diesen Artikel hätte ich bestimmt mit Interesse gelesen, allerdings ohne den Inhalt bewerten zu können. Der V. Parteitag beschäftigte sich unter anderem mit der Herausbildung des sozialistischem Bewusstseins. Im Beschluss wurden unter Punkt V die Aufgaben bei der sozialistischen Umwälzung auf ideologischem und kulturellem Gebiet fixiert. Walter Ulbricht formulierte die „10 Gebote der sozialistischen Moral" und der damalige Minister für Volksbildung Fritz Lange referierte über die Gestaltung eines neuen Lehrfaches „Einführung in die sozialistische Produktion und Landwirtschaft". Die Hauptaussage seines Beitrages war: „Die Kernfrage bei der Weiterentwicklung des Schulwesens ist die Einführung des polytechnischen Unterrichtes und die Erziehung der Kinder zur Liebe zur Arbeit und zu den aktiv arbeitenden Menschen."

Ein Leser meines ersten Bandes „Im Schatten der Heidecksburg" machte mich auf diese Veröffentlichung aufmerksam. Er nahm Bezug auf den Text im Kapitel zu den Lehrern meiner Oberschulzeit. Dort traf ich auf Seite 445 eine Einschätzung des HPT als sehr unangenehmen Zeitgenossen.

Im November 2010 suchte der Leser den Kontakt zu mir, ergänzte die Aussagen und nahm auch eine Richtigstellung vor.
Republikflucht, Aufenthalt im Strafvollzug und Gerdas Intervention gegen HTP sind richtig, stellen sich aber im Detail etwas anders dar – in der Reihenfolge. Die Aussage der Unbeliebtheit wurde auch von diesem Leser voll bestätigt.
HPT war ein Schaumschläger. Als solcher trat er auch auf dem V. Parteitag der SED im Juni 1958 auf. Er sprach über das sozialistische Bildungswesen und den Schwerpunkt polytechnische Ausbildung an den Oberschulen. Das war eine Kampagne jener Zeit, die sicher auch positive Aspekte hatte. Nur der Diskussionsbeitrag – veröffentlicht im „Vorwärts" (Montagsausgabe des „Neuen Deutschland", des Zentralorgans der SED) vom 7. Juli 1958 – war schlicht und einfach ein Potjemkinsches Dorf. Der vom Redner dargestellte Zustand an der Musterschule entsprach nicht der Realität. Es war Usus, dass ausländischen Gastdelegationen nach den Parteitagen die Gelegenheit zum Erfahrungsaustausch gegeben wurde. Die Teilnehmer einer Delegation aus einem sozialistischen Bruderland interessierten sich für die polytechnische Ausbildung an der Musterschule in Rudolstadt. Als die zuständige Bezirksparteileitung oder der Rat des Bezirkes Gera mit der Betreuung der Delegation beauftragt wurde, musste man sich dort erst einmal mit der Materie vertraut machen und der Bluff wurde ruchbar. Wenn es nur der Bluff gewesen wäre, wäre HPT vielleicht mit einer Parteierziehungsmaßnahme wegen „parteischädigendem Verhalten" davongekommen, deren Höhe in einem Parteiverfahren festgelegt worden wäre. Sicher hätte der Stuhl des Direktors gewackelt – aber vielleicht wäre er gestürzt worden. Es kam schlimmer. Bei einer folgenden Tiefenprüfung an der Oberschule Rudolstadt wurden Unregelmäßigkeiten beim Umgang mit Finanzen festgestellt. Die Ära Direktor war für HPT beendet und sein neues Domizil war der Strafvollzug. Erst nach (und hier liegt meine unvollständige Information) der Entlassung – noch rechtzeitig vor dem Mauerbau – wurde der ehemals straffe Parteisoldat zum Republikflüchtling. Offensichtlich reichte das Entlassungspapier des Strafvollzuges aus, um ihm in der BRD einen Persilschein auszustellen. Auch Kriminelle konnten als politische Flüchtlinge anerkannt werden.
Er kehrte nicht in die DDR zurück, obwohl Gerda ihm kräftig zugesetzt hat – jedoch ohne Erfolg. Er konnte Tritt fassen und wirkte an einer Privatschule in Norddeutschland. HPT beackerte dort sicher nicht sein Spezialgebiet Marxismus-Leninismus.
Zum Thema Erfahrungsaustausch mit ausländischen Delegationen fällt mir ein Witz der 80-er Jahre ein:
Genosse Erich Honecker bekam Staatsbesuch aus dem Jenseits. Die Besucher waren der Preußenkönig Friedrich der Große, Napoleon und John F. Kennedy. Da sie anschließend ins Schattenreich zurückkehren mussten, gab es keine Geheimnisse und sie konnten sich überall umsehen. In der anschließenden Auswertung gab sich der Staatsratsvorsitzende jovial und fragte nach den nachhaltigsten Eindrücken seiner Gäste.
Der Preußenkönig: „Mir hat besonders die Nationale Volksarmee imponiert. Wenn ich über eine solche Armee verfügt hätte, hätte ich in den Schlesischen Kriegen die Österreicher mit weniger Verlusten schlagen können."

J. F. Kennedy: „Mit so einem Ministerium für Staatssicherheit wäre ich heute noch am Leben“
Napoleon: „Mich haben die Datenverarbeitungsanlagen in der DDR beeindruckt. Mit diesen Anlagen wüsste bis heute noch niemand, wer die Schlacht bei Waterloo verloren hat“
Nach diesem Exkurs in die weitere Vergangenheit zurück nach Breitenbrunn und den dortigen Genossen.
Zu Beginn des Studiums 1956 waren die Genossen noch in der Unterzahl. Nur dreizehn der 30 Studienanfänger waren Mitglieder der Partei der Arbeiterklasse. Zur Gewährleistung der führenden Rolle der Partei wurden mehrere Werbekampagnen durchgeführt, denen nur drei Studenten widerstanden. Das waren neben mir:

- Ein ehemaliger Hauptmann der Wehrmacht. Mit der Bemerkung „In meinem Alter – 40 Jahre – lasse ich mich nicht mehr umkrempeln“ war er dann endlich bei der obersten Parteileitung in Ungnade gefallen, was man ihn auch bis zu seiner Republikflucht kurz vor Ultimo – vor der Errichtung der Mauer – spüren ließ.
- Der Sohn einer Lebensmittelhändlerin. Er hatte so ein Auftreten, dass man sich für ihn gar nicht interessierte. Es war zu erkennen, dass man mit ihm sicherlich laufend Probleme bekommen hätte. Auch er verließ klugerweise die Republik.

Mit mir wurden in unterschiedlicher Besetzung, aber immer im Beisein des Parteigruppenorganisators, mehrere Gespräche geführt. Die Tonart dieser Gespräche wurde zunehmend schärfer. Die Agitation war aber ergebnislos. Sie fand ihr Ende, als ich es ablehnte, an einem kollektiven Besäufnis teilzunehmen. Mit einer Schüssel Wasser in der Hand des PGO sollte ich aus dem Bett zur Kneipe getrieben werden. Ich trat gegen die Schüssel und der PGO war total eingeweicht und musste sich umziehen. Beim Verlassen des Zimmers knurrte er: „Das zieht Blasen.“ Von dieser Stunde an hatte ich Ruhe vor den Versuchen der Werber.
Was für Blasen das ziehen sollte, konnte ich bald feststellen. Die für mich sehr spürbaren Blasen zog es mit der finanziellen Unterstützung ab dem zweiten Studienjahr. Das Leistungsstipendium in Höhe von 30 Mark im Monat wurde mir nicht gewährt, obwohl ich den besten Zensurendurchschnitt der Klasse hatte. Es wurde eben nicht nur die schulische Leistung gewertet. Auch das von der Industriezweigleitung bereitgestellte Büchergeld hat mich nie erreicht. Es wurde nach Leistung, politischem Engagement und Bedürftigkeit vergeben. Ich war als einer von zwei 150-Mark-Studenten nicht bedürftig genug. Bei meinen schulischen Leistungen war klar, wo die Prioritäten lagen und wer die Vergabe steuerte. Nur zwei Studenten unserer Klasse wurden gar nicht erst zur Aussprache bei der „Märchentante“ – wie die dafür zuständige Genossin **Fischer** der zentralen Kaderabteilung der Wismut von einigen Studenten genannt wurde – bestellt.
Auch als Nichtmitglied der stolzen Partei blieb mir nicht verborgen, dass immer wieder Auseinandersetzungen innerhalb der Parteigruppe geführt wurden. Wenn dabei Parteigruppenorganisator oder Abteilungsparteisekretär ihre Linie nicht durchsetzen konnten, fiel sehr häufig die Bemerkung: „Das klären wir beim Harry.“ Harry war der Sekretär der Schulparteiorganisation. Offensichtlich war er zur Bewährung im Klassenkampf nach Breitenbrunn versetzt, nachdem er als

Absolvent höherer Parteischulen eine einflussreiche Position in der Gebietsparteileitung der Wismut innehatte und dort mehrfach nach unten fiel. Harry brauchte Pluspunkte und man benötigte nicht viel Phantasie, um zu ahnen, wie diese klärenden Gespräche ausgingen. Um zu beweisen, mit welchen Schwierigkeiten er in Breitenbrunn fertig werden musste, soll es auch vorgekommen sein, dass er selbst welche schuf und sie löste, um den Vollzug der Klärung melden zu können. Es ist nicht ausgeschlossen, dass ich ein solches Problem war.
Harry verstand die Taktik des verdeckten Klassenkampfes hervorragend – dabei spielte er auch Genossen gegeneinander aus. Ein Student gebrauchte einmal die treffende Formulierung *„Der sitzt wie eine Spinne im Netz und wartet darauf, ein Opfer zu erhaschen."* In dieser Zeit wurden moralische Verfehlungen der Genossen noch geahndet. Aber von der Schulparteileitung wurde diese Art der Verfehlung nicht sonderlich ernst genommen. Ich erinnere mich noch an einen Witz aus dieser Zeit: *Genosse Paul war zum wiederholten Male fremdgegangen. Der Parteisekretär nahm ihn zur Brust. Auf die Frage, warum er das trotz Parteistrafen immer wieder mache, antwortete er: „Eine Parteistrafe wird nach ein bis zwei Jahren gelöscht, aber die Erinnerung bleibt."* Ein anderer Witz zur Problematik Parteistrafe kursierte viele Jahre später: *Die Antwort auf die Frage nach der höchsten Parteistrafe lautete: Ein Hubschrauberflug über Libyen."* Dieser Witz war eine Anspielung auf den Absturz eines Hubschraubers über Libyen. Dabei kamen die Genossen Lamberz, Markowitsch und ihre Begleiter ums Leben. Man munkelte, dass der Oberst Gadaffi mit seiner Luftabwehr die Hand im Spiel gehabt haben könnte. Der Genosse Werner Lamberz gehörte zur Gruppe der jüngeren Mitglieder des Politbüros und kam aus der Jugendbewegung. Über das Warum des Absturzes gab es nur Spekulationen. Ein Abschuss wurde nie ernsthaft dementiert. Vielleicht war es nur die Beseitigung eines unbequemen Konkurrenten für die Ära nach Ulbricht.
Zu den moralischen Verfehlungen einiger Genossen. In unserer Klasse waren fünf „Schwanzgesteuerte", wie in der jetzigen Zeit Männer gern bezeichnet werden, die ihre amourösen (oder besser: sexuellen) Triebe hemmungslos auslebten. Diesem Trieb ordneten sie alles unter und der Verstand wurde einfach abgeschaltet. Alle fünf hatten gemeinsam, dass sie nicht durch schulische Leistungen glänzen konnten. Der Wochenablauf des einen, der als Prototyp betrachtet werden konnte, sah wie folgt aus:

1. Montags Anreise, Unterricht, kurze Ruhepause, gegen 16 Uhr Verschwinden mit dem Zug in Richtung Schwarzenberg.
2. Dienstags bis donnerstags: Ankunft mit dem Frühzug, kurze Ruhepause und Frühstück im Vorbeigehen, Unterricht, kurze Ruhepause, Abfahrt mit dem Zug Richtung Schwarzenberg.
3. Freitags wie dienstags bis donnerstags, jedoch Rückkehr am späten Abend.
4. Sonnabends nach Frühstück und Unterricht Fahrt zur Familie. Diese Verschnaufpause von Freitagnacht bis Sonnabend war sicher notwendig, um häuslichen und familiären Pflichten gerecht werden zu können.

Dass er bei diesem Lebenswandel und bei seiner ohnehin nicht sehr ausgeprägten Begabung Probleme mit den schulischen Leistungen bekommen musste, war

programmiert. Die Überanstrengung war ihm während des Unterrichtes oft anzumerken – er hatte aber einen unauffälligen Schlafstil. Wurde er trotzdem ertappt, stammelte er wirren Unsinn. Als weder Nachhilfeunterricht noch Parteiauseinandersetzungen wegen seines Lebenswandels halfen, wurde er exmatrikuliert.
Die vier anderen Hemmungslosen beschränkten ihre Eskapaden auf einen bis drei Wochentage und konnten damit bis zum Abschluss durchhalten. Während die einen die Abwechslung bei den Partnern liebten, zog es zwei in feste Absteigen ins Schwestern-Wohnheim des Bergarbeiter-Krankenhauses nach Erlabrunn. Studenten hatten Ersatzschlüssel und damit ständigen Zutritt zum Wohnheim und waren bis zu dreimal die Woche dort Übernachtungsgäste. Einer davon heiratete nach Abschluss des Studiums seine Krankenschwester, obwohl er mit seiner ersten Frau vier Kinder hatte und bereits für zwei weitere voreheliche Kinder unterhaltspflichtig war. Auch unser so vorbildlicher PGO wurde in flagranti erwischt. Daraufhin kursierte sein Ausspruch „Wenn man mit einer nackten Frau im Bett liegt, muss man noch lange keinen Sex mit ihr haben."
Zum Erteilen von Nachhilfeunterricht wurden leistungsstarke Genossen per Parteiauftrag verpflichtet. Als Abiturient erhielt ich den Auftrag (ob Gewerkschafts- oder FDJ-Auftrag weiß ich nicht mehr), in einigen Fächern – besonders in Mathematik – schwachen Studenten Starthilfe zu geben. Zu den Förderschülern gehörten alle fünf Schulmeister im Seitenspringen sowie einige Engagierte, die aber durch enormen Fleiß Bildungsrückstände aufholten. Diese Arbeit machte mir Spaß. Bei einigen sah man gewaltige Fortschritte. Gedankt hat es mir keiner.
Nach dem Sportunfall eines Mitschülers im zweiten Schuljahr übernahm das Klassenkollektiv die Patenschaft über den Verunfallten. Er war sehr ehrgeizig, aber sportlich unbegabt. Beim Kastensprung stützte er sich zwar mit den Händen auf, vergaß aber, die Beine nach vorn am Kasten vorbeizuziehen. Wie eine Rakete kam er mit dem Kopf zuerst Richtung Matte geschossen. Die zur Hilfestellung eingeteilten Schüler konnten den Sturz im Hechtflug auf die Matte nur abmindern, nicht verhindern. Das Ergebnis waren ein angebrochener Wirbelfortsatz und ein mehrmonatiger Aufenthalt im Bergarbeiterkrankenhaus Erlabrunn. Die Hauptlast der Unterstützung hatte ich zu tragen. Da war ich plötzlich leistungsstark, ohne dass dies bei der Verteilung des Leistungsstipendiums im Folgejahr berücksichtigt wurde. Es gipfelte sogar darin, dass ich mit 150 Mark Stipendium auch für die täglichen Fahrtkosten zum Krankenhaus selbst aufkommen musste. Auf ein verbales Dankeschön warte ich noch heute. Das waren eben alles Selbstverständlichkeiten. Das alles war meiner Bereitschaft zum Parteieintritt nicht förderlich. In solchen Genossen konnte ich keine Vorbilder erkennen.
Die Parteioberen hockten oft zusammen und bereiteten Beschlüsse vor, wie sie mit neuen Initiativen glänzen konnten. Ich bin sicher, dass diese nicht die ungeteilte Zustimmung aller Genossen fanden. Aber der „Demokratische Zentralismus" wurde immer durchgesetzt. Beschluss ist Beschluss – da wird hinterher nicht mehr diskutiert. Eine Diskussion vor der Beschlussfassung wurde meist abgeschmettert – im Notfall bei Harry. Die Folge war: es gab für die nächsten Vorhaben immer sofortige Zustimmung. Folgende Initiativen sind mir noch sehr gut in Erinnerung – auch als Parteiloser war ich von der Teilnahme nicht befreit:

- Himmelfahrt war 1957 in Sachsen noch gesetzlicher kirchlicher Feiertag. Genutzt wurde er zu Herrentagspartien. Um irgendwelchen unliebsamen Ereignissen vorzubeugen, wurde beschlossen, diesem Tag einen den sozialistischen Lebensinhalten entsprechenden Ablauf zu geben. Es wurde ein Schulsportfest in der Kreisstadt Schwarzenberg mit 100-prozentiger Beteiligung durchgeführt.
- Nach einem Grubenunglück in Zwickau wurden viele Helfer bei der Wiederherstellung der vollen Produktionsbereitschaft benötigt. Das war übrigens eine Aktion, die auch meine volle Unterstützung fand. Eine Woche Hilfsarbeiten im Martin-Hoop-Schacht nötigten mir großen Respekt vor den Kohlekumpels ab. Aber diese Zeit brachte mir auch die Gewissheit, dass ich unter diesen Bedingungen nie arbeiten könnte. Es herrschten Temperaturen, bei denen man selbst bei geringster Anstrengung in Schweißausbrüche verfiel. Die Bewegungshöhe lag weit unter einem Meter – und das bei einer Körpergröße von 1,87 m. Ich hatte die Aufgabe, Grubenholz in den Streb auf eine Länge von mehreren hundert Metern zu transportieren. Das einzige Hilfsmittel war ein kurzes Hanfseil. Mit einer Mastwurfschlinge, wie sie in der Seefahrt üblich ist, wurde das Holz umschlungen. Das andere Ende mit einem Knoten hielt man in der Hand. Dann begann der Transport. Auf der Sohle (das ist der Fußboden des Grubenbaues) in Seitenlage rutschend musste man das Holz hinter sich her ziehen. Relativ leicht war es noch, so genannte Panzerkappen – Rundhölzer von ca. 3,5 m Länge mit einem Durchmesser von 20 cm – zu schleifen, obwohl deren Gewicht über einem Zentner lag. Weitaus schwerer war es, Verzugsholz – Halbhölzer von 1,2 m Länge und 9 cm Durchmesser – zu transportieren. Das erfolgte in Bündeln bis zu 10 Stück. Das Problem bestand darin, den richtigen Ansatzpunkt für die Schlinge zu finden. Lag er zu weit vorn, verlor man die Hölzer und es war mühsam, sie wieder einzusammeln. Noch schlimmer war es, wenn man diesen Punkt zu weit nach hinten verlegte. Dann war nicht nur der Abstand zum Holz zu kurz und man zog sich die Halbhölzer ständig in die Beine, sondern das Bündel spreizte sich vorn auf und die einzelnen Hölzer verhakten sich ständig in den Stempeln. Schlechter als ich hatte es zwei Studenten getroffen, die einen Luttentransport durchführen mussten. Es handelte sich um Blechröhren von einem Meter Länge und 50 cm Durchmesser, die für die Zuführung von Frischluft benötigt wurden. Obwohl diese Röhren relativ leicht waren, war der Transport über eine Entfernung von mehreren hundert Metern eine Schichtleistung für zwei Mann. Sie mussten sich noch mehr schinden als ich beim Holztransport. Aus arbeitsorganisatorischen Gründen arbeiteten wir in der zweiten Schicht. In dieser Schicht standen die Förderer und es wurde umgebaut. Die hohen Temperaturen in einer Tiefe um die 1000 m waren sehr gewöhnungsbedürftig. Der Vorrat in der Getränkeflasche war wichtiger als das Frühstückspaket. Der ganze Körper war mit schmierigem Kohlestaub bedeckt, der von der feuchten Haut festgehalten wurde. Die etablierten Bergleute arbeiteten überwiegend ohne Bekleidung – der Rest in Badehose. Wer einmal nackige Steinkohlen-Bergleute bei der Arbeit gesehen hat, wird das pittoreske Bild nicht vergessen: muskulöse, glänzende, schwarze

Körper mit fast unnatürlich anmutenden weißen Augen und einer eben solchen weißen Kimme im Hinterteil. Der Schweiß hat bei Bewegung den Staub zwischen den beiden Teilen abgespült. Übrigens gab es bei der Arbeit vor Ort keinen optischen Unterschied zwischen den vielen zur Arbeit eingesetzten Häftlingen und den übrigen Beschäftigten. Wie sollte das auch geregelt sein. Erst zur Seilfahrt konnte man sehen, wer Träger eines Arbeitsanzuges mit einem aufgemalten gelben Kreuz war. Für diese fand die Seilfahrt gesondert statt. Übertage wurden sie von Aufsehern mit Hunden in Empfang genommen. Weiter ging es im Laufschritt zu den Transportfahrzeugen. Trotzdem arbeiteten die meisten Häftlinge gern, weil sie damit nicht nur etwas verdienten, sondern auch ihre Haftzeit verkürzen konnten. Nach dem Ausfahren kam für uns Studenten das nächste Problem: Die Entfernung der Kohlepartikel von der Haut. Die Rückenpartien waren nur mit gegenseitiger Hilfe zu säubern. Die Kohlebergleute waren da erfahrener – sie besaßen schwammähnliche Gebilde, die sie sich mit ausgestreckten Armen über den Rücken hin und her zogen. Für die Augenpartien gab es ein einfaches Rezept: mit dem Handballen drehend die Augenhöhlen bearbeiten. Nach der Schicht gab es nur noch ein Verlangen: schnell einige Bierchen zischen und ab ins Bett. Die Zeit bis zum nächsten Schichtbeginn reichte gerade zum Ausschlafen. Ich glaube, dass alle froh waren, als die Woche vorbei war. Eine Arbeitswoche dauerte damals noch sechs Tage. APO-Sekretär und PGO – also die Mitinitiatoren dieses Einsatzes – konnten diese Erfahrungen nicht sammeln. Sie waren für wichtigere Parteiarbeiten freigestellt.

- Eine weitere Initiative sollte in Richtung Buntmetallwiedergewinnung gestartet werden. Es wurde bekannt, dass ein Erdkabel von der Margarethe Fundgrube nördlich des Institutes zum Schacht 206 auf dem Berg bei Antonshöhe im Boden verblieben war. Beide Gruben waren schon stillgelegt. Eine Freigabe dieses mindestens zwei Kilometer langen Stranges zur Demontage scheiterte jedoch am Veto eines Hauptgeologen. In diesem Gebiet würden noch Vorräte vermutet. Ob das Kabel jemals geborgen wurde, weiß ich nicht.
- 1958 beschlossen Partei und Regierung den Aufbau des Überseehafens Rostock. Ein hochwichtiges Vorhaben, denn mit zunehmender Verbesserung der Versorgungslage und der Erhöhung des Exportes wuchs der Bedarf an Transportkapazitäten. Die DDR hatte nur unbedeutende Hafen- und Frachtkapazitäten. Der Aufbau der Handelsflotte und eines leistungsfähigen Überseehafens war ein Gebot der ökonomischen Vernunft. Eine Abwicklung über westdeutsche Häfen hätte nicht nur die finanziellen Möglichkeiten überfordert, sondern auch die Abhängigkeit vergrößert. Die Gewinne hätten die ohnehin reichen Kapitalisten noch reicher gemacht. Das Jugendobjekt „Rostocker Hafen“ wurde Programm. Die Jugend der ganzen Republik war zur Mithilfe aufgerufen. Eine Form dieser Hilfe war die Verladung von Feldsteinen für den Hafenbau. So konnte eine zweite Fliege mit der gleichen Klappe geschlagen werden. Die sich in Jahrhunderten angesammelten Steine an den Feldrainen sollten verschwinden. Damit konnten nicht nur Eigentumsgrenzen für die Kollektivierung der Landwirtschaft in den Köpfen der Bauern, sondern

auch Hindernisse bei der großflächigen Bearbeitung der Flächen beseitigt werden. Die Genossen überlegten, wie sie auch im landwirtschaftlich benachteiligten Erzgebirge einen Beitrag leisten könnten. Die Idee war geboren: Steine aus den Erzgebirgsbächen und Flüssen sind sehr widerstandsfähig – warum sollen sie nicht beim Hafenbau verwendet werden. Auf dem Gelände des Güterbahnhofes Breitenbrunn (Materialumschlagplatz der Wismut für das Gebiet um Johanngeorgenstadt) wurden Waggons der Reichsbahn bereitgestellt. Von der Wismut wurde ein Förderband organisiert und die Studenten bargen die im Fluss Schwarzwasser reichlich vorhandenen Steine.

- Gegen Ende der Studienzeit begann die Zwangskollektivierung der Landwirtschaft. Auch in Breitenbrunn gab es eine LPG. Ihr gehörten aber nur die weniger leistungsstarken Bauern an. Die übrigen weigerten sich hartnäckig. Was lag also näher, als die kampf- und agitationserprobten Genossen der Kaderschmiede an die Aufklärungsfront zu werfen. Da ich nicht zu den überzeugungsfähigen Schülern gehörte, brauchte ich nicht zum Agitationseinsatz. Ich erhielt eine besser zu mir passende Aufgabe: materielle Hilfe auf dem Hof eines LPG-Bauern. Wir bauten aus Betonfertigteilen eine kleine Siloanlage. Diese stand noch im Jahr 2009 im Hof eines in der Zwischenzeit auf dem Gelände etablierten Gasthofes.
- Nach dem 17. Juni 1953 war der Arbeiter- und Bauernstaat dazu übergangen, die Arbeiter und Bauern zum Schutz der Republik zu bewaffnen – und das natürlich unter der Führung der Partei der Arbeiterklasse. Die Kampfgruppen wurden formiert, bewaffnet und für den inneren Schutz ausgebildet. Zur Erfüllung des Klassenauftrages STUDIUM gehörte auch die Verteidigungsbereitschaft der Studenten. Die „Bergschüler“, wie die Studenten von den Einheimischen genannt wurden, bekamen eine Uniform und wurden bewaffnet. Damals bestand die Uniform aus einem blauen Overall mit roter Armbinde und einer Feldmütze, deshalb auch die spöttische Bezeichnung „die Blau-Roten“. Overall und Mütze mussten wir uns selbst kaufen. Koppel und Tragegeschirr (eine kunstlederne Konstruktion, mit der das überladene Koppel von den Schultern getragen wurde) bekamen wir gestellt. Gummistiefel besaß jeder Wismutangehörige privat. Die Führungsposten waren sehr schnell besetzt. Das Institut stellte zunächst drei Hundertschaften mit je drei Zügen und diese mit je drei Gruppen. Eine Hundertschaft bildeten wir Dreijährigen der anfangs noch drei Klassen. Jede Klasse bildete einen Zug. Hundertschaftskommandeur unserer Einheit wurde der umtriebige Klassensekretär. Er war für diese Funktion wie geschaffen. Da er im Gegensatz zu den anderen Kämpfern Lederstiefel trug, die Brust voller Orden gehängt hatte und auf das Tragegeschirr verzichten durfte, hob er sich optisch vom Fußvolk ab. Er gab eine zackige Figur ab, wenn er die Meldungen von Unterführern entgegennahm oder Meldung an seinen Vorgesetzten, den Parteisekretär, machte. Zugführer wurde ein sonst unauffälliger Genosse. Als mein Gruppenführer durfte ein Parteiloser fungieren. Er hatte schon Kriegserfahrungen, er war als Hauptmann der Artillerie auf der Krim in Gefangenschaft geraten. Als ehemaliger Wehrmachtsangehöriger war er nicht so

dienstgeil wie jüngere Unterführer, Pflichtübungen musste aber auch er absolvieren lassen. Die anderen Funktionen wie Innendienstleiter, Stellvertreter Allgemein, Politoffizier und Zugführer mit ihrem Gefolge waren mit Alt-Genossen besetzt.

– In bleibender Erinnerung blieb mir die erste Schießübung. Die Ausbildung erfolgte am K 98, dem Karabiner der Wehrmacht. Ich war zwar gewarnt, dass dieses Gewehr einen gewaltigen Rückschlag habe. Aber was ein Rückschlag ist, dazu fehlte mir das Vorstellungsvermögen. Warum man beim Schießen den Kolben am Ende des Schaftes saugend-schraubend umfassen und das Gerät fest einziehen sollte, wurde mir erst nach dem ersten Schuss klar. Auf einem Schießplatz der Roten Armee in der Nähe von Johanngeorgenstadt fand die taktische Schießübung statt, Einzelgefechtsausbildung mit Einzelfeuer aus liegender, knieender und stehender Stellung auf auftauchende Ziele. Der erste Schuss liegend versetzte mir einen derartigen Schlag an den Unterkiefer, dass ich einen kräftigen Schmerz verspürte und der blaue Fleck einige Zeit der sichtbare Beweis dafür war, dass ich das Gewehr nicht richtig festgehalten hatte. Aber aus Schaden wird man bekanntlich klug. Schießübungen in späteren Jahren mit der legendären MPi Kalaschnikow waren dagegen ein Kinderspiel – auch was die Treffsicherheit betraf. Die Ausbildung erfolgte jeweils donnerstags nach dem Unterricht. Der wurde bereits vor 12 Uhr beendet, um allen die Möglichkeit zum Mittagessen zu geben. 13 Uhr war Stellen mit den obligatorischen Meldungen vom Gruppen- zum Zugführer und weiter zum Hundertschaftskommandeur. Dieser meldete dem Parteisekretär die Ausbildungsbereitschaft der Hundertschaft. Nachdem alle Hundertschaften ihre Bereitschaft gemeldet hatten, begrüßte der Parteisekretär die Kommandeure, Unterführer und Kämpfer und gab das Startsignal für die Ausbildung, die mitunter bis in die späten Abendstunden dauerte. Der Melderummel kam mir als militärisch Unbeleckten doch etwas komisch vor – wie ein Kaspertheater.

– Eine der so genannten Abschlussübungen blieb mir sehr gut in Erinnerung. Die Abschlussübungen fanden zum Ende einer Ausbildungsetappe statt und sollten den Beweis der Gefechtsbereitschaft erbringen. Unsere Gruppe hatte bei sehr unwirtlichem Wetter – Regen und Kälte – die Aufgabe, ein Objekt gegen feindliche Diversanten zu verteidigen. Das Objekt bestand aus den aufgelassenen Übertageanlagen des ehemaligen Schachtes 206 der SDAG Wismut. Leere Baracken, Werkstätten und Fördermaschinenhäuser waren zu schützen. Die Fördermaschinen waren bereits demontiert, konserviert und mit einem Bretterdach geschützt. Ein solches Bretterdach war für mich ein willkommener Unterstand. Noch bequemer wurde es, als ich mich beim Beobachten des Vorfeldes an eine Trommel der Fördermaschine lehnte. Nicht bedacht hatte ich bei der Wahl meines Platzes, dass unter der Staubschicht an den Zahnrädern viel Fett zur Konservierung war. Diese Schmiere musste ich anschließend von meiner Uniform kratzen. In der nachfolgenden Wäsche verlor das Blau des Overalls deutlich an Leuchtkraft. Dieser ausgeblichene Overall liegt heute noch in meiner Garage für Arbeiten am Auto. Im Trabi war er früher immer dabei. Der Reservekanister war damit eingepackt. Für die

Abb. 195 Kampfgruppe (Info-Broschüre des Institutes)

jetzigen Autos braucht man keine Montierbekleidung, man kann ohnehin nichts selbst reparieren. Beim Trabi waren vom Keilriemenwechsel (eine umständliche Aktion), über Behebung von Schäden an der Zündung bis hin zum Kupplungswechsel alle Arbeiten bei einigem technischen Verständnis und den erforderlichen Ersatzteilen selbst ausführbar. Ein Werkstatttermin war ohnehin wie ein Fünfer im Lotto. Ich soll diese zweckmäßige Kleidung als „Speikutte" bezeichnet haben. Der Begriff ist mir noch in Erinnerung geblieben. Aber ich hätte mir die Urheberschaft nicht zugeordnet. Zum Glück hörte das niemand von „der Brigade Greifzu". Das hätte sicher zu meiner Exmatrikulation geführt. Das Bild zeigt unsere Hundertschaft. Im Vordergrund stolziert der zackige Kommandeur. Nach den Honoratioren (Stellvertreter, Innendienstleiter, Politoffizier, Bannerträger, Zugführern etc.) marschiere ich als einer der Längsten, in der ersten Reihe des Fußvolkes links hinter den Gruppenführern. Der Aufmarsch erfolgte zum 1. Mai in der Kreisstadt Schwarzenberg. Einmal hatte ich die Ehre, die ich aber nicht als solche empfand, Mitglied einer Ehrengarde zum Begräbnis eines verdienstvollen Revolutionärs in einem Erzgebirgsdorf zu sein. Dieses Geleit fand in voller Bewaffnung statt. Am offenen Grab wurde ein Ehrensalut geschossen. Die Folge war, dass nach der Teilnahme auch ein ausgiebiges Waffenreinigen stattfand. Platzpatronen verschmieren den Gewehrlauf kräftig.

- Im Rahmen der Verteidigungsbereitschaft fiel den Tüftlern aus der Ideenschmiede noch ein besonderer Gag ein. Die Angehörigen des „Institutes für Erzbergbau", wie die Ausbildungseinrichtung zu diesem Zeitpunkt schon hieß, wurden zu einer vierwöchigen Reservistenausbildung nach Leipzig verpflichtet. Leipzig – Schumann-Straße war eine bekannte Adresse. Bei der Ankunft fiel am blickdichten Zaun zur Straße ein Briefkasten auf, der eine Besonderheit hatte. Er konnte durch einen Schlitz auch von innerhalb der Einzäunung bedient werden. Die Kaserne war noch aus der Kaiserzeit: Schlafsäle mit 50-Mann-Belegung in Doppelstockbetten, deckellose Toiletten mit eingelassenen Sitzhölzern in den Keramikbecken – ohne Türen und mindestens acht Sitze in einer Reihe, einige wenige Waschgelegenheiten – natürlich nur mit kaltem Wasser, einmal die Woche zugweise befohlenes Duschen im Keller des Hauptgebäudes. Damit waren alle Voraussetzungen für ein richtiges Wohlfühlen gegeben. Für den Rest sorgten die Verpflegung und der Dienst. Wir waren eine motorisierte Schützeneinheit. Dieser Name diente nur zur Tarnung. Unsere Motoren waren die Beine. Bis zu zwei Mal am Tag marschierten wir von der Kaserne zum Übungsplatz bei Leipzig-Lützschena oder in die Elsteraue. Das war eine Entfernung von mehr als vier Kilometern. Beim Rückmarsch zur Kaserne mussten wir eine Unebenheit in der Straße passieren. Das große Stolpern ging durch die Einheit, weil nur wenige die Füße noch hoch genug bekamen, um nicht ins Straucheln zu kommen. Ach, wie war das Soldatenleben doch schön. Exerzierausbildung in der Gruppe und einzeln, Gefechtsausbildung, Gasalarm, Schießübungen scharf und mit Platzpatronen, das anschließende Waffenreinigen, Waffen-, Zimmer- und Kleiderappelle und andere neckische Spiele waren eine willkommene Abwechslung im eintönigen Soldatendasein. Wir merkten gar nicht, wie schnell die vier Wochen vergingen. Einige bemerkenswerte Erinnerungen blieben mir trotzdem:

Mein erster Ausgang. Ich lag am Eingang des Schlafsaales. Unser Gruppenführer, ein zum Reservedienst einberufener Fleischer aus Sonneberg, demonstrierte an meinem Spind die angestrebte Ordnung: Aufhängen der Kleidungsstücke nach Reihenfolge und Lage der Öffnungen, Anordnen der übrigen Wäschestücke zu genau auf Kante liegenden Päckchen, Unterbringen der persönlichen Gegenstände, Stellen der Stiefel und Aufhängen der gebrauchten Strümpfe. Nach diesem Muster sollten alle Spinde im Schlafsaal eingerichtet werden. An dieser Aktion beteiligte ich mich nicht. Meinen Spind ließ ich in der vorschriftsmäßigen Ordnung. Beim anschließenden Stubendurchgang des Spießes wurde meine Spindordnung als mustergültig hingestellt und ich erhielt einen Tag Ausgang. Den konnte ich am ausbildungsfreien Sonntag nehmen. Ausgang war für uns Reservisten ein Fremdwort. Es gab nur wenige, die die Bedeutung des Wortes auch kennen lernen durften.

Mein zweiter Ausgang. Als Zielübung stand Dreieckschießen auf dem Programm. Die Aufgabe bestand darin, bei drei Schüssen eine nur minimale Abweichung der markierten Treffer zu erreichen – also ein optimales Trefferbild. Zur Kontrolle diente eine kellenförmige Schablone mit mehreren kreisrunden Ausschnitten unterschiedlicher Durchmesser. Die drei markierten Zielpunkte wurden zum Dreieck verbunden. Je kleiner der Durchmesser des Kreises, in den das Dreieck passte, umso besser wurde das Zielergebnis eingestuft. Bei mir gab es nur einen einzigen Punkt mit verschiedenen Ansätzen – warum weiß ich nicht. Ein so guter Schütze war ich nie. Für dieses vorbildliche Trefferbild erhielt ich eine Belobigung vor der Truppe und einen weiteren Tag Sonderausgang. Diesen Tag nutzte ich für den Besuch eines Länderspieles der Fußballnationalmannschaft der DDR. Das Treffen gegen Norwegen fand im Leipziger Zentralstadiion statt und wurde mit 2:1 gewonnen.

Nachtwäscheball. In einem Schlafsaal von 50 Mann war immer etwas los. An richtige Nachtruhe war schon deshalb nicht zu denken, weil es immer irgendeinen Schnarcher gab. Also musste man sich die richtige Bettschwere mit zwei Flaschen Bier in der Kantine holen. Den „Hoffmann-Befehl" zum Verbot alkoholischer Getränke in der Kaserne gab es zu dieser Zeit noch nicht. Heinz Hoffmann war zu dieser Zeit Minister für Nationale Verteidigung der DDR. Die Belegung des Saales bestand ausschließlich aus Breitenbrunnern. Zwei Bergleute kamen auf die Idee, einen Nachtwäscheball zu veranstalten. Beide im eher unüblichen Nachthemd, Koppel und Stahlhelm. Der eine war klein und korpulent, der andere war lang und sehr hager. Sie exerzierten im Schlafsaal. Die Kommandos dazu kamen von einem anderen Soldaten, der das Käppi quer auf dem Kopf trug und wie Napoleon aussah. Die Massen bogen sich vor Lachen. Der Trubel war so groß, dass der OvD (Offizier vom Dienst) aufmerksam wurde. Ein Nachspiel hatte diese Vorstellung nicht. Der OvD war sicher selbst sehr belustigt von der exzellenten Vorführung. Er sah zum Glück keine Verunglimpfung der NVA in dieser Maskerade.

Der brüllende Löwe. Unser Spieß war ein waschechter Leipziger. Das war an seiner Aussprache unschwer zu erkennen. Er machte einen gemütlichen Eindruck – eben die Mutter der Kompanie. Nur früh zum Wecken wurde er etwas lauter, wenn es darum ging, die Truppe zum Frühsport aus den Betten zu locken. Mit seinem ersten Gebrüll erschreckte er uns mächtig. Bei der Dienstausgabe erläuterte er die Aufgaben des Tages in einem sehr ruhigen Ton in einem breiten Leipziger Dialekt. Doch plötzlich und völlig unmotiviert fing er ein ohrenbetäubendes Geschrei an: „Der Einheitlichkeit halber" – Pause – „treten wir heute früh in steingrauem Drillich heraus." Ein gewaltiger Ruck ging durch die angetretene Einheit. Aber mit der Zeit gewöhnten wir uns an derartige Ausbrüche.

Eine propagandistische Großveranstaltung. Eines Abends nach dem offiziellen Dienstschluss stand eine propagandistische Großveranstaltung mit dem damaligen Chefkommentator des DDR-Rundfunks an. Die Teilnahme an dieser Veranstaltung im Kultursaal wurde befohlen. Einheit nach Einheit marschierte geschlossen in den Kultursaal. Über welches Thema der als Sudel-Ede bekannte Karl-Eduard von Schnitzler referierte, weiß ich nicht mehr. Es war aber keinesfalls langweilig. Das Bonbon kam aber erst danach. Unsere Gruppe erhielt als Auszeichnung die Gelegenheit, nach der Veranstaltung und außerhalb der Kaserne in der Gaststätte „Zur goldenen Kugel" mit dem großen Rhetoriker zu diskutieren. Nach den ersten Bieren war die Politik vergessen und es wurden nur noch seichte Witze erzählt. Den Höhepunkt erreichte dieser Umtrunk, als ein Studenten-Soldat einen Witz über KLED (Karl-Eduard) erzählte. Auch wenn er nicht ganz stubenrein ist, er ging wie folgt (in Versform):

Frau Wirtin durch den Weltraum segelt
der Sputnik sie von hinten ...
das erregte ihren ...
den Kommentar dazu spricht Karl-Eduard von Schnitzler.

Sudel-Ede klopfte sich vor Begeisterung die Schenkel. Die restlichen Biere bis zum befohlenen Zapfenstreich gingen auf seine Rechnung. Im Fernsehen der DDR durfte KLED später weiter Gift verspritzen, indem er Sendungen des Westfernsehens ideologisch zerpflückte. Für mich als Bewohner des „Tals der Ahnungslosen“ war Sudel-Edes Schwarze Kanal die einzige Möglichkeit Informationen von der anderen Seite zu sehen. Im oberen Elbtal war kein Westempfang möglich.

Die Sturmbahn. Unsere Reservistenübung fand im Herbst 1958 statt. Es war überwiegend nass und regnerisch. Deshalb ersparte uns der gemütliche Fleischer beim Üben auf der Sturmbahn das Kriechhindernis und wir durften auf dem daneben liegenden Rasen robben. Unter dem Drahtverhau standen reichlich Wasser und Schlamm. Doch Schicksal, wie bist du so hart. Ein ranghoher Offizier kam zur Hospitation (oder heißt das im Armee-Deutsch: zur Inspektion?). Egal, wie die Bezeichnung lautete, uns blieb dadurch die ungeprobte Übung im Schlamm nicht erspart. Schlamm und Wasser krochen in Jackenärmel und Hosen – wahrlich kein Vergnügen. Der Offizier lobte die praxisnahe Ausbildung und unsere Einsatzbereitschaft. Aber wir waren stinksauer. Unser Fleischer hatte Einsehen und gab uns für den Rest des Tages dienstfrei – vielleicht wollte er damit auch nur einem erhöhten Krankenstand vorbeugen.

Ein Teilnehmer dieses Reservistenlehrganges hatte Glück. Erst in der letzten Woche konnte für ihn eine passende Uniformjacke herangeschafft werden. Er war sehr kräftig gebaut und hatte obendrein noch eine „Hühnerbrust“ (einen hervorstehende Brustkorb). Damit passte er in keine der vorrätigen Uniformjacken und durfte als Oberkörperzivilist ständig Innendienst schieben. Damit konnte er sehr gut leben.

Der Kompanie-Schwejk Teil 1. In unserer Kompanie gab es einen Studenten aus dem Vogtland mit sehr ordinärem Dialekt. In einer Ausbildungspause verteilte ein Unteroffizier die Post. Schwejk, der nicht nur durch seinen Dialekt, sondern auch durch Nichteignung für das Soldatendasein bei jeder nur erdenklichen Gelegenheit auffiel, bekam auch Post. Auf die Frage des Uffz., wer ihm geschrieben habe, antwortete er „Mei Mamm“. Daraufhin griff der Uffz. den Faden auf und fragte weiter: „Was hat denn dei Mamm geschriem?“ Die Antwort lautete „Wenn das so weitergieht, soll iich mir enn Striek nähme.“ Hier endete das Gespräch.

Der Kompanie-Schwejk Teil 2. Während einer Ausbildung im Gelände in der Nähe der Brauerei und der Großschweinerei Lützschena stand ein Marsch unter Feindeinwirkung auf dem Programm. Schwejk hatte die Aufgabe der Seitensicherung. Plötzlich kam der Befehl „Tiefflieger von rechts!" Schwejk suchte Deckung in einer Kuhle mit Stroh. Ein furchtbarer Aufschrei unterbrach den Ernst der Übung. Ein fürchterlicher Fluch in vogtländischen Dialekt folgte. Die Grube war mit Schweinegülle gefüllt und mit Stroh abgedeckt. Schwejk stand bis zur Brust in der Gülle. Mühevoll wurde er herausgezogen, keiner wollte sich mit dem fürchterlichen Gestank infizieren. Herausgezogen stand er triefend und stinkend wie ein Häufchen Unglück da. Schweinegülle stinkt penetrant und sehr nachhaltig. Für Schwejk war der Dienst an diesem Tag gelaufen – auch der Rückmarsch blieb ihm erspart, da er zur Kaserne gefahren wurde. Seine persönliche Duftnote behielt er trotz mehrerer verordneter Ganzkörperduschen noch einige Tage. Und das, obwohl seine Bekleidung getauscht werden durfte.

Bemerkenswert ist noch, dass der Mitinitiator dieser Aktion nicht mit nach Leipzig fahren konnte, was er noch heute sehr bedauert. Unser PGO erinnerte sich gerade noch rechtzeitig an seinen Ischias, musste in Breitenbrunn bleiben und Parteiarbeit erledigen.

- Ein gesellschaftlicher Höhepunkt während des Studiums war die Einweihung der Mahn- und Gedenkstätte im ehemaligen KZ Buchenwald am 14. September 1958. Das Institut stellte eine starke Delegation aller Altersgruppen. Senior war ein Pförtner im Rentenalter, der als Arbeiterveteran teilnahm. Unsere

Abb. 196 Paul, der Zeltälteste, beim Revierdienst (eigenes Foto)

Unterbringung erfolgte in einem Zeltlager der FDJ am Südhang des Ettersberges. Mit einem mir bis dahin unvorstellbaren Jubel wurde der FDJ-Chef Horst Schumann bei seiner Ankunft begrüßt. Er war der Sohn des kommunistischen Arbeiterführers Georg Schumann und wurde später Sekretär der SED-Bezirksparteiorganisation Leipzig. Die FDJ-ler trugen ihren Sekretär auf den Schultern zum Meetingplatz und ließen ihn hochleben. Der Anstieg war nicht unerheblich und die Temperatur spätsommerlich hoch. Die Einweihung des Glockenturmes, des Monumentes von Fritz Cremer und der Straße der Nationen mit den Pylonen war mit über 80.000 Teilnehmern perfekt inszeniert und sehr ergreifend. Für die Teilnahme erhielt ich leihweise ein Blauhemd und ein Bergmannsehrenkleid. An den Leihgeber kann ich mich nicht mehr erinnern. Ein Blauhemd besaß ich trotz 14-jähriger FDJ-Zugehörigkeit nie. Auf dem Ettersberg fühlte ich mich darin nicht besonders wohl. Das Ehrenkleid, die Bergmannsuniform, kaufte ich mir 1980 aus aktuellem Anlass. Doch dazu mehr im Buch „In den Mühlen der Planwirtschaft".

An der Erhöhung des Parteieinflusses wurde während meines gesamten Aufenthaltes in Breitenbrunn gearbeitet. Ich kann allerdings nur die mich betreffenden Maßnahmen einschätzen. So war den Genossen von Anfang an unser Zimmer ein

Abb. 197/1 Einweihung des Mahnmals Teil 1 (eigenes Foto): Häftlingsgruppe geschaffen vom Bildhauer Prof. Fritz Crämer.

Dorn im Auge. Einer der vier Bewohner wechselte in den Elitelehrgang und zog aus. Damit waren nur noch drei Nichtgenossen im Zimmer: Der ehemalige Hauptmann, der sich nicht mehr umkrempeln lassen wollte, unser Benjamin, den man erst nach der Republikflucht seines Bruders zum Eintritt in die Partei bewegen konnte, und ich. Offensichtlich schätzte man Benjamins Einfluss als nicht stark genug ein. Nach der Beendigung der ersten Kurzlehrgänge wurde unser Vorzimmer frei. Uns wurde ein weiterer Genosse zugeordnet, der mit mir das Zimmer teilen musste. Ob das ein politischer Erfolg war, wage ich zu bezweifeln.
Eine andere Maßnahme war die Veränderung der Sitzordnung. Bei der Erstbelegung setzte sich zunächst jeder dahin, wohin er wollte oder wo noch ein Platz frei war. Durch Zufall ergab sich dabei eine räumliche Konzentration von leistungsstarken Schülern. Das war den führenden Genossen ein Dorn im Auge, weil sie vom Wissen der guten Schüler in Klausuren nicht profitieren konnten. Gerade sie hätten es besonders in der Anfangsphase nötig gehabt. Deshalb: Sitzordnung verändern und Leistungszentren zerschlagen unter dem Motto: das Kollektiv muss gestärkt werden. Die Parteilosen wurden nicht gefragt – sie wurden vor vollendete Tatsachen gestellt. Ihre Plätze wurden ihnen zugewiesen.
Der IM OTTO aus unserem Vorzimmer sorgte dafür, dass ich unter Beobachtung gestellt wurde. Das resultierte aus folgender Tatsache: Ich brachte ein Radio mit Tonbandgerät und vielen Bändern mit nach Breitenbrunn. Es waren Bänder mit Aufnahmen vom Bayrischen Rundfunk und vom Nordwestfunk. Auf dem Schloss in Rudolstadt hatte man einen relativ guten Empfang auf UKW. Dafür sorgten meine beiden in der geophysikalischen Werkstatt in Schmirchau illegal gefertigten Skelettschlitz-Antennen. Damals waren sie das Nonplusultra der Empfangstechnik. Aber nicht nur die laute dekadente Westmusik störte den Schnüffler. Dass

Abb. 197/2 Einweihung des Mahnmals Teil 1 (eigenes Foto): Straße der Nationen mit Pylonen.

Abb. 197/1 Einweihung des Mahnmals Teil 2 (eigenes Foto): Delegation des Institutes.

ich Meldungen über den Aufstand im Oktober 1956 in Ungarn über den RIAS empfing, war Nahrung für sein Informationsbedürfnis. Auch die Suezkrise wurde im RIAS anders dargestellt als im DDR-Rundfunk und deshalb aufmerksam verfolgt. Informationen darüber sind sicher nicht an Harry vorbeigegangen.
Ich glaube, es hätte den Genossen sehr gut ins Konzept gepasst, mir eine aufgetauchte Hakenkreuzschmiererei anzudichten. Aber zu meinem Glück wurde ein Schüler des nachfolgenden Lehrganges als Verursacher ermittelt. Schockierend war seine Antwort auf die Frage nach dem Warum. Er wollte nur mal sehen, wie die Klassenkameraden darauf reagieren. Es erübrigt sich darzulegen, dass er per Parteibeschluss von der Schule entfernt wurde. Und das, obwohl er nicht von der Wismut, sondern vom Bleierzbergbau aus Freiberg kam. Ab 1957 wurden auch Bergingenieure aus der volkseigenen Industrie für andere Bergbaubetriebe ausgebildet.
Auch der Gewerkschaftsbund FDGB spielte eine nicht zu unterschätzende Rolle – natürlich immer unter Führung der Partei. Es war so geregelt, dass der BGL-Vorsitzende Mitglied der Schulparteileitung war. Damit war gesichert, dass die Gewerkschaft voll ins Parteigeschehen eingebunden war und keine eigenständige Politik betreiben konnte. Seltsamerweise sind mir die beiden Vorsitzenden der BGL in meiner weiteren Arbeit nochmals begegnet. Dabei waren sie immer fest in die ideologische Arbeit eingebunden. Der Vorsitzende Nummer 1 hatte sich bereits nach kurzer Zeit seiner Wismutzugehörigkeit in den Anfangsjahren zum Berufsgewerkschaftler entwickelt. Seine Ablösung wurde durch moralisches Fehlverhalten verursacht. Damit verschwand er zunächst von der Bildfläche. Erst in

den 70-er Jahren begegnete er mir wieder in der Rolle als Mitglied der Leitung der Industriegewerkschaftsleitung Wismut – zuständig war er dort für ideologische Arbeit. Nach der Wende wurde er aktiv als Autor diverser Veröffentlichungen über Gewerkschaftsarbeit in der Wismut. Der FDGB wurde nach seinen Darlegungen jedoch ausgebremst und reglementiert – ob bei dem schon frühzeitigen Versuch der Installation eines Betriebsverfassungsgesetzes oder anderer gewerkschaftlicher Freiheiten. Ich konnte nur staunen. Auch als Moderator bei Veranstaltungen des Wismut-Traditionsvereins Aue versuchte er sich. Sein Nachfolger in Breitenbrunn war ein mir sehr unsympathischer Mensch. Er verkörperte den Typ des kompromisslosen und undurchsichtigen Parteiarbeiters. Er lief mir in den 80-er Jahren noch einmal über den Weg – allerdings in mysteriöser Mission. Er war als „Schlapphut" unterwegs.

Abb. 197/2 Einweihung des Mahnmals Teil 2 (eigenes Foto): Der Autor mit dem Parteiveteran der Delegation und dem Promi (X), dem späteren Direktor eines Bergbaubetriebes.

Nach Havarien gab es je nach der Schwere des Ereignisses immer Institutionen, die sich damit beschäftigten, Schuldige zu ermitteln und als Klassenfeinde zu entlarven. Bei einer Havarie begegnete er mir als Inquisitor und zeichnete sich durch besonders bohrende Fragen aus. Ob er im Auftrag des MfS oder der Gebietsparteileitung handelte, war für mich nicht erkennbar – es interessierte mich auch nicht besonders. Beides waren gleich unangenehme Institutionen und die Erkenntnisse wurden sicherlich ausgetauscht.

Folgende Ereignisse gehörten ebenfalls zum Alltag in Breitenbrunn:

1.)

Schon zu einem sehr frühen Zeitpunkt wurde von der Institutsleitung der Versuch unternommen, eine Hausordnung zu installieren. Diese spöttisch als Hof- und Gesindeordnung bezeichnete Regelung traf nicht den Geschmack der Studenten. Eine Ausgangsbeschränkung war mit Männern, welche die Sturm- und Drangjahre bereits hinter sich gelassen hatten, nicht machbar. Auch von der Parteileitung wurde dieses Vorhaben nicht sonderlich gefördert. Die Hausordnung konnte zwar in entschärfter Form verabschiedet werden – aber durchgesetzt wurde sie während unseres Aufenthaltes in Breitenbrunn nicht.

Abb. 198 Faschingsumzug im Ort (eigene Fotosammlung)

2.)
Besonders die Teilnehmer der Kurzlehrgänge waren jeder Form von Feierlichkeiten sehr zugetan. Kunststück bei ihren Einnahmen. So kam Fasching 1957. Schlimmer kann es in den Hochburgen nicht zugehen. An Unterricht war selbst mehr als eine Woche nach Aschermittwoch noch nicht zu denken. Bierkästen und Schnapsflaschen gab es mehr als genug in allen Klassenzimmern. Erst mit Hilfe der Parteileitung gelang es, wieder einen ordnungsgemäßen Unterricht aufzubauen. Das Ereignis mit dem gefesselten Dozenten war nur eine von vielen anderen lustigen Begebenheiten.

3.)
Auch Kultur wurde im Institut geboten. Wöchentlich kam der Landfilm in den Kultursaal. Je nach Programm war der Saal mehr oder weniger gefüllt, waren doch diese Veranstaltungen für die Studenten eine willkommene Abwechslung, die mit amourösen Abenteuern aus den unterschiedlichsten Gründen nichts am Hut hatten. Ein Film war besonders wertvoll, obwohl er aus dem Hause MOSFILM kam. Das war der Streifen „Die Kraniche ziehen“ – ein ergreifendes Schicksal aus dem Zweiten Weltkrieg ohne den sonst üblichen Rotanstrich. Ein sehr realistisches Filmerlebnis hatten wir in einem anderen Kriegsfilm. Panzer rollten mit fürchterlichem Getöse über die Leinwand. Plötzlich ein anderes starkes Geräusch und wir saßen in einer Staubwolke. Was war geschehen? Offensichtlich durch die akustische Erschütterung löste sich ein etwa zwei Quadratmeter großes Putzstück aus der Decke und zerschellte unter gewaltiger Staubentwicklung auf dem Boden. Es entstand ein Staubpilz wie bei einer Atombombendetonation en miniature. Zum Glück landete das Putzstück zwischen Leinwand und der ersten Reihe. Es gab ein großes Durcheinander. Aber als sich der Staub verzogen hatte, konnte die Vorführung weitergehen.

4.)
Die Institutsleitung war sehr um populärwissenschaftliche Vorträge bemüht. Der Besuch war kostenfrei. Für einen Vortrag war die Teilnahme jedoch Pflicht, er wurde dem Fach Erste Hilfe zugeordnet. Der zuständige Kreisarzt hielt einen Vortrag über ansteckende Krankheiten in solchen Ballungsgebieten wie dem Erzgebirge. Die Gefährdung war besonders deshalb so groß, weil unter den über

Abb. 199 Die sieglose Mannschaft (eigene Fotosammlung): Gruppenfoto der sieglosen Altherren-Mannschaft

Abb. 199 Die sieglose Mannschaft (eigene Fotosammlung): Umkleidekabine beim Gruppenspiel in Zwickau – ausrangierter Bus ohne Fensterglas.

100.000 Zugezogenen in den Wohnunterkünften die übergroße Mehrheit Männer war. Frauen waren, obwohl sie auch zu Untertagearbeiten eingesetzt wurden, Mangelware. An Zahltagen kamen dann die leichten Mädchen bis aus Leipzig, um sich mühelos einen Anteil an der Löhnung abzuzweigen. Deshalb waren auch die Lustseuchen verbreitet. Der Arzt sprach über Ansteckungsrisiken. In seinen Vortrag fügte er folgendes Bonmot ein. „Wenn mir jemand auf die Frage, wo er sich infiziert hat, antwortet: auf der Toilette, dann kann ich nur sagen: Das ist möglich, aber sehr unbequem."

5.)

Im Frühjahr des dritten Studienjahres stand ein mehrwöchiges Praktikum in Eisleben auf dem Programm. Für mich war das ein Horrorszenarium, bei meiner Länge in diesen niedrigen Grubenbauen herumzukriechen – mir reichte es noch von einer Exkursion ein Jahr früher. Ein Vorteil gegenüber der Steinkohle bestand zwar in der geringeren Temperatur. Dieser Vorteil wurde jedoch durch die Härte des Gesteins wieder zunichte gemacht. Ohne die angeschnallten Knieschützer war eine Fortbewegung überhaupt nicht denkbar. Zum Glück kam jemand auf die Idee, in einem Trainingslager die Schulmannschaft in Hand- und Fußball für die Meisterschaften der montanwissenschaftlichen Ingenieurschulen vorzubereiten. Als Kader der Handballmannschaft blieb mir somit dieses Praktikum erspart.

Die Schindereien beim Konditionstraining waren zwar auch nicht ohne, aber sicher im Vergleich harmlos. Wir hatten sogar das große Glück, die Märzensonne so richtig genießen zu können. Skifahren mit freiem Oberkörper wäre ohne das eigene Erleben für mich damals nicht vorstellbar gewesen. Breitenbrunn liegt im

Abb. 200 Schneetreten im März (eigene Fotosmmlung): Mit Schneetreten soll die Bespielbarkeit des Platzes für Handball!! hergestellt werden.

oberen Erzgebirge. Dort herrscht sechs Monate Winter und im restlichen Teil des Jahres ist es auch kalt.

6.)
Der Hochspringer Werner Pfeil nahm einige Zeit später sein Studium in Breitenbrunn auf. Während dieser Zeit stellte er mit 2,08 m einen Hallenrekord (22. März 1958) und mit 1,98 m einen Freiluftrekord unter widrigen Wetterbedingungen auf (19. Mai 1958). Wir konnten ihn lediglich beim Training beobachten. Es war schon beachtlich, mit welcher Leichtigkeit er sein Schwungbein auf die Querlatte des Hallenhandballtores legte. Nach einigen Pendeln des Schwungbeines geschah das bei gestrecktem Standbein. Im Unterricht soll er jedoch sehr selten gesehen worden sein.

Abb. 200 Schneetreten im März (eigene Fotosmmlung): Unvorbereiteter Sprung über eine kleine Sprungschanze. Wahrlich keine glückliche Figur.

7.)
Ein Höhepunkt während der Zeit in Breitenbrunn war die Durchfahrt der Friedensfahrer. Für die Etappe von Karlovy Vary nach Karl-Marx-Stadt wurde zusätzlich ein Grenzübergang bei Wildenthal geöffnet. Diese Fahrt wurde immer am 1. Mai in der Hauptstadt einer der drei Veranstalterländer gestartet. Die „Kalte Sophie" hatte aber mit einem Kälteeinbruch nicht nur Frost, sondern auch eine geschlossene Schneedecke gebracht und es schneite weiter. Die Kämpfer unserer Hundertschaft der Kampfgruppe hatten die Aufgabe, den Straßenabschnitt von Breitenbrunn nach Antonsthal abzusperren. Die Durchfahrt zog sich nahezu zwei Stunden hin. Einzelfahrer hatten den zusätzlichen Nachteil, eine neue Spur in den Schnee ziehen zu müssen. Die letzten Fahrer gehörten zur indischen Mannschaft. Trotz ihres exotischen Kopfschmuckes müssen die Hitze gewohnten Sportler barbarisch gefroren haben. Wegen dieser Witterungsunbilden wurde das Zeitlimit für Ankömmlinge mit mehr als einer Stunde nach dem Sieger außer Kraft gesetzt. Alle durften zur nächsten Etappe wieder starten – soweit sie konditionell und gesundheitlich in der Lage waren.

8.)
Auch einen Weltklassewettbewerb im Skisprung konnten wir erleben. Die Wismut stellte Busse für einen Sprunglauf auf der Aschbergschanze in Mühleithen Es war schon beeindruckend, die Skiadler aus nächster Entfernung zu beobachten. Packend war der Zweikampf zwischen dem Norweger Yggeseth und dem Thüringer Helmut Recknagel. Gewaltig war der Jubel, als der Sieger Recknagel hieß.

9.)
In die Breitenbrunner Zeit fiel auch der Geldumtausch vom 13. Oktober 1957. Er diente dem Abbau des Geldüberhanges, der sich angesammelt hatte, weil die Warendecke zu dünn war. Warenüberschuss gab es nur bei Ladenhütern, weil nach Plan und nicht nach Bedarf produziert wurde. Es wurden neue Geldscheine ausgegeben. Bargeld wurde nur bis zu einem Betrag von 300 Mark umgetauscht. Bei dieser Gelegenheit soll ein Lottobetrug aufgeflogen sein, der nie publiziert wurde. Es gab eine Lücke im System. Findige Leute hatten in die deponierten Lottoscheine einen Blanko-Schein geschmuggelt. Nach der Ziehung wurden die richtigen Zahlen beim Tipper und in der Aufbewahrung angekreuzt. Pech war nur, dass dieser Fünfer kurz vor der Umtauschaktion war – die Besitzer des Geldes kamen in Erklärungsnot. (Für sie wäre ein Verzicht besser gewesen und die Produktion eines neuen Fünfers. Aber die Gier siegte.) In Auswertung dieser Panne wurde beim VEB Zahlenlotto eine nicht manipulierbare Aufbewahrung der Kontrollscheine organisiert.

10.)
Großer Beliebtheit bei den Studenten erfreuten sich die Gaststätten der Umgebung. Die meisten Studenten besaßen viel Geld. Bei Bierpreisen von 0,48 bis 0,51 Mark je nach Preisstufe der Gaststätte für ein 0,33-l-Glas Bier war das auch für die Empfänger des Mindeststipendiums erschwinglich. Gaststätten gab es in großer Anzahl, die nach dem Rückgang der Beschäftigtenzahl im Schwarzwassertal mit den Studenten das Geschäft machten. Jede Kneipe hatte ihre Besonderheit und ihr Stammpublikum. Der ***„Grüne Baum“*** *– im Studentenjargon der „kahle Ast“ – war eine Gaststätte mit Fleischerei. Sie stand sehr hoch in der Gunst der Studenten. Mitunter gab es dort keine freien Plätze mehr. Die hausgemachte Wurst schmeckte vortrefflich.* ***„Adners Gasthof“*** *lag sehr weit im Oberdorf. Der lange Anmarschweg war obendrein noch mit der Überwindung eines beträchtlichen Höhenunterschiedes verbunden. Der Gasthof besaß einen großen Saal und die Wirtin verstand es, gut besuchte Tanzveranstaltungen zu organisieren. Dort sah ich das erste Mal eine sich drehende, mit Spiegeln bestückte Kugel, die umhergeisternde Lichtstrahlen bei Anstrahlung im Saal verstreute. Zu einer Faschingsveranstaltung war plötzlich bei der Polonaise eine Rutsche installiert, nach deren Benutzung sich die Paare abknutschen mussten. Manche Tänzer haben das Vergnügen mehrfach wiederholt.*
Weniger frequentiert war der ***„Ratskeller“****. Wenn wir dort einkehrten, dann nur wegen des guten Bauernfrühstücks. Während die ersten beiden Gaststätten privat betrieben wurden, war der Betreiber des Ratskellers die HO.*
Eine ebenfalls gut besuchte Gaststätte war das ***„Sportlerheim“*** *am Fußballplatz des Ortes. Eine Spezialität des Betreibers war der warme Knacker mit Semmel oder Brot für eine Mark. Davon verzehrten wir manchmal mehrere an einem Skatabend. Eine unangenehme Erinnerung verbindet sich mit dieser Gaststätte. Am Nachbartisch spielte eine Skatrunde aus einer Klasse der Ökonomiestudenten. Unter ihnen war ein „Hellseher“. Worauf sich dessen visionären Eingebungen begründeten, weiß ich nicht. Es war aber erschreckend, wie treffsicher dieser*

Mensch war. Mir war er unheimlich und ich habe deshalb seine Nähe später gemieden – es war mir zu gefährlich, dass meine Gedanken gelesen werden könnten. Er veranlasste die Teilnehmer seiner Runde, eine Karte aus dem Skatblatt zu ziehen, diese sich zu merken und diese für ihn nicht sichtbar wieder dem Blatt zuzustecken. Er mischte das Blatt nochmals, betrachtete die Karten und warf die gezogene Karte auf den Tisch. Das erweckte den Eindruck eines Taschenspielertricks, aber es war noch nicht das Ende seiner Vorführung. Er forderte einen Teilnehmer unserer Runde auf, intensiv an ein Kartenblatt zu denken (ohne dass ein Kartenspiel überhaupt auf den Tisch kam). Und wirklich, der Hellseher erriet diese Karte. Er merkte, dass ich sehr misstrauisch war und forderte mich auf, mir ebenfalls eine Karte zu merken. Ich konzentrierte mich zur Irritierung auf zwei Karten. Sein Ergebnis lautete: „Ich bin mir diesmal nicht ganz sicher, eine Schellkarte ist es bestimmt – aber es könnte die Sieben oder Acht sein.“ Dieser Volltreffer war mir unheimlich – erklären kann ich ihn bis heute nicht.

Auch Gaststätten im weiteren Umkreis wurden besucht. ***„Der AFFE“*** *in Steinheidel zwischen Breitenbrunn und Erlabrunn war in etwa einer Stunde zu Fuß zu erreichen. Die Attraktion war ein Orchestrion, das von einem Affen dirigiert wurde. Das Gerät wurde mit*

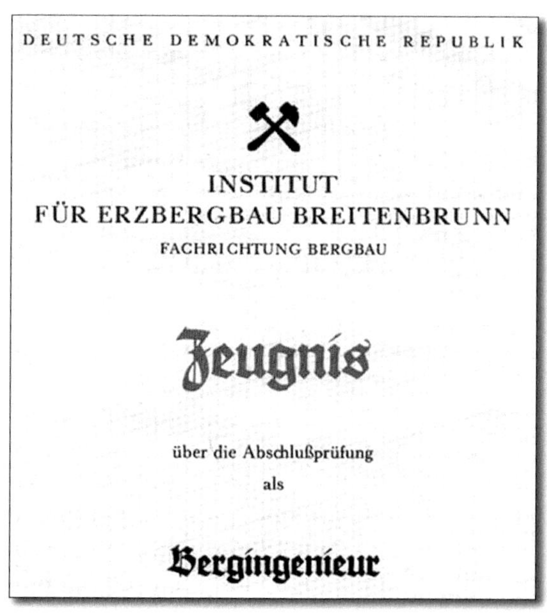

DEUTSCHE DEMOKRATISCHE REPUBLIK

INSTITUT
FÜR ERZBERGBAU BREITENBRUNN
FACHRICHTUNG BERGBAU

Zeugnis

über die Abschlußprüfung
als

Bergingenieur

B o m m h a r d t , Karl-Heinz

geboren am 2. 1. 36 in Rudolstadt

besuchte das Institut für Gangerzbergbau Breitenbrunn
vom 1. 10. 56 bis 31. 7. 1959

Am Ende des Studienjahres 1959 legte er die staatliche Abschlußprüfung ab und erhielt damit die Berechtigung, die Berufsbezeichnung

„Bergingenieur“

zu führen.

Auf Grund der Leistungen im Unterricht und in der Abschlußprüfung erhielt er von der Prüfungskommission das Prädikat

mit "gut" bestanden.

Abb. 201 Zeugnis (eigenes Dokument)

einer Handkurbel aufgezogen. Daraufhin setzten sich ein Gebläse und ein Antriebsmechanismus für einen endlosen Faltstreifen aus Pappe mit eingestanzten Löchern in Bewegung. Der Luftstrom brachte über die Löcher gesteuert verschiedene Membranen analog einer Mundharmonika zum Klingen. Der Affe beteiligte sich als Schlagzeuger am Konzert.
*Das **„Täumerhaus“** in Erlabrunn war an den Tanzabenden übervoll. Besonders die Kurzstudenten bahnten dort ihre Kontakte zu den Schwestern des Bergarbeiterkrankenhauses an.*
Selbst der Fußweg über den Berg ins Pöhlatal nach Niederglobenstein war nicht zu weit, weil der Brauereiausschank der Siegelbrauerei ein gutes Bier führte. Das ansonsten verbreitete Zwickauer Bier war nicht gerade ein Hochgenuss.

11.)
Eine Vergünstigung, die von den einflussreichen Sonderstudenten mit dem Objekt 90 der Wismut in Gera ausgehandelt wurde, kam auch uns Normalstudenten zugute. Sonnabends nach Unterrichtsschluss fuhr ein Bus nach Gera und montags früh von Gera nach Breitenbrunn. Die Entfernung betrug immerhin fast 100 Kilometer. Es fuhren zwar die unbequemen Busse des Typs SIS, aber für uns die schnellste Verbindung. Für die Zugfahrt hätten wir mindestens drei Stunden länger gebraucht und hätten sie außerdem noch bezahlen müssen. Der Fahrer wurde ständig zu Höchstleistungen des Motors angetrieben, weil einige Studenten in Gera auf Anschlusszüge in Richtung Saalfeld angewiesen waren. Besonders beliebt war ein älterer kleiner Busfahrer, ein wahrer Artist. Er soll schon als Fahrer im Reichsaußenministerium – sogar beim Chef – tätig gewesen sein.

Zum Abschluss des Studiums wurde der „Befähigungsnachweis“ ausgegeben. (Abb. 201)

3.6 Was aus uns geworden ist

Bei einer Recherche m Jahr 2003 musste ich mit Entsetzen feststellen, dass ich nur noch ganze sechs der ehemals 30 Schüler der Klasse 01-56-b erreichen konnte.

- 18 waren verstorben. Die Todesursachen waren überwiegend Spätfolgen der Wismuttätigkeit.
- Vier sind unauffindbar. Zwei Namen davon sind selbst in der Kombination mit dem Vornamen so häufig, dass eine Suche zur Sisyphus-Arbeit würde. Es gibt keine Anhaltspunkte über ihren Aufenthalt.
- Zwei siedelten in die BRD über. Einer wohnte bis zu seinem Tod 2008 in der Nähe von Ulm und der zweite in der Nähe von Salzgitter. Er verstarb bereits in den frühen 90-er Jahren.

Bereit vor Abschluss des Studiums wurden mit ausgewählten Studenten Vermittlungsgespräche geführt. Dafür kamen die Kaderleiter der interessierten Betriebe nach Breitenbrunn. Das Fußvolk wurde erst nach Abschluss der Prüfungen in die

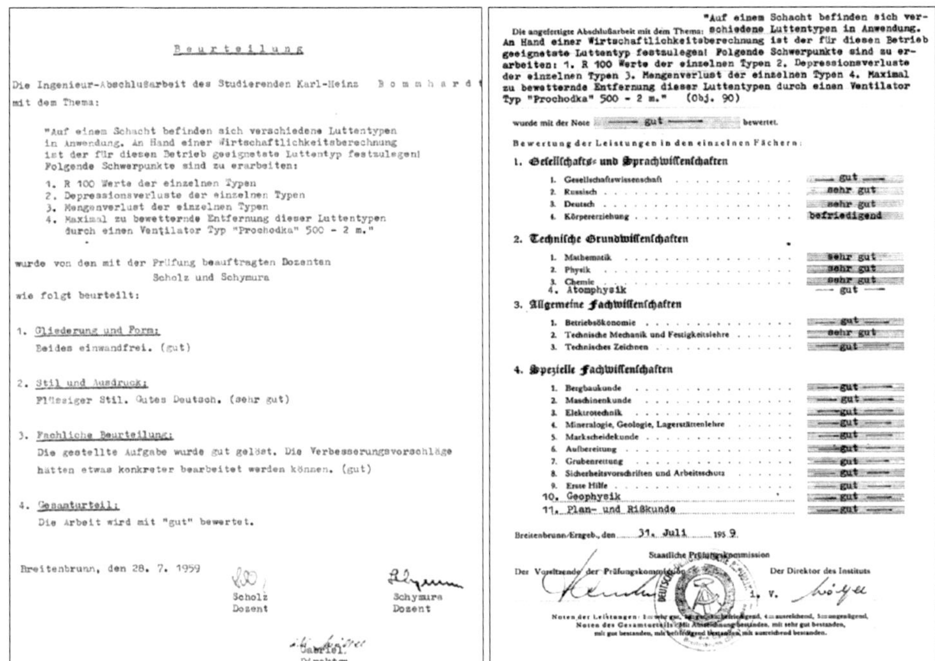

Beurteilung

Die Ingenieur-Abschlußarbeit des Studierenden Karl-Heinz B o m m h a r d t
mit dem Thema:

"Auf einem Schacht befinden sich verschiedene Luttentypen in Anwendung. An Hand einer Wirtschaftlichkeitsberechnung ist der für diesen Betrieb geeignetste Luttentyp festzulegen! Folgende Schwerpunkte sind zu erarbeiten:

1. R 100 Werte der einzelnen Typen
2. Depressionsverluste der einzelnen Typen
3. Mengenverlust der einzelnen Typen
4. Maximal zu bewetternde Entfernung dieser Luttentypen durch einen Ventilator Typ "Prochodka" 500 - 2 m."

wurde von den mit der Prüfung beauftragten Dozenten
Scholz und Schymura
wie folgt beurteilt:

1. Gliederung und Form:
Beides einwandfrei. (gut)

2. Stil und Ausdruck:
Flüssiger Stil. Gutes Deutsch. (sehr gut)

3. Fachliche Beurteilung:
Die gestellte Aufgabe wurde gut gelöst. Die Verbesserungsvorschläge hätten etwas konkreter bearbeitet werden können. (gut)

4. Gesamturteil:
Die Arbeit wird mit "gut" bewertet.

Breitenbrunn, den 28. 7. 1959

Scholz
Dozent

Schymura
Dozent

Gabriel
Direktor

Die angefertigte Abschlußarbeit mit dem Thema: "Auf einem Schacht befinden sich verschiedene Luttentypen in Anwendung. An Hand einer Wirtschaftlichkeitsberechnung ist der für diesen Betrieb geeignetste Luttentyp festzulegen! Folgende Schwerpunkte sind zu erarbeiten: 1. R 100 Werte der einzelnen Typen 2. Depressionsverluste der einzelnen Typen 3. Mengenverlust der einzelnen Typen 4. Maximal zu bewetternde Entfernung dieser Luttentypen durch einen Ventilator Typ "Prochodka" 500 - 2 m." (Obj. 90)

wurde mit der Note — gut — bewertet.

Bewertung der Leistungen in den einzelnen Fächern:

1. Gesellschafts- und Sprachwissenschaften

1. Gesellschaftswissenschaft	gut
2. Russisch	sehr gut
3. Deutsch	sehr gut
4. Körpererziehung	befriedigend

2. Technische Grundwissenschaften

1. Mathematik	sehr gut
2. Physik	sehr gut
3. Chemie	sehr gut
4. Atomphysik	gut

3. Allgemeine Fachwissenschaften

1. Betriebsökonomie	gut
2. Technische Mechanik und Festigkeitslehre	sehr gut
3. Technisches Zeichnen	gut

4. Spezielle Fachwissenschaften

1. Bergbaukunde	gut
2. Maschinenkunde	gut
3. Elektrotechnik	gut
4. Mineralogie, Geologie, Lagerstättenlehre	gut
5. Markscheidekunde	gut
6. Aufbereitung	gut
7. Grubenrettung	gut
8. Sicherheitsvorschriften und Arbeitsschutz	gut
9. Erste Hilfe	gut
10. Geophysik	gut
11. Plan- und Rißkunde	gut

Breitenbrunn/Erzgeb., den 31. Juli 1959

Staatliche Prüfungskommission

Der Vorsitzende der Prüfungskommission

Der Direktor des Instituts
i. V.

Noten der Leistungen: 1 = sehr gut, [illegible] befriedigend, 4 = ausreichend, 5 = ungenügend,
Noten des Gesamturteils: Mit Auszeichnung bestanden, mit sehr gut bestanden,
mit gut bestanden, mit befriedigend bestanden, mit ausreichend bestanden.

Abb. 202 Beurteilung Ingenieur-Arbeit (eigenes Dokument)

Kaderabteilungen der Objekte bestellt. Logischerweise gehörte ich zur Gruppe des Fußvolkes. Einige der „Experten“ waren mit der Arbeit in den Betrieben jedoch überfordert und wurden später nicht weiter gefördert.

Zur Prüfung wurden alle noch anwesenden Studenten zugelassen. Die schriftlichen Prüfungen fanden im Kultursaal statt. Die Prüfungsplätze waren so weit voneinander entfernt, dass man vom Nachbarn nichts erspähen konnte. Erschwert wurde das durch die Gruppenbildung. Außer Schreibgerät, Lineal, Rechenschieber und einer genehmigungspflichtigen Formelsammlung waren keine Hilfsmittel erlaubt. Das Papier war gestempelt. Die Anzahl der ausgegebenen Bogen wurde registriert. Das illegale, gestempelte Papier für die Unterstützung meines schwierigen Falles konnten wir vorher beschaffen. Prüfungsfächer waren „Technische Mechanik“ – ein harter Brocken – und Gesellschaftswissenschaft. Ein Student der Parallelklasse wurde wegen der Verwendung unerlaubter Hilfsmittel vom Studienabschluss ausgeschlossen. Zu einem späteren Zeitpunkt konnte er zu Prüfungen erneut antreten und bestand sie auch. Die Themen für die Ingenieurarbeiten wurden von den Bergbaubetrieben eingereicht. Für die Ingenieurarbeiten wurde ein Zeitlimit vorgegeben. Verlängerungsanträge wurden relativ großzügig bewilligt.

Mündliche Prüfungsfächer wurden je nach der Leistungseinschätzung des Einzelnen festgelegt. Ich war in den Fächern Gesellschaftswissenschaft, Betriebsökonomie und Aufbereitung dran. Die mündliche Verteidigung der Ingenieurarbeit war obligatorisch.

Die Bearbeitung des Themas meiner Ingenieurarbeit war eigentlich nur eine Farce. Von einer Arbeitsgruppe des Objektes 90 war bereits der generelle Einsatz von Blechlutten vorgesehen. Lutten sind Röhren, durch die von Ventilatoren Luft geblasen wird. Für mein Thema brauchte man nur noch ein „wissenschaftliches" Mäntelchen. Ich konnte gar nichts anderes nachweisen. Ich konnte lediglich eine kleine Lanze für wesentlich billigere Papplutten brechen. Sie hatten bessere R-100-Werte, aber dafür relativ hohe Mengenverluste, was sich negativ auf Energiekosten und maximale Bewetterungsentfernungen auswirkte. Wegen der flexibleren Verlegung sind die Papplutten jedoch nie völlig abgeschafft worden. Sie wurden im gleichen Betrieb hergestellt, der auch die Transportkübel für die Erzkonzentrate fertigte. Die Pappröhren unterschiedlicher Durchmesser waren imprägniert und beidseitig mit Blechstreifen eingefasst. Die Durchmesser der beiden Enden wichen geringfügig voneinander ab, sodass die Röhren problemlos mehrere Zentimeter ineinander geschoben werden konnten.
Prochodka 500-2m war die Bezeichnung für einen Axiallüfter mit einem 20-kW-Motor sowjetischer Produktion, der neben einem hohen Druck auch viel Lärm erzeugte. Dieser Lüftertyp wurde später von effektiveren, in Meißen hergestellten Typen abgelöst. „Prochodka" war die Typenbezeichnung, „500" stand für den Durchmesser von 500 mm für die anzuschließende Luttenleitung – damit war es möglich, eine große Wettermenge (Luftmenge) durch die Röhren zu schicken. „2m" stand für zwei Druckstufen zur Erzeugung eines hohen Druckes. An dieser Stelle eine Bemerkung zu den einen Meter langen Blechröhren (Lutten). Ein kleiner, schmächtiger Mensch hat es fertig gebracht, durch eine nicht angeschlossene mehrere Meter lange Leitung mit 500 mm Durchmesser zu kriechen. Eine unsinnige Wette und eine Horrorvision für Menschen mit Platzangst. Ich selbst bin lediglich durch einen Schuss (einen Meter lang) gekrochen, um das Terrain hinter einem Damm zu erkunden. Bei einem Meter Länge gab es noch genügend Überstand beiderseits der Enden der Röhren. Damit konnte man sich noch selbst abdrücken und vorziehen. Diese Möglichkeit hat man in der längeren Röhre nicht und Blechwände sind verdammt glatt. Das Vorwärtskommen geht dann nur noch zentimeterweise.
28 Studenten bestanden die Abschlussprüfungen und wurden zunächst zur Wismut vermittelt. Zwei Studenten kamen nicht bis zur Abschlussprüfung – in die weitere Betrachtung wurden sie mit einbezogen.
Neun haben die Wismut bereits kurz nach dem Abschluss verlassen. Von fünf ist mir die letzte Arbeitsstelle nicht bekannt. Die Abgänge von der Wismut setzen sich wie folgt zusammen:

1.)
Vier Absolventen gingen zum VEB Erdgas/Erdöl – einem zu dieser Zeit expandierenden Unternehmen. Der Norden der DDR wurde mit einem Netz von Erkundungsbohrungen überzogen, nachdem die Theorie einer hemmenden Schwelle zwischen dem westdeutschen Vorkommen und dem Norden der DDR ad absurdum geführt wurde. Aber vielleicht bestand diese Theorie auch nur, um Erkundungen östlich der Grenze zur DDR von vornherein zu unterbinden. Die anfänglichen Misserfolge schienen diese Theorie zu stützen. Am Reformationstag des Jahres

1960 fuhr ich mit vier weiteren Absolventen zu einem Schnuppertag nach Gommern. Dort war der Sitz des VEB Erdgas/Erdöl. Zu diesem Zeitpunkt war der Reformationstag in Thüringen und Sachsen noch Feiertag, in Sachsen-Anhalt nicht. Die Abschaffung als Feiertag erfolgte erst zu einem späteren Zeitpunkt. Für mich stand das Angebot als Messingenieur im Gothaer Bohrfeld, jedoch ohne eine Chance auf eine Wohnung. Dies und die nicht sehr üppige Bezahlung waren für mich Gründe genug, dieses Angebot nicht anzunehmen. Erdgasfunde im Gothaer Revier machten am 31. Juli 1958 Schlagzeilen in der DDR-Presse. Von zwei weiteren Teilnehmern dieser Exkursion, für die uns sogar die Fahrtkosten erstattet wurden, weiß ich, dass sie den Verlockungen ebenfalls nicht erlagen.

2.)
Ein Absolvent wechselte zur Obersten Bergbehörde der DDR nach Leipzig. Diese wurde zu diesem Zeitpunkt mit leitenden Kadern der Wismut besetzt.

3.)
Ein Ingenieur wechselte aus familiären Gründen in eine volkseigene Gießerei nach Eibenstock.

4.)
Ein Absolvent wurde Dozent in Breitenbrunn.

5.)
Für die beiden Absolventen ohne Parteidokument, die zum Objekt 09 nach Aue vermittelt wurden, gab es nach dem ersten Personalabbau in Aue plötzlich keine Arbeit mehr. Welch ein Zufall, dass keine Angebote aus dem prosperierenden Objekt 90 in Gera vorlagen. Zunächst fanden sie Arbeit in der Braunkohle im Leipziger Raum. Noch rechtzeitig, bevor der Fluchtweg dicht gemacht wurde, verließen sie die DDR. Einer wurde Architekt, wobei ihm seine Kenntnisse über Messgeräte aus der Wehrmachtszeit und einer Interimszeit in der Markscheiderei in Johanngeorgenstadt sehr dienlich waren. Der andere arbeitete bis zu seinem Ableben in einer Kaligrube im Gebiet Salzgitter.

Die restlichen 16 bei der SDAG Wismut verbliebenen Absolventen arbeiteten (überwiegend):

- drei im WTZ (Wissenschaftlich-Technisches Zentrum) der Wismut,
- zwei in Bergbaubetrieb Königstein,
- zwei im Bergwerk Schmirchau,
- zwei bei der ASI Wismut
  (Arbeitsschutzinspektion = gewerkschaftliches Kontrollorgan),
- zwei im Bergbaubetrieb Aue,
- zwei in einem Tagebaubetrieb,
- einer im PBW (Projektierungsbetrieb Wismut),
- einer in einem anderen Bergbaubetrieb im Ronneburger Raum,
- einer in der Betriebsberufschule Gera der Wismut.

Nach dem Einsatz am Ende ihrer beruflichen Laufbahn kann man die Absolventen wie folgt einschätzen:

- sechs Absolventen in gehobener Stellung: Hauptingenieur, Projekthauptingenieur, Bereichsleiter und drei Abteilungsleiter,

- sechs Absolventen in mittlerer Leitungsfunktion: drei Revierleiter und drei Sicherheitsinspektoren,
- zehn in unteren Leitungsfunktionen: zwei Steiger, zwei Dozenten und sechs sonstige Mitarbeiter,
- ein freiberuflicher Architekt,
- sieben Absolventen: Einsatz unbekannt.

Nach ihrem letzten Wohnsitz verteilen sich die Absolventen wie folgt:
- fünf in Gera,
- vier im Erzgebirge,
- drei in Chemnitz,
- zwei in Pirna,
- je einer in Dresden, Leipzig, Mittweida, Gommern, Mittenwalde, Ulm und Salzgitter
- für neun ist er unbekannt.

Nur zu elf von den ehemaligen Klassenkameraden unterhielt ich nach der Studienzeit einen angestrebten Kontakt. Zu vierzehn Mitschülern hatte ich keinen Kontakt nach dem Studium. Das hatte seine Ursache nicht nur in der räumlichen Trennung. Zum Rest war jedoch der arbeitsbedingte Kontakt nicht zu vermeiden.
Auch unter den Studenten von Breitenbrunn entpuppten sich einige als „schwarze Schafe“.
- Ein Student des Siebenmonate-Lehrgangs setzte sich in die BRD ab. Per Aushang im Schulgebäude wurde ihm die Berufsbezeichnung Bergingenieur aberkannt. Einige Jahre später traf ich ihn in Gera. Wir kamen ins Gespräch. Er war zurückgekehrt und arbeitete im VEB Dolomitwerk Wünschendorf. Die Aberkennung war nicht wirksam geworden, er hatte auch nichts davon erfahren.
- Ein ebenfalls sehr zackiger Kommandeur einer anderen Hundertschaft der Kampfgruppe wurde nach Verlassen der Schule als ehemaliger SS-Mann entlarvt. Damit war auch seine Karriere beendet. Er hatte seine Zugehörigkeit nicht offengelegt. Andere ehemalige Angehörige der SS brachten es nicht nur zu hohen Staatsauszeichnungen (Nationalpreis), sondern auch zu einflussreichen Stellungen. Ihre Mitgliedschaft stand in der Personalakte und wurde nicht popularisiert.
- Ein Bergingenieur war als Revierleiter eingesetzt und wurde als Gegner des Aufbaus des Sozialismus überführt. Nachdem man bei ihm eine Handfeuerwaffe gefunden hatte, wurde er zu einer Haftstrafe verurteilt.
- Ein Absolvent wurde wegen Abrechnungsbetrug bei der Entlohnung der Hauerbrigaden zu einer Haftstrafe verurteilt. Da dieses Delikt nur bestraft wurde, wenn eine Anzeige vorlag, war er sicherlich einer der wenigen Verurteilten. Wegen des Deliktes „Abrechnungsbetrug“ hätte jeder staatliche Leiter, der Leistungen bei Bergarbeiten abzurechnen hatte, bestraft werden können. Nach seiner Rehabilitation wurde Dieter wieder ein angesehener Bergmann und staatlicher Leiter. Er kannte seinen „Anschwärzer“, einen Normierer. Als dieser bei einem Verkehrsunfall tödlich verunglückte, war ich über Dieters großmütige Reaktion erstaunt. Er sagte nur „Friede seiner Asche!“

- Ein weiterer Absolvent outete sich während seiner Zeit als Schachtleiter als „Hattenhausen“. Er wer ein Entblößer.

Das sind nur die wenigen Beispiele, die mir bekannt wurden. In der Kaderschmiede der Wismut wurden eben nicht nur elitäre, von sozialistischem Bewusstsein strotzende Ingenieure ausgebildet.

Abschließend möchte ich die Ausbildung am „Institut für Erzbergbau“ einer persönlichen Bewertung unterziehen. Die gesamte Ausbildung kann man mit „gut“ oder überdurchschnittlich einschätzen. Mit einem „sehr gut“ schneiden dabei die technischen und naturwissenschaftlichen Fächer Bergbaukunde, Aufbereitung, Maschinenkunde, Markscheidekunde, Elektrotechnik, Technische Mechanik, Plan- und Risskunde, Geophysik, Atomphysik, Erste Hilfe, Mineralogie, Lagerstättenkunde und Mathematik ab. Mit „gut“ kann man die gesellschafts- und sprachwissenschaftlichen Fächer Deutsch, Russisch, Betriebsökonomie sowie die Fächer Technisches Zeichnen, Grubenrettungswesen und Physik bewerten. In die Kategorie „unbefriedigend“ fallen die Fächer Chemie (wegen fehlendem Bezug zur Praxis), Sicherheitsvorschriften und Arbeitsschutz (wegen absoluter Konzeptionslosigkeit des Dozenten) und Gesellschaftswissenschaft (wegen der dogmatischen Herangehensweise der Dozentin).

Auch hinsichtlich der Exkursionen wurde den Studenten viel geboten. Exkursionen zu den Bohrfeldern der Erdölerkundung, in den Steinkohlebergbau, ins Mansfelder Revier, zu Aufbereitungen für Flussspat in den Harz und für Erze ins Erzgebirge, geologische Exkursionen zum Bodendenkmal Schneckenstein im Vogtland (damals noch frei zugängiger Aussichtspunkt) und zur Mineraliensammlung der Bergakademie Freiberg gehörten ebenso dazu wie der Besuch der Großbaustelle Rapp-Bode-Talsperre und der Versuchsanlage „Reiche Zeche“ in Freiberg. Neben der Bleiblockausbauchung als Kennwert für die Wirksamkeit eines Sprengstoffes wurde uns dort auch die Explosibilität von Braunkohlenstaub vorgeführt. In einen Luftstrom wurde eine kleine Schaufel dieses Staubes geschüttet. Die Wirkung war gewaltig. Länger als 10 Meter war die Stichflamme bei der Explosion. Natürlich hatten die Wissenschaftler aus Freiberg die optimale Mischung zur Anwendung gebracht. Auf der Flussspatgrube Rottleberode konnten wir die archaische Technologie des Klaubens kennen lernen. Mehr als zehn Frauen saßen um einen langsam rotierenden Klaubetisch und trennten mit den Händen den Flussspat vom Gestein. Das war echte „Handverlesung“.

Anwendungsbereites Wissen wurde in ausreichendem Maße vermittelt, was jeder Einzelne daraus gemacht hat, lag an ihm selbst. Nicht jeder war in der Lage, vermitteltes Wissen auch anzuwenden. Einigen wurde auch keine Gelegenheit gegeben, das Wissen anzuwenden. Aber das ist bei jeder Ausbildung so. Im Vergleich ist der Anteil des angewandten Wissens aus der Breitenbrunner Zeit größer als der aus der Oberschulzeit. An der Oberschule war das Ausbildungsspektrum viel breiter, damit sollte die Grundlage für viele Fachrichtungen gelegt werden. Am Institut ging es nur um Bergbau. Und dieser Aufgabe wurde die Ausbildungseinrichtung gerecht.

4 Rückkehr in das gewachsene Zentralbergwerk Schmirchau

4.1 Assistentenzeit ist eine wirksame Ergänzung des Studiums

Es war in der Zeit, über die in der Chronik der Wismut im Kapitel 2.2.14.1 „Bergbaubetrieb Schmirchau“ auf Seite 8 zu lesen ist: „Es dauerte bis 1959, bevor der Leitung des Bergwerkes Schmirchau mit der Auslieferung des Projektes zum systematischen und großräumigen Aufschluss des Zentralteiles der Lagerstätte ausschließlich durch Kammer- und Pfeilerbau für die 180-, die 210- und die 240-m-Sohle, ein ausgereiftes Schema zur Gewinnung des wohl größten zusammenhängenden Erzfeldes im Thüringer Raum ausgehändigt wurde und die Vorrichtung der Abbaublöcke einem strengen Regulatorium unterworfen wurde.“
Die zum Objekt 90 vermittelten Absolventen der Kaderschmiede fanden sich Anfang September 1959 in der Objektverwaltung in Gera ein. Der Objektleiter fand persönlich Zeit, uns zu begrüßen. Er sprach mit markigen Worten von den Aufgaben des Objektes 90 im Rahmen des Industriezweiges und den Erwartungen an uns frischgebackene Ingenieure. Der damalige Objektleiter war vorher ein verdienstvoller Jugendbrigadier, der in einem Industriestudium auf höhere Aufgaben vorbereitet wurde. Das war eine gängige Methode, um gehobene Leitungsfunktionen mit linientreuen Kadern aus der Produktion besetzen zu können. Aber der Genosse Horst dankte das Partei und Regierung nicht. Er setzte sich rechtzeitig vor dem 13. August 1961 in den Westen ab. Etwa zeitgleich mit ihm fehlte auch der Hauptdispatcher des Objektes 90. Eine Verabredung erschien nicht sehr wahrscheinlich, das Risiko wäre für jeden der beiden zu groß gewesen. Genosse Horst soll sich nach seiner Ankunft im Westen auch weiterhin mit der Wismut beschäftigt haben. In Hamburg war oder wurde eine Institution etabliert, die den Gehalt an radioaktiven Bestandteilen in der Elbe beobachtete. Alle zu dieser Zeit noch ungeklärten Abwässer der Wismutbetriebe wurden über die Elbe entsorgt. Diese Institution hatte eine ähnliche Aufgabe wie sie der DDR-Autor Schreyer in seinem Buch „Alaskafüchse“ schilderte. Eine Staffel der US Navy war ständig über der Arktis in der Luft, um Luftproben einzufangen. Damit konnte die Erhöhung der Strahlungsintensität – verursacht durch sowjetische Atombombenexperimente im Gebiet der Inseln Nowaja Semlja – analysiert werden. Die Flugzeuge fingen entsprechend der Windrichtung außerhalb des Hoheitsgebietes der UdSSR mit Schleppsäcken Luftproben ein, um Größe und Ort der durchgeführten Experimente zu ermitteln zu können. Ähnlich soll mit den Wasserproben verfahren worden sein.
Nach der Republikflucht der beiden Wirtschaftsfunktionäre wurde gemunkelt, dass die täglichen Produktionsmeldungen den interessierten Stellen in der BRD aktuell vorgelegen haben sollen. Das soll sogar über einen betrieblichen Telefonanschluss erfolgt sein. Mir ist es schleierhaft, wie eine telefonische Übermittlung über einen längeren Zeitraum funktioniert haben soll. Die Wismut hatte eine eigene Telefonabteilung. An das Betriebsnetz kam die Deutsche Post nicht heran und

die Leiter der Abteilungen waren besonders durchleuchtet bzw. waren bei der Firma „Horch und Guck“, wie die Stasi bezeichnet wurde.
Nachdem der Objektleiter seine zündende Rede gehalten hatte, nahmen uns die Kaderleiter der einzelnen Betriebe in Empfang. Jetzt gab es eine garstige Überraschung für mich. Herbert, der ehemalige Geophysiker, war in der Zwischenzeit zum Kaderleiter avanciert. Da ahnte ich nichts Gutes. Die Einschätzung der Kaderschmiede über meine Aktivitäten hatte er bestimmt mit Freude gelesen und seine Schlussfolgerungen daraus gezogen. Drei Absolventen wurden nach Schmirchau vermittelt. Walter und ich kamen aus diesem Betrieb – Günther arbeitete vorher im Erzgebirge als Hauer. In Schmirchau wurden wir wiederum gebührend empfangen und nach unseren Einsatzwünschen befragt. Günther und ich machten einen entscheidenden Fehler. Wir meldeten Interesse am Abbau an. Abbau ist der eigentliche Zweck des Bergbaus und macht den übergroßen Teil der Bergarbeiten aus. Walter meldete Ambitionen für den Vortrieb als Voraussetzung zur Durchführung der Abbauarbeiten an. Wir wurden für ein Jahr als Assistenten eingestellt und erhielten einen Durchlaufplan. Ich betrachtete diese Maßnahme als sehr sinnvoll, konnte ich doch wichtige Abteilungen im Betrieb jeweils einen Monat lang kennen lernen. Sehr wertvoll für mich waren die Markscheiderei (Bergvermessung), die Wetterabteilung (Grubenbewetterung) und die Bohr- und Sprengabteilung. Das waren Spezialabteilungen, in denen ich als Assistent viel lernen konnte, weil sie Neuland für mich waren. Weniger interessant war es in zwei Abbaurevieren, weil ich mir dort ständig selbst eine Beschäftigung suchen musste, da das Leitungspersonal sich immer im Stress befand, der oft hausgemacht war. Überhaupt keinen Gefallen konnte ich an der Arbeit in der Dispatcherei, in der Sicherheitsinspektion und im BfN (Büro für Neuererwesen) finden. Aber die Entwicklungsmöglichkeiten im Betrieb waren nicht nur von dem eigenen ideologischen Leumund, von den Fähigkeiten und der Eignung, sondern auch von Glücksumständen abhängig.
Genosse Walter hatte das Glück gepachtet. Die Entscheidung für den Vortrieb erwies sich als vorteilhaft. Das lag nicht nur daran, dass in den Revieren mit Gleisvortrieb die Planaufgaben fast immer erfüllt werden konnten. Für sie gab es eine über den Monat hinausgehende Perspektive, die Brigaden waren gefestigt und arbeiteten in gleicher Zusammensetzung unter nahezu konstanten Bedingungen. Der Revierleiter konnte damit über die Tagesaufgaben hinaus den Arbeitsablauf über lange Zeiträume organisieren.
Im Vortriebsrevier gab es personelle Veränderungen. Zunächst fiel ein Steiger aus und dann wurde der Revierleiter zu einem Sonderstudium Jura delegiert. Walter wurde Revierleiter, als wir noch mit der Abarbeitung unseres Durchlaufplanes beschäftigt waren. „Jungelchen“, wie der damalige Obersteiger Walter mehr oder weniger liebevoll nannte, sollte es mit Unterstützung durch die Parteileitung noch weit bringen. Der Aufschluss der unteren Sohlen wurde forciert, um neue Felder zu erschließen. Es war zu der Zeit, als bei der Wismut noch Schnellvortriebe entgegen jeglicher ökonomischen Vernunft organisiert wurden. Walter war in diesem Schnellvortrieb eingebunden, der einen Weltrekord im Vortrieb auf nur einem Vortriebsort aufstellen sollte. Der Schnellvortrieb arbeitete in vier Schichten und

es wurde vor Ort abgelöst. Die Arbeitsbedingungen für die Hauer wurden optimal gestaltet: schwedischer Bohrstahl (sonst Mangelware) stand ständig zur Verfügung und die erforderlichen leeren Hunte, um die bei anderen Brigaden gerungen werden musste, standen einschließlich dem dazugehörigen Lokfahrer immer ausreichend bereit. Hilfskräfte für Transport, Ausbauarbeiten und Schienenlegen sowie die Sprengmeister standen immer Gewehr bei Fuß. Die Beteiligten am Schnellvortrieb wurden internatsmäßig im Nachtsanatorium untergebracht. Damit war gesichert, dass bei eingeschränktem Alkoholgenuss und ausreichendem Schlaf die volle Leistung von den Kumpels verlangt und gebracht werden konnte. In jeder Schicht gab es einen Parteibeauftragten, der für die politische Motivierung zu sorgen hatte. Das Vorhaben wurde mit Erfolg und viel Trara abgeschlossen. Bei der Vermessung soll es jedoch einige Mogeleien bezüglich der Arbeit auf Reservebetriebspunkten gegeben haben. Über die Beteiligten ging ein warmer Regen an Auszeichnungen und Prämien nieder. Einige Drittelführer (oder besser: Viertelführer – die Schicht dauerte für die Beschäftigten im Schnellvortrieb sechs Stunden und es wurde vor Ort abgelöst) konnten sich zum später erfolgreichen Hauerbrigadier profilieren. Für Walter ebnete die Mitverantwortung für dieses Vorhaben den Weg nach oben. Er wurde der jüngste Obersteiger und später der älteste diensthabende Obersteiger der Wismut. Mit fünfzig Jahren, mit der Bergmannsrente, verließ er in den 80-er Jahren auf eigenen Wunsch die SDAG Wismut und wurde Mitarbeiter eines Forstwirtschaftsbetriebes im Erzgebirge.
Die Schnellvortriebsbewegung besaß in den Anfangsjahren der Wismut große Bedeutung und hatte auch eine Berechtigung. Vorräte waren zu dieser Zeit immer knapp bemessen und beim Aufschluss von Lagerstätten spielte der Faktor Zeit eine große Rolle. Es war oft eminent wichtig, auf bestimmten Strecken schnell voran zu kommen. Es war wichtig in eine Richtung hohe Vortriebsleistungen zu erreichen, um Ansatzpunkte für weitere Arbeiten oder Aussagen über geologischen Verhältnisse zu erreichen.
Zu den Pionieren dieser Bewegung gehörte der Hauerbrigadier Hans Kolm. Bereits als Drittelführer der Brigade Mosel hatte er Anteil an Wismutrekorden im Vortrieb. Nachdem er diese Brigade übernommen hatte, überbot er alte Leistungen im April 1954 mit über 400 m und im September mit den dargestellten 461,3 m. Er arbeitete in einem Stollen im Pöhlatal bei Tellerhäuser.

Der triumphale Empfang am Stolleneingang auf der Förderbrücke ist fotografisch festgehalten worden. Zu den Bildern:

Teil 1 oben:
Beim Befestigen der Porträts hing der Genosse Stalin nicht zufällig höher als Wilhelm Pieck und Otto Grotewohl. Auf dem Spruchband steht die Losung: „Macht die Produktionsberatungen zu Schulen des sozialistischen Aufbaus“. Losungen waren aus dem Leben in der DDR nicht wegzudenken. Es gab sie zu allen Anlässen und an allen Orten.

Teil 1 unten:
Zielstellung war die Überbietung des alten Vortriebsrekords von 401 Meter. Werbewirksam ist der letzte Zug mit vollen Hunten, dem eine Lok vorgespannt ist, vor dem Stolleneingang postiert.

Abb. 203/1 Empfang für die Hauerbrigade Teil 1 (Sammlung Rudolf Lange, Gera)

Teil 2 oben:
Der Brigadier verlässt hinter einem Zug mit vollen Hunten den Stollen. Zur Begrüßung durften sogar ein Empfangskomitee der Patenklasse und die Ehefrau des Brigadiers das Schachtgelände betreten. Neuer Rekord: 465,3 Meter.

Teil 2 unten:
Solche Spitzenleistungen sind nicht allein vom Hauerkollektiv zu vollbringen. Bergbau ist immer Teamwork. Ohne die Unterstützung von anderen Gewerken und vom Ingenieur-Technischen Personal gelingt so etwas nicht. Und zum politischen Selbstverständnis in der DDR gehörte, nur unter Führung der Partei sind solche Erfolge zu erringen.
Hans wurde 1955 am Jahrestag der DDR mit acht weiteren

Abb. 203/2 Empfang für die Hauerbrigade Teil 2 (Sammlung Rudolf Lange, Gera)

Wismutangehörigen mit dem Nationalpreis für Wissenschaft und Technik erster Klasse ausgezeichnet. In der veröffentlichten Begründung hieß es: „Die Auszeichnung erfolgt für hervorragende, beispielhafte Leistungen im Schnellstreckenvortrieb, durch die die 400-m-Grenze nicht nur erreicht, sondern weit überschritten wurde.“ Er hat es verdient und er ist nicht abgehoben. Ich lernte ihn ein Jahr danach beim Studium kennen. Vier der neun Mitglieder der ausgezeichneten Gruppe aus verschiedenen Betrieben der Wismut lernte ich später persönlich kennen. Als Nomenklaturkader – als Staatsausgezeichneter gehörte Hans zu dieser Kategorie der Wismutangehörigen – stand er unter besonderer Obhut der Gebietsparteileitung der SED. Folgerichtig wurde er nach Abschluss des Studiums beim Stellenangebot besonders bedacht. 1967 gehörte er zu den Initiatoren meiner Berufung zum im Aufbau befindlichen Bergbaubetrieb Königstein. Er war Leiter des Grubenbereiches und hatte großen Einfluss auf betriebliche Entscheidungen. Durch Veränderung der Betriebsstruktur trennten sich unsere Wege. 1977 wurde ich sein Stellvertreter – er war in der Zwischenzeit in eine noch einflussreichere Position gewechselt. Er hat mir als Jüngeren viel gegeben. Sein Motto war „Fordern und Fördern“ oder umgekehrt. Bei der ersten Aussage war er unnachgiebig und manchmal auch wenig maßvoll. Bei der zweiten jedoch war er – wenn er den Leistungswillen erkannt hat – auch zu viel Unterstützung bereit. Er war ein guter Leiter und eines der wenigen Vorbilder. Auch wenn ich sein Niveau der sozialistischen Menschenführung und Disziplin nie erreichen konnte.

Nationalpreis für sozialistische Großtat

Jugendbrigade Hans Bleisch erfüllte ihre Planauflage des Fünfjahrplans

(ADN/SZ) In einer Rekordzeit von etwas mehr als zwanzig Monaten hat die Jugendbrigade des Helden der Arbeit Hans Bleisch vom Sächsischen Erzbergbau in Johanngeorgenstadt in den Morgenstunden des Dienstags ihre gesamte Planauflage des Fünfjahrplans erfüllt. Die jungen Kumpel lösten mit dieser sozialistischen Großtat, die sie durch Rationalisierung und Mechanisierung ihrer Arbeit auf der Grundlage von Kowaljowstudien errangen, ihre Verpflichtung, das Planziel zu Ehren des XIX. Parteitages der KPdSU (B) bis zum 25. September zu erfüllen, um neun Tage vorfristig ein.

Die Einwohner der Bergarbeiterstadt Johanngeorgenstadt bereiteten den jungen Arbeitshelden einen triumphalen Empfang. Als sie in den Nachmittagsstunden aus dem Schacht ausfuhren, war ganz Johanngeorgenstadt auf den Beinen. Signale der Grubenloks und Werksirenen hallten über die Stadt und verkündeten das Ende der Schicht der Jugendbrigade. Auf den Straßen und Plätzen jubelten viele Tausende den jungen Kumpeln zu und begleiteten sie zum neuerbauten Sportplatz am Stadtrand von Johanngeorgenstadt. Auf diesem Sportplatz wurde die Jugendbrigade von zahlreichen Betriebsdelegationen der benachbarten Schächte und einer Abordnung von Zwickauer Steinkohlenkumpeln, unter der sich der Initiator der Neuererbewegung im Steinkohlenbergbau, Franz Franik, befand, begeistert empfangen.

In seiner Glückwunschansprache bezeichnete der Vorsitzende der Gewerkschaftsorganisation von Johanngeorgenstadt, Libor, den 16. September 1952 als einen Ehrentag für alle Werktätigen der Republik. „Der stolze Erfolg der Brigade Bleisch dokumentiert die Stärke des Weltfriedenslagers und ist uns ein leuchtendes Vorbild, um uns mit dem gleichen Elan für die Erringung der Einheit unseres Vaterlandes und den Aufbau des Sozialismus in der Deutschen Demokratischen Republik einzusetzen." Im Auftrage des Gewerkschaftsvorstandes überreichte er jedem der sechs Brigademitglieder einen wertvollen Rundfunkapparat.

Der 1. Vorsitzende des Zentralvorstandes der IG Wismut, Werner Lukas, gab unter dem stürmischen Beifall der versammelten Bergarbeiter bekannt, daß der Ministerrat der Deutschen Demokratischen Republik, entsprechend einem Antrag des Zentralrates der Freien Deutschen Jugend, beschlossen hat, die Mitglieder der Jugendbrigade Bleisch in Anerkennung ihrer hervorragenden Leistungen mit dem Nationalpreis 1952 auszuzeichnen.

Brigadier Held der Arbeit Hans Bleisch betonte in seinen Dankesworten, daß es die sowjetischen Ingenieure gewesen sind, die durch ihr Beispiel die Voraussetzung für die vorfristige Erfüllung des Fünfjahrplans seiner Brigade geschaffen haben.

Der amtierende Ministerpräsident Heinrich Rau übermittelte der Brigade Bleisch noch am Dienstag folgendes Telegramm: „Herzliche Gratulation zur heutigen Erfüllung des fünften Jahresproduktionsplans der Brigade im Fünfjahrplan."

In einem Schreiben an Präsident Wilhelm Pieck und an Generalissimus Stalin versichern die Kumpel von Johanngeorgenstadt, sich die Leistungen der Jugendbrigade Bleisch zum Vorbild zu nehmen und den gesamten Jahresplan 1952 bis zum 35. Jahrestag der Großen Sozialistischen Oktoberrevolution zu erfüllen.

Abb. 204 Artikel in der SZ vom 18. September 1952 (Sächsische Zeitung)

Mit den Schnellvortrieben wurde aber auch viel Selbstbefriedigung und Effekthascherei betrieben. Es gab Beispiele für unsinnige Großtaten. Hier eine davon:
Die Brigade Bleisch erfüllte den Fünfjahrplan (60 Monate) in der Rekordzeit von etwas mehr als zwanzig Monaten. Eingeweihte konnten nur lächeln. Eine derartige Normerfüllung ist einfach nicht möglich – schon gar nicht über eine so lange Zeit. Dieser Rekord wurde im Abbau aufgestellt. Im Abbau wurde Erz gewonnen. Erzgewinnung im Revier von Johanngeorgenstadt erfolgte selektiv. Erz durfte nicht gesprengt werden. Nur das taube Nebengestein durfte zur Freilegung des Erzes gesprengt werden. Erz wurde mit dem Presslufthammer aus dem Gebirgsverband gelöst und von Hand in Erzkisten verlesen. Mit dieser Arbeit konnte keine Norm erfüllt werden – das Geld brachte die Erzprämie. Wenn eine Brigade m^2 „schruppte", war das nur im erzfreien Teil eines Ganges möglich. Aber auch das allein erklärt die Leistung noch nicht. Die abgebaute Gangfläche war bei dieser Großtat nicht in jedem Fall nachmessbar. Die Brigade war schneller als die Vermesser. Insider wussten, dass nicht die gesamte angegebene Gangfläche abgebaut war.
In diese – vorsichtig ausgedrückt – Manipulation müssen leitende Mitarbeiter wie Schachtleiter, Obersteiger, Hauptgeologe und Hauptgeophysiker involviert gewesen sein. Auf dem Block war ganz einfach keine Erzgewinnung geplant. Der TKO (für die Einhaltung der Instruktion für die Erzgewinnung zuständig und zu Zeiten der SAG Wismut immer Angehörige des Geheimdienstes) war ein sowjetischer Mitarbeiter. Ich habe nur wachsame Mitarbeiter dieser Abteilung kennen gelernt. Das einzig wirklich Positive an der Aktion war, dass mit hoher Wahrscheinlichkeit ganze Blockteile nicht gewonnen wurden – also kein Material für diesen Teil des Abbaublockes verbraucht wurde. Im Übrigen war es nicht nur Betrug, sondern auch Vergeudung von Arbeitszeit und Material. In anderen Fällen war so etwas schlicht und einfach Sabotage. Zweifel an dieser Großtat wurden nicht öffentlich gemacht. Selbst unter ehemaligen Markscheidern gibt es unterschiedliche Auffassungen, ob eine Manipulation der Ergebnisse möglich gewesen sei.
Im Bergwerk Schmirchau gab es im Frühjahr 1957 eine echte Spitzenleistung. Die Brigade Hirth erzielt im Blockgebiet 22/24 eine bis dahin nicht erreichte Leistung von über 8.000 m^3 Abbau in einem Monat. Auch hier waren auf dem Gruppenfoto neben den Brigademitgliedern wieder „Unbeteiligte" zu sehen. Aufgefallen ist mir der Parteisekretär, der auf dem Foto am rechten Bildrand zu sehen ist. Bei der Aufnahme stand er natürlich – wie es sich für einen Parteisoldaten gehört – links. Alte Bekannte sind weiterhin der spätere Obersteiger und Schachtleiter Martin (der Herr mit dem markanten Gesicht in der Mitte der vorderen Reihe), rechts neben ihm der Revierleiter (mein späterer Revierleiter) und der Brigadier rechts hinter Martin. Die Brigade Hirth war 1956 aus dem Bergbaugebiet um Aue nach Schmirchau versetzt worden und hatte in den Anfangsmonaten erhebliche Probleme mit den bergtechnischen Bedingungen im Thüringer Raum. Bei der Auffahrung der Feldstrecke 5 wurde eine gesamte Monatsleistung als „Brack" bewertet. Brack war die aus dem Russischen übernommene Bezeichnung für Ausschuss. Brack wurde nicht bezahlt. Wenn es nur Teile der Bergarbeiten betraf, war das zwar auch eine Lohneinbuße, die aber verkraftbar war. Ich kann

Abb. 205/1 Ehrung der Spitzenbrigade (Foto Gerhard König, Gera): Der Sohlenobersteiger klopft sich nach vollbrachter Leistung selbst auf die Schulter. Der Revierleiter ist dabei ein genauer Beobachter.

Abb. 205/2 Ehrung der Spitzenbrigade (Foto Gerhard König, Gera): Ein Gruppenfoto der Hauerbrigade garniert mit anderen Beteiligten und Unbeteiligten. Zwischen Revierleiter und Sohlenobersteiger wurde Martin, der Obersteiger des Betriebes postiert. Das ist der Herr mit dem markanten Gesicht. Partei- und Gewerkschaftsleitung dürfen auf dem Bild natürlich auch nicht fehlen.

mich nicht erinnern, wie die Bezahlung der Brigade bei einer Brackierung der gesamten Monatsleistung erfolgte. Auch das Aufsichtspersonal wurde wegen mangelhafter Kontrolle zur Verantwortung gezogen. Der Vortrieb der Brigade konnte nicht abgerechnet werden und fehlte an der Planerfüllung in der wichtigen Position GKR (Berginvestarbeiten und somit Bestandteil der Warenproduktion). Das Kollektiv fand sich danach besser mit den Verhältnissen zurecht und wurde zu einer Spitzenbrigade.

Zurück zur Assistentenzeit. Auch Genosse Günther machte das Assistentenjahr nicht voll. Seine letzte Tätigkeit als Assistent war in einem Revier, dem ebenfalls ein Steiger abhanden gekommen war. Günther war einige Jahre Steiger und übernahm dann selbst das Revier. Dabei geriet er in eine Pechsträhne. Nach zwei schweren Unfällen wurde er aus der Schusslinie genommen und in der Etappe beschäftigt. Er arbeitete viele Jahre im BfN. Diese betriebliche Sorge um verdienstvolle Mitarbeiter nach besonderen Vorkommnissen ist mir später noch einige Male begegnet und ich fand sie sehr gut. Ich habe aber auch erlebt, wie diese Fürsorge unbequemen Steigern verwehrt wurde und sie beim nächsten Ereignis mit der Bestrafung nicht mehr so glimpflich davonkamen. Sie galten dann als Wiederholungstäter. Auf Grund der Gesetzgebung und der Theorie von der Vermeidbarkeit von Unfällen gemäß der marxistischen Erkenntnistheorie musste das aufsichtsführende ITP (Ingenieur-Technisches Personal) immer eine Mitschuld an derartigen Vorkommnissen tragen.

In meiner Assistentenzeit erlebte ich einige Episoden, die mir in Erinnerung blieben:

1.)

Meine erste Aufgabe bekam ich gemeinsam mit dem Assistent Günter. In der ersten Septemberwoche 1959 begegneten wir Genossen Gorbatschow. Damals war der Name noch nicht so berühmt. Außerdem hieß er Nikolai und nicht Michail. Er war ein Kämpfer, der alles erzwingen wollte, war designierter Hauptingenieur und nutzte seine Einarbeitungszeit, um sich um den Schwerpunktblock 31 zu kümmern. In diesem Block beschlich mich das erste Mal ein Angstgefühl. Ein Teil des Blockes wurde im Bruchbauverfahren abgebaut. Dabei entstehen für einen Laien unvorstellbare Druckauswirkungen. Selbst Eisenbahnschienen des Profils S 49 werden wie Drähte verbogen. Vorzugsweise wurde jedoch Holz als Ausbau eingesetzt. Holz ist warnfähig. Es bricht nicht sofort, es fasert und kündigt Bruch durch laute Geräusche an. Im Block 31 erlebte ich mein erstes „Entspannungsknistern“, wie ich die Vorankündigung eines Holzbruches scherzhafter Weise später bezeichnete. Es waren neben Splittergeräuschen auch Töne dabei, die an Gewehrsalven erinnerten. Instinktiv suchte ich Deckung. Später lernte ich diese Geräusche zu differenzieren und an ihnen die Gefahrensituation einzuschätzen. Nikolai (Kolja) Gorbatschow hatte die gleiche Aufgabe, die uns übertragen wurde. Das Erz dieses Blockes lag im ehemaligen Schutzpfeiler für den gerade liquidierten Schacht 356. Die noch vorhandenen Vorräte blockierten größere Mengen an Vorräten der unteren Sohlen. Wie immer im Leben: wo es eng wird, kommen immer neue Schwierigkeiten. So war es auch hier. Der geplante Abschlusstermin war schon lange überschritten und wir hatten die Aufgabe zu retten, was noch zu retten war.

Das gelang uns aber trotz der massiven Unterstützung des Genossen Gorbatschow, der bereits über weitreichende Vollmachten verfügte, nur im geringen Maße. Nikolai hatte Vollmachten, von denen wir kleinen Hanseln überhaupt nicht zu träumen wagten.

2.)
In Schmirchau regierte in dieser Zeit eine Riege altgedienter Wismutkader ohne Qualifizierung. Sie unternahmen alles, um den qualifizierten Neuankömmlingen so viele Steine wie möglich in den Weg zu legen. Das hatten in den Jahren zuvor schon einige Absolventen der Bergingenieurschule Eisleben erfahren müssen. Sie warnten uns vor den übelsten Fallensteller. Das waren:

- *der Obersteiger Heinz, ein Bergmann durch und durch. Er war quasi mit dem Schacht verheiratet. Er verstarb jedoch bald an den Folgen eines Herzinfarktes.*
- *der jetzige Obersteigerhelfer Martin. Ein in Ehren ergrauter Hans Albers, der immer mit bitterböser Miene herumlief. Böse Zungen behaupteten, dass er sich deshalb so lange auf dem Schacht aufhielt, weil seine Alte ständig mit ihm zoffte. In besonders schweren Fällen ließ er das seine Untergebenen spüren. Seiner Miene nach muss es aber daheim immer Zoff gegeben haben.*
- *der Wetterleiter Walter. Er war ein Spezialist, aber er lebte in ständiger Angst, dass ihm ein Qualifizierter vor die Nase gesetzt würde. Er ließ keine Gelegenheit ungenutzt, um alle davon zu überzeugen, dass er seinem Stellvertreter weit überlegen war. Objektiv war er es aber nicht. Er kannte die Grube von Anfang an und wusste immer Rat, wenn es galt, schwierige Situationen in Fragen Bewetterung zu bewältigen. In der Assistentenzeit hat er mich einmal mit einem Taschenspielertrick geblufft. Bei einer gemeinsamen Grubenfahrt zu einem Abwettergrubenbau feuchtete Walter seinen Zeigefinger an, hielt ihn in die Luftströmung und sagte „300 m^3 pro Minute." Dass man auf Grund des fühlbaren Temperaturunterschiedes auf den Fingerseiten die Windrichtung bestimmen kann, war mir bekannt. Nicht bekannt war mir, dass man das auch quantifizieren konnte. So erstarrte ich vor Ehrfurcht. Diese Starre hörte auf, als ich merkte, dass Walter vor Grubenfahrten im Wetterbuch nachsah und sich einige Messdaten aufschrieb, die er dann als seine gefühlte Messung verkaufte.*

Ich arbeitete meinen Durchlaufplan mehr oder weniger planmäßig ab und bekam Einblicke in viele betriebliche Abläufe. Dabei konnte ich mir Gedanken über einen optimalen Einsatz machen. Drei Positionen erschienen mir von den geistigen Anforderungen her interessant.

1.)
Hauptgeologe. Das war die Position mit den besten Möglichkeiten, auf das Betriebsgeschehen Einfluss zu nehmen. Der Hauptgeologe arbeitete zwar vorwiegend verdeckt, aber sein Einfluss war unstrittig. Verdeckt deshalb, weil die Vorrats- und Gewinnungskennziffern geheim waren und ihm kaum jemand in die Karten schauen durfte. Aber für eine solche Position fehlten mir die fachlichen

Voraussetzungen. Mit meinen Fachschulkenntnissen und den Erfahrungen aus der Zeit als Geophysiker konnte ich gerade einmal die drei wichtigsten Gesteine, die in Schmirchau vorkamen, voneinander unterscheiden. Das erforderte keine große Sachkenntnis. ***Lederschiefer*** *(Og3) als ältestes Gestein war grau. Lederschiefer mutierte erst in den 60-er Jahren zum Og3 (oberes Gotlandium) und wurde dem Erdzeitalter Kambrium zugeordnet. Vorher wurde er mit S1 bezeichnet und als älteste Gesteinschicht des Silurs geführt. Im Lederschiefer konnte man Reicherz an farbstarken gelb-orange getönten weichen Einlagerungen erkennen.* ***Kieselschiefer*** *war kohlenstoffhaltig und schwarz. Er mutierte vom S2-1 zum S1 und war die älteste Schicht des Silur. Auch im Kieselschiefer konnte man mitunter Reicherzpartien mit Gehalten über 1 % Uran im Erz durch intensiv gefärbte gelbe Schlieren erkennen. Bergmännisch schwierig war der* ***Knotenkalk.*** *Er konnte in der Konsistenz von schlammig bis extrem fest auftreten. Beides war für den Bergmann sehr beschwerlich. Ein weiteres erzführendes Gestein lernte ich später kennen. Es war der* ***Devonkalk,*** *das härteste Gestein, das ich im Bergwerk Schmirchau kennen lernte. Im Zusammenhang mit Holzausbau war dieser Kalk nicht gewinnbar. Bei jedem Sprengvorgang wurde der Ausbau weggeschossen, die Freilegungsfläche betrug danach gelegentlich mehr als 30 m². Und das zu einer Zeit, in der Auffahrungen ohne Ausbau nicht zulässig waren. Dass das Gebirge standfest war, konnte nach jeder Sprengung demonstriert werden. Der moderne 6-er Einbruch war noch nicht entwickelt und mit den herkömmlichen Einbruchsarten (Schaffung von Freiflächen zur Entfaltung der Sprengwirkung) zielte die erste Sprengladung immer auf Ausbauholz.*

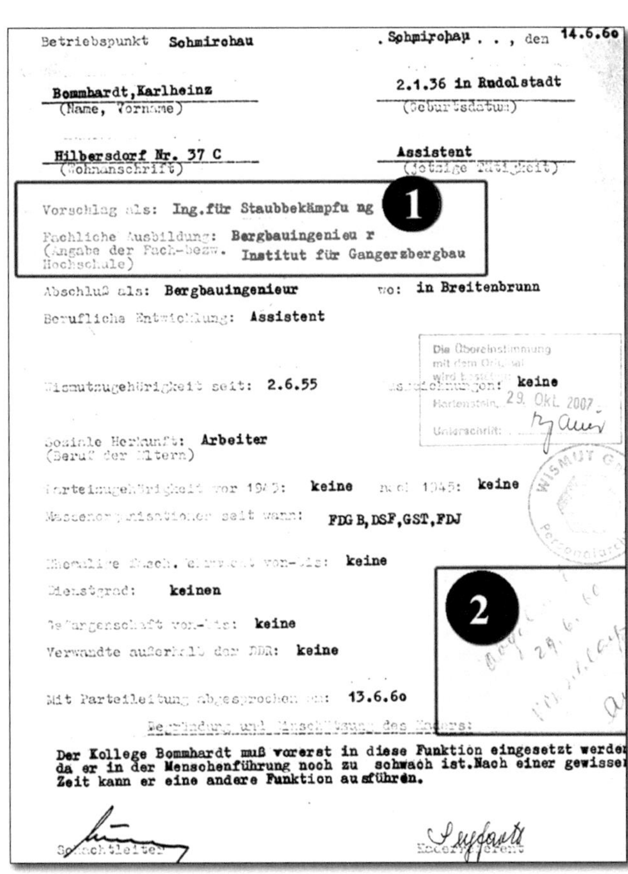

Betriebspunkt Schmirchau . Schmirchau . . , den 14.6.60

Bommhardt, Karlheinz (Name, Vorname) — 2.1.36 in Rudolstadt (Geburtsdatum)

Hilbersdorf Nr. 37 C (Wohnanschrift) — Assistent (Jetzige Tätigkeit)

1

Vorschlag als: Ing. für Staubbekämpfu ng

Fachliche Ausbildung: Bergbauingenieu r
(Angabe der Fach-bezw. Hochschule) Institut für Gangerzbergbau

Abschluß als: Bergbauingenieur wo: in Breitenbrunn

Berufliche Entwicklung: Assistent

Wismutzugehörigkeit seit: 2.6.55 Auszeichnungen: keine

Die Übereinstimmung mit dem Original wird bestätigt. Hartenstein, 29. Okt. 2007 Unterschrift:

Soziale Herkunft: Arbeiter
(Beruf der Eltern)

Parteizugehörigkeit vor 1945: keine nach 1945: keine

Massenorganisationen seit wann: FDG B, DSF, GST, FDJ

Ehemalige Wehrmacht von-bis: keine

Dienstgrad: keinen

Gefangenschaft von-bis: keine

Verwandte außerhalb der DDR: keine

2

Mit Parteileitung abgesprochen am: 13.6.60

Begründung und Einschätzung des Kaders:

Der Kollege Bommhardt muß vorerst in diese Funktion eingesetzt werden da er in der Menschenführung noch zu schwach ist. Nach einer gewissen Zeit kann er eine andere Funktion ausführen.

Schachtleiter — Kaderreferent

Abb. 206 Vorgesehener Einsatz als Staubingenieur (eigene Unterlagen)

Vorschlag als: **Ing.für Staubbekämpfu ng** 

Fachliche Ausbildung: **Bergbauingenieu r**
(Angabe der Fach-bezw. Hochschule) **Institut für Gangerzbergbau**

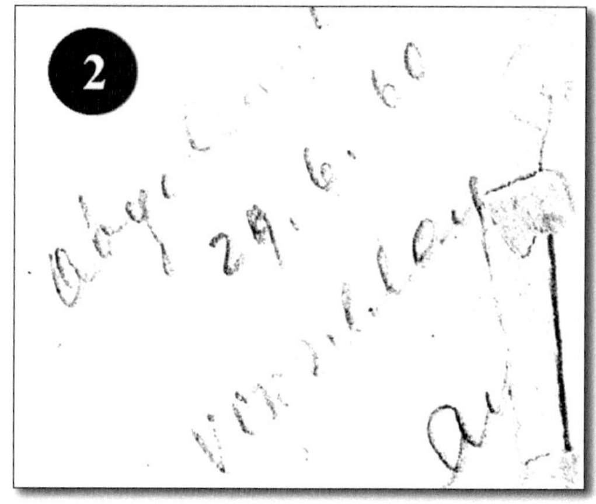

2.)
Leiter der technischen Abteilung. Später wurden daraus die PTA (Produktions-technische Abteilung) und die Produktionsabteilung. Wolfgang, der Leiter dieser Abteilung, war vom Wismut-Uradel. In Breitenbrunn konnte er einen 7-Monate-Lehrgang absolvieren. Auf Grund der Konzentration aller Arbeiten für die Vorbereitung der Produktion wusste er über alle Belange des Betriebes Bescheid. Alle Projekte für Bergarbeiten, alle Genehmigungsverfahren und alle Planungen von Bergarbeiten liefen über seinen Tisch. Obwohl er höchstens einmal im Monat untertage war, kannte er jeden Winkel des Bergwerkes. In dieser Position gab es auch Gelegenheiten für kreative Arbeit. Erst wenn man seine Kenntnisse und Erfahrungen in Entscheidungen einbringen kann, erschien mir eine Arbeit interessant.

3.)
Leiter der Abteilung Bewetterung. Auch in dieser Funktion spielte Erfahrung eine große Rolle. Diese besaß Walter, auch ein altgedienter Kumpel der ersten Stunde. Er kannte das Bergwerk von Beginn an und war mit ihm gewachsen. Wenn wieder einmal ein Brand Arbeiten in bestimmten Gebieten unmöglich machte, Walter konnte immer Hinweise geben, wo ein Loch aufgemacht werden musste, um wieder frische Luft in das Revier zu bekommen oder wo ein Grubenbau abgemauert werden musste, um schädliche Gase abzuriegeln. Auch dieser Posten versprach Einflussmöglichkeiten. Walter hatte ein Handicap, er hatte keinerlei Qualifikation. Er unternahm alles, um eventuelle Konkurrenz auszubooten, was ihm dank seiner Erfahrung gelang. Zunächst war mein Einsatz in der Wetterabteilung vorgesehen. Ob Walter eine Aktie an der Ablehnung hatte, war aus den Unterlagen nicht zu erkennen. Zu dieser Zeit wurden in den Betrieben Staubingenieure eingesetzt. Der Schachtleiter hatte mich für diese Stelle vorgeschlagen. Wie aus meiner Kaderakte in einem Schreiben vom 14. Juni 1960 ersichtlich ist, wurde dieser Vorschlag abgelehnt. Leider war auf dem Dokument nicht ersichtlich, wer den entscheidenden Vermerk veranlasst hatte. Von diesem Vorschlag wusste ich bis 2003 nichts.

Abb. 207 Das ungeliebte Steigerfahrrad (eigenes Foto)

Ich machte mir also Gedanken darüber, was ein Traumjob für mich sein könnte. Träumen durfte man ja. Realität konnte keiner dieser Träume werden. Mir fehlte das rote Parteibuch mit dem Eintrag der monatlichen Beitragsumme von 3 % des Verdienstes. Das Schicksal schlug hart zu. Ich wurde – wie befürchtet – nur in die ungeliebte Position eines Steigers vermittelt. Aber es sollte noch härter kommen. Absolut kein Traumjob wäre für mich die Arbeit im BfN (Büro für Neuererwesen) gewesen. Viele kluge Ideen wurden dort gesammelt und viele Autoren von Vorschlägen, die sich für klug hielten, mussten davon überzeugt werden, dass ihre Vorschläge nicht realisierbar waren. Trotzdem wurde das Fahrrad im übertragenen Sinn, noch mehrmals erfunden. Ein Autor erfand es aber auch tatsächlich zum x-ten Mal. Das war ein Steigerfahrrad. Damit sollten die Wegezeit für Steiger verkürzt werden. Auch das war eine Erfindung, von der eigentlich nur dessen Autor überzeugt war.
Umso erstaunter war ich, als ich ein Exemplar dieses Vehikels im Bergbaumuseum im Bogenbinderhaus in Ronneburg sah. Bereits der Anblick mutet etwas seltsam an. Auf zwei Hunteachsen waren ein Stuhl und ein Tretlager montiert. Mit einer Kette wurde die Drehbewegung auf die Hinterachse übertragen. Dieses Gerät war bei den Lokfahrern unbeliebt, weil es überall im Weg herumstand, es immer dann auf dem Gleis war, wenn es die Förderung behinderte und das Schlimmste: wenn eine Lok eine Weiche schneidet (also eine Weiche aus einer der abgehenden Richtung durchfährt), stellt sich die Weiche in diese Richtung. Nach der Durchfahrt des Fahrrades stand die Weichenzunge auf Halb-und-Halb. Eine danach in Gegenrichtung fahrende Lok entgleiste, wenn der Lokfahrer die schwer einsehbare und ungewohnte Situation erst erkannte, wenn die Lok bereits entgleist war. Die Steiger boykottierten größtenteils das ungeliebte Fahrzeug, weil bei einer Begegnung mit einer Lok diese das Vorfahrtsrecht hatte und das nicht gerade in Leichtbauweise gebaute Fahrrad aus dem Gleis gehoben werden musste. Das erfolgte in der räumlichen Enge einer Strecke und unter der unter Spannung stehenden Fahrleitung. Als eines Tages das Fahrrad von einem nicht zu ermittelnden Lokfahrer demoliert wurde, kam es nicht wieder zum Einsatz. Offensichtlich erfand später noch einmal ein Neuerer zum x-plus-ersten Mal dieses Fahrrad. Im Bergbaumuseum Ronneburg ist das Vehikel zu bestaunen (Abb. 207). Bei einer Fahrprobe verursachte mir vor allen Dingen die beängstigende Nähe der Fahrleitung ein ungutes Gefühl. Welches Hochgefühl die Berührung einer spannungsführenden Fahrleitung auslöst, wusste ich zu diesem Zeitpunkt schon.

4.2 Steiger – Mythos und Wirklichkeit

Die Steigerromantik wird besonders durch das Bergmannslied „Glück Auf, Glück Auf, der Steiger kommt" geschürt. Seine Popularität verdankt es Melodie und Text, die zu einer Einheit verschmelzen. Diese Berufshymne gibt den Bergleuten ein Zusammengehörigkeitsgefühl, wie es bei keinem anderen Beruf anzutreffen ist. Die Arbeit der Bergleute – und nicht der „Bergmänner", wie in vielen Zeitungsberichten

über den Bergbau zu lesen ist – ist echtes Teamwork, der Kollektivgeist ist stark ausgeprägt. Das liegt in der gegenseitigen Abhängigkeit der einzelnen Gewerke und Tätigkeiten begründet. Bei jeder feuchtfröhlichen Zusammenkunft der aktiven und ehemaligen Bergleute findet sich ein Anlass, um dieses Lied anzustimmen. Die Melodie ist einfach und einprägsam. Der Steiger soll der Oberhäuptling der Bergleute sein, so suggerieren es Lied und Geschichten aus der langen Bergbautradition.
Schon beim Schnupperkurs im Kalibergbau merkte ich, dass an der Steigerromantik nicht viel dran ist. Im Kali waren zwar noch Ansatzpunkte für die Sonderstellung des Steigers zu erkennen. Auch wurde dem Steiger noch ein gewisser Respekt gezollt. Bei der Wismut war das anders. Es hatte eine Verkumpelung stattgefunden, die zu einem gewissen Autoritätsverlust des Steigers führte. Wesentlich dazu beigetragen haben folgende Faktoren:

- Bei der Wismut konnte zu dieser Zeit nahezu jeder Steiger werden, eine Qualifikation war noch nicht erforderlich. Man musste nur antreiben können und skrupellos sein. Das musste ich selbst erleben und mein Selbstwertgefühl litt darunter.
- Die Autorität des Steigers wurde durch die Behandlung seitens der übergeordneten Leiter (Revierleiter und Obersteiger) untergraben. Das Abkanzeln von Steigern vor versammelter Mannschaft gehörte zum täglichen Ritual.
- Mit der Aufwertung der Stellung des Brigadiers wurde dem Steiger ein Teil seiner Autorität genommen. Der Brigadier war meist früher oder besser über künftige Aufgaben und das Wie der Lösung informiert als der Steiger.
- In notwendigen Auseinandersetzungen des Steigers mit den Werktätigen fielen staatliche Leitung und Parteileitung dem Steiger in den Rücken, selbst wenn dieser im Recht war. Es galt das Motto „Die Partei und die Werktätigen haben immer Recht."
- Der Steiger befand sich im ständigen Gewissenskonflikt bei der Erfüllung seiner vielseitigen Aufgaben, die zum Teil im Widerspruch standen. Die Priorität des Gesundheits- und Arbeitsschutzes gegenüber der Erfüllung des Produktionsplanes wurde zwar gepredigt und bei der Untersuchung von Vorkommnissen wie Unfällen als Bestrafungskriterium herangezogen, aber die Erfüllung der Vorgaben an den Schichtsteiger wurden nach Vortriebsmeter und Erztonnage abgerechnet. Diese Ziele wurden von skrupellosen „Meterjägern" oft nur auf Kosten der Sicherheit erreicht. Das musste in der nachfolgenden Schicht ausgebügelt werden.
- Der Steiger war neben seinen übrigen Aufgaben auch für die politische Erziehung der ihm anvertrauten Werktätigen verantwortlich. Bei ideologischem Fehlverhalten eines Kumpels wurde dem Steiger dafür eine Mitverantwortung angelastet.

Mit diesen Vorurteilen belastet erwartete ich meinen Einsatz. Aber es sollte noch schlimmer kommen. Es zog noch eine Breitenbrunner Blase, ich wurde in die Brandschutzzeche, einen Hilfsbetrieb abgeschoben. Bei den Kumpels hieß die Brandschutzzeche „Firma Schlamm und Scheiße". Das hatte seinen Ursache in

der Aufgabe dieses Hilfsbetriebes: Lehmbrühe in die Grube zu pumpen. Da es dabei gelegentlich zu Austritten der Lehmbrühe kam und die Grubenbaue verschlammt wurden, war schnell die Bezeichnung gängig. Aber die austretende Pulpe war nicht nur braun, sie stank auch noch infernalisch, wenn sie mit brennenden Lockermassen in Berührung gekommen war, was zur spöttischen Bezeichnung der Brandschutzzeche führte. Für mich hatte der Einsatz im Hilfsbetrieb die praktische Konsequenz, dass ich einhundert Mark weniger Gehalt im Monat bekam als ein Schichtsteiger in einem Bergrevier. Die Brandschutzzeche wurde zu dieser Zeit erweitert, weil die Zahl der Brände in Schmirchau zunahm. Das Gestein war sehr pyrithaltig (Pyrit ist auch als Katzengold oder Schwefelkies bekannt und besteht aus Eisensulfid). Besonders in der Form von Strahlkies neigt Pyrit zur Selbstentzündung. Der Kohlenstoff im Kieselschiefer wirkt dabei als Katalysator. Strahlkies hat eine sehr große Oberfläche und eine so große Affinität zu Sauerstoff, dass er diesen der Grubenluft entzieht. Im aufgeheizten Zustand entzieht er sogar dem Wasser den Sauerstoff und somit wird Wasser zu Wasserstoff reduziert. Der wiederum verursacht viele kleine Knallgasexplosionen, wenn er mit dem Sauerstoff der umgebenden Luft reagiert. Das ergibt zwar ein lustiges Feuerwerk, aber im Untertagebetrieb kann es schwerwiegende Folgen haben. Der Mensch braucht Sauerstoff in der Atemluft. Geht der Sauerstoffgehalt unter 16 % zurück, ist das Überleben kaum noch möglich. Bei den ersten Bränden glaubte man zunächst an Sabotage. Bereits im Winter 1955/56 brannte der Block 219. Als Folge des Brandes musste die gesamte Grube geräumt werden und die Produktion stand einige Tage, bis der Brandherd abgeriegelt war. 1960 musste ein ganzes Baufeld, das gerade erschlossen war, wieder abgeworfen und verschlämmt werden. Zu dieser Zeit kam ich in die Brandschutzzeche. Der Reicherzblock 54 stand abbaubereit, ein Blindschacht wurde auf die nächste Sohle geteuft – alles für die Katz. Der warme Regen in Form reicher Erzausbeute blieb aus. Der Blindschacht war fertig gestellt und noch nicht ein Hunt war gefördert, da kam das Kommando: demontieren.
Bei der Oxidation des Markasits (Abart des Pyrits, der auch der Strahlkies zugeordnet wird) bildet sich auch Schwefelsäure – und zwar in einer Konzentration, dass sie in kürzester Zeit Gleisanlagen auflöst. Es war schon ein eigenartiges Bild, wenn die Umrisse der Gleisanlage auf der Oberfläche eines Tümpels zu sehen waren, aber die Gleisanlage nicht mehr existierte. Die Konturen entstanden dadurch, dass Verunreinigungen an den Schienen nicht mit aufgelöst wurden und zur Wasseroberfläche aufstiegen. Weil die Schienen in dem verzweigten Gebiet nicht mehr existierten, musste der Beton mit Schubkarren auf Entfernungen über 500 Meter auf einer Pfostenbahn transportiert werden. Die Bahn bestand nur aus einer Pfoste (40 mm starkes, etwa 250 mm breites Brett) – also kaum breiter als das Rad der Karre. Außerdem war die Bahn stellenweise überflutet und nicht exakt verlegt. Den Dammbauern war es ein Vergnügen, ihren neuen Steiger mit der Aufforderung zu beglücken: er möge auch einmal eine Fuhre zum Bestimmungsort transportieren. Auf der Trasse gab es bereits mehrere Betonhaufen – Überbleibsel missglückter Fuhren. Dass ich meine drei Fuhren havariefrei zu dem Damm brachte, nötigte ihnen Respekt ab – auch wenn ich nicht in Rekordzeit fuhr. Da die Transportwege zur Verarbeitung sehr weit waren, ist ein nicht unbedeuten-

Abb. 208 Bohrung auf Bruchgelände (Sammlung Eugen Hermann, Döschnitz)

der Teil der Betonmischung verdorben. Die Trockenmischung wurde Übertage hergestellt und bis zur Verwendung hatte der Abbindeprozess bereits eingesetzt, die Mischung war zur Herstellung eines Betondammes ungeeignet.
Die Aufgabe der Brandschutzzeche bestand darin, Brandblöcke durch Dämme abzuriegeln und mit Pulpe, einer lehmhaltigen Brühe, aufzufüllen. Dieser Begriff stammt aus dem Russischen und hat nur von der Konsistenz her etwas mit der in Lexika erläuterten Pulpe zu tun. Laut Lexikon ist Pulpe ein Begriff in der Marmeladenindustrie. Sie wird aus Früchten hergestellt und ist Grundlage für die Herstellung von Marmeladen und Getränken. Die in Schmirchau eingesetzte Pulpe sollte die Lockermassen umhüllen und den Brand ersticken. In Schmirchau wurde Pulpe industriell im großen Umfang hergestellt. Das dafür aufgebaute erste Lehmwerk hatte eine Kapazität von etwa 50 m³ pro Stunde. Später wurden leistungsfähigere Werke errichtet. Im Lehmwerk wurden lehmhaltige Sande in einem Kollergang aufgemahlen, nachdem grobkörnige Bestandteile abgesiebt waren. Nach Wasserzugabe sedimentierten kiesige Bestandteile ab und die Pulpe wurde über Rohrleitungen zu Bohrlöchern gepumpt, die von Übertage in den Brandblock gebohrt wurden. Da die meisten Blöcke im Bruchbereich lagen, mussten die auf LKW montierten Bohranlagen auf besondere Arbeitsbühnen, die mit verankerten Stahlseilen gesichert waren, gefahren werden.
Im Gebäudekeller war die Bunkeranlage für Überkorn. 1959 wurden diese Dämme für jeden in Betrieb zu nehmenden Abbaublock prophylaktisch bereits vor Abbaubeginn gestellt.
Im Ronneburger Gebiet wurden zur Verschlämmung 3,8 Mio. m³ Pulpe mit einem Kostenvolumen von 130 Mio. Mark eingebracht. Davon entfielen auf Schmirchau 59 %, auf Reust 36 % und auf Paitzdorf 5 %.
Ich fand mich also in der Brandschutzzeche wieder und hatte Glück mit meinem

Abb. 209/1 Das erste provisorische Lehmwerk in Schmirchau (Eugen Hermann, Döschnitz): Das provisorische Lehmwerk vor der Kulisse des Schachtkomplexes 367/368. M und U sind die im Detail dargestellten Anlagenteile.

Abb. 209/2 Das erste provisorische Lehmwerk in Schmirchau (ZAWismut): M= Bunkeröffnungen für Lehm, der mit Kippern angefahren wurde.

Abb. 209/3 Das erste provisorische Lehmwerk in Schmirchau (ZAWismut): U= Bandstraßen vom Lehmbunker zu Kollergang und Rührwerk.

Chef. Wir waren von Anfang an nicht auf Konfrontationskurs und auch viele Jahre später pflegten wir noch ein freundschaftliches Gespräch. Wismutkumpels begegnen sich in ihrem Arbeitsleben immer mehrere Male, unabhängig davon in welcher Funktion oder in welchem Betrieb man arbeitete. Es gab allerdings auch einige, denen man lieber ein weiteres Mal nicht begegnen wollte.

Gegen Jahresende hatte ich auf Grund der ständigen geistigen Unterforderung die Lust an dieser Arbeit verloren. Weitere Gründe waren die Bezahlung und das getrennte Familienleben. Ich hatte keine Aussicht, in absehbarer Zeit in Gera eine Wohnung zu erhalten. In einem Kadergespräch brachte ich meine Unzufriedenheit zum Ausdruck. Zum Glück war „Freund" Herbert zu dieser Zeit nicht mehr aktuell. Zunächst sah ich mich im Weihnachtsurlaub in Freiberg beim dortigen „Bleierzkombinat Albert Funk" um. Ein Nachbar meiner Schwiegermutter war dort Parteisekretär, was bei der Öffnung von Türen förderlich war. Das Ergebnis der Vorstellungsgespräche war ernüchternd. Es gab zwar arbeitsmäßig interessante Angebote, aber die Entlohnung passte einfach nicht. Bei gleichem Grundgehalt hätte ich 320 DM weniger im Netto gehabt. Das resultiert aus dem Wismutzuschlag, der 40 % des Lohnes betrug und abgabenfrei war. Dafür brauchte man keine Steuern und keinen Beitrag zur Sozialversicherung abführen. Damit brauchte ich mir keine Illusionen für eine lukrative Tätigkeit in anderen Bergbauzweigen zu machen.

SDAG - Wismut
- Gera -
Kaderabteilung

Ktr.Nr. 3o 564 ITP

2

Arbeitsvertrag

1

ie Sowjetisch-Deutsche Aktiengesellschaft Wismut, vertreten durch

K a d e r l e i t e r

und

ollege (in) B o m m h a r d t, K.-Heinz

eb. am: 2. 1. 1936

ohnhaft: Hilbersdorf /b. Freiberg 37 o

aben folgenden Vertrag abgeschlossen:

1. Kollege (in) Bommhardt

wird in Objekt 9o der SDAG Wismu
(genaue Bezeichnung des Betriebes)

als Schichtleiter
(Planstellen- bzw. Berufsbezeichnung)

in Prod. Bereich
(Arbeitsbereich)

2

Kollege (in) Bommhardt verpflichtet sich:

a) die Arbeitsaufgaben entsprechend dem vereinbarten Arbeitsbereich zu erfüllen,

b) die sozialistische Arbeitsdisziplin einzuhalten und besonders das sozialistische Eigentum zu schützen,

c) die Regeln der kameradschaftlichen Zusammenarbeit und der gegenseitigen sozialistischen Hilfe zu achten,

d) die Arbeitsordnung der SDAG Wismut einzuhalten.

3

4. Die Entlohnung des (r) Kollegen (in) erfolgt entsprechend den tarifvertraglichen Bestimmungen nach

Lohngruppe: Tarifnetz: Vergütungsgruppe: AI 2

in Höhe von DM: 9oo.-
(Stundenlohn bzw. Monatslohn oder Gehalt)

5. Der (Die) Kollege (in) erhält für die Zeitdauer seiner (ihrer) Tätigkeit einen Wismutzuschlag in ei(n)fache doppelter*) Höhe.

6. Dem (r) Kollegen (in) wird entsprechend den gesetzlichen und den Bestimmungen der SDAG Wismu ein Grundurlaub von 12 Tagen und ein Zusatzurlaub von 24 Tagen gewährt.

7. Kollege (in) Bommhardt ist seit dem 2. 6. 1955 ununterbrochen innerhalb der SDAG Wismut beschäftigt.

8. Der Arbeitsvertrag ist unbefristet vom bis
Der Arbeitsvertrag ist befristet *)

Abb. 210 Auszüge aus dem Arbeitsvertrag vom Januar 1961 (eigene Unterlagen)

Den Gedanken, mir eine Arbeit im Westen zu suchen, hatte ich zwar, er war mir aber zu abenteuerlich.
Meine Andeutung des Betriebswechsels blieb nicht ohne Folgen. Während des Urlaubes erhielt ich ein Telegramm mit der Aufforderung, meinen Urlaub abzubrechen und als Steiger im Revier 6 zu arbeiten. Nach meiner Rückkehr wurde der Arbeitsvertrag geschlossen.
Die entscheidenden Punkte waren:
Punkt 4: 900 DM Monatsgehalt
Punkt 5: doppelter Wismutzuschlag; das bedeutete 360 DM monatlich abzugsfrei
Punkt 6: 12 plus 24 Tage Jahresurlaub
Punkt 7: Das Eintrittsdatum 2.6.55 brachte noch einmal 3 Tage Zusatzurlaub
Mit Einrechnung der Trennungsentschädigung konnte ich damit etwa 1.200 DM netto im Monat in Empfang nehmen. Zur Gehaltszahlung im Juni war meine Jahresprämie in Höhe von 20 % des Jahresbruttoverdienstes fällig. Die Jahresprämie war ebenfalls abzugsfrei. Somit hatte ich ein Netto von über 4.000 DM auf meinen Lohnstreifen stehen. Damals waren Girokonten noch nicht verbreitet, man empfing das Geld an der Kasse bzw. beim Unterkassierer des Reviers. Da ich das Geld nicht in der Unterkunft aufbewahren wollte, empfing ich es erst kurz vor der Heimfahrt. Zu diesem Zeitpunkt hatte der Kassierer aber nur noch Geld kleiner Stückelung. In überwiegend 5- und 10-Mark-Scheinen füllte das Geld meinen Campingbeutel mehr als zur Hälfte. Auf der Bahnfahrt beobachtete ich mit Argusaugen diesen Beutel, obwohl man ihm äußerlich seinen Wert nicht ansehen konnte.
Bereits 1961 wurde klar, dass die Zielstellung der Erreichung der vollen geplanten Kapazität des Bergwerkes Schmirchau unter diesen Umständen nicht mehr realisierbar war. In der „Chronik der Wismut" liest sich das so (Kapitel 2.2.14.1, Seite 14): *„Das Jahr 1962 brachte daher dramatische Entscheidungen. Durch die bis dahin gesammelten Arbeitserfahrungen war klar geworden, dass Brandbekämpfung nach der praktizierten Methode der örtlichen Isolierung der Blöcke nicht mehr möglich war, so dass das zur damaligen Zeit produktivste Abbaufeld, nahezu der gesamte Zentralteil des Grubenfeldes über alle Sohlen in zwei getrennten Abschnitten großräumig abgedämmt und verschlämmt werden musste.* ***Die Senkung des Produktionsplanes um 45 % ab Juli 1962 und für das gesamte Jahr 1963 war unumgänglich. Eine Entscheidung, die in Berlin und Moskau vorzutragen war und viel Mut erforderte, zumal neben dem Produktionsausfall zusätzliche Kosten von ca. 50 Millionen Mark zu erwarten waren."***
In dieser hochkritischen Phase war ich Steiger im Fokus des Brandgeschehens. Alle Abbauarbeiten im Zentralteil der 120-m-Sohle wurden eingestellt und neue Grubenbaue nach einem mit heißer Nadel gestrickten Projekt aufgefahren. Das Gebiet wurde in zwei große Verschlämmungsabschnitte eingeteilt, die als Abschnitt 1 und II bezeichnet wurden. Die neuen Grubenbaue lagen zum Teil neben großen Verbrüchen, unter Pulpeansammlungen und – was das Gefährlichste war – neben Brandblöcken. Die Gesteinstemperatur erreichte bis über 100 Grad Celsius. Trotz des Einsatzes von besonderen Sprengstoffen kam es zu Havarien bei den Sprengarbeiten. Zum Glück gab es dabei keine Personenschäden. Die größte Havarie war das vorzeitige Detonieren einer Sprengladung von über 50

Tonnen. Nicht auszudenken, wenn diese Detonation bei Belegung der Grube erfolgt wäre. Für die Zündung großer Sprengladungen wurde die Grube geräumt. Erst dann kam die Freigabe zur Sprengung. Die Ursache für die Havarie konnte zwar nicht restlos geklärt werden. Aber sie muss neben der Temperatur auch mit einer elektrostatischen Aufladung von Einrichtungen der Hochspannungsanlagen im Zusammenhang gestanden haben. Die Wirkung des Sprengvorgangs war gewaltiger als die der sprichwörtlichen österreichischen Handgranate. Die Wetterrichtung stellte sich kurzzeitig um, alle Strecken vom Sprengort bis zum Schacht waren leergefegt. Hinter dem Ausbau deponiertes Frühstückspapier – das war eine gängige Methode zur Entsorgung des Papiers – wurde aufgewirbelt und fand sich kurz vor dem Schacht wieder. Überall dort, wo Hochspannungskabel verlegt waren, gab es ein Inferno. Ausbau war deformiert, Betonplatten von Kabelabdeckungen waren herum gewirbelt, Hunte hatten Stromlinienform angenommen und kamen erst zum Stillstand, wenn ein unüberwindbares Hindernis im Weg war. In der Hauptförderstrecke unseres Reviers sah es aus wie nach einem Bombenabwurf. Ich hatte zweite Schicht und konnte nicht zur Familie fahren. Sonntags am frühen Morgen fuhr ein Lautsprecherwagen durch das Wismut-Wohngebiet. Alle verfügbaren Mitarbeiter wurden gebeten, sich an Sammelstellen einzufinden und zum Schacht zu kommen. Mit diesen Kräften konnte wenigstens der Zugang zu einem externen Abbaugebiet für Montag erste Schicht gewährleistet werden. Der Zugang zu den Betriebspunkten in den Schwerpunktabschnitten I und II blieb einige Tage gesperrt.

Eine Episode gab es bei dieser Aktion. Vom zuständigen Inspektor der Bergbehörde wurde schon längere Zeit der Ausbau an einer bestimmten Stelle moniert. Unter Strafandrohung wurde dem Obersteiger ein letzter Termin zur Abstellung des Mangels gesetzt. Aber gerade dieser Ausbau überstand die Katastrophe. Obersteiger Gottfried nahm bei der Besichtigung des Schadens eine Keilhaue und riss

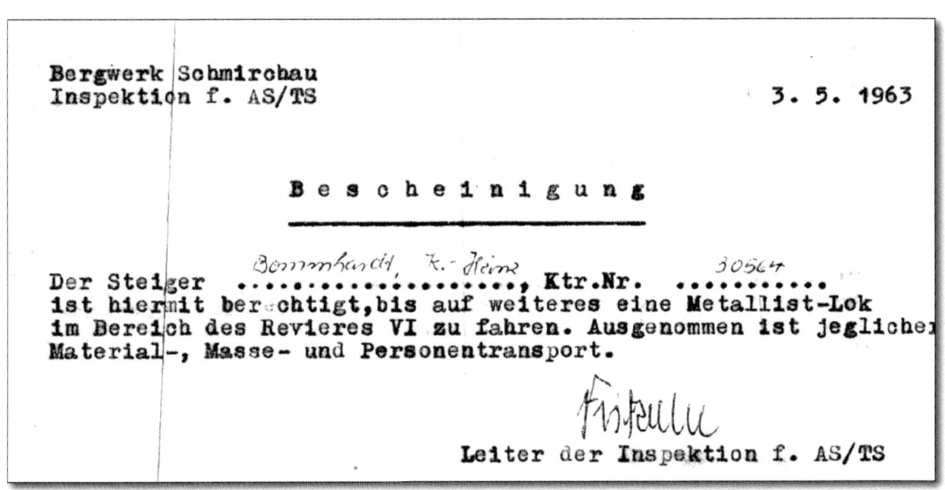

Bergwerk Schmirchau
Inspektion f. AS/TS

3. 5. 1963

B e s c h e i n i g u n g

Der Steiger Bornhardt, K.-Heinz, Ktr.Nr. 30564
ist hiermit berechtigt, bis auf weiteres eine Metallist-Lok im Bereich des Revieres VI zu fahren. Ausgenommen ist jeglicher Material-, Masse- und Personentransport.

Leiter der Inspektion f. AS/TS

Abb. 211 Sondergenehmigung (eigene Unterlagen)

diese Holztürstöcke nieder – so brauchte er keine eigenen Arbeitskräfte für die Rekonstruktion einsetzen, sie erfolgte im Rahmen der Gesamtaktion.
Neben den Abschnitten I und II gab es im Revier 6 zwei externe Abbaugebiete. Eines davon war etwa 2 km und das andere 5 km vom Zentralteil entfernt. Das gesamte Revier war zu Fuß in einer Schicht nicht zu bewältigen. Deshalb gab es einen Hilfssteiger für das entfernte Blockgebiet 100 und die umliegenden Streckenvortriebe. Zu diesem Gebiet fuhr zum Schichtwechsel ein Personenzug mit acht Waggons für je acht Personen. Darin war die Sitzordnung zu dieser Zeit noch hintereinander. Es ging sehr eng zu. Böse Menschen behaupteten, dass diese Beförderungsmethode ideal für „warme Brüder“ sei.
Selbst für den Steiger im Zentralteil mit dem Block in der SW-Flanke war der Fußweg schwer zu bewältigen. Deshalb gab es eine Ausnahmeregelung: der Stei-

Abb. 212 Grubenlokomotive EL 61 im Untertageeinsatz (ZAW)

ger erhielt einen Lok-Schein, d. h. die Berechtigung, eine Grubenlokomotive zu fahren.
Die Genehmigung bezog sich zwar auf eine Lok des Typs Metallist mit nur einer Batterie, aber sehr häufig stand keine Lok dieses Typs zur Verfügung. Dann konnte ich eine Tandemlok mit zwei Batterien vom Typ EL 61 empfangen. Im Extremfall bekam ich sogar eine Fahrleitungslok vom Typ EL 30, von denen ausreichende Reserve vorhanden war. Sie hatte einen geringen Achsabstand und man hatte immer das Gefühl, auf einer schaukelnden Ente zu sitzen. Vielleicht lag das aber auch nur daran, dass bei meinen Fahrten keine Belastung am Zughaken hing. Beim Benutzen dieser Lok erhielt ich einmal einen Stromschlag. Es war nur ein schwacher Schlag durch einen Kriechstrom, der folgendermaßen entstand: Auf Gefällstrecken wurde sehr häufig Sand auf die Schienen gestreut – dazu gab es

einen Sandstreuer, der mit dem Fuß zu bedienen war. Der Sand erhöhte die Reibung zwischen Antriebsrad und Schiene und somit die Zug- oder Bremskraft. An einer Stelle mit frisch gestreutem Sand wollte ich aussteigen, um eine Weiche zu stellen. Dabei hielt ich mich mit einer Hand an der Lok an – mit der anderen stellte ich die Weiche. Es zuckte ganz schön. Die Beleuchtung war nicht ausgeschaltet und die Rückleitung über meinen Körper hatte einen geringeren Widerstand als die über die durch den Sand isolierte Schiene. Daraus zog ich die Lehre: vor dem Aussteigen aus der Fahrleitungslok immer erst die Beleuchtung abstellen.
Die Batterien (eigentlich Akkus) waren schon weit nieder. Sie hatten nur noch eine geringe Ladekapazität. Dass für die Solofahrten mit der Lok nicht die Batterien mit dem besten Ladezustand vergeben wurden, war selbstverständlich. Die Batterie musste deshalb täglich gewechselt werden. War keine ausreichende Ladung der Batterie mehr vorhanden, musste ich mich gelegentlich zur Ladestation abschleppen lassen – oder schleppte meine nicht funktionsfähige Lok mit einer EL 30 hin.
Eines Tages verhalf ich dem Ladewart zu einem Amüsement. Ich war über ein Gleisdreieck gefahren, ohne dies zu registrieren bzw. ohne die Auswirkungen zu kennen. Als ich in die Ladestation einfuhr, verließ der Ladewart grinsend die Station. Ich hatte im Dreieck die Lok gedreht. Als ich aussteigen wollte, war das sehr beschwerlich. Aber auch da ging mir noch kein Licht auf. Ich klemmte die verbrauchte Batterie ab und schob sie auf den Ladebock. Eine sehr schwere Arbeit – von einer Person nur unter Anwendung einiger Drehs machbar. Ich schob die jetzt erleichterte Lok ohne Batterie an eine geladene Batterie, wuchtete diese auf die Lok und wollte sie anschließen. Welch böses Erwachen. Die Batterie ließ sich gar nicht anschließen, weil die Anschlüsse an der Lok auf der falschen Seite waren. Jetzt kam der Spaßvogel aus seiner Deckung, half mir beim erneuten Batteriewechsel, damit ich die Fahrt durch das Dreieck wiederholen und damit die Lok in die richtige Wechselstellung bringen konnte. Das ist mir nie wieder passiert. Ein vernunftbegabtes Wesen ist eben lernfähig. Oder: aus Schaden wird man klug.
Während meiner Tätigkeit als Steiger kam es auf der 150-m-Sohle zu einem Pulpeaustritt. Einige Tausend m^3 ergossen sich in die vorhandenen Grubenbaue. Die Pulpe war noch nicht ausgetrocknet. Zimmerleute waren nach einer Großraumsprengung damit beschäftigt, Rundhölzer der Ausbauverstärkung zu demontieren, als der Pulpestrom ankam. Ein Bergbauneuling – es war seine erste Schicht – kam nicht mehr rechtzeitig weg. Ein erfahrener Zimmermann konnte sich mit seinem Kumpel in einen Hunt retten. Nach dem ‚Prinzip des Archimedes' schwamm der Hunt auf der dickflüssigen Brühe und trieb in Richtung Streckenende (das ergab die Rekonstruktion des Ereignisses). Der Neuling konnte nur noch tot geborgen werden. Die anderen galten zunächst als vermisst. Deshalb wurden in einem weiten Umkreis alle Sprengarbeiten verboten, um durch die Erschütterungen keinen neuen Austritt zu provozieren. Der Zimmermann „Esse" und sein Kumpel konnten gerettet werden, weil sie instinktiv das Richtige gemacht haben. Als sie in der sich bildenden Luftblase eingeschlossen waren, konnten sie mit Klopfzeichen an der Rohrleitung auf sich aufmerksam machen. Mit Frischluft zum Atmen versorgten sie sich aus der Druckluftleitung.

Auf Grund dieses Ereignisses wurden für alle Abbaublöcke, die sich in der Nähe von vermuteten Pulpeansammlungen befanden, Sondermaßnahmen ergriffen:

- An den Betondämmen für die nachfolgende Verschlämmung, die ohnehin schon vor Abbaubeginn errichtet wurden, befestigte man stabile Stahlplatten, mit denen der Damm von innen geschlossen werden konnte. Während des Förderns wurde die Platte mit einem Seil hoch gehalten. Der Schrapperfahrer besaß einen Hebel, mit dem die Luke geschlossen werden konnte. Ein solcher Alarm brauchte nie ausgelöst werden.
- Vom Standort des Schrappers musste es einen Ausgang in einen höher gelegenen Grubenbau geben, über den sich der Hauer beim Austritt von Pulpe in Sicherheit bringen konnte. Am Ende des Anstieges befand sich eine Verbindung zu einer anderen Grundstrecke, die über eine Rutschstange erreicht werden konnte. Das war wie bei den Feuerwehrleuten, die über derartige Stangen vom Umkleideraum zu den Fahrzeugen gelangen. Nicht jeder Bergmann war in der Lage, diese Stange zu benutzen. Für solche Personen war der Aufenthalt im Block verboten. Es kostete einige Überwindung, die Stange zu erfassen, die in einer Öffnung von 90 x 90 cm befestigt war. Zum Zeitpunkt des Zufassens hatte man immerhin fast 15 Meter Luft unter dem Hintern.
- Verstopfte Rollen – und das kam oft vor – durften nur durch Sprengarbeiten gängig gemacht werden. Beim Nachrutschen des Erzes bestand die größte Gefahr, dass Pulpe mit kommt. Während des Sprengens durfte sich niemand im Block aufhalten.

Im November 1961 geriet ich, wie viele andere Steiger vor und nach mir, wegen eines Unfalls in die Mühlen der Ermittlungsbehörden. Bei der Auffahrung eines Überhauens – eines vertikal nach oben führenden Grubenbaues – erlitt ein Hauer eine Kohlenmonoxyd-Vergiftung. Dieses Gas entsteht u. a. bei der Sprengung. Der Grubenbau war entgegen den Bestimmungen noch nicht sonderbewettert, es gab noch keine Frischluftzuführung über Röhren. Der Ventilator war zwar samt Rohrleitung aufgestellt, aber weil der elektrische Anschluss fehlte, war er nicht funktionsfähig. Ich hatte mich auf die Versprechungen der zuständigen Mitarbeiter des mechanischen Bereiches verlassen, die Erledigung des Auftrages nicht noch einmal kontrolliert und die Sprengung freigegeben. Damit war alles klar für die Ermittler. Warum sollte ich den Mechaniker noch mit hineinreißen? An meiner Situation hätte sich ohnehin nichts geändert.

Interessant erscheinen die schwülstigen Erklärungen – immer mit Bezug auf die in der DDR herrschenden gesellschaftlichen Verhältnisse. Amüsiert haben mich die Rechenkünste, die ich nicht kritisiert habe. Ich habe den geforderten Betrag von 100,85 DM bezahlt und keinerlei Nachforderung erhalten. Bei einem neuerlichen Vergehen hätte das bestimmt nicht strafmildernd gewirkt. (Abb. 213)

Zum Glück blieb mir eine Wiederholung erspart. Obwohl es um Haaresbreite einen viel schwerwiegenderen Anlass gegeben hatte. 30 (dreißig) Hunte waren in einen Schachtsumpf gestürzt. Zum Glück zu einem Zeitpunkt, als die Kumpels sich nicht mehr im Sumpf befanden. Schächte haben einen Sumpf, das heißt unter dem tiefsten Anschlagpunkt existieren noch einige Meter Schachtröhre. Dort sammeln sich sowohl die zulaufenden Wässer als auch die Rieselmasse, die die Hunte bei der Förderung verlieren. Außerdem haben dort die Spurlatten, in denen die

Förderkörbe geführt werden, eine Verdickung. Darin soll sich der Förderkorb festfahren, wenn der Maschinist das Anhalten an der tiefsten Sohle verpasst. Ich hatte sonntags in der ersten Schicht die Aufsicht für dieses Vorhaben und fand ein totales Chaos vor, als ich mit meiner zugewiesenen Truppe mit der Arbeit beginnen wollte. Es war überhaupt nichts vorbereitet. Zum Glück hatte ich einen Hilfsmechaniker in der Truppe, der solche Arbeiten schon einmal durchgeführt hatte. Die Rieselmasse musste in einen Hunt geladen werden, der unter den Förderkorb gehängt wird. Aber wie den Hunt in diese Stellung bringen? Sonntags wurden die Kompressoren als Stromfresser abgeschaltet. Es gab also keine Druckluft. Aber nur mit Druckluft konnten Hunte in die Nähe des Schachtes gebracht werden. Es gab eine pneumatische Verriegelung. Um diese außer Betrieb zu setzen, ließ ich ein zentrales Sicherungselement – den Herzbolzen – demontieren. Um keine Havarie zu provozieren, ließ ich in die Sperre eine Schwelle einlegen, um einen Huntedurchlauf zu verhindern. Es gab noch eine Reihe weiterer Unzulänglichkeiten:

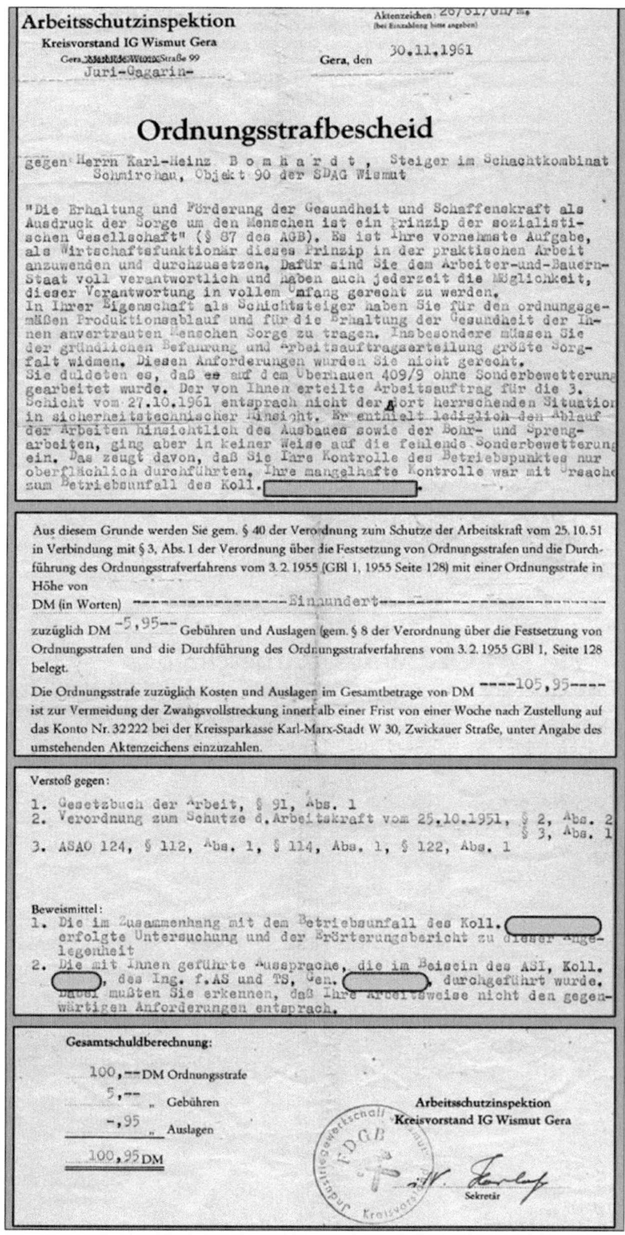

Arbeitsschutzinspektion
Kreisvorstand IG Wismut Gera
Gera, Juri-Gagarin-Straße 99

Aktenzeichen: 26/61/Gh/m.
(bei Einzahlung bitte angeben)

Gera, den 30.11.1961

Ordnungsstrafbescheid

gegen Herrn Karl-Heinz B o m h a r d t , Steiger im Schachtkombinat Schmirchau, Objekt 90 der SDAG Wismut

"Die Erhaltung und Förderung der Gesundheit und Schaffenskraft als Ausdruck der Sorge um den Menschen ist ein Prinzip der sozialistischen Gesellschaft" (§ 87 des AGB). Es ist Ihre vornehmste Aufgabe, als Wirtschaftsfunktionär dieses Prinzip in der praktischen Arbeit anzuwenden und durchzusetzen. Dafür sind Sie dem Arbeiter-und-Bauern-Staat voll verantwortlich und haben auch jederzeit die Möglichkeit, dieser Verantwortung in vollem Umfang gerecht zu werden.
In Ihrer Eigenschaft als Schichtsteiger haben Sie für den ordnungsgemäßen Produktionsablauf und für die Erhaltung der Gesundheit der Ihnen anvertrauten Menschen Sorge zu tragen. Insbesondere müssen Sie der gründlichen Befahrung und Arbeitsauftragserteilung größte Sorgfalt widmen. Diesen Anforderungen wurden Sie nicht gerecht.
Sie duldeten es, daß auf dem Überhauen 409/9 ohne Sonderbewetterung gearbeitet wurde. Der von Ihnen erteilte Arbeitsauftrag für die 3. Schicht vom 27.10.1961 entsprach nicht der dort herrschenden Situation in sicherheitstechnischer Hinsicht. Er enthielt lediglich den Ablauf der Arbeiten hinsichtlich des Ausbaues sowie der Bohr- und Sprengarbeiten, ging aber in keiner Weise auf die fehlende Sonderbewetterung ein. Das zeugt davon, daß Sie Ihre Kontrolle des Betriebspunktes nur oberflächlich durchführten. Ihre mangelhafte Kontrolle war mit Ursache zum Betriebsunfall des Koll. [geschwärzt].

Aus diesem Grunde werden Sie gem. § 40 der Verordnung zum Schutze der Arbeitskraft vom 25.10.51 in Verbindung mit § 3, Abs. 1 der Verordnung über die Festsetzung von Ordnungsstrafen und die Durchführung des Ordnungsstrafverfahrens vom 3.2.1955 (GBl 1, 1955 Seite 128) mit einer Ordnungsstrafe in Höhe von
DM (in Worten) ----------------Einhundert----------------
zuzüglich DM -5,95-- Gebühren und Auslagen (gem. § 8 der Verordnung über die Festsetzung von Ordnungsstrafen und die Durchführung des Ordnungsstrafverfahrens vom 3.2.1955 GBl 1, Seite 128 belegt.
Die Ordnungsstrafe zuzüglich Kosten und Auslagen im Gesamtbetrage von DM ----105,95----
ist zur Vermeidung der Zwangsvollstreckung innerhalb einer Frist von einer Woche nach Zustellung auf das Konto Nr. 32222 bei der Kreissparkasse Karl-Marx-Stadt W 30, Zwickauer Straße, unter Angabe des umstehenden Aktenzeichens einzuzahlen.

Verstoß gegen:
1. Gesetzbuch der Arbeit, § 91, Abs. 1
2. Verordnung zum Schutze d. Arbeitskraft vom 25.10.1951, § 2, Abs. 2; § 3, Abs. 1
3. ASAO 124, § 112, Abs. 1, § 114, Abs. 1, § 122, Abs. 1

Beweismittel:
1. Die im Zusammenhang mit dem Betriebsunfall des Koll. [geschwärzt] erfolgte Untersuchung und der Erörterungsbericht zu dieser Angelegenheit
2. Die mit Ihnen geführte Aussprache, die im Beisein des ASI, Koll. [geschwärzt], des Ing. f. AS und TS, Gen. [geschwärzt], durchgeführt wurde. Dabei mußten Sie erkennen, daß Ihre Arbeitsweise nicht den gegenwärtigen Anforderungen entsprach.

Gesamtschuldberechnung:

100,-- DM Ordnungsstrafe
5,-- „ Gebühren
-,95 „ Auslagen
100,95 DM

Arbeitsschutzinspektion
Kreisvorstand IG Wismut Gera
i.V. [Unterschrift]
Sekretär

Abb. 213 Auszüge aus dem Ordnungsstrafbescheid (eigene Unterlagen)

- Die erforderlichen Schaufeln standen nicht zur Verfügung. Deshalb ließ ich ein Havariemagazin plündern – unter Normalbedingungen eine Straftat.
- Es bestand zum Fördermaschinisten keine ausreichende Sprechverbindung über den Schachtfunk. Sie ist Voraussetzung, dass der Förderkorb auch dort zum Stehen kommt, wo er benötigt wird. Ich stellte eine Dauerverbindung über die normale Telefonleitung von der Zentrale zwischen Untertage und Maschinist her – auch nicht konform mit bestehenden Vorschriften.
- Es waren keine leeren Hunte bereitgestellt. Nur dadurch, dass ich einen Lokschlüssel besaß und eine Lok fahren konnte, war ich in der Lage, leere Hunte aus dem mir unbekanntem Revier zu holen. Laut Genehmigung war ich nur für Leerfahrten zugelassen. Noch ein Vergehen.
- Die Tauchpumpe zum Absenken des Wasserspiegels funktionierte nicht.
- Es gab noch einige weitere Kleinigkeiten, die mir im Laufe der Jahre entfallen sind.

Wir konnten nach Behebung aller dieser Missstände erst am Schichtende mit der eigentlichen Arbeit beginnen. Über diese mangelhafte Vorbereitung war ich so erzürnt, dass ich alles haarklein notierte und beim Dispatcher für die nächste Schicht und für den Rapport am Montag hinterlegte.

Als ich am Montagabend zur Nachtschicht ankam, erfuhr ich, dass ein ganzer Zug leerer Hunte in den Schacht gestürzt sei. Dienstag früh wurde ich zum Betriebsdirektor zu einer Aussprache mit der Bergbehörde bestellt. Als der Berginspektor meine Darlegungen und von der Auflistung der Mängel und Hinweise zum Verhalten bei der weiteren Arbeit erfuhr, war für mich das Schlimmste vorbei. Als ich auch noch das Schriftstück auftreiben konnte, gab es keine Veranlassung mehr, gegen mich zu ermitteln. Kurt der Berginspektor kannte mich noch aus seiner Zeit als Kombinatsobersteiger – ihn hätte sicher Leid getan, mich bestrafen zu müssen. Auch betrieblich wurde ermittelt, weil die Aktion sich bis in den Montag hineinzog und der Schacht 370 eine Schicht lang dem Förderprozess nicht zur Verfügung stand. Das war schlechte Vorbereitung von Seiten des Verantwortlichen vom Förderbereich. Außerdem wäre bei planmäßiger Beendigung der Aktion die Gefährdung durch das Bewegen von Hunten nicht entstanden. Der in der Nähe liegende Schwerpunktblock 668 konnte nur mir leeren Hunten unter Einbeziehung der Gleisanlage im Füllort bedient werden. Genau dabei kam es zur Havarie.

Ein paar Mal kam meine Frau über den kurzen Schichtwechsel von Mittel- zur Frühschicht nach Gera. Günther hatte ein Fahrzeug und fuhr immer nach Hause. Sein Bett war frei und meine Frau durfte im Zimmer übernachten. An einem Sonntag sind wir in die Nachttanzbar „Quisisana“ gegangen. Das war das Exquisiteste, was Gera zu bieten hatte. Ihr Zug fuhr gegen 2 Uhr nachts. Wir blieben bis dahin in der Bar. Als Folge der halb durchzechten Nacht hörte ich den Wecker nicht. Gegen 6:30 Uhr holte mich der Pförtner ans Telefon. Schlaftrunken wie ich war, wusste ich gar nicht, was los war. Schlagartig munter wurde ich, als mich der Sohlenobersteiger Gottfried mit den Worten empfing: „Du Riesenschlafmütze, stecke Dir 20 Mark ein, gehe zum Bahnhof, setze Dich in ein Taxi und komme zum Schacht.“ Ich hatte Glück, erwischte gerade noch einen Verwaltungsbus und war kurz nach 7 Uhr im Betrieb. Gottfried war durch einen Sprengmeister aufmerksam

geworden, dass ich nicht angereist war. Ohne viel Aufhebens unterschrieb der Sohlenobersteiger die Sprengstoffanforderung für mich – er war in seiner Funktion berechtigt, Sprengstoff anzufordern. Ich glaube nicht, dass weitere Personen von dem Malheur wussten. Ich nahm meinen Weg über die 60-m-Sohle, wo sich ein Abbaublock befand und kam eben eine Stunde später im restlichen Revier an. Es gab keine Festlegungen über die Reihenfolge der Befahrungen bei den Brigaden.
Die Brigade auf der 60-m-Sohle arbeitete unter dem Haus der Organisationen in einem mittelalterlichen Verfahren. Abbau von unten nach oben. Dabei wurden mit jeder neuen Auffahrung die Firste an der schwächsten Stelle wieder angerissen. Ständige Verbrüche waren die Folge. Statt 20 Sprenglöcher wurden nur 5 Sprenglöcher gebohrt und gesprengt. Das Ergebnis waren Förder- und Ausbauarbeiten für drei Schichten. Für diese schwierigen Arbeiten hätten ohnehin nur wenige Brigaden eingesetzt werden können. Ich glaube, das war die aufwändigste Technologie, in der ich jemals gearbeitet habe. Die oberste noch in Betrieb befindliche Sohle war die 120-m-Sohle. Die Brigade arbeitete auf der 60-m-Sohle. Dort wurden kleine Hunte aus der Zeit vor 1956 belassen. Diese Hunte schoben Hilfskräfte mit Hand zu einem etwa 200 Meter entfernten Bunker zur 90-m-Sohle. Dort wiederum befanden sich auch noch kleine Hunte, eine Lok vom Typ Metallist und eine Ladestation für Batterien. Wenn die Hilfskräfte ihre Arbeit auf der 60-m-Sohle erledigt hatten, stiegen sie eine Sohle tiefer, befüllten die Hunte und fuhren sie im Zugverband zur mehrere hundert Meter entfernten Sturzrolle auf die 120-m-Sohle, um sie dort zu entleeren. Förderregime wie zu Acricolas Zeiten. Aber der Aufwand muss vertretbar gewesen sein – vom Block 219 kam Reicherz. Die belassenen Aggregate wurden nach Abschluss der Arbeiten zerlegt und als Schrott verladen.
Es war die Zeit, als im Untertagebetrieb so genannte Erdschlussgeräte installiert werden mussten. Das diente zur Vermeidung von Stromschlägen. Defekte Isolierung löste das Gerät aus und die Leitungen wurden automatisch spannungsfrei geschaltet. Für meinen Aufsichtsbereich gab es ein Gerät und beim Erdschluss war das gesamte Revier dunkel und die Aggregate stromlos. Die Suche nach der Ursache war angesagt. In der Mittel- und Nachtschicht arbeitete nur ein Elektriker. Es konnte Stunden dauern, bis die Fehlerquelle gefunden wurde. Deshalb „qualifizierte" ich mich zum Hilfselektriker. Damit konnte die Zeit der Fehlersuche auf etwa ein Drittel verkürzt werden. Hauer waren zwar hoch qualifizierte Bergleute, aber sie begriffen einfach das Prinzip der Fehlersuche nicht. Nachdem der Strom wieder zugeschaltet wurde, versuchte jeder, sein Gerät anzuschließen und erschwerte somit die Fehlersuche. Das Erdschlussgerät schaltete wieder ab und der Verursacher des Erdschlusses konnte nicht geortet werden. Beim etappenweisen Zuschalten hätte jeder selbst merken können, ob sein Betriebspunkt der Verursacher des Erdschlusses war. Telefone gab es genug, um dem Elektriker die Information zukommen zu lassen. Meine Qualifizierung zum „Hilfselektriker" brachte mich den Elektrikern näher. Ich erhielt Einblick in die Wirkungsweise verschiedener Geräte. Die Beziehung war sehr vorteilhaft für den Aufbau meiner Modelleisenbahn. Ein führender Politiker der DDR sagte später einmal: *„Aus unseren volkseigenen Betrieben ist noch viel mehr heraus zu holen."* Ich war der

Zeit voraus. Mit Hilfe der Elektriker beschaffte ich mir Bauteile, die nicht handelsüblich waren. Das waren:

- Ein Signaltrafo. Die nicht stationäre Grubenbeleuchtung wurde mit Niederspannung betrieben. Ein ausrangierter Trafo ist noch heute die energetische Basis für meine umfangreiche Eisenbahnanlage.
- Gleichrichter. Mit der Umrüstung von selenbeschichteten Platten auf Transistoren wurden die Platten frei. Ich deckte mich ein und nutze solche Platten noch für Teilaufgaben in meinem Kraftwerk. Die Hauptlast läuft aber seit einer weiteren Umrüstung der Gleichrichterstationen in den 80-er Jahren über Transistoren. Es war ganz schön knifflig, die bildlich einfache Graetzschaltung auf die Anordnung der Selenplatten zu übertragen.

Man sollte es nicht für möglich halten: in der DDR gab es Analphabeten. Ich hatte davon gleich zwei in der Stammbelegung in meiner Schicht. Einer war Zimmermann, schon jenseits der 50 und stammte aus Siebenbürgen. Er beherrschte zwar die Berechnungen auf seinem Lohnstreifen – auch seine Unterschrift konnte er leisten – aber Lesen und Schreiben konnte er nicht. Ich wunderte mich zunächst, dass er sich die Post von seiner Tochter an die Adresse des Schachtes schicken ließ. Er bat mich, ihm die Karte vorzulesen, weil er seine Brille vergessen habe. Nach dem zweiten Mal klärte mich ein Insider auf, dass Willi gar nicht lesen kann. Der Andere war ein Spätaussiedler aus Polen. Dort hatte er keine Schule besucht. Auch er beherrschte lediglich seine Unterschrift. Das fiel mir nicht auf, weil ich den schriftlich verfassten Auftrag immer vor der Unterschrift vorlas. Meine Schrift ist schließlich eine Zumutung und selbst des Lesens Kundige haben damit gelegentlich ihre Schwierigkeiten. Bei Walter wurde ich während eines Qualifizierungslehrganges aufmerksam. In den frühen 60-er Jahren passte sich die SDAG Wismut an das Qualifizierungssystem der DDR an. Frühere Qualifikationsnachweise verloren ihre Gültigkeit (auch mein Hauerschein von 1955 war damit ungültig). Die Ausbildung zum Hauer nach WLK (Wirtschaftszweig-Lohngruppen-Katalog) wurde meist von Steigern durchgeführt. Nur der erfolgreiche Abschluss des Lehrgangs konnten die Hauer vor einer Zurückstufung in die Lohngruppe IV retten. Alle Hauer meiner Schicht nahmen an dem Lehrgang teil. Ich war erschüttert über das Bildungsniveau einiger besonders wortgewaltigen, aber auch guten Hauer. Für Walter, den zweiten Analphabeten wurde eine Sonderregelung vereinbart – er wurde nur mündlich geprüft.

Zu meinem Verantwortungsbereich gehörte auch die Kantine auf der 120-m-Sohle. Betrieben wurde diese von einer Frau bzw. von Schonplätzlern. Das waren Kumpels, die wegen eines Unfalls ihre vorherige Tätigkeit nicht mehr ausüben konnten und mit Vergütung im Durchschnittslohn leichte Arbeiten zugewiesen bekamen; in diesem Fall Bockwürste, Kaffee und Spezialgetränke sowie Limo und Selters, aber auch Dauergebäck in einem Kiosk untertage verkauften. Grubenwasser war aus hygienischen Gründen nicht verwendbar. Deshalb wurde extra ein Bohrloch gestoßen und eine Rohrleitung für Trinkwasser in die Kantine verlegt. Es gab Kumpels – unter anderem den Fördersteiger „Seemann“ –, die bis zu 20 Tassen Kaffee in der Schicht schluckten. Eine Tasse Kaffee kostete 50 Pfennig. Ich hielt mich lieber an die Bockwurst und die Spezialgetränke. Da konnte ich auf die Mitnahme von Frühstücksbemmen verzichten. Die Spezialgetränke waren

speziell für die Wismut in Bärenstein hergestellte Fruchtsaftgetränke, die im Handel nur selten erhältlich waren. Ich kann mich an die Geschmacksrichtungen Ananas und Mandarine erinnern. Das waren meine Favoriten.
Als die Arbeiten für den Abschnitt I und II dem Ende entgegen gingen, verlagerte sich der Schwerpunkt des Reviers 6 an die Ostflanke zum Mammutblock 100. Jetzt fuhr ich mit dem Personenzug. Das war viel schlimmer als ich erwartet hatte. Auf einer Bank für eigentlich acht Personen saßen oft zehn und mehr. Es waren einfach zu viele Kumpels in diesem Gebiet beschäftigt. De Fußweg war unzumutbar. Mein erstes Großerlebnis hatte ich bei der Ausfahrt nach der Nachtschicht vor dem 1. Mai 1964. Eine Spitzenbrigade hatte aus Anlass des „Kampf- und Feiertages der Werktätigen“ ihren Halbjahresplan erfüllt. Nominell. Die ausfahrende Schicht der Brigade wurde einschließlich Steiger mit einem Glas Sekt empfangen. Die ganze oberste Heeresleitung einschließlich Spitzenbrigadier war anwesend. Mit einem gewaltigen Kraftakt wurde in der ersten Schicht eine große Freilegungsfläche geschaffen. Die Mittel- und Nachtschicht konnten den nicht ausgebauten Raum gerade noch notdürftig sichern. Das reichte aber nicht aus. Nach dem Feiertag war ein Teil des Blockes zusammengebrochen. Es dauerte einige Tage, bis der Verbruch aufbewältigt war. Der schnelle Erfolg musste teuer bezahlt werden. Das besondere Vorkommnis „Verbruch“ wurde nicht weiter untersucht, denn der Erfolg durfte nicht geschmälert werden.
Wie die Steiger informiert wurden, zeigte sich an einem Beispiel. In Aue wurde die Arbeit knapp. Eine Vortriebsbrigade war zum Schnupperkurs nach Schmirchau delegiert mit dem Ziel, später hier zu arbeiten. Dass die Brigade mit den Verhältnissen nicht gut zurecht kam, war ein anderes Problem – es war kein Betriebspunkt mit optimalen Verhältnissen. Für mich war die fehlende Information ein richtiger Schock. Die Brigade arbeitete im Grubenfeld des Bergwerkes Reust hinter einer Wettertür, auf der der volle Druck des Hauptgrubenlüfters anlag. Bei Befahrungen hatte ich – und jeder andere auch – Probleme mit dem Öffnen der Tür. Auf dem Weg zur Brigade konnte man mit dem gesamten Körpergewicht am langen Hebel die Tür gerade so öffnen. Man musste aber aufpassen, dass man sofort aus dem Schwenkbereich der Tür kam, sonst wäre man beim Schließen eingequetscht worden. Die Tür war nicht automatisch zu öffnen, weil in der Strecke keine planmäßige Förderung stattfand. Bei Befahrungen verhinderte ich das völlige Schließen mit einem Holzklotz. Dabei trat zwar ein Wetterkurzschluss auf, aber die Tür konnte man mit einigen Tricks von der Gegenseite öffnen. Man musste sie gegen die Belastung aufziehen und das war ungleich schwerer als aufdrücken. An einem Sonnabend zur Nachtschicht kam ich sehr spät zu diesem Betriebspunkt. Da das Schichtende nahte, verzichtete ich auf den Holzklotz in der Hoffnung, dass wir zum Öffnen drei Personen sind. Wie groß war mein Schreck, als niemand vor Ort war. Zunächst denkt man immer an ein Ereignis, an einen Unfall. Der Betriebspunkt sah aber nicht so aus. Vom Dispatcher erhielt ich die Nachricht, dass die beiden Hauer gegen 4 Uhr ausgefahren sind. Es gab eine Regelung, von der kein Steiger etwas erfahren hatte. Um eine Heimfahrt mit einem Dienstbus zu ermöglichen, war diese Seilfahrt angeordnet worden. Den zweiten Schreck bekam ich, als ich an der Wettertür stand. Alle Versuche, sie allein zu öffnen scheiterten. Es gab zwar ein Fenster, das man zur Entlastung öffnen

konnte. Aber dazu braucht man eine Hand, um es in geöffneter Stellung zu halten. Diese Hand wurde aber zum Öffnen der Tür benötigt. Unter Aufbietung aller Kräfte gelang es mir, die Tür einen Spalt zu öffnen und mit einem Fuß das Stück Holz in den Spalt zu bugsieren. Ein ganzer Steinbruch fiel mir vom Herzen, als ich damit den üblichen Zustand zur alleinigen Öffnung hergestellt hatte. Der Rest war nur noch anstrengende Routinearbeit.
Ein nervenaufreibendes Erlebnis hatte ich an einem anderen Sonntagmorgen. Eine Sprengung mit mehreren hundert Zündern sollte am Ende der Nachtschicht erfolgen. Mein cholerischer Freund „Kohlenklau“ war der zuständige Sprengmeister. Alles lief planmäßig ab – nur die Sprengladungen detonierten nicht. Unter Beachtung der zutreffenden Sicherheitsvorschriften spielte sich dann Folgendes ab:

- Kohlenklau bekam seinen ersten Tobsuchtsanfall. Nach der vorgeschriebenen Wartezeit und Kontrolle der Sprengleitung machte er eine erneute Prüfung der Sprengleitung auf Durchgang. Durchgang war da. Die Zündung fand wieder nicht statt.
- Erneuter Tobsuchtsanfall mit gesteigerter Intensität. Danach Analyse der Situation mit der Schlussfolgerung: es liegt an der Zündmaschine.
- Also musste ich mein Pferd – die Lok – satteln und den Sprengmeister zum Munibunker fahren, obwohl ich offiziell gar keine Erlaubnis für den Personentransport hatte. Im Munibunker musste der Sprengstoffausgeber solange warten, bis alles Zubehör für Sprengarbeiten wieder unter Verschluss war. Die Zündmaschine wurde gegen eine stärkere getauscht. Erneuter Zündversuch. Nach dem Kurbeln zeigte die Zündmaschine die Entladung – also die Zündung – an. Aber wieder keine Detonation.
- Jetzt ging Kohlenklau die letzte Sicherung durch. Er gebärdete sich wie ein Irrer, warf seinen Helm mehrfach in den Schlamm und schrie: „Hier mache ich nicht mehr weiter – hier muss der Oberschießmeister (sein fachlicher Vorgesetzter) her.“ Nur mit Mühe gelang es mir, ihn ein wenig zu beruhigen und ihn zu veranlassen, mit mir noch einmal das Zündkabel zu verfolgen und einen weiteren Versuch zu starten. Aber auch der war erfolglos.
- Was Kohlenklau jetzt veranstaltete, ist nicht in Worten zu beschreiben. Ich schlug vor, die gesamte Zündleitung neu zu verlegen. Doch dazu fehlte das erforderliche Kabel. Also wieder Fahrt zum Munibunker. Die neue Leitung war schnell verlegt und auf Durchgang geprüft. Alles okay. Den Fehler fanden wir beim Entfernen der alten Zündleitung. Die Verschleißleitung war um ein Ausbauteil aus Stahl gewickelt. Ob durch zu straffe Wicklung, durch einen Materialfehler oder durch Gebirgsdruckauswirkung die Isolierung an beiden Adern blank war, konnten wir nicht feststellen. Der angezeigte Durchgang bei den vorherigen Prüfungen hatte sich über das Ausbauteil ergeben und wir wurden genarrt. Raffinierter hätte das Herangehen bei einem Sabotageversuch nicht sein können.
- Wie erlöst atmete Rudi auf, als nach dem Kurbeln der Zündmaschine die Zündung erfolgte. Es huschte sogar ein Lächeln über sein Gesicht.

Der Rest war schnell erledigt und wir konnten – mit 6 Stunden Verspätung – endlich das Tageslicht wieder begrüßen.
Als sich ein neuer Schwerpunkt auftat, wurde ich dort als Allzweckwaffe eingesetzt. Und das trotz meiner nicht sonderlichen Empfehlung in einer Beurteilung

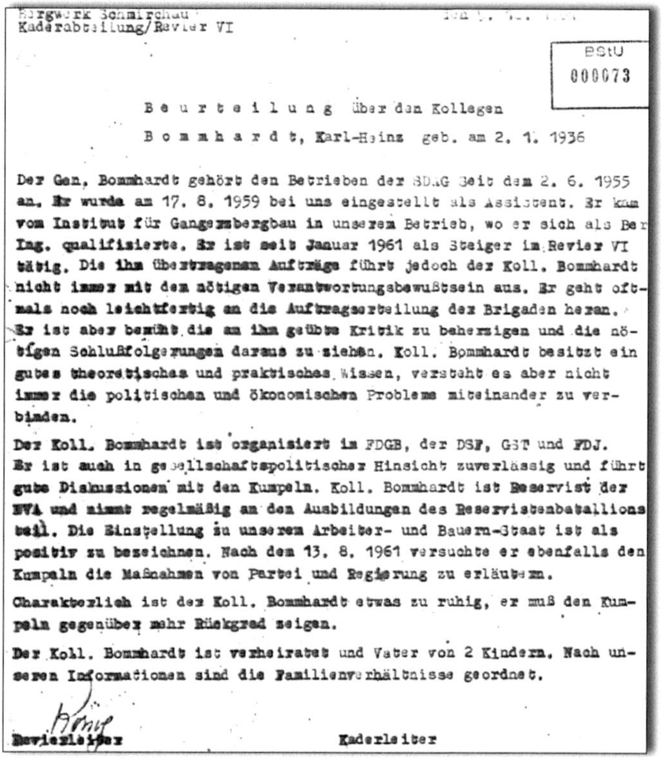

Bergwerk Schmirchau
Kaderabteilung/Revier VI

BStU
000073

B e u r t e i l u n g über den Kollegen

B o m m h a r d t, Karl-Heinz geb. am 2. 1. 1936

Der Gen. Bommhardt gehört den Betrieben der SDAG seit dem 2. 6. 1955 an. Er wurde am 17. 8. 1959 bei uns eingestellt als Assistent. Er kam vom Institut für Gangerzbergbau in unserem Betrieb, wo er sich als Berg-Ing. qualifizierte. Er ist seit Januar 1961 als Steiger im Revier VI tätig. Die ihm übertragenen Aufträge führt jedoch der Koll. Bommhardt nicht immer mit dem nötigen Verantwortungsbewußtsein aus. Er geht oftmals noch leichtfertig an die Auftragserteilung der Brigaden heran. Er ist aber bemüht die an ihm geübte Kritik zu beherzigen und die nötigen Schlußfolgerungen daraus zu ziehen. Koll. Bommhardt besitzt ein gutes theoretisches und praktisches Wissen, versteht es aber nicht immer die politischen und ökonomischen Probleme miteinander zu verbinden.

Der Koll. Bommhardt ist organisiert im FDGB, der DSF, GST und FDJ. Er ist auch in gesellschaftspolitischer Hinsicht zuverlässig und führt gute Diskussionen mit den Kumpeln. Koll. Bommhardt ist Reservist der NVA und nimmt regelmäßig an den Ausbildungen des Reservistenbataillons teil. Die Einstellung zu unserem Arbeiter- und Bauern-Staat ist als positiv zu bezeichnen. Nach dem 13. 8. 1961 versuchte er ebenfalls den Kumpeln die Maßnahmen von Partei und Regierung zu erläutern.

Charakterlich ist der Koll. Bommhardt etwas zu ruhig, er muß den Kumpeln gegenüber mehr Rückgrad zeigen.

Der Koll. Bommhardt ist verheiratet und Vater von 2 Kindern. Nach unseren Informationen sind die Familienverhältnisse geordnet.

Reviersleiter   Kaderleiter

ABB. 214 Beurteilung 1961 (eigene Unterlagen)

aus dem Jahr 1961. Aber es waren in der Zwischenzeit fast zwei Jahre vergangen. Die Beurteilung ist als Ergänzung des Strafbescheides der Arbeitsschutzinspektion aus dem Jahr 1961 zu sehen. Vielleicht wurde sie von dieser Institution auch angefordert, um das Strafmaß festzulegen. Eigentümlicherweise ist die Beurteilung vom November 1961 die einzige aus meiner Zeit als Steiger, die sich 2007 in meiner Personalakte befand.

Als ich diese Beurteilung im Zentralarchiv der Wismut sah, war mir sofort klar, wer sie getippt – und auf Zuruf auch verfasst – hat. Das war der Stil des Kalfaktors vom Revier 6. In Schmirchau gab es zu dieser Zeit etwa 20 Reviere und Abteilungen, die keine Schreibkraft hatten. Es gab keine Planstellen für Sachbearbeiterinnen in den Bergabteilungen. Dafür hatte jeder Revier- oder Abteilungsleiter ein Mädchen für Alles – den Kalfaktor. Der kostete zwar etwa vier Mal so viel wie eine Schreibkraft – aber für die war kein Geld da. Revier 6 hatte Erwin, einen Mann am Anfang der 50. Er war wie geschaffen für diese Tätigkeit. Er war Brigadier einer Zimmermannsbrigade und wurde im Leistungslohn Lohstufe VI untertage bezahlt. Erwin erhielt etwa den gleichen Zahlbetrag wie ein Steiger. Die Leistung für ihn erbrachten seine Brigademitglieder bzw. ein spitzer Bleistift. Erwin war servil und devot. Er konnte dem Chef alle Wünsche von den Augen ablesen und erfüllte sie. Er war so unersetzbar, dass er drei Revierleiter „überlebte". Die Ablösung von Revierleitern gehörte damals zum Tagesgeschäft wie heute die Ablösung eines Bundesligatrainers. Erwin kochte Kaffe und säuberte danach die Trinkgefäße. Er beschaffte belegte Brötchen aus der Kantine. Er konnte alle Büroartikel, selbst die schwer beschaffbaren, herbeizaubern. Wie das im Materiallager ablief, kann man nur vermuten – andere hatten weniger Glück. Das Wort Korruption gab es damals noch nicht im Sprachgebrauch, aber sehr wohl als Methode in der Praxis. Wenn Formulare auszufüllen

waren oder Berichte zu schreiben – Erwin erledigte das zur Zufriedenheit. Er hatte seinen Platz mit einer uralten Schreibmaschine in einer dunklen Ecke des Revierzimmers. Bei allen Auseinandersetzungen im Revierleiterzimmer war Erwin stiller Zeuge. Er war am besten informiert und trug den Inhalt von Gesprächen gern dem Revierleiter zu. Er war kein Parteimitglied – es war schon erstaunlich, auf welche Informationen er Zugriff hatte. Erwin war zugleich Unterkassierer, damit hatte er nicht bloß Einblick in die Entlohnung aller Mitarbeiter, er konnte sich mit dem Zählgeld noch ein Zubrot verdienen. Selbst Prämienlisten stellte er auf Zuruf auf (natürlich nicht, ohne sich selbst gebührend zu bedenken), begründete die Vorschläge, holte die Unterschriften bei allen Instanzen ein und zahlte die Beträge aus. Nach meinen Erfahrungen entstand obige Beurteilung ebenfalls auf Zuruf. In seiner Brigade gab es einen älteren Zimmermann, für den Erwin sogar die Vermögensverwaltung übernommen hat. Der Betreffende hatte keine Erben und die Hinterlassenschaft – so munkelte man – sollte Erwin einmal zufallen. Er bot sich zu allen möglichen Diensten an, mit dem Ziel, sich unentbehrlich zu machen. Selbst die Steiger und den Mechaniker – als dem Revierleiter nachgeordnetes Personal – bezog er in seinen Service ein. Erwin füllte die Unfallanzeigen aus und holte die erforderlichen Unterschriften. Er kontrollierte die Belehrungsbücher und gab nachlässigen Steigern Hinweise, wenn noch eine Unterschrift fehlte. In den fast vier Jahren, in denen ich zum Revier 6 gehörte, wird er nicht mehr als zehn Mal in der Grube gewesen sein. Dafür managte er auch die nervige Arbeit mit Neuerervorschlägen und formulierte deren Beurteilung unterschriftsreif für den Leiter. In so einer Perfektion begegnete mir der „Gehilfe" eines Revierleiters nie wieder. Allerdings gab es ab den 70-er Jahren auch einige Planstellen für Sachbearbeiterinnen mehr und die Untertagebezahlung erfolgte nur noch für tatsächlich verfahrene Untertageschichten.
Nach diesem Exkurs in den Ablauf der Arbeiten in einem Revierzimmer zurück zu meiner Sonderaufgabe. Der Bruchbau als Abbauverfahren hatte in Schmirchau endgültig ausgedient. Abbau mit Versatz garantierte höhere Sicherheit. Das betraf zunächst den Kammerabbau. Nach erfolgreichen Versuchen war dieses Verfahren produktionsreif. Um große Mengen Versatz herstellen zu können, war eine gewaltige Mischanlage erforderlich, in der eine Art Magerbeton hergestellt werden konnte. Der Aufbau der sehr teuren Anlage ging zügig voran. Nur wir Bergleute hatten Rückstand. Die Untertage erforderlichen Rohrleitungen waren bereits verlegt und die neue Anlage nahm Gestalt an. Was fehlte, war eine vertikale Verbindung von Untertage. Das erforderliche 120 m lange Überhaun kam und kam nicht vorwärts. Es war, um allen Funktionen gerecht zu werden, in einem ungünstigen Querschnitt aufzufahren. Die Abmaße waren etwa 4,5 x 4,5 Meter. Über 20 m² freie Firstfläche nach dem Sprengen war schwer zu beherrschen. Es kam zu mehreren Verbrüchen. Der Querschnitt wurde auf das übliche Maß von 4,8 x 1,5 Meter abgesetzt, mit dem Ziel, nach Fertigstellung das Sollprofil durch Nachriss herzustellen. Der Baubetrieb forderte die vereinbarte Baufreiheit am Zielpunkt der Auffahrungen. Aber dort werkelten wir noch mit dem Nachriss. Dazu kam, dass irgendwo im Überhaun ein totaler Verbruch auftrat und man von keiner Seite herankam. Guter Rat war teuer und man entschloss sich, den Nachriss von

oben zu machen in der Art eines Schachtvortriebes. Das war jedoch in der herkömmlichen Form wegen der Baufreiheit nicht möglich. Deshalb wurden alle erforderlichen Einrichtungen in einen Graben versenkt. An die moderne Art der Arbeit war unter diesen Umständen nicht zu denken. Die Ausrüstung war wie in den frühen Jahren der Wismut. Außerdem durfte wegen der Bauarbeiten nur in der Nachtschicht gearbeitet werden. Die Nachtschicht hatte den Vorteil, dass wir durch keine unliebsamen „Befahrungstouristen" oder „Gaffer" gestört wurden. Die kamen nur in der Frühschicht – nachts lagen sie im Bett. Da es sich um bergmännisch sehr schwierige Arbeiten handelte, mussten sie unter Sonderaufsicht durchgeführt werden. Dabei fiel die Wahl auf mich. Auch wenn ich anfangs kräftig geknurrt habe, mit der Zeit machte mir diese Tätigkeit Spaß und eine Bereicherung meiner Bergbauerfahrungen war sie allemal.
Für die Arbeiten standen mir folgende Arbeitskräfte zur Verfügung:

- zwei Spezialisten einer Brigade aus dem Vertikalvortrieb,
- drei Zimmerleute für das Entleeren der Kübel, Beladung eines Förderbandes, Holztransport und diverser anfallender Arbeiten,
- ein Hilfsarbeiter als Bandwart und zum Beladen des ständig bereitstehenden Kippers,
- ein Kipperfahrer,
- ein Deckelwart,
- ein Anschläger (Signalist zur Fördermaschine) und
- ein Fördermaschinist.

Ein ganz schönes Aufgebot für Arbeiten, die im Normalfall von den beiden Hauern erledigt werden. Als Sonderaufsicht hielt ich mich mit Ausnahme der Auftragserteilung an die Hilfskräfte Übertage nur vor Ort auf und beteiligte mich an allen Arbeiten.
Zusätzlicher Aufwand war der Einsatz von Rundholz dazu. Statt der veranschlagten 350 Festmeter wurden zusätzlich etwa 170 Festmeter für den zeitweiligen Ausbau benötigt. Dieses Holz war nicht wieder verwendbar, da es bei der Demontage zersägt werden musste.
Die Aufbewältigung ging zunächst schleppend voran, da Haufwerk und demontiertes Holz nach oben gefördert und das neue Holz von oben eingehängt werden musste. In einen Jubelgeschrei verfiel ich mit den Hauern, als sich vor Ort ein Luftzug bemerkbar machte: es gab wieder Verbindung zur 120-m-Sohle. Haufwerk und Altholz konnte nach unten gestürzt werden und nur neues Holz kam von oben. Die zwei neuen Arbeitskräfte, die das gestürzte Holz bargen und das Haufwerk mit einem Lader in Hunte förderten, wurden gern in Kauf genommen. Zwei Arbeitskräfte Übertage (Kipperfahrer und Bandwart) waren überflüssig. Auch der Betriebsleitung wird ein Stein von Herzen gefallen sein. Der Übergabetermin für den Grubenbau war nicht mehr gefährdet. Im täglichen Rapport an die Generaldirektion musste der Stand der Arbeiten eingeschätzt werden – das wird die Genossen sicher genervt haben. Mit Bangen sahen sie den Termin immer näher kommen. Ich musste jeden Morgen nach der Schicht über den Stand der Arbeiten berichten. An eine Beschleunigung ohne Verbindung nach unten war nicht zu denken. Unter den neuen Bedingungen war der letzte Nagel vorfristig eingeschlagen

und die erfolgreiche Besatzung wurde traditionsgemäß mit einem Glas Sekt und einem Statement von Partei- und Betriebsleitung empfangen. Die Reihenfolge ist richtig beschrieben. Wie auf staatlicher Ebene so auch auf betrieblicher: erst die Partei, dann die Regierung bzw. Betriebsleitung. Die führende Rolle der Partei wurde auch hier dokumentiert.
Die Revierzimmer hatten ihren Zugang vom Zechensaal. Nach Verlassen des Zimmers war die Tür zu verschließen. Diese Vorschrift kontrollierte Bruno, der Chef der Verschlussabteilung, gelegentlich nach dem Schichtwechsel. Bruno war alter Kommunist und hatte nachweislich die Hölle eines Konzentrationslagers erlebt. Er war der geeignete Mensch, die sozialistische Wachsamkeit zu kontrollieren. Fand er eine unbeaufsichtigte, unverschlossene Tür, so hob er sie aus den Angeln und stellte sie in den Zechensaal. Sein Argument: in einem offenen Zimmer kann der Klassenfeind nicht so leicht spionieren wie hinter einer Tür. Dass der nächste Tag für den Verursacher nicht lustig wurde, ist selbstverständlich. Einmal hat es auch mich erwischt. Für Unbeteiligte war es immer lustig, wenn wieder einmal eine Tür im Zechensaal stand. Ob das Schmunzeln der Unbeteiligten Schadenfreude oder Belustigung über die Verhaltensweise von Bruno war? Vielleicht war es beides.
Am 24. Oktober 1963 ereignete sich auf der Grube Lengede im Revier Salzgitter in der Bundesrepublik ein schweres Bergwerksunglück. Auch die Wismutkumpel verfolgten die Rettungsaktion für die Eingeschlossenen aufmerksam. Nachdem die Presse der DDR zunächst vorzugsweise über die Nichtbeachtung von Sicherheitsvorschriften als Folge des Profitstrebens der Unternehmer berichtete, wurde von den Rettungsaktionen ausführlich und sachlich berichtet. Durch eine Havarie an einem Klärteich überfluteten etwa eine halbe Million m^3 Wasser die Grube. Von den eingeschlossenen Bergleuten konnte sich ein großer Teil in Sicherheit bringen. Elf Bergleute harrten 14 Tage in einer Luftblase auf ihre Rettung. Mit einer Spezialausrüstung – der Dahlbusch-Bombe – konnten sie nach einer erfolgreichen Suchbohrung ans Tageslicht gebracht werden. Für 29 Bergleute gab es keine Rettung. Nach diesem Ereignis wurden auch bei der Wismut Gerätschaften zur Rettung Eingeschlossener angeschafft und in der Zentralen Rettungsstelle der Grubenwehr in Schmirchau bereitgestellt. Die Rettungsbombe war ein sehr enges röhrenförmiges Gefäß, das in einem Bohrloch nach untertage gelassen werden konnte und mit dem eingeschlossene Kumpels gerettet werden konnten. Havariemäßig wurde in mehreren Betrieben das Niederbringen von Pilotbohrlöchern für die Rettungsbohrungen trainiert.
In die Zeit meiner Tätigkeit als Steiger fiel auch eine Aktion gegen das Westfernsehen, die nach dem V. Parteitag der SED begann. In der Aktion Blitz „Wir steigen auf die Dächer – Kampf gegen Ochsenköpfe“ rissen aufgeputschte FDJ-ler stabsmäßig organisiert die „Ochsenköpfe“ (Antennen für den Empfang des auf dem Bayrischen Berg Ochsenkopf installierten leistungsstarken Senders des westdeutschen Fernsehens) von den Dächern, ohne dass sie deshalb wegen Hausfriedensbruch oder Eigentumsdelikten strafrechtlich zur Verantwortung gezogen wurden. An der Anschlagtafel des Jugendverbandes wurde aufgelistet, wie viele „Ochsenköpfe“ untauglich gemacht wurden. Gegen die Betreiber von solchen

Antennen wurde eine betriebliche Hetzkampagne losgetreten. Lokfahrer Heinz aus meiner Schicht war einer von denen, die sich nicht nur Hänseleien von seinen Kollegen gefallen lassen mussten. Eines Tages war er nicht mehr da. Man hatte keine Arbeit mehr für ihn als Lokfahrer Untertage. Seine Versetzung nach Übertage war mit einer erheblichen Lohneinbuße verbunden.

4.3 Der 13. August 1961

Folgenschwer für mich war das Jahr 1961. Mit dem Mauerbau wurde klar, dass für mich – wie für viele andere – ein Verlassen der DDR nicht mehr möglich war. Wie erlebte ich diesen historischen Tag?

Eines Tages im Jahr 1961 erhielt ich die Aufforderung zur Teilnahme an einem Reservistenlehrgang der NVA (Nationale Volksarmee). Die Einberufung erfolgte nach Eilenburg mit dem vorgesehenen Einsatz als Artillerie-Zeichner. Ich fand mich zur vorgesehenen Zeit auf dem Kasernenhof in Eilenburg ein. Mit mir waren einige Hundert Reservisten angereist. Die einzelnen Einheiten riefen ihre Zöglinge auf und die Reihen der Wartenden lichteten sich immer weiter. Zuletzt war ich allein übrig. Der Offizier der Verteilungsgruppe fragte mich nach meiner Zuordnung bei der Einberufung, suchte die Anforderung Artillerie-Zeichner in seiner Liste und teilte mir mit, dass bei der beginnenden Ausbildung diese Funktion nicht besetzt wird. Freude schwang in meiner Frage mit, ob ich jetzt wieder heimfahren könne. Der Offizier bereitete mir aber eine Enttäuschung und suchte unter den nicht angereisten Reservisten für mich die Stelle eines Funkorters der Flak aus. Ich kam in einen Flakzug. Der Zugführer war ein Hauptmann – ein absolut unüblicher Dienstgrad für einen Zugführer. Das lag entweder daran, dass diese spezielle Funktion einen hohen Dienstgrad erforderte oder – und das hielten wir für wahrscheinlicher – der Genosse Zugführer hatte einige negative Einträge in seiner Personalakte war aber als Fachmann nicht zu ersetzen. In der Einheit gehörte ich zur Führungsgruppe. Sie bestand aus dem Kraftfahrer für den Zugführer, den Aufklärern, dem Bedienungspersonal des Kommandogerätes und dem Bedienungspersonal der fahrbaren Radaranlage. Die gesamte Gruppe war in einem Zimmer untergebracht. Unser Gruppenführer war ein versierter Unteroffizier mit typisch sächsischem Gemüt. Er war baumlang und immer gemütlich.

Bei der Gruppenausbildung am Gerät hatten wir nur Stress beim Beziehen der Stellung. Da musste die Station getarnt, das Stromaggregat mit einer Winde von dem Kettenfahrzeug herabgelassen und das Fahrzeug ebenfalls getarnt werden. Das war harte Arbeit. Aber wir hatten einen guten Gruppenführer, der immer kräftig mit anpackte. Schlechter hatten es die Aufklärer. Sie mussten ständig neue Beobachtungsposten beziehen und die erforderlichen Fernsprechleitungen verlegen. Auch die Bedienung des Kommandogerätes vollzog laufend Stellungswechsel, um hinterher wie wild an den Kurbeln zur Einrichtung des Gerätes zu drehen. Nur zwei Mal war der gesamte Zug vernetzt und die Radarstation scharf. Dabei saß der Zugführer höchstpersönlich vor dem Monitor. Sonst stand nur Trockentraining auf dem Programm. Besonderes Heiligtum war das „Freund-Feind-Gerät". Der rote Bedienknopf war gesondert gesichert. Nach meinem Verständnis gaben damit die

eigenen Flugzeuge nach der Radarerfassung ein verschlüsseltes Signal auf einer geheimen Frequenz, damit sie nicht ins Visier der eigenen Geschütze gerieten.
Beim scharfen Training war es gespenstig anzusehen, wie sich die Rohre der vier Flakgeschütze wie von Geisterhand synchron auf den vermeintlichen Feind richteten. Das erledigte das Kommandogerät (im Ernstfall nach den Messungen der Radarstation). Die armen Kanoniere wuselten in voller Kriegsbemalung um die Geschütze und simulierten laufend, wie schnell sie beim Abfeuern der Salven waren. Warum sie dabei das volle Sturmgepäck – Spaten, Gasmaske, Waffe und sogar den Gammabeutel (Schutzumhang und Schutzschuhe) – herumschleppen mussten, konnte ich nicht verstehen. Besonders schwer hatte es der „Ladehugo". Er musste ständig neue Granaten heranschaffen und die Hülsen der abgefeuerten Granaten abseits stapeln.
Übungen im Gelände waren noch die angenehmere Art der Ausbildung. Exerzierausbildung auf dem Kasernenhof und Waffenkunde mit Putz- und Flickstunde waren mir sehr zuwider. Diese stupide Betätigung! Es war einfach nicht vorstellbar, dass man das länger als vier Wochen aushalten kann.
Zum Glück gehörte ich zu einer motorisierten Einheit. Die mir in schlechter Erinnerung gebliebenen Fußmärsche ins Übungsgelände entfielen damit. Unser Gruppenführer steuerte ein Kettenfahrzeug, auf dessen Ladefläche das Dieselaggregat zur Stromerzeugung befestigt und Sitzgelegenheiten für die Besatzung der Radarstation waren. Während der Fahrt war Festhalten angesagt. Die Lenkung erfolgte wie beim Panzer durch unterschiedliche Geschwindigkeiten der Ketten, das Gefährt vollzog dabei ruckartige Bewegungen. Die zweiachsige Radarstation war luftbereift und hing im Schlepptau. Sie war ein unförmiges Gebilde. Durch die relativ große Höhe sah sie aus wie ein fahrbarer überdimensionierter eiserner Ofen. Das Fahrzeug musste auf dem Weg zum Übungsgelände einen Umweg fahren, weil es einen bestimmten Straßenabschnitt nicht benutzen durfte. Asphalt als Straßenbelag soll die Ursache für das Benutzungsverbot gewesen sein.
Zur Halbzeit der vierwöchigen Reservistenübung sollten wir zum Übungsschießen auf die Insel Zingst verlegt werden. Die Plattenwagen der Reichsbahn waren am 13. August 1961 an der kaserneneigenen Verladerampe bereitgestellt. Wir waren in die Einteilung der Waggons und die Aufgaben bei der Verladung eingewiesen und hatten eine eiserne Verpflegungsration erhalten. Die alten Hasen verzehrten die zusätzliche Nahrung kurz vor der späteren Rückforderung. Der Verladeappell in den frühen Morgenstunden zog sich in die Länge. Laufende Pausen ließen die Vermutung aufkommen, dass etwas Unvorhergesehenes eingetreten sein musste. Selbst die Offiziere waren ratlos. Dann erneutes Antreten. Es wurde ein Befehl des Nationalen Verteidigungsrates verlesen. Die Nationale Volksarmee war in den Ausnahmezustand, in die erhöhte Gefechtsbereitschaft, versetzt worden. Die Grenze zu Westberlin wurde dicht gemacht. Die Folgen waren schwer kalkulierbar, deshalb musste die NVA in Alarmbereitschaft gehalten werden. Unser Übungsschießen auf Schleppsäcke entfiel ebenso wie möglicher Ausgang für den Rest der Ausbildungszeit. Wir lagen in Lauerstellung. Unser Zug rückte nicht mehr aus der Kaserne aus. Es war eine heikle Situation für uns als Armeeangehörige. Man munkelte bereits, dass die Dauer der Reserveübung verlängert würde.

Daraus wurde zum Glück nichts. Es standen „Wahlen zu örtlichen Volksvertretungen“ an. Da die Reservisten aus allen Landesteilen kamen, war die kurzfristige Beschaffung von Wahlscheinen sehr schwierig. Weil einige Hundert zusätzliche Nichtwähler zu einem Politikum geworden wären, wurden wir termingerecht entlassen. Trotzdem bangten wir solange, bis wir endlich die Kaserne von außen sehen durften. Keiner hatte Lust auf eine Dienstverlängerung. Den Abschluss des Lehrgangs bildete ein Appell. Es wurden die mehr oder weniger verdienstvollen Teilnehmer mit einer Beförderung ausgezeichnet. Zu den Letzteren gehörte ich. Es lag nicht an meinen Leistungen, dass ich zum Gefreiten befördert wurde. Ich wurde das Opfer des Verteilerschlüssels. Der Führungsgruppe stand laut Reglement eine Beförderung zu, und da traf es mich. Alle anderen waren bereits Gefreite oder Stabsgefreite, denn sie hatten ihren aktiven Wehrdienst bereits geleistet. Während meiner vierwöchigen Dienstzeit gab es einige amüsante Begebenheiten, die aber auch zeigten, wie stupid das Soldatenleben war.

Wachsamkeit wird groß geschrieben

Eines Tages wurde ich zum Polit-Offizier des Regimentes bestellt. Ich hatte überhaupt keine Ahnung, worum es ging. Er nahm mich sofort ins Verhör. Seine Fragen zielten darauf, welche Informationen ich nach außen geben würde. Ich konnte keine Antwort geben, weil ich gar nicht wusste, worum es überhaupt ging. Für mich klärte sich die Sache erst auf, als er eine Postkarte aus dem Schreibtischkasten zog. Darauf teilte mir mein Stubenkollege aus der Geraer Unterkunft mit, dass er den Antrag auf Trennungsgeld, der fällig war, für mich abgegeben hat. Danach die humorvolle Anfrage, ob ich schon zum General befördert wäre. Genosse „wachsames Holzauge“ schlussfolgerte daraus, dass ich den angekündigten Besuch eines Generals nach außen posaunt hätte. Ich erklärte dem Offizier den Inhalt. Für mich war das Kapitel damit erledigt, für ihn offensichtlich nicht. Er entließ mich mit der Aufforderung, derartige Informationen in Zukunft zu unterlassen. Die Bemerkung, dass ich dazu zum Glück gar keine Zeit und Gelegenheit mehr hätte, verkniff ich mir. Die Kaserne hatte in der Zwischenzeit hohen Besuch. Ein

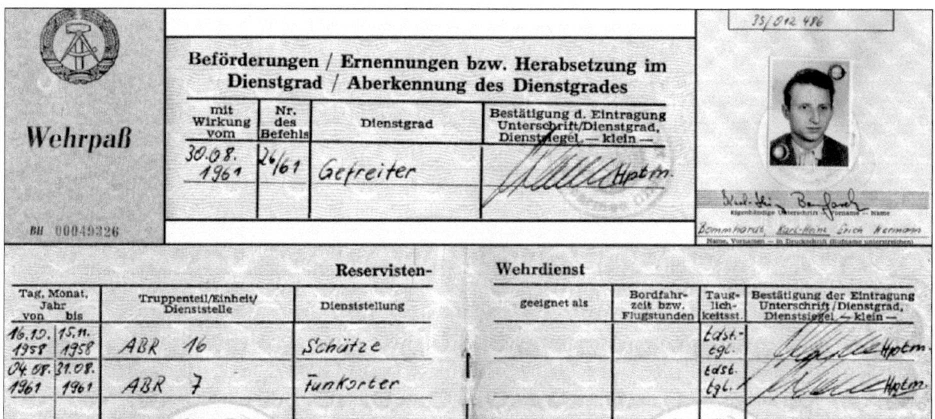

Wehrpaß

BH 00049326

35/012 486

Beförderungen / Ernennungen bzw. Herabsetzung im Dienstgrad / Aberkennung des Dienstgrades

mit Wirkung vom	Nr. des Befehls	Dienstgrad	Bestätigung d. Eintragung Unterschrift/Dienstgrad, Dienstsiegel — klein —
30.08.1961	26/61	Gefreiter	Hptm.

Eigenhändige Unterschrift – Vorname – Name

Bommhardt, Karl-Heinz Erich Hermann

Name, Vornamen – in Druckschrift (Rufname unterstreichen)

Reservisten-Wehrdienst

Tag, Monat, Jahr von	bis	Truppenteil/Einheit/Dienststelle	Dienststellung	geeignet als	Bordfahrzeit bzw. Flugstunden	Tauglichkeitsst.	Bestätigung der Eintragung Unterschrift/Dienstgrad, Dienstsiegel — klein —
16.10.1958	15.11.1958	ABR 16	Schütze			Edst.-tgl.	Hptm.
04.08.1961	31.08.1961	ABR 7	Funkorter			Edst. tgl.	Hptm.

Abb. 215 Auszüge aus meinem Wehrpass (eigene Unterlagen)

hochrangiger Offizier mit karnevalsbunten breiten Streifen an den Hosennähten inspizierte die Kaserne. Es war ein leibhaftiger General. Tagelang wurden alle Ecken gesäubert und die Anlage geputzt. Zusätzliche Exerzierübungen über die Intervalle Einzel- und Gruppenexerzieren bis hin zur Regimentstärke standen auf dem Programm. Das waren Übungen, die bei den Reservisten nicht sehr hoch in der Gunst standen. Und dann waren doch einige Reservisten beim Defilee im Stechschritt – oder Exerzierschritt – aus dem Gleichschritt gekommen. Das wurde hinterher ausgewertet, ohne die Schuldigen zu benennen.

Ein Besäufnis in der Kantine

Im Jahr 1961 gab es den so genannten „Hoffmann-Befehl“ noch nicht. Darin wurde der Verkauf von Bier, Wein und Schnaps in der Kaserne verboten. Während meines Aufenthaltes in Eilenburg gab es neben leckerem Bauernfrühstück als willkommene Abwechslung für die Armeekost auch ausreichend Bier und Schnaps. Die Kantine war überfüllt, weil nach dem 13. August eine Ausgangssperre verhängt wurde. Bei den meisten Angehörigen der Führungsgruppe war das Geld nicht knapp. Deshalb waren wir Stammgäste in der Kantine. Der Mechaniker der Gruppe war ein armer Schlucker. Er arbeitete als Busschaffner. Diese Tätigkeit wurde 1961 tatsächlich noch ausgeübt, er war auf einer Linie im Erzgebirge tätig. Wir nahmen ihn natürlich mit und spendierten ihm die Getränke. Einmal trank er aber doch mehr, als vertragen konnte. Mühsam schleppten wir ihn ins Zimmer. Da er partout keine Ruhe geben wollte, schafften wir die Matratze seines Bettes auf den Flur und legten ihn dort nieder. Zwei der großen Kugelaschenbecher flankierten sein Lager. Es sah aus wie bei einer Aufbahrung. Es gab ja auch eine Leiche – eine Bierleiche. Nach einer Kontrolle des OvD (Offizier vom Dienst) mussten wir den Originalzustand wieder herstellen. Außerdem wurde uns „befohlen“, weitere Orgien nicht so spektakulär enden zu lassen. In der Folgezeit schleppten wir das Bier kastenweise in die Unterkunft. Das hatte den Vorteil, dass wir zum Trinken sogar einen Sitzplatz hatten.
Das nachfolgende Bild zeigt eine weitere Orgie im Zimmer. Der mit zwei Flaschen bewaffnete Reservist in Stahlhelm und ohne Rangabzeichen ist der Busschaffner. Sein Nachbar im Pullover aus Eigenhaar ist ein Bediener des Kommandogerätes.

Folgen der Ausgangssperre

In der Umgebung der Kaserne konnte man viele leichte Mädchen sehen, die darauf warteten, sich für ihre Dienste gegen Entgelt einen Soldaten zu angeln, der Ausgang hatte. Der 13. August vermasselte ihnen das Geschäft. Es kamen keine Uniformierten mehr. Doch Not macht erfinderisch. Wir und die Bewohner der gesamten Zaunseite des Gebäudes lümmelten uns am letzten Sonntag vor der Entlassung gelangweilt an den Fenstern in der Sonne. Dann kam Stimmung auf. Ein nicht gerade attraktives Exemplar eines leichten Mädchens hatte eine zündende Idee, wie sie einen Rekruten abbekommen könne. Sie wurde sich mit einem Kasernierten über Preis und Art der Belustigung einig. Beide gingen zum Maschendrahtzaun. Er innen und sie außen. Sie entfernte ihr Höschen, hob den

Rock und brachte in gebücktem Zustand ihr Hinterteil an den Maschen in Stellung. Er ging von innen zum Angriff über und befriedigte sein Bedürfnis unter lauten Beifallskundgebungen der Beobachter. Das wirkte sehr professionell von der Dame. Vielleicht war es nicht das erste Mal, dass einer ihrer Freier keinen Ausgang bekam. Wie abwechslungsreich kann das Soldatenleben sein.

Luftbeobachtungsposten

Da es für die Führungsgruppe keine Trainingsmöglichkeiten im Kasernengelände gab, wurden die Mitglieder ständig zu irgendwelchen Diensten herangezogen. Einer davon war der Luftbeobachtungsposten. Auf dem Dach eines Unterkunftsgebäudes war ein hölzerner Turmaufbau von etwa einem Quadratmeter Grundfläche. Dort war ein Beobachter stationiert. Jede Bewegung am Himmel musste telefonisch an eine imaginäre Zentrale gemeldet werden. Für Richtung und Art des Flugkörpers waren

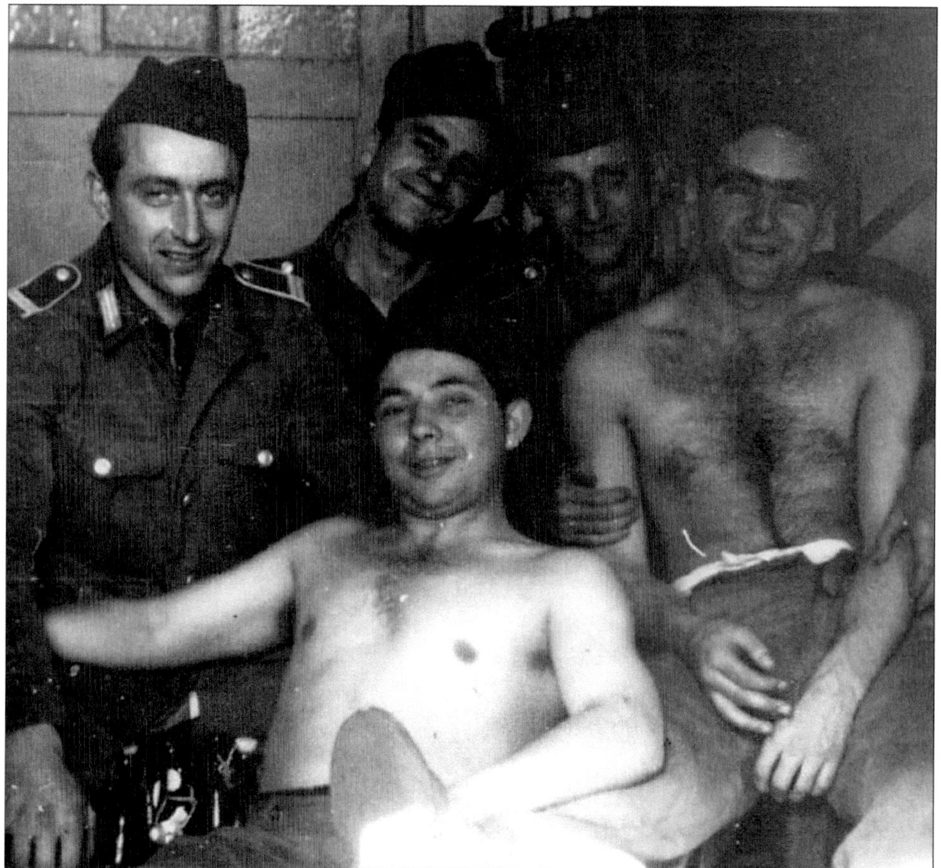

Abb. 216/1 Lustig ist das Soldatenleben (eigenes Foto): Trinkerfestspiele in der Gruppenunterkunft.

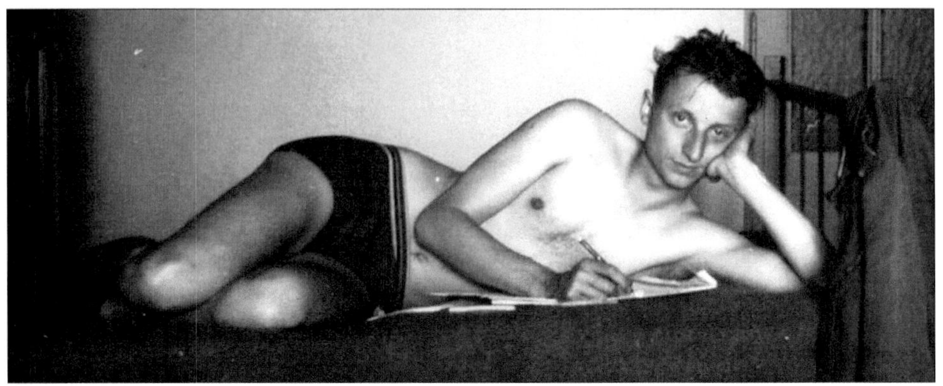

Abb. 216/2 Lustig ist das Soldatenleben (eigenes Foto): Verordnete Langeweile.

Abb. 216/3 Lustig ist das Soldatenleben (eigenes Foto): Kanonier B. noch vor der Beförderung zum Gefreiten.

bestimmte Codes vorgesehen. Wenn es etwas zu melden gab, waren es immer nur Geräusche – also unerkannte Flugobjekte. Als ich mich einmal nachts bei Regenwetter unter die Ausstiegsöffnung verkrochen hatte, schlief ich vor Übermüdung und Langeweile ein. Wie lange der Schlaf dauerte, weiß ich nicht. Das wäre ein Wachvergehen gewesen. Aber es fiel nicht auf, dass während dieser Zeit keine Meldungen über Bewegungen am Nachthimmel in der Zentrale eingingen. Der Bau der Kaserne stammte aus der Zeit zwischen den beiden Weltkriegen. Geschnitzte Verewigungen in das wettergebräunte Holz der Beobachtungsstelle zeugten davon, dass auch im Dritten Reich die Luftbeobachtung von dieser Stelle aus erfolgte.

Feuerwache

Einige Male wurden wir zum Dienst als Feuerwache eingeteilt. Das war sehr erholsam. Nach kurzer Einweisung in die Aufgaben waren wir in Alarmbereitschaft und sonnten uns. Das Wetter war prächtig und geeignet, der Haut einen Touch von Seebräune zu verleihen.

Eines Tages waren unsere Räkeleien in der Sonne einem Diensthabenden, der seinen Rundgang machte, ein Dorn im Auge. Er war Träger geflochtener Schulterstücke und damit hoch besoldet. Kaum war er mit seiner Inspektion fertig, gab es Feuer-

alarm: „Brand in der Küche“. Im Dauerlauf stürmten wir mit unseren Gerätewagen über den Exerzierplatz zur Küche, rollten Schläuche aus und warteten auf den Befehl „Wasser marsch!“
Das Spielchen wiederholte sich noch zwei Mal mit anderen Objekten. Wir wurden mit jedem Mal saurer. Nach dem dritten Mal waren wir fast am Ende der Kräfte. Da der Genosse mit den geflochtenen Litzen auf den Schulterstücken wie der Igel bei den Brüdern Grimm schon vor uns am vermeintlichen Brandort war, wussten wir, wem wir diese Schinderei zu verdanken hatten.

Ein opulentes Festmahl
Die NVA war in der Hierarchie der Versorgung mit Lebensmitteln ganz am unteren Ende der Skala angesiedelt. Sie rangierte noch hinter der übrigen Gemeinschaftsverpflegung, die von der Belieferung hochwertiger oder knapper Lebensmittel ausgeschlossen war. Engpässe gab es immer. Wenn Kartoffeln knapp waren, gab es Teigwaren; wenn es ein Überangebot an Eiern gab, waren diese öfter auf dem Speiseplan zu finden. Eines Tages trauten wir unseren Augen kaum. Es gab Gulasch mit überdimensionalen Fleischportionen. Unsere Freude wurde nur dadurch gedämpft, dass dem Fleisch ein leichter Fischgeschmack anhaftete. Wir meckerten über die Schlampen in der Küche, weil wir schlecht gereinigte Bratpfannen als Ursache vermuteten. Dabei hatte der Fischgeschmack eine ganz andere Ursache. Auf dem Weltmarkt war Walfleisch billig im Angebot. Ob es am Überangebot oder an Qualitätsmängeln lag? Die Japaner hatten zu viel vom delikaten Walfleisch auf Lager. Im Einzelhandel der DDR war dieses Walfleisch auch kein Renner – niemand kannte oder wollte die Vorzüge des mageren Fleisches kennen lernen. Also musste die NVA die Bestände übernehmen. Beim Essen wurde der Fischgeschmack immer dominanter. Der Rücklauf an Fleischbrocken zur Spülküche war enorm.

Ein Fernsehdramaturg stellt sich vor
Politveranstaltungen, die wöchentlich auf dem Dienstplan standen, leitete der Politoffizier der Kompanie. Das war kein geringerer als der Drehbuchautor und Dramaturg Günther Kaltofen vom Deutschen Fernsehfunk. Auch er musste seinen Reservedienst ableisten und tat das nicht mit besonderer Hingabe. Ich hatte nur den Vergleich zum Polit aus Leipzig, und dagegen war Backofen sehr moderat. Nach der Reservedienstzeit bemerkte ich noch oft im Abspann von Fernsehfilmen den Namen Günther Kaltofen.
Drei Jahre nach dem Mauerbau wurde ich wieder an dieses Ereignis erinnert. An diesem Tag fand der lang ersehnte Umzug nach Gera statt. Ich hatte Gelegenheit, mit dem Umzugswagen mitzufahren. An ein eigenes Auto konnte ich 1964 noch nicht denken. Auf der Autobahn in Höhe Frankenberg war von der Bereitschaftspolizei ein PKP (Personenkontrollpunkt) errichtet. Es hieß: „Alles aussteigen!“ Die Ausweise von allen Personen wurden kontrolliert und ein kurzer Blick in den Laderaum geworfen. Dann konnte die Fahrt weitergehen. Eine ähnliche Prozedur fand noch einmal in Höhe der Abfahrt Meerane statt. Vielleicht wollte man mit Kontrollen der Zusammenrottung von „subversiven Elementen“ vorbeugen.

Ein positives Nachspiel hatte die Reservistenübung für mich. Ich wurde aus der Kampfgruppe ausgemustert. Ein ehemaliger Major wollte sich neue Sporen verdienen und initiierte den Aufbau eines Reservistenbataillons, zu dessen Kommandeur er sich aufschwang. Nach einer Übung und der feierlichen Vereidigung mit einer funktionsfähigen Minikanone auf dem Busplatz war der Spuk vorbei. Das Bataillon fand keinen Platz im „System der sozialistischen Landesverteidigung" und die Initiative des Eiferers wurde zurück gepfiffen. Der Kommandeur war kein Unbekannter für mich, Eberhard begegnete mir schon 1957 in Breitenbrunn. Er war die langschwänzige Katze, die einen missliebigen Dozenten in Ketten gelegt hatte. Da das Schloss sehr kompakt und der Schlüssel nicht auffindbar war, musste der Dozent zu Fuß zum Schmied und unter dem Spottgelächter der Studenten seine Ketten sprengen lassen. Heute wäre das mit einer Flex viel einfacher gewesen. Vier Jahre später traf ich die ehemalige Katze in Schmirchau wieder – als Leiter des BfN (Büro für Neuererwesen) und Redenschreiber für den Schachtleiter. Unklar blieb mir, wie er es geschafft hatte, in der kurzen Zeit bis 1956 zum Major zu avancieren. Ich lernte später einen ehemaligen Offizier kennen, der es in 25 Jahren Zugehörigkeit zu den Grenztruppen gerade einmal bis zum Oberleutnant gebracht hat. Nach dem Scheitern der Aktion Reservistenbataillon hatte ich Ruhe vor der Kampfgruppe. Erst 1967 entsann man sich meiner und ich musste wieder Kämpfer werden.
Zur Zeit des Mauerbaus ahnte ich noch nicht, welche einschneidenden Konsequenzen der für meine weitere Entwicklung nehmen sollte. Erst langsam wurde mir klar, dass es eine Version Republikflucht nicht mehr gibt – obwohl ich nie ernsthaft mit so einem Gedanken gespielt hatte. In der Folgezeit wurde mir bewusst, dass es nur zwei Möglichkeiten des Weiterlebens in der DDR gab: Entweder bis in alle Zeiten die ungeliebte Tätigkeit eines Steigers mit der ständigen geistigen Unterforderung auszuüben oder mich – wenn auch widerwillig - mit dem Staat DDR zu arrangieren.
Bei dieser Entscheidungsfindung war es jener Genosse, der mich in Breitenbrunn vor dem IM „OTTO" gewarnt hatte, der mich in einem persönlichen Gespräch über meine Perspektiven ausführlich informierte. Ich glaube nicht, dass er einen dienstlichen oder parteilichen Auftrag dazu hatte. Er hatte soviel Menschenkenntnis, dass er meine Unzufriedenheit hinsichtlich der geistigen Anforderungen bemerkt hatte. Siegfried war zu dieser Zeit mein Sohlenobersteiger. Er war ein echter Bergmann, aber eben ein Bergmann des operativen Dienstes, der sich vom Steiger über Revierleiter zum Obersteiger hoch gedient hatte. Eine derartige Laufbahn entsprach nicht meinen Vorstellungen und wäre bei meiner politischen Einstellung nicht möglich gewesen. Steiger war für mich im operativen Dienst das zulässige Maximum. Bei einer gemeinsamen Grubenfahrt fand er die Gelegenheit eines längeren Gespräches mit mir. Er riet mir **dringend**, mich politisch zu engagieren. Ich war zu diesem Zeitpunkt immerhin schon 26 Jahre und das Eintrittsalter für ITP (Ingenieur-Technisches Personal) in die SED, die führende Kraft der Arbeiterklasse, war auf 27 Jahre begrenzt. Nur in Ausnahmefällen, wenn ein Parteiinteresse vorlag und eine bestimmte Anzahl von Neuaufnahmen aus der Arbeiterklasse erreicht war, wurden ältere Angehörige des ITP als Kandidaten für die Partei geworben.

Er überzeugte mich, dass ich im eigenen Interesse über diese Hürde springen müsse. Er machte mir den Vorschlag, dass er in der Leitung der APO (Abteilungsparteiorganisation) daraufhin arbeiten würde, dass ich als Kandidat der Partei geworben würde. Siegfried war auch bereit, eine der beiden erforderlichen Bürgschaften für mich zu übernehmen. Sowohl für die Aufnahme als Kandidat der Partei als auch für die Aufnahme als vollwertiger Genosse nach einem Jahr erfolgreicher Kandidatenzeit brauchten ITP-Angehörige zwei Bürgen. Den zweiten Paten fand er schnell. Die Leitung der APO beschloss, mich als Kandidat zu werben und ich erhielt den Aufnahmeantrag. In der nächsten Mitgliederversammlung wurde über meinen „Antrag" beraten und abgestimmt – mit dem Ergebnis: man fand mich für würdig, aufgenommen zu werden. Es gab einige, mir etwas eigenartig anmutende Fragen, deren Beantwortung mir aber nicht schwer fiel. Wie mir erst einige Jahre später klar wurde, waren diese Fragestunden inszeniert. Die Fragen wurden gezielt formuliert und an die ausgewählten Fragesteller verteilt.
So tauchten auch bei mir die später oft gestellten Fragen auf:

1.)
Wie ist deine Stellung zur Kirche? Aber hier hatte ich schon unbewusst vorgearbeitet. Zu meiner Konfirmation habe ich das letzte Mal an einer kirchlichen Veranstaltung teilgenommen, von einem kurzen Intermezzo in der „Jungen Gemeinde" während der Oberschulzeit abgesehen. Ich war nicht christlich erzogen und somit auch nicht christlich geprägt. Die Einhaltung der Zehn Gebote war für mich nicht eine Frage der Religion, sondern der ethischen Grundhaltung. Im Jahr 1962 stellte ich den Antrag auf den Austritt aus der evangelischen Kirche. Das hatte eine ganz einfache Ursache. Ich fühlte mich nicht kirchlich gebunden und folglich wurden meine Kinder auch nicht getauft. 1961 sollte meine Frau Patentante bei einer Taufe werden. Der Dorfpfarrer von Hilbersdorf verweigerte jedoch meiner Frau die erforderliche Bestätigung. Ich wurde beim Staatlichen Notariat vorstellig und beantragte den Kirchenaustritt. Das war eine sehr formale Sache und war – so glaube ich mich zu erinnern – sogar gebührenfrei. Kirchenaustritte waren im Sinne des Staates. Die Kirchen bekamen übrigens keinen Einblick in die Lohnsteuerakten – geforderte Kirchensteuern basierten auf Schätzungen oder Selbstangaben der Betroffenen.

2.)
Gibt es Westkontakte? Auch hier konnte ich ohne Zögern verneinen. Ich gehörte zu den wenigen DDR-Bürgern, die keinerlei Westkontakte besaßen. Eine Cousine war nach Abschluss der Lehre „republikflüchtig" geworden. Aber ich kannte weder ihren Aufenthaltsort noch ihren Familiennamen nach der Hochzeit. Erst 1997 – aus der Todesannonce ihres Vaters – erfuhr ich ihren Namen und ihren Wohnsitz Tenneriffa. Dort hatte sie sich auf einem Altensitz niedergelassen, nachdem ihr Mann verstorben war. Bei einem Tenneriffa-Urlaub 1998 machte ich sie ausfindig. Aber wir hatten außer dem Austausch von Erinnerungen an ihren in Rudolstadt gebliebenen Vater keinerlei gemeinsamen Draht und die Begegnung blieb kurz und einmalig.

Das Aufnahmezeremoniell wurde mit der Aushändigung der Kandidatenkarte, des Parteistatuts und eines Blumenstraußes beendet. Außerdem wurden mir die Pflichten eines zukünftigen Genossen klargemacht und die gingen wie der Monatsbeitrag an den Geldbeutel. Es war die Pflicht des politischen Studiums. Dazu muss ein Genosse die Parteipresse studieren. Das betraf sowohl das örtliche Organ der Bezirksleitung der SED Gera, die „Volkswacht“, als auch das Zentralorgan der Partei „Neues Deutschland“. Zweckmäßigerweise lagen die Antragsformulare für das Abonnement schon bereit. Auch eine Bestell-Liste mit den Klassikern des Marxismus-Leninismus lag unterschriftsbereit vor. Der Beschaffungspreis lag um die 50 DM. Welch ein Opfer für den Parteibeitritt. Die Werke von Marx und Engels waren schon in der 11. Auflage erschienen. Die Auflagenangabe: „251. - 280. Tausend“ zeigte, wie viele Genossen schon vor mir beglückt wurden. Lenin war nicht so ein Bestseller. Das Werk stammte noch von der ersten Auflage ohne Angabe zu den Exemplaren. Neben den Klassikern Marx-Engels in zwei Bänden und Lenin in drei Bändern war auch die siebenbändige Ausgabe der Schriften Walter Ulbrichts als Pflichtlektüre angegeben. Aus letzterer habe ich keine Seite gelesen. Ulbricht landete zunächst im Keller. Später ersetzten drei Bände ein abgebrochenes Couchbein. In den beiden anderen Ausga-

Ausfertigung

Staatliches Notariat

3 - 206/62

Gera, den 11.9.1962

Vor dem unterzeichneten Notar erscheint, ausgewiesen durch einen mit Lichtbild versehenen Ausweis

Herr Karl-Heinz Bommhardt

geboren am 2.1.1936 in Rudolstadt

wohnhaft in Gera, Gagarin- Str. 101 und erklärt:

Ich trete hiermit aus der evangelischen Kirche aus.

Vorgelesen, genehmigt, unterschrieben. Ausgefertigt am: 11.9.1962

gez. Karl-Heinz Bommhardt

gez. Zschach, Notar

Staatliches Notariat

Notar

Deutsche Demokratische Republik – Staatliches Notariat Gera

Best.-Nr. 254 01 Kirchenaustrittserklärung - Ausfertigung -
Vordruck-Leitverlag Erfurt

Abb. 217 staatlich geförderte Austrittserklärung (eigene Unterlagen)

ben (Marx-Engels und Lenin) habe ich wenigstens gelegentlich geblättert. Engels Schriften waren leicht verständlich. Was er über die Familie, den Anteil der Arbeit an der Menschwerdung des Affen, die Entwicklung des Sozialismus von der Utopie zur Wissenschaft und über Ludwig Feuerbach geschrieben hatte, war lesbar. Die Schriften von Karl Marx waren es nicht. Sie waren zu abstrakt und verklausuliert geschrieben. Hier kann ich nur den 1951 aufgelesenen Spruch wiederholen:

„Zum Schlafe führt wie Veronal
Im Bette Marxens Kapital“

Veronal war damals eine sehr bekannte Schlaftablette. Lenin war Provokateur und ein polemischer Rhetoriker mit populistischem Anstrich. In manchen Artikeln habe ich herum geschnuppert – obwohl man manchmal gar nicht mehr wusste, ob das Gute schlecht ist oder umgekehrt. Es war mitunter schwer, seiner Polemik zu folgen. In diesem Zusammenhang fällt mit eine pointierte Story der frühen 80-er Jahre ein:

Auf die Frage, warum der Sozialismus sich nur so schwer durchsetzt, gab es folgende Antwort:

Der Sozialismus kann sich deshalb nur schwer durchsetzen, weil er schon seit der Entstehung seiner theoretischen Grundlagen mit Irrtümern und Zweideutigkeiten behaftet war.

1. Die Geburtsurkunde der Sozialdemokratie nannten seine Autoren 1948 nicht das Sozialistische, sondern das „Kommunistische Manifest“.
2. Die Autoren Karl Marx und Friedrich Engels waren Deutsche, aber sie lebten in England.
3. Karl Marx schrieb auch noch das „Kapital“, obwohl er nie Kapital besessen hatte. (Und mit Geld auch nicht sinnvoll umgehen konnte)
4. Friedrich Engels schrieb über die Familie, obwohl er nie eine besaß,
5. Weiterentwickelt hat die Theorien von Marx und Engels Wladimir Iljitsch Lenin. Und der hieß gar nicht Lenin, sondern Uljanow.
6. Lenin organisierte die „Große Sozialistische Oktoberrevolution“. Die fand jedoch erst im November statt.
7. Lenins zweifelhafter Kampfgenosse war Josip Wissarinowitsch Stalin. Und der hieß eigentlich gar nicht Stalin, sondern Tschukaschwili.

Wie kann eine Gesellschaftsordnung weltweit siegreich sein, wenn bereits von der Geburt an so viele Ungereimtheiten auftreten?

Der nächste finanzielle Schlag traf mich mit den Monatbeiträgen. Aber der traf mich nicht unvorbereitet. Au Grund meines Verdienstes war ich in die 3-%-Kategorie eingestuft. Das hieß: monatlich gingen über 30 Mark aus meinem Geldbeutel in die Parteikasse. Spätestens da begriff ich die Anrede „Teure Genossen“.

Nicht neu für mich war, dass mich monatlich zwei Pflichtveranstaltungen erwarteten:

Die Mitgliederversammlung und das Parteilehrjahr – für mich zunächst als Kandidatenschulung. Jeweils nach der Früh- und Nacht- bzw. vor der Spätschicht fanden die Veranstaltungen statt. Auf Grund des gewaltigen Einzugsgebietes der Ronneburger Betriebe erforderte das einen hohen Aufwand an Transportleistungen. Alle

Linien wurden angefahren – wenn auch zum Teil kombiniert, was noch längere Fahrzeiten verursachte.
Ich wurde also Kandidat der SED, der stolzen Partei der Arbeiterklasse. Ich musste mehr als einmal feststellen, dass man sich dem Anspruch „Die Partei hat immer recht!" nicht ungestraft entgegenstellen konnte.
Wie vorhersehbar: meine Tage als Steiger waren gezählt. Eines Tages wurde ich zur Kaderabteilung bestellt. Das war noch in meiner Kandidatenzeit. Der amtierende Kaderleiter – es war zum Glück nicht mehr mein „Freund" Herbert – stellte mich einem älteren Genossen vor. Zu diesem Zeitpunkt hatte ich noch nicht mitgeschnitten, dass es der Kaderleiter der III. Verwaltung der Wismut war. Man befragte mich nach meiner Zufriedenheit mit der jetzigen Arbeit und nach eventuellen Veränderungswünschen. Dann hörte ich einige Wochen gar nichts. Ich hatte das Thema Wechsel schon abgehakt, zumal mich die Arbeit als Sonderaufsicht bei der Aufbewältigung des Versatzüberhauen 405 voll forderte und sie sehr interessant war.
Nach ein paar Wochen wurde ich wieder in die Kaderabteilung bestellt. Diesmal bekam ich mit, dass der wieder anwesende Genosse der Kaderleiter der III. Verwaltung war. Die III. Verwaltung war das Zentrum der wissenschaftlich-technischen Arbeit der Wismut. In ihr waren sowohl der Projektierungsbetrieb der Wismut als auch das WTZ (Wissenschaftlich-Technisches Zentrum) etabliert. Mit mir wurde beraten, ob ich Interesse an der Arbeit als Projektant hätte. Natürlich hatte ich – die geistigen Anforderungen lagen wesentlich höher. Der Haken lag in der Entlohnung. Mein Steigergehalt lag bei 900 DM plus 40 Prozent Wismutzuschlag sowie 20 % Jahresprämie. Das neue Angebot lag aber bei nur 850 DM plus 20 % Wismutzuschlag und 10 % Jahresprämie. Das lag an der geringeren Entlohnung für übertägige Arbeiten, sowohl im Grundlohn als auch bei den Zuschlägen. Das erforderte eine Bedenkzeit und eine Beratung in der Familie. Die monatliche Lohneinbuße lag immerhin bei über 300 DM bzw. auf Grund der Veränderung der Besteuerung bei über 25 %. So ein Einschnitt bedeutet auch Veränderungen in der Lebensführung. Es ist leichter, Mehreinkommen zu verkraften, als mit weniger Geld ausreichen zu müssen.
Nach mehrtägigen Beratungen kamen wir zu dem Entschluss, die Einbußen zu Gunsten einer besseren Befriedigung in der Arbeit in Kauf zu nehmen. Einen Mitausschlag gaben immer neue Hiobsbotschaften zum Gesundheitszustand einiger Kollegen. Viele Kollegen mit Kontrollnummern in meinem früheren Bereich (Ich hatte bei meiner Einstellung bei der Wismut im Objekt 90 die Kontrollnummer 16331.) waren nicht mehr grubentauglich. Sie wurden von einer Lungenkrankheit befallen. Dass es zu einer Häufung bei Kumpels kam, die in den Verschlämmungsabschnitten 1 und 2 arbeiteten, blieb nicht unbemerkt. Mein Arbeitsgebiet als Steiger lag in diesen Abschnitten. Das gab den Ausschlag für die Entscheidung zu weniger Geld. Ich wollte nicht zur verheizten Generation gehören, die zwar mehr Geld verdient, aber diesen Vorteil teuer erkauft hat. Was nützt Geld, wenn man nicht gesund ist und buchstäblich dahinvegetiert – wie es vielen Kumpels ging, die von Silikose, Lungenkrebs oder von beidem befallen waren. Ich habe den Schritt nie bereut. Auch die Schmirchauer Generation nach mir erreichte selten ein höheres Lebensalter.

4.4 Neue Lehrjahre in der Projektierung

Ich wurde Angehöriger der Projektierungsgruppe im WTZ-Stützpunkt in Schmirchau. WTZ-Stützpunkte wurden auf Anordnung des Generaldirektors der SDAG Wismut in den beiden Abbauzentren Objekt 09 in Aue und Objekt 90 in Gera gebildet. Die Leiter der Objekte 09 und 90 wurden beauftragt, fähige Kader für diese Einrichtungen auszuwählen und Räumlichkeiten für die Arbeit der Gruppen zur Verfügung zu stellen. Baubetriebe und Mechanische Werkstätten der Wismut erhielten die Auflage, bei der Gestaltung der Räumlichkeiten Unterstützung zu geben. Soweit die Weisung. Für die Gruppe des Objektes 90 gab es keine geeigneten Räumlichkeiten. Wir mussten täglich die Buslinie Gera nach Karl-Marx-Stadt-Siegmar benutzen, um wenigstens provisorisch in schon belegten Arbeitsräumen des WTZ zu arbeiten.
Da ich außerhalb von Gera wohnte, war das für mich besonders beschwerlich. Ich musste lange vor Abfahrt des Linienbusses mit einem öffentlichen Bus nach Gera fahren. Da hatte ich wahrlich einen Volltreffer gelandet, weil das gleiche Spiel auch wieder bei der Heimfahrt ablief. Zum Glück fand man im Objekt 90 endlich ein passendes Gebäude, um die Anordnung des Generaldirektors zu erfüllen. Es gab zwar ein Gebäude, aber noch lange keine Arbeitsräume. Das Gebäude lag am Busplatz von Schmirchau und war ursprünglich als Wartehalle konzipiert. Zwischenzeitlich wurde es zu einem Neuererzentrum, einer Ausstellungshalle für Erfindungen der Werktätigen. Die Um- und Ausrüstung des Gebäudes war um ein Vielfaches schwieriger als die Freigabe eines Gebäudes. Bau- und Fertigungskapazitäten wurden auf die Grundproduktion – die Urangewinnung – konzentriert und nur, wenn es freie Kapazitäten gab, wurde am Umbau gearbeitet. Und das war selten genug. Wenn nicht ständig jemand als Nerventöter hinter den jeweiligen Leitern stand, geschah nichts und die Fertigstellung hätte noch Monate gedauert. Deshalb beschloss mein Chef, mich als „Sonderbevollmächtigten" zur Fertigstellung der Räumlichkeiten abzustellen. Damit hatte ich wieder eine vertretbare Ausbleibezeit.
Meine Aufgabe bestand darin, immer und überall mit der Anordnung (dem Befehl) des Generaldirektors zu wedeln und die Leiter der Einrichtungen zu nerven. Ein Glückumstand war, dass ich sie alle aus der Zeit in Breitenbrunn kannte. Und nerven konnte ich auch. Um den Quälgeist endlich los zu werden, ging der Umbau dann noch relativ zügig über die Bühne. Während es in der Ausstellungshalle wenig zu ändern gab, waren für die Räume der Projektierungsgruppe umfangreiche Bauarbeiten notwendig. Das überstehende Dach der Unterstellmöglichkeit musste umhaust werden. In die gesamte Front mussten Fenster eingebaut werden. Allein die Beschaffung der Fenster war ein Problem. Elektrische Nachtspeicheröfen mussten beschafft und installiert werden. Der nach außen abfallende Fußboden musste mit Estrich aufgefüllt und Fußbodenbelag beschafft werden – das war eine der vielen Mangelwaren in der DDR. Für die Fenster war Vergitterung erforderlich. Auch Gardinen waren ohne Kontingent nur schwer beschaffbar. Schließlich durfte niemand Einblick erhalten, was wir hinter der verschlossenen Tür trieben. Wachsamkeit war ein oberstes Gebot bei der Wismut. Um ungebetenen

Gästen den Zutritt zu den heiligen Hallen zu verwehren, hatte die vergitterte Eingangstür keine Außenklinke. Wer Einlass begehrte, musste klingeln und über Knopfdruck wurde die Tür geöffnet. Wenn die Arbeitsräume verlassen wurden, musste eine Alarmanlage aktiviert werden, die beim Öffnen von Fenstern und Türen Alarm beim Diensthabenden der Bewachungseinheit des Schachtes auslöste. Zu Arbeitsbeginn musste das Wachpersonal informiert werden. Allein die Sicherheitsmaßnahmen erforderten umfangreiche Abstimmungen bis hin zur Sicherheitsabteilung der Generaldirektion der Wismut. Ich schätze, dass es länger als eine Woche dauerte, bis alle zuständigen Instanzen ihre Zustimmung gaben. So zählebig war der Instanzenweg, wenn es um Sicherheitsfragen ging.
Am schwierigsten gestaltete sich die Einrichtung der Arbeitsräume. Lediglich Zeichenmaschinen – Reissbretter – waren verfügbar. Sie wurden einfach vom Kontingent des Projektierungsbetriebes abgezweigt, was ohne nennenswerte Schwierigkeiten möglich war. Dort hatte man sich gut bevorratet. Die Beschaffung von Schreibtischen war sehr abenteuerlich. In einer Tischlerwerkstatt des Objektes 09 in Schlema wurden Schrottmöbel der Wismut aufgearbeitet. Die bearbeiteten Endprodukte sahen aus, als hätten sie bereits einen mehrjährigen Fronteinsatz hinter sich. Die Schreibtische, bzw. die es sein sollten, hatten in Ermangelung von Möbelscharnieren kräftige Scharniere, wie sie an Kisten oder an Kaninchenställen verwendet wurden. Das sah nicht nur scheußlich aus, sondern barg auch Verletzungsgefahren bzw. für weibliche Mitarbeiter die Beschädigung ihrer kostbaren Perlonstrümpfe. Lediglich das beste Exemplar – es stand sicher in besseren Zeiten im Büro eines Fabrikchefs und wurde dort nach Kriegsende konfisziert – wählte ich für die Bestückung aus. Alle anderen Stücke blieben trotz der Aufarbeitung nur Schrott. Zwei weitere, ebenfalls abgewirtschaftete Schreibtische konnte ich bei den zuständigen Mitarbeitern von Schächten des Objektes 90 loseisen. Gleich vier neue Schreibtische konnte ich im Einzelhandel erwerben. Das lag daran, dass sie Ladenhüter waren. Sie waren in den renommierten Möbelwerkstätten Hellerau hergestellt. Sie bestanden aus einem flachen Korpus mit zwei Schubfächern aus Plaste und waren relativ schmal. Der Korpus stand auf vier runden Holzstelzen. Sie waren nicht gerade eine Augenweide. Aber so einfach war die Sache dann doch nicht. Der Einzelhandel war für den Bevölkerungsbedarf zuständig und durfte nichts an die Industrie abgeben. Beim Rat des Kreises Gera musste die Freigabe der wertvollen Stücke beantragt werden. Der Händler bestätigte die Unverkäuflichkeit. Die Prachtstücke aus Eschenholz kosteten immerhin über 300 DM. Selbst wer den erforderlichen Platz in der Wohnung hatte, kaufte sich so ein Stück nicht. Er hatte auch das Geld, um sich einen Schreibtisch nach Maß anfertigen zu lassen. Für Geld und besonders für Westmark oder Westprodukte war in der DDR auch Unmögliches möglich. Nachdem ich einen Dringlichkeitsantrag des Betriebes einschließlich einer Begründung für fehlende Beschaffungsmöglichkeit besorgt hatte, bekam ich die Freigabe. Der Händler war froh, dass er die Ladenhüter endlich los war. Die Ursache, dass die Schreibtische Ladenhüter wurden, lag in der Planwirtschaft. Hellerauer Möbel waren sehr gefragt. Ihre Lieferung war mit Glück, Beziehung und entsprechender Wartezeit verbunden. Mit dem Sortiment an Wohnraummöbeln musste laut

Verteilerschlüssel eine bestimmte Anzahl Schreibtische abgenommen werden. Aber Schreibtische stellen sich nur Leute in die Wohnung, die auch den Bedarf und den Platz dafür haben. Aber dann bitte nicht derartig unästhetische.
Neben den Beschaffungsproblemen gab es noch die Transportprobleme. Obwohl die SDAG Wismut eigene Transportbetriebe mit einem gut ausgerüsteten Fuhrpark besaß, war es nicht einfach, in bestehende bilanzierte Transportpläne hinein zu kommen. Das war immer nur als Zuladung möglich.
Ich bin auf diese Anlaufprobleme deshalb so ausführlich eingegangen, weil es die Vorteile der gepriesenen Planwirtschaft deutlich macht. In der Marktwirtschaft wäre der Auftrag für die Einrichtung einer Büroeinheit in wesentlich kürzerer Zeit realisierbar gewesen. Meine nervenaufreibende Arbeit wurde mit einer entsprechenden Prämie belohnt.
Nach Abschluss der Arbeiten und Inbetriebnahme des Stützpunktes war an Normalität der Arbeit zu denken. Die Abteilung Projektierung im WTZ-Stützpunkt Schmirchau bestand zunächst aus fünf Personen. Als Leiter konnte ein altgedienter Wismuthase verpflichtet werden. Er hatte sich bereits als Revierleiter Anerkennung verdient. Er wurde nach einem tödlichen Massenunfall aus der Schusslinie der Ermittlungsorgane genommen. Er organisierte als Hauptingenieur für Versatz den Aufbau der Versatzwirtschaft in Schmirchau. Die Liquidierung von Abbauhohlräumen durch Verfüllen (Versatz) machte sich erforderlich, weil die beim Abbau im Bruchbauverfahren entstehenden Lagerstättenbrände nicht mehr beherrschbar waren. Nach Etablierung eines Versatzreviers und Inbetriebnahme eines Werkes zur Versatzherstellung konnten die beim Kammerabbau entstandenen großen Hohlräume gut verfüllt werden. Die Anlaufphase war abgeschlossen und Rolfs Mission beendet. Zum richtigen Zeitpunkt, als der General seine Anweisung erließ. Neben Rolf war ich der Einzige, der Erfahrungen mit untertägigen Bergarbeiten im Objekt 90 hatte.
Die Gruppe komplettierten ein ehemaliger Wettersteiger, ein ehemaliger Steiger aus einem Tagebau, der wegen Silikose auf einen Schonplatz gesetzt werden musste, und ein Absolvent der Bergingenieurschule Zwickau, der nach der Lehre im Steinkohlenbergbau zum Studium delegiert wurde. Später kam ein Fernstudent der Bergakademie Freiberg dazu. Er arbeitete vorher als Kipperfahrer in einem Tagebau, nachdem er in einem cholerischen Anfall seine Arbeit als Revierleiter in Schmirchau hingeschmissen hatte. Später vervollständigten noch ein angehender Ingenieur einer Maschinenbauschule und zwei Zeichnerinnen die Abteilung.
Für mich war es noch einmal eine Lehrzeit. Bei der Arbeit am Reissbrett und mit Zirkel und Lineal ging es mir nicht nur einmal so wie dem russischen Zaren, als er einen Strich auf einem Stück Papier ziehen sollte: Der Zar als Herrscher aller Russen wurde für würdig befunden festzulegen, welchen Verlauf die Trasse der zu bauenden Eisenbahnstrecke Moskau – Sankt Petersburg zu nehmen hat. Der Zar bekam Lineal und Stift und sollte die Linie auf die vorbereitete Karte zeichnen. Ungeübt mit diesen Werkzeugen hatte der Verlauf des gezeichneten Strichs keinen geraden Verlauf. Der Zar hielt das Lineal ungeschickt und deshalb wich die vorgesehene Trasse vom geplanten Verlauf ab. Ein Bogen um den Finger beulte die Strecke aus. Niemand soll gewagt haben, den vom Zar festgelegten Verlauf zu

Abb. 218 Projektierungsgruppe (eigenes Foto)

ändern. Ob die noch heute zu erkennenden Ausbuchtungen auf der Strecke wirklich so entstanden, oder objektive Gründe für die Abweichungen von der Geraden ausschlaggebend waren, kann ich nicht einschätzen.
Nachvollziehbar wäre es. Auch meine ersten geraden Striche hatten bei Unachtsamkeit Ausbeulungen, wenn ich vergaß, den Finger vom Lineal an der Stelle zu nehmen, wo eine Linie entstehen sollte. Meine praktischen Erfahrungen verbunden mit meinem Wissensdrang sollten sich sehr vorteilhaft auswirken. Ich kannte die Probleme beim Abbau nach bisherigen Methoden und konnte deshalb das neue Verfahren überzeugend erläutern. Ich erhielt den Auftrag, die beiden ersten Abbaublöcke nach diesen Verfahren zu projektieren. Die Projekte für die Blöcke 672/3 und 740/1 verhalfen dem Verfahren „Teilsohlenbau mit selbsthärtendem Versatz“ zum Durchbuch. Es entwickelte sich in den Folgejahren zum dominierenden Verfahren im Ronneburger Gebiet. Nachdem ich die Projekte vor einer Vielzahl von Gremien – bis hin zur Bergbehörde – erfolgreich verteidigt hatte, wurde ich Erster Projektant der Gruppe. Das war ein Sprung auf der Gehaltsskala. Fast 20 % Lohnerhöhung machten sich im Geldbeutel bemerkbar. Das war Sparpotential. Mit dem bisherigen Einkommen sind wir gut ausgekommen. Wegen meines selbstsicheren Auftretens – besonders im Umgang mit sowjetischen Experten – fiel es Chef Rolf nicht schwer, mich zu seinem Stellvertreter zu machen und das gegenüber der Betriebsleitung zu begründen. Die dafür erforderliche Beurteilung hatte ich zur Kenntnis genommen. Sie war mir aber nicht mehr in Erinnerung.

WTZ - Stützpunkt
Projektierungsgruppe
im Objekt 90

BStU
000075

B e u r t e i l u n g

Genosse B o m m h a r d t , Karl-Heinz, hat sich gut in das Kollektiv der Gruppe eingearbeitet. Die ihm übertragenen Arbeiten führt er zur Zufriedenheit aus. Genosse Bommhardt arbeitete nach seinem Abschluß als Bergingenieur im Bergwerk Schmirchau als Schichtsteiger unter Tage. Dieser Umstand wirkt sich positiv auf seine heutige Tätigkeit aus. Er ist kameradschaftlich und stellt seine Erfahrungen und Kenntnisse uneigennützig seinen Arbeitskollegen zur Verfügung.

Für die bauliche Umgestaltung, die Koordinierung der Arbeiten während des Umbaus und für die Beschaffung der Einrichtung des Stützpunktes im ehemaligen Neuererzentrum des Objektes 90 setzte er sich besonders aktiv ein. Für diese Aktivität konnte Genosse Bommhardt innerhalb der Gewerkschaftsgruppe ausgezeichnet werden.

Genosse Bommhardt hat sich bereit erklärt, als Zirkelleiter das Parteilehrjahr hier im Stützpunkt durchzuführen. Den Mitarbeitern des Stützpunktes bleiben dadurch wesentliche Stunden der Freizeit erhalten.

In der Folgezeit werden die Aufgaben innerhalb der Gruppe höher und größer werden. Ich bin der festen Überzeugung, daß Genosse Bommhardt, wenn er weiter zielstrebig an sich arbeitet und die Hinweise des Kollektivs beachtet, diesen Aufgaben gewachsen ist.

Genosse Bommhardt möchte sich gern weiter qualifizieren und ein Teilstudium aufnehmen.

Kenntnis genommen:

Taubert
Gruppenleiter

Abb. 219 Beurteilung Proj.-Gruppe (eigene Unterlagen)

Als „Erster Projektant“ erhielt ich eine diffizile Aufgabe, bei der ich an meine Zeit als Geophysiker im Jahr 1956 erinnert wurde. Im Bergbaubetrieb Reust gab es einen Reicherzblock, der mit den herkömmlichen Verfahren nicht abgebaut werden konnte. Schon 1956 wunderte ich mich, dass man dieses Erz – damals noch im Grubenfeld Schmirchau gelegen – nicht abgebaut hat. Der Kopfhörer des Geigerzählers vibrierte im Dauerton und die gelblich-rosafarbenen Schlieren im

Gestein waren das Zeichen dafür, dass hier „Speck" – Reicherz – vorhanden war. Aber was wusste ich damals von Schachtsicherheitspfeilern und Festlegungen im Gesetzeswerk für den Bergbau. Das Erz lag im Pfeiler des Schachtes 370. Im Bergbaubetrieb Reust stand man den neuen Verfahren sehr skeptisch gegenüber. Dort schwor man auf Bruchbau. Frei nach dem Motto „Was der Bauer nicht kennt, das frisst er nicht!" Ich musste viele Diskussionen führen, um überhaupt beginnen zu können. Mein Glück war, dass der sowjetische Hauptingenieur scharf auf das Erz war – in Reust zeichnete sich ein Mangel an Reicherz ab. Das Abbauprojekt bereitete mir keine Schwierigkeiten. Das Problem bestand darin, beim Abbau die gesetzlichen Bestimmungen hinsichtlich Bewetterung (Belüftung) und zweitem Zugang einzuhalten. Jeder Abbaublock musste zwei unabhängige Zugänge (Fluchtweg) besitzen.
Frischwetterzuführung war deshalb so schwierig, weil Schacht 370 ein Abwetterschacht war und Abwetter nicht für den Abbau verwendet werden dürfen. Die einzige Möglichkeit, Frischwetter heranzuführen war, einen Zugang nach Übertage zu schaffen. Bis dahin waren es aber 120 Meter Höhendifferenz. Überhauen von dieser Länge sind sehr problematisch – das wusste ich aus eigener Erfahrung. Ist die Auffahrung der ersten 30 Meter in etwa zwei Wochen zu schaffen, benötigt man für die nächsten 30 Meter unter Normalbedingungen schon mehr als einen Monat. Allein die Auffahrung des Überhauens hätte bestimmt ein Jahr gedauert. Die Version Großlochbohrung, die in späteren Jahren erfolgreich praktiziert wurde, gab es zu diesem Zeitpunkt noch nicht. Ein Projektant für Schachtteufen konnte mir den entscheidenden Rat geben. Teufen wurden zur Installation der Ausrüstungen zunächst als Vorteufe ausgeführt. Bis zu einer Tiefe von 30 Metern wurden die Förderarbeiten mit einem Autodrehkran durchgeführt. Dazu bedurfte es keiner großen Vorbereitungen. Die Spezialbrigade für diese Aufgaben hatte gerade keinen Auftrag und die Auffahrung des Überhauen konnte um 30 Meter verkürzt werden, was einer Halbierung der Auffahrungszeit brachte. Das stimmte den Hauptingenieur versöhnlich, er stand hinter dem Projekt und setzte es gegen den Widerstand leitender Mitarbeiter des Betriebes durch. Die Vorteufe wurde unter der Bezeichnung Schacht 406 durchgeführt und in die Datei der Wismutschächte aufgenommen.
Das fertige Gebilde war eine Art Dinosaurier. Die Proportionen stimmten nicht. Aber der Zweck heiligt die Mittel. Der „Schacht" hatte einen Durchmesser von fünf Metern – das war die Standardtechnologie (Jede Veränderung hätte ein langwieriges Genehmigungsverfahren nach sich gezogen.) – und damit einen Querschnitt von fast 20 m^2. Der von untertage ankommende Grubenbau hatte die Abmessung 4,8 x 1,5 Meter, also nur ein Drittel des Querschnitts. Der Übergang sah etwas verwunderlich aus und wird bei Uneingeweihten einiges Kopfschütteln ausgelöst haben. Der Reicherzblock lag unter den später errichteten Häusern. Der Abbau und der Versatz der geschaffenen Hohlräume müssen sehr gut gelaufen sein, sonst hätte es keine Freigabe für die Bebauung gegeben. Ob allerdings die Lage der Neubauten ideal war, wage ich zu bezweifeln. Der Blick auf das Berggelände war zumindest in den ersten Jahren nicht gerade eine Augenweide. Der Ansatzpunkt für den Schacht 406 war bestens gesichert. Wenige Meter

nördlich davon befand sich die Dienststelle des MfS für die Wismut im Bereich Ronneburg/Gera.
Eine weitere unkonventionelle Idee kam mir bei der Mitarbeit an der „TÖZ (Technisch-Ökonomische Zielstellung) Schmirchau". Mit dem Zuwachs an Vorräten im Thüringer Raum wurde das WTZ beauftragt, technische Lösungen für die Weiterarbeit im Bergbaubetrieb Schmirchau vorzulegen. Das betraf auch die „Einwärtsförderung" – die Materialversorgung für die Grube. Auf diesem Gebiet hatte ich praktische Erfahrungen und konnte wichtige Hinweise geben. Der Entscheidende war: Über den Tellerrand hinaus zu schauen und die Bergbaubetriebe Reust und Paitzdorf in die Lösung einzubeziehen, einen zentralen Holzplatz zu schaffen und von diesem die Belieferung nach Untertage einzurichten. Diese Idee wurde in den Folgejahren umgesetzt und der Schacht 407 als zentraler Materialschacht geschaffen. Der Schacht 407 kann heute als technisches Denkmal besichtigt werden und befindet sich an der Straße von Ronneburg nach Seeligenstädt.
Nach der Mitarbeit an Abbauvarianten für den Neuaufschluss „Lagerstätte Königstein" endete meine Mitarbeit in der Projektierungsgruppe. Ich konnte für das Ronneburger Gebiet keine „klugen" Ratschläge mehr geben.

Abb. 220 Ansatzpunkt Schacht 406 (ZAWismut)

In die Zeit beim WTZ fällt mein einziger Besuch der Leipziger Messe. Es gab Mitarbeiter, die drängten sich jedes Jahr dorthin. Ich konnte keinen Sinn darin sehen. Durch diesen Besuch war für mich keine Inspiration hinsichtlich der Tätigkeit als Bergingenieur zu erwarten. Diese Erwartung bestätigte sich auch. Aber vielleicht wollten die Kollegen nur hin und wieder das unerreichbare Westniveau bei Konsumgütern bewundern. Oder sie holten sich Anregungen, was sie auf den Wunschzettel für das nächste Westpaket setzen könnten. Ich hatte keine Bekannten jenseits der Mauer. Deshalb brauchte ich mir nach 1989 keinen Spaten kaufen, um ruhende Westbekanntschaften auszugraben.
Es war zur Frühjahrsmesse 1965 oder 1966. Ein Tief aus dem Golf von Genua mit extrem ergiebigen Schneefällen hatte Europa heimgesucht. Ich amüsierte mich mit meiner Frau auf der Messe und die arme Schwiegermutter musste in Gera allein die Unmengen Schnee beräumen. Auf der Konsumgütermesse wurden technische Geräte vorgestellt, die die Arbeit der Frauen erleichtern sollten. Damit konnten Arbeitskräfte für die Wirtschaft rekrutiert werden. Dieses Vorhaben hatte einen solchen Stellenwert, dass der Vorsitzende des Ministerrates der UdSSR Kossigyn an den Stand des Produzenten von Waschmaschinen dirigiert wurde. Dabei muss es eine organisatorische Panne gegeben haben. Er fand sich plötzlich uns gegenüber – nur durch einen Ausstellungstisch getrennt. Er stutzte ob der neuen Erfahrung, unvorbereitet jemandem gegenüber zu stehen und ging nach kurzem Zögern weiter. Da ich seinen weiteren Weg erahnte, versuchte ich, diesen zu kreuzen. Ich stellte mich dort auf, wo er langgehen musste. Aber die Leibwächter hatten aus dem Vorfall gelernt. Sie waren wieder Herr der Lage. In ihrer V-förmigen Staffel drängten sie mich soweit von der Route ab, dass von mir keine Gefahr mehr ausgehen konnte. Interessant für mich war, wie das erfolgte. Ich wurde, ohne dass ich mich dagegen wehren konnte, von jedem dem Spitzenmann folgenden Bodyguard um einen Fußbreit abgedrängt und dabei an den nachfolgenden übergeben, der das gleiche Spiel mit mir trieb. Das geschah nahezu gewaltfrei, aber sehr wirkungsvoll.
An politische Höhepunkte in dieser Zeit kann ich mich kaum noch erinnern. In dieser Zeit trat eine neue Arbeitszeitregelung in Kraft. Jeder zweite Samstag wurde arbeitsfrei. Dass dafür einige Feiertage gestrichen wurden, empfand man damals nicht so tragisch. Betroffen waren Himmelfahrt, Buß- und Bettag sowie regionale kirchliche Feiertage, die es in Abhängigkeit von der Konfession gab (Reformationstag, Allerheiligen und Fronleichnam). Diese Regelung wurde im Dezember 1965 in der Presse mit viel agitatorischem Getöse als neue Errungenschaft zur Verbesserung der Arbeits- und Lebensbedingungen verkündet. Es war eine spürbare Verbesserung – jetzt gab es jede zweite Woche ein verlängertes Wochenende. Das waren 26 freie Tage im Jahr. Da konnte man, wenn man nicht kirchlich gebunden war, gern auf die weggefallenen Wochenfeiertage verzichten. Die Rechnerei mit Brückentagen konnte es zu diesem Zeitpunkt noch gar nicht geben. Wir waren mit kleineren Brötchen zufrieden. Diese Neuregelung wurde erstmalig am 9. April 1966 wirksam. Die Wochenarbeitszeit verringerte sich von 48 auf 45 Stunden. Verbunden war diese Maßnahme, wie alle, die eine Verbesserung der Lebenslage der Bevölkerung mit sich brachten, mit dem Aufruf zur Erhöhung der Produktionsleistungen.

Außenpolitisch tobte zu dieser Zeit eine Hetzkampagne gegen den „Atomkanzler“ Ludwig Erhard, der die Bundesrepublik mit der sozialen Marktwirtschaft zu einem bis dahin nicht gekannten Wohlstand führte. In vielen Teilen der Bundesrepublik sollen Minenkammern für atomare Sprengköpfe installiert worden sein. Auch die Loreley im Rheintal soll nach Mitteilungen der Zeitungen der DDR davon betroffen gewesen sein.

4.5 Die Planmäßigkeit der Kaderarbeit – der Weg nach Königstein

So schnell kann es bei der Wismut gehen. An einem Mittwoch im Februar 1967 wurde ich zu einer Aussprache zum Leiter des WTZ nach Siegmar bestellt. Das erfolgte ohne Angabe des Grundes – ich machte mir auch keine Gedanken, weil ich mir keine Verfehlung vorzuwerfen hatte. Nach der Erkundigung, wie das persönliche Befinden und die Zufriedenheit mit der beruflichen Tätigkeit sei, ging er direkt zum Anliegen über. Es handelte sich um eine gängige Methode, dass beim Aufbau eines neuen Betriebes die etablierten Betriebe Arbeitskräfte und Leitungskader abstellen mussten. So wurde sozialistische Hilfe praktiziert. Dabei wurde die Hilfe unterschiedlich gehandhabt. Ein Teil der Helfenden schob der abgebende Betrieb ab und ein Teil forderte der neue Betrieb direkt an. Das war dann eine Art Protektionismus. Man musste einen Bekannten haben, der von den Leistungen und Fähigkeiten überzeugt war. Ich hatte das Glück und der Vorschlagende brauchte es später nicht zu bereuen, dass er mich „förderte“. Bei Königstein in der Sächsischen Schweiz wurde in kürzester Zeit ein Bergbaubetrieb aus dem Boden gestampft.
Der Leiter des WTZ offenbarte mir, dass mich der Betrieb Königstein angefordert habe. Ich sollte die Projektierungsgruppe des neuen Betriebes aufbauen. Der Anforderung ging bereits eine Beurteilung voraus. Die Beurteilung wurde am 7. Februar verfasst – meine Vorstellung in Königstein erfolgte erst am 12. Februar 1967. Sie entstand unter Verwendung der Begründung für die Anstellung als erster Projektant.
Ein wenig komisch wird mir schon, wenn ich so viele Lobesworte über mich lesen muss. Aber vielleicht war auch ein bisschen Rosarot-Malerei meines Abteilungsleiters dabei, der theatralische Auftritte liebte. Vielleicht wollte er mir auch den Weg für eine berufliche Perspektive in Königstein ebnen. Ich kann ihn nicht mehr fragen. Persönlich hätte ich mich nicht so positiv eingeschätzt.
Am 12. Februar, das war der auf die Aussprache folgende Tag, stand der Betriebswolga (ein Luxuswagen sowjetischer Bauart, die einem bestimmten Personenkreis als Dienstwagen zur Verfügung stand) vor meiner Tür und ich konnte mich in Königstein erst einmal umsehen. An der Generaldirektion in Siegmar stieg ein sehr reservierter Genosse zu. Er war für den Einsatz als stellvertretender Hauptgeologe vorgesehen. Ich glaube, wir haben keine drei Sätze gewechselt. Er war ein gestandener Leitungskader, ich ein Nobody unter den Leitungskadern der

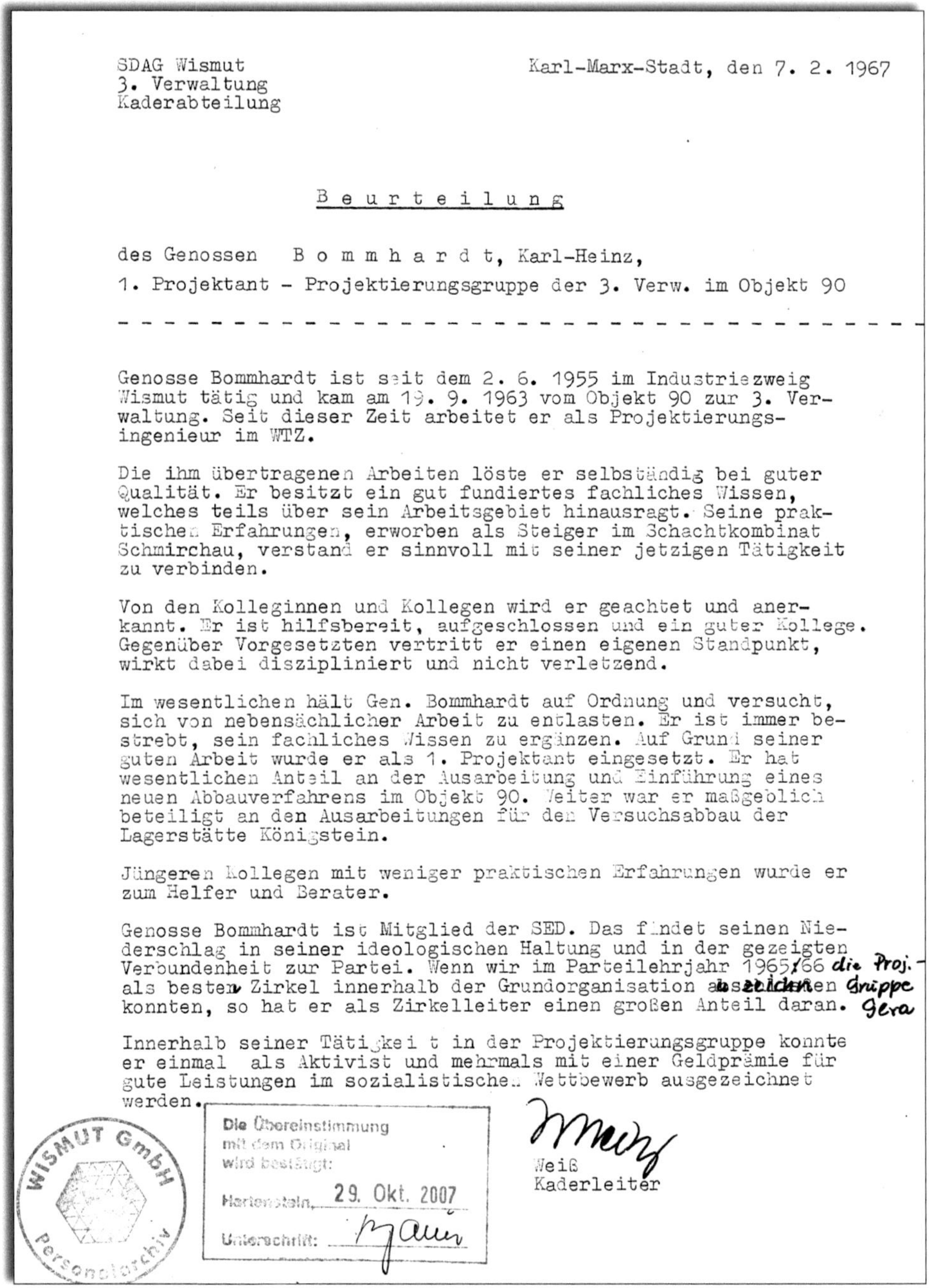

SDAG Wismut
3. Verwaltung
Kaderabteilung

Karl-Marx-Stadt, den 7. 2. 1967

B e u r t e i l u n g

des Genossen B o m m h a r d t, Karl-Heinz,

1. Projektant - Projektierungsgruppe der 3. Verw. im Objekt 90

- -

Genosse Bommhardt ist seit dem 2. 6. 1955 im Industriezweig Wismut tätig und kam am 19. 9. 1963 vom Objekt 90 zur 3. Verwaltung. Seit dieser Zeit arbeitet er als Projektierungsingenieur im WTZ.

Die ihm übertragenen Arbeiten löste er selbständig bei guter Qualität. Er besitzt ein gut fundiertes fachliches Wissen, welches teils über sein Arbeitsgebiet hinausragt. Seine praktischen Erfahrungen, erworben als Steiger im Schachtkombinat Schmirchau, verstand er sinnvoll mit seiner jetzigen Tätigkeit zu verbinden.

Von den Kolleginnen und Kollegen wird er geachtet und anerkannt. Er ist hilfsbereit, aufgeschlossen und ein guter Kollege. Gegenüber Vorgesetzten vertritt er einen eigenen Standpunkt, wirkt dabei diszipliniert und nicht verletzend.

Im wesentlichen hält Gen. Bommhardt auf Ordnung und versucht, sich von nebensächlicher Arbeit zu entlasten. Er ist immer bestrebt, sein fachliches Wissen zu ergänzen. Auf Grund seiner guten Arbeit wurde er als 1. Projektant eingesetzt. Er hat wesentlichen Anteil an der Ausarbeitung und Einführung eines neuen Abbauverfahrens im Objekt 90. Weiter war er maßgeblich beteiligt an den Ausarbeitungen für den Versuchsabbau der Lagerstätte Königstein.

Jüngeren Kollegen mit weniger praktischen Erfahrungen wurde er zum Helfer und Berater.

Genosse Bommhardt ist Mitglied der SED. Das findet seinen Niederschlag in seiner ideologischen Haltung und in der gezeigten Verbundenheit zur Partei. Wenn wir im Parteilehrjahr 1965/66 die Proj.-Gruppe Gera als beste Zirkel innerhalb der Grundorganisation auszeichnen konnten, so hat er als Zirkelleiter einen großen Anteil daran.

Innerhalb seiner Tätigkeit in der Projektierungsgruppe konnte er einmal als Aktivist und mehrmals mit einer Geldprämie für gute Leistungen im sozialistischen Wettbewerb ausgezeichnet werden.

WISMUT GmbH
Personalarchiv

Die Übereinstimmung
mit dem Original
wird bestätigt:
Hartenstein, 29. Okt. 2007
Unterschrift: [Unterschrift]

[Unterschrift]
Weiß
Kaderleiter

Abb. 221 Beurteilung III. Verwaltung (eigene Unterlagen)

Wismut. Im Bergbaubetrieb Königstein trennten sich unsere Wege, jeder suchte seinen Ansprechpartner. Für mich war das der Grubenbereichsleiter. In der Entstehungsphase des Betriebes war ihm die Projektierung zugeordnet. Er hatte Beziehungen zur Gebietsparteileitung Wismut, die bei der Besetzung von Planstellen für den Leitungsdienst immer ein Mitspracherecht hatte. Er war als ehrenamtlicher Instrukteur der Impulsgeber für meine Anforderung. Arbeitsmäßig gab es eigentlich keinen Grund, die Tätigkeit nicht aufzunehmen. Auch die nächste Hürde beim ökonomischen Direktor – die Vergütung – war genommen. Jetzt kam das für mich als schwerstes eingeschätzte Problem: die Wohnung. Ich war nicht bereit, noch einmal so eine Durststrecke wie in Gera durchzumachen. Der Direktor für Allgemeine Angelegenheiten stellte mir kurzfristig eine Neubauwohnung in Aussicht. Ich war aus zweierlei Gründen skeptisch:
Erstens hatte ich ausreichende Erfahrungen, welchen Wert mündliche, ja sogar schriftliche Wohnungszusagen haben können. Zweitens war mir der Genosse Siegfried von seiner Arbeit als Kreissekretär der Betriebsparteileitung Ronneburg nicht gerade in freundlicher Erinnerung. Bis zur Reform der Parteistruktur in den 60-er Jahren waren zwischen Gebietsparteileitung (vergleichbar mit den Bezirksleitungen) und Betriebsparteileitung noch Kreisparteileitungen eingeschaltet. Für Schmirchau war die Kreisleitung Ronneburg zuständig.
Abschließend gab der Schachtleiter für beide Anwärter eine gesonderte Audienz. Mich fragte er forsch und direkt, ob ich bereit sei, die Tätigkeit in Königstein aufzunehmen. Ich erbat mir eine Bedenkzeit übers Wochenende und sprach mein Hauptproblem Wohnung an. Die Antwort fiel ebenso barsch aus. „Wenn der Genosse ABC etwas verspricht, hält er es auch. Sie (und er sprach fast alle Mitarbeiter mit Sie an) erhalten innerhalb eines Monats eine bezugsfertige Wohnung."
Schon am Freitag fragte der WTZ-Chef nach meiner Entscheidung. Die Familie hatte einem beruflichen Neuanfang zugestimmt. Am Montag fuhr ich bereits zur Arbeitsaufnahme nach Königstein. Der „Laufzettel" beim WTZ wurde telefonisch abgewickelt. Bereits vier Wochen nach Arbeitsaufnahme brachte der Spediteur die Möbel von Gera nach Pirna. Das Wochenende mussten wir für die Reinigung der neuen Wohnung nutzen. Der Baubetrieb war nur für eine Grobreinigung zuständig. Es gab genug Wohnungssuchende. Die bevorzugte Bereitstellung von Wohnungen für Wismutangehörige in Pirna bereitete den örtlichen Organen einige Probleme. Es gab Missstimmung unter der Bevölkerung, besonders bei den Familien, die ihre Zuweisung für eine Neubauwohnung bereits in der Tasche hatten. Auf Weisung des Rates des Bezirkes Dresden wurden ganze Wohnblöcke dem territorialen Sektor entzogen und der Wismut zugeteilt. Ein Neubau zusätzlicher Wohnungen war in der Kürze der Zeit nicht realisierbar. Kosten und Kapazitäten mussten Jahre im Voraus geplant werden. Im Fünfjahrplan 1971 bis 1975 war im Wohnungsbauprogramm ein nicht unbedeutendes Kontingent für die Wismut reserviert. In den weitaus größeren Neubaugebieten Sonnenstein und Copitz-West, aber auch im Gebiet Lindenstraße dominierte der Anteil von Wismutangehörigen. Eine Neubauwohnung war in der Folgezeit für viele Werktätige ein Grund, die Arbeit bei der Wismut aufzunehmen. Ohne die verbindlichen Wohnungszusagen hätte der Betrieb Königstein überhaupt nicht entstehen können.

Viele Trittbrettfahrer nutzten die Gelegenheit, eine Neubauwohnung zu erhalten. Ihr Arbeitsverhältnis war jedoch nicht von langer Dauer.
So schnell konnten Kaderprobleme gelöst werden. Bei einer eigenen Bewerbung, was bei der Wismut ohnehin fast ausgeschlossen war, hätte eine Prüfung mit hoher Wahrscheinlichkeit mehrere Wochen gedauert. Mit mir fing ein ehemaliger Revierleiter von Schmirchau in Königstein an, den ich schon aus meiner Breitenbrunner Zeit kannte. Er besaß einen PKW und wir bildeten für die vier Wochenenden eine Fahrgemeinschaft. In Königstein gab es bei meiner Ankunft unverständlicherweise zwei Fraktionen, die um die Vorrangstellung rangelten. Es waren auf der einen Seite die Ehemaligen aus dem Erzgebirge, die bereits in der Phase der Bildung des Bergbaubetriebes nach Königstein gerufen wurden. Sie waren in der Überzahl und hielten die meisten Schlüsselpositionen besetzt. Auf der anderen Seite waren es die „Geraer“, die in der Mehrzahl vom Bergbaubetrieb Schmirchau kamen. Sie drängten nach und versuchten, Einfluss zu gewinnen. Ein anderer Revierleiter, der ehemalige Hauptdispatcher, der Leiter der Abteilung Arbeitsökonomie und der Leiter der Allgemeinen Verwaltung waren schon etabliert und versuchten, ihre Fraktion zu stärken. Mich tangierte das überhaupt nicht. Ich hatte so viel Arbeit, dass ich mich nicht in Grabenkämpfe einlassen konnte, die ohnehin nichts bringen konnten. Die Projektierungsgruppe, die ich aufbauen sollte, bestand zunächst nur aus einer Person und das war ich. Projektierungsrückstand gab es genügend. Alle vorherigen Projekte wurden von Fremdbetrieben, dem Projektierungsbetrieb der Wismut oder vom WTZ erarbeitet. In meine Anfangszeit fiel der Beginn der Gewinnungsarbeiten und dafür gab es keine Fremdprojektierung. In kurzer Zeit wurden mir Ingenieure bzw. Diplomingenieure zur Seite gestellt, die auf Projektierungsarbeiten vorzubereiten waren. Da sie allesamt sehr engagiert waren und einen hohen Wissensstand (Diplombergingenieur) oder viele praktische Erfahrungen aus ihrer Steigertätigkeit mitbrachten, war die Projektierung sehr schnell eine effiziente Gruppe. Der Diplomingenieur konnte sich in der Projektierung viele praktische Erkenntnisse als Ergänzung zu seinem im Studium erworbenen Wissen aneignen. Er war in kurzer Zeit so weit, dass er die Gruppe übernehmen konnte. In der Projektierung konnte er sich soviel Kenntnisse über die Lagerstätte aneignen, dass ihm später die Funktion eines Obersteigers übertragen wurde. Nach dem altersbedingten Ausscheiden des bis dahin dienstältesten Leiters eines Jugendgrubenbereiches wurde er sogar Grubenbereichsleiter.
Auch für mich kam die Zeit, dass ich andere Funktionen übernehmen musste. Nicht alle waren Traumpositionen. Ich kam in „Die Mühlen der Planwirtschaft“, mit denen ich mich im dritten Band meiner Lebenserinnerungen beschäftige.

Nachtrag

Gestatten Sie mir, lieber Leser, noch zwei Nachträge:

1.

Für Verwirrung könnte der Gründungstermin der Wismut sorgen. Die offizielle Gründung als AG ist auf den 6.6.1947 datiert. Das Grundkapital von 50 Mio. Rubel nimmt sich bescheiden aus gegenüber späteren Summen für Erkundung (fast 5 Mrd. Mark im Zeitraum 1954 bis 1990), Investitionen (allein 50 Mio. Mark für die Umstellung der Produktion nach Bränden im Bergwerk Schmirchau) und Herstellung von Bergbauausrüstungen (45.000 bis 80.00 Mark pro Bunkerlader, 160.000 Mark für einen Dieselfahrlader und 60.000 bis 94.000 Mark pro Lafettenbohrgerät). Die planmäßige Gewinnung von Uranerzen begann bereits 1946. Deshalb wurde bei der Wismut dieser Termin als Gründungstermin benannt. 1961 fand in Dresden im Kulturpalast ein Staatsakt aus Anlass des 25-jährigen Bestehens der Wismut statt. Bereits im September 1945 wurde im Ministerium des Inneren der UdSSR eine sächsische Erkundungsexpedition gegründet, die in bestehenden und alten Bergwerken nach Uranerzen suchte. Deren Ergebnisse konnten zum Beginn der Gewinnung 1946 führen.

2.

Am 26. Oktober 2011 fand auf der Schmirchauer Höhe (siehe Abbildungen 115), der Erinnerungsstätte an den Uranabbau, die feierliche Grundsteinlegung für den letzten Teil dieses Memorial statt. Ein überdimensionales Geleucht (Grubenlampe) als Krönung soll weit ins Thüringer Land verkünden, dass in diesem Gebiet in fast 40 Jahren Uranerz mit nahezu 99 Tausend Tonnen Uran gefördert wurde. Vielleicht bekommen viele Ehemaligen feuchte Augen, wenn nachts die 20 Meter hohe Wetterlampe an ihre aktive Zeit erinnert. Wetterlampen waren Sicherheitslampen, die die Bergleute vor matten Wettern warnten, weil in ihnen nicht ausreichend Sauerstoff vorhanden war. Bei Sauerstoffmangel erlicht die Flamme der Lampe ebenso wie das Lebenslicht des Bergmanns.

Abb. 222 Darstellung des Projektes „Geleucht“ (Dialog - Zeitschrift der Wismut GmbH).

Der Autor Karl-Heinz Bommhardt wurde 1936 geboren. Er wuchs in bescheidenen Verhältnisse auf und verbrachte seine Kindheit und Jugend in der Provinzstadt Rudolstadt. Nach dem Abitur war er ohne Studienplatz und Arbeit. Der Autor wurde 1954 Bergmann und war stolz auf seine Berufswahl. „Ich bin Bergmann – wer ist mehr“ dieser Spruch brachte das Ansehen der Bergleute in der DDR zum Ausdruck.

1955 heuerte er bei der SDAG Wismut an. Er half damit, den Atomhunger der UdSSR zu stillen. Die Wismut war jenes Sowjetisch-Deutsche Bergbauunternehmen, das mit dem Abbau von Uranerzen dazu beitrug, dass sehr bald ein atomares Patt zwischen den westlichen Großmächten und der UdSSR entstand. Der „Heiße Krieg“ konnte vermieden werden – der „Kalte Krieg“ bestimmte das Verhältnis der Siegermächte des zweiten Weltkrieges über Jahrzehnte.

Der Autor arbeitete in vielen Funktionen der SDAG Wismut. Er begann als Fördermann; qualifizierte sich zum Hauer und Geophysiker. Nach dem Studium am Institut für Gangerzbergbau (Ausbildungsstätte für Ingenieure der Wismut) arbeitete er zunächst als Steiger, Projektant und Haupttechnologe bevor er als Produktionslenker eingesetzt wurde. Er war seit 1977 für die Entwicklung des modernsten Bergbaubetriebes der Wismut verantwortlich. 1991 schied er aus dem Berufsleben aus. Er hat seine fundierten Bergbaukenntnisse genutzt, um als Insider der Wismut über die Wismut zu schreiben.

Bei der Mitarbeit an der „Chronik der Wismut“ wurde er zum Verfassen seiner Biografie vor dem Hintergrund der Entwicklung der Wismut – dem drittgrößten Uranproduzenten der Welt – angeregt. Als Insider verbindet er die betrieblichen Fakten und Ereignisse mit persönlichen, oft humorvollen, Erlebnissen in der jeweiligen Zeit. In

Uranerzbergbau in der DDR

schildert er die zweite Etappe seines Lebens. Noch drei weitere sind in Arbeit.